L'AVOINE

DESCRIPTION, CLASSIFICATION
ETUDE DU GRAIN DES VARIÉTÉS FRANÇAISES ET ÉTRANGÈRES
CULTURE, PRODUCTION, CONSTITUTION, COMPOSITION, USAGES
INSECTES, MALADIES, PLANTES NUISIBLES
PRIX DE REVIENT, PRIX DE VENTE
TRANSPORTS, DOUANES, OCTROIS
EMMAGASINAGE AGRICOLE ET COMMERCIAL
TRAFIC NATIONAL ET INTERNATIONAL

PAR

DENAIFFE
Agriculteur, Horticulteur
Marchand de graines

SIRODOT
Licencié ès sciences naturelles
Directeur de la Station Agronomique
de la Graineterie Denaiffe

PRÉFACE

PAR

E. FAGOT
Ingénieur Agronome, Agriculteur
Sénateur des Ardennes

---

210 FIGURES INTERCALÉES DANS LE TEXTE

Honoré d'une souscription du Ministère de l'Agriculture

EN VENTE

J.-B. BAILLIÈRE et FILS
LIBRAIRES-ÉDITEURS
19, Rue Hautefeuille, 19
PARIS

LIBRAIRIE HORTICOLE
84 bis, Rue de Grenelle, 84 bis
PARIS

DENAIFFE & FILS
à CARIGNAN (Ardennes)

L'AVOINE

Classification — Culture — Usages

COMMERCE EN FRANCE ET A L'ÉTRANGER, ETC.

LIBRAIRIE ET IMPRIMERIE HORTICOLES
84 *bis*, RUE DE GRENELLE, 84 *bis*

L'AVOINE

DESCRIPTION, CLASSIFICATION
ÉTUDE DU GRAIN DES VARIÉTÉS FRANÇAISES ET ÉTRANGÈRES
CULTURE, PRODUCTION, CONSTITUTION, COMPOSITION, USAGES
INSECTES, MALADIES, PLANTES NUISIBLES
PRIX DE REVIENT, PRIX DE VENTE
TRANSPORTS, DOUANES, OCTROIS
EMMAGASINAGE AGRICOLE ET COMMERCIAL
TRAFIC NATIONAL ET INTERNATIONAL

PAR

DENAIFFE
Agriculteur, Horticulteur
Marchand de graines

SIRODOT
Licencié ès sciences naturelles
Directeur de la Station Agronomique
de la Graineterie Denaiffe

PRÉFACE

PAR

E. FAGOT
Ingénieur Agronome, Agriculteur
Sénateur des Ardennes

210 FIGURES INTERCALÉES DANS LE TEXTE

Honoré d'une souscription du Ministère de l'Agriculture

EN VENTE

J.-B. BAILLIÈRE et FILS	LIBRAIRIE HORTICOLE
LIBRAIRES-ÉDITEURS	
19, Rue Hautefeuille, 19	84 bis, Rue de Grenelle, 84 bis
PARIS	PARIS

DENAIFFE & FILS
à **CARIGNAN** (Ardennes)

PRÉFACE

La crise agricole, qui sévit en France depuis bientôt un quart de siècle, s'est manifestée tout d'abord et surtout par la diminution du prix de vente du blé. La navigation à vapeur, la création des chemins de fer, abaissant dans des proportions énormes le coût des transports, permettaient à des pays lointains, que des siècles de culture n'avaient pas encore soumis à l'implacable loi de la restitution, de venir concurrencer l'Europe sur ses propres marchés. Ces terres neuves présentaient d'autres avantages encore : elles n'avaient pas à supporter, comme les nôtres, le lourd poids de l'impôt et elles avaient une valeur vénale et une valeur locative extrêmement minimes.

La France importait alors un cinquième environ de sa consommation annuelle ; le prix moyen du quintal de blé n'était guère au-dessous de trente francs. Soudain, il s'abaissa de près de trente pour cent.

Ce fut un profond découragement dans l'agriculture de notre pays, découragement dont la génération actuellement sur la brèche n'a pas perdu le souvenir, qui a eu ses échos dans toutes les nations du vieux continent et a ému aussi bien l'agronome que le simple cultivateur, les économistes spéculatifs comme les hommes de gouvernement.

Une industrie aussi considérable que l'industrie agricole, aussi indispensable à tous les points de vue, ne pouvait disparaître. Une crise, disait alors un savant agronome, doit se résoudre par le progrès. Tous proclamaient qu'il fallait augmenter les rendements à l'hectare pour abaisser le prix de revient de chaque unité.

Une ère de progrès sinon de prospérité, devait en effet, suivre de près le premier moment d'abattement. Et tandis que le savant, dans son laboratoire, éclairait de plus en plus le mystère de la vie végétale, étudiait les besoins de chaque plante et les engrais qui devaient augmenter sa vitalité et son rendement, des jeunes gens pleins de zèle, des professeurs d'agriculture dévoués parcouraient les campagnes, et allaient de village en village porter la bonne parole.

D'autre part, la mécanique agricole progressait à son tour, l'outillage se perfectionnait, permettant à l'homme des champs de faire vite, mieux et plus économiquement ses divers travaux.

Le gouvernement, de son côté, inaugurait un régime économique nouveau, destiné à protéger l'agriculture nationale contre une concurrence à armes inégales de la part de l'étranger. Le droit de douane sur les blés, d'abord de 0 fr. 60, fut successivement porté à 3 francs, à 5 francs et enfin à 7 francs.

Faut-il dire enfin que la valeur locative de notre vieux sol français a aussi diminué dans de larges proportions, au profit sinon du propriétaire, mais au moins du fermier? Cette baisse que l'on peut évaluer à 30 pour cent environ, constitue, en effet, une prime sérieuse à l'exploitant pour lutter contre les concurrents de l'étranger.

Tout cela, assurément, avait rendu l'espoir au paysan français. Entrevoyant des jours meilleurs, il avait oublié les heures sombres et s'était remis courageusement à l'œuvre. Et aujourd'hui, bien des régions en France sont mieux cultivées qu'autrefois; la pratique des engrais chimiques s'est généralisée; les rendements dans les pays pauvres ont augmenté considérablement. Mais cependant, il faut bien l'avouer, pour le blé au moins, tout l'ensemble des mesures dont nous venons de parler a trompé un peu les espérances qu'il avait fait naître.

De nouveau le producteur de blé se tourne vers les pouvoirs publics pour leur faire part de sa détresse, pour leur demander des remèdes et des soulagements. Les économistes s'ingénient à chercher les systèmes les plus variés : tantôt par un retour à l'échelle mobile, tantôt par les bons d'importation. Les uns demandent la réglementation des marchés à terme, les autres l'organisation plus rationnelle de la vente des blés, la suppression ou au moins la modification du régime des admissions temporaires.

Toutes ces mesures, à mon sens au moins, n'auraient qu'une influence relativement faible sur les cours parce que la situation de notre pays n'est plus la même qu'il y a trente ans.

Si le cultivateur français a amélioré ses méthodes et ses assolements, s'il a employé des engrais avec discernement, il a augmenté sa production fourragère et, par suite, sa production de fumier et il est certain que ses rendements en blé en ont largement profité. Et si la France, à l'heure présente, est encore importatrice de blé, il est permis de penser qu'elle ne l'est plus que pour une faible quantité et que le moment est proche où elle pourra se suffire à elle-même, et même devenir exportatrice.

C'est pour cette raison surtout que notre droit de 7 francs ne joue, en temps ordinaire, que pour 2 francs environ.

En se plaçant au seul point de vue agricole, on peut dire que le mal dont nous souffrons vient de chez nous : on fait trop de blé en France.

Et en effet, le blé a toujours eu, dans notre pays, tous les honneurs, lui seul compte parmi les céréales dans une brillante agriculture. Sa modeste sœur, l'avoine, n'a guère sa place dans le classique assolement de quatre ans. Une ferme s'apprécie par ses rendements en betteraves ou en blé, on ne parle pas de ceux de l'avoine, elle est quantité négligeable.

Des volumes ont été consacrés à la première de ces céréales, fort peu, à ma connaissance au moins, à la seconde. Dans la ferme, l'une reçoit les façons culturales les plus minutieuses, on lui donne les meilleures parcelles, les engrais les mieux choisis et les plus abondants, on la sélectionne avec soin, l'autre est traitée avec la plus grande désinvolture et ne reçoit que les miettes du festin.

Abandonnant les régions éthérées et quelque peu nébuleuses dans lesquelles se complaisent les économistes, beaucoup de bons esprits ont pensé que ce serait servir la cause du blé, de consacrer dans l'assolement, une place un peu plus importante à l'avoine, de mieux la traiter, de mieux la soigner et de mieux la connaître.

C'est ce qu'ont pensé MM. Denaiffe et Sirodot, en faisant l'important travail que je dois présenter au public.

Les auteurs, du reste, étaient placés dans les meilleures conditions pour faire une étude complète de l'avoine. Disposant de vastes champs d'expériences, ils ont pu étudier de très près toutes les variétés connues, ce qui leur a permis de créer scientifiquement des classifications méthodiques conduisant à la détermination de chacune.

Ils ont longuement décrit les meilleures méthodes de culture, qu'ils ont pu essayer et comparer dans leurs fermes pour passer ensuite à l'emploi de ladite céréale.

Enfin, profitant de leur grande expérience commerciale, ils ont étudié le trafic important auquel l'avoine donne lieu.

En un mot, ils ont cherché à mettre l'étude de l'avoine au point où se trouve actuellement celle du blé.

Eugène FAGOT.

Ferme de la Haute-Maison.
1ᵉʳ Octobre 1901.

LES AVOINES

CHAPITRE PREMIER

Généralités

Historique. — L'avoine est une plante monocotylédone de la famille des graminées ; toutes les espèces cultivées sont annuelles, comme d'ailleurs toutes les céréales proprement dites.

Voici les divers noms qu'elle porte dans les principales langues :

Latin : *Avena*.
Allemand : *Hafer*.
Anglais : *Oat*.
Breton : *Kerch*.
Danois : *Havre*.
Espagnol : *Avena*.
Flamand : *Haver*.
Hollandais : *Haver*.
Hongrois : *Zab*.
Italien : *Vena*.

Japonais : *Enbaku*.
Norwégien : *Havre*.
Polonais : *Owies*.
Portugais : *Veia*.
Roumain : *Ovesul*.
Russe : *Ovesu*.
Serbe : *Ovas*.
Suédois : *Hafre*.
Turc : *Ioulaf*.

On ne connaît pas d'une façon certaine son pays d'origine, ni l'époque à laquelle on a commencé à l'employer pour la nourriture des animaux.

La dérivation du mot latin *Avena* est du reste assez obscure; il semble toutefois provenir du mot latin *Aveo* (je désire), c'est-à-dire fourrage désiré par tous les animaux. Le radical *Av* qui entre dans sa composition, se retrouve dans un certain nombre de langues, comme l'indique le tableau qui précède; ce radical se retrouve en. sanscrit avec le sens d'aider, de manger: *ava*, nourriture; *avasa*, pâturage, mot sur lequel paraissent calqués les mots russes *Ovesu;* polonais, *Owies;* roumain, *Ovesul;* et serbe, *Oras*.

Il paraît vraisemblable que l'avoine soit originaire du nord de l'Europe; l'avoine à grain nu est probablement la plus ancienne, sa culture en Chine remonte pour ainsi dire aux temps les plus reculés.

Nous sommes portés à croire que cette avoine nue a été le point de départ de toutes les avoines cultivées; du reste, comme nous le verrons dans la suite, l'avoine nue grosse ou nue de Chine dégénère très facilement en avoine vêtue, et dans ces conditions elle donne parfois des grains vêtus de couleur jaune ayant énormément d'analogie avec le grain de certaines races vêtues que nous possédons dans notre collection.

Importance de la production. — Après le blé, l'Avoine est la céréale dont la culture occupe la plus grande surface dans notre pays. Le tableau suivant permettra de suivre les étapes successives de la production de l'avoine et de comparer cette dernière à celle des autres céréales.

ESPÈCES CULTIVÉES	NOMBRE D'HECTARES ENSEMENCÉS ANNUELLEMENT EN FRANCE				
	de 1815 à 1835	de 1836 à 1855	de 1856 à 1875	de 1876 à 1895	de 1880 à 1900
Avoine . . .	2.630.686	2.982.752	3.231.529	3.680.077	3.841.900
Froment . .	4.959.213	5.816.892	6.816.411	6,899.535	6.883.554
Méteil	685.428	827.343	545.027	347.920	310.798
Seigle	2.687.581	2.559.517	1.976.088	1.679.000	1.619.000
Orge.	1.131.661	1.222,601	1.679.000	982.685	947.000
Sarrasin. . .	663.688	694.073	728.717	621.687	605.534
Maïs et Millet	572.597	637.570	636.151	636.151	626.846

D'après ce tableau, il ressort nettement que la production de l'avoine ne cesse de prendre de l'extension, et que les surfaces ensemencées en cette céréale se sont étendues d'une façon progressive, avec un accroissement d'environ 350,000 hectares par période de vingt ans. Sa culture occupe un quart de l'étendue consacrée aux céréales, et le quatorzième de la surface totale du territoire.

Pour les dix dernières années, l'accroissement moyen a été de 287,000 hectares ainsi répartis pour les diverses régions, par ordre d'importance:

Centre. . . .	87.072 hectares		Sud-Ouest .	20.000 hectares
Nord.	59.049	—	Nord-Est . .	13.433 —
Ouest	53.762	—	Sud.	10.074 —
Nord-Ouest	33.354	—	Est	9.935 —

Seul le sud est en décroissance avec une diminution de 4,020 hectares.

La culture de l'avoine a également pris du développement dans la plupart des pays étrangers, ainsi qu'on en jugera par les quelques chiffres suivants:

Belgique . .	249.500 hectares en	1880	248.500 en 1895	
Angleterre .	1.190.000	—	1885	1.709.000 en 1892
Allemagne .	3.773.000	—	1883	3.873.000 —
Autriche. . .	1.759.000	—	1883	1.873.000 —
Hongrie . . .	992.000	—	1883	1.709.000 —
Etats-Unis .	8.215.000	—	1884	10.350.000 —
Russie	13.842.000	—	1880	13.793.000 —

Dans ce dernier pays, la culture de l'avoine aurait au contraire un peu diminué; en Belgique elle serait restée, pour ainsi dire, stationnaire.

CONDITIONS CLIMATÉRIQUES

L'avoine est par excellence la céréale des pays tempérés et brumeux; elle redoute particulièrement la chaleur et la grande sécheresse.

Sa culture est comprise dans une zône dont la limite supérieure s'arrête, dans l'Europe septentrionale, au 69° de latitude, passe par le Nord de la Laponie, où elle s'élève exceptionnellement jusqu'au 70°, puis descend rapidement dans la Russie d'Europe et la Sibérie occidentale, en décrivant des sinuosités sensiblement parallèles à l'isotherme correspondant.

En Sibérie, elle ne dépasse pas le 55° parallèle; en Asie, les céréales manquent complètement par 55° de latitude. Dans le nouveau continent, elle présente dans ses limites culturales une grande analogie avec ce qui vient d'être indiqué, mûrissant dans les régions de l'Ouest à 56 ou 57° de latitude, tandis que vers l'Océan Atlantique, sa culture s'arrête à 50 et 52°.

Dans l'hémisphère austral, la culture des avoines est comprise dans une zône limitée approximativement au Nord par le tropique du Capricorne (Bolivie, Rio-Janeiro, Cafrerie, pointe sud de Madagascar, nord de l'Australie), et au Sud par le 60° de latitude (cap Horn).

L'avoine étant très sensible à la chaleur, il en résulte que, dans les pays où les étés sont secs et chauds, comme en Italie, en Espagne et en Algérie, sa culture est relativement peu étendue.

En France, cette céréale réussit généralement très bien, sauf toutefois dans le Midi où, dans les années très chaudes et très sèches, elle ne donne qu'un produit de médiocre qualité; aussi y cultive-t-on de préférence l'orge qui a l'avantage d'être beaucoup moins sensible à la sécheresse. Nous ferons toutefois remarquer que, dans cette région, l'avoine est susceptible de donner de bons résultats si elle est semée de bonne heure dans des terres saines et fraîches.

Il est d'ailleurs facile de se rendre compte, en examinant la carte (fig. 1), de l'importance des cultures d'avoine dans les divers départements.

On voit que la production est la plus considérable dans le Nord, puis diminue au fur et à mesure qu'on descend vers le Midi, où elle devient très faible, généralement inférieure à 500.000 hectolitres.

Ce sont donc les pays à climat brumeux, où les pluies

sont fréquentes pendant le printemps, qui sont le plus
favorables à sa culture.

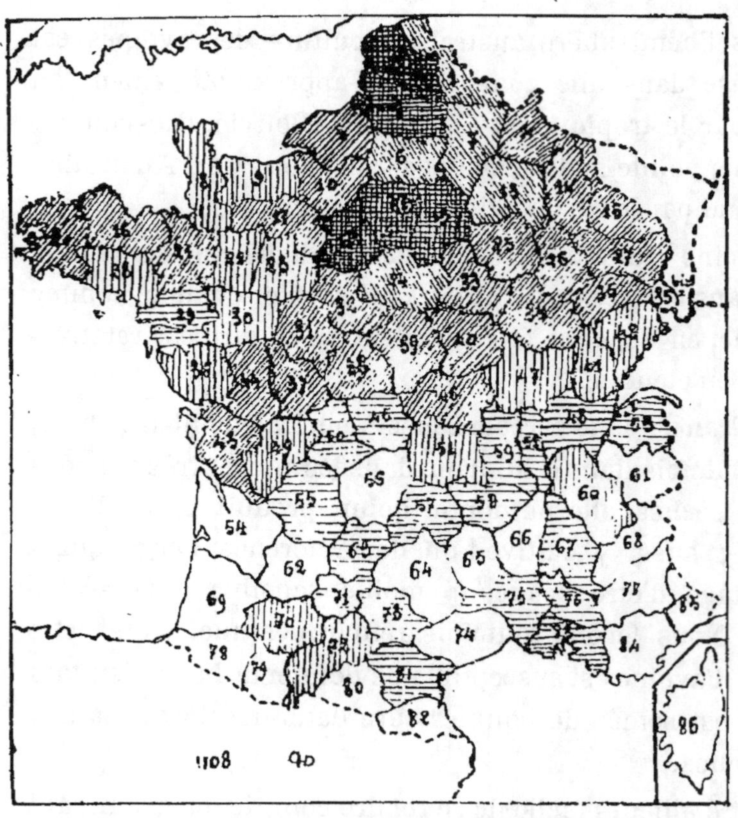

(Fig. 1). — CARTE DE LA PRODUCTION DE L'AVOINE

QUANTITÉS en HECTOLITRES

☐ De 0 à 250.000 hect.	▨ De 1.000.000 à 2.000.000 hect.
▤ De 250.000 à 500.000 hect.	▧ De 2.000.000 à 3.000.000 hect.
▥ De 500.000 à 1.000.000 hect.	▦ De 3.000.000 hect. et au-dessus

Les avoines peuvent végéter dans des conditions satisfaisantes jusqu'à une altitude de 1.200 mètres ; on en rencontre fréquemment des cultures à cette altitude dans les régions montagneuses telles que l'Auvergne, les Alpes et les Pyrénées ; toutefois, l'exposition joue également un grand rôle, car sur le versant nord de ces montagnes, on ne rencontre plus guère d'avoine au-dessus de 1000 mètres.

Les avoines sont peu résistantes au froid ; certaines variétés appelées avoines d'hiver, comme l'*avoine noire d'hiver de Belgique*, l'*avoine grise d'hiver* et l'*avena blanca* sont plus rustiques ; cependant elles ne peuvent le plus souvent supporter sans souffrir une température inférieure à 10° au-dessous de zéro ; il en résulte qu'on ne peut les cultiver d'automne avec une chance réelle de succès que dans l'Ouest, le Centre et le Midi. La distinction des avoines en *Avoines de printemps* et *Avoines d'hiver* ne s'applique donc qu'à une région déterminée, car en Algérie, par exemple, toutes nos avoines de printemps peuvent être semées à l'automne ; dans le nord et l'est de la France, au contraire, toutes les variétés doivent être semées au printemps pour que la réussite en soit assurée.

Principales espèces agricoles. — Toutes les races d'avoines cultivées se rapportent à quatre espèces botaniques différentes, possédant des caractères bien définis et bien tranchés. Ce sont :

1° L'**Avoine commune** (*Avena sativa*, de Linné). Cette espèce est de beaucoup la plus importante ; c'est elle qui fournit le plus grand nombre de variétés ; elle comprend du reste presque toutes les avoines cultivées en France.

Les caractères généraux de cette espèce sont : une panicule étalée, lâche, avec des épillets le plus souvent biflores ; les deux grains de chaque épillet demeurant enveloppés par les écales ou glumelles de coloration variable : blanches, jaunes, grises, rousses ou noires.

2º **L'Avoine à grappes ou Avoine d'Orient** (*Avena orientalis* Scred). Cette espèce se différencie nettement de la précédente par son port particulier, sa panicule étant resserrée et les épillets tous orientés du même côté, raison pour laquelle on lui donne fréquemment le nom d'unilatérale.

Mais nous verrons plus loin que cette forme particulière est due simplement à une anomalie ; aussi serions-nous tentés de considérer l'avoine unilatérale comme une variété de l'avoine commune plutôt que comme une espèce distincte.

3º **L'Avoine nue** (*Avena nuda*, Linné) a ses épillets formés de 3 à 5 fleurs ; les enveloppes de l'amande (écales ou glumelles) se rapprochent beaucoup comme forme et structure des deux bractées stériles ou glumes qui recouvrent en partie l'épillet ; il en résulte que le grain, à la maturité, se dégage facilement des écales et qu'il est nu.

Cette espèce renferme un très petit nombre de variétés que l'on ne rencontre guère en France, en dehors des collections d'amateurs.

4º **L'Avoine courte ou Avoine pied de mouche** (*Avena brevis* Roth). Cette espèce ne comprend qu'une seule variété : l'avoine courte aussi appelée avoine pied de mouche. Les grains, vêtus, courts, renferment une amande très réduite ; ils sont toujours munis d'une arête qui se détache difficilement.

Nous citerons encore l'Avoine strigueuse (*Avena strigosa*) qui a, comme la précédente, les deux grains de chaque épillet pourvus d'une barbe, mais qui s'en distingue essentiellement par son grain effilé, allongé et terminé au sommet par deux barbes fines et courtes. Cette espèce, absolument sans intérêt au point de vue commercial, est plutôt une avoine botanique de collection.

CHAPITRE II

L'AVOINE COMMUNE

Caractères généraux. — L'avoine possède un système radiculaire fasciculé s'enfonçant assez profondément dans le sol; ses tiges ou chaumes, élevées de 1 mètre à 1^{m}50, sont dressées et fistuleuses; les feuilles sont alternes, distiques, composées d'une gaine enveloppant la tige et d'un limbe plan à ligule ovale avec dents aiguës. On appelle ligule ou collerette, une petite membrane annulaire, allongée, mince et transparente, qui se présente comme un prolongement de l'épiderme interne de la gaine. Le point de jonction de cette gaine et du limbe est sans oreillette, sorte d'expansion foliacée libre à pointe aiguë, que l'on trouve par exemple fort développée dans le blé et l'orge.

L'inflorescence est composée de cinq à six demi-verticilles alternes de rameaux étalés, formant ainsi une panicule pyramidale de rameaux portant à leur extrémité les épillets retombants. Les fleurs sont groupées par 2 ou 3 dans les épillets; elles sont hermaphrodites, c'est-à-dire qu'elles portent à la fois des organes mâles (étamines) et des organes femelles (pistils), sauf la dernière de chaque épillet qui avorte et reste rudimentaire, constituant ce que nous appellerons plus loin les paillettes ou cuticules.

La fleur de l'avoine est irrégulière et son périanthe fait complètement défaut; car il n'existe ni sépales, ni pétales, mais ce périanthe est remplacé pour ainsi dire morphologiquement par deux pièces nommées glumelles, très différentes comme forme et structure (Fig. 7). Après avoir dépouillé la fleur de ses glumelles, on trouve encore, appliquées contre l'ovaire, de petites écailles ou glumellules.

L'androcée de la fleur d'avoine se compose de trois étamines insérées au-dessous de l'ovaire; les anthères sont biloculaires, attachées par leur milieu à un filet long et très mince, et jouissant pour cette raison d'une grande mobilité.

Le gynécée se compose d'un ovaire supère que surmontent deux styles plumeux; cet ovaire ne renferme qu'un seul ovule dressé, et par suite, à la maturité, le fruit de l'avoine est un caryopse velu, allongé, portant un sillon (si) (Fig. 2) sur sa face interne; il reste enfermé et enveloppé par les glumelles et est par suite vêtu.

Après avoir ainsi donné succinctement les caractères généraux de l'avoine commune, nous allons étudier successivement les diverses phases du développement de ces avoines depuis la germination jusqu'à la maturité.

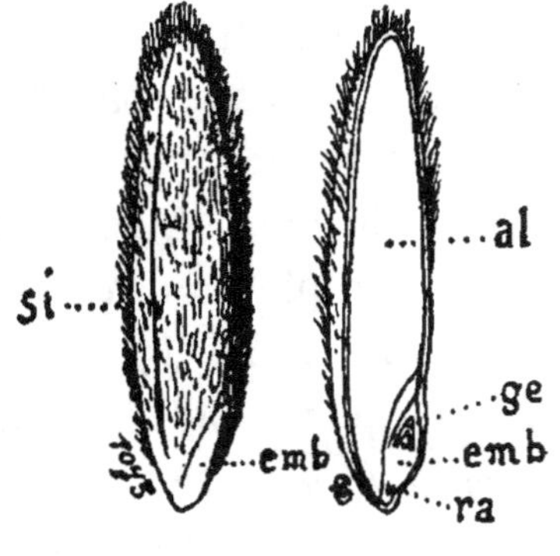

Fig. 2. — A grain décortiqué ou amande, B coupe de ce même grain passant par le sillon.
emb. : embryon; ra : radicule; ge : gemmule; al : albumen.

Structure de l'amande. — Si on coupe un grain d'avoine longitudinalement suivant un plan passant par le sillon, on remarque que la graine renferme un abondant albumen amylacé, à la base, et en dehors duquel, sur la face antérieure et convexe du fruit, se trouve situé l'embryon.

Si nous examinons au microscope une coupe longitudinale passant par le plan médian de l'embryon, nous trouvons la structure indiquée dans la figure 3 (page 13).

Les assises extérieures, (pa) dont les deux premières sont sous forme de cellules allongées, n'appartiennent pas au grain ; mais représentent les parois de l'ovaire : l'amande de l'avoine, comme du reste dans toutes les céréales, n'est pas un grain ; mais un fruit sec, une sorte d'akène qui a reçu le nom de caryopse.

La première couche du grain proprement dit, est la couche (te), qui représente le testa ; en dessous, se trouve la couche à grain d'aleurone (ale).

L'embryon est profondément différencié ; sa tigelle (ti) porte sur sa face postérieure un large cotylédon (cot) qui descend le long de son extrémité inférieure et en même temps se reploie en avant, de manière à envelopper cet embryon comme d'un manteau ; aussi, pour cette raison, est-il fréquemment désigné dans les céréales par le nom de *scutellum* (petit bouclier). Son épiderme extérieur ou épithelium (ep) est intimement appliqué contre l'albumen. Cet épithelium, formé de cellules en palissade, joue un rôle important au point de vue du développement de l'embryon ; en effet, c'est lui qui secrète les diastases (cytases et amylases) qui dissolvent les grains d'amidon des cellules voisines pour la formation de l'embryon.

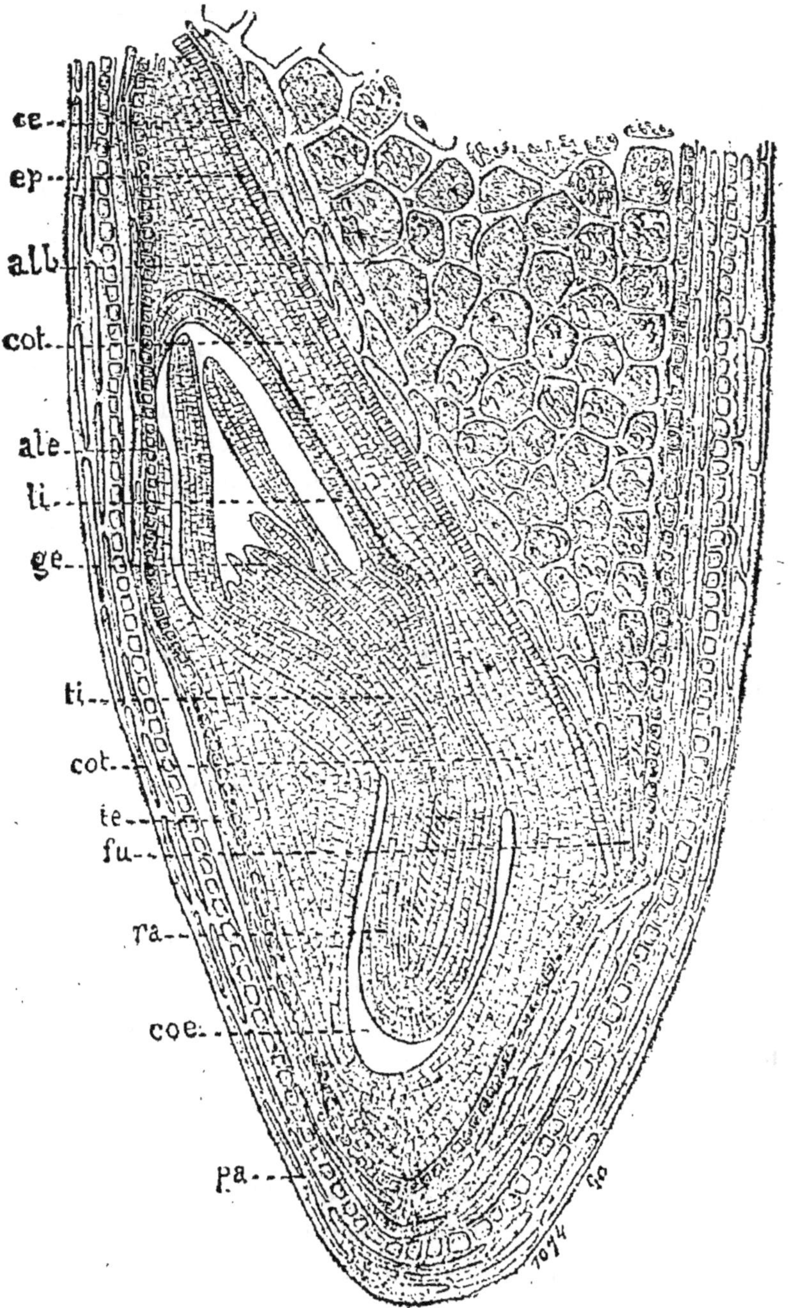

Fig. 3. — *Coupe longitudinale passant par le plan médian de l'embryon.*

La couche (ce) de la figure 3 représente les assises des cellules vides dont les grains d'amidon ont été ainsi utilisés.

En bas, la tigelle se continue par une racine terminale (ra), ordinairement accompagnée de petits bourgeons, premier point de départ des racines latérales ; en haut, elle porte immédiatement au-dessus du cotylédon, et en superposition avec lui, une gaîne membraneuse binerve, qui n'est autre chose que la ligule du cotylédon (li), puis vient une seconde feuille, suivie à son tour de plusieurs autres plus petites, croissant toujours dans un ordre distique. L'ensemble formé par la ligule cotylédonaire et par les feuilles incluses constitue une gemmule fort développée (ge).

Germination. — Confiés à la terre, ou placés dans un air humide et chaud, ces grains subissent des transformations internes, qui conduisent à la germination. Sous l'influence de l'eau absorbée, le grain se renfle, les grains d'amidon se gonflent ; l'épithelium du cotylédon secrète en abondance, d'abord de la cytase qui dissout les parois cellulosiques de l'albumen, puis de l'amylase qui corrode et dissout peu à peu les grains d'amidon. Puis il se produit par osmose, vers l'embryon, des petits courants du liquide renfermant en dissolution des hydrates de carbone directement assimilables, qui permettent à cet embryon de reprendre et de poursuivre sa croissance ; bientôt la radicule s'allonge, perce la sorte de poche qui la contient, et s'échappe au dehors ; mais le cotylédon ou scutellum demeure en place dans la graine sans se développer ; seule la ligule, en forme d'étui mince et transparent s'allonge, mais sa croissance

est moins rapide que celle de la gemmule qui bientôt la
perce au sommet.

Un point intéressant que l'on rencontre dans l'avoine,
c'est que le premier nœud de la tige s'accroît ordinairement de façon à séparer nettement ces deux parties de la
même feuille, à savoir : le cotylédon et sa ligule.

De très bonne heure, la radicule se ramifie; très près de
la base, elle présente deux bourgeons latéraux qui vont
s'allonger rapidement et prendre autant d'importance que
la racine primaire provenant de l'allongement de la radicule; c'est ainsi que se trouvent constitués les premiers
éléments de leur système radiculaire fasciculé.

Une fois le grain mis en germination, que ce soit dans
le sol ou dans des germinateurs, ces premiers stades du
développement que pous venons d'indiquer, se succèdent
assez rapidement. Mis à l'étude à une température de
20 à 25 degrés, ces grains dégagent la pointe de leur radicule
en 30 ou 35 heures; dans la terre, suivant la température
extérieure et la profondeur du semis, il faut de dix à quinze
jours avant que l'on ne voie poindre la première feuille;
bientôt celle-ci étale son limbe, et une deuxième apparaît
sous forme d'une pointe verte; mais le bourgeon terminal,
d'où sont sorties ces deux premières feuilles et qui donnera
naissance au maître brin, se ramifie le plus souvent, et de
bonne heure on aperçoit à la base un ou deux bourgeons
latéraux partant de l'aisselle des feuilles rudimentaires, et
qui produiront des rameaux secondaires. Ces derniers
émettent des racines adventives, de telle sorte qu'ils sont
un peu indépendants, pouvant puiser directement dans le
sol les aliments nécessaires à l'édification de leur corps;

souvent ces rameaux secondaires se ramifient à leur tour et donnent naissance par le même procédé à des rameaux tertiaires.

Cette ramification souterraine des pieds d'avoine constitue le tallage, chaque rameau émis constituant une talle.

APPAREIL VÉGÉTATIF

Tallage. — Les différentes variétés d'avoines semées dans des conditions absolument identiques, comme époque de semis, nature et richesse du sol, ainsi que nous le faisons du reste pour tous nos champs d'essais, présentent des variations très grandes au point de vue du tallage, comme on peut le remarquer d'après le petit tableau suivant, où nous donnons le nombre de talles moyen, par pied, pour les variétés les plus usitées.

NOMS DES VARIÉTÉS	Nombre moyen de talles par pied	NOMS DES VARIÉTÉS	Nombre moyen de talles par pied
de Beseler	1 38	Noire de Coulommiers . . .	2 60
Noire prolifique de Californie	1 56	Grise de Houdan. .	3 40
de Probster	1 65	Noire de Brie	3 46
Noire de Hongrie. .	1 95	Joanette.	3 90
Blanche de Pologne.	1 97	Hâtive d'Étampes. .	4 28
Jaune de Flandre. .	2 54		

D'après ce petit tableau, nous voyons par exemple que l'avoine hâtive d'Étampes a un tallage trois fois plus grand que l'avoine de Beseler; d'une façon générale, ce sont les avoines paniculées à grain noir ou gris qui ont le plus fort tallage; nous verrons dans la suite qu'elles présentent également, dans la structure de leur grain, des caractères communs très importants.

Nous allons maintenant examiner rapidement si un tallage abondant est une qualité ou un défaut.

M. Schribaux, qui s'est occupé spécialement de l'étude de cette question fort intéressante, a toujours remarqué que ce sont les variétés qui tallent le moins qui sont les plus productives; ceci serait, du reste, d'accord avec les nombreuses constatations qu'il a faites dans ses champs d'expériences, et qui, d'autre part, se trouvent confirmées par la pratique des exploitations agricoles les plus célèbres de la France et de l'étranger.

« Quand une céréale, dit M. Schribaux, se ramifie peu, ne s'étend pas en surface, elle gagne en hauteur ce qu'elle perd en largeur; les ressources alimentaires qui auraient servi à nourrir de nombreuses ramifications déterminent un surcroît de vigueur dans celles qui subsistent, les brins restants deviennent plus trapus, plus productifs. »

Ainsi les avoines à très grand rendement, telles que les avoines jaune de Flandre, noire de Hongrie, blanche de Pologne, de Beseler, ont un très petit nombre de talles; toutes les avoines à fort tallage citées dans le tableau précédent n'ont qu'un rendement moyen. Les variétés les plus fertiles sont donc celles dont la faculté de tallage est la plus faible.

La façon dont le semis a été effectué, clair ou dru, a une grande influence sur le nombre de tiges émises par chaque plante. Un semis clair a l'inconvénient, surtout pour les variétés présentant un fort tallage, de donner de fortes touffes herbacées dans lesquelles la fertilité des talles décroît dans l'ordre de leur apparition, les premières de ces talles étant les plus productives et celles qui fournissent le meilleur grain. Avec un semis clair, on n'obtient que rarement une maturité bien égale, car surtout pour les avoines noires, quand les premières panicules sont arrivées à maturité, les dernières ont encore leur grain à l'état semi-laiteux, non coloré; d'un autre côté, si on attend que leur maturité soit plus avancée, on risque de perdre une partie du grain, le plus lourd et le plus beau, ces avoines noires étant très susceptibles à s'égrener.

On peut donc dire que, d'une façon générale, pour obtenir une récolte abondante et d'excellente qualité, il est d'abord indispensable de semer assez dru et de rapprocher les lignes, de façon à réduire le tallage.

En dehors du tallage, les diverses variétés d'avoines présentent à l'état herbacé des différences assez sensibles : les unes ont un feuillage grêle et étroit, comme les avoines très hâtive d'Etampes et Joanette; d'autres possèdent un feuillage moyen, comme les avoines de Coulommiers et de Brie; où enfin un feuillage très ample, comme les avoines noire de Hongrie, blanche de Hongrie, prolifique de Californie, blanche de Pologne, etc. Nous avons remarqué que les avoines à faible tallage ont un feuillage généralement peu abondant et très ample; tandis que les avoines qui tallent fort ont, au contraire, un feuillage très abondant et très léger.

Les avoines présentent, dans la structure de leur gaine et de leur limbe, des particularités qui permettent de les distinguer avec la plus grande facilité des autres céréales.

Quand on passe près d'un champ de céréales dont le

développement est encore peu avancé et si l'on veut se
rendre compte de ce qui est ensemencé, il suffit d'arracher
quelques plantules avec précaution et on trouvera à la
base le grain qui leur a donné naissance; quoique flasque
et à moité vidé, il est encore très facile d'en reconnaître
l'espèce, surtout pour les variétés vêtues, les écales en
étant encore peu altérées.

Si le développement herbacé est fort avancé, il suffit de
prendre une seule feuille avec sa gaîne pour être immédiatement fixé; les feuilles de l'avoine n'ont pas d'oreillettes,
le limbe et la gaîne présentent de longs poils assez espacés.

Les feuilles du blé et de l'orge ont deux expansions
membraneuses ou oreillettes à la jonction du limbe et de
la gaîne, ces oreillettes sont ciliées dans le blé, c'est-à-dire
munies de poils raides, poils qui font défaut dans l'orge.

Le seigle, comme l'avoine, est dépourvu d'oreillettes,
mais on l'en distingue facilement, parce qu'il ne présente
pas de poils sur la gaîne et le limbe.

Quand on examine un plant d'avoine à la fin du tallage,
et en particulier le maître brin par exemple, on constate
que toutes les feuilles sont insérées très près les unes des
autres, comme si la tige pour ainsi dire n'existait pas,
mais en réalité chaque talle présente, très rapprochés, tous
les nœuds que l'on distinguera plus tard et qui sont si
caractéristiques dans chacune des avoines et dans toutes
les céréales en général; on peut comparer ces talles herbacées à une lunette ou à une canne à pêche dont toutes
les parties sont rerîtrées les unes dans les autres, les
nœuds étant représentés par les points d'attache de ces
différentes parties.

Le tallage est terminé et la montaison commence quand, par suite d'un mécanisme particulier qui constitue la croissance intercalaire, ces parties rentrées s'allongent rapidement, formant ainsi les nœuds et les entre-nœuds ou mérithalles. Chaque nœud est le point de départ d'une feuille, et à cette hauteur, il existe une sorte de cloison transversale constituée par des faisceaux fibro-vasculaires entrecroisés. A l'état jeune, la tige de l'avoine comme celle du blé est pleine, présentant une moelle centrale extrémement développée; mais plus tard, à mesure que le développement s'avance, cette moelle se déchire et se rompt, formant dans la suite une cavité tubuleuse, qui caractérise la tige ou chaume des céréales.

Chaque entre-nœud ou mérithalle de la tige est entouré par la gaîne de la feuille qui part du nœud situé en dessous. Tant que la plante est encore verte, il y a une adhérence très grande entre cette gaîne et la tige à laquelle elle est réunie par un tissu parenchymateux blanchâtre; à ce moment, si on déchire la gaîne, on remarque que la tige est molle, sans consistance et incapable de se tenir; à ce moment, la gaîne de la feuille sert pour ainsi dire de tuteur tubuleux, mais bientôt la tige prend de la consistance et il se forme un tissu de soutien que l'on appelle le sclérenchyme.

Plus la plante reçoit d'air et de lumière, plus les mérithalles sont courtes et plus la tige est épaisse; si au contraire le semis a été fait trop dru, les plantes filent, leurs mérithalles s'allongent beaucoup mais ont une faible épaisseur et elles sont alors sujettes à verser.

A la suite d'expériences nombreuses, on a remarqué que l'excès d'azote provoque un développement trop rapide et que les chaumes deviennent souvent très gros, sans présenter pour cela une plus grande épaisseur, tandis que sous l'influence de fortes fumures phosphatées, l'épaississement des parois des cellules est plus considérable, le tissu de soutien ou sclérenchyme prend un plus grand développement et la paille, par suite, offre plus de rigidité et plus de résistance à la verse.

Du développement des chaumes et de la paille. — Le chaume des avoines ayant atteint son complet développement se présente, au moment de la floraison, comme une tige herbacée et fistuleuse. Aux niveaux d'où partent les feuilles, ces chaumes sont un peu renflés avec une teinte plus claire; c'est en ces points que leur cavité intérieure est traversée comme nous l'avons vu par une cloison, ce sont les *nœuds*.

Ces nœuds sont toujours plus renflés, mais ce renflement consiste dans un épaississement non pas du chaume, mais de la gaîne de la feuille; ces épaississements de la gaîne ont un rôle morphologique très important; ils servent de soutien à la tige qui, immédiatement au-dessus du nœud, est tendre et molle, constituée par un tissu non lignifié, en voie de croissance jusqu'à la fin de la floraison; même à la maturité, en ce point le chaume est plus grêle, moins résistant, et n'offre pas une rigidité suffisante pour se tenir droit si la gaîne était supprimée.

Les renflements de la gaîne ont encore un autre rôle très important et qu'il est nécessaire de mettre en lumière, c'est la faculté qu'ils ont de redresser le chaume versé; les entre-nœuds restent droits et le redressement s'opère angulairement sur les nœuds, le côté inférieur de la gaîne foliacée s'accroissant davantage que le supérieur. Dans ce mouvement, le chaume est entraîné passivement; ce redressement de la tige se fait aisément tant que la croissance n'est pas terminée; mais en approchant de la maturité, les tissus du nœud sont lignifiés et le redressement n'est plus possible.

A la maturité, le chaume se dessèche, jaunit et devient la paille; celle-ci se présente comme une succession de nœuds et d'entre-nœuds ou mérithalles de longueurs différentes. Ce chaume présente généralement six nœuds et six mérithalles; pour fixer les idées sur leur longueur respective, nous prendrons par exemple l'avoine de Ligowo améliorée, dont le chaume a fréquemment 1^m30 de hauteur jusqu'à la naissance du premier 1/2 verticille de la panicule. Les longueurs des six mérithalles sont les suivantes, en centimètres : Premier, 2; deuxième, 7, 5; troisième, 14; qua-

Fig. 4. — *Plante entière au début de la floraison.*

trième 18,5; cinquième, 29,5; sixième, 60; le plus fort diamètre se présente vers le milieu des 3e et 4e entre-nœuds.

Cultivées dans les mêmes conditions, les diverses variétés d'avoines sont loin de posséder toutes la même hauteur et la même grosseur de paille.

Dans la figure 5, nous représentons comparativement les chaumes des quatre formes principales que l'on rencontre dans les avoines : la première, l'avoine Longfellow, à paille très haute ; la seconde, l'avoine de Hongrie noire, à paille haute et grosse; la troisième, l'avoine de Brie, à paille moyenne et enfin la quatrième, l'avoine Joanette, à paille fine et peu élevée.

Tableau comparatif, donnant en centimètres la longueur moyenne des divers entre-nœuds du chaume.

NOMS DES VARIÉTÉS	Premier	Second	Troisième	Quatrième	Cinquième	Sixième	Hauteur totale des Entre-nœuds
Longfellow	7,2	9	16,3	24	35	49	140,5
Noire de Hongrie	3	9,8	13,6	17	28,5	59	130,9
Noire de Brie	2	11,8	12,5	16,8	27,5	54	124,6
Joanette	1,5	5	14,2	20,5	24	40	105,3

D'après ce tableau, nous voyons que toutes les avoines ont leur chaume présentant toujours six nœuds et six mérithalles, quelles qu'en soient l'espèce et la hauteur; cette dernière varie avec l'allongement des entre-nœuds. Dans les avoines peu élevées ou de hauteur moyenne, les deux premiers nœuds portent des racines adventives; dans les avoines hautes ou très hautes, le second étant déjà fort distant de la surface du sol n'en porte plus.

La hauteur de la paille pour une même variété peut varier énormément comme grosseur et hauteur, suivant

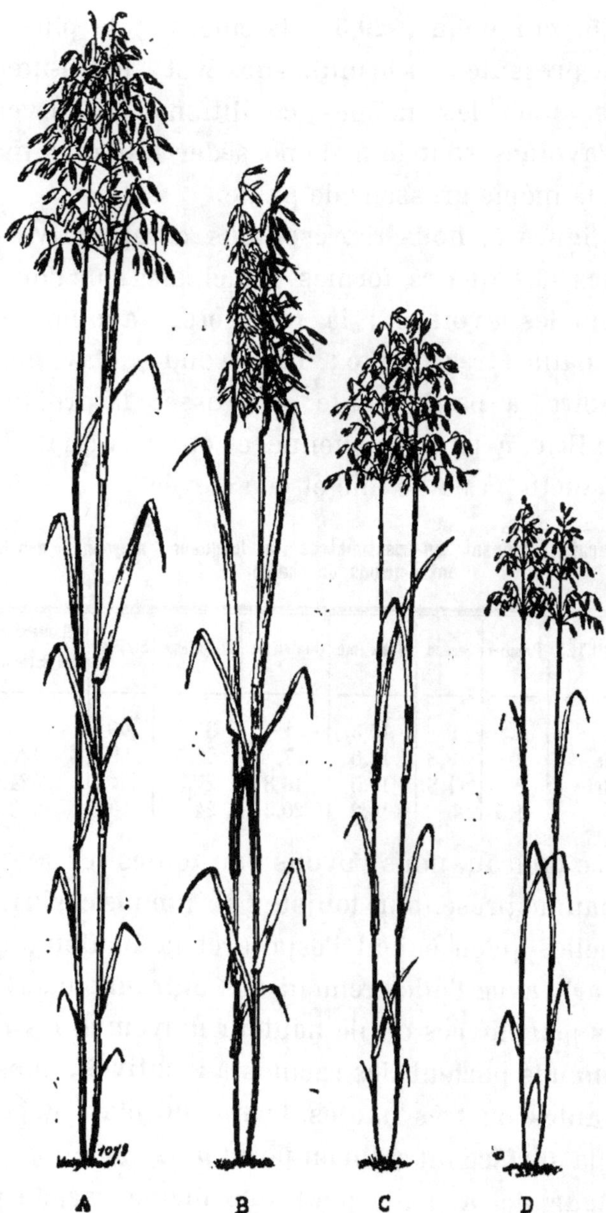

Fig. 5. — Hauteurs comparées des chaumes : A dans l'Avoine Longfellow, B dans l'Avoine noire de Hongrie, C dans l'Avoine noire de Brie, D dans l'Avoine Joanette

la nature et la richesse du sol, aussi la hauteur d'une avoine, relevée isolément, n'a en elle-même aucune valeur.

De la panicule. — L'inflorescence des avoines se compose de cinq à six demi-verticilles alternes de rameaux étalés, formant une panicule pyramidale. C'est le premier demi-verticille de la base qui est de beaucoup le plus fourni et le plus ramifié; à chacun de ces nœuds, les différents rameaux qui en partent sont loin d'avoir la même valeur; à chaque étage, il en existe toujours un plus fort avec deux latéraux de second ordre, tous les autres étant grèles, insérés à la base et en dehors de ceux-ci.

Le développement de cette panicule est centripète, c'est-à-dire que la floraison et la maturité se produisent du sommet en allant vers la base. Remarquons toutefois que dans un même verticille il y a également une grande inégalité dans l'époque de floraison, mais dans l'ensemble de la panicule, ce sont les épillets supérieurs des plus forts rameaux qui fleurissent les premiers, renferment le plus de fleurs fertiles, et qui, à la maturité, donneront les grains les plus gros et les plus lourds.

Les dernières ramifications de tout ce système portent à leur extrémité un épillet pendant, dont nous donnerons plus loin la structure.

Structure comparée des inflorescences des avoines unilatérales et paniculées. — Les avoines unilatérales ne diffèrent des avoines paniculées, c'est-à-dire des avoines à panicule étalée, que par ce caractère que l'inflorescence est resserrée et que tous les épillets sont orientés d'un même côté; d'où le nom d'unilatérales sous lequel on les désigne ordinairement; en Allemagne, elles sont connues sous le nom de *Fahnenhafer*, c'est-à-dire *avoine à drapeau*, nom qui dépeint bien également la forme d'inflorescence.

Les botanistes considèrent ces avoines comme bien distinctes de l'avoine commune *Avena sativa*, et ils en font une espèce spéciale sous le nom d'*Avena orientalis*.

Nous ne nous rangeons nullement à cette manière de voir, et nous allons expliquer les raisons pour lesquelles nous sommes intimement convaincus qu'elles appartiennent bien à l'Avena sativa, dont elles ne sont, comme nous allons le voir, qu'une anomalie :

1° Plusieurs avoines unilatérales sont sorties par variation d'avoines paniculées; ainsi l'avoine jaune géante à grappes est sortie par variation de l'avoine jaune de Flandre.

M. H. de Vilmorin ayant remarqué dans un lot de jaune de Flandre des pieds dont les panicules étaient plus compactes, fit récolter ces pieds à part et semer le grain séparément; la nouvelle forme se reproduisit assez bien, et au bout de plusieurs années de sélection et d'épuration, la variété bien fixée fut mise au commerce sous le nom de jaune géante à grappes.

2° Certaines avoines unilatérales mal fixées ont une tendance à *retourner au type* et à donner une certaine proportion d'avoines à panicules; telle est, par exemple, l'avoine blanche prolifique, dont la semence, même la plus pure et la mieux sélectionnée, donne toujours quelques pieds à panicule étalée.

3° Les avoines unilatérales ne sont que des avoines

paniculées à inflorescence anormale ; l'anomalie consistant en une légère fasciation de la base des rameaux composant chaque demi-verticille.

Examinons comparativement, à l'aide de la figure 6, des panicules d'avoine jaune de Flandre et de jaune géante à grappes, et portons notre attention sur les demi-verticilles qui les composent.

Dans l'avoine jaune de Flandre, on remarque, (comme l'indique la figure C, qui représente vu de face le premier demi-verticille de l'avoine jaune de Flandre) qu'au-dessus d'une sorte de bourrelet ou légère collerette saillante, (bm), rudiment de la bractée mère de l'inflorescence, les différents rameaux de grosseur et de taille inégales naissent isolément ; que d'autre part, ils présentent à leur base un renflement plus ou moins accentué, mais surtout accusé du côté interne, c'est-à-dire du côté qui regarde le rachis ou axe de l'inflorescence ; par suite de cette disposition, ces renflements ne permettent pas aux rameaux de s'appliquer dès leur base contre la tige, et les force même à être divergents et à s'étaler.

Dans la dernière gaîne foliaire, avant l'épiaison, tous ces rameaux sont resserrés, formant une sorte de faisceau ; puis, par suite de la croissance intercalaire du dernier entre-nœud, peu avant la floraison, l'inflorescence se dégage de la gaîne ; mais ce dégagement est assez lent et progressif, de telle sorte que les rameaux des verticilles inférieurs, dans les variétés à panicule très allongée, ont le temps de prendre pour ainsi dire le pli de l'inflexion qu'ils présentaient au début. Ainsi il existe plusieurs variétés comme nous le verrons dans la suite, qui au moment de la floraison paraissent unilatérales; mais peu après, la légère courbure forcée qu'ils offraient à la base s'affaiblit, ils se redressent peu à peu et s'étalent plus ou moins suivant la variété.

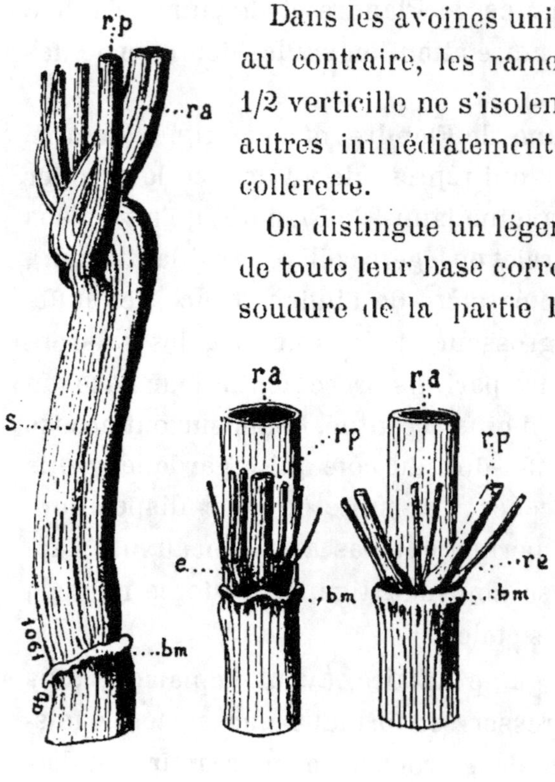

Dans les avoines unilatérales (Fig. B), au contraire, les rameaux du premier 1/2 verticille ne s'isolent pas les uns des autres immédiatement au dessus de la collerette.

On distingue un léger empâtement (*e*) de toute leur base correspondant à une soudure de la partie basilaire des rameaux. Ici, il n'existe plus de renflement; dans la gaine, ces rameaux forment un faisceau étroitement accolé contre la tige, et après le dégagement, ils conservent cette position; ils épousent même

Fig. 6. — *Structure de la panicule à la hauteur du premier 1/2 verticille. A Avoine noire de la Nubie, B Avoine jaune géante à grappes, C Avoine jaune de Flandre.*

les courbures que présente souvent le rachis, courbures qui sont dues fréquemment à la difficulté qu'éprouve l'inflorescence à se dégager de la gaine.

Une autre particularité, c'est que le rachis des avoines à

grappes présente une légère inflexion au-dessous de chaque demi-verticille, inflexion que nous avons toujours constatée.

Cette structure spéciale, que nous venons d'étudier dans le premier verticille des avoines unilatérales, se retrouve également à tous les autres nœuds de l'inflorescence, avec cette différence toutefois, qu'il n'y existe plus de collerette.

Dans certaines avoines unilatérales, telles que les avoines Roi de Kent et noire de la Nubie, on trouve une fasciation et une soudure beaucoup plus accentuées; tous les rameaux du premier verticille sont soudés, sur une longueur assez variable non seulement entre eux, mais aussi avec l'axe du rachis, la ligne de suture étant ordinairement marquée par un faible sillon (*s*). Quand cette fasciation est très marquée, il s'ensuit que la collerette est éloignée du point où les rameaux s'isolent, point souvent très rapproché du second 1/2 verticille. Cette particularité de la panicule des avoines à grappes ne peut servir de caractère différentiel pour former de ces avoines une espèce distincte, car elle ne constitue qu'une simple anomalie, comme on en rencontre tant du même genre dans le règne végétal.

Aussi, nous considérerons les avoines unilatérales, non comme constituant une espèce distincte, mais comme des formes d'avoines à panicules, que nous rangerons à côté des avoines dont le grain est de même forme et de même couleur.

Du reste, à l'appui de notre théorie, nous possédons et étudions actuellement dans nos cultures plusieurs formes unilatérales nouvelles très intéressantes, dont une actuellement bien fixée est sortie par simple variation d'une autre avoine paniculée.

Structure des épillets. — Les épillets des avoines sont toujours pendants à l'extrémité des rameaux grêles de la panicule; ils renferment une, deux ou trois fleurs fertiles. Nous examinerons en détail le cas le plus général, qui est celui de l'épillet biflore représenté dans la figure ci-dessous.

Sur l'axe de l'épillet sont disposées de petites bractées alternes-distiques, scarieuses et de forme naviculaire; les deux inférieures, stériles, appelées glumes, sont très rapprochées sans être toutefois au même niveau; l'inférieure, (*gi*) embrassante, est ordinairement un peu plus grande que l'autre; ces glumes toujours plus longues que les glumelles recouvrent entièrement l'épillet.

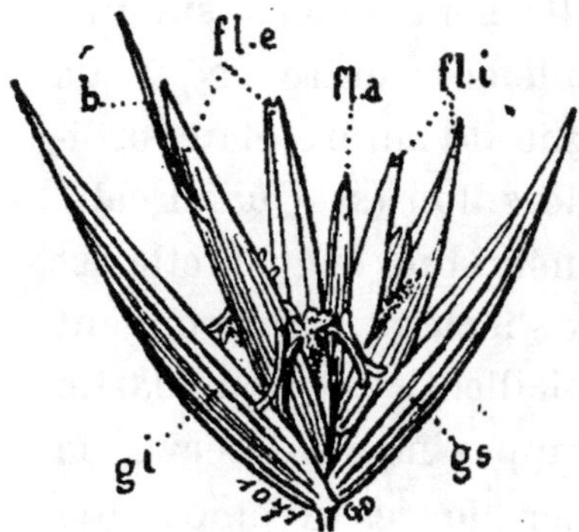

Fig. 7. — *Épillet d'Avoine au moment de la floraison.*

Les bractées qui viennent après les glumes sur l'axe de l'épillet portent les fleurs à leur aisselle. La première est située juste au-dessus de la glume inférieure, et la deuxième au-dessus de la glume supérieure.

Dans la cavité de ces bractées, appelées glumelles inférieures, se trouve la fleur qui est recouverte d'une autre bractée; la glumelle supérieure.

Dans chaque épillet, la glumelle inférieure de la première fleur est seule susceptible de porter une arête ou barbe (*b*) qui se détache vers le milieu du dos de celle-ci.

Si on compare ces glumelles aristées aux feuilles ordinaires, les glumes et glumelles doivent être regardées comme des gaînes et les arêtes comme des limbes avortés réduits à leur nervure médiane.

Ces deux glumelles inférieures (Fig. 8)(*gli*) et supérieures (*gls*) enveloppant chaque fleur ont une structure fort différente ; la glumelle supérieure qui est embrassée et plus ou moins recouverte par les bords de la glumelle inférieure n'est pas insérée sur l'axe de l'épillet ; mais sur un axe latéral très court, naissant à l'aisselle de la glumelle inférieure et terminé par la fleur. Cette glumelle est de consistance beaucoup moins ferme que la glumelle inférieure ; dépourvue de nervure dorsale, elle est bicarénée avec deux nervures latérales.

Structure de la fleur. — Avant la floraison, la fleur de l'avoine est étroitement enfermée entre les glumelles (gls-gli, fig. 8). Cette fleur est, comme nous l'avons vu précédemment, hermaphrodite, sans périanthe. Toutefois, celui-ci est représenté morphologiquement par deux petites écailles ; les glumellules ou squamules ; celles-ci, toujours très petites, sont situées devant la glumelle inférieure ; elles sont incolores et charnues jusqu'au moment de la fécondation. Ces organes, qui sont fortement turgescents pendant l'anthèse, c'est-à-dire au moment de la fécondation, forcent les glumelles à s'écarter et permettent ainsi aux étamines de s'échapper au dehors ; peu après, ils se dessèchent, formant deux sortes de petites pellicules membraneuses sur lesquelles nous ne reviendrons plus, car elles sont désormais absolument sans intérêt.

Les étamines (*et*) sont au nombre de trois; l'une, antérieure, est placée entre les deux glumellules devant la glumelle inférieure, et les deux autres sont sur les côtés de la glumelle supérieure.

L'anthère est à deux sacs polliniques réunis par un connectif court, qu'ils dépassent en haut et en bas; il en résulte qu'en se desséchant, ces sacs deviennent concaves vers l'extérieur et l'anthère prend alors la forme d'un X. Ces anthères sont attachées à un filet grêle

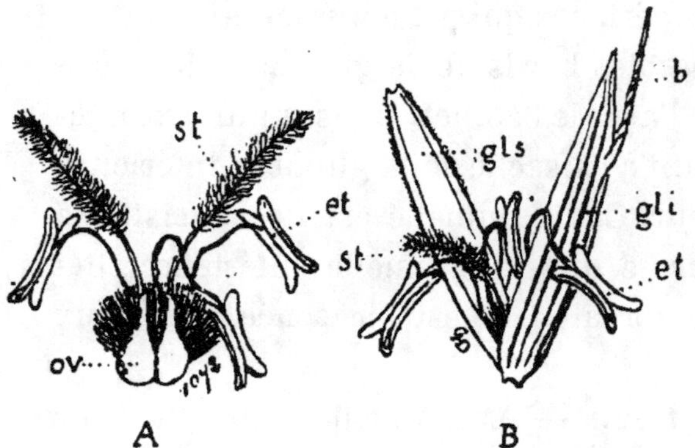

Fig. 8. — A *Fleur proprement dite isolée*. B *Fleur entourée de ses deux bractées ou glumelles.*

vers le milieu du dos; elles sont donc dorsifixes oscillantes. Elles s'ouvrent par une fente longitudinale, et le moindre ébranlement fait échapper le pollen sec sous forme d'un petit nuage.

L'ovaire est un sac sessile oboval, portant à son sommet deux styles (*st*) dont les ramifications, étant garnies de pupilles stigmatiques qui retiennent le pollen, jouent le rôle de stigmate.

Fécondation. — La fécondation des avoines commence avec le début de la floraison, mais nous allons voir qu'il est difficile souvent de fixer exactement la date de floraison soit d'un pied, soit d'un champ d'avoine.

Quand la fleur s'apprête pour la fécondation, les anthères deviennent jaunes, et, si l'air est chaud et sec, les sacs polliniques s'entr'ouvrent à leurs extrémités, laissant échapper le pollen qu'ils renferment et qui tombe sur les papilles stigmatiques ; peu de temps après, le filet s'allonge très rapidement, et les anthères se dégagent des glumelles maintenues entr'ouvertes par la turgescence des glumellules. D'après de nombreuses observations que nous avons faites pendant plusieurs années consécutives, en cherchant à faire des fécondations croisées dans le but d'obtenir de nouvelles variétés, nous avons toujours constaté qu'il y avait autofécondation, et que, très souvent, les glumelles ne s'écartent pas sous la pression des glumellules, les sacs polliniques vides restant inclus ; on les retrouve quand on décortique les grains. Nous avons particulièrement observé ce fait dans les avoines à grain d'orge, et chaque fois que, dans ces variétés pour chercher le rapport de l'amande au grain, celle-ci a été isolée des écales, nous avons trouvé à leur sommet trois petites masses grisâtres, sèches, représentant les trois anthères desséchées.

Dans beaucoup de variétés, ces étamines se dégagent, mais irrégulièrement, et quand elles sortent, elles sont vides et blanchâtres, la fécondation ayant eu lieu depuis quelque temps ; ceci est très important, car il montre bien que les avoines ne sont pas susceptibles de s'hybrider naturellement et que l'on peut cultiver, comme nous le faisons du reste, un grand nombre de variétés côte à côte presque sans inconvénient.

On ne peut donc, pour noter la pleine floraison d'une avoine, se baser sur ce fait que les étamines sont visibles

et dégagées des glumelles, car souvent elles ne sortent pas
ou quand elles deviennent libres, c'est très irrégulièrement ;
la fécondation des divers épillets d'une même inflorescence s'effectuant à des époques différentes.

Le développement de la panicule est centripète ; il en est
de même de la floraison. Ce sont les épillets les premiers
dégagés de la gaîne, occupant par suite le sommet de
l'inflorescence qui fleurissent les premiers ; ce sont eux
aussi qui donnent toujours les grains les plus gros et les
plus pleins. Les épillets dont la floraison se produit en dernier lieu sont ceux qui terminent les fins ramuscules du
premier demi-verticille, épillets qui sont presque toujours
à grain unique.

Si maintenant nous cherchons quelle est la durée de la
floraison sur la même panicule, c'est-à-dire le laps de
temps qui s'écoule entre la première et la dernière fleur,
nous relevons dans les résultats de nos expérience faites
en 1898, les chiffres suivants : (1).

NOMS DES VARIÉTÉS	DÉBUT DE LA FLORAISON	FIN DE LA FLORAISON
Welcome	23 juin	1er juillet
Hâtive de Sibérie	23 »	1er »
Ligowo améliorée	26 »	2 »
Triomphe	12 juillet	20 »
Rousse couronnée	1er »	8 »
Noire de Hongrie	2 »	12 »
Prolifique de Californie	1er »	11 »

D'après ce petit tableau, on voit que sur la même panicule il y a des épillets en fleurs pendant 6 à 10 jours. Ce
sont les variétés qui ont leurs panicules les mieux fournies

(1) La floraison a été appréciée, non pas d'après la sortie des anthères,
mais d'après la maturité et la déhiscence de ces dernières.

et les plus grandes qui ont une floraison de plus longue durée.

Maintenant, si nous remarquons que chaque pied donne en moyenne deux à cinq tiges qui ont un développement successif, nous voyons que dans un champ d'avoine la floraison est assez prolongée. La coulure, pour cette raison, est moins à craindre dans les avoines que dans d'autres céréales, telles que le blé et l'orge, où la durée de la floraison n'est ordinairement que de 4 à 5 jours; cette coulure est également moindre par ce fait que les épillets sont pendants et que l'eau pénètre moins facilement entre les glumelles, les fleurs étant beaucoup plus fermées que dans le blé et le seigle.

Fécondation artificielle. — Quand on se propose de faire intervenir la fécondation artificielle dans le but d'obtenir des métis nouveaux, ou comme l'on dit couramment, bien que l'expression ne soit pas rigoureuse, des hybrides nouveaux, il est nécessaire d'opérer de la façon suivante :

On choisit des panicules vigoureuses qui ne soient que un tiers dégagées; car si la panicule était plus développée, il pourrait déjà y avoir de nombreux épillets fécondés. Ensuite, on dégage en partie cette panicule de sa gaîne et on supprime tous les épillets des rameaux secondaires des verticilles inférieurs, en ne réservant que dix à quinze épillets situés aux sommets des principaux rameaux des verticilles supérieurs, épillets qui auront tous à peu près le même avancement. Après s'être assuré que les étamines ont encore leurs anthères closes, on procède à l'ablation des trois étamines de chacune des premières fleurs, puis à la suppression des 2ᵉ et 3ᵉ fleurs de ces épillets.

Comme à ce moment les filets sont très courts et que les sacs polliniques dressés ne dépassent guère les styles plumeux, il est nécessaire de bien se garder de blesser ces derniers, et pincer le sommet de l'anthère avec une pince fine de Bruxelles. Pour faire cette ablation, nous avons reconnu que la méthode la plus pratique consistait à tenir l'épillet dressé entre deux doigts; de l'autre main, avec la pince, on écarte délicatement les glumelles et avec un peu d'habitude on saisit par le sommet et en une seule fois les trois étamines qui, à ce moment, se trouvent réunies en faisceau. L'étamine antérieure est toujours facile à enlever, mais les deux postérieures restent souvent logées dans les deux sillons de la glumelle inférieure bicarénée, d'où il est plus difficile de les extraire.

Une fois ce travail effectué, on laisse la panicule dans cet état jusqu'à ce que le gynécée soit bon à être fécondé, ce que l'on reconnaît à l'épanouissement des styles plumeux. Alors, à ce moment, ayant recueilli le matin des étamines bien jaunes mais non encore ouvertes sur la variété qui doit servir de père, on en introduit une ou deux entre les deux glumelles de chaque fleur préparée; on referme ensuite les glumelles et la fécondation est ainsi opérée. Quand la température s'élève dans la journée, les anthères introduites s'ouvrent et fécondent pour ainsi dire naturellement la fleur.

Pour que les étamines ainsi introduites ne tombent pas, nous conseillons de toujours les placer avec la pince, verticalement contre la glumelle inférieure bicarénée. Cette méthode nous a toujours donné les meilleurs résultats et nous paraît préférable à l'emploi de pinceaux.

Maintenant, il est bon de prendre la précaution de mettre un tuteur aux chaumes dont les panicules ont été ainsi hybridées, et de mettre ces panicules préparées à l'abri des atteintes des oiseaux en les engageant dans de grands sacs à raisin que l'on maintient dressés en les attachant au tuteur.

Les fécondations d'avoines, beaucoup plus difficiles à pratiquer que dans le blé, nécessitent une certaine habitude et un tour de main que l'on n'acquière que par la pratique.

De la floraison à la maturité. — Nous venons de voir que la floraison commence dans la panicule par le sommet, quand cette dernière n'est encore dégagée que 1/3 ou 1/2 de la dernière gaîne foliaire. La croissance et l'allongement des entre-nœuds et particulièrement du dernier s'effectuent rapidement pendant toute la durée de la floraison et même encore un certain temps après. Quand la croissance a pris fin, la panicule, à moins d'anomalie, est toujours bien dégagée de la gaîne et le chaume est nu sur une certaine longueur entre le sommet de la dernière gaîne foliaire et le premier 1/2 verticille de l'inflorescence.

Le temps qui s'écoule entre la fin de la floraison et la maturité est variable avec l'année, les conditions climatériques et la variété. En 1898, nous avons relevé les dates suivantes :

NOMS DES VARIÉTÉS	Début de la flor.	Fin de la flor.	MATURITÉ	Nombre de jours entre la fin de la flor. et la mat.
Welcome	23 juin	1er juillet	4 août	34 jours
Hâtive de Sibérie	23 »	1er »	4 »	34 »
Ligowo améliorée	26 »	2 »	5 »	35 »
Triomphe	11 juillet	19 »	18 »	30 »
Rousse couronnée	1er »	8 »	12 »	35 »
Noire de Hongrie	2 »	12 »	12 »	31 »
Prolifique de Californie	1er «	11 »	12 »	32 »

D'après ce tableau, on voit qu'en 1898, le temps écoulé entre la floraison et la maturité est de 30 à 35 jours, variant de quelques jours seulement d'une variété à l'autre. Les variétés les plus tardives sont celles qui mettent le moins de temps à mûrir leur grain. Cela se comprend aisément, car les journées étant plus longues et plus chaudes au fur et à mesure que l'on avance dans la saison, elles reçoivent dans le même temps plus de calories que celles qui fleurissent de dix à quinze jours plus tôt.

Les chiffres que nous avons relevés en 1899 sont assez différents des précédents, aussi nous n'avons pas cru devoir les donner. Ces différences tiennent à plusieurs causes : d'abord, à la difficulté que nous avons rencontrée à apprécier la maturité, car les avoines sous l'influence d'une sécheresse extraordinaire se sont mal développées ; puis, vers l'époque de la floraison, de fortes bourrasques ont couché presque complètement toutes les variétés de notre champ d'expériences ; la maturité a été par suite, très irrégulière et pour ainsi dire impossible à établir comparativement entre les diverses variétés.

Maintenant, nous devons nous demander comment on

reconnaîtra la maturité d'une avoine, et par suite, quand il est temps de la faucher.

En approchant de la maturité, la végétation change assez brusquement d'aspect; les feuilles et les chaumes se dessèchent et prennent une teinte jaunâtre plus ou moins accentuée; en même temps, les grains du sommet de la panicule, au lieu d'avoir une teinte verdâtre se colorent et prennent leur couleur définitive; d'un autre côté, l'amande de ces grains passe de l'état laiteux qu'elle présentait auparavant à un état plutôt farineux.

La maturité sera acquise et l'avoine sera bonne à faucher, quand la plupart des grains de la panicule présenteront l'aspect que nous venons d'indiquer; dans le cas où l'on fait des cultures dans le but d'obtenir de belles avoines de semences, il est bon de laisser encore quelques jours les avoines sur pied après la maturité, telle que nous l'avons comprise, car dans ces conditions, on a constaté que le grain était plus beau et la faculté germinative plus grande.

Désarticulation des grains. — Quand le grain est mûr, il a suivant les variétés une tendance plus ou moins accentuée à se désarticuler et à s'égrener. Cette désarticulation se fait, comme on le sait, à la base du talon du grain externe, qui présente par suite, comme nous l'avons vu, une cicatricule correspondant à son point d'attache.

Nous avons remarqué un lien assez étroit entre la forme du talon et la tendance à s'égrener; toutes les variétés qui présentent une large cicatricule oblique, se désarticulent très facilement. Nous verrons que cette disposition se rencontre dans la plupart des avoines noires paniculées, ainsi que dans la rousse couronnée, tandis que dans les avoines noires unilatérales qui ont un talon droit avec une petite cicatricule non oblique, les grains ne se détachent pas aussi aisément.

Comme cette désarticulation ne se produit qu'à la maturité complète, il est nécessaire, dans ces avoines ayant une tendance à s'égrener facilement, de faucher avant cette époque.

PRINCIPALES FORMES DU GRAIN DANS LA MÊME VARIÉTÉ

Toute avoine renferme trois à quatre formes différentes de grains qu'il est facile de distinguer, non seulement

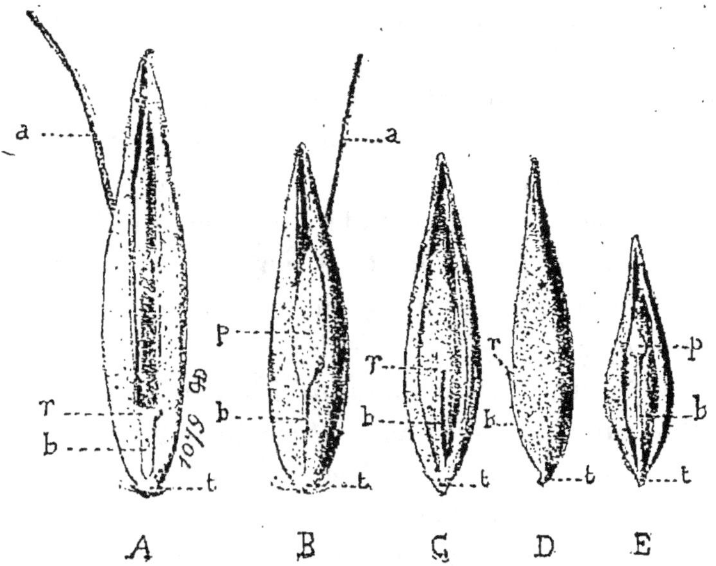

Fig. 9. — *Diverses formes de grains de l'Avoine précoce de Mesdag.* **A** *grain externe*
B *grain unique,* **C, D** *grains intermédiaires,* **E** *grain interne,*
a : arête ; b : baguette ; p : paillettes ; t : talon

dans les panicules, mais encore dans les semences.

Nous allons donner la description de chacune d'elles en faisant particulièrement ressortir leur différence (fig. 9).

Les épillets d'une variété quelconque de l'Avoine commune produisent un, deux ou trois grains.

Considérons d'abord le cas le plus général qui est celui

où les épillets renferment deux grains. Ces deux grains sont de grandeur et de forme bien différentes.

Nous appellerons *grain externe* (ou extérieur), le premier grain (A) qui est toujours plus grand et plus allongé que le deuxième grain ou *grain interne* (E). Ce grain externe a une pointe plus longue et plus étirée, sa face interne ou supérieure est généralement plus ou moins aplatie. Le grain interne, au contraire, a une pointe moins allongée et une forme plus arrondie. La base du grain externe ou *talon* (T), droit ou légèrement relevé, présente une cicatricule très nette laissée par la chute du grain.

Le talon du grain interne est plus pointu et toujours infléchi en dedans; de plus, dans les avoines aristées, le grain externe seul est susceptible de porter une barbe, le plus souvent caduque, dont il est toujous facile de distinguer le point d'attache, tandis que le grain interne est toujours mutique.

Mais la différence essentielle entre les deux formes de grains est la suivante : à la base interne du grain externe se trouve toujours un petit pédoncule latéral (*b*) nommé baguette, pédicelle ou scobine, qui portait le grain interne. Cette baguette est assez forte, terminée le plus souvent par une partie plus renflée, un peu en tête de clou, avec une fine cicatricule laissée par la chute du grain interne; ce dernier a, au contraire, une baguette très fine, presque capillaire, portant au sommet de petites écailles plus ou moins développées représentant le rudiment d'un troisième grain. Nous désignerons dans la suite ces petites écailles sous le nom de paillettes ou cuticules.

.Lorsque le grain interne avorte, l'épillet ne présente

plus qu'un grain; dans ce cas le grain externe se modifie sensiblement; sa face interne, au lieu d'être légèrement concave par suite de la compression exercée par le deuxième grain, devient convexe; la baguette en est plus longue, plus mince, et porte des écailles ou paillettes plus grandes, représentant les glumelles du grain interne avorté. Nous donnerons à cette forme de grain, le nom de grain unique (B).

Dans certaines races d'avoines, telle que l'avoine précoce de Mesdag, l'épillet présente une troisième fleur fertile; celle-ci donne naissance à un troisième grain qui a tous les caractères des grains internes, mais le grain compris entre le grain externe et le troisième grain, que nous appellerons grain *intermédiaire* (C et D) et qui correspond au grain interne des épillets à deux grains, se modifie sensiblement dans ce cas.

Sa tige latérale (ou *baguette*) est plus courte, plus forte, tronquée au sommet, et dépourvue de paillettes; d'autre part, sa taille augmente d'une façon notable et sa forme s'allonge. Ce grain intermédiaire présente donc le talon d'un grain interne, et une forme de baguette analogue à celle des grains externes, mais un peu plus fine et plus longue.

Nous résumons, dans le petit tableau suivant, les caractères distinctifs de ces quatre formes.

Grain avec	Talon droit ou légèrement relevé; souvent aristé; baguette	assez forte ou forte; tronquée, glumelle supérieure souvent déprimée	Grain externe.
		fine et grêle, portant au sommet de fines paillettes	Grain unique.
	Talon pointu légèrement incurvé en dedans; toujours mutique; baguette	tronquée, sans paillettes; glumelle supérieure ordinairement un peu déprimée au sommet	Grain interm.
		très grêle, portant au sommet des paillettes très réduites	Grain interne.

D'après ce tableau, on voit qu'il est facile, dans les avoines battues, au simple aspect d'un grain, de se rendre un compte exact de la place qu'il occupait dans l'épillet, et de reconnaître s'il était seul (*grain unique*), s'il était le premier (*grain externe*), le second (*grain intermédiaire*) ou le dernier (*grain interne*).

Disposition de notre champ d'essais d'avoines. — Nous allons indiquer sommairement la méthode que nous avons suivie pour l'étude des avoines, ainsi que la façon dont a été organisé notre champ d'essais. Il était d'abord nécessaire pour cette étude de posséder de chaque variété un certain nombre d'échantillons d'une pureté absolue et de provenance sûre.

Au printemps 1897, après avoir établi une classification méthodique de tous les échantillons que nous possédions, nous avons semé ces derniers le même jour et dans le même terrain, en plaçant côte à côte les variétés similaires ou présentant une certaine analogie entre elles.

Notre but, en opérant ainsi, était d'arriver à supprimer après comparaison, les lots qui n'étaient pas francs et qui s'écartaient un tant soit peu des autres; puis, à l'aide de notes prises d'une façon régulière et rigoureuse, de rechercher les variétés de même couleur de grain présentant une grande analogie et pouvant être considérées comme synonymes. Enfin, ayant noté les lots les plus réguliers de chaque variété, nous nous sommes préoccupés d'en récolter un échantillon parfaitement pur.

La chose n'était pas aussi facile qu'on serait tenté de le croire, à cause du grand nombre de petits carrés d'essais que nous possédions.

A la maturité, chaque lot fut arraché et non coupé ou fauché, puis placé en moyette sur l'emplacement où il avait été cultivé. Une fois la maturité complète, nous avons dans chaque lot étalé les divers pieds et pris parmi eux une douzaine présentant une grande régularité, que nous avons battus à part dans de grands sacs, et nettoyés ensuite dans des vans métalliques, et non des vans en osier, car des grains eussent pu rester entre les brins et produire des mélanges.

Nous avons opéré de cette façon pour chaque lot, en ayant bien soin après chacun d'eux, de nous assurer en retournant les sacs, qu'il ne restait pas un grain du lot précédent.

En procédant de cette façon, il nous a été possible d'obtenir une très grande uniformité, aussi bien dans la végétation que dans la forme du grain. Du reste, nous avons appliqué dans cette méthode, le principe de la *sélection en dessus*, qui est de beaucoup préférable à la *sélection en dessous*, laquelle dans les céréales telles que avoines et orges, peut être faite de deux façons : 1° par épuration, c'est-à-dire en supprimant pendant le cours de la végétation tous les pieds étrangers ou s'écartant de l'ensemble par une différence, soit de précocité en plus ou moins, soit par la hauteur de la paille, etc., 2° par le triage du grain à la main après le battage; mais de cette dernière façon, à moins d'être expérimenté, il est impossible de supprimer tous les grains étrangers qui peuvent exister, car si par exemple il existe un mélange d'avoines blanche de Pologne et blanche de Sibérie, ou de Joanette avec noire hâtive d'Etampes, ce mélange passera très probablement inaperçu.

Au contraire, par la section en dessus, pratiquée par un

opérateur éclairé, comme cela est du reste nécessaire, le mélange n'est pas possible. Avant de battre les pieds choisis comme porte-graines, on doit s'assurer par l'examen de quelques grains d'une panicule de chacun d'eux, qu'ils présentent tous le même aspect et sont bien identiques; le battage en sac clos n'a lieu qu'après cette vérification.

Nous voici donc possesseurs d'une collection composée d'une centaine de variétés représentées chacune par plusieurs échantillons de diverses provenances; il va nous falloir maintenant, avant de la ressemer pour en faire une étude méthodique, établir un nouveau classement en nous servant des notes qui ont été prises pendant tout le cours de la végétation.

Ainsi, par exemple, en supposant que nous ayions remarqué et noté une grande analogie entre les avoines noire de Hongrie, noire de Tartarie, noire prolifique de Californie, nous les plaçons côte à côte en comparaison dans notre école de 1898, en portant sur notre cahier de notes une accolade avec la mention : comparer sévèrement.

Le classement ayant ainsi été établi aussi rigoureusement que possible, et chaque variété ayant reçu un numéro d'ordre, nous avons procédé à l'ensemencement le même jour, le 14 mars 1898, dans un sol très uni, bien préparé, ayant porté l'année précédente une culture de pois potagers sans engrais; avant le semis, nous avions répandu très uniformément 200 kilos de nitrate de soude et 300 kilos de superphosphate de chaux par hectare.

Le terrain, bien horizontal, était de nature argilo-siliceuse et de fertilité plutôt un peu en-dessous de la moyenne.

Ce terrain fut disposé en planches de deux mètres de large, avec un sentier de 60 centimètres entre chaque planche; chaque lot fut semé en lignes écartées de $0^m,20$ et représenté par 50 rangs, sans laisser d'intervalle entre deux lots voisins. Le semis fut effectué à la main par un semeur habile, de façon à obtenir une régularité aussi grande que possible. Nous avons donné à dessein un écartement de $0^m,20$ entre les lignes afin de pouvoir donner deux binages et mieux apprécier le tallage.

A partir de la levée, toutes les phases de la végétation furent suivies pour chaque lot attentivement, en prenant le même jour les notes sur toutes les variétés, afin que tout fut absolument comparable, la date étant toujours indiquée en face de chaque note.

Nous avons procédé de la même façon pour l'étude de notre collection en 1899.

C'est donc d'après les notes prises en 1897, 1898 et 1899 sur notre école ainsi établie et représentée par 400 lots en 100 variétés, que nous avons entrepris leur description ainsi que l'étude spéciale de leur grain.

Nous avons complété ce travail par l'examen de nombreux échantillons de semences provenant directement des pays d'origine; ils nous ont ainsi permis d'observer les variations qu'elles étaient susceptibles de présenter suivant le sol et le climat.

Maintenant, nous ne doutons pas que nous ayions entrepris un travail très difficile, même incomplet, et qu'il puisse y exister encore des lacunes qui seront certainement comblées par la suite; mais nous avons la satisfaction de présenter un travail fait rigoureusement, sans aucune idée préconçue. Souvent, nous avons été obligés de nous tenir un peu sur la réserve, au sujet de certaines questions telles par exemple que la synonymie qu'il est très difficile d'établir d'une façon absolue, surtout pour des plantes aussi susceptibles de variation que les avoines, et nous avons pensé, quand nous n'étions pas absolument sûrs du fait, qu'il y a moins d'inconvénient de distinguer inutilement que de réunir à tort.

CHAPITRE III

DESCRIPTION DES PRINCIPALES VARIÉTÉS D'AVOINES

1° AVOINE COMMUNE
(Avena sativa)

AVOINES DE PRINTEMPS

AVOINES A PANICULES, GRAIN BLANC

Les avoines paniculées à grain blanc, sont fort nombreuses; aussi avons nous dû, pour simplifier leur étude, les grouper d'après la forme de leur grain en :

« Avoines à grain d'orge.

« Avoines à grain moyen.

« Avoines à glumes.

« Avoines à petit grain. »

Chacun de ces groupes possède, comme nous le verrons dans la suite, des caractères parfaitement tranchés non seulement pour le grain, mais aussi au point de vue des principaux caractères de végétation.

4

AVOINES BLANCHES A GRAIN D'ORGE

Les avoines à grain d'orge que nous avons étudiées sont les suivantes : l'*Avoine de Pologne, Avoine White Standard, Avoine blanche de Jambrille, Avoine Welcome, Avoine Pewsumer Hammerich, Avoine Victoria, Avoine Clydesdale,* et *Avoine Patate suédoise améliorée.*

Ces huit variétés forment un petit groupe bien tranché et bien distinct que nous désignons sous le nom d'*Avoines à grain d'orge,* à cause de leur caractère le plus saillant qui est celui de la forme du grain, court et très renflé. Le grain externe est très ouvert, surtout à la pointe; sa glumelle supérieure est très déprimée, l'inférieure étant à bords roulés, formant un peu bourrelet, les grains uniques étant fermés ou presque fermés et en navette.

Ces diverses variétés, outre la forme du grain, présentent également beaucoup d'autres caractères communs, de telle sorte que leur différentiation est, le plus souvent, fort difficile. Toutes ces avoines possèdent en effet: 1° une grande précocité ; 2° une paille haute et forte prenant à l'époque de la maturité une teinte jaune, généralement bien accentuée; 3° une panicule très grande et très fournie en nombreux épillets, ne renfermant le plus souvent qu'un seul grain; 4° un grain court, renflé, rarement aristé, à glumelle supérieure fort déprimée et ouverte largement à la pointe. Ce grain possède une écorce assez épaisse et un rendement assez faible en amande, inférieur à 70 0/0; le poids de 1.000 grains externes est supérieur à 40 grammes.

Nous prendrons comme type de cette série, l'*Avoine*

blanche de Pologne, qui est de beaucoup la plus connue et la plus usitée en France. A ce type se rattachent étroitement six avoines, comme l'indique notre tableau ayant rapport à la détermination de la variété, parmi lesquelles plusieurs, telles que les *Avoines Pewsumer Hammerich*, *Victoria* et *Welcome*, ne peuvent en être aisément distinguées; toutefois, nous continuerons à les regarder comme des sous-variétés de *l'avoine de Pologne* et non comme des synonymes.

Dans ce groupe, nous trouvons trois formes assez tranchées et que l'on peut reconnaître assez facilement. Ce sont : *l'avoine de Pologne*, *l'avoine Clydesdale*, qui diffère très sensiblement de la précédente par son extrême précocité, et enfin *l'avoine hâtive de Sibérie*, qui, avec un grain un peu moins renflé, plus long, fait le passage aux avoines blanches à grain moyen.

Avoine de Pologne

Synonymes : *Avoine blanche de Pologne.*
      »   » *polonaise.*
      » *Merveilleuse.*
      » *blanche Canadienne.*
      »   » *de Challenge.*
Anglais : *White Canadian Oat.*
Allemand : *Canadahafer.*

Variété très hâtive, fleurissant et arrivant à maturité 3 à 4 jours avant *l'avoine de Ligowo améliorée ;* elle n'est dépassée comme précocité, dans les avoines de printemps à grain blanc, que par *l'avoine Clydesdale*, et dans les avoines de printemps à grain coloré, par les *avoines très hâtive du sud de l'Australie* et *précoce de Mesdag*. Le feuillage en est très large, ample, vert franc, dressé, et le tallage en est très faible.

La paille, élevée de 1m30 à 1m40, est grosse et forte avec de fines cannelures et une teinte jaune ordinairement fort accentuée; la panicule, également jaune, en est très longue, de 20 à 30 centimètres, très ramifiée et très fournie, portant 80 à 100 épillets.

Les balles sont moins amples que dans l'avoine blanche de Ligowo, non ballonnées, enveloppant assez étroitement le grain; leurs dimensions sont de 19 millimètres de longueur sur 5 de large, tandis que celles de l'avoine de Ligowo ont 23 sur 8 à 9 millimètres de largeur.

Les épillets renferment un ou deux grains; toutefois, ce sont généralement les grains uniques qui prédominent.

Les grains externes sont courts, très pleins, de 13 à 14 millimètres, mutiques ou portant une arête assez fine, droite, non coudée, peu tordue et non colorée à la base.

La glumelle inférieure est fort bombée, et comme d'autre part le grain est court, il en résulte que, vu de profil, il présente une forme très caractéristique et bien distincte, rappelant un peu celui d'un bec de cane.

La glumelle supérieure est extrêmement déprimée et concave, dans les grains, aussi les grains doubles sont-ils fort nombreux; nous verrons plus loin que leur proportion dans un lot est en rapport avec le développement moyen de l'amande; quand celle-ci est très pleine, elle exerce une pression qui dégage le grain interne. Le poids de 1000 grains uniques est de 38 à 42 grammes, et leur rendement en amande est de 65 à 67 0/0; quant aux grains externes, ils pèsent de 43 à 46 grammes les 1000 grains, et

Fig. 10. — *Panicule de l'Avoine de Pologne, 1/2 grandeur naturelle ; grains séparés, double de grandeur naturelle.*

ont un rendement en amande de 64 à 66 0/0. Les grains internes pèsent 27 à 29 grammes, avec un rendement de 76 à 78 0/0.

Ces chiffres représentent les minima et maxima moyens d'un grand nombre d'essais; ils nous montrent que le rendement est plus fort dans les grains uniques que dans les grains externes, étant supérieur de 1 0/0 environ. Les chiffres extrêmes que nous avons relevés dans le rendement en amande des lots commerciaux sont 64, 5 et 68 0/0.

Ces chiffres sont peu élevés, aussi rangeons-nous cette variété dans le groupe des avoines à rendement faible, inférieur à 69 0/0. Leurs écales sont, en effet, dures, ligneuses et épaisses, aussi ces grains sont-ils difficiles à décortiquer.

L'*avoine de Pologne* est particulièrement recommandable pour les terrains de richesse moyenne; elle est susceptible de prendre un grand développement, cultivée sur des terres argileuses et fraîches convenablement fumées.

Cette variété **s'est** montrée incontestablement supérieure à toutes les avoines à grain blanc que nous ayions étudiées, comme rendement en paille et en grain; seule, l'*avoine blanche hâtive de Sibérie* peut arriver à l'égaler et même à la surpasser dans certains cas.

L'*avoine blanche de Pologne* possède de plus le grand avantage d'être bien précoce, aussi convient-elle spécialement lorsque l'on sème une prairie artificielle ou temporaire, car étant récoltée de bonne heure, la prairie est plus tôt dégagée.

Bien que son rendement en amande soit un peu au-dessous de la moyenne et que ses écales soient assez dures, nous considérons cette variété comme une des meilleures avoines à grain blanc, peut-être supérieure à l'*avoine blanche de Ligowo* améliorée qui nous a toujours donné un rendement un peu moindre.

Comme cette variété est une des plus usitées et figure tous les ans dans les champs d'expériences départementaux, nous donnerons les rendements obtenus avec cette variété comparativement à l'*avoine blanche de Sibérie*. Sur 19 essais effectués de 1890 à 1899, on a relevé comme rendement les chiffres moyens suivants :

	GRAIN.	PAILLE.
Avoine de Pologne	16 quintaux 86	21 quintaux 26
» de Sibérie	18 » 52	22 » 32

Dans nos champs d'expériences, nous n'avons jamais constaté une différence de rendement aussi sensible entre ces deux variétés. Ce grand écart est dû principalement à la différence des rendements obtenus de 1890 à 1895, différence que l'on doit attribuer à une semence impure ou très défectueuse. Les chiffres qui ont été obtenus à partir de 1896 sont voisins pour ces deux variétés, ils concordent d'ailleurs sensiblement avec ceux que nous avons obtenus dans nos cultures en grandes parcelles.

Avoine White Standard. — Race anglaise ayant énormément d'analogie avec l'*avoine blanche de Pologne*.

Le feuillage est ample, vert franc; la paille est haute et forte avec une teinte jaune à la maturité.

La panicule, grande, très ramifiée et bien fournie, porte

80 à 100 épillets à un ou deux grains, avec une certaine proportion de grains doubles et une prédominance des épillets à deux grains. Les grains uniques et externes sont généralement mutiques, courts, renflés, peu distincts de ceux de l'avoine de Pologne.

```
Poids de 1000 grains uniques............  36gr78
   »        »        »        »    décortiqués  25gr90
Rapport de l'amande au grain............  70gr40

Poids de 1000 grains externes............  38gr56
   »        »        »        »    décortiqués  27gr76
Rapport de l'amande au grain............  70gr40
```

Le rendement en amande de cette avoine est donc sensiblement plus élevé. Nous avons, d'autre part, relevé trois ans de suite une légère nuance de précocité, l'*avoine White Standard* fleurissant et arrivant à maturité deux à trois jours après l'*avoine de Pologne*.

Si nous comparons maintenant, les rendements à l'hectare obtenus dans les champs d'expériences départementaux, nous trouvons des chiffres très voisins :

```
Avoine White Standard    19 quintaux 36 par hectare
   »      de Pologne      20    »     41  »     »
```

Cette variété possède toutes les qualités de la Pologne, dont elle ne peut être que difficilement différenciée; aussi serions-nous tentés de les considérer, au moins au point de vue pratique, comme similaires. les légères nuances que nous avons relevées et indiquées précédemment, n'étant appréciables que dans le cas d'essais comparatifs et raisonnés, faits avec des semences sélectionnées et absolument pures.

Avoine Welcome. — Variété américaine, fort répandue dans certaines régions de l'Amérique du Nord et assez usitée également en Allemagne et en Angleterre.

Le feuillage en est très large, vert franc ; la paille élevée de 1^m30 à 1^m40 environ est haute, grosse et forte avec une teinte jaune prononcée à la maturité.

La panicule est grande, très fournie, portant en général de 80 à 100 épillets à deux grains, mais toujours avec une proportion variable, souvent élevée, de grains uniques.

Les premiers grains sont courts, renflés, généralement mutiques, ou pourvus d'une petite arête fine, insérée sur le 1/3 supérieur du dos du grain.

Comme précocité, c'est une race très hâtive, dont les époques de floraison et de maturité coïncident exactement avec celles de l'*avoine de Pologne*. Le rendement en amande est de 68 0/0 pour les grains uniques et 66 0/0 pour les grains externes.

Les rapports qui existent entre cette variété et l'*avoine de Pologne* sont frappants ; il ne nous semble guère possible de pouvoir les distinguer.

Avoine Pewsumer Hammerich. — Variété que nous avons reçue d'Allemagne, où elle est du reste peu cultivée et peu usitée, au moins sous ce nom ; car elle a beaucoup d'analogie avec les races que nous venons de décrire, race dont l'*avoine de Pologne* est le type et dont elles sont probablement issues.

Le feuillage est très large, vert franc, la paille haute et forte avec teinte jaune à la maturité ; la panicule, très fournie, très ramifiée, offre de 80 à 100 épillets renfermant un ou deux grains.

La précocité de l'*avoine Pewsumer Hammerich* est absolument celle de l'*avoine de Pologne*. Les rendements moyens en amande, que nous avons obtenus, sont de 67,7 0/0 pour les grains uniques et de 66 0/0 pour les grains externes.

Comme l'*avoine Welcome*, c'est une race que l'on ne peut différencier de l'*avoine de Pologne*, même dans des champs d'expériences ou dans des essais comparatifs où les phases de la végétation sont suivies d'une façon attentive et régulière.

Avoine Victoria (Allemand : *Victoria Hafer*). — Nous avons reçu sous ce nom plusieurs avoines différant sensiblement les unes des autres, sous les désignations d'*Avoine Victoria*, *Avoine Victoria suédoise*, *Victoria Hafer* ; comme elles étaient plus ou moins mélangées, il nous a été difficile d'établir entre elles des comparaisons sérieuses.

Nous ne retiendrons donc que l'*Avoine Victoria*, race allemande, que nous avons reçue de chez MM. Haage et Schmidt.

Cette avoine a un feuillage très large, vert franc, une paille haute et forte, assez cannelée, avec teinte jaune fort accentuée à la maturité.

La panicule en est longue, ample et bien fournie avec des épillets à un ou deux grains, blancs, mutiques, courts et renflés, présentant nettement le faciès de l'avoine à grain d'orge.

Placée dans nos essais de 1898 et 1899, à côté de l'*avoine blanche de Pologne*, elle en a présenté tous les principaux caractères, avec toutefois moins de régularité et un grain un peu moins plein, ne donnant en moyenne comme rendement en amande, que 66 %

Avoine Patate suédoise améliorée. — L'avoine Patate suédoise améliorée est une variété bien distincte de *l'avoine Patate* (*Potato Oat* des Anglais) avec laquelle elle n'a de commun qu'une certaine similitude de nom.

Le feuillage en est ample, vert franc; la paille haute, grosse et jaune se termine par une forte panicule de 35 centimèt. de longueur environ, abondamment ramifiée.

Les épillets, au nombre de 80 à 100 par panicule sont à deux grains, mais avec une tendance à former un très grand nombre de grains uniques, dont la proportion dépasse souvent 50 %.

Les grains externes sont courts, renflés, de 14 millimètres de longueur, possédant nettement la forme des avoines à grains d'orge; ils sont mutiques ou munis d'une arête très fine; la proportion de grains aristés est de 25 à 30 %; ils sont fort déprimés par suite de la pression exercée par le deuxième grain, et la baguette en est longue et très fine; la pointe du grain est assez ouverte et obtuse.

Les grains uniques sont un peu plus courts (12 millimètres) et fermés, c'est-à-dire que les bords de la glumelle inférieure viennent se toucher sur la ligne médiane dorsale marquant ainsi la glumelle supérieure.

Au point de vue de la précocité, *l'avoine Patate suédoise améliorée* se rapproche énormément comme floraison et maturité de *l'avoine blanche de Pologne* ; toutefois, la maturité en a lieu un ou deux jours après cette dernière.

Ses affinités avec cette dernière race sont extrêmement grandes.

<pre>
·Poids de 1000 grains externes 44ᵍʳ74
    »   »   »   »   décortiqués 29ᵍʳ24
Rapport de l'amande au grain............ 65 0/0

Poids de 1000 grains uniques 46ᵍʳ70
    »   »   »   »   décortiqués 32ᵍʳ30
Rapport de l'amande au grain............. 68ᵍʳ5 0/0
</pre>

Le rendement moyen en amande est de 66 à 67 0/0 dans le grain battu, proportion que nous trouvons à peu près constante ou ne variant que très peu dans *l'avoine de Pologne* ainsi que dans toutes les *avoines à grain d'orge.*

Avoine blanche de Jambville. — M. de Werbrouck, Agriculteur à la ferme de Jambville, a mis au commerce il y a quelques années, une nouvelle variété d'avoine qu'il a désignée sous le nom d'*avoine blanche de Jambville·*

Cette variété possède un feuillage très ample, vert franc, une paille haute et forte, bien résistante à la verse, prenant à la maturité une teinte jaune.

C'est une race bien hâtive, possédant une précocité voisine de *l'avoine blanche de Pologne,* toutefois un peu plus hâtive, et dont elle possède tous les principaux caractères; les panicules, très longues, très ramifiées et très chargées portent 80 à 100 épillets, quelquefois à un, mais le plus souvent à deux grains.

La proportion de grains doubles qu'elle renferme est toujours assez notable, principalement dans les années sèches comme l'été de 1899, où nous avons remarqué une proportion beaucoup plus forte de ces grains que dans les années précédentes.

L'avoine blanche de Jambville nous a donné en 1898 et 1899 sensiblement les mêmes rendements en grain et paille que *l'avoine de Pologne* avec laquelle elle était en comparaison. Son rendement en amande est de 67 °/₀ pour les grains uniques et de 66 °/° en moyenne dans les grains externes.

Devons-nous la considérer comme absolument synonyme de *l'avoine de Pologne*, nous n'oserions encore l'affirmer positivement, mais il est toutefois bien certain que leurs caractères et leurs aptitudes sont identiques, et au point de vue pratique, elles sont certainement similaires.

Avoine Clydesdale. — Race d'origine anglaise, comme du reste l'indique son nom; remarquable par son extrême précocité, devançant de 3 à 4 jours comme époque de floraison et de maturité les avoines blanches très hâtives, telles que les *avoines de Pologne et de Sibérie*.

Le feuillage est ample, vert franc, et la paille haute, forte et jaune à la maturité; la panicule, longue de 35 centimètres est bien chargée pour une race très hâtive, portant en moyenne de 75 à 90 épillets à balles moyennes avec teinte jaunâtre fort accentuée. Ces épillets sont à deux grains ou à grains uniques; la proportion de ces derniers est souvent fort élevée et prépondérante.

Cette avoine présente au plus haut degré les caractères des avoines à grain d'orge; les grains externes sont courts de 13 à 14 millimètres, mutiques ou munis d'une arête peu développée; la pointe en est large, souvent un peu relevée, et toujours dans les grains doubles qui sont nombreux et un peu plus larges. Les grains uniques étant fermés se terminent par une pointe plus aiguë et moins longue que dans les grains externes dont la glumelle extérieure est fortement concave. Le rendement en amande est de 67 à 68 dans les grains uniques et de 66 à 67 °/° dans les grains externes.

L'*avoine Clydesdale* est donc une variété qui a beaucoup d'affinités avec l'*avoine blanche de Pologne* dont elle se distingue principalement par une précocité beaucoup plus grande, tout en possédant au même degré les bonnes qualités de cette dernière, telles que rendement élevé en paille et en grain.

Avoine hâtive de Sibérie. — L'*avoine de Sibérie* est une variété assez distincte que nous placerons à la fin des avoines blanches à grain d'orge, faisant le passage aux avoines à grains moyens. Ses affinités avec les avoines à grain d'orge sont beaucoup plus nombreuses, aussi doit-elle de préférence être rattachée à ce groupe.

L'*avoine de Sibérie* est une variété très rustique, à feuillage ample, vert franc; elle est très hâtive, étant de même précocité que l'*avoine blanche de Pologne*; la paille, élevée en moyenne de 1ᵐ30 à 1ᵐ40 est plus abondante et plus grosse que celle de cette dernière variété, présentant également une teinte jaune à la maturité.

La panicule de l'*avoine hâtive de Sibérie* est très forte, très rameuse et très étalée, portant de 80 à 100 épillets; ceux-ci sont à un ou deux grains, mais avec une prédominance très accentuée des premiers.

Ces avoines à très nombreux grains uniques, présentent un aspect particulier dans la panicule, car les deux balles ou glumes, au lieu d'être écartées et comme ballonnées, sont appliquées contre le grain qu'elles enveloppent plus étroitement.

Les grains externes ont une longueur moyenne de 13$^{m/m}$5 à 14$^{m/m}$5; ils sont donc sensiblement plus longs que ceux de l'avoine de Pologne. Ils sont, d'autre part, un peu moins renflés, moins pleins, ayant la glumelle supérieure à peine déprimée par la pression du deuxième grain. La proportion de grains aristés est faible, de 15 à 20 0/0 environ dans les avoines de semence.

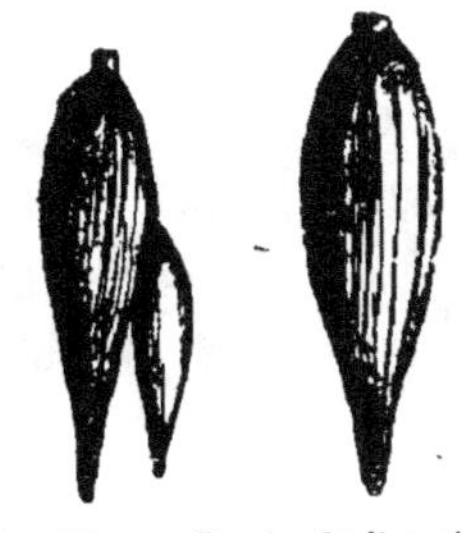

Fig. 11. — *Grain de l'avoine hâtive de Sibérie, double de grandeur naturelle.*

Les grains uniques, très nombreux, leur proportion dépassant généralement 60 0/0, sont fermés, légèrement plus courts et plus renflés que les grains externes; ce sont eux qui donnent à l'ensemble du grain la forme de grain d'orge.

Poids de 100 grains externes............ 4^{gr}55
»   »   »   »   décortiqués 3^{gr}17
Rapport de l'amande en grain............ 69^{gr}6

Poids de 100 grains uniques............. 3^{gr}94
»   »   »   »   décortiqués 2^{gr}79
Rapport de l'amande au grain............ 70^{gr}8

Dans les avoines de semence, le rendement en amande

que nous avons observé a toujours été compris entre 68 et 72 0/0; ce rendement est notablement plus élevé que dans les avoines à grain d'orge proprement dites, où il ne dépasse pas 68 0/0.

Le rendement en paille et en grain de *l'avoine blanche hâtive de Sibérie* est fort élevé, supérieur à celui des avoines blanche de Pologne et de Ligowo améliorée.

Les rendements obtenus dans les champs d'expériences départementaux sont les suivants :

Fig. 12. — *Panicule, épillet et grain de l'avoine blanche hâtive de Sibérie.*

	GRAIN (quintaux)	PAILLE (quintaux)	Nombre d'essais comparatifs
Avoine de Sibérie	18,52	22.32	
» » Pologne	16,86	21.26	49

L'avoine hâtive de Sibérie est une variété déjà fort ancienne; elle est déjà signalée par Buchoz en 1775.

Plusieurs auteurs s'accordent pour trouver une certaine analogie entre cette avoine et l'avoine blanche de Géorgie. Nous ne nous rangeons aucunement à cet avis, car leur

TABLEAU CONDUISANT A LA DÉTERMINATION DES PRINCIPALES VARIÉTÉS D'AVOINE BLANCHES A GRAIN D'ORGE

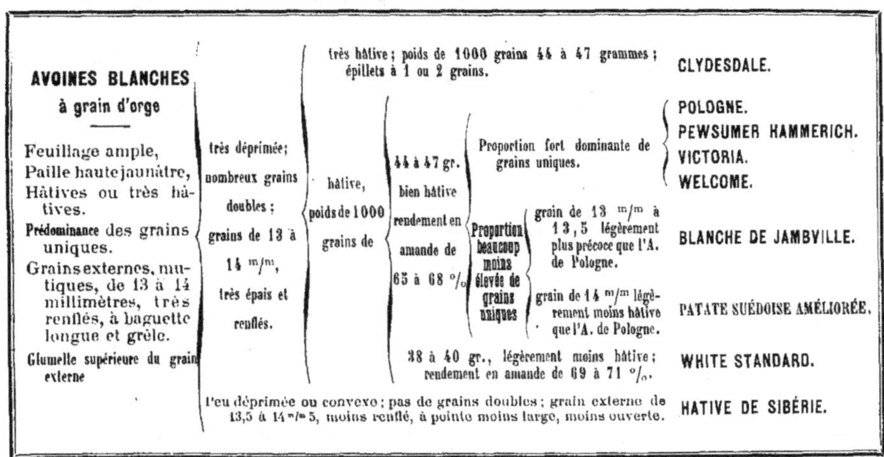

PRINCIPAUX CARACTÈRES DES AVOINES A GRAIN D'ORGE

NOMS DES VARIÉTÉS	FEUILLAGE	PAILLE	DATE (1) de la FLORAISON	PRÉCOCITÉ	DATE de la MATURITÉ	EPILLETS PRÉDOMINANTS	LONGUEUR et forme du GRAIN EXTERNE	POIDS DE 1,000 GRAINS		RENDEMENT en amande des grains	
								externes	uniques	externes	uniques
								gr.	gr.		
Blanche de Pologne. . . .	c..., le, ar vert franc	jaune, haute et forte	1er juillet	hâtive	4 aout	Uniflores	13 à 14 m/m, très court glumelle supérieure très déprimée	44 à 46,6	37 à 40	65 à 67	66 à 69
White Standard	»	»	3 »	hâtive	6 »	Biflores	13 à 14 m/m id.	38 à 40	36 à 38	69 à 71	69 à 71
Welcome.	»	»	1 »	hâtive	4 »	Uniflores et biflores	13 à 14 m/m id.	44 à 46	38 à 41	65 à 67	66 à 69
Pewsumer Hammerich. .	»	»	»	»	4 »	Uniflores	13 à 14 m/m id.	44 à 46	37 à 40	65 à 67	66 à 69
Victoria.	»	»	1 »	»	4 »	»	13 à 14 m/m id.	42 à 45	35 à 38	65 à 68	65 à 68
Patate suédoise améliorée	»	»	1 »	»	5 »	Uniflores et Biflores	13 à 14 m/m id.	44 à 47	»	65 à 67	66 à 69
Clydesdale.	»	»	28 juin	très hâtive	2 »	Uniflores	13 à 14 m/m id.	44 à 47	40 à 43	66 à 68	67 à 69
Blanche de Jambville. . .	»	»	1er juillet	hâtive	3 »	Uniflores et Biflores	13 à 14 m/m id.	43 à 45	35 à 38	65 à 68	66 à 69
Hâtive de Sibérie	»	»	1 »	»	4 »	Uniflores	13,5 à 14,5 moins renflé glumelle supérieure à peine déprimée	44 à 47	38 à 41	68 à 70	69 à 72

précocité, leur forme de grain et leur rendement sont excessivement différents.

Nous la considérons plutôt comme très voisine de *avoine de Pologne*, dont elle possède tous les principaux caractères, n'en différant que par la paille un peu plus forte, la prédominance beaucoup plus accentuée des grains uniques et enfin la forme un peu plus allongée et légèrement plus effilée du grain qui possède moins nettement la forme si caractéristique de l'avoine à grain d'orge.

AVOINES BLANCHES A GRAIN MOYEN

Nous comprenons dans ce groupe, toutes les avoines blanches dont le grain externe a de 14,5 à 17 millimètres avec une forme, non plus en bec-de-cane ou en navette, mais plutôt cylindroïde, à glumelle inférieure moins ouverte, souvent aristée et à glumelle supérieure convexe ou peu déprimée; elles présentent peu ou pas de grains doubles normaux. La baguette du grain externe est généralement courte, assez aplatie, sans cicatricule nette au sommet; les épillets renferment 2 et quelquefois 3 grains; les grains uniques sont rares, alors que souvent, ils prédominent dans le groupe précédent; enfin, la panicule est moins longue, moins ramifiée et moins chargée, et la paille en est généralement moins forte, moins grosse, ordinairement bien blanche à la maturité, ne présentant pas cette teinte jaune souvent fort accentuée que nous avons signalée dans les avoines à grain d'orge.

L'écorce du grain est moins épaisse, plus fine, l'amande plus renflée, plus longue; le rapport au grain de cette dernière est élevé, étant en moyenne, toujours supérieur à 70 0/0. Ce groupe ne renferme que deux variétés usitées en grande culture en France : l'avoine *blanche de Ligowo améliorée* et l'*avoine de Géorgie*.

Si nous comparons maintenant les affinités de ce groupe à celles des avoines blanches à grain d'orge, nous voyons que chacun de ces groupes présente un ensemble de caractères très distincts, bien tranchés, de telle sorte qu'il n'est guère possible de faire de confusion au point de vue de la détermination, une avoine donnée se rattachant sans hésitation à l'un ou à l'autre groupe.

Le passage entre ces deux groupes se fait tout naturellement par l'*avoine blanche de Ligowo* améliorée qui se rapproche un peu des avoines à grain d'orge par la forme de son grain qui est gibbeux, très renflé, en bec-de-cane, c'est-à-dire ouvert à la pointe, et à glumelle supérieure déprimée. Elle s'en rapproche également par sa précocité, étant assez hâtive, fleurissant et étant bonne à récolter 2 à 3 jours après l'*avoine de Pologne;* en dehors de ces deux points de rapprochement, tous les autres caractères principaux de l'*avoine blanche de Ligowo améliorée* se rapportent bien à ceux du groupe des avoines blanches à grain moyen, dont nous allons maintenant donner la description.

Avoine blanche de Ligowo améliorée

L'ancienne race assez tardive et de maturité inégale qu'était l'avoine de Ligowo, a été abandonnée et remplacée avantageusement par l'avoine de Ligowo améliorée, variété sortie par voie de sélection de la première et mise au commerce en 1889-90.

L'avoine blanche de Ligowo améliorée est une des avoines blanches les plus productives, méritant par la beauté de son grain et son rendement considérable, d'attirer particulièrement l'attention. C'est une race bien hâtive, dont la floraison et la maturité ont lieu 3 ou 4 jours après l'avoine blanche de Pologne.

Le feuillage en est vert franc, plutôt moyen, un peu moins ample que celui de l'avoine blanche de Pologne et des variétés qui s'y rattachent directement.

La paille haute de 1ᵐ30 à 1ᵐ40, est assez forte, raide, particulièrement résistante à la verse, se brisant beaucoup moins facilement à la maturité que les avoines blanches de Pologne et de Sibérie.

La paille en est extrêmement blanche, bien différente sous ce rapport de celle des deux variétés précédentes qui offre une teinte jaune fort accentuée, à un tel point que même après le battage, il est très facile de les distinguer les unes des autres.

La panicule en est moyenne, longue de 25 centimètres environ et assez peu fournie, ne portant habituellement que 45 à 50 épillets, tandis que l'avoine de Pologne cultivée dans les mêmes conditions en présente de 80 à 100 par panicule.

Les balles ou glumes de l'avoine de Ligowo améliorée présentent une ampleur que l'on ne retrouve pas dans les autres races à grain blanc; elles sont très blanches et pour ainsi dire ballonnées.

Les épillets sont régulièrement à deux grains, et dans

de bonnes terres, il y a toujours sur chaque panicule,
principalement au sommet, une propor-
tion assez élevée d'épillets à 3 grains.

Les premiers grains, ou grains externes,
présentent assez régulièrement vers le
milieu du dos une arête assez développée, un peu coudée, tordue et teintée de
brun foncé ou de brun noir sur le tiers de
sa longueur, à partir de la base. La longueur de ces grains est de 15 à 16 milli-

FIG. 13. — *Grain de
l'avoine blanche de
Ligowo, le double de
grandeur naturelle.*

mètres; ils sont bien
pleins, très épais jus-
qu'au point d'attache
de l'arête, à partir
duquel ils s'effilent
assez rapidement
sans toutefois se ter-
miner par une pointe
aiguë comme on l'ob-
serve dans un grand
nombre de variétés;
il en résulte que le
grain est gibbeux,
avec un aspect un
peu de bec-de-cane,
si on peut s'exprimer
ainsi; par ce dernier
caractère, l'avoine
blanche de Liwogo

FIG. 14. — *Avoine blanche de Ligowo*

améliorée, quoique très distincte, se rapproche des avoines
à grain court et renflé, que nous avons groupées et désignées sous le nom d'avoines à grain d'orge.

La couleur du grain est d'un blanc légèrement jaunâtre
dans la partie inférieure et d'un blanc mat à la pointe, cet
aspect étant dû à de fines granulations ou a des sortes de
petites dents que l'on distingue aisément à l'aide d'une
forte loupe.

La glumelle supérieure est légèrement déprimée et
concave dons le grain externe, par suite de la pression
exercée sur lui par le grain interne (2e grain). Quelquefois,
ce grain interne est encastré dans le premier et enveloppé
en partie par les bords de la glumelle supérieure du grain
externe ; nous avons désigné sous le nom de grains doubles
les grains ainsi constitués, et sous le nom de grains inclus
les grains internes ainsi encastrés.

La proportion des grains doubles est faible dans cette
variété; elle est au contraire toujours assez élevée dans
les avoines à grain d'orge, constituant un des caractères
les plus frappants de ce groupe.

Le poids de 1.000 grains externes est de 48 à 50 grammes
et celui de 1.000 grains internes, de 31 à 33 grammes.

Poids de 1000 grains externes............... 48^{gr}9
  »   »   »   »   décortiqués.. 34^{gr}3
Rendement en amande.................... 70^{gr}1 0/0

Poids de 1000 grains internes............... 31^{gr}4
  »   »   «   «   décortiqués.. 24^{gr}7
Rendement en amande...................: 76^{gr}5 0/0

Le rendement en amande dans les avoines de semences où les grains externes existent presque seuls, est de 70 0/0, mais dans les avoines commerciales, ce rendement est plus élevé, de 72 à 73 0/0 environ, à cause de la présence de grains internes.

L'avoine blanche de Ligowo améliorée nous paraît avoir été abandonnée à tort dans beaucoup de champs d'essais. La raison en vient peut-être de ce que les expérimentateurs n'avaient pas à leur disposition la race améliorée, qui est infiniment supérieure à l'ancienne comme régularité et rendement.

Nous considérons cette race améliorée comme une avoine très méritante à cause de sa précocité et de la beauté de son grain bien plein qui renferme une proportion élevée d'amande; mais elle n'est susceptible de donner un bon rendement que dans un sol riche, ou au moins dans une terre de bonne fécondité moyenne; elle ne convient pas aux sols pauvres où elle ne donne qu'une paille fine, peu élevée, et une panicule très maigre et peu fournie.

M. Dehérain, à Grignon, cultive depuis 1892 cette variété, en comparaison avec l'avoine grise de Houdan; les rendements qu'il a obtenus sont les suivants :

	GRAIN		PAILLE	
	HOUDAN	LIGOWO	HOUDAN	LIGOWO
	quintaux	quintaux	quintaux	quintaux
1892................	19	23,8	21,5	26,6
1893................	22	23,9	25	32,1
1894................	36	40,7	60	55
1897................	24,5	31,2	48	64
1898................	32,3	39,3	64	75
1899................	31,5	33,3	50,3	62,1
Moyenne des six années .	27,5	32,0	44,8	52.4

Pendant les six ans qu'a duré l'expérience, l'avoine de Ligowo a donc en moyenne fourni 4 quintaux 5 de grain et 7 quintaux 6 de paille de plus que l'avoine grise de Houdan.

D'autre part, M. Malpeaux, professeur d'agriculture, a obtenu en 1897 dans ses champs d'expériences, les rendements suivants :

AVOINES	GRAIN (quintaux)	PAILLE (quintaux)
Ligowo améliorée...............	37,5	71
Jaune de Flandre.................		69.5
Jaune géante à grappes..........	35,5	64,9
Noire de Brie....................	34,5	62
» de Mesdag................	30	58
» de Hongrie	30	49
D'Australie hâtive................	27,5	32

Ces différents résultats nous montrent que comme rendement, l'avoine de Ligowo peut rivaliser avec les meilleures variétés de grand rapport, telles que les avoines noire de Hongrie, jaune de Flandre et jaune géante à grappes, sur lesquelles elle a encore l'avantage d'être plus précoce.

Nous placerons à côté de cette variété, l'avoine New Market race anglaise dont le grain a beaucoup d'analogie avec celui de l'avoine de Ligowo améliorée, quoique étant toutefois un peu moins gros et un peu moins plein.

Il y a également entre ces deux variétés une différence assez sensible comme précocité, l'avoine de Ligowo améliorée fleurissant plusieurs jours avant la New Market Oat.

Avoine Wide Awake. — Variété d'origine anglaise, complètement inconnue en France, mise au commerce en Allemagne il y a quelques années.

Le feuillage en est blond, glauque, de développement moyen, moins ample que celui des avoines orgeuses.

La paille, élevée environ de 1ᵐ30 est de grosseur moyenne, bien blanche à la maturité.

La panicule a, en général, 25 à 28 centimètres de longueur, renfermant de 70 à 90 grains ; elle est donc moins chargée que l'avoine de Pologne, tout en étant un peu plus fournie que l'avoine blanche de Ligowo dont elle se rapproche sensiblement. Les épillets sont régulièrement à deux grains, avec une tendance à former trois grains au sommet de la panicule dans les terres fraîches et bien fumées.

Les grains externes ont 15,5 à 16 millimètres, généralement mutiques avec toutefois une proportion assez élevée de grains aristés, de 20 à 30 0/0 environ ; cette arête est assez peu développée, droite, rarement coudée et tordue dans le 1/3 inférieur. Ces grains sont bien pleins, mais non gibbeux comme ceux des avoines de Ligowo ou de Pologne ; la glumelle inférieure est assez ouverte, ne se terminant pas en pointe aiguë ; la glumelle supérieure est convexe ou peu déprimée, et la baguette est courte, de 2 millimètres comme dans l'avoine de Ligowo améliorée ; les grains internes sont bien pleins, peu effilés, de 12 à

13 millimètres de longueur, présentant souvent le faciès des grains externes des avoines orgeuses.

Poids de 1000 grains externes............ 42ᵍʳ68

  »   »   »   » décortiqués. 30ᵍʳ68

Rapport de l'amande au grain 71ᵍʳ8 0/0

Poids de 100 grains internes............. 28ᵍʳ20

  »   »   «   » décortiqués. 21ᵍʳ30

Rapport de l'amande en grain 75ᵍʳ9 0/0

Le rendement moyen en amande est donc de 73,8 0/0, se rapprochant beaucoup de celui de l'avoine de Ligowo améliorée, qui nous a donné en moyenne 73,3.

Comme précocité, l'avoine Wide Awake épie et mûrit 3 à 4 jours après l'avoine blanche de Ligowo amélioré et en même temps que l'ancienne avoine de Ligowo.

Cette variété mériterait d'être étudiée comparativement à l'avoine de Ligowo améliorée, dans des essais d'une certaine importance, de façon à pouvoir comparer leur rendement en paille et en grain qui nous a paru très voisin, sinon supérieur.

Avoine Blanche de Géorgie

Synonymes : Avoine du Canada

—   «   de Bafinat

—   »   blanche de Russie

—   »   d'Amérique

Variété fort ancienne, déjà cultivée par Yvert en 1825. Les nombreux échantillons que nous avons reçus de diverses provenances présentaient de légères différences; ainsi les avoines de Géorgie venues d'Allemagne étaient un peu plus hâtives, et leur grain était sensiblement plus long et plus effilé (de 16,5 à 17 millimètres de longueur).

Comme nous avons reconnu une grande uniformité entre l'avoine blanche de Géorgie que nous cultivons et celle que nous avons reçue de bons pro-ducteurs français, nous n'envisagerons que cette forme que nous décrirons seule.

L'avoine blanche de Géorgie possède un feuillage moyen, vert légèrement blond.

La paille en est assez grosse, un peu moins haute que celle de l'avoine de Pologne, finement cannelée et extrême-ment blanche.

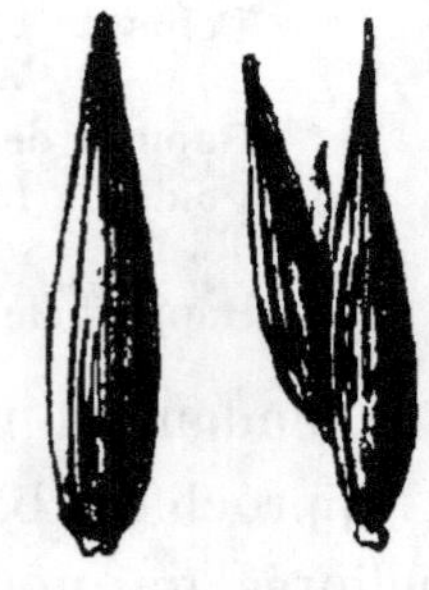

Fig. 15. — *Grain de l'Avoine de Géorgie, double de grandeur naturelle*

La panicule est moyenne, de 25 centi-mètres environ de longueur, ample, retombante, assez peu ramifiée et ne portant que de 50 à 65 épillets.

Les balles ou glumes sont très aigües, blanchâtres, fine-ment cannelées, longues de 25 millimètres. Les épillets renferment très régulièrement deux grains, d'une couleur blanc jaunâtre. Les grains externes sont sans barbes, de 15 millimètres de long, effilés, très pointus, généralement assez peu renflés, de telle sorte que le grain est presque fermé comme dans les grains uniques. La baguette en est fine, longue de 2 millimètres 5 à 3 millimètres et en tête de clou, avec une légère cicatricule nette. Les grains internes, de 10 à 11 millimètres de longueur, sont également peu renflés, assez pointus et effilés, ordinairement sans pail-lettes, ce qui indique qu'elle n'a pas de tendance à former des épillets à 3 grains.

Poids de 1000 grains externes......... 33ᵍʳ20   à 35ᵍʳ40
   »   »   »   décortiqués. 24ᵍʳ80   à 26ᵍʳ70
Rapport de l'amande au grain......... 74ᵍʳ6 0/0 à 75ᵍʳ0/0

Fɪɢ. 16. — *Panicule de l'avoine*
blanche de Géorgie.

Cette avoine est hâtive, mais non très hâtive, épiant et mûrissant 4 à 5 jours après l'avoine blanche de Ligowo améliorée et 7 à 8 jours après les avoines de Pologne et de Sibérie.

L'avoine de Géorgie n'est pas en somme une variété d'élite ; la paille en est dure, et le grain souvent peu rempli. Elle a été abandonnée en Angleterre, où elle est considérée comme trop épuisante ; en France, sa culture ne s'est guère répandue, quoiqu'elle y réussisse assez bien et qu'elle soit peu sujette au charbon.

Elle ne figure plus dans les champs d'essais départementaux où elle a été reconnue bien inférieure aux bonnes variétés usuelles à grain blanc, telles que les avoines de Pologne, de Sibérie et de Ligowo améliorée. Elle a en outre, le défaut de contracter une vilaine couleur quand la récolte est contrariée par les pluies.

A cette variété, nous rattacherons comme n'en différant pas, l'avoine de Banat (Hongrie), et l'avoine des Canaries, avoines que nous considérerons par suite comme des synonymes.

Avoine blanche de Lincoln. — Feuillage moyen, vert légèrement blond. Paille blanche, de moyenne grosseur, élevée de 1^m,20 environ. Panicule de 25 centimètres de longueur, étalée, à longs rameaux divergents, peu nombreux, portant de 50 à 70 épillets.

Epillets à balles moyennes, renfermant régulièrement deux grains de teinte blanc jaunâtre, comme dans l'avoine blanche de Géorgie.

Les grains externes sont imberbes; les grains munis d'une barbe très grêle et fine sont rares. Leur longueur est de 15 à 16 millimètres avec une forme assez effilée et généralement une dépression assez accentuée sur la face dorsale, La baguette, de 2 millimètres de longueur est assez aplatie, avec deux cannelures; elle est irrégulière au sommet et sans renflement ni cicatricule nette, le grain interne étant mis en liberté par la rupture de cette baguette.

Les grains internes sont assez renflés, de 11 à 12 millimètres, à glumelle inférieure assez ouverte au sommet et à pointe par suite peu aiguë. Le talon est plutôt droit qu'incurvé.

L'avoine blanche de Lincoln possède la même précocité que l'avoine de Géorgie, avec laquelle elle a énormément d'affinités, mais dont il est facile de la distinguer, même en ne considérant que le grain, par l'examen de la baguette du grain externe, qui est longue et fine dans l'avoine de

Géorgie, tandis qu'elle est courte, aplatie et cannelée dans l'avoine blanche de Lincoln.

```
Poids do 1000 grains externes...................  43ᵍʳ40
      »       »      »      »    décortiqués.....  30ᵍʳ60
Poids de 1000 grains internes...................  27ᵍʳ30
   «       »      »      »    décortiqués........  21ᵍʳ
```

Le rapport de l'amande au grain est donc de 70 0/0 pour les grains externes et de 76,9 0/0 dans les grains internes; le rendement moyen des avoines commerciales est de 72 à 73 0/0.

Avoine Milton. — Variété d'origine américaine, à feuillage très ample, vert franc, à paille haute, grosse et forte, ayant toutefois une tendance à verser facilement.

La panicule est longue de 25 centimètres environ, très étalée, à rameaux longs, grêles et peu nombreux, généralement peu fournie, ne portant que 50 à 60 épillets. Les balles en sont moyennes, assez amples et bien blanches.

Ces épillets renferment régulièrement deux grains, mais dans les terres bien fumées, on trouve toujours une proportion élevée d'épillets à 3 grains, proportion qui peut arriver à dépasser 50 0/0.

Les grains externes sont assez effilés, longs de 16 à 17 millimètres, peu déprimés sur la face dorsale, renfermant une amande cylindrique de 9 millimètres; ils sont ordinairement pourvus d'une arête fine et grêle, assez longue, peu tordue à la base. La proportion de grains aristés en est fort variable, souvent de plus de 90 0/0 dans la panicule; mais, nous ne pouvons ranger l'avoine Milton dans les avoines franchement aristées, car nous avons constaté que cette proportion varie avec l'année ; ainsi, l'avoine récoltée en 1898 ne contenait que 20 à 25 0/0 de grains barbus, tandis qu'en 1899, ces mêmes grains resemés nous ont donné une proportion de 85 à 90 0/0. Nous avons fait la même remarque pour un grand nombre d'autres variétés, qui avaient présenté l'année précédente, une faible proportion de grains aristés; nous sommes persuadés, comme nous l'avons expliqué précédemment, que les avoines à arête facultative, fine et grêle, sont susceptibles de devenir régulièrement aristées quand elles poussent dans des terrains pauvres, ou quand leur végétation souffre par suite d'une sécheresse persistante.

La baguette du grain externe de *l'avoine Milton* est courte, assez aplatie, avec deux cannelures; son sommet est déchiqueté, le grain interne étant mis en liberté par rupture de la baguette, au lieu de se détacher en présentant une petite cicatricule nette comme dans les avoines à grain d'orge.

Les grains internes, longs de 11 à 12 millimètres sont assez renflés; leur talon est peu recourbé, presque droit.

ANNÉE 1898

Poids de 1000 grains externes	48^{gr}80
» » » » décortiqués	34^{gr}07
Rendement en amande	71^{gr} 0/0
Poids de 1000 grains internes	24^{gr}
» » » » décortiqués	18^{gr}40
Rendement en amande	76^{gr}6 0/0

ANNÉE 1899

Poids de 1000 grains externes 44ᵍʳ40

»   »   »   »   décortiqués 30ᵍʳ80

Rendement en amande......................... 69ᵍʳ 2 0/0

Poids de 1000 grains internes................... 27ᵍʳ80

décortiqués....... 21ᵍʳ20

Rendement en amande......................... 76ᵍʳ 2 0/0

L'avoine Milton est une race demi-hâtive, possédant sensiblement la même précocité que *l'avoine de Géorgie*, avec laquelle elle a certainement quelque affinité, mais dont elle se distingue essentiellement par sa tendance à donner de nombreux grains aristés et de nombreux épillets à 3 grains, de telle sorte que dans les bonnes terres, elle paraît appartenir franchement au groupe des avoines à 3 grains.

Avoine des montagnes de Bavière améliorée. — Cette avoine possède un feuillage moyen, vert franc et une paille blanche et fine de hauteur moyenne.

La panicule, de 25 centimètres de longueur environ, est composée de nombreux rameaux étalés, fins et très allongés, dont les plus développés ont jusqu'à 15 centimètres de longueur. Cette panicule porte de 65 à 80 épillets à balles assez longues, de 25 millimètres environ.

Les épillets sont régulièrement à deux grains, sans arêtes. Le grain externe blanc jaunâtre, long de 15 à 16 millimètres, est effilé, peu renflé, assez fermé, à glumelle supérieure un peu concave, à amande moyenne, déprimée et aplatie dans le 1/3 supérieur. La baguette, longue de 2, 5 à 3 millimètres est fine, grêle, ni aplatie, ni cannelée, et à partie supérieure bien renflée en tête de clou, avec cicatricule nette.

Les grains doubles y sont fréquents, mais au point de vue morphologique, ils ne peuvent être comparés à ceux que nous avons rencontrés précédemment dans certaines avoines à grain d'orge, où on peut les considérer comme normaux, tandis que dans l'avoine qui nous occupe, leur existence est due au faible développement du grain externe et à la petite taille du grain interne; en effet, ce dernier est toujours de dimension réduite, bien que cette avoine soit nettement à deux grains, avec l'externe fort allongé. Le grain interne n'a, en moyenne, que 10 à 12 millimètres de longueur; il est assez renflé, avec un talon bien incurvé.

Poids de 1000 grains externes................... 40ʳ1
  »   »   »   » décortiqués........ 26ʳ3
Rendement en amande......................... 66ʳ8 0/0
Poids de 1000 grains internes.................. 20ʳ7
  »   »   »   » décortiqués....... 16ʳ2
Rendement en amande......................... 78ʳ3

Cette variété est très sensible à la chaleur, étant échaudée très facilement. Elle ne nous a jamais donné qu'un grain léger à amande peu développée; elle se rapproche sous ce rapport de *l'avoine blanche de Géorgie* dont elle possède la même précocité et la même structure de grain. C'est une race essentiellement rustique qui ne convient qu'aux pays de montagnes; là seulement sa culture peut présenter quelque intérêt. Sa culture n'est pas usitée en France; mais en Allemagne, elle est assez répandue dans certaines régions, principalement en Bavière, où elle est l'avoine de pays.

Avoine de Podolie. — Variéte allemande, à feuillage très ample, vert franc, et à paille haute et forte. La panicule, de 25 centimètres de longueur, est assez fournie, portant de 60 à 80 épillets, qui renferment régulièrement deux grains, quelquefois trois.

Le grain externe, rarement aristé, et dans ce cas muni d'une arête peu développée, a en moyenne 16 millimètres de longueur; il est assez allongé et bien plein, à glumelle supérieure convexe, renfermant une amande longue, cylindrique, non déprimée vers le sommmet; la baguette en est assez courte, faiblement cannelée.

Les grains internes sont assez effilés, bien pleins, de 11 à 12 millimètres de longueur.

Le rendement en amande est élevé, étant de 72 à 75 0/0 dans les grains externes.

L'avoine de Podolie est une race 1/2 hâtive, coïncidant sensiblement comme précocité avec *les avoines Milton et blanche de Lincoln*, avec lesquelles elle a beaucoup d'autres traits de ressemblance, tels que rendement en amande et forme du grain. Toutefois, nous avons remarqué que cette avoine n'est pas très fixe; elle a une tendance à se transformer en une forme plus allongée, effilée et pointue, passant ainsi aux avoines pleines à glumes, dont *l'avoine blanche de Ruegen* est le type.

Avoine blanche de Sicile. — Variété à feuillage moyen, vert franc, un peu plus ample toutefois que celui de *l'avoine de Géorgie*. La paille, blanche, est assez fine et peu élevée, de 1ᵐ25 à 1ᵐ30 de hauteur ; la panicule est de taille moyenne, de 25 centimètres environ de longueur, assez fournie, portant de 60 à 80 épillets.

Les balles, longues et pointues, ont 25 millimètres.

Les épillets sont très régulièrement à deux grains, ne renfermant que très rarement trois grains.

Le grain externe est long et effilé, d'une longueur moyenne de 16 millimètres, avec une teinte blanc jaunâtre, faisant le passage sous ce rapport aux avoines jaunâtres, telles que *les avoines de Beseler, de Probster, de Suède*, etc. Ces grains sont généralement aristés, avec une arête assez longue et forte, insérée vers le milieu du dos, coudée et fortement teintée et tordue dans le tiers inférieur.

Malgré la présence d'une arête, qui souvent a l'avantage de faire paraître le grain beaucoup plus épais, celui-ci est allongé, assez peu renflé, non gibbeux, toujours bien déprimé en gouttière sur la face dorsale.

La baguette est assez courte, de 2 millimètres environ, assez aplatie, présentant deux stries longitudinales latérales; son sommet est toujours déchiqueté, le deuxième grain qui se détache difficilement étant mis en liberté par la rupture de la baguette en un point variable; il en résulte également que le grain interne a un talon irrégulier, moins incurvé que celui que l'on observe dans la majorité des grains internes de la plupart des avoines, telle par exemple, que *l'avoine de Géorgie*.

Les deuxièmes grains sont de taille et de dimensions fort irrégulières, en rapport avec la richesse du sol et les conditions climatériques ; la baguette en est toujours très fine et très grêle, dépourvue à son sommet de paillettes, montrant ainsi que l'épillet n'a pas de tendance a former de troisième grain.

Le rendement en amande des grains externes et internes

est assez élevé ; il est de 71,5, en moyenne dans les grains externes et de 76,5 0/0 dans les grains internes. *L'avoine blanche de Sicile* est de même précocité que *l'avoine blanche de Géorgie* ; elle est donc plutôt 1/2 hâtive.

C'est une variété bien distincte, caractérisée par sa taille peu élevée, son grain jaunâtre aristé, et sa baguette courte, plate et un peu cannelée. Elle nous a paru peu exigeante, se comportant bien dans les étés secs ; en 1899 où l'année a été particulièrement chaude et sèche, son grain n'a pas été échaudé, comme l'ont été beaucoup d'autres variétés, cultivées dans le même terrain et dans les mêmes conditions.

Avoine blanche d'Australie. — Cette race est assez distincte et facile à reconnaître quand elle est bien pure ; mais nous avons toujours constaté une certaine irrégularité dans la forme et la longueur du grain, et nous avons dû la sélectionner très sévèrement à ce double point de vue, pour arriver à posséder un lot régulier.

L'avoine blanche d'Australie possède un feuillage moyen, dressé, vert foncé, notablement moins ample que celui des avoines à grain d'orge.

La paille en est fine et de hauteur moyenne, de 1^m10 à 1^m20 environ, restant bien blanche, sans prendre de teinte jaune en mûrissant.

Comme précocité, cette race est presque demi-hâtive, fleurissant 5 à 6 jours après *l'avoine de Pologne*, et 3 jours environ après *l'avoine de Ligowo améliorée ;* toutefois, à la maturité, les différences sont moins accentuées, car *l'avoine blanche d'Australie* s'éteint plus promptement, de telle sorte que son époque de maturité coïncide sensiblement avec celle de *l'avoine de Ligowo améliorée.*

La panicule est moyenne, moins longue et moins fournie que celle des avoines à grain d'orge, et se rapprochant davantage, sous ce rapport, de l'avoine de Ligowo améliorée.

Les épillets sont régulièrement à deux grains; l'externe est mutique, long de 13,5 à 14,5 millimètres, se rapprochant ainsi comme forme et longueur de *l'avoine hâtive de Sibérie*; le grain est moins renflé et un peu plus effilé que dans *l'avoine de Pologne*, avec une glumelle supérieure généralement convexe, peu ou pas déprimée par le second grain : les grains doubles sont extrêmement rares.

Poids de 1000 grains externes......... 37ᵍʳ2
  »   »   »   » décortiqués. 27ᵍʳ6
Rendement en amande............. 74ᵍʳ5 0/0

Ce rendement est le plus élevé que nous ayions donné jusqu'à présent; les écales sont fines et l'amande très développée, eu égard à la grosseur et à la longueur du grain. Cette variété est

Fig. 17. — *Blanche d'Australie.*

intermédiaire comme ensemble de caractères, entre *les avoines blanche de Ligowo* et *hâtive de Sibérie.*

L'avoine blanche d'Australie n'est pas une race à grand rendement comme paille et comme grain; pour les terres riches ou de bonne fertilité moyenne, *l'avoine blanche de Ligowo améliorée* et surtout *les avoines de Pologne* et *hâtive de Sibérie,* lui sont bien supérieures; moins exigeantes que ces variétés, elle leur est préférable pour les sols peu profonds et ne possédant pas suffisamment de fraîcheur.

TABLEAU CONDUISANT A LA DÉTERMINATION DES AVOINES BLANCHES A GRAIN MOYEN

AVOINES BLANCHES **à grain moyen** —— Paille ordinairement bien blanche. Panicule moyenne portant moins de 90 épillets ; demi-hâtives. Peu ou pas de grains uniques. Grain externe de 14 à 17 $^{m/m}$ de longueur. Poids de 1000 grains ordinairement supérieur à 40 gr. Rendement en amande 70 à 75 %. Longueur du grain externe.	De 15 à 17 millimètres, Grain externe.		de 13,5 à 14,5 $^{m/m}$	grain externe à glumelle supérieure convexe et baguette fine, longue de 3 millimètres.	BLANCHE D'AUSTRALIE.
		ordinairement sans barbes ; épillets à deux grains ; demi-hâtives.	baguette fine et longue en tête de clou.	paille haute et forte. Poids de 1000 grains externes, 35 à 40 grammes. Grain externe effilé, à glumelle supérieure légèrement convexe.	BLANCHE DE GÉORGIE.
				paille moyenne, assez fine. Poids de 1000 grains externes, 40 à 42 gr. ; rendement en amande faible ; glume supérieure légèrement déprimée.	DES MONTAGNES DE BAVIÈRE AMÉLIORÉE.
			baguette courte, aplatie avec 2 cannelures.	paille moyenne. Poids de 1000 grains externes, 43 à 45 gr.	BLANCHE DE LINCOLN.
		aristé ; baguette courte à deux cannelures ; tendance à former de nombreux épillets à 3 grains.	Proportion très élevée de grains aristés	assez hâtive. Grain externe gibbeux, en bec de cane à pointe large ; glumelle supérieure légèrement déprimée, grain de 15 à 16 millimètres de longueur.	BLANCHE DE LIGOWO améliorée.
				demi hâtive paille fine. Grain effilé, non gibbeux ; glumelle supérieure assez déprimée. Grain externe de 16 à 16,5 $^{m/m}$ delongueur.	BLANCHE DE SICILE.
			grain de 15 à 16 $^{m/m}$	grain externe assez épais, un peu gibbeux très plein, à glumelle supérieure convexe ; feuillage et paille moyens.	WIDE AWAKE.
			Grain externe parfois sans barbe de 16 à 17 $^{m/m}$ faisant le passage au groupe suivant. Feuillage très ample, paille haute, grosse et forte	grain externe à glumelle supérieure légèrement déprimée.	MILTON.
				grain externe à glumelle supérieure convexe.	DE PODOLIE.

PRINCIPAUX CARACTÈRES DES AVOINES BLANCHES A GRAIN MOYEN

NOMS DES VARIÉTÉS	FEUILLAGE	PAILLE	DATE DE LA FLORAISON	PRÉCOCITÉ	DATE DE LA MATURITÉ	NOMBRE de GRAINS PAR ÉPILLET	CARACTÈRES PRINCIPAUX DU GRAIN EXTERNE — LONGUEUR en millimètres	CARACTÈRES PRINCIPAUX DU GRAIN EXTERNE — FORME	POIDS DE 1000 GRAINS EXTERNES	RENDEMENT en AMANDE °/₀ DES GRAINS externes
			Juillet		Août				grammes.	
Blanche de Ligowo améliorée. . . .	assez ample, vert franc	assez élevée moyenne	4	Assez hâtive	6	2, quelquefois 3	15 à 16	ordinairement aristé, avec arête bien développée ; bien plein, épais, glumelle supérieure un peu déprimée.	47 à 50	70 à 73
Wide Awake	moyen vert franc	moyenne	8	Demi hâtive	11	2, quelquefois 3	15 à 16	souvent aristé, plein, assez épais et à glumelle supérieure convexe.	42 à 45	70 à 73
Blanche de Géorgie	»	haute, assez grosse	8	Demi hâtive	11	2, blancs jaunâtres	15	non aristé, peu renflé, effilé, peu ouvert.	36 à 40	72 à 75
Blanche de Lincoln	»	moyenne	8	Demi hâtive	11	2	15 à 16	non aristé, un peu effilé, à glumelle supérieure légèrement déprimée.	43 à 45	70 à 72
Milton	très ample vert franc	haute, grosse et forte	8	Demi hâtive	10	2, quelquefois 3	16 à 17	souvent aristé avec arête fine ; un peu effilé, à glumelle supérieure peu déprimée ou convexe.	45 à 50	70 à 73
Des montagnes de Bavière améliorée.	moyen vert franc	hauteur moyenne assez fine	8	Demi hâtive	10	2	15 à 16	non aristé, un peu effilé, peu renflé, à glumelle supérieure légèrement déprimée.	40 à 42	66 à 68
De Podolie.	très ample vert franc	haute et forte	8	Demi hâtive	10	2, quelquefois 3	16 à 17	assez souvent aristé, un peu effilé mais assez plein, glumelle supérieure convexe.	45 à 49	72 à 75
Blanche de Sicile.	moyen vert franc	peu élevée assez fine	8	Demi hâtive	10	2, rarement 3	16	ordinairement aristé, peu renflé, assez effilé, à glumelle supérieure déprimée.	43 à 45	70 à 73
Blanche d'Australie	moyen, dressé vert foncé	hauteur moyenne, fine	8	Demi hâtive	8	2	13,5 à 14,5	non aristé, assez renflé, bien plein, glumelle supérieure convexe.	37 à 40	73 à 76

AVOINES BLANCHES A GLUMES

Nous avons désigné sous le nom d'avoines à glumes (1), les variétés qui ont des glumelles très longues, très aiguës et qui ont une tendance souvent à s'allonger d'une façon extraordinaire; la longueur de leur grain externe est en moyenne de 17 à 18 millimètres, mais très souvent il présente une taille plus considérable, surtout dans les terres bien fumées; leurs épillets sont le plus souvent à deux grains, mais dans un sol riche ou de richesse moyenne, ils renferment assez régulièrement trois grains; dans ce cas, le grain intermédiaire est bien rempli, avec une longueur de 13 à 15 millimètres.

Ces avoines se rapprochent assez de certaines variétés du groupe précédent, telles que les *avoines de Podolie* et *Milton*, avoines que nous pouvons désigner sous le nom *d'avoines moyennes à glumes*; à cause de leurs affinités avec les *avoines à glumes*, nous les faisons figurer de nouveau sur les tableaux donnant les principaux caractères de ces dernières (Voir page 96).

Elles se rapprochent des avoines moyennes à glumes par la forme allongée et effilée de leur grain et la fréquence des épillets à trois grains, mais elles s'en distinguent par leur précocité un peu plus grande, étant de 4 à 5 jours plus hâtives, leur grain externe plus long et rarement

---

(1) Nous désignons, dans ce cas, les glumelles sous le nom de glumes, pour simplifier.

aristé, leur paille moins haute et moins forte, et enfin la tendance qu'elles ont à donner, étant cultivées dans les mêmes conditions, un nombre beaucoup plus fort d'épillets à trois grains.

Les deux seules variétés que nous ayons étudiées, et qui composent ce petit groupe sont : *l'avoine blanche de Ruegen*, et *l'avoine Pringle's Progress*.

Avoine blanche de Ruegen. — Variété à feuillage très ample, vert franc, à paille assez forte, de hauteur moyenne. La panicule, longue de 25 à 30 centimètres est formée de rameaux grêles, étalés, portant de 65 à 75 épillets.

Les épillets sont à glumes longues et pointues, de 25 millimètres environ; ils sont à deux grains, avec une tendance à former de nombreux épillets à trois grains, tendance encore plus accentuée que dans *l'avoine Pringle's Progress*, avec laquelle cette variété a beaucoup d'affinités.

Les grains externes, longs de 17 à 18 millimètres, sont généralement mutiques, de forme allongée et pointue, à grain assez plein, à glumelle supérieure convexe à glumelle inférieure non roulée sur les bords; amande assez renflée, longue de 10 millimètres et cylindrique. La baguette du grain est courte, un peu aplatie avec deux fines cannelures latérales. Cette forme de grain pourrait être définie *Avoine pleine à glumes*, à cause de son grain bien rempli et de la longueur de ses écales, tandis que *l'avoine Pringle's Progress*, qui s'en rapproche, serait simplement une *Avoine à glumes*, le grain étant concave, déprimé, avec une sorte de sillon délimité par les bords légèrement roulés de la glumelle inférieure.

Les grains intermédiaires sont longs de 12 à 13 millimètres, effilés, pointus ; les grains internes des épillets à deux grains sont un peu plus courts, plus renflés, à pointe moins aiguë et un peu plus ouverte.

1000 grains externes pèsent en moyenne 45 à 46 grammes, avec un rendement en amande de 72 0/0 environ ; les grains internes pèsent 29 à 30 grammes les 1000 grains, avec un rendement de 76 à 77 0/0 ; c'est en somme, une avoine à écorce fine, et dont le rapport de l'amande au grain est élevé, vu la longueur des glumelles.

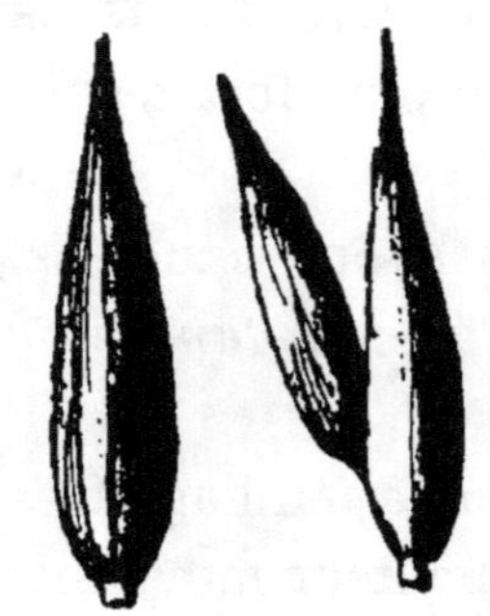

Fig. 18. — *Avoine blanche de Ruegen.*

L'avoine de Ruegen est assez hâtive, fleurissant 3 à 4 jours après *l'avoine Pringle's Progress* ; sa précocité est sensiblement la même que celle de *l'avoine de Ligowo améliorée.*

C'est une race peu exigeante et rustique, que nous avons toujours remarquée comme très résistante à la sécheresse ; en 1899, malgré l'été extrêmement sec, le grain était bien nourri, bien plein et nullement échaudé.

Avoine Pringle's Progress. — Avoine à feuillage très ample, vert franc ; paille fine, de hauteur moyenne, jaunâtre à la maturité.

La panicule, longue de 25 à 28 centimètres, est à rameaux grêles, longs, étalés, certains du premier verticille ayant jusqu'à 18 et 19 centimètres de longueur. Cette panicule n'est pas très chargée, ne présentant en moyenne que 65 à 75 épillets à balles longues et particulièrement amples et larges.

Ces épillets sont à deux grains, mais toujours avec une

certaine proportion d'épillets à trois grains sur chaque panicule, proportion d'autantplus élevée que cette avoine est cultivée dans des terres de fertilité moyenne ou riches.

Les grains externes, généralement sans arête, ont une forme bien distincte, très allongée, de 17 à 18 milli mètres de longueur ; très effilés et très pointus, ils ont une baguette longue de trois millimètres avec deux

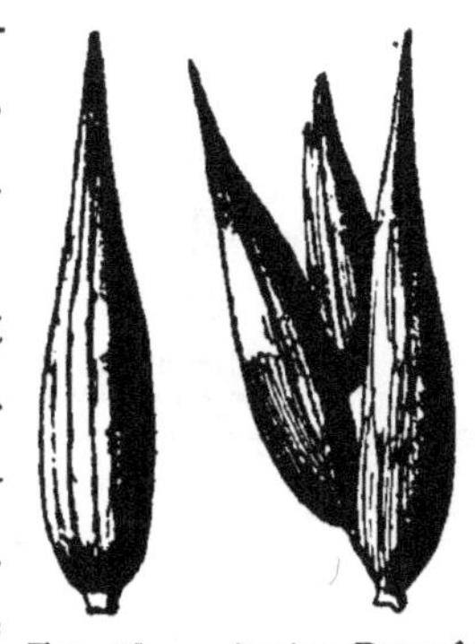

Fig. 19. — *Avoine Pringle's Progress.*

fines cannelures latérales ; la glumelle supérieure est toujours un peu concave et les bords de la glumelle inférieure forment deux espèces de bourrelets, produisant ainsi une sorte de rainure dont le fond est occupé par la glumelle supérieure. Les grains internes sont extrêmement développés, de 14 à 15 millimètres de longueur, dépassant ainsi la taille du grain externe des avoines à grain d'orge.

L'amande du grain externe est peu développée, eu égard à sa longueur ; elle n'a que neuf millimètres, tandis que celle du grain intermédiaire est sensiblement de même taille, mais avec une forme plus grêle et moins renflée.

Le poids de 1.000 grains externes est de 42 à 43 grammes environ, avec un rendement en amande de 70 0/0 ; le poids des grains internes est de 26 à 27 grammes, avec un rendement en amande de 76 0/0.

L'avoine Pringle's Progress est une race d'origine américaine, bien précoce, fleurissant en même temps que *l'avoine blanche de Pologne* ; toutefois sa végétation est un peu plus longue et plus soutenue, n'étant bonne à

PRINCIPAUX CARACTÈRES DES AVOINES BLANCHES A GLUMES

(Nous rappelons à la suite de ce tableau, les descriptions des Variétés à grain moyen, voisines de ce groupe.)

NOMS DES VARIÉTÉS	FEUILLAGE	PAILLE	DATE DE LA FLORAISON	PRÉCOCITÉ	DATE DE LA MATURITÉ	NOMBRE de GRAINS PAR ÉPILLET	CARACTÈRES PRINCIPAUX DU GRAIN EXTERNE		POIDS DE 1.000 GRAINS EXTERNES	RENDEMENT en AMANDE % DES GRAINS externes
							LONGUEUR en millimètres	FORME		
			juillet		Août				grammes	
Pringle's Progress	très ample vert franc	hauteur moyenne, fine	1	Assez hâtive	5	2, très souvent 3	17 à 18	rarement aristé, allongé, pointu à glumelle supérieure légèrement concave et déprimée.	41 à 43	70 à 72
Blanche de Ruegen	»	hauteur moyenne, assez forte	4	»	6	2, souvent 3	17 à 18	rarement aristé, allongé, pointu, à glumelle supérieure convexe.	44 à 46	71 à 74
Milton.	très ample vert franc	haute, grosse et forte	8	Demi hâtive	10	2, quelquefois 3	16 à 17	souvent aristé, un peu effilé, peu renflé, à glumelle supérieure légèrement déprimée ou convexe.	45 à 50	70 à 73
Blanche de Podolie	»	haute et forte	8	Demi hâtive	10	2, quelquefois 3	16 à 17	souvent aristé, légèrement effilé, mais assez plein, à glumelle supérieure convexe.	45 à 49	72 à 75

Avoines blanches à glumes

Assez hâtives, ordinairement mutiques, grain de 17 à 18 millimètres. Paille moyenne ; forte proportion d'épillets à trois grains.

Glumelle légèrement concave et déprimée. Poids de 1.000 grains 41 à 43 gr. **PRINGLE'S PROGRESS.**

Glumelle supérieure convexe. Grain très plein. Poids de 1.000 grains 44 à 46 grammes. Baguette courte de 2 ^{m/m}. **BLANCHE DE RUEGEN.**

Avoines moyennes à glumes

Demi hâtives, ordinairement aristées, grain externe de 16 à 17 millimètres. Paille haute et forte ; faible proportion d'épillets à trois grains.

Grain externe à glumelle supérieure un peu déprimée. **MILTON.**

Grain externe à glumelle supérieure convexe. **BLANCHE DE PODOLIE.**

faucher que 2 ou 3 jours après. Cette avoine, dont la culture n'est pas usitée en France, pourrait être désignée sous le nom *d'avoine à glumes à trois grains*, à cause du grand développement des écales, qui n'est nullement en rapport avec celui de l'amande, et de la proportion élevée, sur chaque panicule, d'épillets à trois grains.

Nous ferons remarquer à ce sujet qu'il n'existe pas à notre connaissance d'avoines franchement à trois grains, c'est-à-dire dont tous les épillets de la panicule contiennent régulièrement trois grains, car toujours les épillets des rameaux grêles du premier verticille, les derniers développés, n'ont que deux grains, même dans les avoines qui sont considérées comme bien à trois grains, telles que *l'avoine blanche à trois grains* et *l'avoine de Silésie à trois grains*.

AVOINES BLANCHES A PETIT GRAIN

Nous comprendrons sous le nom d'*avoines à petit grain*, toutes les avoines dont les grains externes ou uniques sont de petite taille, ou plutôt de faible grosseur, ce caractère étant apprécié par le poids de 1000 grains. Dans les avoines à petit grain, ce poids est toujours inférieur à 37 grammes, tandis que dans les avoines des trois autres groupes précédemment étudiés, ce poids est généralement supérieur à 40 grammes, sauf toutefois dans une ou deux variétés, telles que les *avoines blanches d'Australie* et *blanche de Géorgie* dont le poids est quelquefois inférieur ; mais cela tient à ce que leur grain est rarement bien plein et bien nourri, ces variétés étant très exigeantes et sensibles à la chaleur, avec une tendance à être facilement échaudée.

Mais ce n'est pas là leur seul caractère commun, et sauf une variété, l'*avoine de l'Oderbrück*, qui est, pour ainsi dire, une forme aberrante, elles possèdent toutes une maturité tardive ; leur feuillage est moyen ou léger, leur paille haute et forte ; leur panicule extrêmement grande est très ramifiée et très fournie, portant ordinairement plus de 100 épillets. La forme de leur grain est assez variable ; les grains externes ou uniques des *avoines d'Ecosse Potato* et *Triomphe* ont l'aspect des avoines à grain d'orge, avec sen-

siblement la même longueur, mais ils sont moins gros
(1000 grains pesant moins de 35 grammes) et souvent
aristés; de plus, ce sont deux races très tardives, alors que
les avoines orgeuses sont toutes bien hâtives. Les autres
variétés ont un grain externe de 11 à 14 millimètres,
étroit, effilé, ne pesant pas 35 grammes les 1000 grains, et
souvent aristé; le rendement en amande est fort élevé,
de 73 à 74 0/0 en moyenne.

L'avoine de l'Oderbrüch, que nous avons placée à la fin
de ce groupe est très distincte, étant hâtive et à grain
allongé de 15 à 16 millimètres, mais nous ne croyons pas
qu'elle puisse être avantageusement placée ailleurs; elle a,
en effet, beaucoup de caractères communs avec ce groupe,
le grain étant très étroit et de faible grosseur (1000 grains
externes pèsent 35 à 36 grammes) et la panicule en étant
longue, forte, très fournie et bien distincte de celle des
avoines à grain moyen.

En résumé, les avoines de ce groupe ont le grain de
petite taille, généralement court; elles sont tardives ou
très tardives, à panicules très grandes et très fournies,

Si on n'envisage que la forme du grain des avoines-
battues, les *avoines d'Ecosse Potato* et *Triomphe* pourraient être placées à la fin des avoines à grain d'orge, sous
la désignation d'*avoines tardives à petit grain d'orge*.

L'avoine de l'Oderbruch pourrait être rattachée aux
avoines à grain moyen, comme *avoine à petit grain moyen*
(petit s'appliquant à la grosseur). Quant aux autres, elles
forment un groupe homogène, bien distinct et bien tranché,
méritant le nom d'*avoines à petit grain*, que nous leur
donnons.

Avoine Triomphe

Américain : *Pringle's American Triomph*
Allemand : *Triumph Hafer.*

Variété américaine extrèmement distincte, à feuilage assez ample vert franc, à paille de hauteur moyenne, mais grosse, forte et raide, particulièrement résistante à la verse, prenant une teinte jaune fort accentuée à la maturité.

La panicule, très longue, de 25 à 30 et souvent même 35 centimètres de longueur, présente à chaque demi-verticille un grand nombre de rameaux, portant en moyenne de 80 à 100 épillets.

Les glumes sont étroites, de 20 millimètres de longueur environ, enveloppant assez étroitement les grains le plus généralement réunis par deux, mais quelquefois solitaires; ces grains possèdent une teinte particulière d'un blanc grisâtre, teinte souvent fort accentuée sur certains grains surtout dans leur 2/3 supérieur.

Le grain externe présente une forme très caractéristique; il est mutique, très court, de 12 à 13 millimètres, très large, très ouvert, surtout à la pointe, à glumelle supérieure concave, très déprimée et bien visible; il renferme une amande fort renflée, mais assez courte de 6,5 à 7 millimètres. Les grains uniques sont nombreux, fermés pour la plupart et ayant beaucoup d'analogie avec ceux de *l'avoine blanche de Pologne.* La baguette du grain externe est très fine, grêle, sans cannelure, en tête de clou au sommet et à cicatricule nette. Le grain interne, très renflé, très court, n'a que 9 à 10 millimètres de longueur.

Lorsqu'il fait mauvais temps au moment de la maturité,

cette avoine tend à donner de nombreux grains externes peu nourris dans lesquels les grains internes restent encastrés, constituant ainsi ce que nous avons appelé des grains doubles.

Cette variété est à petit grain et à faible rendement en amande. Le poids de 1000 grains externes est de 33 à 37 grammes, avec un rendement en amande de 67 à 69 0/0 en moyenne ; les grains uniques pèsent de 28 à 30 grammes, avec un rendement en amande de 68 à 71 0/0.

L'*avoine Triomphe* est tardive, fleurissant 18 à 20 jours après *l'avoine blanche de Pologne* ; c'est presque une avoine bâtarde, à écorce épaisse et dure, dont le grain ne paraît pas avoir acquis une forme constante, car en sol riche, il se modifie, perd son caractère propre, et passe facilement à d'autres formes.

Un fait très intéressant que nous devons signaler et qui nous a vivement frappés, c'est le port de la panicule qui, au moment de la floraison, paraît bien unilatérale ; plus tard, elle s'étale et est bien paniculée. Toutefois, nous avons souvent constaté, même à la maturité, des formes pour ainsi dire intermédiaires ; ceci vient bien à l'appui de cette thèse que nous avons soutenue précédemment (voir page 26), que les avoines unilatérales ne peuvent être envisagées comme constituant une espèce distincte, mais bien simplement une forme spéciale d'avoine paniculée.

Nous sommes d'autant plus convaincus de ce fait, qu'il existe deux variétés unilatérales qui sont sorties par sélection d'avoines à panicule ; ce sont : *l'avoine jaune géante à grappes*, sortie de *l'avoine jaune de Flandre*, et l'avoine *blanche unilatérale d'Erikson* qui, comme nous avons tout lieu de le croire, est sortie de *l'avoine Triomphe*, car sauf le port, elle en possède manifestement tous les caractères.

Avoine d'Ecosse Potato.

Synonymes : *Avoine Patate.*
        »   *Pomme de terre.*
Allemand : *Kartoffel Hafer.*

Sous le nom *d'avoine Potato*, nous avons reçu de diverses provenances des variétés souvent fort différentes, n'ayant aucun rapport entre elles.

L'avoine Patate anglaise (Potato Oat) qui correspond bien à *l'avoine d'Écosse Potato* des Allemands, et à *l'avoine Patate* de M. Vilmorin, est celle que nous décrirons seule.

Nous avons en effet reçu de la Norvège et de la Finlande, diverses avoines Patates qui n'ont aucun rapport avec cette dernière.

L'avoine d'Ecosse Potato est une race vigoureuse, à feuillage assez ample, vert franc à paille haute, abondante, toutefois assez fine et bien blanche. La panicule est grande et allongée, portant de très nombreux épillets, souvent plus de 100; les balles sont courtes et peu amples, de 16 à 17 millimètres de longueur.

Les épillets renferment un ou deux grains, mais dans les avoines de semence, la proportion des grains externes est toujours assez faible et en minorité. Le grain externe est très court, de 11 à 12 millimètres, très renflé, souvent muni d'une arête fine, droite et peu allongée. La glumelle inférieure est pourvue à la base de soies raides, blanchâtres;

la glumelle supérieure est assez rarement convexe, plutôt déprimée; la pointe du grain est ouverte et non pointue; la baguette est longue, fine et sans cannelures.

Les grains uniques sont plus courts, de 10 millimètres environ et généralement fermés.

Le poids de 1000 grains uniques est de 33 à 35 grammes, et leur rendement en amande de 73 à 75 %.

C'est donc une avoine à petit grain, dont l'écorce est assez fine et le rendement en amande élevé pour une avoine à grain blanc.

Malgré ces diverses qualités et la vigueur de son développement, l'*avoine Patate* est peu usitée en France; elle a, en effet, l'inconvénient d'être tardive, épiant et fleurissant 16 à 18 jours après *l'avoine de Pologne*; de plus, elle est peu rustique, plus délicate que la plupart de nos bonnes races indigènes. Enfin, on lui reproche d'être sujette a verser et à être attaquée par le charbon; elle ne convient, en somme, qu'aux climats humides et frais, car dans les étés secs, elle est facilement échaudée, et présente de plus, une tendance marquée à perdre ses caractères typiques.

En Finlande et en Norwége principalement, on cultive plusieurs formes d'*avoines Patates* dont la plus usitée est comnue sous le nom d'*avoine Patate de Norwége*. Cette variété est à deux grains, mais toujours avec de nombreux grains uniques; les grains externes sont courts, très pleins et très renflés; ils sont lourds, pesant de 36 à 44 grammes les 1000 grains, avec un rendement en amande de 74 à 77 %; les grains uniques ont un rendement un peu plus fort, de 77 à 79 %. Cette avoine est extrêmement productive, et dans son pays d'origine, elle donne un produit aussi abondant que les meilleures races françaises.

Elle est particulièrement répandue dans les environs de Trondhjein, où on la cultive soit seule, soit en mélange avec des variétés à gros grains d'orge fort usitées dans cette région.

Transportée en France, cette variété se transforme complètement, en donnant une avoine à petit grain analogue à l'avoine Patate anglaise. En Finlande, principalement dans les environs de Wiborg, on cultive une avoine Patate à petit grain qui se rapproche beaucoup par tous ses caractères, de l'avoine Patate que nous possédons.

Avoine Longfellow
Anglais : *Longfellow Oats.*

Variété écossaise à feuillage moyen, vert blond, à paille assez grosse, excessivement élevée, la plante atteignant dans les bonnes terres environ 2 mètres de hauteur.

La panicule est grande, à rameaux grêles, très lâche et très étalée, très fournie, portant de 90 à 120 épillets, à balles longues de 22 millimètres, très étroites et très pointues, renfermant quelquefois 2, mais beaucoup plus souvent un grain; les grains uniques dans les avoines battues sont toujours en proportion prédominante, parfois très élevée, de plus de 90 °/₀

Ces grains sont souvent aristés avec une barbe fine et droite, mais les grains mutiques dominent. Les grains externes, de 11 à 12 millimètres, sont peu renflés, légèrement effilés dans leur ensemble, à talon peu développé, droit ou légèrement incurvé; sur la face dorsale, ils sont un peu déprimés, avec une baguette longue, grêle et sans cannelures.

Les grains uniques, fermés ou peu ouverts, ont de 11 à 12 millimètres de longueur; ils sont assez renflés, mais assez étroits et effilés, présentant ceci de particulier qu'étant donné leur talon fin et légérement incurvé, ils ressemblent énormément aux grains internes de certaines avoines à grain moyen; toutefois, il est toujours facile de les distinguer, quand on considère attentivement le talon, qui présente toujours une petite cicatricule; enfin, souvent la présence d'une arête ne permet pas de se tromper.

Les grains internes sont de très petite dimension, de 7 centimètres en moyenne, mais ils sont très renflés, malgré leur petite taille.

1000 grains externes pèsent de 19 à 21 grammes, et leur rendement en amande est de 75 à 76 °/°. Les grains uniques pèsent 20 grammes et leur rendement en amande est de 75 à 76 °/°; le rendement moyen dans les avoines battues est de 74 à 75 0/0; c'est donc une avoine à petit grain, mais dont le rapport de l'amande au grain est élevé.

L'*avoine Longfellow* est une race tardive, épiant et fleurissant 16 à 18 jours après l'*avoine de Pologne*. Sa précocité est donc la même que celle de l'*avoine d'Ecosse Potato*.

Avoine d'Écosse Hopetown. — Variété écossaise très tardive, aussi tardive que l'*avoine Triomphe*, fleurissant 18 jours environ après l'*avoine de Pologne*, et arrivant à maturité 10 à 12 jours après cette dernière. La paille en est assez fine et de taille moyenne; la panicule, longue de 25 à 30 centimètres présente, à chaque verticille, de nombreux rameaux longs et très étalés.

Ces panicules sont bien fournies, à nombreux épillets assez régulièrement à deux grains, les grains uniques ne se rencontrant que sur les rameaux grêles du premier verticille, qui se développent en dernier lieu.

Les grains externes sont courts, peu renflés, de 12 millimètres de longueur; ils portent fréquemment une arête fine et droite; la glumelle inférieure est un peu ouverte au sommet, la glumelle supérieure est peu déprimée ou convexe; la baguette est longue de $2^{mm}5$, assez fine et non cannelée. Dans son ensemble, le grain est un peu effilé; à partir du tiers inférieur où il présente sa plus grande épaisseur et sa plus grande largeur, il décroît progressivement jusqu'à la pointe. Cette variété peut donc être définie une *avoine pleine à petit grain*, tandis que l'*avoine Potato*, par exemple, serait plutôt une *avoine à petit grain d'orge*.

On observe la même différence en considérant la forme des grains internes de ces deux variétés, ceux de l'*avoine Hopetown* étant moins larges, moins pleins et à pointe plus aiguë.

1000 grains externes pèsent 30 à 31 grammes, et le rapport de l'amande au grain est de 73 0/0.

L'*avoine Hopetown* est une variété assez cultivée en Angleterre, où elle est connue depuis 1830; elle est donnée par certains auteurs comme ayant du rapport avec l'*avoine Patate;* elle s'en rapproche, en effet, un peu comme précocité, longueur du grain et aspect de la panicule; elles sont toutefois faciles à distinguer l'une de l'autre par la forme notablement différente de leurs grains.

Avoine de Barbachlave. — Race à feuillage assez ample,

vert franc, à paille assez élevée, mais plutôt fine que de grosseur moyenne, terminée par une longue panicule de 28 à 30 centimètres, très ramifiée et très fournie, portant souvent plus de 150 épillets à balles étroites et pointues, de 20 millimètres de longueur. Cette variété est ordinairement aristée, la barbe en étant fine, non coudée, fortement colorée et tordue à la base.

Les épillets renferment généralement un seul grain très court, de 11 à 12 millimètres de longueur ; ces grains uniques sont un peu effilés, bien pleins et très ouverts, avec une amande volumineuse, étant donnée sa taille réduite, de 7,5 à 8 millimètres de longueur; il arrive même souvent que dans les grains uniques très pleins, l'amande est visible. L'écorce, du reste, en est particulièrement fine et le rapport de l'amande au grain très élevé; les grains externes, peu nombreux, sont un peu effilés, mais bien pleins, à glumelle supérieure convexe et à baguette grêle, longue de 3 millimètres, et sans cannelures.

1000 grains uniques pèsent environ 29 à 30 grammes, et la proportion d'amande en est de 77 à 79 0/0, chiffre que nous n'avons encore rencontré dans aucune des variétés à grain blanc décrites précédemment.

L'avoine de Barbachlare est une race tardive, de même précocité que les *avoines Potato* et *Longfellow*, avec lesquelles elle a du reste plus d'un point de ressemblance.

Cette race assez cultivée en Ecosse et en Angleterre, n'est pas usitée en France; on ne la rencontre guère que dans quelques collections d'études. Elle convient surtout aux terrains pauvres et aux climats brumeux, étant fort sujette à être échaudée et à ne donner par suite qu'un grain extrèmement léger, comme nous l'avons particulièrement constaté en 1899.

Avoine d'Écosse Dun. — Race écossaise assez distincte, à feuillage très léger vert blond, et paille assez fine de hauteur moyenne.

La panicule en [est longue et bien chargée, souvent de plus de 30 centimètres, à rameaux nombreux et allongés, portant généralement plus de 100 épillets ; les balles sont fines, assez étroites et pointues, de 22 à 25 millimètres de longueur.

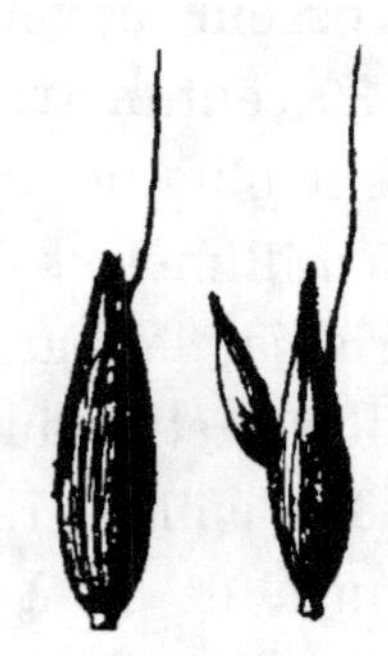

Fig. 20. — *Avoine de Barbachlave, grains doubles de grandeur naturelle.*

Ces épillets renferment le plus souvent un seul grain, les épillets biflores, peu nombreux, occupant le sommet de l'inflorescence.

Les grains externes, de 14 millimètres de longueur, sont étroits, très effilés, très pointus, à glumelle supérieure légèrement convexe ou peu déprimée.

Les grains uniques, un peu plus courts, de 13 millimètres en moyenne, sont fermés où peu ouverts ; ces grains sont assez régulièrement aristés ; l'arête est coudée, colorée de brun noirâtre et tordue sur le tiers de sa longueur.

Le talon du grain porte latéralement deux faisceaux de soies raides et blanchâtres, ainsi que la baguette qui est longue, fine, un peu aplatie avec deux fines cannelures.

L'avoine d'*Ecosse Dun* est une race très tardive, de même précocité que les *avoines écossaises Barbachlave, Longfellow et Potato.*

1000 grains externes pèsent de 34 à 35 grammes, et les

grains uniques de 32 à 34 grammes ; le rendement moyen en amande est de 74 à 75 0/0.

C'est donc une avoine à petit grain, mais à écorce fine, le rapport de l'amande au grain étant aussi élevé que dans nos bonnes races françaises.

Avoine Providence. — Avoine écossaise à feuillage moyen, vert franc, et à paille assez élevée, de bonne tenue, grosse et forte.

La panicule est extraordinairement grande, atteignant parfois plus de 40 centimètres de longueur, à rameaux très nombreux et très ramifiés, portant de 130 à 150 épillets à balles courtes et fines de 17 millimètres de longueur.

Ces épillets renferment deux ou le plus souvent un seul grain à arête facultative, certaines panicules renfermant une proportion élevée de grains barbus, tandis que d'autres n'en renferment qu'un tiers ou un quart ; cette arête est toujours fine, généralement droite et peu développée.

Les grains externes, longs de 12 millimètres, sont assez étroits, un peu effilés, mais bien pleins, à glumelle supérieure convexe, et à baguette fine, longue, presque cylindrique, à cannelures peu distinctes ou très faibles, sans soies comme le talon du grain. Le poids de 1000 grains est de 27 à 29 grammes.

Les grains uniques, de 11 à 12 millimètres de longueur, sont fermés ou peu ouverts et assez pointus, étant donnée leur faible longueur ; leur poids est de 27 à 29 grammes les 1000 grains. Le rapport de l'amande au grain est toujours élevé, de 75 à 77 0/0.

L'avoine Providence est tardive, fleurissant et étant bonne à récolter en même temps que les *avoines blanche de Hongrie* et *noire de Brie*, c'est-à-dire 10 à 12 jours après les avoines hâtives, telles que les *avoines de Pologne* et *de Sibérie*.

Cette race est intéressante par le grand développement de sa panicule et le nombre de ses épillets, qui est le plus élevé que nous ayions rencontré parmi les variétés que nous avons étudiées.

Elle nous montre bien, par ailleurs, la relation qui existe entre le développement de la panicule et la grosseur du grain : les variétés à énormes panicules ayant une tendance très marquée à former de nombreux grains uniques, comme on peut le constater dans les avoines à grain d'orge, et dans les avoines écossaises à petit grain.

Avoine d'Écosse Berwick. — Avoine écossaise à feuillage très léger et à paille assez fine, un peu au-dessous de la moyenne comme hauteur.

La panicule, de 25 à 30 centimètres de longueur est très ramifiée ; les rameaux, nombreux à chaque verticille sont dressés plutôt qu'étalés, de telle sorte qu'au début de la floraison, il semblerait que cette variété est unilatérale.

Cette panicule porte en général de 120 à 150 épillets pourvus de balles assez longues de 20 à 23 millimètres de longueur ; ils renferment un ou deux grains, mais toutefois avec prédominance des grains uniques, généralement munis d'une arête assez longue, ordinairement coudée.

Les grains externes, de 13 à 14 millimètres de longueur, sont étroits, effilés et à glumelle supérieure convexe ; ils ne portent pas de soies à la base et possèdent une baguette fine, sans cannelures, de 3 millimètres. Quoique par leur longueur et leur forme, ces grains se rapprochent beaucoup de certaines avoines à grain moyen, telle que l'*avoine blanche de Lincoln,* ils s'en distinguent toutefois par la présence d'une arête et par leur taille qui est bien différente, 1000 grains pesant de 28 à 30 grammes, alors que les avoines à grain moyen ont un poids moyen voisin de 40 grammes, généralement même supérieur à ce chiffre.

Les grains uniques, assez nombreux, sont plus courts, de 12 millimètres environ, assez pointus et à glumelles fermées ou peu ouvertes. Le rendement en amande des grains externes et uniques est de 74 à 76 0/0.

L'*avoine d'Ecosse Berwick* possède la même précocité que l'avoine Providence ; c'est donc une avoine pleine, tardive, à petit grain.

Avoine hative de Shériff. — Variété écossaise à feuillage moyen, vert légèrement blond et paille blanche, moyenne, assez élevée.

La panicule, longue de 25 à 30 centimètres est composée de verticilles de nombreux rameaux plutôt dressés qu'étalés, portant de 100 à 120 épillets à glumes peu amples, longues de 22 à 24 millimètres. Ces épillets sont à un ou deux grains, avec prédominance de l'une ou l'autre de ces formes suivant la richesse du sol ; ils sont assez régulièrement aristés, la barbe étant le plus souvent longue, bien coudée, tordue et fort teintée à la base.

Les grains externes, de 13 millimètres de longueur, sont étroits et effilés, à bords de la glumelle inférieure légèrement roulés, ce qui fait que le grain est fermé à l'extrémité et est par suite très pointu ; la glumelle supérieure est concave, aussi il n'est par rare de rencontrer dans cette variété, des grains doubles comme dans les avoines à grain d'orge. 1000 grains externes pèsent de 32 à 34 grammes.

Les grains uniques, de 12 millimètres environ, sont fermés ; leur poids est de 29 à 30 grammes. Leur rendement en amande est assez élevé, étant toujours compris entre 72 et 74 0/0.

L'*avoine hâtive de Shériff* n'est nullement hâtive, comme pourrait le laisser supposer son nom ; c'est une race franchement tardive, possédant la même précocité que nos avoines tardives, telles que les *avoines noire de Hongrie, noire prolifique de Californie* et *blanche de Hongrie*.

Cette avoine est une race à petit grain, se distinguant facilement des autres avoines écossaises, parce que le grain externe est fort déprimé et à glumelle très concave, tandis que les autres variétés écossaises qui s'en rapprochent, telles que les *avoines d'Ecosse Dun et Berwick*, ont la glumelle supérieure convexe.

Avoine d'Écosse Angus. — Variété écossaise à feuillage très léger, vert franc, et à paille assez élevée, grosse et forte. Panicule de 25 à 28 centimètres de longueur, à rameaux dressés plutôt qu'étalés, ayant au début un peu le port d'une avoine unilatérale. Cette panicule est bien fournie, possédant de 90 à 120 épillets à balles assez étroites, de 16 à 18 millimètres de longueur. Ces épillets renferment un ou deux grains, mais avec une prédominance des épillets à deux grains dans les terres riches ou de fertilité moyenne. Dans les avoines commerciales, la proportion de grains aristés est variable, mais toujours peu élevée, les grains mutiques étant toujours de beaucoup les plus nombreux.

Les grains externes, de 14 millimètres, 5 de longueur, sont assez pleins, mais assez étroits, à glumelle supérieure le plus souvent bien convexe; ils renferment une amande cylindrique de 8 millimètres; ils sont assez ouverts à la pointe et portent une baguette de 2^{mm},5 environ, grêle et peu ou pas cannelée.

Les grains internes, de 10 à 11 millimètres, sont de forme effilée, pointue, à baguette terminée en pointe et sans cuticules.

Le poids de 1.000 grains externes est de 34 à 36 grammes, et leur rendement en amande de 73 à 75 0/0.

Les grains uniques de 11,5 à 12,5 millimètres, sont effilés, étroits, fermés et à petit talon, devant être considérés attentivement pour être distingués des grains internes bien nourris. Ils pèsent 20 à 22 grammes les 1.000 grains, avec une proportion en amande de 79 à 80 0/0.

Cette variété est tardive, coïncidant comme floraison et maturité avec les *avoines hâtives de Shériff, d'Ecosse Angus, Providence et Berwick.*

L'avoine d'Ecosse Angus est une avoine pleine à petit grain, se distinguant des précédentes par la proportion plus élevée de ses grains externes qui sont notablement plus longs, ayant même une tendance à se transformer en une forme encore plus allongée.

Elle s'éloigne d'autre part, des avoines à grain moyen, par le développement de sa panicule et le faible poids de son grain, qui dans les avoines battues, est inférieur à 30 grammes, par suite de la forte proportion de grains uniques qui s'y rencontre toujours.

Avoine de L'Oderbruk. — Variété à feuillage moyen,

vert blond, et à paille assez élevée, grosse et forte.

La panicule, de 22 à 25 centimètres de longueur, est moins fournie que celle des avoines écossaises que nous venons de voir, les balles longues de 20 à 22 millimètres en sont plus amples.

Les épillets sont assez régulièrement à deux grains, généralement non aristés ou pourvus d'une petite arête droite et grêle.

Les grains extérieurs sont très étroits, un peu cylindroïdes dans leur premier tiers, puis effilés et se terminant en pointe assez aiguë; ils ont une longueur de 15 à 16 millimètres, avec une glumelle supérieure convexe ou très peu déprimée; la baguette en est courte, assez grêle, avec deux très fines cannelures; le talon en est également fin et assez grêle. Le poids de 1.000 grains externes est de 35 à 36 grammes; leur amande est cylindrique, renflée, de 8,5 à 9 millimètres de longueur, pesant environ 26 à 27 grammes pour 1.000. C'est donc bien une *avoine à glumes à petit grain*. Les grains internes, de 12 millimètres environ, sont effilés, pointus et peu renflés, leur poids est de 21 à 22 grammes.

Le rendement en amande est fort élevé, les écales étant très fines; il est de 73 à 75 0/0 dans les grains externes et de 78 à 80 0/0 dans les grains internes.

Cette variété est assez hâtive, de même précocité que *l'avoine blanche de Ligowo améliorée;* sous ce rapport, elle s'éloigne notablement de toutes les autres variétés à petit grain, ainsi du reste que par la longueur de son grain externe, mais nous la plaçons à la fin de ce groupe, car elle rentre nettement dans cette série à cause de la petitesse de son grain. Nous désignons par avoines à petit grain non seulement les avoines à grain court, mais aussi celles dont le grain est long, mais de faible poids, appréciant la grosseur par le poids de 1.000 grains.

Or, le poids de 1.000 grains de cette variété n'est que de 35 à 37 grammes, tandis que dans toutes les variétés à grain moyen de même forme et de longueur analogue, le poids de 1.000 grains externes est supérieur à 40 grammes.

TABLEAU CONDUISANT A LA DÉTERMINATION DES AVOINES BLANCHES A PETIT GRAIN

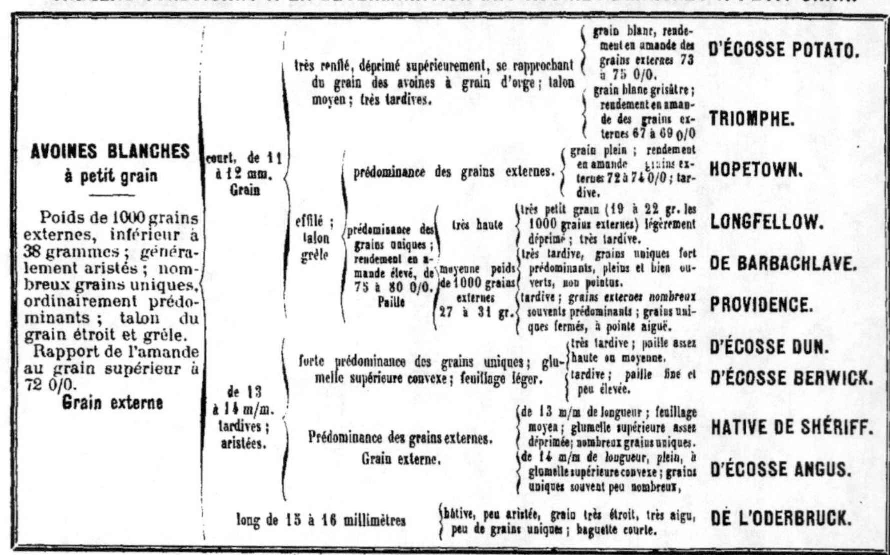

TABLEAU CONDUISANT A LA DÉTERMINATION DES AVOINES BLANCHES A PETIT GRAIN

AVOINES BLANCHES
à petit grain

Poids de 1000 grains externes, inférieur à 38 grammes ; généralement aristés ; nombreux grains uniques, ordinairement prédominants ; talon du grain étroit et grêle.
Rapport de l'amande au grain supérieur à 72 0/0.
Grain externe

— court, de 11 à 12 mm. Grain :
  - très renflé, déprimé supérieurement, se rapprochant du grain des avoines à grain d'orge ; talon moyen ; très tardives.
    - grain blanc, rendement en amande des grains externes 73 à 75 0/0. — **D'ÉCOSSE POTATO.**
    - grain blanc grisâtre ; rendement en amande des grains externes 67 à 69 0/0 — **TRIOMPHE.**
  - effilé ; talon grêle :
    - prédominance des grains externes.
      - grain plein ; rendement en amande grains externes 72 à 74 0/0 ; tardive. — **HOPETOWN.**
    - prédominance des grains uniques ; rendement en amande élevé, de 75 à 80 0/0. Paille :
      - très haute :
        - très petit grain (19 à 22 gr. les 1000 grains externes) légèrement déprimé ; très tardive. — **LONGFELLOW.**
        - très tardive, grains uniques fort prédominants, pleins et bien ouverts, non pointus. — **DE BARBACHLAVE.**
      - moyenne poids de 1000 grains externes 27 à 31 gr. :
        - tardive ; grains externes nombreux souvents prédominants ; grains uniques fermés, à pointe aiguë. — **PROVIDENCE.**

— de 13 à 14 m/m. tardives ; aristées.
  - forte prédominance des grains uniques ; glumelle supérieure convexe ; feuillage léger.
    - très tardive ; paille assez haute ou moyenne. — **D'ÉCOSSE DUN.**
    - tardive ; paille fine et peu élevée. — **D'ÉCOSSE BERWICK.**
  - Prédominance des grains externes. Grain externe.
    - de 13 m/m de longueur ; feuillage moyen ; glumelle supérieure assez déprimée ; nombreux grains uniques. — **HATIVE DE SHÉRIFF.**
    - de 14 m/m de longueur, plein, à glumelle supérieure convexe ; grains uniques souvent peu nombreux, — **D'ÉCOSSE ANGUS.**

— long de 15 à 16 millimètres :
  - hâtive, peu aristée, grain très étroit, très aigu, peu de grains uniques ; baguette courte. — **DE L'ODERBRUCK.**

NOMS DES VARIÉTÉS	FEUILLAGE	PAILLE	PRÉCOCITÉ	CARACTÈRES PRINCIPAUX DU GRAIN EXTERNE		POIDS DE 1000 GRAINS EXTERNES	RENDEMENT EN AMANDE des grains externes
				LONGUEUR en millimètres	FORME		
						grammes	0/0
omphe.., ...	ample	haute et forte	très tardive	12 à 13	grain rarement aristé. court, renflé, à glumelle supérieure déprimée. Avoine à petit grain d'orge.	33 à 37	67 à 69
cosse Potato	assez ample	haute et forte	très tardive	11 à 12	très renflé, bien ouvert, assez déprimé, fréquemment aristé, talon moyen, prédominance des grains uniques.	33 à 35	73 à 75
petown	moyen	hauteur moyenne	très tardive	12	fréquemment aristé, arête fine ; un peu effilé, glumelle supérieure convexe, talon fin, étroit, prédominance d'épillets biflores.	30 à 31	72 à 74
ngfellow................	moyen	très haute	très tardive	11 à 12	fréquemment aristé, avec arête très fine ; peu renflé, effilé, légèrement déprimé, talon très fin ; prédominance des grains uniques.	19 à 21	75 à 76
Barbachlave. ..,........	assez ample	assez haute, assez forte	très tardive	11 à 12	assez fréquemment aristé, avec arête fine ; grains uniques très prédominants, pleins et ouverts.	29 à 30	77 à 79
cosse Dun	très léger	hauteur moyenne	très tardive	14	très fréquemment aristé à arête coudée ; effilé, à glumelle supérieure convexe ; prédominance des grains uniques.	34 à 35	74 à 75
vidence.................	moyen	assez haute, assez forte	tardive	12	assez fréquemment aristé, à arête fine ; étroit effilé, bien plein ; grain unique fermé et pointu.	27 à 29	75 à 77
cosse Berwick............	très léger	peu élevée, fine	tardive	13 à 14	très fréquemment aristé, à arête coudée ; effilé, à glumelle supérieure convexe ; prédominance des grains uniques.	28 à 30	75 à 76
tive de Shériff	moyen	hauteur moyenne	tardive	13	assez fréquemment aristé avec arête coudée ; étroit, effilé, à glumelle supérieure plutôt déprimée.	32 à 34	72 à 74
cosse Angus	très léger	assez haute, assez forte	tardive	14	assez fréquemment aristé, avec arête fine ; très effilé, à glumelle supérieure convexe ; prédominance des épillets biflores.	34 à 36	74 à 75
l'Oderbrück ....,	moyen	assez haute, assez forte	hâtive	15 à 16	rarement aristé, très long et effilé, aigü ; baguette courte ; très forte proportion d'épillets biflores.	35 à 36	73 à 75

AVOINES BLANCHES UNILATÉRALES

Nous avons expliqué précédemment (Voir page 26), les raisons pour lesquelles nous ne considérions les avoines unilatérales que comme une forme particulière d'avoine paniculée; aussi, croyons-nous préférable de ne pas en faire un groupe distinct, mais de les rattacher directement aux avoines à panicules de même couleur de grain.

Les avoines unilatérales blanches sont peu nombreuses; nous en possédons cinq variétés; ce sont les *avoines blanche de Hongrie, blanche prolifique, blanche de Wiborg, blanche de Dakota* et l'*Egyptian White Oat*.

La variété la plus importante et la seule dont la culture soit assez répandue en France est l'*avoine blanche de Hongrie*.

Ces avoines sont caractérisées par leur paille très haute et très grosse, leur panicule très resserrée à épillets versant tous d'un même côté de l'axe, et leur maturité très tardive.

La panicule en est grande, très fournie; les épillets sont à un ou deux grains, ces derniers étant toujours prédominants.

Leurs grains sont longs, de 14 ou 15 millimètres, généralement mutiques; le poids de 1000 grains externes est peu élevé, de 33 à 36 grammes; par leur forme, ils se rattachent franchement aux avoines à petit grain, se rapprochant beaucoup comme aspect du grain des *avoines d'Écosse Angus* et de l'*Oderbrück* Ce sont là, du reste, leurs seuls caractères communs.

Nous ne reviendrons pas sur la distinction morpholo-

gique entre les avoines unilatérales et les avoines à panicules; nous rappellerons seulement qu'il est très difficile
de les distinguer, dans le grain battu, des formes similaires voisines. Il existe toutefois plusieurs particularités
qui permettent de reconnaître dans l'ensemble, si on est
en présence de grains d'avoines unilatérales où à panicules; c'est la forme spéciale du talon du grain externe,
qui est grêle, droit, à lèvres de la cicatricule presque
égales, et l'absence constante de poils ou soies raides, soit
sur le talon, soit sur le grain, enfin la présence d'une baguette très longue, fine et sans cannelures, également
sans poils.

Avoine blanche de Hongrie

Anglais : *White Tartarian Oat.*
Allemand : *Weisser ungarischer Fahnenhafer.*

Variété à feuillage ample, vert franc, à paille très haute
et dure, plus propre à la litière qu'à
l'alimentation. La panicule en est très
grande, longue de 25 à 30 centimètres, rameaux nombreux, très dressés,
appliqués pour ainsi dire contre
l'axe, qui offre cette particularité,
comme du reste toutes les avoines
unilatérales, de présenter un léger
plissement, une sorte de courbure
en-dessous de chaque demi-verticille,

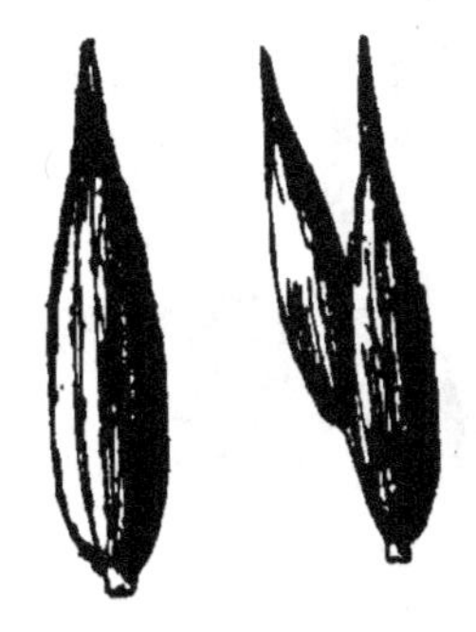

Fig. 21. — *Avoine de Hongrie blanche, grain double
de grandeur naturelle.*

avec au contraire, une légère protubérance du côté opposé;
nous n'avons jamais constaté ce fait sur une avoine à
panicule.

Fig. 22. — *Avoine blanche de Hongrie.*

Le premier 1/2 verticille présente souvent un développement extraordinaire de son rameau principal, souvent long de plus de 20 centimètres et très ramifié.

Tous les épillets, au nombre de 80 à 100 sur chaque inflorescence, sont tous orientés et versés pour ainsi dire d'un même côté de l'axe, d'où les noms d'avoines unilatérales et d'avoines à grappes qui leur sont généralement donnés. En Allemagne, on les désigne sous le nom de *Fahnenhafer*, c'est-à-dire avoines à drapeau, et en Amérique, sous le nom de *Side Oat* (avoine latérale, de côté).

Les balles sont peu amples, à pointe aigüe, et longues de 20 à 23 millimètres. Les épillets renferment un ou deux grains; dans les avoines commerciales, la proportion des épillets uniflores et biflores est ordinairement sensiblement la même.

Les grains externes, longs de 14 à 15 millimètres, sont mutiques ou rarement pourvus d'une barbe grêle et fine, se détachant plus ou moins près de la pointe du grain. Leur forme en est mince et effilée; malgré cela, ils sont assez pleins, un peu ouverts à la pointe et à glumelle supérieure bien convexe; la baguette est grêle et longue d'environ 3 millimètres, terminée au sommet en tête de clou avec une cicatricule nette. L'amande qu'ils renferment est mince, cylindrique, de 8 millimètres de longueur; le poids de 1000 grains est de 34 à 36 grammes, et leur rendement en amande de 72 à 74 %.

L'avoine blanche de Hongrie est tardive, de même précocité que les *avoines noires de Brie et de Coulommiers;* c'est la plus tardive des avoines à grain blanc usitées en France.

Son rendement en paille et en grain est fort élevé; c'est une race très résistante, mais qui ne convient bien qu'aux sols fertiles et aux défrichements.

Nous donnerons, pour fixer les idées, les moyennes des rendements qui ont été obtenus en France, de 1890 à 1899, dans les champs d'expériences départementaux :

VARIÉTÉS	GRAIN	PAILLE	NOMBRE d'essais comparatifs
	quintaux	quintaux	
Blanche de Hongrie	23,46	28,72	} 17
Jaune géante à grappes	21,62	25,92	
Blanche de Hongrie	16,45	25,16	} 7
Jaune de Flandre	16,14	23,50	
Blanche de Hongrie	17,50	22,85	} 7
Noire de Coulommiers.	16,50	22,80	
Blanche de Hongrie.	18,60	27,43	} 8
Hâtive de Sibérie	19,74	22,74	

Ce petit tableau montre bien qu'elle est aussi productive en grain que les meilleures variétés françaises, telles que les *avoines jaune géante à grappes, jaune de Flandre*, et *noire de Coulommiers*, et qu'elle a d'autre part, un rendement en paille beaucoup plus élevé.

C'est une bonne race, qui mérite bien d'être cultivée ; nous lui reprochons toutefois d'être susceptible à la sécheresse, d'être un peu tardive, d'avoir une paille un peu forte et un grain ordinairement un peu maigre et insuffisamment lourd.

Avoine blanche prolifique

Synonyme : *Avoine blanche de Californie.*

L'avoine blanche prolifique est une race ayant énormément d'analogie avec l'*avoine blanche de Hongrie ;* elle possède le même grain, et d'une façon générale tous les principaux caractères de cette dernière ; elle s'en différencie toutefois sous le rapport de la précocité, et par la tenue de la panicule.

L'avoine blanche prolifique est sensiblement plus tardive fleurissant et arrivant à maturité plusieurs jours après ; elle présente d'autre part dans son inflorescence une grande irrégularité, les unes étant bien unilatérales, les autres intermédiaires, d'autres enfin plutôt à panicules. C'est, en somme, une race très sujette à la dégénérescence ou mal fixée, mais qui est toutefois intéressante au point de vue de la variation de la forme de l'inflorescence, montrant bien que la distance entre les avoines à panicules et les avoines à grappes est très limitée, et qu'entre les deux formes, il existe des intermédiaires.

Avoine blanche de Wiborg. — Dans les environs de Wiborg, en Finlande, on rencontre une belle avoine unilatérale importée de Russie, qui présente des grains de forme assez allongée, mais bien pleins. Le poids de 1000 grains externes est de 32 à 36 grammes, et leur rendement est de 72 à 75 0/0. C'est une race également tardive, à deux grains, avec une certaine proportion d'épillets à 3 grains. Elle nous semble extrêmement voisine de l'*avoine blanche de Hongrie,* mais nous la possédons depuis trop peu de temps dans notre collection pour pouvoir la juger d'une façon définitive.

Nous citerons encore l'*Avoine blanche unilatérale d'Erikson,* avoine très tardive, possédant des grains de forme, de grosseur et de rendemeut de l'*avoine Triomphe (Triumph Hafer),* et une tendance à donner comme cette dernière, une certaine proportion de grains doubles; la parenté de ces deux avoines dont l'une est unilatérale et l'autre à panicule étalée est frappante au début de la floraison, beaucoup d'inflorescences de l'avoine Triomphe paraisssant à ce moment à panicule resserrée et à grappes, et ne prenant que plus tard l'aspect d'une avoine paniculée.

Nous signalerons simplement comme mémoire l'*Avoine unilatérale blanche de Dakota et l'Egyptian White Oat* que nous n'avons pas encore suffisamment étudiées.

AVOINES A GRAIN JAUNE

Les avoines de ce groupe ont une couleur assez inégale; les unes sont blanc jaunâtre ou jaune pâle, les autres franchement jaunes.

Les premières ont une teinte variable avec l'année et la façon dont elles ont été récoltées; dans les années sèches, étant moissonnées par un beau temps, elles sont blanc jaunâtre dans l'ensemble, mais toujours avec une certaine proportion de grains plus foncés, de telle sorte qu'il semblerait qu'il y a mélange et que le lot n'est pas pur.

Quant l'année est humide, surtout vers l'époque de la maturité, la couleur du grain est bien jaunâtre, mais toujours moins prononcée que celle des avoines à grain normalement jaune, telles que l'*avoine jaune de Flandre*.

Il en est résulté que plusieurs de ces variétés ont reçu le nom d'avoines blanches; de ce nombre sont les *avoines blanche de Suède, blanche de Beseler* et *blanche de Heine*.

Au point de vue de leur groupement comme couleur, certains auteurs placent les unes (*avoines de Bestehorn* et *de Probster*), dans les avoines blanches, tandis qu'ils rangent l'*avoine de Beseler* et l'*avoine blanche de Suède* dans les avoines jaunes.

Après une étude approfondie de ces différentes variétés, nous avons reconnu qu'il n'était pas possible de les séparer, à cause de leurs affinités qui sont tellement accusées qu'il nous semble bien que les *avoines de Beseler, blanche de Heine* et *de Bestehorn*, sont des désignations locales et commerciales de *l'avoine de Probster,* si répandue dans le Nord, ne présentant pas plus de différence entre elles que les *avoines jaune de Flandre* et *jaune des Salines.*

Pour les raisons que nous venons de donner, nous diviserons donc les avoines jaunes en deux sections : les *avoines à grain blanc jaunâtre ou jaune pâle* et *les avoines à grain jaune.*

I. — GRAIN BLANC JAUNATRE ou JAUNE PALE

Ces avoines sont assez nombreuses et fort répandues dans le nord de l'Europe, où elles sont même presque exclusivement cultivées dans certaines régions; leur feuillage est ample, vert franc, et la paille moyenne, mais, susceptible d'atteindre une taille élevée dans les bons terrains, et malgré cela présentant une très grande résistance à la verse.

Leur panicule est généralement assez grande et étalée, plus fournie que la plupart des avoines blanches à grain moyen.

Leurs épillets sont à deux grains, avec une tendance à former dans les bonnes terres une certaine proportion d'épillets à trois grains, proportion rarement élevée dans les avoines de semence.

Le grain externe est le plus souvent sans barbe, long de 14 à 16 millimètres. Dans les belles avoines de semence originaires du Nord, ce grain n'a que 14 à 15 millimètres; cultivées sous un climat plus méridional, ces avoines ont une tendance à se modifier et à présenter une forme de grain plus allongée et moins pleine.

Le grain est assez renflé, un peu gibbeux, à pointe assez ouverte, rarement fermée; la glumelle supérieure est le plus souvent légèrement déprimée et un peu ondulée, mais souvent aussi convexe. Le talon du grain est moyen, avec deux petites touffes de poils soyeux, blanchâtres à la base; la baguette du grain est assez courte, généralement de deux millimètres, avec deux petites cannelures; elle présente ordinairement une cassure irrégulière au sommet, sans cicatricule nette.

Le poids de 1000 grains externes est en moyenne de 42 à 44 grammes, et le rendement en amande de 71 à 73 0/0.

La seule variété qui soit cultivée en France est *l'avoine blanche de Beseler* que nous prendrons, pour cette raison, comme type d'avoine jaunâtre.

Ces avoines à grain jaunâtre se rapprochent un peu comme couleur de grain, de certaines avoines blanches, telles que les avoines blanches de Géorgie et de Lincoln, qui ont un grain plutôt blanc jaunâtre, mais chez ces dernières, cette teinte est régulière, ne présentant que très peu de changement avec l'année, l'âge et le climat.

Avoine blanche de Suède

L'avoine blanche de Suède est la variété la plus usitée dans le Nord de la Suède; elle y est très répandue dans les provinces de Dalarne, Helsingland et Wermland (Warmie); elle était autrefois très cultivée également dans les provinces de l'Ouest de Westergothland (Gothie occidentale), de Bohuslen, et dans l'Ouest de Smaland, mais actuellement elle est remplacée de plus en plus dans ces régions par *l'avoine de Probster*.

L'avoine blanche de Suède ne constitue pas générale-ment une variété pure; les nombreux échantillons que nous en avons reçu de diverses provenances, offraient un mélange de plusieurs formes; les échantillons provenant des provinces de Dalarne et Helsingland étaient assez réguliers, mais à grain externe court, petit, assez large et déprimé sur la face supérieure; le poids de ce dernier était de 30 à 32 grammes pour 1000 grains; à côté de ce type, on en trouve fréquemment un autre à grain plus petit qui ne pese que 23 à 29 grammes, avec un rendement en amande de 69 à 71 0/0.

Mais vers le Nord et le Nord-Ouest, l'avoine que l'on cul tive sous le nom de blanche de Suède est bien supérieure et à très beau grain, se rapportant bien à celle que nous avons reçue d'Allemagne, de MM. Haage et Schmidt. Le feuillage en est assez ample, vert franc, et la paille blanche, de hauteur moyenne ou assez haute; la panicule bien étalée et très fournie porte de 60 à 90 épillets renfermant 2, mais assez souvent 3 grains d'une couleur jaune pâle ou jaune, assez variable comme dans *l'avoine de Beseler*.

Les grains externes, longs de 14 à 15,5 millimètres, sont assez renflés, un peu gibbeux, généralement pleins, à glumelle supérieure légèrement convexe ou faiblement déprimée; la glumelle inférieure, le plus souvent mutique, porte des poils soyeux à la base et une baguette courte à deux cannelures; la pointe du grain est plutôt assez ouverte que fermée; l'amande en est assez belle, cylindrique de 9 millimètres de longueur. Le poids de 1000 grains externes est de 42 à 46 grammes, et leur rendement en amande de 70 à 73 0/0.

Les grains internes, longs de 10 à 12 millimètres sont renflés, très pleins, du poids de 26 à 28 grammes, avec un rendement en amande de 77 à 78 0/0.

L'avoine blanche de Suède nous a paru légèrement plus hâtive que l'avoine de Beseler dont elle est fort voisine; en 1898 et 1899, sa floraison a eu lieu 3 ou 4 jours auparavant, mais les époques de maturité n'en diffèrent pas sensiblement.

C'est une race assez méritante, mais qui ne nous paraît pas assez fixe comme couleur et forme de grain, ayant une tendance à se modifier et à se transformer en avoine à glumes, ou dans les sols maigres et secs, en avoines à petit grain.

Avoine blanche de Beseler

Cette variété, d'origine suédoise, est très répandue dans le nord de l'Europe, principalement en Danemark et en Suède. Il y a quelques années, M. Schribaux, directeur de la Station d'essais de semences de l'Institut agronomique, après de nombreux essais de cette variété, faits comparativement avec nos meilleures avoines françaises, signalait les mérites de cette race du Nord qui pouvait rivaliser comme rendement avec nos bonnes variétés indigènes; depuis cette époque l'avoine de Beseler s'est rapidement répandue, et elle est fort appréciée et très recherchée dans certaines régions.

Le feuillage de cette variété est assez ample, vert franc ;

la paille en est haute, assez forte et bien blanche. La panicule longue environ de 22 à 27 et même 30 centimètres est

bien fournie, à
rameaux nom-
breux, étalés, por-
tant de 60 à 100
épillets ; dans les
les terres de ferti-
lité moyenne, ce
nombre oscille
entre 70 et 80.

Les balles des
épillets sont cour-
tes, assez am-
ples, renfermant
généralement
deux grains, tou-
tefois les extré-
mités des princi-
paux rameaux
portent le plus
souvent 3 grains ;
dans les avoines
commerciales,
les grains inter-
médiaires sont
peu fréquents.

Avoine blanche de Beseler

La couleur des grains est assez irrégulière et variable
avec l'année ; toutefois la désignation de blanche, qui lui
est appliquée, n'est pas exacte ; le grain en est d'un blanc

jaunâtre plus ou moins accentué, mais elle ne peut rentrer
dans notre premier groupe des avoines à grain blanc, car,
dans les années humides surtout, quand des pluies surviennent peu de temps avant ou au moment de la récolte,
le grain en est franchement jaune.

Les grains externes, longs de 14 à 15 millimètres, sont
très pleins, légèrement gibbeux, à glumelle inférieure bien
ouverte à la pointe, et à glumelle supérieure convexe ou
légèrement déprimée; le talon du grain est moyen avec
poils soyeux sur les côtés; la baguette du grain est courte,
un peu aplatie, avec deux cannelures; son sommet ne présente ni léger renflement, ni cicatricule nette; l'amande
qu'il renferme est grosse, longue de 9 à 10 millimètres et
assez renflée. Dans les sols riches ou assez fertiles, ces
grains sont rarement aristés; dans les sols maigres, au
contraire, la proportion de grains barbus est élevée.

C'est une race à beau grain lourd, 1,000 grains externes
pesant 43 à 45 grammes, avec un rendement en amande de
71 à 74 0/0.

La description que nous venons de donner du grain, a
été faite d'après des échantillons provenant de semences
originales, car nous avons observé pour cette race comme
pour plusieurs autres variétés du Nord dont nous donnerons les caractères un peu plus loin, qu'au bout de
plusieurs années de culture sous un climat différent et
plus chaud, la forme du grain se modifie sensiblement;
il s'allonge, perd de son plein, et a ainsi une tendance à se
transformer en une avoine à glumes.

L'avoine de Beseler est une race demi-hâtive, ou même
presque demi-tardive, arrivant à maturité 6 jours après

l'avoine blanche de Ligowo améliorée et 8 à 10 jours après *l'avoine de Pologne ;* c'est pourquoi M. Schribaux recommande de la semer dès que les fortes gelées ne sont plus a craindre, et comme elle talle peu, le semis devra en être assez dru, à raison de 220 à 250 litres par hectare ; avec le semoir en lignes, 160 à 180 litres sont suffisants.

Le rendement de cette variété est fort élevé, de 55 hectolitres environ dans les terres moyennes, mais dans les bons terrains, on peut facilement obtenir un rendement de 60 à 64 hectolitres. Il est nécessaire de faire la moisson avant la maturité complète, car cette variété a une tendance à s'égrener.

L'avoine de Beseler est donc une race fort recommandable pour les sols riches ou de fertilité moyenne, mais il sera bon, pour en obtenir régulièrement un grand rendement, d'en renouveler la semence, que l'on fera venir d'une région plus froide et située plus au Nord.

Avoine de Probster

Allemand : *Probsteier Hafer.*

Avoine suédoise à grain blanc jaunâtre ou jaune ayant énormément d'analogie avec *l'avoine de Beseler*.

Le feuillage en est ample, vert franc, la paille blanche de hauteur moyenne.

La panicule, longue de 22 à 28 centimètres, bien étalée et bien fournie, porte de 60 à 90 épillets, à 2 et assez souvent 3 grains. Ceux-ci ont la même forme que ceux de l'avoine de Beseler. Ils sont généralement assez larges et ont un aspect plein ; la surface interne du grain externe est souvent pourvue d'une cavité légèrement ondulee, provoquée par la pression exercée par les seconds ou les troisièmes grains ; cependant, cette dépression fait souvent défaut, et la glumelle supérieure est alors assez convexe ; les barbes manquent généralement.

Le poids de 1.000 grains externes est ordinairement de 40 à 44 grammes. En cas de grande sécheresse, comme l'été de 1899, ou dans les terres marécageuses, pauvres en phosphate, le poids peut descendre à 37 ou 38, de même qu'il peut s'élever à 45 ou 46 grammes dans des sols très riches ; mais ce sont là des exceptions et des chiffres anormaux qui ne se rencontrent que très rarement dans les avoines de semence. Le rendement en amande des grains externes est de 72 à 74 0/0, rarement supérieur ou inférieur à ces chiffres.

La précocité de *l'avoine de Probster* est absolument la même que celle de *l'avoine de Beseler*.

Cette avoine, très productive, est actuellement très répandue dans le Nord de l'Europe. On la trouve presque exclusivement dans le Danemark et dans la province la plus méridionale de la Suède (Skane). A l'ouest de la Suède, elle tend à se substituer de plus en plus à l'avoine blanche du Nord, et se répand toujours davantage dans les provinces de l'est où on cultive l'avoine noire.

Dans le Nord, comme nous l'avons du reste également signalé au point de vue de l'avoine de Beseler, elle parait avoir une tendance à augmenter en grosseur de grain, et il n'est pas rare de trouver dans ce cas, 45, 46 ou 47 grammes pour le poids de 1000 grains externes.

Les provinces de Kane (Scanie) et Westergothland (Gothie occidentale), l'expédient en grandes quantités à l'étranger comme avoine de semence; jusqu'à présent, elle est assez peu répandue en Norvège et en Finlande.

Avoine de Bestehorn. — Race suédoise, à feuillage ample, vert franc, à paille blanche assez haute et bien résistante à la verse. La panicule, étalée, très rameuse, porte de 60 à 90 épillets à balles longues de 22 à 24 millimètres.

Ces épillets renferment 2 et quelquefois 3 grains, d'un blanc jaunâtre ou jaunes. Les grains externes, longs de 14 à 16 millimètres, sont légérement gibbeux, quelquefois aristés et ordinairement à face inférieure légérement ondulée. Le grain est assez plein et à pointe assez ouverte non aiguë. Le poids de 1000 grains est de 42 à 46 grammes, et le rendement en amande de 71 à 73 °/°

Comme précocité, elle est presque demi-tardive comme *l'avoine de Probster* et *de Beseler*. Cultivée plusieurs années de suite en comparaison avec ces dernières, elle en a toujours présenté tous les principaux caractères, et il ne nous semble pas qu'elle puisse en être diflérenciée.

Nous avons également reçu et cultivé sous le nom *d'avoine de Bestehorn améliorée*, une sous-race de la précédente à grain très lourd, plus fréquemment aristée et ayant une tendance à former de très nombreux épillets à 3 grains; nous ne la considérons que comme une avoine de Bestehorn sélectionnée.

Avoine blanche de Heine. — Avoine suédoise 1/2 hâtive ou presque 1/2 tardive, de même précocité que *l'avoine de Beseler*, à feuillage très ample, vert franc, et à paille haute et forte; la panicule fort développée et très étalée porte de 70 à 100 épillets, renfermant régulièrement deux grains, rarement 3. Les grains externes peu fréquemment aristés, sont longs, de 15 à 16 centimètres, quelquefois 17, surtout dans les sols riches.

Ce grain est bien plein, un peu gibbeux et à pointe assez large et assez ouverte. La glumelle supérieure est concave ou peu déprimée. Le poids de 1000 grains externes est de 42 à 46 grammes; toutefois, dans les avoines originales sélectionnées, nous avons relevé des poids de 51 à 52 grammes. Le rendement en amande est en moyenne de 71 à 73 %.

C'est une très belle variété d'avoine, à très grand rendement en paille et en grain, lequel n'est pas blanc comme le laisserait supposer son nom, mais jaunâtre, et même bien jaune dans les années où l'été est pluvieux et humide. Ses affinités avec *l'avoine de Beseler* sont extrêmement grandes, au point qu'il ne nous a pas été possible de leur trouver de caractères différentiels, même dans des cultures comparatives.

Avoine des Iles Danoises

Synonyme : *Danish Island Oats*

Variété à grain jaune, mais le plus souvent jaunâtre, mise au commerce en 1897, par la maison Burpee, de Philadelphie. Cette race est presque demi-tardive, à feuillage ample et paille assez haute. La panicule, étalée et bien fournie, porte de 60 à 90 épillets à deux et quelquefois trois grains.

Le grain externe, de 15 à 16 millimètres, présente tous les caractères des *avoines de Beseler et de Bestehorn*, 1000 pèsent de 40 à 44 grammes avec un rendement en amande de 71 à 74 %.

Cette avoine nous paraît bien d'origine suédoise, et ses liens de parenté avec les avoines que nous venons de décrire, nous semblent indiscutables; du reste son nom en indique suffisamment la provenance.

Avoine Abondance

Synonyme : *Avoine Surabondance*
Allemand : *Ueberfluss Hafer*

Avoine hâtive à feuillage ample, vert franc, et à paille haute, grosse et forte.

La panicule, moyenne, longue de 20 à 25 centimètres, porte de 50 à 70 épillets régulièrement à deux grains d'une couleur jaunâtre ou franchement jaune.

Les grains externes, longs de 15 à 16 millimètres sont assez allongés et un peu effilés, généralement mutiques; ils sont un peu moins gros et moins pleins que ceux des avoines suédoises, qu'ils rappellent d'une façon frappante comme forme et couleur; le grain est plus ouvert, à glumelle supérieure assez déprimée; 1000 pèsent de 40 à 43 grammes en moyenne, avec un rendement en amande de 71 à 73 %.

Sa précocité est absolument la même que celle de *l'avoine blanche de Ligowo* améliorée; elle est donc franchement hâtive, se distinguant sous ce rapport des avoines suédoises du groupe de *l'avoine de Beseler* qui sont comme nous l'avons vu précédemment, presque demi-tardives, fleurissant et arrivant à maturité 6 à 7 jours en moyenne après l'avoine blanche de Ligowo améliorée.

L'avoine Abondance est une race allemande qui a été fort prônée dans son pays d'origine, surtout de 1885 à 1888; elle y est désignée sous le nom de Ueberfluss Hafer, ce qui veut dire surabondance.

Introduite et mise au commerce en France, en 1887-88 par la Maison Vilmorin de Paris, cette variété, malgré son nom alléchant, ne s'est pas beaucoup répandue, et actuellement, elle ne figure plus, à notre connaissance, sur aucun catalogue français.

C'est bien une variété vigoureuse, rustique et précoce, mais son grain n'est pas de première qualité; il est peu rempli, souvent assez maigre, inférieur à celui de nos bonnes races indigènes.

Avoine d'Anderbeck

Allemand : *Anderbecker Hafer*

Variété assez hâtive, de même précocité que *l'avoine Abondance*.

Le feuillage en est ample, vert franc, et la paille blanche, assez haute. La panicule longue de 20 à 25 centimètres porte de 60 à 80 épillets à deux grains, quelquefois à trois.

Ces grains sont ordinairement jaunâtres plutôt que franchement jaunes, aussi pour cette raison, cette avoine est-elle classée par plusieurs auteurs dans les avoines à grain blanc.

Les grains externes, de 14 à 15 millimètres de longueur, sont généralement mutiques; leur forme est assez effilée, à pointe aigüe; la glumelle inférieure est assez fermée plutôt qu'ouverte et assez concave. Le grain de cette variété a la même forme que celui de *l'avoine Abondance*.

Le poids de 1000 grains externes est de 40 à 43 grammes, et leur rendement en amande, de 70 à 73 0/0; les 1000 grains internes pèsent de 23 à 26 grammes, avec un rendement en amande de 73 à 75 0/0.

Cette variété est donc à plus petit grain et à moins fort rendement en amande que les avoines suédoises du type Beseler. Sa production en paille et en grain est également inférieure.

Ce n'est donc pas une race fort recommandable, qui du reste nous semble bien faire presque double emploi avec *l'Avoine Abondance*.

Avoine d'Eichsfeld

Allemand : *Eichsfelder Hafer*

Variété à feuillage ample, vert franc; paille assez haute, de grosseur moyenne, panicule de 22 à 28 centimètres étalée, bien fournie portant de 60 à 90 épillets. Ces derniers sont à deux et quelquefois trois grains aux sommets de la panicule et des principaux rameaux; la couleur de ces grains est jaunâtre, rarement bien jaune.

Les grains externes sont mutiques, rarement aristés, de même forme que ceux de *l'avoine de Beseler*. 1000 grains pèsent de 40 à 45 grammes et leur rendement en amande est de 71 à 74 0/0.

L'avoine d'Eichsfeld fleurit et est bonne à récolter sensiblement en même temps que les avoines suédoises; ses liens de parenté avec ces dernières nous paraissent extrêmement nombreux et nous ne serions pas surpris qu'elle ne soit qu'une désignation locale d'une des avoines suédoises, elles que l'avoine de Beseler ou celle de Probster.

Avoine jaune de Leutewitz. = Variété à feuillage ample, vert franc et à paille haute, grosse et forte, terminée par une panicule étalée de 22 à 28 centimètres de longueur, portant 60 à 80 épillets.

Ces épillets renferment régulièrement deux grains, rarement trois, ordinairement jaunâtres. Les grains externes, mutiques, de 15 à 16 millimètres de longueur sont assez étroits, effilés, à pointe assez fermée et à glumelle supérieure un peu déprimée et ondulée. 1000 de ces grains pèsent de 40 à 44 grammes, et leur rendement en amande est de 70 à 72 0/0.

Cette variété est demi-tardive, fleurissant et arrivant à maturité plusieurs jours après *les avoines de Beseler, de Probster et de Bestehorn*. Cette avoine ne nous a jamais paru bien fixe comme forme de grain, ayant une tendance à se transformer en une forme très allongée et très étroite, à amande très grêle et peu développée; tous les échantillons que nous en avons eu à notre disposition, même ceux venant directement du pays d'origine, renfermaient une certaine proportion de ces grains.

Dans les sols frais et riches ou de fertilité moyenne, le grain est régulier, assez court, ne dépassant guère 15 millimètres de longueur; dans les terres maigres et peu fertiles, ou dans les années sèches comme celle de 1899, le grain s'allonge, est très effilé et pointu, prenant la forme des avoines à glumes.

AVOINES
à grain blanc jaunâtre ou jaune pâle

Feuillage assez ample, vert franc.
Paille assez haute ou moyenne; régulièrement à deux grains, grains externes mutiques, un peu renflés, de 14 à 16 millimètres, à glumelle supérieure convexe ou légèrement déprimée et ondulée.

demi-tardives; grain externe de 14 à 15 millimètres, rarement plus, légèrement gibbeux, assez renflé, à glumelle inférieure ouverte à la pointe, et glumelle supérieure convexe ou légèrement déprimée. Originaires du Nord de l'Europe.

extrèmement voisines, peu distinctes.

BLANCHE DE BESELER.

DE PROBSTER.

DE BESTEHORN.

BLANCHE DE HEINE.

DES ILES DANOISES.

D'EICHSFELD.

légèrement plus hâtive.

BLANCHE DE SUÈDE.

hâtives — grain non gibbeux, effilé, moins plein que celui du groupe précédent, un peu plus long et à pointe asssez aiguë.

ABONDANCE.

D'ANDERBECK.

tardive; grain externe de 15 à 16 millimètres, étroit, effilé, à pointe presque fermée.

JAUNE DE LEUTEWITZ.

PRINCIPAUX CARACTÈRES DES AVOINES A GRAIN JAUNATRE

NOMS DES VARIÉTÉS	FEUILLAGE	PAILLE	DATE DE LA FLORAISON	PRÉCOCITÉ	DATE DE LA MATURITÉ	NOMBRE de GRAINS PAR ÉPILLET	CARACTÈRES DU GRAIN EXTERNE — LONGUEUR en millimètres	CARACTÈRES DU GRAIN EXTERNE — FORME	POIDS de 1000 GRAINS EXTERNES	RENDEMENT en AMANDE DES GRAINS EXTERNES
			Juillet		Août				grammes	0/0
Blanche de Suède	assez ample, vert franc.	blanche moyenne ou assez haute	4	Demi-tardive	10	2 quelquefois 3	14 à 15,5	assez renflé, rarement aristé, un peu gibbeux, glumelle supérieure un peu déprimée ou convexe, baguette courte et poils soyeux.	42 à 46	70 à 73
Blanche de Beseler. . . .		»	8	»	11	»	14 à 15	»	43 à 45	72 à 74
De Probster		»	8	»	11	»	14 à 15	»	40 à 44	72 a 74
De Bestehorn.		»	8	»	11	»	14 à 15	»	42 à 46	72 à 74
Blanche de Heine. . . .		»	8	»	11	»	14 à 15	»	42 à 46	71 à 74
Des Iles danoises.		»	8	»	11	»	14 à 15	»	40 à 44	71 à 74
Abondance		»	4	Assez hâtive	6	2	15 à 16	assez allongé et un peu effilé, moins plein que celui des avoines suédoises	40 é 43	71 à 73
d'Anderbeck.		»	4	Assez hâtive	7	2 quelquefois 3	14 à 16	assez effilé, à pointe aiguë.	44 à 44	70 à 73
d'Eichsfeld		»	8	Demi-tardive	11	»	14 à 15	assez renflé, un peu gibbeux, même grain que l'avoine de Beseler.	40 à 45	71 à 74
Jaune de Leutewitz . . .		haute, grosse et forte	12	Tardive	15	2	15 à 16	assez étroit, effilé, à pointe assez fermée.	40 à 44	70 à 72

AVOINES A GRAIN JAUNE

Les avoines à grain franchement jaune, comme du reste celles à grain jaunâtre, ne renferment pas de variété à grain d'orge; elles ne comprennent que des avoines à grain moyen ou des avoines à glumes.

Les avoines jaunes à grain moyen ont un grain externe de 14 à 15 millimètres, rarement aristé, assez étroit et peu lourd, sauf toutefois l'avoine jaune de Groningues qui se différencie également par une précocité plus grande, ayant beaucoup d'affinités avec les avoines jaunâtres du groupe de l'avoine de Beseler. Elles comprennent deux variétés très répandues en France : *l'avoine jaune géante à grappes l'avoine jaune de Flandre ;* les autres ne sont pas culti-vées dans notre pays.

Les avoines jaunes à glumes, c'est-à-dire à grain long et à glumelles très développées comprennent : *l'avoine jaune de Colomb, l'avoine jaune de Thuringe* et *l'avoine jaune d'août.* Leur grain est allongé, de 16 à 17 milli-mètres, plus gros et plus lourd que celui des avoines pré-cédentes, mais, sauf *l'avoine jaune de Colomb,* elles sont très tardives et à paille très grosse et très forte; cette der-nière variété diffère également des deux autres par la couleur de son grain jaune roussâtre, quelquefois très foncé, faisant ainsi le passage entre ce groupe et les avoines à grain roux dont le type est *l'avoine rousse cou-ronnée.*

Avoine jaune de Flandre

Synonyme : *Avoine des Salines.*

Race à feuillage ample, vert franc, et à paille jaunâtre, haute, forte et assez grosse. Panicule assez étalée, très ramifiée, bien fournie, présentant en moyenne de 60 à 90 épillets, le plus souvent à deux grains, mais toutefois avec une tendance à former aux sommets des rameaux principaux, des épillets à 3 grains.

Les grains externes, le plus souvent mutiques, ont une longueur de 15 à 16 millimètres. Ils ne sont généralement pas très pleins, effilés et à pointe assez aiguë. La glumelle supérieure en est rarement convexe, mais le plus souvent est plus ou moins déprimée; le grain est peu ouvert, et les bords de la glumelle inférieure forment deux bourrelets plus ou moins accentués; il en résulte que sur cette face, le grain présente une sorte de rainure dont la glu-

Fig. 24.
Grain de l'avoine jaune de Flandre; double de grandeur naturelle,

melle supérieure occupe le fond. La baguette, de 2^{mm} à 2,5 environ de longueur, est assez grêle. plutôt cylindroïde qu'aplatie, sans cannelures, peu renflée au sommet, mais avec cicatricule bien nette.

Le talon du grain est peu développé et sans poils soyeux ni sur les flancs, ni sur la baguette. Le poids de 1000 grains externes est généralement peu élevé, de 36 à 39 grammes; mais l'écorce en est très fine et leur rendement en amande est ordinairement compris entre 73 et

76 °/₀. Les grains internes, dont le poids est de 22 à 25 grammes, sont assez pleins avec un rendement en amande dépassant souvent 80 °/₀.

L'avoine jaune de Flandre est une variété tardive, fleurissant environ quinze jours après *l'avoine de Pologne* et quatre jours environ après *l'avoine noire de Brie*. En 1898, elle n'était bonne à récolter que 14 jours environ après *l'avoine de Pologne*.

Fig. 25. — *Avoine jaune de Flandre.*

Cette variété est fort estimée en France où elle est très cultivée dans certaines régions; elle est très appréciée dans le Nord de notre pays, qui fournit toujours les plus belles avoines de semences.

Son rendement est très élevé dans les terres riches ou de bonne fertilité moyenne; dans les essais comparatifs des champs d'expériences départementaux, elle a donné les rendements suivants :

	RENDEMENT en grain par hectare	RENDEMENT en paille par hectare	NOMBRE d'essais comparatifs
	quintaux	quintaux	
Jaune de Flandre . . .	16.14	23.50	7
Hongrie blanche. . . .	16.45	25.16	
Jaune de Flandre . . .	18.49	23.44	24
Jaune géante à grappes	19.51	28.48	
Jaune de Flandre . . .	18.65	25.35	9
Noire de Coulomniers	16.71	28.55	
Jaune de Flandre . . .	17.22	21.80	9
Hâtive de Sibérie . . .	16.12	20.53	

D'après ce tableau, on remarquera que dans 49 essais, la moyenne des rendements en grain a oscillé entre 16 et 18,5 quintaux; *l'avoine blanche de Hongrie* et *l'avoine jaune géante à grappes* seulement ont donné un rendement supérieur au sien. Le rendement en paille qui varie entre 21 et 26 quintaux est également fort satisfaisant.

L'avoine jaune de Flandre est une race qui ne convient qu'aux bonnes terres profondes et suffisamment fraîches; elle résiste assez mal à la sécheresse, ne donnant dans ces conditions qu'un grain peu nourri, léger, le poids de l'hectolitre n'étant alors que de 42 à 44 kilos.

En résumé, c'est une bonne race productive, bien résistante à la verse, ne s'égrenant pas facilement; elle talle très peu, aussi faut-il la semer assez épaisse.

Avoine de Gröningues. — Nous avons reçu sous le nom *d'avoine de Groningues*, une variété d'avoine à grain bien jaune, différant notablement de l'avoine jaune de Flandre, qu'elle surpasse de beaucoup comme précocité, grosseur et plein du grain.

Le feuillage en est assez ample, vert franc, et la paille jaunâtre assez haute et assez forte. La panicule, de 22 à 28 centimètres de longueur est bien étalée, portant de 60 à 90 épillets très régulièrement à deux grains.

Les grains externes, ordinairement mutiques, longs de 15 millimètres, sont beaucoup plus renflés que ceux de *l'avoine jaune de Flandre ;* leur forme est moins effilée, la glumelle inférieure assez ouverte à la pointe, et le grain est plein à glumelle supérieure convexe; le talon du grain ne porte pas de poils soyeux, et la baguette en est moins fine, un peu élargie à sa partie supérieure, avec deux fines cannelures bien nettes.

1000 grains externes ont un poids de 14 à 18 grammes, et leur rendement en amande est de 71 à 73 %; cette amande est très belle, cylindroïde, de 9 et souvent 10 millimètres de longueur. Les grains internes sont bien ouverts, très pleins et très renflés, pesant de 29 à 32 grammes les 1000 grains, avec un rendement en amande de 77 à 80 %.

Comme précocité, *l'avoine de Groningues* est demi-hâtive, étant bonne à récolter 8 jours au moins avant *l'avoine jaune de Flandre*.

Cette variété nous parait fort intéressante, car elle présente sur *l'avoine jaune de Flandre* l'avantage, non seulement d'être plus hâtive, mais aussi d'être moins exigeante et beaucoup moins sujette à être échaudée. Enfin, elle se recommande par la beauté et le poids de son grain qui est supérieur à ceux des autres variétés à grain franchement jaune, que nous avons étudiées.

Avoine jaune de Finlande. — A côté de *l'avoine de Groningues*, nous placerons *l'avoine jaune de Finlande*, variété que nous ne possédons que depuis peu de temps dans notre collection; l'année 1899 ayant été très sèche et par suite très mauvaise pour l'étude de ces céréales, nous serons forcément très réservés sur cette variété que nous n'avons pu suivre qu'une année.

L'avoine de Finlande est une race fort usitée dans l'Est de la Finlande, ainsi que dans les parties limitrophes de la Russie, où elle est considérée comme une variété à grand rendement dérivée, de l'avoine jaune ordinaire de Russie, dont elle ne serait qu'une forme à grain plein et lourd, produite par des influences climatériques.

Le poids des grains externes serait de 36 à 39 grammes et leur rendement en amande fort élevé, de 74 à 77 0/0. Cette avoine est assez régulièrement à deux grains; toutefois, nous avons constaté des grains intermédiaires assez nombreux, avec une couleur jaune foncé, dans les divers échantillons que nous en avons reçus.

Avoine jaune de Waterloo. — Race demi-tardive, à feuillage ample vert franc, à paille haute, particulièrement grosse et forte, avec des panicules très développées de 28 à 35 centimètres de longueur, un peu resserrées, très ramifiées, portant de 125 à 160 épillets; nous ne connaissons pas de variété qui lui soit supérieure sous ce rapport.

Ces épillets sont à deux et quelquefois trois grains, bien jaunes, l'externe est le plus souvent mutique, de 14 et plus rarement 15 millimètres de longueur, assez étroit, légèrement gibbeux, à pointe assez ouverte et à glumelle supérieure un peu convexe; la baguette est courte, de grosseur moyenne, à cannelures rarement bien apparentes; le talon est accompagné de deux petits faisceaux de poils soyeux, très ténus.

Ces grains externes sont de grosseur un peu au-dessous de la moyenne et rentreraient plutôt dans le groupe des avoines à petit grain, le poids de 1000 grains externes étant de 37 à 39 grammes et leur rendement en amande de 71 à 73 0/0.

L'avoine de Waterloo comme floraison et maturité, devance de six à huit jours *l'avoine jaune géante à grappes.*

Cette variété, qui est très recommandée en Allemagne, n'est pas usitée en France; en dehors de sa panicule extrêmement fournie, elle ne nous a pas présenté de qualités sérieuses.

Le grain en est petit, assez léger, et la paille en est beaucoup trop grossière, étant plutôt utilisable comme litière que comme nourriture pour les animaux.

Avoine jaune de Pfiffelbach. — Race allemande à feuillage ample, vert franc, et paille moyenne. La panicule, assez fournie, porte des épillets à deux et rarement trois grains.

Les grains externes, mutiques ou quelquefois pourvus d'une arête fine et droite, ont une longueur de 15 à 16 millimètres; ils sont étroits, allongés, avec une pointe fermée et aiguë. La glumelle supérieure est le plus souvent convexe; la baguette est grêle, cylindroïde, sans cannelures, en tête de clou et à cicatricule nette, ne portant pas de poils soyeux à la base.

Cette avoine est peu lourde et à petit grain; le poids de 1000 grainsest de 37 à 40 grammes, et leur rendement en amande de 72 à 75 0/0.

L'avoine jaune de Pfiffelbach est demi-hâtive, devan çant de 8 jours environ *l'avoine jaune de Flandre.*

Inconnue en France, cette variété nous a paru intéres sante, et autant que nous avons pu en juger, elle est peu cultivée, même dans son pays d'origine.

Avoine jaune de Colomb.
Synonymes : *Avoine Colombus*

Variété hâtive, à feuillage ample, vert franc, et à paille haute, de grosseur moyenne ou même assez fine, étant donnée sa taille élevée.

La panicule assez étalée, de 22 à 26 centimètres de longueur, porte en général de 50 à 70 épillets à 2 et quelque- fois 3 grains.

Ces derniers ont une couleur abso lument caractéristique que nous n'a vons observée dans aucune autre

Fig 26.
Avoine jaune de Colomb

variété; ils sont d'un jaune plus ou moins fumé ou teinté de roux, avec les nervures toujours plus claires ressor tant bien sur le fond du grain.

Les grains externes sont assez renflés, mutiques, longs de 16 à 17 millimètres, rarement plus à glumelle inférieure se terminant le plus souvent en pointe aiguë, et à bords légèrement roulés en bourrelets. La glumelle supérieure est rarement convexe et plutôt légèrement déprimée et ondulée. La baguette est le plus souvent courte, assez forte en tête de clou à cicatricule nette et sans cannelures bien apparentes ; cette forme peu fréquente dans les avoines est assez caractéristique de cette variété.

Le poids de 1.000 grains externe est de 40.à 43 grammes, et leur rendement en amande est de 72 à 74 0/0. Les grains internes sont relativements courts, très renflés et bien ouverts ; leur poids moyen est de 26 grammes et leur rendement en amande est de 77 à 79 0/0.

L'avoine jaune de Colomb est assez hâtive et bien productive. Son épiaison coïncide avec celle des variétés très hâtives, telles que les avoines blanches de Pologne et hâtive de Sibérie ; mais elle met beaucoup plus de temps pour arriver à maturité, n'étant généralement bonne à faucher que 4 à 6 jours environ après ces dernières.

L'avoine jaune de Colomb, non usitée en France n'est cultivée qu'en Allemagne et en Amérique : c'est une race qui nous a paru présenter d'assez sérieuses qualités, étant hâtive, bien productive et particulièrement résistante à la verse et à la sécheresse. En 1899, elle s'est admirablement comportée ; son grain était presque aussi plein et aussi beau que dans les bonnes années.

Avoine jaune de Thuringe. — Variété très tardive, à feuillage ample, vert franc, et à paille haute, grosse et forte.

La panicule, de 22 à 28 centimètres de longueur est très fournie et très ramifiée, portant généralement de 70 à 100 épillets ; ces derniers sont le plus souvent à 2 grains quelquefois à 3, à l'extrémité des principaux rameaux.

Les grains externes, longs de 16 à 17 millimètres sont mutiques, de couleur bien jaune et bien régulière, allongés, à glumelle inférieure peu ouverte à l'extrémité, le plus souvent avec pointe aiguë. La glumelle supérieure est convexe, et le grain est par suite assez plein ; le talon porte quelques poils soyeux à la base, et la baguette est courte, en tête de clou et sans cannelures, se rapprochant de celle de *l'avoine de Colomb*.

Le poids de 1.000 grains externes est de 43 à 46 grammes, et leur rendement en amande est peu élevé, de 67 à 70 0/0 ; c'est donc une avoine à écorce assez épaisse et assez dure ; les grains internes sont effilés, assez pleins, longs de 12 à 14 millimètres ; 1.000 de ces grains pèsent 27 à 30 grammes, et leur rendement en amande de 78 à 80 0/0.

L'avoine jaune de Thuringe est très tardive, encore plus tardive que *l'avoine jaune de Flandre*, épiant et arrivant à maturité deux ou trois jours après cette dernière.

C'est une race assez distincte, inconnue en France et assez cultivée en Allemagne, où elle est fort estimée ; son grain est plus gros et plus renflé que celui de l'avoine jaune de Flandre ; son rendement se rapproche beaucoup de celui de cette dernière, il se pourrait très bien qu'elle n'en soit qu'une forme particulière produite par des influences climatériques.

Avoine jaune d'Août. — Variété très tardive, à feuillage moyen, vert franc, et à paille assez élevée, terminée par une panicule de 20 à 25 centimètres, portant 60 à 80 épillets à balles longues, assez étroites et pointues, de 22 à 25 millimètres. Ces épillets sont à deux grains mais avec proportion assez élevée d'épillets à 3 grains.

Les grains externes, très souvent aristés, ont une longueur de 16 à 17 millimètres, ils sont bien jaunes, assez pleins, à pointe fermée ou légèrement ouverte, à glumelle supérieure le plus souvent convexe où légèrement déprimée ; le talon porte quelques soies rares, soies qui souvent même font complètement défaut.

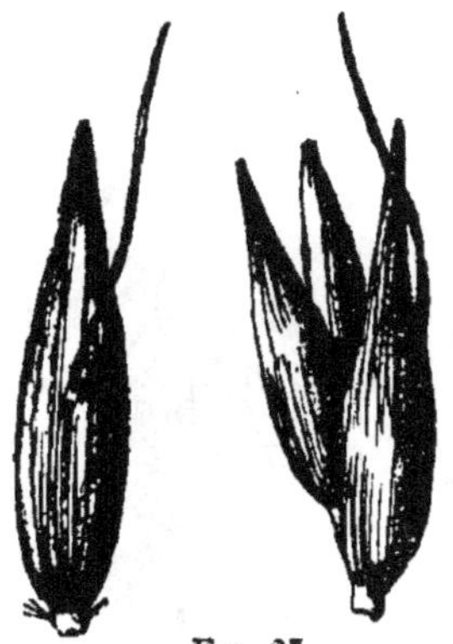

Fig. 27.

Grain de l'avoine jaune d'Août
double de grandeur naturelle.

La baguette du grain est généralement moyenne, assez fine, sans cannelures ou avec deux faibles stries latérales, et en tête de clou avec cicatricule bien nette. 1.000 grains externes pèsent 44 à 46 grammes avec un rendement en amande de 69 à 71 0/0.

L'avoine jaune d'août est plus tardive que *l'avoine jaune de Flandre* la maturité en ayant lieu deux à trois jours après.

AVOINES A GRAIN JAUNE UNILATÉRALES

Avoine jaune géante à grappes

Avoine unilatérale sortie par variation de l'avoine jaunede Flandre et obtenue par MM. Vilmorin et Andrieux, il y a une dizaine d'années.

Cette variété a un feuillage ample vert franc, et une paille haute et forte terminée par un épi unilatéral bien dressé, long de 25 à 30 centimètres.

L'inflorescence présente bien tous les caractères des avoines unilatérales (voir page 28) et les rameaux, nombreux à chaque demi-verticille, en faisceaux appliqués contre le rachis, portent de 80 à 125 épillets qui sont tous orientés dans la même direction. Ces épillets renferment deux et quelquefois trois grains de 15 à 16 millimètres de longueur, ressemblant énormément à ceux de *l'avoine jaune de Flandre* et en différant à peine par un talon

Fig. 28.

Avoine jaune géante à grappes.

légèrement plus droit, à lèvres égales, caractères du reste souvent difficilement appréciables.

1000 grains pèsent environ 37 à 39 grammes et leur rendement en amande est de 72 à 75 0/0.

L'avoine jaune géante à grappes est tardive, mûrissant en même temps que *l'avoine jaune de Flandre :* son tallage est très faible, aussi est-il nécessaire de semer dru.

Cette variété a l'avantage de peu s'égrener et de pouvoir supporter sans verser des rendements très élevés; c'est une variété extrêmement méritante pour les sols riches et les défrichements; elle ne convient guère aux terres moyennes ou médiocres, où elle a une tendance à dégénérer.

On peut lui reprocher d'être un peu tardive, d'être difficile à battre, et enfin d'avoir un grain assez petit et pas toujours très plein.

Nous donnons ci-joint le tableau des rendements qui ont été obtenus avec cette variété dans les essais comparatifs des champs d'expériences départementaux.

	RENDEMENT en grain par hectare	RENDEMENT en paille par hectare	NOMBRE d'essais comparatifs
	quintaux	quintaux	
Jaune géante à grappes	21,69	25,92	17
Blanche de Hongrie. .	23,46	28,78	
Jaune géante à grappes	19,51	27,48	24
Jaune de Flandre . . .	18,49	23,44	
Jaune géante à grappes	21,24	32,11	19
Noire de Coulommiers	16,19	25,20	
Jaune géante à grappes	21,41	20,30	14
Blanche de Sibérie. . .	16,21	22,10	

D'après ce tableau, nous voyons que *l'avoine jaune géante à grappes* est une race extrêmement productive en paille et en grain ; peu de variétés sont susceptibles de rivaliser avec elle ; bien que, d'après la première série d'essais, elle soit inférieure à *l'avoine blanche de Hongrie* comme rendement en paille et en grain, elle lui est cependant, d'une façon générale, bien supérieure pour les terrains riches.

Nous ferons également remarquer au sujet de la dernière série d'essais que les rendements de *l'avoine de Sibérie* sont un peu faibles, ces rendements étant génération supérieurs ou égaux à ceux de *l'avoine de Hongrie blanche*.

Nous citerons encore une variété d'avoine mise au commerce il y a quelques années en Amérique, sous le nom de *Golden géant side oats*. Mise en comparaison pendant plusieurs années avec *l'avoine jaune géante à grappes*, elle s'est montrée absolument identique, nous la considérerons donc comme synonyme.

PRINCIPAUX CARACTÈRES DES AVOINES A GRAIN JAUNE

NOMS des VARIÉTÉS	FEUILLAGE	PAILLE	DATE DE LA FLORAISON	PRÉCOCITÉ	DATE DE LA MATURITÉ	NOMBRE de grains par épillet	PRINCIPAUX CARACTÈRES DU GRAIN EXTERNE — LONGUEUR en millimètres	FORME	POIDS DE 1,000 GRAINS externes	RENDEMENT en amande des grains externes
...une géante à grappes...	ample, vert franc	haute et forte	16 juillet	tardive	17 août	2 quelquefois 3	15 à 16	effilé, assez étroit rarement aristé, à glumelle supérieure un peu déprimée.	37 à 39	72 à 75 °/.
...ne de Flandre.........	»	»	16 »	tardive	17 »	2 quelquefois 3	15 à 16	effilé assez étroit, rarement aristé, à glumelle supérieure un peu déprimée.	36 à 39	73 à 76 °/.
...ane de Groningues.....	assez ample, vert franc	assez haute	4 »	demi-hâtive	9 »	2	45	rarement aristé; assez plein, à glumelle supérieure convexe.	44 à 48	71 à 73 °/.
...ine de Waterloo.......	ample, vert franc	haute, très forte grosse	8 »	demi-tardive	10 »	2 quelquefois 3	14 à 15	rarement aristé; plein légèrement gibbeux, à glumelle supérieure convexe.	37 à 39	71 à 73 °/.
...ane de Pfiffelbach......	»	assez haute moyenne	6 »	demi-hâtive	8 »	2	15 à 16	rarement aristé; effilé pointu à glumelle supérieure convexe.	37 à 40	72 à 75 °/.
...ane de Colomb.........	»	haute, moyenne	2 »	demi-hâtive	7 »	2 quelquefois 3	16 à 17	rarement aristé, très effilé, pointu à glumelle supérieure déprimée; jaune roussâtre.	40 à 43	72 à 74 °/.
...ane de Thuringe........	»	haute grosse et forte	18 »	très tardive	19 »	2 quelquefois 3	16 à 17	rarement aristé, effilé, pointu, à glumelle supérieure convexe.	43 à 46	67 à 70 °/.
...ane d'août.............	moyen, vert franc	haute et forte	18 »	très tardive	18 »	2 souvent 3	16 à 17	souvent aristé, assez plein, à glumelle supérieure convexe.	44 à 46	69 à 71 °/.

TABLEAU CONDUISANT A LA DÉTERMINATION DES AVOINES A GRAIN JAUNE

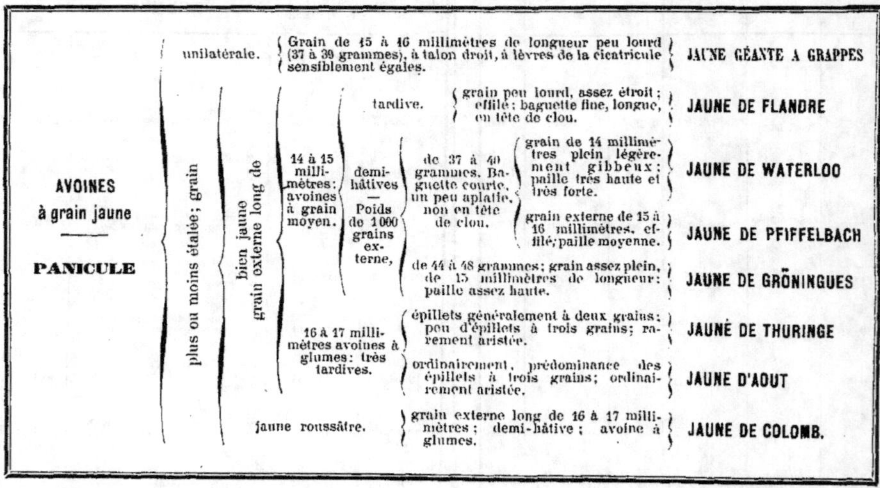

AVOINES A GRAIN NOIR, BRUN OU ROUX

Les avoines à grain noir, brun ou roux, sont beaucoup moins nombreuses que les avoines à grain blanc et à grain jaune.

La couleur de leur grain est assez variable ; les unes sont franchement noires, comme les *avoines noires de Brie, Joanette, précoce de Mesdag*. Mais même dans ces variétés les plus colorées, cette teinte noire n'est pas uniforme sur tout le grain ; elle n'existe en général que sur la partie des glumelles recouvrant le caryopse, leur tiers supérieur étant d'un blanc grisâtre, teinte qui s'étend même un peu plus loin sur les nervures.

Les autres, telles que les *avoines noire hâtive d'Etampes* et *grise de Houdan*, sont d'un brun plus ou moins foncé.

Les avoines unilatérales à grain noir ont une couleur très irrégulière ; le grain en est rarement bien coloré et ordinairement plus ou moins roussâtre dans la moitié supérieure, quelquefois même complètement roux avec les nervures plus claires tranchant bien sur le reste du grain.

A cause de ces variations dans la couleur de ces grains, variations que l'on peut observer également sur les avoines franchement noires dans les mauvaises années comme celle de 1900, nous avons cru préférable de joindre au groupe des avoines noires les avoines rousses, telles que l'*avoine rousse couronnée*, bien que dans les années normales, leur grain soit bien distinct de celui de toutes les autres variétés. D'un autre côté nous avons cru inutile de compliquer la classification, et de faire un groupe spécial pour ces avoines qui sont en très petit nombre.

Dans les avoines noires, la forme du grain est très variable ; aussi sont-elles faciles à distinguer les unes des autres ; les *avoines de Brie et de Coulommiers* ont une forme spéciale que l'on ne retrouve dans aucune autre espèce d'avoine cultivée ; leurs grains externes sont larges et pleins, se rapprochant toutefois un peu de la forme type des grains externes des avoines à grain d'orge. Les avoines à grain plein et moyen sont représentées par les *avoines noire hâtive d'Etampes et Joanette :* enfin les avoines à glumes sont représentées par l'*avoine précoce de Mesdag*.

Le grain des avoines noires unilatérales est excessivement facile à reconnaître ; ce sont des avoines à petit grain, étroit, peu ouvert, à nombreux grains uniques, de couleur inégale et variable. Le talon du grain externe est grêle, droit, dans l'axe du grain, à cicatricule peu étendue et à lèvres égales, tandis que dans les avoines paniculées, le talon du grain est infléchi, la cicatricule est oblique et à lèvres très inégales, la lèvre inférieure étant notablement plus développée que l'autre.

Les avoines à grain noir sont, d'une façon générale, des races assez exigeantes sur la composition et la richesse du sol. Elles ne conviennent qu'aux terres riches ou au moins de fertilité moyenne, ni trop sèches, ni trop humides. Elles ne donnent pas ordinairement de bons résultats dans les terres calcaires pour lesquelles il faut donner la préférence aux avoines grises ou rousses, telles que les *avoines grise de Houdan et rousse couronnée*.

Les avoines unilatérales noires sont également des races

fort exigeantes et qui ne donnent un beau grain, de couleur foncée, que dans les terres profondes, fraîches et sous le climat du Nord ; ce sont des races excessivement sensibles à la sécheresse, ne produisant dans les années sèches qu'un grain très léger, très étroit et mal coloré ; nous n'avons eu de très beaux lots de ces variétés, que dans les avoines de semences provenant du Nord de l'Europe.

Les avoines à beau grain noir, telles que les *avoines de Brie, de Coulommiers* et *Joanette* sont très estimées sur les marchés, et elles ont toujours une plus-value qui engage à en poursuivre la culture. Toutefois, leurs rendements en paille et en grain ne sont que moyens, inférieurs à ceux de nos bonnes avoines blanches ou jaunes, telles que *les avoines blanche de Pologne, hâtive de Sibérie, jaune de Flandre* et *jaune géante à grappes.*

Avoine noire de Brie

Synonyme : *Black Poland Oat*

L'avoine noire de Brie est une race française extrême-ment appréciée pour la beauté de son grain et très recherchée par le com-merce qui la paie volontiers plus cher que l'avoine blanche.

Le feuillage en est moyen, vert franc ; c'est une des variétés de prin-temps qui offre le plus fort tallage, le nombre moyen de talles par pied étant dans cette variété de 3,46 alors que

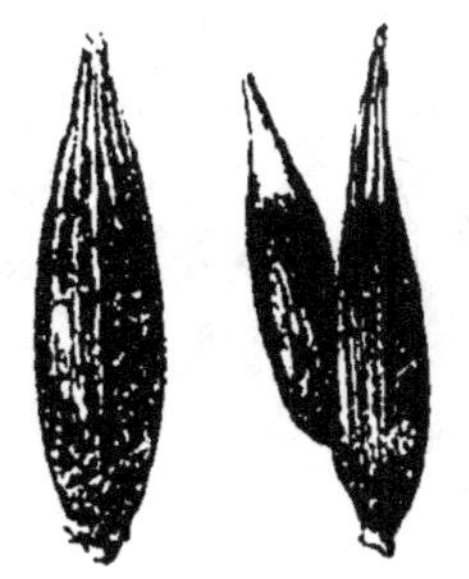

Fig. 29. — *Grain de l'a-voine noire de Brie* (double de grandeur naturelle).

généralement dans les avoines à grain blanc ou jaune, il est ordinairement inférieur à 2, n'étant par exemple que de 1,88 dans *l'avoine de Beseler* et de 1,97 dans *l'avoine de Pologne*. La paille en est assez fine, blanche et de hauteur moyenne.

Fig. 30. — *Avoine noire de Brie.*

La panicule en est très belle, de 25 à 30 centimètres de long et parfois même davantage, portant de 75 à 95 épillets à glumes courtes et amples.

Ces épillets renferment assez régulièrement deux grains, très rarement trois, bien colorés et sans barbes.

Les grains externes de 14 à 15 millimètres de longueur, sont larges, un peu gibbeux, très pleins; la glumelle inférieure est bien ouverte jusqu'à la pointe, et la glumelle supérieure est parfois convexe, mais le plus souvent plus ou moins fortement déprimée par la pression exercée par le grain interne.

Le talon porte à la base et latéralement quelques longs poils soyeux, et la baguette est courte, forte et très ciliée.

Le poids de 100 grains externes est de 33 à 36 grammes et leur rendement en amande de 76 à 78 0/0. Il n'existe guère d'avoines ayant un rendement plus fort.

Cette amande est large, très pleine, longue de 10 millimètres ; aussi, le grain étant court, force-t-elle souvent les pointes des glumelles à s'écarter, et au battage, il y a toujours une certaine proportion d'amandes qui s'échappent des glumelles.

Les grains internes, de 10 millimètres environ, sont très pleins, très renflés, à pointes des glumelles fort ouvertes et plus ou moins écartées ; leur poids est de 22 à 24 grammes les 1.000 grains, et leur rendement en amande de 78 à 80 0/0. Etant encastrés dans la dépression très accentuée de la glumelle supérieure du grain externe, ces grains se détachent assez difficilement au battage et dans les avoines de semences, on trouve toujours une certaine proportion de ces grains réunis par deux.

L'*avoine noire de Brie* est une race tardive, épiant quelques jours avant les *avoines jaune de Flandre*, et *jaune géantes à grappes*, mais coïncidant sensiblement comme époque de maturité. Son rendement en paille et en grain n'est que moyen, inférieur à celui de nos bonnes avoines blanches ou jaunes, comme le montre du reste le tableau (page 166), indiquant les rendements obtenus dans les champs d'expériences départementaux.

D'après ces essais, le rendement moyen à l'hectare serait pour le grain de 16 qtx., 5 et pour la paille de 25 quintaux.

C'est en somme une race fort exigeante, convenant particulièrement aux terres riches et un peu fortes, bien résistante à la sécheresse mais s'égrenant facilement.

VARIÉTÉS	GRAIN	PAILLE	NOMBRE d'essais comparatifs
	quintaux	quintaux	
Noire de Brie.	16.50	22.80	7
Blanche de Hongrie .	17.50	22.85	
Noire de Brie.	16.19	25.20	19
Jaune géante à grappes	21.24	32.11	
Noire de Brie.	16.71	28.55	9
Jaune de Flandre . . .	18.65	25.35	
Noire de Brie.	16.60	24.26	II
Hâtive de Sibérie . . .	19.90	25.06	

L'Avoine noire de Coulommiers est une belle sous-variété sélectionnée de la précédente, un peu plus vigoureuse et plus productive, mais aussi encore plus exigeante; au point de vue de la détermination et de la classification, elle n'en est pas distincte.

Les avoines connues sous les noms d'*Avoine fourchue de Meaux*, *Avoine noire de printemps de St-Lot* et *Avoine tardive brune d'Angerville* sont identiques à l'*avoine noire de Brie* dont elles ne paraissent être que de simples désignations locales.

Avoine noire de Beauce

Synonyme : *Avoine de Barmainville.*

A côté des *avoines noires de Brie* et de *Coulommiers*, nous citerons l'*avoine noire de Beauce*, race assez ancienne à paille abondante, un peu plus élevée que celle de l'avoine de Brie. La panicule en est un peu moins élargie, ne retombant pas de la pointe ; les glumes sont également moins amples ; la feuille en est plus fine, moins contournée en spirale quand elle est encore en gazon. C'est une race productive, à végétation rapide et vigoureuse ; le grain en est presque aussi lourd que celui de l'avoine de Brie, quand la maturité n'en est pas trop précipitée.

A cette variété sont rattachées comme étant à peu près identiques, les avoines suivantes : l'*Avoine ordinaire de Beauce*, l'*Avoine grise de Beauce*, l'*Avoine tardive* ou du *Perche* et l'*Avoine rouge de Beauce*, dont la couleur rouge ne se maintient pas.

Avoine Joanette

Synonyme : *Avoine de Chenailles.*

Variété assez précoce, beaucoup plus hâtive que l'*avoine noire de Brie* et extrêmement distincte par tous ses caractères.

Le feuillage en est léger et le limbe des feuilles étroit, assez dressé, vert blond ; le tallage en est très fort, le nombre de talles par plante étant en moyenne de 3,90. La paille en est blanche, très fine mais peu élevée, bien au-dessous de la moyenne.

La panicule, longue de 20 à 25 centimè-

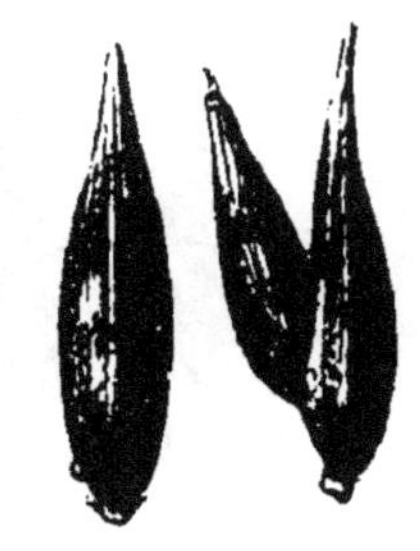

Fig. 31. — *Avoine Joanette* (grain double de grandeur naturelle).

tres, est formée de demi-verticilles de rameaux grêles, peu ramifiés et étalés, ne portant en moyenne que de 40 à 60 épillets à balles peu amples de 20 millimètres de longueur.

Ces épillets sont assez régulièrement à deux grains, avec une proportion faible de grains uniques. Nous n'y avons rarement rencontré de grains intermédiaires.

Les grains externes sont le plus souvent sans barbes, d'une longueur de 14 à 15 millimètres; ils sont bien pleins, assez gros, moins larges que ceux de l'avoine de Brie, un peu en forme de navette, c'est-à-dire assez renflés au milieu et se rétrécissant progressivement en approchant soit de la base, soit du sommet. La glumelle inférieure est bien ouverte, et la glumelle supérieure franchement convexe, assez rarement déprimée par suite de la pression exercée par le grain interne. La cicatricule du talon est assez forte, oblique, avec deux lèvres très inégales ; les poils soyeux latéraux sont longs et assez développés. La baguette du grain est assez aplatie, comme déchiquetée au sommet et sans cicatricule nette.

Fig. 32. — *Avoine Joanette* (panicule, épillet et grain).

Le poids de 1000 grains externes est de 33 à 39 grammes et leur rendement en amande de 76 à 78 0/0; c'est donc une avoine à petit grain, mais à écorce très fine et par suite très riche en amande.

Les grains internes sont assez courts, très pleins, très renflés, mais beaucoup moins ouverts à la pointe que ceux de l'*avoine noire de Brie*.

Comme précocité, l'*avoine Joanette* épie 8 jours avant l'*avoine de Brie*, et en même temps que l'*avoine de Ligowo* améliorée, mais elle met plus de temps à mûrir son grain, n'étant bonne à récolter que plusieurs jours après; elle n'est donc que demi-hâtive.

C'est une bonne race, assez précoce, assez peu exigeante, à grain bien plein, très noir, d'une qualité remarquable, mais à rendement faible en paille, moyen en grain et s'égrenant facilement. Aussi demande-t-elle à être coupée avant sa parfaite maturité.

Cette avoine est fort usitée dans les environs d'Orléans; elle est également fort répandue sous le nom d'avoine de Chenailles, dans les environs de Châteauneuf-sur-Loir.

Avoine noire hâtive d'Étampes.

Belle variété se rapprochant un peu de l'*avoine Joanette*, mais dont il est toutefois facile de la distinguer. La végétation en est très voisine; le feuillage est léger, le limbe des feuilles étroit et dressé, d'un vert blond très particulier.

Le tallage en est remarquable; c'est une des variétés de printemps qui, sous ce rapport, s'est montrée supérieure, avec un nombre moyen de talles de 4,28; la paille est fine, blanche, mais peu élevée, de même taille que celle de l'*avoine Joanette*.

La panicule, longue de 20 à 25 centimètres, à rameaux grêles, étalés et peu rameux, porte en moyenne de 40 à 70 épillets à glumes assez larges et minces, ce qui donne au champ de cette avoine un aspect chatoyant avant la maturité. Les épillets renferment le plus souvent deux grains ; les grains uniques, rarement très nombreux, sont le plus souvent en proportion plus élevée que dans l'*avoine Joanette*.

Fig. 33. — *Avoine noire hâtive d'Etampes* (grain double de grandeur naturelle).

La couleur du grain n'est pas franchement noire comme dans les *avoines noire de Brie* et *Joanette*, mais brun foncé avec les nervures un peu plus claires, légèrement roussâtres, tranchant nettement sur le reste du grain ; ce caractère est souvent précieux pour distinguer cette variété de l'*avoine grise de Houdan* dans le grain battu.

Les grains externes sont mutiques, de 15 millimètres de long ; ils sont en navette, mais moins larges et plus effilés que dans les variétés précédentes ; la glumelle inférieure est bien ouverte, mais plus aiguë au sommet avec deux pointes plus accentuées ; la glumelle supérieure est convexe.

Le talon du grain est sans soies, avec cicatricule développée, oblique comme dans la Joanette, la baguette est aplatie, moyenne, non ciliée, avec deux fines cannelures. Le poids de 1.000 grains externes est de 33 à 38 grammes, et le rendement en amande de 77 à 79 0/0. C'est donc une avoine à petit grain.

La précocité de l'*avoine noire hâtive d'Etampes* est sensiblement la même que celle de la Joanette, étant hâtive comme épiaison, mais à maturité se produisant seulement en même temps que celle des races 1/2 hâtives. C'est une variété résistant bien à la sécheresse, particulièrement recommandable pour les terres chaudes et calcaires.

Elle convient peu aux terres riches des vallées ou aux défrichements, son produit en paille et en grain étant bien inférieur, dans ces conditions, à celui de nos bonnes races à grand rendement.

A côté de cette variété,

Fig. 34. — *Avoine noire hâtive d'Étampes.*

se placent comme étant presque identiques : l'*Avoine hâtive de Beauce*, l'*Avoine hâtive d'Ontarville*, l'*Avoine hâtive de Normandie*, l'*Avoine hâtive d'Angerville*.

Avoine précoce de Mesdag

Variété très hâtive, mise au commerce en France par la maison Vilmorin et Andrieux en 1894-95.

C'est une avoine d'origine hollandaise, à feuillage très ample, vert franc, et à paille haute et ferme, particulièrement dégagée du feuillage.

La panicule en est très lâche et très étalée, de 25 à 30 centimètres de longueur. Elle est peu ramifiée et assez peu fournie, ne portant en moyenne que 50 à 60 épillets.

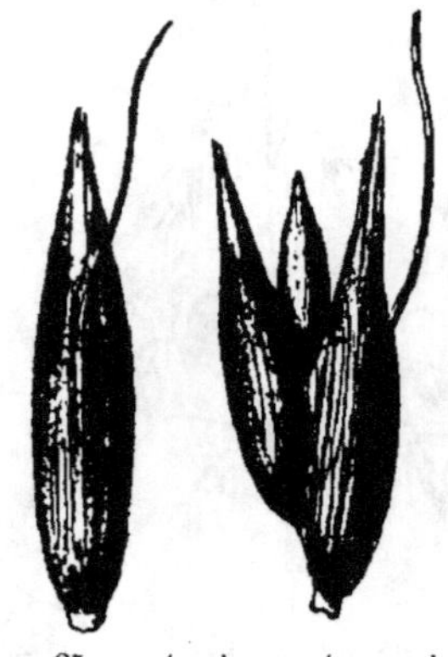

Fig. 35. — *Avoine précoce de Mesday* (grain double de grandeur naturelle).

Ceux-ci ont des balles longues de 23 à 26 millimètres, se détachant très facilement à la maturité et laissant ainsi le grain bien à découvert. C'est une des variétés les plus franchement à trois grains que nous connaissions. la proportion d'épillets triflores étant fort élevée et très prédominante dans les terres riches ou de bonne fertilité moyenne.

Les grains externes sont le plus souvent aristés, la barbe en étant longue, grosse, toujours coudée et tordue à la base.

Ces deux caractères, d'être triflore et bien aristée, permettent de la distinguer aisément de toutes les autres variétés, dont elle se différencie en outre par la forme spéciale de son grain, très long, de 17 à 18 millimètres de longueur et malgré cela assez renflé et un peu gibbeux; il est peu ouvert, à glumelle inférieure fermée dans le dernier tiers et se terminant en pointe aiguë; la glumelle supérieure est légèrement convexe mais peu visible, masquée par les bords de la glumelle inférieure. La cicatricule du talon est très grande, avec deux lèvres extrêmement inégales; la baguette en est courte (de 2 millimètres), forte, en tête de clou, et en général fortement ciliée. Cette forme de grain représente la forme type des avoines à glumes.

Le poids de 1.000 grains externes est de 43 à 46 grammes,

et le rendement en amande de 69 à 71 0/0. Cette dernière, dans les belles avoines de semence, est très longue. de 10,5 à 11 millimètres. Les grains externes de cette avoine

sont donc, par leur poids, leur longueur et leur rendement en amande, notablement différents de ceux des autres avoines noires décrites précédemment.

Les grains intermédiaires, de 13 à 14 millimètres de longueur, sont assez pleins, bien ouverts, toutefois assez pointus ; leur amande est bien renflée, de 8 millimètres de longueur. Le poids de 1.000 grains intermédiaires est de 28 à 32 grammes et leur rendement de 75 à 77 0/0.

Fig. 36. — *Avoine précoce de Mesdag.*
Panicule réduite au 1/3; épillet et grain de grandeur naturelle.

Les grains internes sont très ténus, de taille extrêmement réduite et peu pleins. Ils présentent une baguette grêle portant au sommet de petites écailles, rudiment d'un quatrième grain. C'est la seule variété d'avoine commune où nous ayons rencontré ce caractère.

L'*avoine précoce de Mesdag* est une race remarquable par sa très grande précocité, devançant de quatre à cinq jours les avoines blanches très hâtives telles que l'*avoine hâtive de Sibérie* et l'*avoine blanche de Pologne*.

C'est la variété à grain bien noir, de beaucoup la plus précoce, pouvant rendre d'utiles services dans les pays où les avoines noires sont recherchées, son rendement en paille et en grain étant d'ailleurs assez satisfaisant.

Il est nécessaire de la faucher avant la maturité complète, car elle a une très forte tendance à s'égrener.

Avoine grise de Houdan

Synonyme : Avoine grise de pays.

L'*avoine grise de Houdan* est une race bien distincte, rarement pure dans le commerce, étant le plus souvent mélangée avec d'autres variétés importées. Le feuillage en est assez léger, moins léger toutefois que celui des *avoines Joanette* et *noire hâtive d'Etampes ;* c'est une race qui talle bien, à paille de bonne qualité, mais peu élevée, un peu au-dessous de la moyenne.

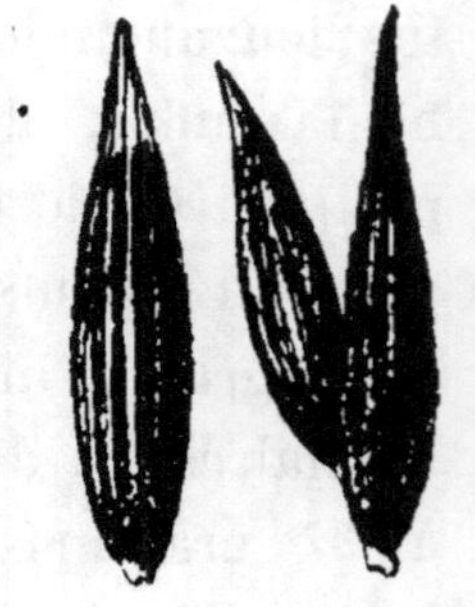

Fig. 37. — *Avoine grise de Houdan* (grain double de grandeur naturelle).

La panicule, de 25 à 30 centimètres est bien étalée, à rameaux assez grêles, portant de 50 à 70 épillets à balles moyennes, peu amples.

Ces épillets sont à deux grains, assez rarement à grain

unique ; leur couleur n'est pas grise comme le laisserait supposer le nom de cette variété, mais d'un gris de fer très foncé, presque noir ; aussi pour cette raison, nous croyons préférable de la placer parmi les avoines noires,

d'autant plus que ses nervures sont de même teinte que le reste du grain, tandis que dans les avoines franchement grises, ces nervures sont plus claires.

Les grains exter-nes, longs de 15 à 15 $^{m}/_{m}$, 5, rarement 16, se rapprochent beaucoup comme forme de ceux de l'avoine noire hâtive d'Etampes ; ces grains sont en navette allongée, assez pleins, ou-verts, sauf toute-fois à la pointe qui est parfois assez ai-

Fig. 38. — *Avoine grise de Houdan.*

guë. Leur glumelle supérieure est bien convexe, très rare-ment déprimée ; le talon du grain est sans soies, à cica-tricule très oblique et à lèvres fort inégales ; la baguette est moyenne, non ciliée, avec deux fines cannelures, et souvent en tête de clou.

Le poids de 1.000 grains externes est de 35 à 38 grammes et leur rendement en amande de 77 à 79 0/0 ; c'est donc, comme les avoines noires précédentes, une variété à écorce très fine et à fort rendement en amande.

L'*avoine grise de Houdan* est une race classée par plusieurs auteurs parmi les races tardives ; cela tient probablement à ce que les échantillons qu'ils avaient à leur disposition n'étaient pas purs. Nos lots de sélection possèdent absolument la même précocité que les *avoines Joanette* et *noire hâtive d'Etampes*, coïncidant presque rigoureusement comme épiaison et maturité ; c'est donc une race presque demi-hâtive.

L'*avoine grise de Houdan* est une variété extrêmement rustique, très résistante à la sécheresse, très accommodante, donnant des rendements assez élevés en terre ordinaire ou médiocre et dépassant souvent, dans ces conditions, les meilleures variétés d'origine étrangère, telles que les avoines suédoises, qui ont le grand inconvénient de dégénérer très facilement dans la culture ordinaire.

Les rendements qui ont été obtenus avec cette variété dans les champs d'essais départementaux sont les suivants :

NOMS des VARIÉTÉS	RENDEMENT en grains à l'hectare	RENDEMENT en paille à l'hectare	NOMBRE d'essais comparatifs
	quintaux	quintaux	
Grise de Houdan. . . .	21	31	
Blanche de Hongrie. .	20.51	32	7
Grise de Houdan . . .	19.46	29.53	
Jaune géante à grappes	21.33	30.43	I3
Grise de Houdan . . .	18.58	27.34	
Noire de Coulommiers	18.68	28.81	II
Grise de Houdan . . .	20	33.80	
Hâtive de Sibérie . . .	21	26.74	5

D'après ce tableau, on voit que les rendements de cette avoine sont fort satisfaisants, se rapprochant beaucoup de ceux de nos meilleures races cultivées.

Avoine noire de Suède

Cette avoine est la plus usitée dans l'Est de la Suède. On la cultive dans toute la province de Smaland, l'Ostergothie, dans celles qui bordent le lac Meler, et jusqu'à Géfle. C'est une belle avoine noire, ordinairement d'un brun-noir foncé, ayant des pointes claires, parfois presque blanches.

Les épillets en sont généralement à deux grains; toutefois, les avoines commerciales renferment une certaine proportion de grains uniques, proportion parfois assez élevée variant de 20 à 50 0/0.

Cette avoine ne constitue pas une variété absolument fixée et la forme des grains en est assez variable, non seulement avec le climat et le sol, mais aussi dans le même lot. Nous avons remarqué que, cultivée dans des terres médiocres ou de richesse assez faible, cette variété donne un grain assez petit, peu ouvert, à pointe aiguë, c'est-à-dire à bords de la glumelle extérieure, ou inférieure, enroulés et se rejoignant sur la pointe du grain, ce que l'on n'observe pas dans nos avoines noires françaises.

Dans les terres riches ou de bonne fertilité moyenne, les grains externes sont bien pleins, a glumelle inférieure ouverte à la pointe ; leur poids est alors de 37 à 40 grammes les 1.000 grains et leur rendement en amande de 73 à 75 0/0.

On cultive sous le nom d'*Avoine de Wisingo*, dans l'île de ce nom, une variété qui n'est pas distincte de l'*avoine noire de Suède*, mais simplement une belle race sélectionnée de cette dernière, d'une belle couleur noire et très estimée comme avoine de semence.

Avoine noire de Finlande

En Finlande, on cultive sur une grande échelle une avoine brune à petit grain, se rapprochant beaucoup, comme forme et couleur de grain, de notre avoine noire d'Etampes.

Les épillets sont généralement à deux grains, mais on en trouve toujours une proportion notable avec trois grains.

Les grains externes, longs de 14 à 15 millimètres, sont assez étroits, assez pleins, avec la glumelle supérieure convexe. Leur poids est pour 1.000 grains, de 30 à 33 grammes et leur rendement en amande de 71 à 74 0/0.

Dans le Nord de la Finlande, on cultive sous le nom d'*Avoine noire de Finlande* (ou avoine noire du Nord de la Finlande), une race d'avoine assez distincte de la précédente. C'est sur le littoral septentrional de la Suède et sur quelques points situés vers le Sud que l'on rencontre fréquemment cette autre forme qui est à grain plus foncé, d'un brun foncé mat et très facile à reconnaître,

Le grain en est ordinairement large, très ouvert, déprimé à la face supérieure, se rapprochant beaucoup comme forme du grain de notre avoine noire de Brie; le poids de 1.000 grains externes est de 32 à 35 grammes et leur rendement en amande de 72 à 75 0/0.

Elle est considérée dons son pays comme une avoine à grand rendement et nous nous proposons de la cultiver en comparaison avec les avoines noires de Brie et de Coulommiers.

Avoine noire de Gèfle

L'*avoine de Gèfle*, originaire du Nord de l'Europe, est une race à petit grain. Ce grain est d'un brun noir foncé, presque fermé, très étroit; la glumelle inférieure, dans les grains externes, recouvre presque entièrement la glumelle supérieure ou interne.

La longueur du grain externe n'est que de 13 à 14 millimètres et leur poids pour 1.000 grains n'est que de 25 à

28 grammes, poids inférieur à celui des grains intermédiaires de certaines avoines ; leur rendement en amande n'est que de 66 à 68 0/0.

C'est la variété qui a le plus petit grain parmi les avoines du Nord. Cette avoine provient de la province suédoise de Gestriklau où, du reste, la culture paraît en être peu développée.

Avoine rousse couronnée

Variété demi-tardive, à bon tallage et à feuillage moyen, vert franc.

La paille en est blanche, assez grosse, trapue, un peu en-dessous de la moyenne comme hauteur.

La panicule, ample, bien étalée, de 25 à 28 centimètres de longueur, porte de 70 à 90 épillets à glumelles longues et fort striées de 22 à 25 millimètres. Ces épillets renferment le plus souvent deux grains; toutefois, les épillets à trois grains sont assez fréquents.

Les grains externes, longs de 16 millimètres, rarement aristés, ont une teinte d'un brun assez foncé à la base, teinte s'affaiblissant progressivement, devenant roussâtre, puis d'un blanc grisâtre à la pointe; les nervures ont cette teinte roussâtre jusqu'à la base. Ces grains sont assez renflés, pleins, ouverts à la pointe; les bords de la glumelle inférieure se présentent souvent sous forme de légers bourrelets, et la glumelle supérieure est légèrement convexe ou déprimée par le grain interne. Le talon du grain présente une forte cicatricule oblique avec deux lèvres très inégales et des poils soyeux assez développés sur les côtés. La baguette est courte, forte, peu ou pas ciliée et en tête de clou.

Le poids de 1.000 grains externes est d'environ 41 à 44 grammes, et leur rendement en amande de 73 à 76 0/0. Les grains internes sont très pleins, courts, de 11 à 12 millimètres, très renflés, et à glumelles souvent écartées par suite du plein du grain.

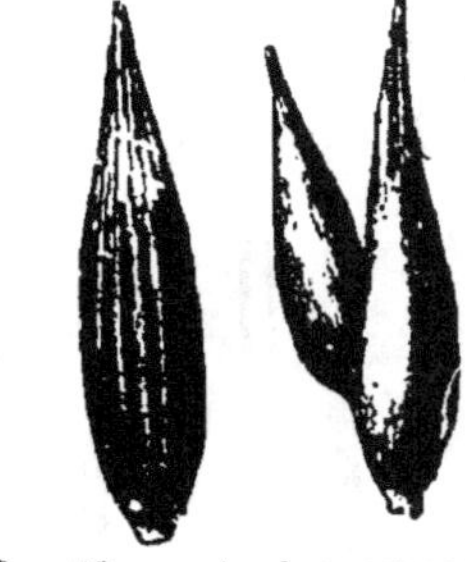

Fig. 39. — *Avoine rousse couronnée* (grain double de grandeur naturelle).

L'*avoine rousse couronnée* est une race demi-tardive, épiant quatre ou cinq jours après l'*avoine noire hâtive d'Etampes* et l'*avoine Joanette*, et quatre jours environ avant les *avoines noire de Brie* et *de Coulommiers ;* au point de vue de la maturité, elle est bien intermédiaire entre ces avoines demi-hâtives et ces dernières franchement tardives.

C'est une race très productive, très résistante à la verse et très accommodante au point de vue de la qualité du sol. D'autre part, elle est peu sensible à la sécheresse, constituant ainsi une de nos meilleures races rustiques, peu exigeantes et convenant particulièrement aux sols de fertilité moyenne.

Avoine des Abruzzes

Variété très distincte par tous ses caractères, remarquable par son fort tallage, et son feuillage très léger, vert blond ; les feuilles d'abord appliquées sur terre sont étroites, vrillées, plus tard dressées. La paille en est fine, peu élevée, la plante ne dépassant pas généralement 1 m. 20 de hauteur.

La panicule est peu fournie, de 20 centimètres de longueur en moyenne ; elle porte de 25 à 30 épillets à glumes
très longues, de 27 à 30 millimètres, assez étroites et
très pointues.

Ces épillets sont le plus souvent à grains de couleur
jaune fauve ou roussâtre ; le grain externe, de 18 à
22 millimètres de longueur est très effilé, se terminant

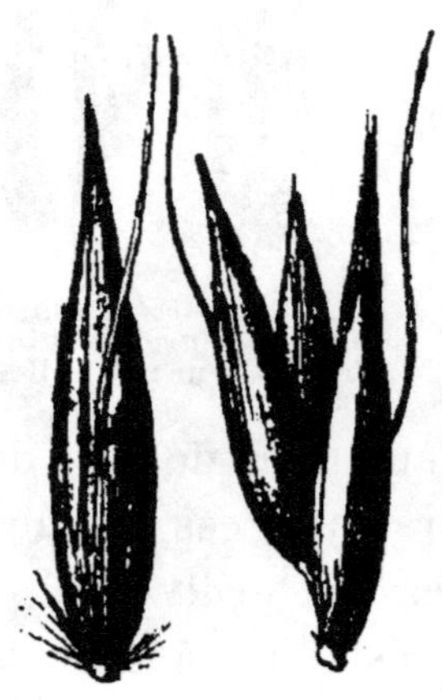

Fig. 40. — *Avoine des Abruzzes*
(grain double de grandeur
naturelle).

par deux longues pointes aiguës
grêles, et scarieuses. Il porte vers
le milieu du dos une arête longue et
assez fine, un peu aplatie, généralement ni vrillée, ni teintée de brun
foncé vers la base ; la glumelle supérieure est ordinairement à peine
convexe, et le grain présente une
forme caractéristique avec une face
dorsale plane. Le talon est assez
allongé, à large cicatricule, avec
lèvres fort inégales, et deux faisceaux latéraux de soies raides,
fauves, soies que l'on rencontre également en petit nombre
sur les côtés du grain ; la baguette est presque toujours
absente, cette dernière lors du battage restant attachée
à la pointe du talon du deuxième grain ; l'amande est
longue de 10,5 à 11 millimètres, et assez pleine.

Le second grain, ou grain intermédiaire a une longueur
de 16 à 19 millimètres. Il est assez effilé, assez plein, terminé par une pointe longue et aiguë ; portant une arête
fauve et fine, insérée vers le tiers supérieur.

Une particularité intéressante de la structure de ce grain

consiste en la présence, à sa partie inférieure d'une pointe incurvée plus ou moins longue, ce fait est dû, comme nous l'avons indiqué précédemment, à ce que ce grain est mis en liberté, non en se détachant à la base du talon, mais par la rupture, en un point variable, de l'axe de l'épillet. La glumelle supérieure, assez étroite, est ciliée sur les bords qui ne sont pas généralement recouverts par ceux de la glumelle inférieure, comme cela se présente ordinairement.

Le troisième grain (grain interne) est long de 11 à 12 millimètres, non aristé, contenant une amande de 6,5 à 7 millimètres.

Poids de 1000 grains externes 50gr80
   »   »   »   » décortiqués................ 36gr20
Rendement en amande.................................. 71 0/0

Poids de 1000 grains intermédiaires.................... 36gr56
   »   »   »   »   » décortiqués 27gr76
Rendement en amande....................................... 75,5 0/0

Le rendement moyen en amande de ces deux formes de grains est donc d'environ 73 0/0 dépassant ainsi celui des *avoines unilatérales noire de Hongrie et prolifique de Californie.*

Par tous ses caractères de végétation cette variété se présente comme une avoine d'hiver, mais elle ne peut être semée à l'automne sous notre climat, n'étant pas suffisamment rustique.

Elle possède en effet, un tallage extrêmement abondant, et semée au printemps elle monte irrégulièrement ; du reste nous avons constaté que suivant l'année elle se comportait différemment : en 1898 elle se montrait très hâtive comme épiaison, aussi hâtive que l'*avoine précoce de Mesdag*, fleurissant d'autre part 4 à 5 jours après l'*avoine très hâtive du Sud de l'Australie*, mais elle était plus lente à arriver à maturité, n'ayant été bonne à récolter que plusieurs jours après les *avoines hâtives de Sibérie et de Pologne*. En 1900, nous avons été particulièrement frappé de son mode de végétation; en constatant un tallage extraordinaire et une montaison longuement successive; la panicule du maître brin était mûre alors que le reste de la touffe était complètement vert, et la récolte de l'ensemble n'a pu être faite que très tardivement, quelque temps après les avoines les plus tardives.

Les avoines que nous avons reçues sous les noms d'*avoine de Tunisie*, *avoine de Chypre*, *avoine noire d'Algérie*, *avoine d'Algérie*, *avoine rouge d'Afrique*, *avoine de la Plata*, nous ont paru extrêmement voisines de l'*avoine des Abruzzes*.

Quelques lots nous ont bien présenté une teinte légèrement plus claire, mais cette différence de teintes peut provenir de la façon dont les grains avaient été récoltés. Il se pourrait très bien qu'il y ait synonymie absolue, mais nous ne pouvons actuellement l'affirmer n'ayant pas encore cultivé toutes ces formes dans nos essais comparatifs.

Cette avoine est essentiellement l'avoine de pays de l'Algérie et de la Tunisie; c'est une race spéciale, dont la culture, à cause de son tempérament robuste et sa résistance à la chaleur, est très usitée dans les pays chauds.

Au point de vue botanique cette variété est fort intéressante, différant notablement de toutes les autres avoines cultivées, par la présence d'un grain intermédiaire aristé, et d'un grain externe très allongé sans baguette, dans les avoines battues.

Aussi croyons-nous qu'il serait possible de les séparer de ces dernières et de les réunir sous le nom de *Avena sativa var. biaristata*, en prenant comme caractère distinctif la présence d'un deuxième grain aristé.

Avoine noire de Hongrie

Synonymes : Avoine noire de Tartarie.
»   Avoine à grappes.
»   Avoine unilatérale.
»   Avoine Prunier.
Anglais : Unrivalled black tartarian oats.
          Ennobled black tartarian oats.

Cette avoine a une feuillage très ample, vert franc, avec un tallage assez faible, le nombre de talles par pied étant de 1,95.

La paille en est assez haute, très grosse et très ferme, de qualité fort médiocre.

La panicule, longue de 28 à 30 centimètres et souvent davantage, est très resserrée et bien unilatérale ; l'inflorescence en est extrêmement fournie, très ramifiée, portant de 80 à 110 épillets en moyenne, mais dans les terres riches, il est fréquent d'en rencontrer 150 et même 160 sur une même panicule.

Fig. 41. — *Avoine noire de Hongrie* (grains doubles de grandeur naturelle).

Ces épillets ont des balles moyennes, peu amples, et sont le plus souvent biflores ; dans les avoines commerciales, les grains uniques sont assez nombreux.

La couleur du grain n'est pas très régulière, assez variable avec l'année ; nous avons reçu très souvent des lots de provenance originale possédant une teinte absolument noire, mais les nombreux échantillons, que nous en avons vus de notre pays, ne sont que très rarement aussi colorés ; ils sont d'un brun foncé à la base, puis plus ou moins roussâtre dans la partie supérieure, avec les nervures plus claires jusqu'au talon.

Les grains externes, de 14 à 15 millimètres de longueur, sont étroits, effilés, peu pleins et peu ouverts, portant souvent une arête de développement variable ; la proportion des grains aristés est de 30 à 40 % dans les avoines commerciales.

Le grain est rarement plein, présentant le plus souvent un léger sillon sur la face dorsale, sillon formé par les bords légèrement roulés de la glumelle supérieure. Le talon est grêle, droit, à lèvres presque égales. Ce dernier caractère permet de la reconnaître très facilement des avoines noires à panicules qui pourraient être en mélange, les grains de ces dernières possédant un talon à cicatricule oblique avec lèvres très inégales.

Fig. 42. — *Avoine noire de Hongrie* (panicule réduite au 1/3).

La baguette du grain externe est longue, bien terminée en tête de clou et sans cannelures. Le poids de 1000 grains externes est de 32 à 37 grammes, et leur rendement en amande de 68 à 72 %. C'est donc une avoine à petit grain et à rendement moyen en amande. Elle est plutôt demi-tardive, étant bonne à récolter quelques jours avant les *avoines noires de Brie* et *de Coulommiers*.

L'avoine noire de Hongrie est une race rustique, très productive, à fort rendement en paille et en grain, convenant particulièrement aux sols riches et frais des vallées; elle ne convient pas aux sols calcaires où elle dégénère rapidement en donnant un grain maigre et faiblement coloré. On peut lui reprocher d'avoir une paille grossière convenant plutôt pour la litière que pour la nourriture des animaux; enfin le grain en est léger, peu nourri, et de qualité un peu au-dessous de la moyenne.

Fig. 43. — *Avoine Prolifique de Californie.*

Fig. 44.
*Avoine noire de la
Nubie.*

Malgré cela, à cause de son rendement excessivement élevé, cette avoine est fort usitée, non seulement en France, mais on peut dire dans toute la zône où la culture de l'avoine est possible et pratiquée.

En Suède, par exemple, elle a, depuis quelques années, pris une grande extension, et même dans certaines régions (environ de Kalmar) presque complètement supplanté les avoines noires à panicules. Dans certaines contrées du Nord de la Suède, cette avoine présente une grosseur de grain et une teinte noire particulière que nous n'avons jamais rencontrée dans les lots cultivés en France que nous avons pu examiner.

Dans des lots provenant d'Angleterre, qui nous avaient été envoyés sous le nom de *Unrivalled black tartarian oats*, les grains externes pesaient en moyenne

38 à 40 grammes les 1000 grains, et leur rendement en amande était de 73 à 75 %.

Avoine noire Prolifique de Californie

Variété ayant beaucoup d'analogie avec la précédente, à feuillage dressé, très ample, vert foncé et à paille haute, grosse et forte. Le tallage en est faible, le nombre moyen de talles par pied n'étant que de 1,56.

La panicule, très longue, très ramifiée, resserrée et bien unilatérale présente en moyenne de 80 à 110 épillets régulièrement à deux grains. Ceux-ci sont très difficiles à distinguer de ceux de l'*avoine noire de Hongrie;* toutefois, ils sont généralement de teinte plus claire, principalement les nervures qui, par suite, paraissent plus saillantes.

Les grains externes, souvent aristés, sont étroits, peu ouverts, rarement pleins, et à glumelle supérieure plutôt déprimée que convexe et à bords de la glumelle inférieure légèrement roulés.

Le poids de 1.000 grains externe est de 32 à 37 grammes, et leur rendement en amande de 68 à 72 0/0.

Cette variété est demi-tardive, de même précocité que les *avoines blanche de Hongrie* et *noire de Hongrie.*

C'est une race très productive et à grand rendement, mais qui possède comme l'avoine noire de Hongrie, le défaut de donner une paille trop grosse et un grain petit, léger, mal teinté et de qualité très ordinaire.

Avoine noire de la Nubie

Avoine unilatérale à feuillage très ample, vert franc, à paille moyenne ou assez haute, mais grosse et forte.

La panicule en est très fournie, très resserrée, de 25 à 30 centimètres de longueur ; les grains sont de même forme que ceux de l'avoine noire de Hongrie, mais de teinte plus foncée et à nervures également plus colorées, ne tranchant pas sur le reste du grain.

Le poids de 1.000 grains externes est de 32 à 37 grammes et leur rendement en amande de 68 à 72 0/0.

C'est une race extrêmement voisine de *l'avoine noire de Hongrie* et de même précocité. Elle présente ordinairement dans la forme de son rachis une anomalie et une fasciation beaucoup plus accentuées que dans les autres avoines unilatérales, car les rameaux du demi-verticille inférieur restent soudés bien au-dessus de la collerette sur une longueur de 4 à 5 centimètres, de sorte que le premier verticile est, de ce fait, très rapproché du second ; on trouve, du reste, tous les intermédiaires entre cette forme et celle que nous avons décrite dans l'avoine jaune géante à grappes.

Avoine Roi de Kent

Race à panicule très resserrée, bien unilatérale, à feuillage dressé, très ample, vert foncé et à paille haute, grosse et forte. Tallage très faible.

La panicule, longue de 25 à 30 centimètres, porte de 90 à

130 épillets à deux grains ; l'externe, ordinairement aristé, est d'un brun roussâtre, souvent peu coloré, se rapprochant beaucoup de celui de *l'avoine noire de Hongrie ;* l'*avoine roi de Kent* possède d'ailleurs la même précocité que cette dernière et la même grosseur et forme de grain. Leur poids est de 32 à 37 grammes pour 1.000 grains, et leur rendement en amande est de 68 à 72 0/0.

L'anomalie très accentuée que nous avons signalée pour le rachis de la variété précédente est également très fréquente dans l'avoine roi de Kent.

	NOMS DES VARIÉTÉS	FEUILLAGE	PAILLE	DATE DE LA FLORAISON	DATE DE LA MATURITÉ	PRÉCOCITÉ	NOMBRE DE GRAINS PAR ÉPILLET	LONGUEUR EN MILLIMÈTRES	FORME	POIDS de 1000 grains externes	RENDEMENT en amande 0/0 des grains externes
PANICULÉS	Noire d'hiver de Belgique...	moyen; larges rubans; fortes touffes.	haute et forte.	20 juin	29 juillet	très hâtive; semée d'automne.	2, rarement 1	18	très fréquemment aristé, très plein, gibbeux, long, à glumelle supérieure convexe.	46 à 49 gr.	76 à 78
	Noire de Brie........	moyen, vert franc.	hauteur et grosseur moyennes.	18 juillet	17 août	tardive	2	14 à 15	très rarement aristé, large, gibbeux, court, très plein, à glumelle supérieure déprimée.	33 à 36	76 à 79
	Joanette............	léger; feuilles étroites, vert blond.	fine, peu élevée.	4 juillet	10 »	1/2 tardive	2, rarement 1	14 à 15	rarement aristé, assez plein, un peu en navette, à glumelle supérieure convexe.	33 à 38	76 à 79
	Précoce de Mesdag...	très ample, vert franc.	haute et grosse	25 juin	27 juillet	très hâtive	3	17 à 18	ordinairement aristé, un peu renflé, long, à glumelle supérieure convexe; grain peu ouvert.	43 à 46	69 à 72
	Noire hâtive d'Etampes.....	léger; feuilles étroites, vert blond.	fine, peu élevée.	4 juillet	9 août	1/2 hâtive	2, rarement 1	15	rarement aristé; légèrement en navette, un peu effilé, glumelle supérieure convexe.	33 à 38	76 à 79
	Grise de Houdan......	assez léger.	assez fine, de hauteur moyenne.	4 »	9 »	1/2 hâtive	2, parfois 1	15 à 16	rarement aristé; légèrement en navette, pointe un peu aiguë: glumelle supérieure bien convexe.	35 à 38	76 à 79
	Rousse couronnée....	moyen, vert franc.	moyenne, grosse trapue.	7 »	12 »	1/2 tardive	2, quelquefois 3	16	rarement aristé; assez renflé, plein, bien ouvert, glumelle supérieure légèrement convexe.	41 à 44	73 à 76
	des Abruzzes........	très léger, feuilles étroites, très blondes, dressées.	fine, peu élevée.	24 juin	15 »	tardive semée de printemps	3	20 à 22	aristé ainsi que le grain intermédiaire; étroit, très effilé et pointu.	48 à 52	70 à 72
UNILATÉRALES	Noire de Hongrie.....	très ample, vert franc.	haute, grosse et forte.	12 juillet	14 »	1/2 tardive	2, souvent 1	14 à 15	aristé dans la proportion de 20 à 40 %; étroit, effilé, peu ouvert.	32 à 37	68 à 72
	Noire de la Nubie....	très ample, vert franc.	assez forte et haute.	12 juillet	14 »	1/2 tardive	2, souvent 1	14 à 15	aristé dans la proportion de 20 à 40 %; étroit, effilé, peu ouvert.	32 à 37	68 à 72
	Noire prolifique......	très ample, vert franc.	haute, grosse et forte.	12 juillet	14 »	1/2 tardive	2, souvent 1	14 à 15	aristé dans la proportion de 40 à 50 %; étroit, effilé, peu ouvert.	32 à 37	68 à 72
	Roi de Kent.........	très ample, vert franc.	haute, grosse et forte.	12 juillet	14 »	1/2 tardive	2, souvent 1	14 à 15	aristé dans la proportion de 40 à 50 %; étroit, peu ouvert.	32 à 37	68 à 72

TABLEAU CONDUISANT A LA DÉTERMINATION DES AVOINES A GRAIN NOIR, BRUN OU ROUX

AVOINES à grain noir, brun ou roux.					
	UNILATÉRALES — grain rarement noir, d'un brun plus ou moins roussâtre. talon droit à lèvres égales :			Très voisines les une des autres et très difficiles à distinguer.	**NOIRE DE HONGRIE** **NOIRE DE LA NUBIE** **NOIRE PROLIFIQUE** **ROI DE KENT**
	PANICULÉES — grain dont le talon est à cicatricule oblique et à lèvres inégales ; **GRAIN** —	**NOIR** — Longueur du grain	14 à 15 millimètres; mutique	grain large, court, très renflé, à glumelle supérieure bien déprimée ; paille moyenne.	**NOIRE DE BRIE**
				présentant les mêmes caractères que la précédente, dont elle est une race sélectionnée.	**NOIRE DE COULOMMIERS**
				grain en navette, à glumelle supérieure convexe ; paille fine et peu élevée.	**JOANETTE**
			17 à 18 mm.; aristé; paille haute et forte; très hâtive; **ÉPILLETS**	à trois grains, pas de grains uniques ; grain externe long, effilé, peu ouvert, à pointe assez aiguë.	**PRÉCOCE DE MESDAG**
				à deux grains, quelques grains uniques; grain externe très gibbeux, très plein, bien ouvert, à glumelle supérieure convexe.	**NOIRE D'HIVER DE BELGIQUE**
		BRUN — en navette allongée		très foncé : grain externe de 15 millimètres à nervures roussâtres ; feuillage léger ; paille fine et peu élevée.	**NOIRE HATIVE D'ÉTAMPES**
				grisâtre ; grain externe de 15 à 16 millimètres à nervures de même couleur que le fond du grain ; feuillage moyen ; paille de hauteur moyenne et assez fine.	**GRISE DE HOUDAN**
		ROUX ou ROUSSATRE — Longueur du grain :		16 millimètres : grain brun à la base et roux plus ou moins foncé dans l'autre partie ; épillets à deux grains ; demi-tardive	**ROUSSE COURONNÉE**
				19 à 22 millimètres : épillets à trois grains, les deux premiers aristés ; paille fine et peu élevée.	**DES ABRUZZES**

AVOINES A GRAIN GRIS

Les avoines à grain gris forment un petit groupe excessivement distinct, et que pour cette raison nous envisagerons séparément, bien que les variétés qui le composent soient très peu nombreuses.

Leur couleur en est assez variable, allant du gris fer au gris noirâtre, mais toujours avec les cinq nervures principales d'un gris beaucoup plus clair que le reste du grain.

Les avoines à grain gris renferment des variétés rustiques telles que l'*avoine grise d'hiver* et l'*Avena blanca* dont nous donnerons la description dans le chapitre relatif aux avoines d'hiver. Ces deux avoines sont extrêmement hâtives; la première, très productive, donne un grain gibbeux, très lourd et très renflé, présentant la même forme que celui de l'*avoine noire d'hiver en Begique*.

Comme avoines de printemps à grain gris, nous possédons en France depuis quelques années, une race australienne, l'*avoine très hâtive d'Australie*, dont la précocité est remarquable, sensiblement la même que celle de l'avoine grise d'hiver. Le grain en est très long et très effilé, rentrant dans le groupe des avoines à glumes, mais c'est une variété d'introduction encore trop récente pour pouvoir juger exactement des services qu'elle pourra rendre dans la grande culture.

Avoine très hâtive d'Australie

Anglais : *New early oats south Australia*

Race extrêmement hâtive, originaire de l'Australie et mise récemment au commerce en France par la maison Vilmorin, Andrieux et Cie.

Elle possède un faible tallage avec un feuillage léger, fort blond. La paille, peu élevée, assez fine et de bonne venue est d'un blanc grisâtre.

La panicule, longue de 20 à 25 cen-timètres, et peu fournie, porte de 30 à 50 épillets à balles étroites, lon-gues de 22 à 25 millimètres. Ces épillets sont à deux ou trois grains, avec géné-ralement une prédominance accen-tuée des épillets triflores ; ces grains ont une couleur grise avec les ner-

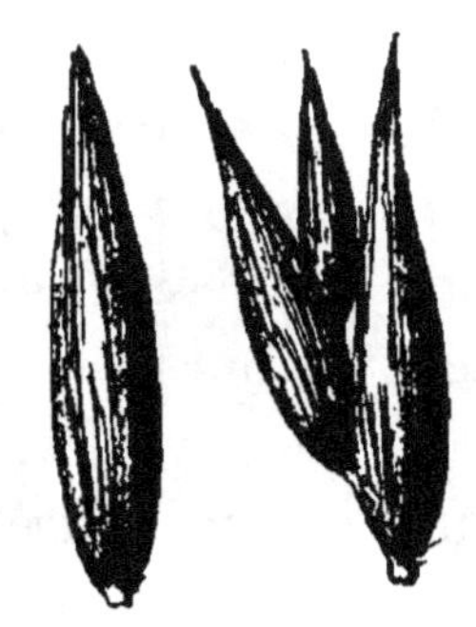

Fig. 45. — *Avoine très hâ-tive d'Australie* (grain dou-ble grandeur naturelle).

vures plus claires, se rapprochant un peu comme teinte de l'avoine grise d'hiver.

Les grains externes, longs de 18 millimètres environ, sont parfois aristés ; et dans ce cas, la barbe en est droite, assez fine, insérée vers le tiers supérieur. Ces grains sont peu ouverts, se terminant par une pointe longue et très aiguë ; la glumelle supérieure est à peine convexe, de telle sorte que sur cette face, le grain est méplat. Le talon du grain est assez fin, avec une cicatri-cule moyenne, et ordinairement pourvu de faisceaux de poils soyeux ; la baguette est courte, très forte, sans cannelures, assez en tête de clou.

1.000 grains externes pèsent 44 à 46 grammes, et leur rendement en amande est de 72 à 74 0/0.

Les grains intermédiaires sont très allongés, de 14 à 16 millimètres; ils sont assez pleins, bien ouverts, mais à glumelle inférieure se prolongeant en pointe aiguë; leur poids est pour 1.000 grains de 31 à 33 grammes et leur rendement en amande de 76 à 78 0/0.

L'avoine très hâtive d'Australie possède une précocité remarquable, fleurissant 10 à 12 jours avant nos bonnes races d'avoines très hâtives, telles que l'*avoine de Sibérie et l'avoine de Pologne*, mais au point de vue de la maturité, la différence est moins sensible, n'étant environ que de 3 à 5 jours.

C'est une variété qui n'a comme qualité vraiment méritante que son extrême précocité, car elle est peu résistante à la sécheresse et les rendements en paille et en grain que nous avons obtenus, sont au-dessous de la moyenne.

Avoine grise de Suède

Cette avoine suédoise se rapproche beaucoup comme forme de grain de l'*avoine très hâtive d'Australie*.

Les épillets sont ordinairement à trois grains; le grain externe est très aristé, très allongé, à pointe très aiguë et très fermée.

Le poids de 1.000 grains externes est de 34 à 38 grammes et leur rendement en amande, fort variable, est de 62 à 68 0/0.

Les grains en sont gris clair, tirant un peu sur le blanc, et devenant même parfois tout à fait blancs, lorsqu'ils sont cultivés dans une bonne terre.

Cette avoine était autrefois très répandue en Suède et en Norvège. On ne la trouve plus actuellement que dans les localités où la culture agricole a fait peu de progrès, ainsi que dans les contrées éloignées de la mer et privées de communications de chemin de fer, dans les provinces de Smaland, de Halland et de Westergothland.

On la trouve souvent comme impureté dans les avoines blanches provenant de Suède ou de Norvège.

C'est une avoine qui se modifie d'une façon extraordinaire sous l'influence d'une culture soignée ou intensive ; elle perd sa forme maigre et effilée et a une tendance à se modifier et à prendre des formes plus pleines à grain blanc ou blanc grisâtre très clair, forme où il est souvent difficile de reconnaître le type primitif.

TABLEAU CONDUISANT A LA DÉTERMINATION DES AVOINES A GRAIN GRIS

AVOINES à grain d'un gris plus ou moins foncé. — Très hâtives; aristées.			
rustiques, dites d'hiver grain gibbeux, très plein, bien ouvert.	grain très gros (46 à 48 grammes les 1000 grains) de 18 millimètres: épillets à 2 grains, paille haute et forte.	GRISE D'HIVER
	grain moyen (42 à 43 grammes les 1000 grains) de 15 millimètres: épillets à 2 et souvent 3 grains. Paille très fine et peu élevée.	AVENA BLANCA
de printemps grain effilé, étroit, peu ouvert, à pointe fermée.	grain de 18 millimètres, épillets tri-flores; paille assez fine, peu élevée; poids des grains, 44 à 46 grammes les 1000 grains.	TRÈS HATIVE D'AUS-TRALIE

PRINCIPAUX CARACTÈRES DES AVOINES A GRAIN GRIS

NOMS DES VARIÉTÉS	FEUILLAGE	PAILLE	DATE de la FLORAISON	DATE DE LA MATURITÉ	PRÉCOCITÉ	NOMBRE de GRAINS PAR ÉPILLET	CARACTÈRES PRINCIPAUX DU GRAIN EXTERNE		POIDS de 1000 grains EXTERNES	RENDEMENT en amande 0/0 des grains externes
							LONGUEUR EN MILLIMÈTRES	FORME		
Grise d'hiver (d'hiver)	moyen, longs rubans, fort tallage	haute et forte	juin 19	juillet 28	très hâtive	2	18	le plus souvent aristé, gibbeux, très plein, très gros, à glumelle supérieure convexe.	grammes 46 à 48	74 à 77
Avena blanca (d'hiver)	extrêmement léger, dressé, vert blond	très fine, peu élevée	19	28	très hâtive	2, souvent 3	15	aristé, moyen, mais très plein, très ouvert, à amande très développée et glumelles ordinairement courtes et écartées.	40 à 43	75 à 78
Très hâtive d'Australie (de printemps)	léger, blond, faible tallage	assez fine, peu élevée	20	30	très hâtive	le plus souvent 3	18	souvent aristé, effilé, très pointu, peu ouvert, à glumelle supérieure méplate.	44 à 46	72 à 74

AVOINES D'HIVER

On comprend sous le nom d'avoines d'hiver, des variétés qui peuvent être semées à l'automne, étant suffisamment rustiques pour résister aux hivers du climat moyen de la France. Ces variétés sont fort intéressantes pour la région ouest de notre pays, où elles sont fort cultivées, et où il en existe des sous-variétés locales spéciales, telles que les *avoines noire d'hiver de Bretagne et grise d'hiver de Bretagne.*

Ces avoines ont aussi un grand intérêt pour le Sud et le Sud-Ouest, car elles sont particulièrement résistantes à la sécheresse et aux grandes chaleurs, bien supérieures pour ces régions à la plupart des avoines de printemps qui sont facilement échaudées et ne donnent, dans ces conditions, qu'un grain maigre, léger et de qualité inférieure.

Mais il ne suffit pas de cultiver ces avoines d'hiver dans des régions tempérées, telles que celles où le chêne vert et l'olivier viennent bien en pleine terre pour conserver l'espérance d'en obtenir de bons produits, il est également nécessaire de leur réserver des terres saines, car elles résistent mal à une humidité abondante en hiver ; aussi est-il bon de disposer en billons les terres qu'on leur destine, quand ces terrains ne sont pas suffisamment perméables.

Est-ce à dire maintenant, comme l'indiquent certains auteurs, que la culture de ces céréales ne puisse pas se pratiquer sous les climats de Paris, du Nord et de l'Est.

Non, car on peut encore les cultiver dans ces régions avec chance de succès, mais plus qu'ailleurs il est nécessaire de prendre quelques précautions.

D'abord, le semis devra en être fait de bonne heure, de préférence en septembre ou au plus tard dans les premiers jours d'octobre. Ensuite, il faudra leur réserver les terres les plus perméables, les moins basses et les mieux exposées. Il est certain toutefois que, même dans ces conditions, on ne peut prétendre obtenir tous les ans de bons résultats, car s'il survient comme dans l'hiver de l'année 1899, un froid intense succédant brusquement à un temps chaud et pluvieux, elles sont détruites. Mais ce sont là des exceptions car par ces intempéries anormales, les blés d'automne eux-mêmes souffrent énormément et sont même en partie ou complètement détruits.

Nous ferons remarquer que la division des avoines en *Avoines d'hiver* et *Avoines de printemps* est assez arbitraire, et ne peut s'entendre que pour une région déterminée, qui est celle du climat moyen de notre pays, dans le cas qui nous occupe ; car toutes les avoines peuvent être cultivées d'hiver sous le climat de l'Algérie, tandis que dans le nord de l'Europe, par exemple toutes les variétés doivent être cultivées de printemps.

Les avoines d'hiver, telles que nous les avons définies, ne diffèrent pas seulement des avoines de printemps par une plus grande rusticité ; elles possèdent, de plus, d'autres caractères différentiels assez tranchés, qui sont bien appréciés en les cultivant d'automne et de printemps côte à côte avec les variétés réellement de printemps.

Semées à l'automne, elles ont un fort tallage ; avant

l'hiver elles forment de petites touffes de feuilles ténues et étroites ; leur précocité, dans ces conditions, est très grande, devançant de plusieurs jours les avoines de printemps les plus hâtives.

Semées de printemps, elles présentent également un bon tallage, toutefois moindre, et elles restent en herbe un certain temps, plus ou moins long suivant l'année et l'épaisseur du semis, sans monter aussitôt comme les autres avoines ; les chaumes, toujours nombreux dans chaque touffe sont abondamment garnis de feuilles particulièrement longues et étroites. Mais dans ces conditions, elles perdent beaucoup de leur précocité, fleurissant et arrivant à maturité 8 à 10 jours après les avoines semées d'automne.

Elles présentent également dans leurs grains plusieurs caractères communs qui les rapprochent les unes des autres et les différencie, d'autre part, des autres avoines ; leurs grains externes sont munis d'une arête longue, coudée, très développée ; ils sont très pleins, allongés, cylindriques ; à glumelle supérieure convexe ; enfin, ils renferment une amande longue de 11 millimètres, grosse et cylindrique, dont le rapport au grain est toujours élevé, dépassant 75 °/₀ dans les avoines bien venues.

Les avoines d'hiver ne comprennent que trois variétés distinctes : *l'avoine noire d'hiver de Belgique*, *l'avoine grise d'hiver* et *l'Arena blanca*.

Nous en possédons bien, il est vrai, plusieurs autres : mais elles ne nous ont pas paru suffisamment distinctes des précédentes, dont elles ne sont, probablement, que des désignations locales.

Avoine noire d'hiver de Belgique

Anglais : *Winter black oat*

Cette avoine, originaire de la Belgique, est une race remarquable par sa rusticité qui permet de la semer à l'automne en même temps que les autres céréales d'hiver. Elle peut supporter sans en souffrir, environ 8 degrés au-dessous de zéro, mais elle peut toutefois résister à des froids beaucoup plus intenses, si elle a été semée suffisamment tôt dans de bonnes terres saines, ou si encore elle vient à être recouverte d'une couche de neige qui la protège au moment des grands froids.

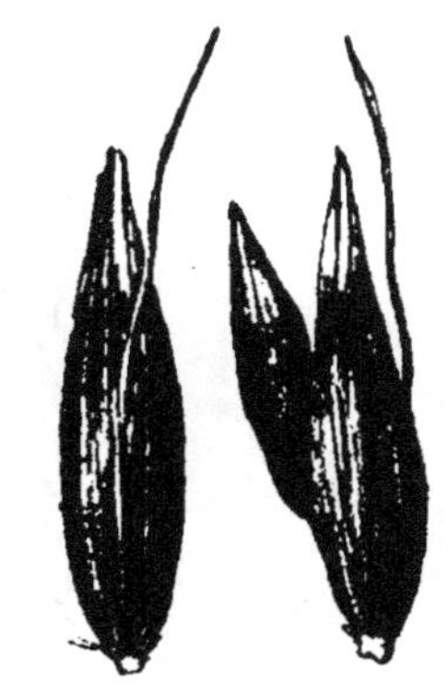

Fig. 46. — *Avoine noire d'hiver de Belgique* (grain double de grandeur naturelle).

Dans la région du nord-ouest, on la cultive depuis quelques années avec un plein succès et les rendements que l'on en obtient sont bien supérieurs à ceux que peuvent donner les meilleures variétés semées de printemps.

Dans nos terres de Presles, nous en avons semé trois années de suite une surface considérable; en 1897 et 1898 elles ont parfaitement réussi, bien qu'ayant eu à supporter au mois de mars une température de 15° au-dessous de 0°. Pendant l'hiver de 1899, les froids rigoureux qui ont succédé brusquement à une période chaude et pluvieuse leur ont été fort préjudiciables et elles ont été complètement détruites; mais il faut remarquer que cette brusque transition de temps peut être considérée comme anormale,

car elle a été également funeste aux blés, la plupart des
variétés semées à côté de nos avoines ayant été en partie dé-
truites de la même façon, à l'exception toutefois des blés de pays tels que le blé roux des Ardennes, le blé rouge d'Alsace et le blé rouge de Seille ou de Lorraine, qui ont parfaitement résisté.

La végétation de l'avoine noire d'hiver de Belgique est très spéciale et bien caractéristique; elle forme

Fig. 47. — *Avoine noire d'hiver de Belgique.*

avant l'hiver d'assez fortes touffes avec un feuillage léger,
assez court, d'un vert grisâtre, très abondant.

Au printemps, lorsque la température moyenne est supérieure à 5°, elle recommence à végéter, produisant de nouvelles feuilles longues et assez étroites, et chaque touffe donne naissance à un grand nombre de tiges, d'autant plus nombreuses que le semis a été moins dru.

La paille en est haute et forte; la panicule, de grandeur moyenne, est étalée, lâche mais bien étoffée; les épillets à balles assez longues, de 25 millimètres environ, sont régulièrement à deux grains, sauf toutefois les rameaux grêles du premier 1/2 verticille, qui sont toujours à grain unique.

Les grains sont très beaux et très noirs, à nervures bien saillantes et bien colorées.

Le grain externe est long de 18 millimètres environ, mais il présente une grosseur et une longueur d'amande (11 millimètres) que ne possède aucune autre avoine de printemps. La glumelle inférieure porte sur le milieu du dos une arête très développée, de 35 à 38 millimètres, coudée et tordue à la base. C'est une des plus franchement aristées de toutes les avoines de notre collection, la proportion de grains externes barbus étant d'environ 90 0/0. Cette barbe, du reste, est très caduque, tombant facilement au battage.

La glumelle inférieure porte aussi latéralement, près de la base, deux sortes de pinceaux de longs poils roussâtres, sortes de soies raides qui disparaissent en grande partie à la maturité et que l'on ne retrouve guère dans les avoines de semence. Le grain est très plein, rond et ouvert, la glumelle supérieure étant assez convexe.

Les grains uniques sont assez nombreux, les avoines commerciales en renfermant une proportion de 50 à 60 0/0.

Les grains internes ont 12 centimètres de longueur, avec une amande également fort développée, allant presque jusqu'à la pointe.

1000 grains externes pèsent 46 à 49 grammes et leur rendement en amande est de 76 à 77 0/0; c'est donc une avoine très lourde, dont le rapport de l'amande au grain est fort élevé.

L'avoine noire d'hiver est donc une race à grand rendement, du plus haut intérêt pour les régions où les froids ne sont pas très rigoureux et où les températures les plus basses ne dépassent pas 10°; sous le climat de Paris et dans le nord-est et l'est, sa culture peut être pratiquée, mais la réussite n'en est pas absolument certaine.

Son grand avantage est de donner un rendement plus élevé en paille et en grain que les avoines semées de printemps et de beaucoup mieux supporter les sécheresses ou les grandes chaleurs du printemps.

Cette avoine est cultivée principalement en Bretagne, dans divers départements de l'Ouest, dans le Maine, dans la Beauce, en Angleterre et dans plusieurs parties de la Provence, sous les différents noms d'*Avoine noire d'hiver de Bretagne, noire d'hiver de St-Lot, de Beauce d'hiver, Dunwinter*, etc.

Avoine grise d'hiver

Synonymes: *Avoine de Bretagne.*
Avoine grise.

Cette variété est un peu plus rustique que l'*avoine noire d'hiver de Belgique*, pouvant supporter sans souffrir une température un peu plus basse; toutefois, son aire géographique peut être considérée comme étant la même, ne pouvant être cultivée avec chance absolue de succès que dans les régions du sud, du sud-ouest et de l'ouest; dans le nord et l'est, le succès en est assez aléatoire.

L'avoine grise d'hiver talle un peu moins que *l'avoine noire d'hiver*, et l'aspect de la végétation en est assez différent; le feuillage en est plus dressé et plus blond.

Fig. 48. — *Avoine grise d'hiver* (grain double de grandeur naturelle).

Les chaumes en sont un peu moins hauts, quoique fort élevés, très garnis de feuilles longues et étroites. Les panicules sont lâches, mais longues et productives. Les épillets sont régulièrement à deux grains; leur couleur en est un peu variable, suivant les terrains et l'époque à laquelle les semis ont eu lieu, variant du gris clair au gris noirâtre, mais ayant toujours les cinq nervures et principalement la médiane, beaucoup plus claires que le fond du grain.

Le grain externe est aristé, mais la proportion de grains barbus est plus faible que dans l'avoine noire d'hiver, n'étant généralement que de 50 à 60 0/0 dans les avoines commerciales; l'arête en est longue, coudée et vrillée dans son tiers inférieur et se détachant facilement à la maturité.

Le grain est long de 18 millimètres, très plein, à glumelle inférieure sans soies raides à la base, et à glumelle supérieure convexe, de telle sorte que sa forme est un peu cylindrique; l'amande qu'il contient est grosse, longue de 11 millimètres.

Quand cette avoine est venue dans de bonnes conditions, le grain en est pesant et très estimé, bien que ses écales soient un peu épaisses.

1.000 grains externes pèsent environ 47 à 48 grammes, avec un rendement en amande de 74 à 76 0/0, un peu inférieur à celui de la variété précédente.

Comme précocité, l'avoine grise d'hiver est la plus hâtive de toutes les avoines, devançant d'un ou deux jours comme époque de floraison et de maturité l'avoine noire d'hiver de Belgique.

L'*Avoine grise d'hiver de Provence*, considérée ordinairement comme synonyme de l'avoine grise d'hiver en est une sous-race qui, lorsqu'elle est bien franche et bien pure, se distingue par un grain un peu plus court, de 15 à 16 millimètres environ, et à pointe un peu plus large. Cultivée comparativement avec l'avoine grise d'hiver, elle s'en distingue également par la couleur de son grain qui est beaucoup plus clair.

Avena Blanca

Avoine d'hiver extrêmement distincte, aussi rustique que l'avoine grise d'hiver, à feuillage extrêmement léger, dressé, vert blond.

La paille en est très fine et peu élevée; la panicule, longue de 26 à 28 centimètres, porte de 60 à 80 épillets à balles très longues, de 26 à 28 millimètres, prenant à la maturité une belle teinte jaune.

Ces épillets renferment généralement deux grains, avec une tendance à en former 3. Ces grains ne sont pas blancs, comme pourrait le laisser supposer leur nom, mais d'un gris pâle à nervures plus claires; la glumelle supérieure, souvent plus teintée, est d'un gris noirâtre.

Le grain externe est franchement aristé, à arête longue, coudée, très vrillée et d'un brun noir dans le tiers infé- rieur de leur longueur. Ce grain de 15 millimètres de longueur est assez étroit, plus petit que celui de l'avoine grise d'hiver mais très plein, à amande très longue, très belle, étant donnée sa grosseur; cette amande a ordinairement de 10 à 11 millimètres, longueur qui n'est dépassée par aucune autre race; il en résulte que, très fréquemment, les pointes des glumelles sont écartées, laissant aper-

Fig. 49. — *Avena blanca* (grain double de grandeur naturelle)

cevoir le sommet du caryopse.

Ce grain externe est assez cylindrique, à glumelle supérieure convexe; la baguette est fort variable et très instructive dans cette variété : courte, plate, avec deux cannelures dans les épillets à trois grains, moyenne et peu aplatie dans ceux où le grain externe est très développé; longue, grêle, presque cylindrique et sans cannelures quand le deuxième grain est de dimension réduite.

Il en résulte donc ce fait, important au point de vue de l'étude du grain, que la présence d'une baguette courte et large est, d'une façon générale, l'indice d'un deuxième grain fort développé ou d'une tendance de la variété à former des épillets à trois grains; au contraire, une baguette longue et grêle indique que le deuxième grain était réduit.

Les grains internes présentent également dans cette variété un caractère que nous n'avons retrouvé dans aucune autre espèce; la pointe n'en est pas aiguë, ni incurvée en dedans; le talon est assez large, se rapprochant beaucoup avec des dimensions moindres, de celui des grains externes.

Le poids de 1000 grains externes est de 40 à 43 grammes et leur rendement en amande de 75 à 78 0/0. Le poids de 1000 grains internes est de 22 à 24 grammes, et leur rendement en amande de 81 à 82 0/0. C'est donc une variété à écorce très mince et à très fort rendement en amande.

Aussi hâtive que l'*avoine grise d'hiver* ou même la devançant sensiblement comme précocité. l'*Avena blanca* parait intéressante pour figurer dans des hybridations. pour donner de la précocité et de la rusticité. Par elle-même. elle n'est guère recommandable. surtout pour les pays de plaines. à cause de son faible rendement en grain et de sa paille peu élevée et sujette à la verse.

2° AVOINES NUES

Les *avoines nues* (Avena nuda) constituent une espèce botanique bien distincte, caractérisée comme l'indique son nom, par cette particularité que l'amande se sépare facilement des glumelles au battage. Ces glumelles ont une texture spéciale : ce ne sont plus des écales, mais des balles; autrement dit, elles sont transformées en organes ayant la même structure et le même aspect que les glumes.

Les épillets ont leur axe très allongé, n'étant plus ordinairement biflores ou triflores comme dans les variétés d'avoines cultivées, mais présentant souvent jusqu'à 6 et même 7 fleurs.

Si on compare un épillet d'avoine nue à un épillet d'avoine vêtue, on trouve des différences profondes et fort intéressantes. La baguette de l'épillet à grain nu est fort allongée et le plus souvent coudée ou tordue, présentant à son sommet un renflement correspondant au talon du grain. Cette disposition tient à ce que, au début du développement de l'épillet, les deux glumelles étant fort roulées, lors de l'allongement du rachis de cet épillet, ce dernier n'est pas suffisamment fort pour ouvrir et écarter les glumelles, de telle sorte que chaque article est obligé de se contourner et de former une boucle ; dans la suite, lorsque les grains se forment, les glumelles s'entr'ouvrent et le sommet de l'épillet se dégage, mais ordinairement le rachis ne se déploie pas et conserve les inflexions initiales. Au-dessous de ce renflement, il n'existe pas de point de rupture, et au battage, les caryopses lâchement recouverts par les glumelles s'échappent facilement et l'axe de l'épillet se brise sans se désarticuler.

Mais il n'en est pas toujours ainsi, car, très souvent, on trouve non seulement des panicules tout entières, mais sur une panicule normale, des épillets où les glumelles sont plus ou moins transformées en écales ; dans ces conditions, le caryopse est plus étroitement enveloppé, ne s'échappant que difficilement au battage.

Cette dégénérescence extrêmement fréquente nous amène à partager l'opinion avancée par plusieurs auteurs, que l'avoine nue est peut-être la plus anciennement cultivée et probablement l'ancêtre de toutes les avoines cultivées.

Les avoines nues ne comprennent guère que deux variétés assez peu usitées : l'avoine nue grosse et l'avoine nue petite.

Avoine nue grosse

Synonymes : *Avoine multiflore*
  » »   *de Chine*

L'*avoine nue grosse* (Avena nuda var., Avena Chinensis, Avena multiflora), est une variété à feuillage ample, vert franc et à paille moyenne et assez grosse.

La panicule, longue de 25 à 30 et même quelquefois 35 centimètres, est très ramifiée et bien chargée, portant de 50 à 70 épillets.

Les glumes, longues de 22 a 24 millimètres renferment de 3 à 7 fleurs à glumelles papyracées de même texture que les glumes.

Le caryopse externe, long de 8 à 9 millimètres est étroit, cylindroïde et peu plein ; il est luisant, ne portant généralement de poils qu'à la pointe ; ce caractère permet de le reconnaître très facilement.

Fig. 50. — *Avoine nue grosse.* Épillet et grain doubles de grandeur naturelle.

Le poids de 1000 caryopses externes est de 25 à 28 grammes ; les seconds grains sont peu différents comme longueur, mais ils sont plus grêles et encore plus étroits ;

ils pèsent environ 20 à 22 grammes les 1000 grains. Le troisième, long de 6 à 7 millimètres est très fluet, ne pesant

Fio. 51. — *Avoine nue grosse.*

plus que 14 à 16 grammes les 1000 grains ; quand il existe un plus grand nombre de fleurs, les caryopses que produisent les 4ᵉ, 5ᵉ et 6ᵉ fleurs sont absolument insignifiants.

Comme nous l'avons dit précédemment, l'avoine nué grosse est une variété qui dégénère très facilement ; souvent les glumelles se transforment plus ou moins en écales

et le battage en est par suite difficile.

L'avoine nue grosse est demi-tardive ; elle présente ceci de particulier, que l'inflorescence est très longue à se dégager et la floraison de longue durée, la panicule mettant ordinairement plus de quinze jours à se dégager de la dernière gaine foliaire.

Nous ne croyons pas que cette variété soit bien usitée
en France; elle se trouve cependant au commerce.

C'est une variété à petit rendement dont on préconise
l'emploi du grain comme gruau.

Avoine nue petite

Variété d'avoine nue à feuillage extrêmement léger,
dressé, vert grisâtre; les feuilles en sont très étroites et
très vrillées. La paille
en est très fine et très
peu élevée. La panicule,
longue de 15 à 20 cen-
timètres, est composée
de rameaux très grêles,
peu ramifiés, portant de
45 à 60 épillets.

Les glumes sont très
fines, étroites, de 15 à 18
millimètres de longueur.

Les épillets sont ordi-
nairement biflores, à
glumelles présentant la

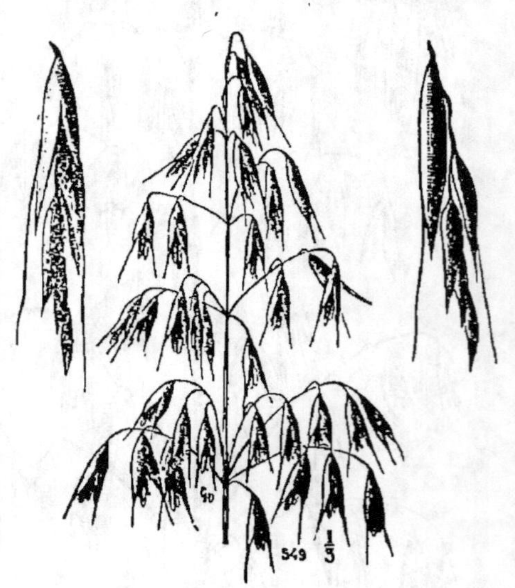

Fig. 52. — *Avoine nue petite.*

même texture que les glumes; toutefois, il n'est pas rare
de rencontrer des épillets à 3, 4 et même 5 fleurs.

La glumelle externe du premier grain, longue de 16 à 17
millimètres, porte vers le tiers supérieur et sur le milieu
du dos une arête courte, grêle, raide et très coudée.

La glumelle du deuxième grain, toujours plus réduite,
porte également une arête coudée, caractère que nous
avons déjà constaté dans l'*avoine des Abruzzes.*

Nous n'avons jamais rencontré dans l'*avoine nue petite* de glumelles se transformant en écales ; c'est donc une avoine franchement nue, dont le battage est beaucoup plus facile que celui de l'avoine nue grosse, mais dont l'amande est beaucoup moins développée.

Le caryopse du premier grain, long de 5 millimètres, est généralement incurvé, à pointe du germe relevée; le poids de 1000 de ces amandes est de 9 à 10 grammes.

Le caryopse du second grain a environ 4 millimètres.

L'*avoine nue petite* est, en somme, plutôt une avoine botanique qu'une céréale. Elle est très tardive, épiant 21 à 22 jours après les avoines hâtives, telles que les *avoines blanche de Pologne* et *hâtive de Sibérie*.

Comme maturité, c'est une des plus tardives de toutes les variétés comprises dans notre collection, n'ayant été bonne à récolter qu'un à deux jours après les races les plus tardives, telles que l'*avoine jaune d'août*.

3° AVENA BREVIS

Avoine pied de mouche

Synonymes : *Avoine courte.*
  » *à fourrage.*
  » *pied d'alouette.*

L'*avoine pied de mouche* (Avena brevis) est une avoine à feuillage léger, dressé, assez blond et à paille extrêmement fine, de hauteur moyenne, pouvant toutefois atteindre jusqu'à 1^m80, et de tenue assez médiocre.

La panicule, longue de 15 à 18 centimètres, à rameaux grêles et peu nombreux ne porte que 35 à 45 épillets à balles très courtes (11 $^{m}/_{m}$) mais très amples, étant donnée leur taille. Ils renferment deux grains portant chacun une arête grosse, fort coudée, très tordue et noire jusqu'au coude.

Les grains externes, longs de 10 millimètres sont gris de fer ou gris brun avec souvent les nervures plus claires; ils sont très étroits, très gibbeux et carénés, très obtus au sommet, et terminés par deux pointes courtes. La glumelle inférieure porte,

Fig. 52. — *Avoine pied de mouche* (grain double de grandeur naturelle).

au niveau du point d'attache de l'arête de longs poils soyeux. Le talon est très particulier, relativement très long, cylindroïde, à lèvres très inégales et avec quelques poils soyeux.

Fig. 53. — *Avoine pied de mouche.*

Le grain interne, long de 6 à 7 millimètres, à la même forme que le grain externe.

Le poids de 1000 grains externes est de 15 à 16 grammes et leur rendement en amande de 76 à 77 0/0.

L'*avoine pied de mouche* est assez hâtive, épiant et arrivant à maturité en même temps que l'avoine blanche de Ligowo améliorée. C'est une variété plus recommandable comme fourrage que comme céréale, surtout pour les terres sablonneuses légères.

Elle est parfois cultivée en pays de montagne à cause de

sa grande rusticité jointe à une grande précocité; elle est, paraît-il, un peu cultivée en Belgique; son grain est peu riche en matières nutritives mais plus excitant que l'avoine ordinaire.

Cette avoine a une certaine valeur comme plante fourragère, et elle peut être employée avec avantage à ce point de vue dans les pays montagneux et dans les plaines sablonneuses où elle donne un fourrage abondant et de bonne qualité.

Mélangée avec des légumineuses, sa culture serait peut-être même plus profitable; nous ne croyons pas que des essais aient été faits dans ce sens.

4° **AVENA STRIGOSA**
Avoine strigueuse

Synonymes : *Avoine des Oriades.*
(*A. nervosa — Danthonia strigosa*).

Variété plutôt botanique que céréale proprement dite, à feuillage très léger, dressé, vrillé et vert franc. Paille peu élevée, assez fine variant de 0m90 à 1m50, n'étant pas toujours de très bonne tenue et étant assez sensible à la verse.

Fig. 54. — *Avoine strigueuse* (grain double de grandeur naturelle).

La panicule, longue de 15 à 20 centimètres, à rameaux très grêles et peu nombreux, ne porte que 25 à 35 épillets à balles étroites, très pointues, de 18 à 20 millimètres de longueur. Ces épillets sont ordinairement à **deux** grains, de couleur grise ou brune, tous deux toujours aristés; l'arête est longue, grosse, coudée, tordue à la base, et insérée non vers le milieu du dos, mais vers le tiers inférieur.

Le grain externe, long de 19 millimètres environ, est très étroit, très effilé, se terminant par deux longues pointes très ténues simulant deux petites barbes; le second grain ne diffère guère du grain externe que par sa taille plus réduite, car il en présente la forme et les caractères.

Cette avoine est beaucoup moins précoce que l'avoine pied de mouche, épiant six à huit jours après elle.

L'amande du grain est excessivement réduite, eu égard au développement

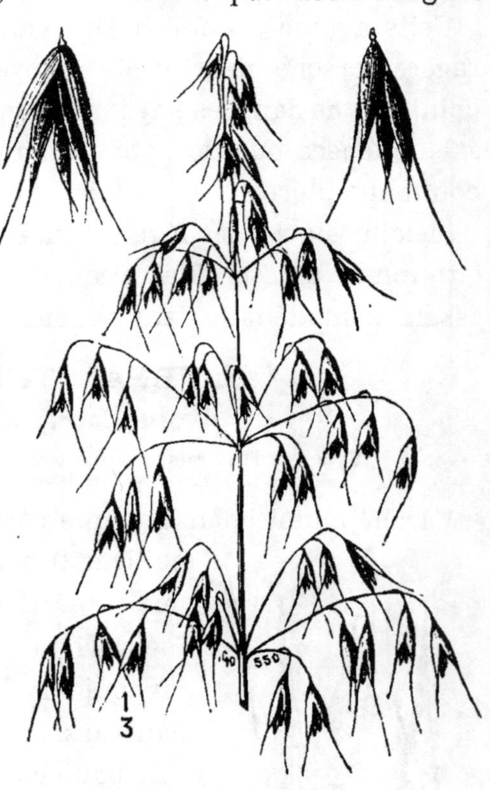

Fig. 55. — *Avoine strigueuse.*

des balles; ce n'est donc qu'une variété de collection sans intérêt pour la grande culture.

Il en existe une autre race, qui ne diffère de celle que nous venons de décrire que par la couleur du grain qui est jaunâtre, au lieu d'être gris plus ou moins foncé et quelquefois brunâtre.

5° **AVENA FATUA**

Avoine folle

Synonymes : *Acron.*
Avoine bouffe (ou bouffle).
Ariron.
Coquiole.
Folle avoine.

L'avoine folle (Avena fatua) est une avoine sauvage, que nous mentionnerons ici, parce qu'elle se trouve fréquemment comme impureté dans les avoines cultivées, et à l'état de grain dans les avoines de semences.

Les chaumes sont ordinairement élevés de 0m90 à 1m50, présentant un feuillage abondant à limbe plat et large.

La panicule est étalée, un peu resserrée, avec des demi-verticilles de rameaux flexueux portant des épillets qui contiennent depuis 2 jusqu'à 15 fleurons.

La glumelle externe, bidentée au sommet, est munie d'une arête dorsale longue, tordue, genouillée et garnie dans sa moitié inférieure de poils longs, abondants, raides, blanchâtres au début, mais roussâtres à la maturité.

La baguette du grain ainsi que le dos de la glumelle externe portent également de ces longs poils soyeux et fauves.

Nous citerons encore l'*avoine stérile* (Avena sterilis) que l'on peut considérer comme une variété de l'avoine folle dont elle ne diffère guère que par la couleur des poils que portent la glumelle, poils qui sont blancs dans cette avoine au lieu d'être roussâtres comme dans l'avoine folle.

Nous résumons dans le petit tableau suivant les principaux caractères des espèces d'avoines précédemment étudiées :

AVENA

—

Glumelle à arête (ou barbe) attachée sur le milieu du dos, épillets pendants ; glumes plus grandes que le reste de l'épillet : glumes à 7-11 nervures.

FLEURS persistantes

—

Glumelle inférieure glabre ou très rarement avec quelques poils soyeux.

- mutique au sommet
  - Panicule étalée pyramidale
    - caryopse inclus, glumelles coriaces, épaisses. — **AVENA SATIVA** (*Avoine commune*).
    - caryopse libre, glumelles sub-papyracées. — **AVENA NUDA** (*Avoine nue*).
  - Panicule unilatérale ; épillets orientés tous du même côté de l'axe. — **AVENA ORIENTALIS racemosa** (*Avoine orientale*).
- à deux dents mucronulées ; épillets à 2 grains très courts, tous deux aristés. — **AVENU BREVIS** (*Avoine courte*).
- à deux dents prolongées en longues arêtes ; épillets à 2 grains très effilés, très grêles et tous les deux aristés. — **AVENA STRIGOSA** (*Avoine strigueuse*).

FLEURS articulées

—

Glumelle inférieure longuement velue.

- à poils fauves ou roux. — **AVENA FATUA** (*Avoine folle*).
- à poils blancs. — **AVENA STERILIS** (*Avoine stérile*).

CHAPITRE IV

ÉTUDE

DU

GRAIN DES AVOINES FRANÇAISES

Nous avons vu que les avoines présentaient, dans les épillets, quatre formes de grains qu'il était très facile de reconnaître, dans les avoines battues, et que nous avons désignées sous les noms de *grain externe, grain unique, grain intermédiaire* et *grain interne;* nous avons donné les principaux caractères distinctifs de ces diverses formes dans le chapitre traitant des caractères généraux du grain des avoines (voir page 41), et par suite, nous n'y reviendrons pas.

Comme ce chapitre spécial a pour but de conduire à la détermination et à la recherche de la pureté des avoines de semences, nous n'étudierons que les formes de grains que l'on y rencontre habituellement. Ainsi, nous laisserons de côté les grains internes qui, le plus souvent, de dimensions très réduites, se trouvent éliminés en majeure partie lors du nettoyage et du triage; d'autre part, ces grains ont des dimensions et une forme trop variables, de telle sorte qu'il est impossible de se baser sur leurs caractères extérieurs pour concourir à établir une classification simple et méthodique.

Pour la même raison, nous laisserons également de côté les grains intermédiaires qui, du reste, sont le plus souvent en faible proportion dans les avoines de semences.

Nous nous bornerons donc à étudier les grains externes et uniques. Nous exposerons successivement leurs principaux caractères, par ordre d'importance, en indiquant de la façon la plus précise leur variabilité ou leur fixité.

Nous avons cru ne pas devoir, dans ce chapitre, nous étendre à l'examen de toutes les variétés que nous possédons dans notre collection; nous n'aurions ainsi fait que compliquer inutilement cette étude qui, d'autre part, n'aurait plus eu le côté absolument pratique auquel nous voulons essentiellement nous attacher.

Nous nous limiterons donc aux races d'avoines cultivées actuellement en France, et comme parmi elles, il en existe un certain nombre qui ne sont que des formes peu ou pas distinctes, presque des synonymes, d'autres races nous donnerons d'abord la liste des variétés cultivées dans notre pays, en indiquant en italiques les variétés distinctes, et en plaçant immédiatement après, les variétés très voisines, analogues, sinon similaires. Dans la suite, nous ne nous occuperons plus de ces dernières, dont tous les caractères seront absolument les mêmes que ceux des variétés types auxquelles elles se rattachent :

Variétés d'avoines dont la culture est usitée en France

Blanche de Pologne.	White Standard.
Blanche canadienne.	Blanche de Jambville
Merveilleuse.	Clydesdale.

Patate.

Blanche de Sibérie.

Blanche de Ligowo améliorée

Blanche de Géorgie.

Blanche de Hongrie.

Blanche prolifique de Californie.

Blanche de Beseler.

de Probster.

de Besthorn.

Blanche de Suède.

Blanche de Heine.

Jaune abondance.

Surabondance.

Jaune de Flandre.

des Salines.

Jaune géante à grappes.

Noire d'hiver de Belgique.

Noire d'hiver.

Noire d'hiver de Bretagne.

Noire de Brie.

Noire de Coulommiers.,

Joanette.

de Chenailles.

Noire hâtive d'Étampes.

Précoce de Mesdag.

Noire de Hongrie.

Noire de Tartarie.

Noire prolifique de Californie.

Grise d'hiver.

Grise d'hiver de Bretagne.

Grise d'hiver de Provence.

Grise de Houdan.

Rousse couronnée.

Très hâtive d'Australie.

Pour arriver à distinguer ces vingt variétés d'avoines, il nous faut d'abord énumérer, puis examiner successivement les principaux caractères utiles pour la détermination et qu'il sera assez facile de reconnaître.

Ces caractères sont de deux sortes : 1º les caractères de premier ordre et 2º ceux de second ordre qui ne sont pour ainsi dire que des auxiliaires et qui, par leur présence, servent à confirmer la détermination.

Les caractères de premier ordre sont : 1º la couleur; 2º la forme du grain; 3º la longueur; 4º la grosseur.

Les caractères de second ordre sont, par ordre d'importance : 1º la proportion des grains externes et uniques; 2º la présence ou l'absence d'arête; 3º la forme du talon;

4° la forme et la longueur de la baguette ; 5° le rapport de l'amande au grain.

1° **La couleur.** — Au point de vue de la couleur, nous répartirons les avoines seulement en deux groupes :

1° Les avoines que nous appellerons incolores, comprenant les avoines blanches, blanc-jaunâtre, jaunâtres et jaunes.

2° Les avoines colorées, comprenant les avoines noires, brunes, grises et rousses.

Il nous est nécessaire de procéder ainsi, car les avoines sont susceptibles de présenter dans leur couleur de grandes variations dues principalement aux influences climatériques, à la façon dont elles ont été récoltées, à la provenance et à leur âge.

Les avoines blanches et jaunes ne se modifient que très peu ; ainsi l'*avoine jaune de Flandre* sera toujours jaune, mais avec une teinte plus ou moins foncée, tandis que les avoines blanc-jaunâtre et surtout jaunâtres telles que les *avoines de Beseler* et *Abondance*, offrent dans la couleur de leur grain des différences extrêmement grandes, au point que certains auteurs placent l'*avoine blanche de Beseler* dans les avoines jaunes, par exemple, tandis qu'ils placent les *avoines de Bestehorn* et *de Probster* qui sont synonymes de la précédente dans les avoines blanches. Cela tient à ce que, certaines années, lorsque l'été a été sec surtout au moment de la récolte, leur grain est blanc jaunâtre, aussi clair que celui de l'*avoine blanche de Géorgie*, tandis que dans les années pluvieuses, leur grain prend une teinte franchement jaune.

Mais un fait très important, qui pourrait laisser supposer un mélange, c'est que, dans ces avoines jaunâtres, la couleur est inégale, même dans les lots purs provenant d'une même culture; ayant trié en 1897, dans un lot de sélection, des grains jaunes d'une part et des grains blanc-jaunâtre de l'autre et les ayant semé comparativement, nous avons retrouvé au battage dans chaque lot une proportion sensiblement la même de grains jaunes et jaunâtres.

Dans les avoines colorées, les variations sont encore plus grandes; toutefois, on pourrait encore les répartir en deux sections : les avoines noires, brunes et rousses d'une part, et les avoines grises, car dans les changements de teintes qu'elles peuvent présenter, une avoine noire, sous l'influence de la verse, d'une maturité imparfaite ou d'une année pluvieuse sera plus ou moins rousse, mais jamais grise; de même, une avoine grise variera depuis le blanc grisâtre jusqu'au gris très foncé presque noir, mais sans jamais offrir de teinte rousse.

Nous avons donc cru, pour ne pas compliquer inutilement les recherches, qu'il était préférable de les réunir dans le même groupe, d'autant plus qu'on donne par exemple, le nom de gris à l'*avoine grise de Houdan* qui n'est pas grise, mais d'un brun grisâtre très foncé, se rapprochant assez comme teinte de l'avoine noire hâtive d'Étampes au point qu'un mélange de ces deux variétés peut, pour celui qui n'est pas exercé, passer inaperçu.

Quand un grain d'avoine n'est pas bien coloré, la partie la plus teintée est toujours la partie renflée du grain, la portion la plus claire correspondant à la pointe du grain et aux nervures qui, de ce fait, sont rendues beaucoup plus apparentes.

Les couleurs normales des grains d'avoines et leur variation sont les suivantes :

NOMS des VARIÉTÉS	COULEUR NORMALE	LIMITES DES VARIATIONS
Blanche de Pologne..	bien blanc	»
Patate............	blanc	»
Blanche de Sibérie...	blanc	».
Blanche de Ligowo...	blanc	»
Blanche de Géorgie..	légèrement jaunâtre	rarement bien jaunâtre, ne passe pas au jaune.
Blanche de Hongrie..	blanc	»
Blanche de Beseler...	jaunâtre	varie du jaunâtre presque blanc au jaune franc.
Jaune abondance....	jaunâtre	» » »
Jaune de Flandre....	jaune	varie du jaune pâle au jaune foncé.
Jaune géante à grappes	jaune	» » »
Noire d'hiver........	noir	Presque toujours bien coloré, rarement teinte rousse à la pointe.
Noire de Brie.......	noir	Certaines années, mal coloré, plus ou moins brun roussâtre.
Joanette...........	noir	Certaines années, mal coloré, plus ou moins brun roussâtre.
Noire hâtive d'Etampes	brun foncé	nervures toujours plus claires; souvent brun plus ou moins roussâtre.
Précoce de Mesdag...	noir	souvent brun roussâtre.
Noire de Hongrie....	noir	pointe et nervures plus ou moins roussâtres.
Grise d'hiver........	gris clair	nervures presque blanches. Varie du gris clair au gris foncé.
Grise de Houdan.....	brun grisâtre	varie du brun grisâtre au brun noir.
Rousse couronnée....	brun foncé à la base et roux au sommet	souvent entièrement roux ou complètement brun, mais avec nervures rousses.
Très hâtive d'Australie	gris	gris plus ou moins foncé, mais jamais roux.

2° La forme des grains externes et uniques. — Bien que nous ayions déjà donné précédemment tous les caractères différentiels des grains externes et uniques (voir page 43), nous tenons cependant à revenir sur un point important, c'est que, dans une même variété, les formes des grains externes et uniques peuvent être fort différentes; ainsi, dans les avoines que nous avons désignées sous le nom d'avoines à grain d'orge, nous trouvons normalement trois formes : la forme en bec-de-cane, dans les grains externes; la forme à grain d'orge type dans les grains uniques et enfin les grains doubles.

Si l'on ne tient compte que de l'aspect général des grains externes et uniques, nous ne trouvons d'une façon générale dans les avoines vêtues que cinq formes types qui sont les suivantes :

> Les grains en bec-de-cane;
> Les grains d'orges;
> Les grains doubles;
> Les grains ordinaires;
> Les grains à glumes.

1° *Les grains en bec-de-cane.* — C'est la forme type du grain externe des avoines orgeuses. Ce grain est court, large, renflé et gibbeux sur la face dorsale ou inférieure, à glumelle souvent fort élargie à la pointe, d'où l'aspect de bec-de-cane.

Sur la face ventrale ou supérieure (fig.56 B. d.), le grain est ordinairement fort déprimé, les bords de cette dépression étant formés par les bords de la glumelle inférieure roulés en dedans; le talon du grain est court et grêle.

Il est facile de s'expliquer cette forme; le grain interne qui, après la floraison, est encastré et en partie recouvert

par les bords de la glumelle inférieure du grain externe, a
une tendance à être chassé de cette cavité par les pres-
sions exercées de part et d'autre, lorsque les caryopses se
développent dans ces deux grains; mais, les glumelles
étant amples, épaisses et dures offrent une résistance
assez grande et le grain interne reste encastré, compri-
mant et écrasant le ca-
ryopse mou du grain
externe. Puis en appro-
chant de la maturité, ce
caryopse étant plus ferme
et consistant ne se laisse
plus écraser davantage,
et le grain interne, con-
tinuant à grossir, est
obligé de sortir de la cavité; le développement
du grain externe étant
déjà fort avancé et ce

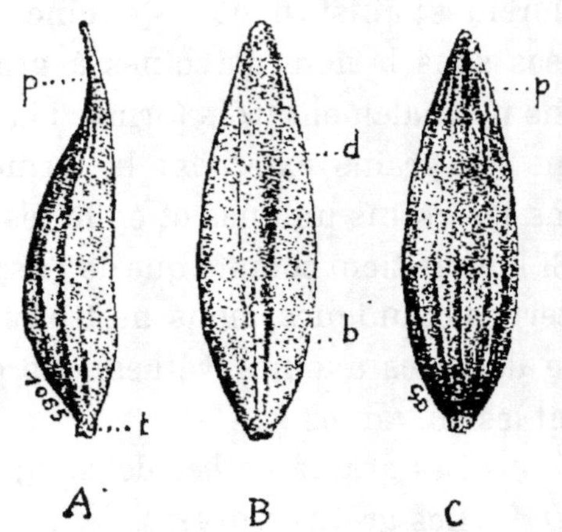

Fig. 56. — *Grain en bec-de-cane; grain externe
de l'avoine de Pologne.*

A, vu de profil; B, vu en dessous; C, vu de dos.

dernier possédant sa forme définitive, la seule modification qui se produit est que les bords de la glumelle infé
rieure s'enroulent plus ou moins en dedans.

Quand les caryopses des deux grains sont peu nourris,
le grain interne reste encastré dans le premier et ne se
dégage pas, constituant ainsi les grains doubles, qui en
somme ne sont pas, à proprement parler, une forme normale, mais comme on les trouve toujours en proportion
assez grande dans les avoines à grain d'orge et qu'ils n'existent pas dans les avoines possédant une autre forme de grain,
le fait de leur présence est un caractère important qui mé-

rite d'être pris en considération pour la détermination.

Les grains en bec-de-cane, toujours faciles à distinguer, présentent toutefois de légères modifications de la forme type décrite précédemment, différences qui tiennent essentiellement au degré de développement du grain externe

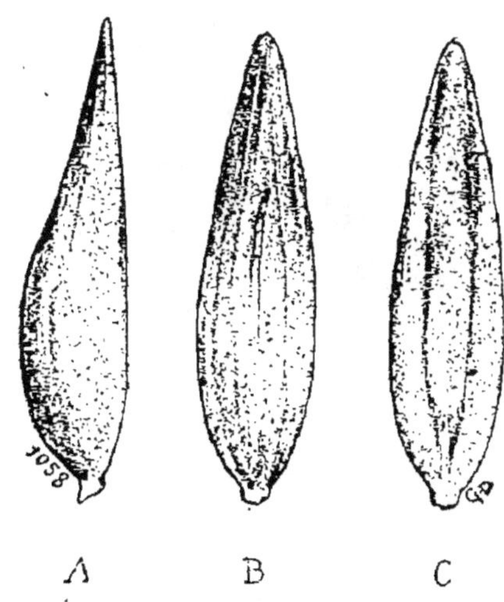

Fig. 57. — *Grain en bec-de-cane; grain externe de l'avoine blanche de Ligowo améliorée.*
A, profil; B, face inférieure; C, face supérieure.

lors du dégagement du second grain; dans ce cas, la pointe du grain est un peu moins large, la face supérieure moins déprimée; le grain se rapproche ainsi de la forme à grain d'orge.

2° *Les grains d'orge.* — Cette forme est la forme type du grain unique des avoines orgeuses, telles que les *avoines de Pologne*, *Patate*, etc.

Ces grains sont courts, très renflés, gibbeux, larges, à pointe fermée, mais non aiguë; du reste, le grain lui-même est dit *fermé*, c'est-à-dire que les bords de la glumelle inférieure se rejoignent sur la ligne médiane supérieure, masquant ainsi complètement la glumelle supérieure, mais laissant toutefois bien apparente la baguette longue et grêle portant au sommet les petites paillettes rudiments du second grain. Le talon du grain est le même que dans la forme en bec-de-cane.

Ces deux formes en bec-de-cane et à grain d'orge sont excessivement faciles à reconnaître; on les distingue aisément dans les avoines mélangées sans la moindre hésitation.

A côté de ces deux formes types, nous en signalerons une, qui s'y rattache directement, que nous n'avons observée que dans *l'avoine blanche hâtive de Sibérie* et à laquelle nous avons donné le nom *d'avoine à grain d'orge intermédiaire*; les grains uniques qui sont extrêmement prédominants dans

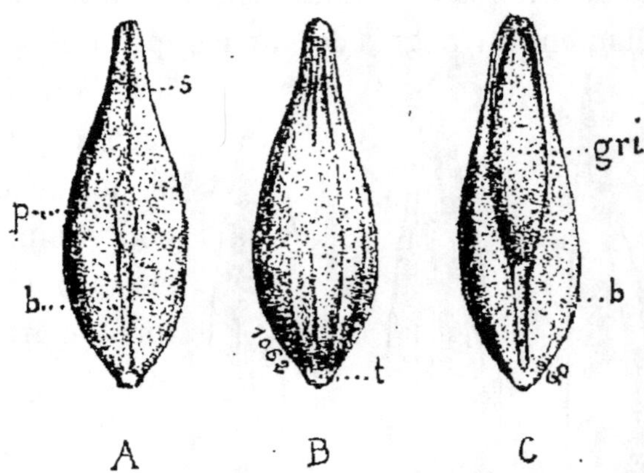

Fig. 58. — *Grain d'orge (avoine de Pologne)*.
A et B, grains uniques; A, face supérieure; B, face inférieure; C, grain double; gri, grain interne; b, baguette.

cette variété sont en effet, intermédiaires comme forme entre la forme à grain d'orge et celle à grain ordinaire que nous verrons un peu plus loin : le grain est moins court, un peu moins large et moins plein; les grains externes ne sont plus franchement en bec-de-cane et les grains doubles y sont très rares et exceptionnels.

3° *Les grains ordinaires*. — Cette forme du grain, qui est de beaucoup la plus répandue, est caractérisée par ce fait que le grain n'est plus gibbeux ou bossu, avec une épaisseur maximum correspondant à la section passant au sommet de la baguette; ce grain est plutôt légèrement cylindroïde, avec une forme plus effilée et un maximum d'épaisseur correspondant au tiers inférieur du grain.

La face supérieure du grain se présente sous deux

aspects : tantôt la glumelle inférieure est plus ou moins déprimée par suite de la pression exercée par le second grain, ou même cette face présente une certaine ondulation, c'est la forme type à grain ordinaire qui est bien

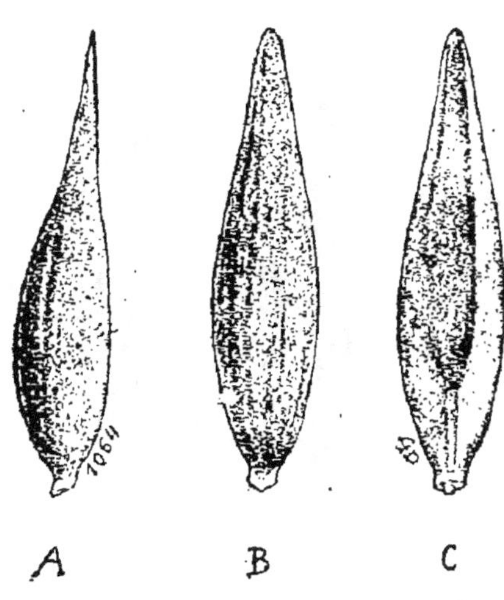

Fig. 59. — *Avoine à grain ordinaire.*
Grain externe de l'Av. rousse couronnée:
A, profil; B, face inférieure; C, face supérieure.

accentuée dans *l'avoine rousse couronnée;* tantôt, au contraire, la glumelle supérieure n'est pas déprimée, mais plus ou moins convexe, formant une sorte de dos d'âne; dans ce cas, généralement, le grain est bien ouvert sur toute sa longueur, souvent même jusqu'à la base de la baguette. Cette dernière forme, que nous avons désignée sous le nom d'*avoine à grain plein,* se rencontre nettement dans les *avoines Joanette, noire hâtive d'Étampes, grise de Houdan,* etc.; la pointe du grain en est assez large, l'extrémité de la glumelle étant plus ou moins étalée, et non à bord roulé.

Toutefois, nous n'attacherons pas, au point de vue de la classification une importance très grande à cette distinction en avoines à grain ordinaire et avoines à grain plein, car s'il est des variétés qui présentent nettement et très régulièrement l'une de ces deux formes, il en est d'autres, au contraire, telles que *l'avoine de Beseler,* où les grains pleins prédominent, mais qui sont suscep-

tibles d'offrir des grains externes à glumelle supérieure
légèrement déprimée ou ondulée.

4° *Les grains à glumes.* — Ces avoines sont peu nombreuses et caractérisées par
leur forme très allongée, très
effilée, à glumelle inférieure
toujours pointue et ordinairement fermée sur le tiers ou
le quart de leur longueur. La
longueur du grain n'est jamais en rapport avec la longueur de l'amande; le grain
est étroit, peu rempli; ce ne
sont donc pas des avoines à
beaux grains.

Les variétés, assez usitées
en France, qui possèdent
cette forme de grain sont

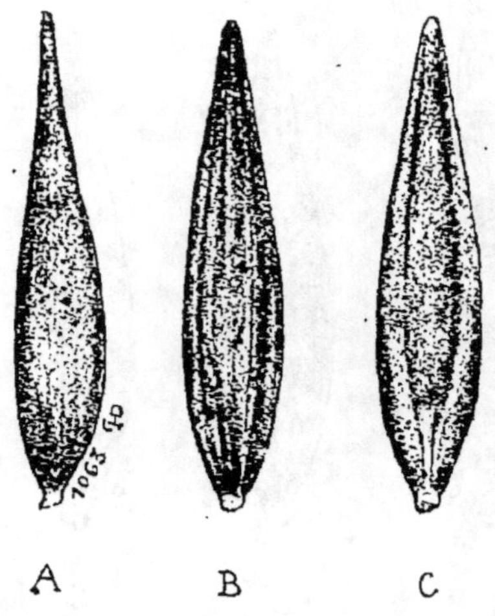

Fig. 60. — *Avoine à grain plein.*
Grain externe de l'avoine noire hâtive
d'Etampes : A, profil; B, face inférieure; C, face supérieure.

les *avoines précoce de Mesdag* et *très hâtive d'Australie.*

Ces avoines à glumes sont extrêmement faciles à reconnaître, d'autant plus qu'en dehors de la forme de leur
grain, elles présentent d'autres caractères très particuliers, tels que la présence d'une arête et d'une proportion
notable de grains intermédiaires.

Ces diverses formes que nous venons d'étudier sont-
elles bien fixes? Sont-elles susceptibles de se transformer
sous certaines influences?

Comme nous l'avons déjà dit précédemment, les formes
à bec-de-cane et à grain d'orge sont bien constantes; il en
est de même des avoines à glumes, mais les avoines à

grain ordinaire sont quelquefois sujettes à varier. Cultivées dans des terrains maigres, ou sous l'influence de

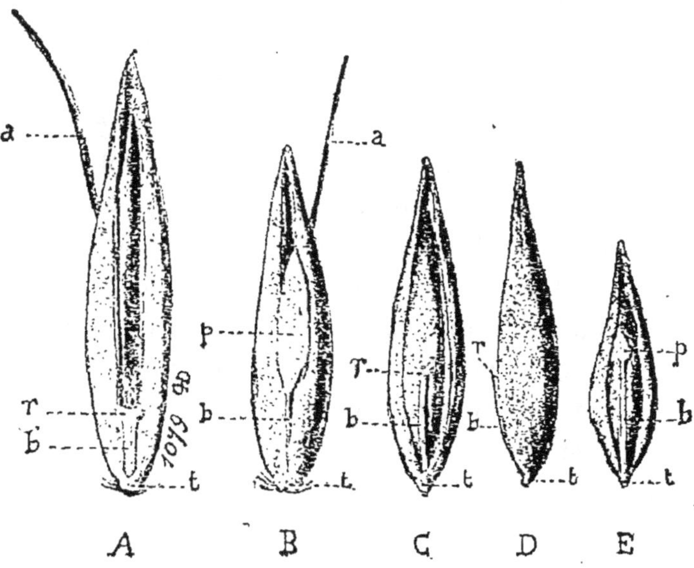

Fig. 61 — *Grain à glumes* (Avoine précoce de Mesdag).

A, grain externe face supérieure; *a*, arête: *b*, baguette; T, tête de la
baguette; *t*, talon du grain; B grain unique; C et D, grain intermédiaire; C, face supérieure; D, profil; E, grain interne; *p*, paillettes représentant un grain atrophié.

conditions climatériques défectueuses, ces dernières ont
parfois une tendance à allonger leur grain externe, à être
moins pleines, plus effilées, en un mot à se transformer
en avoines à glumes.

Mais ce n'est là qu'une exception, et quand on se trouve
en présence d'une modification semblable, l'erreur n'est pas
possible, si on en est prévenu à l'avance, car elles n'ont
pas de caractères essentiels communs avec les avoines à
glumes, et d'autre part, elles possèdent d'autres caractères
secondaires qui, à l'exclusion du précédent, suffisent pour
en permettre la détermination exacte.

3° La longueur des grains externes et uniques. —

Dans une même variété, il existe toujours une différence
de longueur assez sensible entre les grains externes et
uniques; ainsi, par exemple, les grains externes de l'*avoine
de Pologne* ont de 12,5 à 14 millimètres de longueur, alors
que les grains uniques n'ont que de 12 à 13,5 millimètres.

Aussi, comme dans la plupart des variétés les grains
uniques sont en faible proportion et que, dans les rares
variétés qui en présentent un certain nombre, il existe
toujours une notable proportion de grains externes, nous
n'envisagerons que la longueur de ces derniers.

Pour relever la mesure exacte d'un grain externe
d'avoine, il est nécessaire de ne prendre que des grains
bien entiers, à glumelle intacte et non déchiquetée à la
pointe; dans les avoines battues, la pointe vide de la
glumelle, surtout dans les avoines à grain ordinaire et
à glumes, est souvent brisée ou déchiquetée; avec ces
grains, il n'est pas possible d'obtenir une longueur exacte.

La longueur des grains externes, relevée comme nous
venons de l'indiquer, est-elle constante?

A la suite de plusieurs années d'études pendant lesquelles nous avons pu examiner un nombre extraordinairement considérable d'avoines de provenances fort différentes, nous avons pu reconnaître qu'en ne mesurant que
les grains externes d'une même variété, on obtenait des
résultats très concordants, et que les chiffres moyens
extrêmes que l'on relevait, étaient compris entre deux
limites très voisines, à moins de cas exceptionnels, qui
sont très rares dans les avoines de semences, cas dûs ordinairement à la transformation du grain sous l'influence

d'un sol pauvre et sec, ou encore d'une dégénérescence·

Nous donnons en millimètres, dans le tableau suivant, les moyennes des longueurs extrêmes que nous avons relevées sur un très grand nombre d'échantillons purs, ainsi que les longueurs des grains types.

NOMS des VARIÉTÉS	MOYENNE	LONGUEUR DU TYPE	NOMS des VARIÉTÉS	MOYENNE	LONGUEUR DU TYPE
Blanche de Pologne ...	12 à 14	13,5	Jaune géante à grappes.	15 à 16	15
Patate............	11,5 à 15	12	Joanette...........	14 à 15,5	15
Noire de Brie.......	13,5 à 14,5	14	Noire hâtive d'Etampes.	14 à 15,5	15
Hâtive de Sibérie....	13,5 à 14,5	14	Grise de Houdan.....	15 à 16	15,5
Blanche de Ligowo amé-liorée...........	15 à 16	15,5	Blanche de Hongrie...	14 à 15,5	14,5
Blanche de Beseler....	14,5 à 15,5	15	Noire de Hongrie.....	15 à 15,5	14,5
Abondance.........	15 à 16	15,5	Noire d'hiver.......	18 à 20	18,5
Rousse couronnée.....	15 à 16,5	16	Grise d'hiver........	18 à 20	18,5
Blanche de Géorgie...	15 à 16	15,5	Précoce de Mesdag....	17,5 à 19	18
Jaune de Flandre....	15 à 16	15	Très hâtive d'Australie.	17,5 à 19	18

Si on porte les yeux sur ce tableau, on voit que, sous le rapport de la longueur du grain, on peut répartir les avoines en trois groupes : les avoines à grain court, ayant de 12 à 14 millimètres, les avoines à grain moyen, ayant de 14,5 à 16 millimètres, et les avoines à grain long ayant une longueur de 17 à 20 millimètres.

4° La grosseur du grain externe. — Les avoines sont

loin d'avoir toutes la même grosseur de grain, même à longueur égale, et comme il est difficile de juger exactement cette grosseur au simple aspect, nous avons cherché le moyen pratique de l'apprécier; celui qui nous a paru le plus logique est l'appréciation de la grosseur du grain externe d'après le poids de 1000 de ces grains.

Mais il est certain que ce travail est assez délicat, car il est nécessaire de ne prendre, non seulement que des grains externes, mais encore des grains renfermant une amande normalement conformée.

Les chiffres que nous donnons ci-dessous ont été relevés

NOMS des VARIÉTÉS	POIDS de 1000 grains EXTERNES	POIDS de 1000 grains UNIQUES	POIDS de 1000 grains INTERNES
Blanche de Ligowo améliorée	47 à 49 gr.	46 à 48 gr.	31 à 33 gr.
Clydesdale............	44 à 47 »	40 à 43 »	15 à 19 »
Noire de Hongrie.......	36 à 38 »	28 à 30 »	13 à 15 »
Blanche de Pologne....	44 à 47 »	37 à 40 »	27 à 30 »

avec la plus rigoureuse exactitude, ils diffèrent notablement de tous ceux qui ont été publiés dans plusieurs ouvrages classiques. Ces différences tiennent à ce que les auteurs qui ont établi ces nombres ne se sont pas préoccupés de rechercher le poids de 1.000 grains externes; ils ont pris au hasard 1.000 grains parmi lesquels existaient des grains externes, uniques, intermédiaires et même internes.

Les variations de poids que l'on peut obtenir de cette façon sont extraordinairement considérables, comme on peut en juger par le tableau de la page précédente.

Supposons maintenant, pour fixer les idées, que les

NOMS des VARIÉTÉS	POIDS de 1000 grains EXTERNES	NOMS des VARIÉTÉS	POIDS de 1000 grains EXTERNES
Blanche de Pologne	44 à 47 gr.	Jaune géante à grappes..........	36 à 39 gr.
Patate	34 à 35 »	Joanette...........	34 à 38 »
Noire de Brie......	34 à 37 »	Noire hâtive d'É-tampes...........	34 à 38 »
Blanche de Ligowo améliorée........	47 à 49 »	Grise de Houdan...	35 à 38 »
Hâtive de Sibérie..	44 à 47 »	Blanche de Hongrie	32 à 37 »
Blanche de Beseler.	44 à 46 »	Noire de Hongrie...	32 à 37 »
Abondance.........	40 à 43 »	Noire d'hiver.......	46 à 49 »
Rousse couronnée..	38 à 44 »	Grise d'hiver.......	46 à 49 »
Blanche de Géorgie.	34 à 39 »	Précoce de Mesdag	43 à 46 »
Jaune de Flandre ..	36 à 39 »	Très hâtive d'Aus-tralie.............	43 à 46 »

1000 grains aient été pris proportionnellement à leur nombre dans les avoines battues; il en résultera, par exemple pour l'avoine blanche de Ligowo améliorée (qui renferme en moyenne sur 1000 grains : 450 grains externes, 450 internes et 100 uniques) que l'on obtiendra un poids de 38 à 42 grammes pour 1000 grains, et pour l'avoine de Hongrie, 25 à 30 grammes; les chiffres que l'on obtient ainsi sont donc fort différents de ceux qui sont portés sur le tableau de la page précédente, ils sont même susceptibles d'écarts plus marqués si la proportion de grains internes entrant dans les 1000 grains est plus élevée.

D'après ce tableau, on voit certes que la variation du poids de 1000 grains externes est assez grande, et qu'il n'est guère possible de se baser sur le poids de 1000 grains d'une variété donnée pour arriver à la déterminer; toutefois, cette variation oscille toujours entre deux chiffres assez voisins (à condition que les 1000 grains renferment une amande normale) pour que l'on puisse distinguer trois groupes assez bien délimités :

1° *Les avoines à petit grain*, dont le poids moyen de 1000 grains externes est inférieur à 38 grammes (le mot petit ne visant pas la taille, mais la grosseur).

2° *Les avoines à grain moyen*, dont le poids moyen est ordinairement supérieur à 40 grammes, compris entre 38 et 45 grammes.

3° *Les avoines à gros grain*, dont le poids moyen est supérieur à 45 grammes.

Ce que nous entendons par avoines à petit grain, à grain moyen et à gros grain, étant maintenant bien défini, nous allons chercher à utiliser ces caractères distinctifs pour arriver à une classification méthodique et aussi exacte que possible.

Nous avons vu que l'on pouvait distinguer cinq formes de grains : les grains en bec-de-cane, les grains d'orge, les grains doubles, les grains ordinaires et les grains à glumes. Nous avons vu également que les grains d'orge représentent la forme des grains uniques des avoines à grain externe en bec-de-cane; que les grains doubles ne constituent pas une forme régulière de telle ou telle variété, mais une forme anormale des avoines en bec-de-cane; enfin, que les grains ordinaires se subdivisent en avoines à grain ordinaire proprement dit, à glumelle supérieure déprimée et à grain ni gibbeux, ni renflé, et en avoines à grain ordinaire plein ou simplement avoines à grain plein.

Dans les avoines en bec-de-cane, nous distinguerons maintenant les *avoines à grain d'orge proprement dit* (poids de 1000 grains externes, 43 à 46 grammes) et les *avoines à petit grain d'orge* (poids de 1000 grains externes, 34 à 38 grammes).

De même, dans les avoines à grain ordinaire, nous distinguerons, d'après la grosseur du grain, les *avoines à grain ordinaire* proprement dit, telles que les avoines rousse couronnée et abondance, dont le poids de 1000 grains externes est supérieur à 40 grammes, et les *avoines à petit grain ordinaire*, telles que les avoines blanche de Géorgie, jaune de Flandre et jaune géante à grappes, dont le grain est moins gros, 1000 grains externes ne pesant que 36 à 39 grammes.

Nous subdiviserons de même les avoines à grain plein en *avoines à grain plein proprement dit* dont 1000 grains externes pèsent plus de 40 grammes, et en *avoines à petit grain plein*, dont 1000 grains externes ne pèsent en général que 35 à 38 grammes.

Enfin, nous distinguerons le groupe des *avoines à gros grain*, dont 1000 grains externes pèsent plus de 45 grammes et qui comprennent :

L'avoine *blanche de Ligowo améliorée*, que nous appellerons *avoine à gros grain en bec-de-cane* et les *avoines noire* et *grise d'hiver* que nous désignerons sous le nom d'*avoines à gros grain plein.*

NOMS des VARIÉTÉS	LONGUEUR du grain EXTERNE	POIDS de 1000 grains EXTERNES	FORME DU GRAIN EXTERNE
		grammes	
Blanche de Pologne.	13ᵐᵐ,5	44 à 47	en bec de cane (grain externe) à gros grain d'orge (grain unique).
Patate	12	34 à 35	à petit grain d'orge.
Noire de Brie......	14	34 à 37	à petit grain d'orge.
Blanche de Ligowo améliorée.........	15,5	47 à 49	à gros grain en bec de cane.
Hâtive de Sibérie..	14	44 à 47	à grain d'orge intermédiaire.
Abondance	15,5	40 à 43	à grain ordinaire.
Rousse couronnée.	16	38 à 44	à grain ordinaire.
Blanche de Beseler	15	44 à 46	à grain plein.
Blanche de Géorgie.	15,5	34 à 39	à petit grain ordinaire.
Jaune de Flandre...	15	36 à 39	»　　»
Jaune géante à grappes	15	36 à 39	»　　»
Joanette	15	34 à 38	à petit grain plein.
Noire hâtive d'Étampes............	15	34 à 38	»　　»
Grise de Houdan...	15,5	35 à 38	»　　»
Blanche de Hongrie.	14,5	32 à 37	à petit grain.
Noire de Hongrie..	14,5	32 à 37	»　　»
Noire d'hiver	18,5	46 à 49	à gros grain plein.
Grise d'hiver	18,5	46 à 49	»　　»
Précoce de Mesdag	18	43 à 46	à glumes.
Très hâtive d'Australie	18	43 à 46	»　　»

(1) L'expression de « à petit grain d'orge » s'applique à la forme des grains uniques, les grains externes de ces avoines étant « à petit grain en bec-de-cane ».

Nous résumons dans le tableau précédent, sous une forme très concise, les caractères de premier ordre des avoines cultivées dans notre pays.

D'après ce tableau, nous voyons que nous arrivons à distinguer dans les races cultivées en France, 12 formes de grain (en comprenant la forme à grain double).

Toutes les avoines étrangères se rattachent nettement à l'un de ces types, sauf toutefois les avoines de la Plata et les avoines du groupe de l'avoine des Abruzzes (Voir page 181) présentant respectivement une forme bien spéciale.

Caractère de 2e ordre du grain des avoines. — Nous allons passer maintenant à l'étude des caractères de second ordre que nous avons déjà signalés précédemment, et qui sont par ordre d'importance :

1° le rapport, dans les avoines battues, entre les grains externes, uniques et intermédiaires;

2° la présence ou l'absence d'arête, sa forme;

3° la forme du talon;

4° la forme et la longueur de la baguette;

5° le rapport de l'amande au grain.

1° Rapport, dans les avoines battues, entre les grains externes, uniques et intermédiaires. — Nous avons vu (voir page 41) que, dans leurs épillets, les avoines présentent un nombre variable de grains, suivant la variété considérée, et que dans la même variété, le nombre de grains que l'on y trouve est assez constant, ne présentant des différences notables que dans des cas exceptionnels, à la suite de cultures dans des terrains très pauvres ou très riches.

Comme la proportion des diverses sortes de grains, dans les avoines battues, est la même que celle que l'on constate dans la panicule, les avoines battues peuvent également se répartir en quatre groupes :

1° les avoines à trois grains (externes, intermédiaires et internes);

2° Les avoines à deux grains, formant assez souvent des épillets à trois grains;

3° Les avoines à deux grains, mais ayant une tendance à former de nombreux grains uniques;

4° Les avoines à deux grains, mais avec une prédominance très marquée des grains uniques.

1° *Les avoines à trois grains.* — Les avoines régulièrement à trois grains sont très rares parmi les variétés d'avoines vêtues. Parmi les races usitées, les *avoines précoce de Mesdag* et *très hâtive d'Australie* offrent toujours dans les grains battus, une proportion assez élevée de grains intermédiaires, mais la proportion que l'on peut y rencontrer est excessivement variable, très faible dans les avoines cultivées en terrains pauvres et peu fertiles, très élevée, au contraire, de plus de 40 °/₀ dans les avoines cultivées en terres riches ou de bonne fertilité moyenne.

Cette proportion de 40 °/₀ est établie par rapport aux grains externes, les grains internes étant, comme nous l'avons déjà dit plusieurs fois, absolument laissés de côté dans cette étude (voir page 223); la présence des grains intermédiaires dans ces deux variétés est très caractéristique, d'autant plus que les autres avoines noires ou grises n'en présentent que peu ou pas.

2° *Les avoines à deux grains, mais ayant parfois une tendance à former des épillets à trois grains.* — Comme les grains intermédiaires, dans ces avoines, sont toujours en très faible quantité, nous ne nous en occuperons pas ; le seul fait très important, sur lequel nous devons particulièrement appuyer, est que ces avoines ne présentent dans leur grain battu que des grains externes, internes et intermédiaires, les grains uniques étant rares, de telle sorte que leur proportion est absolument négligeable ; telles sont les *avoines blanche de Ligowo améliorée, blanche de Beseler, jaune de Flandre, jaune géante à grappes, noire de Brie* et *rousse couronnée* qui, dans les avoines de semences, ne renferment que des grains externes et internes.

3° *Les avoines à deux grains, mais ayant une tendance marquée à former des grains uniques.* — Dans ces avoines, on ne rencontre jamais de grains intermédiaires, et la proportion de grains externes par rapport aux grains uniques est toujours supérieure à 50 %.

Ces avoines comprennent les *avoines blanche de Hongrie, noire d'hiver de Belgique, Joanette, noire hâtive d'Etampes, noire de Hongrie* et *grise de Houdan.*

4° *Les avoines présentant des grains externes et des uniques, mais avec une prédominance de ces derniers.* — C'est là un des bons caractères des avoines orgeuses, telles que les *avoines de Pologne* et *de Sibérie,* l'aspect général de ces avoines dites à grain d'orge, étant donné par la forme de ces grains uniques.

Nous n'attacherons pas autrement d'importance à ce caractère, et nous ne donnerons pas, comme nous l'avons fait pour les autres, un tableau présentant les proportions % de grains externes et uniques, que nous avons relevées dans les nombreux échantillons d'avoines de semences que nous avons étudiées, car la variation en est trop grande pour que ces chiffres puissent venir en aide à la classification.

2° Caractères de l'arête. — Dans les avoines commerciales, les arêtes sont le plus souvent tombées au battage, mais il est toujours facile, même quand celle-ci n'existe plus, de se rendre compte si le grain en portait une dans l'épillet.

Nous avons vu que dans les avoines à grain vêtu cultivées, les grains externes et uniques étaient seuls susceptibles de porter une arête, sauf toutefois l'avoine des Abruzzes dont le grain intermédiaire est également aristé; mais cette dernière variété étant inconnue en France, nous ne nous en occuperons pas davantage.

Dans les avoines battues, les grains aristés, même après la chute de la barbe, se reconnaissent à ce que, environ vers le milieu du grain, on aperçoit une légère dépression avec une petite cicatrice correspondant au point d'attache de cette arête; d'un autre côté, comme cette dernière est produite par la nervure dorsale qui se détache et s'isole pour ainsi dire au niveau de cette légère dépression, il en résulte que, dans les grains qui portaient une barbe, la nervure médiane s'arrête à ce point.

Dans les avoines, nous pouvons distinguer, au point de vue de l'arête, trois types :

1° Les grains mutiques ou imberbes.

2° Les grains à arête normale caduque.

3° Les grains à arête fine non caduque.

1° *Les grains mutiques.* — Dans ces grains, l'arête est nulle et la nervure dorsale se prolonge régulièrement jusqu'au sommet du grain.

2° *Les grains à arête normale caduque.* — Dans ces grains, l'arête se détache presque toujours au battage au ras du grain, laissant sur celui-ci une cicatricule très nette ; cette dernière est presque toujours placée vers le milieu du dos. L'arête de ces grains, dans le cas où elle se présenterait tout entière ou en partie, est généralement très développée, longue, forte, coudée vers le tiers inférieur, tordue et plus ou moins colorée sur cette première partie.

3° *Les grains à arêtes fines non caduques.* — Dans ces grains, on constate la présence d'une arête fine et droite, insérée le plus souvent, non plus en un point constant vers le milieu du dos, mais en un point variable plus ou moins rapproché de la pointe du grain.

D'autre part, cette arête fine ne forme pas avec le grain un certain angle, mais est appliquée sur le dos du grain, ou ne s'en écarte que très peu ; enfin, cette barbe ne se détache pas complètement en laissant sur le grain une cicatricule, mais se brise au battage en un point variable.

Il y a toutefois entre ces deux formes d'arêtes de nombreux intermédiaires.

Les diverses variétés d'avoines ne se rapportent pas franchement à l'une de ces trois formes ; nous ne connaissons pas, par exemple, de variété qui soit franchement mutique ou aristée, c'est-à-dire dont tous les grains uniques ou externes soient toujours dépourvus ou accompagnés d'une arête; mais, malgré cela, nous appellerons mutiques les variétés qui n'ont que très peu de grains aristés, ceux-ci ne portant pas une arête normale, mais une arête fine et droite rapprochée du sommet.

Les variétés que l'on peut considérer comme franchement mutiques sont : les *avoines blanche de Pologne, blanche de Sibérie, noire de Brie, grise de Houdan, Joanette, noire hâtive d'Etampes.*

Les avoines nettement aristées, c'est-à-dire celles où la proportion de grains munis d'une arête est très élevée et qui présentent une cicatricule nette sont nombreuses; ce sont : les *avoines blanche de Ligowo améliorée, précoce de Mesdag, très hâtive d'Australie, noire d'hiver de Belgique* et *grise d'hiver.* De toutes ces avoines, c'est l'*avoine noire d'hiver de Belgique* qui présente le plus régulièrement une barbe, la proportion de grains externes aristés y étant environ de 90 0/0.

Dans les grains des avoines aristées, nous avons remarqué plusieurs particularités intéressantes; ainsi, souvent, dans l'avoine blanche de Ligowo entre autres, certains grains externes mutiques présentent sur le dos une très légère dépression avec un petit renflement, sorte de petit bouton où aboutit la nervure médiane sans se prolonger au delà; ou bien encore, la légère dépression existe seule et la nervure dorsale se prolonge jusqu'au sommet; dans ces avoines, les grains n'ont pas tous soit une barbe, soit un indice de barbe, car on en trouve toujours un certain nombre qui sont franchement mutiques sans accuser aucune tendance à former une arête, mais ces grains sont rares.

Les avoines à arête facultative, c'est-à-dire dont les

grains sont presque indifféremment barbus ou imberbes dans chaque panicule sont les plus nombreuses; la proportion de grains externes aristés que l'on trouve dans les avoines battues en est très variable; suivant l'année et le terrain, pour une même espèce, cette proportion en est tantôt faible, tantôt élevée, pouvant dépasser plus de 50 0/0.

Nous avons remarqué que, dans les années sèches et dans les terres médiocres, le nombre de grains aristés augmente d'une façon extrêmement sensible; d'autre part, la barbe qui, dans ces avoines, est ordinairement grêle et droite, prend dans ces conditions un fort développement, analogue à celui que nous avons constaté dans les avoines à grain franchement aristé.

Les variétés où la proportion de grains aristés est facultative, mais toujours notable, sont les *avoines patate* et *noire de Hongrie*.

D'autres variétés, au contraire, telles que les *avoines jaune géante à grappes, jaune de Flandre, blanche de Géorgie, blanche de Beseler, rousse couronnée* et *blanche de Hongrie*, sont à grains externes assez rarement aristés, la proportion de ces derniers n'étant que de 10 à 15 0/0 dans les terres riches ou de fertilité moyenne.

Bien que, comme nous venons de le voir, les grains des avoines soient susceptibles de présenter une assez grande variabilité dans les caractères de leur arête, nous avons cependant constaté dans les avoines de semences, c'est-à-dire dans des avoines venues dans de bonnes conditions, une fixité suffisamment grande pour qu'elle puisse servir d'indice pour la recherche de la variété.

Ainsi, les *avoines de Ligowo améliorée* et *de Mesdag*, se

reconnaissent immédiatement à ce caractère; nous ne parlons pas des *avoines noire* et *grise d'hiver* qui sont trop facilement reconnaissables en dehors de leur arête. Il en est de même pour *l'avoine patate* dont la proportion des grains aristés avec barbe fine est assez élevée et qui se distingue facilement rien que par ce caractère des avoines

AVOINES ARISTÉES Plus de 50 0/0 DE GRAINS EXTERNES ARISTÉS	AVOINES SEMI-ARISTÉES		AVOINES MUTIQUES 0 à 5 0/0 DE GRAINS EXTERNES ARISTÉS
	20 à 40 0/0 DE GRAINS EXTERNES ARISTÉS	5 à 15 0/0 DE GRAINS EXTERNES ARISTÉS	
Blanche de Ligowo améliorée	Patate	Blanche de Hongrie	Blanche de Pologne
Précoce de Mesdag	Noire de Hongrie	Blanche de Géorgie	Blanche de Sibérie
Noire d'hiver de Belgique	Blanche de Beseler	Jaune abondance	Noire de Brie
Grise d'hiver		Jaune de Flandre	Joanette
Très hâtive d'Australie		Jaune géante à grappes	Hâtive d'Etampes
		Rousse couronnée	Grise de Houdan
		Blanche de Beseler	
		Noire de Hongrie	

ayant une forme de grain assez voisine, mais qui sont mutiques, telles que les avoines de Pologne, White Standard, blanche de Jambville, de Clydesdale et hâtive de Sibérie.

Aussi croyons-nous bon de donner d'une façon approximative la répartition des grains aristés dans les avoines de semences.

De ces quatre groupes, le premier et le quatrième sont

assez peu variables, présentant rarement des modifications très accentuées dans le rapport des grains aristés; il n'en est plus de même des groupes deux et trois qui sont quelquefois sujets à de grandes variations comme nous l'avons souvent constaté, par exemple, pour les avoines noire de Hongrie et blanche de Beseler, cette dernière souvent beaucoup plus aristée et passant dans le second groupe, la première, au contraire, devenant plus rarement barbue et passant dans le troisième. C'est pour cette raison que nous faisons figurer ces deux variétés dans les groupes 2 et 3.

3° Forme du talon. — Nous appelons talon, dans le grain d'une avoine, la base du grain limitée par un plissement transversal plus ou moins prononcé de la glumelle inférieure et du côté dorsal ou supérieur par le point d'insertion de la baguette.

Ce talon est ordinairement en rapport comme force avec la grosseur du grain; dans les avoines à gros grains, telles que les avoines de Ligowo améliorée et de Beseler, le talon est large, présentant cinq légers plissements correspondant aux cinq nervures principales de la glumelle inférieure; ces plissements sont beaucoup moins accusés dans les avoines à grain moyen et surtout dans celles à petit grain, telles que les avoines de Hongrie blanche, de Hongrie noire, jaune de Flandre, jaune géante à grappes.

Le talon porte à la pointe une cicatrice plus ou moins large qui est laissée par la chute du grain et que nous appellerons cicatricule; cette dernière est limitée supérieurement et inférieurement par deux petits bourrelets que nous appellerons *lèvres supérieure* et *inférieure*.

Au point de vue de la structure du talon, on peut distinguer trois formes bien distinctes : 1° Les talons à cicatricule large et à lèvres très inégales, la supérieure extrêmement réduite et l'inférieure très développée, en pointe obtuse. Vue du côté de la glumelle supérieure, cette cicatricule est très visible, formant une petite plage grisâtre à plan très oblique. Cette forme de talon ne se rencontre que dans les avoines noires, telles que l'avoine Joanette, l'avoine noire hâtive d'Etampes, et dans l'avoine rousse couronnée. Dans l'avoine noire de Brie, cette cicatricule présente la même orientation, mais est un peu plus petite.

Si on compare la forme du talon des avoines noire de Hongrie, blanche de Hongrie, etc. à celle de ces dernières, on trouve une différence extrêmement sensible. Les grains étant placés sur le dos, on aperçoit à peine et le plus souvent pas du tout la cicatricule ; cela tient à ce que le talon est peu ou pas relevé, presque dans l'axe du grain, et à lèvre supérieure bien développée, presque autant que la lèvre inférieure. La cicatricule se présente alors plutôt comme une plage perpendiculaire à l'axe du grain que comme une plage oblique sur cet axe.

3° D'autres avoines, telles que les avoines de Ligowo, de Beseler, de Pologne, de Sibérie, etc., ont un talon intermédiaire ; ce talon est relevé et à lèvres assez inégales, la supérieure étant la moins forte. Placé sur le dos, leur grain présente une cicatricule visible, mais moins que dans les avoines du premier groupe.

La forme du talon permet souvent de distinguer avec la plus grande facilité, dans les avoines de semences, certaines variétés qu'il serait assez difficile de reconnaître autrement. Ainsi, nous reconnaissons très aisément des grains d'avoines noires unilatérales en mélange dans d'autres avoines noires à panicules, telles que les avoines Joanette et grise de Houdan, à la seule inspection du talon, en se basant sur les signes distinctifs que nous venons de donner.

Nous signalerons également, à ce sujet, cet autre caractère typique que nous avons toujours constaté ; c'est l'absence de poils sur la baguette et le talon de l'avoine noire de Hongrie, les avoines Joanette et grise de Houdan en présentant régulièrement.

Nous appellerons enfin l'attention sur ce fait corrélatif qui existe entre la structure du grain et sa tendance à s'égrener. Nous avons remarqué que ce sont les variétés qui ont une cicatricule large, oblique, à lèvres inégales, qui sont sujettes à s'égrener facilement en approchant de la maturité ; or, d'après la forme du talon, ce sont les avoines noire hâtive d'Etampes, Joanette, précoce de Mesdag, noire de Brie, grise de Houdan et rousse couronnée.

En résumé, les avoines noires paniculées ont une large cicatricule oblique à lèvres très inégales et s'égrènent facilement. Les avoines noires unilatérales et les avoines blanches ou jaunes ont une cicatricule moyenne ou petite, à lèvres peu inégales ; leur grain se détache moins facilement à la maturité.

4° Forme et longueur de la baguette. — A la maturité, l'axe de l'épillet se désarticule en fragments qui restent attachés aux grains sous forme d'un petit tronçon dressé contre la glumelle supérieure.

Ces fragments portent le nom de pédicelles, scobines ou *baguettes*, nous adopterons ce dernier nom qui nous paraît mieux approprié.

L'examen de cette baguette a une grande importance au point de vue de la détermination; sa forme et sa structure présentent une grande régularité, comme du reste dans la plupart des graminées, où elle permet souvent de distinguer assez facilement des espèces ayant des grains très analogues, telles que la fétuque élevée et la fétuque des prés.

Si nous n'avons pas pris ces caractères en considération pour établir les grandes divisions de notre classification, c'est que nous nous sommes attachés à prendre avant tout les caractères les plus saillants, qui sont les plus faciles à apprécier et à reconnaître.

Or, la baguette des avoines a toujours des dimensions assez réduites, de 1,5 à 3,5 millimètres, et pour pouvoir bien distinguer tous ses détails, il est généralement nécessaire d'employer une loupe.

Il y a une relation assez étroite entre la longueur et la forme de la baguette, et le nombre de grains que porte l'épillet; elle sera d'autant plus courte et d'autant plus forte que le grain interne sera plus développé ou qu'il existera un grain intermédiaire.

La forme la plus générale est celle où la baguette se présente comme un petit bâtonnet cylindroïde de 2,5 à 3 millimètres de longueur, glabre, légèrement renflé, à sommet en tête de clou, tête qui présente une petite cicatricule laissée par la chute du grain interne ou intermédiaire; on trouve cette forme dans les avoines de Pologne, patate, hâtive de Sibérie, blanche de Géorgie, jaune de

Flandre, jaune géante à grappes et noire de Hongrie ; l'avoine rousse couronnée a une baguette de forme très voisine, mais un peu plus grosse et plus courte, de 1,5 à 2 millimètres ; du reste, de toutes ces avoines, c'est la seule qui soit régulièrement à deux grains, avec une tendance à former des grains intermédiaires.

Les avoines noire d'hiver de Belgique, grise d'hiver, noire de Brie et précoce de Mesdag ont sensiblement la même forme de baguette, mais cette dernière est fortement ciliée ; ce caractère, extrêmement important, nous permet de distinguer très facilement certaines variétés dans les avoines battues, telle que, par exemple, l'avoine noire de Brie de l'avoine Joanette.

Les autres variétés d'avoines ont une baguette courte, de 2 millimètres, plus ou moins aplatie, non plus lisse comme dans le groupe précédent, mais striées : présentant deux sortes de cannelures, plus ou moins accentuées suivant les variétés ; le sommet de cette baguette n'est plus en tête de clou avec une petite cicatricule, mais est irrégulier, comme déchiqueté, le deuxième grain n'étant plus mis en liberté par une désarticulation de l'axe de l'épillet mais par une rupture de cet axe en un point plus ou moins rapproché de la base du grain interne ; il en résulte que la longueur de la baguette est ici fort irrégulière.

Les avoines qui possèdent cette forme de baguette sont : l'avoine blanche de Ligowo améliorée, l'avoine blanche de Beseler, l'avoine Abondance, l'avoine d'Etampes, l'avoine grise de Houdan et l'avoine Joanette. Ces deux dernières forment le passage au groupe précédent, leur baguette étant parfois légèrement ciliée, et leurs cannelures moins nettes

BAGUETTE scobine ou pédicelle			
ronde terminée par une partie renflée, en tête de clou, avec cicatricule.	**glabre**	de 2mm,5 à 3 millimètres	Blanche de Pologne, Patate, Hâtive de Sibérie, Blanche de Géorgie, Blanche de Hongrie. Jaune de Flandre, Jaune géante à grappes, Noire de Hongrie.
		de 1mm,5 à 2 millimètres	Rousse couronnée.
Baguette	**ciliée**	de 3 à 3mm,5	Noire d'hiver de Belgique, Grise d'hiver.
		de 2 à 2mm,5	Noire de Brie, Précoce de Mesdag.
plus ou moins aplatie avec deux stries ou cannelures; de 2 millimètres environ		glabre, très aplatie, à deux cannelures très accentuées, déchiquetées au sommet.	Blanche de Ligowo, Blanche de Besøler, Jaune abondance, Noire hâtive d'Etampes.
		moins aplatie, peu ou pas ciliée, cannelures moins prononcées, sommet avec cicatricule, non en tête de clou.	Grise de Houdan, Joanette.

que dans les autres avoines de cette série, qui ont d'autre part leur baguette complètement glabre.

Nous résumons les caractères donnés par la baguette dans le petit tableau de la page précédente.

D'après ce tableau, nous voyons qu'il est assez facile, rien qu'en se basant sur le caractère de la baguette, de distinguer des races ayant une forme de grain assez voisine, telles que l'avoine jaune Abondance de l'avoine jaune de Flandre ou jaune géante à grappes, l'avoine blanche de Hongrie de l'avoine de Ligowo améliorée ou de l'avoine de Beseler, l'avoine noire de Hongrie des avoines Joanette, hâtive d'Etampes, et enfin l'avoine noire de Brie de la Joanette.

RENDEMENT EN AMANDE DES AVOINES

L'amande, c'est-à-dire le grain débarrassé des glumelles ou écales, offre un développement très différent dans les trois ou quatre formes de grains que possède chaque variété d'avoine. Ces différences s'observent non seulement d'une race à l'autre, mais aussi dans la même variété.

Nous examinerons d'abord les variations de poids que présentent les grains, amandes et écales des diverses formes dans une même race; ce point est extrêmement important; jusqu'à ce jour, il n'a jamais été pris en considération, et c'est pour l'avoir complètement méconnu qu'on est arrivé à formuler « qu'il n'existe pas de rapports généraux entre le poids de l'amande ou de la balle et le poids moyen des grains ».

Nous ferons encore remarquer que pour opérer d'une façon rigoureuse et obtenir des résultats comparatifs, il est nécessaire de ne prendre que des grains de même forme, normaux, présentant bien tous les caractères de la variété considérée, et renfermant d'autre part une amande bien développée.

En procédant de cette façon, nous avons obtenu pour les avoines blanche de Ligowo, Clydesdale et noire de Hongrie, par exemple, les chiffres consignés dans le petit tableau suivant :

		POIDS de 1000 grains	POIDS des ÉCALES	POIDS des AMANDES	RAPPORT de l'amande AU GRAIN
		grammes	grammes	grammes	
Avoine Blanche de Ligowo améliorée	grains externes.	48,90	14,60	34,30	70 0/0
	» uniques.	48	13,80	34,20	71
	» internes.	32,40	7,70	24,70	76,5
Avoine Clydesdale	grains externes.	47,6	15,9	31,7	66,5
	» uniques.	44,1	12,9	28,2	68,5
	» internes.	18,9	4,5	14,4	76,7
Avoine Noire de Hongrie	grains externes.	36,9	11,4	25,2	69
	» uniques.	29,2	9,2	20	68,5
	» internes.	18,7	3,8	14,9	79,5

Par ces quelques exemples, que nous pourrions du reste multiplier, nous voyons quels écarts considérables on peut rencontrer, d'une variété à l'autre, pour une même forme de grains, dans le poids de ces grains, des écales et des amandes, ainsi que dans le rapport de ces amandes au grain. Nous voyons également que dans la même race suivant que l'on envisage les grains externes, uniques ou internes, on observe aussi des variations très grandes, allant quelquefois du simple au double.

D'après cela, il est facile de s'expliquer que, en ne tenant pas compte de ces diverses formes, on ait toujours obtenu pour le poids des grains et le rapport de l'amande au grain, des chiffres fort différents, ne permettant pas de constater ainsi le rapport qui pouvait exister entre le poids de l'amande et le poids moyen des grains.

Ayant ainsi établi qu'il est nécessaire, dans la recherche des liens pouvant exister entre l'amande et le grain, de n'envisager que des grains de même forme, nous allons maintenant examiner successivement, les variations que l'on peut observer dans chacune d'elles.

1° Grains externes. — Ce sont de beaucoup les plus importants, car ce sont eux qui constituent en majeure partie les grains de semences.

Pour mieux faire ressortir les rapports qui peuvent exister dans la composition physique de ces grains, au lieu de prendre une variété isolée et de donner les chiffres extrêmes que l'on peut relever, nous croyons préférable d'étudier comparativement les avoines possédant de grandes affinités et formant des groupes homogènes bien définis. Nous examinerons ainsi successivement les avoines à grain d'orge, les avoines suédoises et enfin les avoines unilatérales.

AVOINES A GRAIN D'ORGE

NOMS	POIDS de 1000 grains EXTERNES	POIDS des ÉCALES	POIDS des AMANDES	RAPPORT de l'amande AU GRAIN
	grammes	grammes	grammes	
Blanche de Pologne.....	45,4	15,2	30,2	66,6 0/0
Blanche de Jambville...	43,2	14,6	28,6	66,3
Cheval de Course.......	46	15,6	30,4	66
Blanche de Challenge...	46,1	15,6	30,5	66,2
Welcome	45,2	15,4	29,8	65,9
Clydesdale.............	46	15,6	30,4	66
Powsummer Hammerich	45,3	15,8	29,5	65,1

D'après ce tableau, on voit que toutes les avoines à grain d'orge ont très sensiblement la même proportion d'écales; dans tous nos essais, les chiffres obtenus ont été compris entre 14,5 et 16 grammes, leur poids moyen étant de 15 gr. 5.

Nous pouvons donc considérer ce poids comme constant dans les grains externes; il en résulte que pour ceux-ci, le rendement en amande et le poids des grains est sensiblement proportionnel au poids des amandes. Les variations que nous avons constatées dans une même variété ont été à peu près les mêmes que celles que l'on peut observer entre les différentes races du tableau précédent, le poids des amandes étant compris entre 28 et 31 grammes, et le rendement en amande entre 64,5 et 67 0/0.

AVOINES SUÉDOISES

NOMS	POIDS de 1000 grains externes	POIDS DES ÉCALES	POIDS DES AMANDES	RAPPORT de l'amande AU GRAIN
	grammes	grammes	grammes	
Probster (1898).........	43,8	12	31,8	72,6 0/0
» (1899).........	43,7	12,1	31,6	72,3
Beseler...............	44,4	12,4	32	72
Blanche de Suède......	43.2	12,8	30,4	70,3
» » originale ...	45,4	12,8	32,6	71,8
Bestehorn.............	42,4	12.2	30,2	71,2
» originale.....	46.5	12,8	33,7	72,4

Dans les avoines suédoises, nous trouvons également une assez grande uniformité ; le poids moyen de 1.000 grains est très voisin de celui des avoines à grain d'orge, mais les écales sont beaucoup moins lourdes, plus fines, pesant toujours de 12 à 13 grammes. Le rapport de l'amande au grain est compris entre 70 et 73, de 72 en moyenne, tandis que dans le groupe précédent, ce rapport était en moyenne de 66 0/0.

L'étude comparative des deux tableaux précédents montre de la façon la plus évidente : 1° que le poids des écales peut être considéré comme constant pour les grains externes d'une même variété ; 2° que le rapport de l'amande au grain, le poids des amandes et des grains sont toujours compris entre deux chiffres assez voisins, car on ne trouve des chiffres plus forts ou plus faibles que dans des conditions anormales de culture, telles qu'un climat ne leur convenant pas, ou encore en terrain extrêmement pauvre, ou très riche comme de la terre de jardin.

Ainsi, en 1898, ayant cultivé l'avoine de Probster dans

AVOINES UNILATÉRALES

NOMS	POIDS de 1000 grains externes	POIDS DES ÉCALES	POIDS DES AMANDES	RAPPORT de l'amande AU GRAIN
	grammes	grammes	grammes	
Blanche de Hongrie....	36	11.2	24,8	68,9 0/0
Blanche prolifique......	35,8	11,3	24,5	68,4
Noire de Hongrie......	37,3	11.3	26	69,6
Noire prolifique........	36.9	11,4	25,5	69
Noire de la Nubie......	36,2	11.3	24,9	68,6
Roi de Kent	36	11.4	24,6	68,3

une terre très riche d'une part, et dans une terre extrêmement pauvre de l'autre, nous avons obtenu un rendement de 74,5 0/0 dans le premier cas et de 71 0/0 dans le second.

Ce sont là des chiffres que l'on peut prendre comme des extrêmes ; on ne les rencontre que très rarement dans les avoines de semences ou dans les avoines commerciales courantes.

Nous donnons encore, dans le petit tableau précédent, les chiffres que nous avons obtenus pour les avoines unilatérales blanches et noires qui présentent toutes le même petit grain effilé avec des affinités extrêmement étroites dans tous leurs caractères.

Dans ces avoines, le poids des écales du grain externe varie peu ; il est de 11 gr. 2 à 11 gr. 5, c'est-à-dire à peu près fixe et bien différent des chiffres moyens 12,5 et 15,5 que nous avons constatés dans les deux autres groupes ; il en est de même pour le poids des grains et des amandes, compris entre 36 et 38 grammes pour les uns, et entre 24 et 26 pour les autres. Leur rendement en amande est de 68 à 70 0/0, intermédiaire entre celui [des avoines à grain d'orge et celui des avoines suédoises.

Grains uniques. — [Les grains uniques, bien que possédant, comme les externes, des formes suffisamment constantes et bien définies, sont toutefois loin de présenter une fixité aussi grande au point de vue du poids des écales et des amandes. Cela tient essentiellement à ce qu'ils ont un développement assez inégal.

Dans les avoines à nombreux grains uniques, telles que les avoines blanches de Pologne et hâtive de Sibérie, les grains uniques portés aux sommets des principaux rameaux se rapprochent beaucoup comme grosseur et structure des grains externes, tandis que ceux qui sont produits par

les fins rameaux des verticilles inférieurs sont toujours
moins lourds, possédant une amande moins développée
et de grosseur assez variable.

NOMS	POIDS de 1000 grains uniques	POIDS des ÉCALES	POIDS des AMANDES	RAPPORT de l'amande AU GRAIN
	grammes	grammes	grammes	
Blanche de Pologne....	38.6	12,2	26,4	67,7 0/0
Cheval de course......	41,1	13.1	28,2	68,5
Blanche de Challenge..	42,9	14.3	28,6	66.6
Welcome	44,3	13,2	28,1	68
Clydesdale...........	42,2	13.6	28,6	67,8
Pewsummer Hammerich	37,7	12.2	25,5	67,7
Blanche de Jambville...	39	12.2	26,8	67,1
Victoria..............	35	12	23	65,6

Si nous examinons attentivement ce tableau qui donne
la composition physique du grain unique des avoines à
grain d'orge, et si, d'autre part, nous le comparons à
celui que nous avons donné précédemment (voir page 260)
pour le grain externe de ces mêmes avoines, il ressort :
1° que le poids des grains uniques est notablement plus
faible, tout en présentant une fixité moins grande que
les grains externes pour les raisons que nous venons de
voir un peu plus haut; 2° que le rapport du poids des
écales à celui de l'amande est généralement plus faible

et par suite le rendement du grain en amande est un peu plus élevé de 1 0/0 en moyenne.

A cause de l'assez grande variabilité que nous venons d'indiquer dans la structure des grains uniques, nous avons préféré, en dehors de leur forme générale et de leur proportion dans les avoines battues, laisser de côté les autres caractères qu'ils pourraient offrir, pour ne considérer que les grains externes qui seuls, comme nous l'avons vu, possèdent dans tous leurs caractères une fixité suffisante pour qu'il soit possible, d'après leur examen d'arriver à leur détermination.

Les variations que l'on peut observer dans la composition physique des grains intermédiaires et internes sont encore beaucoup plus marquées que dans les grains uniques ; leur poids et le développement de leur amande étant sujets à offrir des différences suffisamment grandes pour que leurs caractères ne puissent être pris en sérieuse considération pour la différenciation des variétés de même couleur de grain. Suivant la richesse du sol, dans les avoines à deux grains, par exemple, si ces avoines ont une tendance à former des épillets à trois grains, on trouve des grains internes de grosseur et de développement fort différents, les uns aussi développés que des grains intermédiaires, n'en différant que par l'absence du troisième grain, les autres, au contraire, plus courts et plus réduits. Il en résulte que dans les avoines battues où il existe des grains externes, uniques et intermédiaires, le poids et le rendement en amande sont très variables dans l'ensemble ; on ne trouve donc une certaine fixité que dans les grains uniques et externes.

Quand on examine des échantillons de toutes les provenances, on trouve pour ces deux dernières formes de grains des chiffres assez concordants, à moins d'échantillons provenant de pays secs et chauds comme l'Algérie ou certaines régions du Midi ; dans ces conditions, les amandes sont souvent plus réduites, plus grêles, plus allongées, et les glumes sont, d'autre part, beaucoup plus longues ; mais ce sont là des modifications pour ainsi dire naturelles, provoquées par un climat qui ne leur convient pas, les avoines étant des céréales des pays tempérés et frais ; c'est absolument comme si on voulait comparer comme rendement, etc., les maïs cultivés en France avec ceux cultivés dans les pays chauds.

Du reste, tous les chiffres que nous avons obtenus en France, par exemple pour les avoines suédoises, coïncident très sensiblement avec ceux qui ont été constatés en Suède, que nous avons trouvés dans divers ouvrages suédois et entre autres dans celui de M. Alb. Attenberg de Kalmar.

Donc en résumé, les grains externes et uniques seuls présentent une certaine uniformité de composition physique, surtout dans les écales ; mais dans les avoines battues, les grains internes, variables comme grosseur et quantité, viennent rompre cette uniformité.

En terminant ce chapitre relatif à l'étude spéciale du grain des avoines, nous attirerons spécialement l'attention sur les observations suivantes, qui n'avaient pas encore été signalées, observations qui ont cependant une grande importance au point de vue pratique pour la détermination des diverses variétés :

1º *Les avoines présentent sur pied au voisinage de la maturité une couleur de paille bien distincte suivant les races considérées :* ainsi l'avoine blanche de Ligowo améliorée mûrit en prenant une teinte générale blanche, alors que l'avoine blanche de Pologne, l'avoine hâtive de Sibérie, etc., prennent en mûrissant une couleur bien jaune fort différente de la précédente.

2º *Les avoines unilatérales ne peuvent être considérées comme appartenant à une espèce distincte,* car ces avoines ne sont que des formes anormales, des monstruosités pour ainsi dire, issues d'avoines paniculées ; ces anomalies sont simplement produites par suite d'une concrescence plus ou moins accentuée des rameaux, principalement du premier verticille, cette concrescence se produit tantôt simplement à la base de ces rameaux, tantôt entre ces rameaux et l'axe de la panicule ; dans ce dernier cas l'anomalie est des plus frappantes (Fig. 6. — A) constituant une véritable fascination.

3º *Les diverses formes* (grain externe, grain interne, grain intermédiaire) que l'on peut rencontrer dans une avoine, *présentent des caractères bien définis,* de telle sorte qu'il est très facile de les distinguer dans une avoine battue.

4º Les grains externes, qui sont les plus grands, les plus lourds, et de beaucoup les plus importants, constituant même presque exclusivement les belles avoines de semences, offrent, suivant les variétés, un certain nombre de caractères spéciaux, suffisamment fixes et très importants, dont les principaux sont les suivants :

A. *La longueur :* les variations que nous avons pu

observer dans la longueur du grain externe d'une même race sur les nombreux échantillons que nous avons reçus de diverses provenances sont extrêmement faibles : la longueur, par exemple, du grain externe de l'avoine de Pologne ainsi que de toutes les races qui s'y rattachent directement est toujours comprise entre 13 et 14 millimètres tandis que celle de l'avoine blanche de Ligowo améliorée est toujours comprise entre 15 et 16 millimètres; la différence existant entre les longueurs des grains externes de ces deux races est donc excessivement tranchée, et cependant jusqu'à ce jour, faute d'avoir fait ces observations, ainsi que plusieurs autres, un mélange de ces deux variétés passait complètement inaperçu, même pour des gens compétents en la matière.

B. *La forme* générale du grain externe est également bien constante; ainsi un grain externe d'avoine blanche de Pologne est court et renflé, ayant assez l'aspect d'un grain d'orge; celui d'une avoine blanche de Ligowo améliorée au contraire a une forme bien distincte, il est gibbeux, à **pointe assez élargie, ayant de profil l'aspect d'un bec de cane.**

Nous trouvons des différences aussi marquées et aussi constantes entre les grains externes des avoines noire de Brie et Joanette, noire de Hongrie et noire d'Étampes, etc.

C. *La glumelle supérieure* (glumelle interne ou petite glumelle) est convexe ou concave suivant la race considérée : elle est concave, par exemple, dans l'avoine noire de Brie, l'avoine de Mesdag, elle est convexe au contraire dans l'avoine noire hâtive d'Étampes ainsi que dans l'avoine Joanette.

D. Les caractères tirés de l'arête n'ont pas une fixité suffisante pour qu'ils puissent servir de base dans la distinction des principales races d'avoines. Si toutefois plusieurs variétés sont généralement assez régulièrement aristées, telles que les avoines blanches de Ligowo améliorée, noire précoce de Mesdag, noire d'hiver de Belgique et grise d'hiver, il en est d'autres à côté qui, bien que présentant normalement une faible proportion de grains externes munis d'une barbe, sont susceptibles de devenir parfois régulièrement aristées, sous l'influence de certaines causes extérieures, telles que le terrain, le climat, et même l'année.

E. *Le talon du grain externe* est généralement fort important à considérer, ayant une forme bien définie pour une variété donnée; ainsi dans les avoines noires, on reconnaitra immédiatement un grain d'avoine noire de Hongrie ou noire prolifique de Californie à son talon délié, presque droit, présentant à son extrémité une petite cicatricule avec lèvres presque égales; d'une façon générale, toutes les avoines blanches, jaunes, et toutes les avoines unilatérales sans distinction de couleur, ont un talon à lèvres égales ou peu différentes, tandis que les avoines paniculées à grain coloré (noires, grises, rousses, brunes) ont un talon légèrement relevé avec cicatricule oblique, large, et lèvres assez ou très inégales.

F. Il y a un lien assez étroit entre la forme du talon et la tendance plus ou moins grande à s'égrener. Toutes les avoines paniculées à grain coloré et à large cicatricule oblique se désarticulent facilement, et doivent être par suite fauchées avant la complète maturité.

G. *La Baguette du grain externe* offre également, dans les diverses variétés d'avoines, deux formes principales bien distinctes et bien constantes : tantôt la baguette est fine, cylindrique, se terminant au sommet par une partie plus renflée, avec une petite cicatricule laissée par la chute du deuxième grain, tantôt cette baguette est plus ou moins aplatie, avec deux fines cannelures latérales ; le plus souvent dans ce cas son sommet est déchiqueté, le deuxième grain étant mis en liberté non plus par désarticulation en un point fixe, mais bien par rupture de la baguette en un point assez variable.

4° Au point de vue de la délimitation des espèces, il ne nous semble pas que la classification actuellement admise, soit bien rationnelle. Car les avoines unilatérales et les avoines nues, par exemple, diffèrent moins, dans l'ensemble de leurs caractères, des avoines communes, que certaines avoines telles que les avoines de Tunisie, de Chypre, et des Abruzzes, qui ne peuvent certainement pas rentrer dans le groupe de l'Avena sativa, dont elles diffèrent comme végétation, tallage, couleur, longueur et forme de grains ; les grains externes et intermédiaires de chaque épillet étant également aristés.

A notre avis, il nous semblerait plus logique de répartir toutes les avoines cultivées de la façon suivante :

AVENA SATIVA
- *var. vulgaris.* — Type : jaune de Flandre.
- *var. orientalis.* — Type : noire de Hongrie.
- *var. nuda.* — Type : nue grosse.
- *var. biaristata.* — Type : Av. des Abruzzes.

Toutes les avoines cultivées se rattacheraient donc à une

seule espèce, l'Avena sativa, se subdivisant en 4 variétés : l'avoine commune (Avena sativa, var. vulgaris), l'avoine unilatérale (avena sativa, var. orientalis), l'avoine nue (Avena sativa, var. nuda); enfin l'avoine à épillets biaristés (Avena sativa, var. biaristata).

| NOMS DES VARIÉTÉS | COULEUR | GRAINS PRÉDOMINANTS | CARACTÈRES DU GRAIN EXTERNE | | | | Proportion 0/0 des grains aristés | Poids de 1000 grains entiers | Poids des amandes de ces 1000 grains | Rapport 0/0 de l'amande au grain |
			Longueur moyenne en millimètres	FORME	TALON	BAGUETTE				
Blanche de Pologne	Blanc	Externes; nombreux uniques	13,5	En bec-de-cane	Relevé, cicatricule moyenne à lèvres assez inégales	De 2,5 à 3 m/m., ronde, glabre, en tête de clou	0 à 5	43 à 46 gr.	30 à 30,5	65 à 67
Patate	Blanc	Externes; nombreux uniques	12,5	Petit grain en bec-de-cane	Relevé, cicatricule moyenne à lèvres assez inégales	De 2,5 à 3 m/m., ronde, glabre, en tête de clou	30 à 40	34 à 35 —	25 à 26	72 à 74
Hâtive de Sibérie	Blanc	Uniques	14	Grain d'orge intermédiaire	Relevé, cicatricule moyenne à lèvres assez inégales	De 2,5 à 3 m/m., ronde, glabre, en tête de clou	0 à 5	34 à 36 —	30 à 32	68 à 72
Blanche de Ligowo améliorée	Blanc	Externes; quelques intermédiaires	15,5	Gros grain en bec-de-cane	Fort relevé, cicatricule moyenne à lèvres assez inégales	De 2 m/m., aplatie, glabre, 2 cannelures, déchiquetée au sommet	plus de 50	47 à 49 —	33 à 34,5	69 à 71
Blanche de Géorgie	Blanc jaunâtre	Externes	15,5	Petit grain ordinaire	Assez fin, cicatricule petite à lèvres assez inégales	De 2,5 à 3 m/m., fine, ronde, glabre, en tête de clou	5 à 15	34 à 39 —	25 à 26,5	72 à 75
Blanche de Hongrie	Blanc	Externes et uniques	14,5	Petit grain	Fin, droit, à lèvres égales	De 3 m/m., fine, ronde, glabre, en tête de clou	5 à 15	32 à 37 —	25 à 26	72 à 74
Blanche de Beseler	Jaunâtre	Externes; quelques intermédiaires	15	Grain plein	Moyen, relevé, cicatricule légèrement oblique à lèvres inégales	De 2 m/m., aplatie, glabre, à 2 cannelures, déchiquetée au sommet	5 à 15	43 à 46 —	32 à 33	72 à 74
Jaune abondance	Jaunâtre	Externes	15,5	Grain ordinaire	Moyen, peu relevé, cicatricule à lèvres assez inégales	De 2 m/m., aplatie, glabre, à 2 cannelures, déchiquetée au sommet	5 à 15	40 à 43 —	30 à 33	71 à 73
Jaune de Flandre	Jaune	Externes	15	Petit grain ordinaire	Fin, peu relevé, à lèvres peu inégales	De 2 m/m. 5, ronde, glabre, en tête de clou	5 à 15	36 à 39 —	27 à 29	73 à 74
Jaune géante à grappes	Jaune	Externes	15	Petit grain ordinaire	Fin, droit, cicatricule à lèvres presque égales	De 2 m/m. 5, ronde, glabre, en tête de clou	5 à 15	36 à 39 —	27 à 29	73 à 76
Noire d'hiver de Belgique	Noir	Externes et uniques	18,5	Gros grain plein	A cicatricule moyenne, oblique, à lèvres inégales	De 3 m/m., ciliée, ronde, en tête de clou	plus de 50	46 à 49 —	35 à 38	75 à 77
Noire de Brie	Noir	Externes	14	Petit grain en bec-de-cane	Fort, cicatricule large, oblique, à lèvres inégales	De 2 m/m., ciliée, ronde, en tête de clou	0 à 5	34 à 38 —	25 à 28	76 à 78
Joanette	Noir	Externes; quelques uniques	15	Petit grain plein	Fort, cicatricule large, oblique et à lèvres très inégales	De 2 m/m., aplatie, légèrement ciliée, à 2 cannelures	0 à 5	34 à 38 —	25 à 29	76 à 78
Hâtive d'Étampes	Brun foncé	Externes; quelques uniques	14	Petit grain plein	Fort, cicatricule large, oblique et à lèvres très inégales	De 2 m/m., aplatie, peu ou pas ciliée, à 2 cannelures	5 à 15	34 à 38 —	25 à 30	76 à 79
Précoce de Mosdag	Noir	Externes; des intermédiaires	18	Grain à glumes	Fort, cicatricule large, oblique, et à lèvres très inégales	De 2 m/m. 5, ciliée, ronde, en tête de clou	plus de 50	43 à 46 —	30 à 33	69 à 71
Noire de Hongrie	Rarement bien noir	Externes et uniques	14,5	Petit grain	Assez fin, droit, lèvres égales	De 2,5 à 3 m/m., ronde, glabre, en tête de clou	30 à 40	32 à 37 —	22 à 27	68 à 72
Grise d'hiver	Gris de fer, plus ou moins foncé	Externes; peu d'uniques	18,5	Gros grain plein	A cicatricule moyenne, oblique, à lèvres inégales	De 3 à 3,5 m/m., fine, ronde, ciliée en tête de clou	plus de 50	46 à 49 —	34 à 37	74 à 76
Grise de Houdan	Gris brun	Externes; peu d'uniques	15,5	Petit grain plein	Fort, cicatricule large, oblique et à lèvres très inégales	De 2,5 m/m., aplatie, légèrement ciliée à 2 cannelures	0 à 5	34 à 38 —	25 à 29	76 à 79
Rousse couronnée	Roux	Externes; quelques intermédiaires	15	Grain ordinaire	Fort, cicatricule large, oblique, et à lèvres très inégales	De 1,5 à 2 m/m., courte, ronde, en tête de clou, sans cannelures, peu ou pas ciliée	5 à 15	38 à 44 —	30 à 34	73 à 74
Très hâtive d'Australie	Grisâtre	Externes; nombreux intermédiaires	18	Grain à glumes	Assez fin, cicatricule moyenne à lèvres inégales	Courte, très forte, en tête de clou, sans cannelures	plus de 50	43 à 46 —	31 à 35	72 à 74

CHAPITRE V

ETUDE GÉNÉRALE DU GENRE AVENA

Nous avons terminé la monographie des avoines céréales, maintenant il est nécessaire, pour être aussi complet que possible, de jeter un rapide coup d'œil sur les autres espèces du genre Avena, de voir quelle est individuellement leur valeur pratique, et quels sont les liens généraux qui existent entre elles et les espèces céréales.

Ce genre Avena comprend environ cinquante espèces toutes herbacées, vivaces ou annuelles, habitant les régions tempérées du globe.

Il est caractérisé par ses épillets portés sur des pédoncules allongés, des glumes grandes non dépassées ou à peine par l'ensemble des glumelles, enfin la glumelle inférieure est bifide, aristée sur le dos, généralement bien arrondie.

Les espèces les plus importantes que nous considérerons seules peuvent être réparties pratiquement en 4 groupes, *les avoines agricoles, les avoines horticoles, les avoines botaniques* ou sans valeur et *les avoines nuisibles.*

Tableau conduisant à la détermination et à la recherche de la pureté des Avoines de semences usitées en France

Grain externe	Caractère	Grosseur du grain	Sous-caractère	Description	Variété
Grain blanc, blanc jaunâtre ou jaune. — Grain externe	en bec-de-cane. Grain gibbeux à pointe ouverte et à glumelle supérieure déprimée. Grain bien blanc. — Grain externe	de 12 à 14 millimètres. Nombreux grains uniques, baguette fine, longue, en tête de clou; des grains doubles. — Grain externe	Grains externes prédominants bien en bec-de-cane,	à grain d'orge type (38 à 42 grammes les 1000 grains); grain de 13 à 14 millimètres, mutique, large, gibbeux, à glumelle supérieure fortement déprimée………………	Blanche de Pologne.
			Nombreux grains uniques	à petit grain d'orge (34 à 36 grammes les 1000 grains), grain externe de 12 millimètres souvent aristé, en bec-de-cane; grain unique large, à petit grain d'orge………………	Patate.
				Grains uniques prédominants à grain d'orge intermédiaire (38 à 42 grammes les 1000 grains externes); grain externe de 13,5 à 14,5 millimètres, mutique; grain unique moins renflé et plus long…………	Hâtive de Sibérie.
				de 15 à 16 millimètres; le plus souvent aristé, gibbeux, renflé, à pointe large (47 à 49 grammes les 1000 grains), arête fort coudée, baguette plate, courte, déchiquetée au sommet, à gros grain en bec-de-cane, pas de grains uniques…………	Blanche de Ligowo améliorée.
	non gibbeux, peu élargi, assez effilé, à glumelle supérieure convexe. Pas de grains doubles; grain blanc, blanc jaunâtre ou jaune. — Grain externe	moyen (1000 grains externes pèsent 40 à 45 grammes), jaunâtre, rarement bien jaune, mutique, renflé et plein: baguette de 2 millimètres avec deux cannelures. — Grain externe		de 14 à 15 millimètres (43 à 46 grammes les 1000 grains), légèrement gibbeux, à glumelle inférieure assez large à la pointe et à glumelle supérieure convexe; Avoine pleine à grain moyen………………	Blanche de Beseler.
				de 15 à 16 millimètres (40 à 43 grammes les 1000 grains), non gibbeux, moins plein, à glumelle supérieure généralement déprimée et à glumelle inférieure assez pointue…………	Jaune abondance.
		petit (1000 grains externes pèsent 34 à 39 grammes). peu renflé et effilé; baguette fine, de 3 millimètres, sans cannelures, en tête de clou. — Grain	blanc ou légèrement jaunâtre.	Pas de grains uniques: grain externe blanc jaunâtre, mutique, talon fin à lèvres de la cicatricule inégales; Avoine à petit grain intermédiaire………………	Blanche de Géorgie.
				Nombreux grains uniques: grain externe blanc, étroit, effilé, souvent aristé; talon fin, droit, à lèvres presque égales; Avoine blanche à petit grain………………	Blanche de Hongrie.
			bien jaune. — Talon	peu infléchi, assez fin, à lèvres de la cicatricule un peu inégales; Avoine jaune à petit grain ordinaire………………	Jaune de Flandre.
				droit, fin, à lèvres de la cicatricule égales (grain très voisin du précédent; rechercher et examiner les fragments de panicule (Voir page 28)………………	Jaune géante à grappes.
Grain noir, roux ou gris. — Grain externe	de 14 à 16 millim., rarement aristé; arête fine et droite.			à petit grain d'orge; pas de grains uniques, pas d'arêtes; grain ordinairement très noir de 14 millimètres, large, très renflé, à pointe ouverte, baguette ciliée et glumelle supérieure très déprimée…………	Noire de Bris.
		à petit grain (1000 grains externes pèsent de 33 à 38 grammes); leur longueur est de 14 à 15 millimètres.	à petit grain plus ou moins effilé. Prédominance des grains externes; quelques uniques. — Talon	moyen, à cicatricule forte, oblique et à lèvres inégales, à petit grain très plein, mutique, à glumelle supérieure bien convexe. Peu ou pas de grains uniques. — Grain : bien noir, nervures de même teinte que le fond du grain; baguette légèrement ciliée, portant des poils soyeux à la base; Avoine noire à petit grain plein…………	Joanette.
				brun, à nervures plus claires, plus ou moins roussâtres, tranchant sur le fond du grain. Talon à cicatricule moins large que dans le précédent…………	Noire hâtive d'Étampes.
				gris de fer très foncé, souvent presque noir; nervures de même teinte que le fond du grain, pas de poils soyeux à la base ni sur la baguette…………	Grise de Houdan.
				noir, droit, à cicatricule petite à lèvres égales, nombreux grains uniques, arête fréquente, grain étroit, effilé, pointu, souvent bien noir, à pointe plus ou moins roussâtre…………	Noire de Hongrie.
		à grain moyen (1000 grains externes pèsent 38 à 44 grammes), mutique, jaune roussâtre, à nervures plus claires, glumelle supérieure ordinairement déprimée, baguette courte en tête de clou, talon très fort à large cicatricule oblique et à lèvres inégales; pas d'uniques…………			Rousse couronnée.
	de 17 à 18 millimètres, ordinairement aristé; arête longue, forte et coudée.	à gros grain long et très plein. (1000 grains externes pèsent 46 à 50 grammes). Pas de grains intermédiaires. — Grain		très noir, aristé, quelques grains uniques, talon fort, avec cicatricule large à lèvres inégales, et portant de longs poils soyeux; Avoine à gros grain plein…………	Noire d'hiver de Belgique.
				gris ou gris noirâtre, à nervures plus claires; proportion moindre de grains aristés, talon fort, sans poils soyeux; Avoine à gros grain plein…………	Grise d'hiver.
		à grain long et effilé. (1000 grains externes pèsent 43 à 46 grammes). Nombreux grains intermédiaires. — Grain		noir, effilé, le plus souvent aristé, à glumelle inférieure peu ouverte ou pointue; baguette forte ciliée, cicatricule large à lèvres inégales…………	Précoce de Mesdag.
				gris plus ou moins foncé, à nervures plus claires; grain très effilé, très pointu, assez souvent aristé. Talon moyen avec faisceaux de poils et à cicatricule moyenne…………	Très hâtive d'Australie.

Comme il ressort de l'examen du tableau suivant le genre Avena est précieux pour l'agriculture non seulement pour les céréales qu'il renferme, mais également pour un petit groupe de quatre plantes fourragères vivaces qui sont par ordre d'importance : *le fromental ou avoine élevée, l'avoine des près, l'avoine jaunâtre et l'avoine pubescente*.

L'horticulture n'emprunte guère à ce genre qu'une seule espèce, *l'avena sterilis* ou *avoine animée*, dont les inflorescences sont fréquemment employées pour la confection des bouquets perpétuels; les grains très velus présentent sur le dos une longue arête coudée, tordue, qui sous l'influence de l'humidité se déroule, déterminant de ce fait un déplacement de la graine, d'où le nom *d'avoine animée*.

Nous passerons sous silence le troisième groupe renfermant les avoines botaniques, ou sans valeur, dont l'étude ne peut rentrer dans le cadre de cet ouvrage.

Quant aux avoines nuisibles la seule espèce qui doit attirer notre attention est l'avoine à chapelets connue également sous le nom d'avoine noueuse, fromental bulbeux, chiendent à perles (*arrhenatherum arenaceum* variété *bulbosum*) souvent désignée sous le nom de *Avena elatior* variété *precatoria* dont on se débarrasse par les moyens indiqués dans le chapitre xix.

Dans le tableau figurant à la page 277 nous résumons les caractères botaniques des principales espèces qui composent le genre Avoine.

Le genre Avoine a été subdivisé en quatre sous-genres : *Avena, Ventenata, Trisetum* et *Arrhenatherum*, dont les caractères sont indiqués dans le tableau au-dessus de chacun de ces noms.

Principales Espèces du genre AVENA.

Avoines agricoles	céréales annuelles	à grain vêtu	l'avoine commune	AVENA	SATIVA
			l'avoine unilatérale ou à grappes	»	ORIENTALIS
			l'avoine pied de mouche	»	BREVIS
		à grain nu	avoines nues grosse et petite	»	NUDA
	fourragères		avoine pubescente	»	PUBESCENS
		vivaces	— des prés	»	PRATENSIS
			— jaunâtre	TRISETUM FLAVESCENS	
			— élevée ou fromental	ARRHENATHERUM AVENACEUM VEL AVENA ELATIOR	
		annuelles	Toutes les avoines cultivées comme céréales pour leur grain sont souvent employées comme fourrage à couper en vert, soit seules, soit mélangées à d'autres plantes.		
Avoines horticoles ou ornementales			l'avoine animée	AVENA	STERILIS
Avoines botaniques ou sans valeur			avoine strigueuse	»	STRIGOSA
			— des montagnes	»	MONTANA
			— sétacée	»	SETACEA
			— à feuilles filiformes	»	FILIFOLIA
			— toujours verte	»	SEMPERVIRENS
			— de Host	»	HOSTII
			— bigarrée	»	VERSICOLOR
			— améthyste	»	AMETHYSTINA
			— de Thore	ARRHENATHERUM THOREI	
			Ventenete avoine	VENTENETA AVENACEA	
			Avoine à feuilles distiques	AVENA (TRISETUM) DISTICHOPHYLLA	
			— argentée	AVENA ARGENTEA	
			— en épi	»	SUBSPICATA
			— négligée	» (TRISETUM) NEGLECTA	
Avoines nuisibles			— barbue	AVENA BARBATA	
			— folle	»	FATUA
			— à chapelets	ARRHENATHERUM AVENACEUM VAR. BULBOSUM	

Détermination des principales Espèces du genre AVENA.

GENRE AVENA — Épillets à 2-6 fleurs hermaphrodites.

Avena — 2 glumes presque égales, glumelle inférieure bifide. Caryopse velu ordinairement vêtu.

- *Fleurs* / épillets pendants, glumes à 7-11 nervures.
  - persistantes, glumelle inférieure glabre,
    - mutique au sommet
      - panicule étalée
        - caryopse inclus .... SATIVA ⊙
        - — libre .... NUDA ⊙
      - unilatérale .... ORIENTALIS ⊙
    - à 2 dents mucronulées, panicule unilatérale .... BREVIS ⊙
    - à 2 dents prolongées en longues arêtes, panicule contractée ...... STRIGOSA ⊙
  - articulées et caduques, glumelle inférieure velue.
    - à 2 dents prolongées en longues arêtes .... BARBATA ⊙
    - à deux dents aiguës à poils
      - fauves
        - panicule étalée .... FATUA ⊙
        - — subunilatérale .... LUDOVICIANA ⊙
      - blancs, panicule unilatéralé .... STERILIS ⊙
- *Ligule* / épillets dressés, glumes à 1-3 nervures.
  - courte, tronquée presque nulle. *Panicule*
    - très rameuse, allongée, très penchée, feuilles sétacées .... SEMPERVIRENS ♃
    - étroite serrée peu rameuse. *Feuilles*
      - enroulées — gaines des feuilles pubescentes .... SETACEA ♃
      - sétacées — — glabres .. FILIFOLIA ♃
      - planes, courtes .... MONTANA ♃
  - allongée, lancéolée. *feuilles*
    - enroulées, sétacées, glume inférᵉ à une nervure .... HOSTII ♃
    - à une nervure panicule oblongue .... PUBESCENS ♃
    - plane, glumelle Inférᵉ à 3 nervures, *panicule*
      - longue, rameuse, épillets pédonculés ...... SESQUITERTIA ♃ / AUSTRALIS
      - longue, étroite, simples épillets subsessiles à
        - 4-5 fleurs ...... SULCATA ♃ / PRATENSIS ♃
        - 6-10 fleurs ...... BROMOIDES ♃
      - courte, ovale .... VERSICOLOR ♃

Ventenata — 2 glumes inégales, glumelles entières au sommet. Cariopse glabre.

- Epillets gros fusiformes, longuement aristés .... AVENACEA ⊙

Trisetum — 2 glumes inégales, glumelles inférieures carénées. Cariopse glabre libre.

- souche rampante. *Feuilles*
  - distiques glabres et courtes .... DISTICHOPHYLLUM ♃
  - non distiques velues .... FLAVESCENS ♃
- racine fibreuse, panicule thyrsoïde. *Epillets*
  - à 2-3 fleurs, feuilles glabres, axe de l'épillet
    - barbu .... ALPESTRE ♃ / SUBSPICATUM ♃
    - glabre ... CONDENSATUM ♃
  - à 4-6 fleurs, feuilles velues planes courtes .... NEGLECTUM ♃

Arrhenatherum — 2 fleurs: l'inférieure mâle, la supérieure hermaphrodite.

- arête en-dessous du milieu de la glumelle inférieure, feuilles planes
  - racines sans renflement .... AVENACEUM ♃
  - — avec 2 ou 10 renflements. ʙ var. BULLOSUM ♃
- arête un peu au-dessus du milieu, feuilles longues enroulées ...... THOREI ♃

Dans le genre Avena proprement dit, les neuf variétés
annuelles forment un groupe bien tranché, présentant des
caractères distinctifs permettant de les reconnaître très
facilement des variétés vivaces; elles ont en effet leurs
épillets pendants et des glumes avec sept ou onze nervures, tandis que les variétés vivaces sont à épillets
dressés avec des glumes à une ou trois nervures.

CHAPITRE VI

LES AVOINES D'IMPORTATION

Formes des grains. — Impuretés. — Composition.

Les avoines étrangères qui sont importées en France proviennent en majeure partie de Russie, de Suède et d'Amérique; ce sont du reste les seuls pays qui en produisent des quantités considérables au point de vue de l'exportation.

Les avoines d'Amérique, qui, il y a une quinzaine d'années, étaient exportées en quantité relativement faible, ont pris progressivement beaucoup plus d'importance, et leur culture actuellement a pris une telle extension aux États-Unis qu'elles arrivent maintenant en grande quantité faisant une concurrence sérieuse aux avoines de Suède et de Russie.

Les importations en France s'effectuent principalement par les ports du Havre, Rouen, Dunkerque et Marseille.

Nous avons reçu de ces différents ports de très nombreux échantillons authentiques, qui nous ont servi de base pour faire les quelques recherches qui seront résumées plus loin.

Si on examine et si on compare la composition des avoines de diverses provenances, on voit qu'au point de vue de la valeur nutritive, les avoines étrangères peuvent d'une façon générale lutter avec les avoines indigènes, *à propreté égale*, car certains lots renferment une assez forte proportion d'impuretés; ainsi nous avons reçu des échantillons d'avoines de Suède et de Saint-Pétersbourg pesant 49 à 50 kilos l'hectolitre et qui pouvaient rivaliser sous tous les rapports avec nos bonnes avoines de consommation.

Les avoines étrangères que nous considérerons ici, et qui sont désignées commercialement, d'une façon plus ou moins exacte, par leur couleur et leur pays d'origine sont les suivantes :

Avoine bigarrée d'Amérique.	Avoine blanche de Courlande.
— — de Libau.	— — de Russie.
— noire de Suède.	— — de Nicolaieff.
— noire de Libau.	— jaune de Groningue.
— — de Russie.	— de Tunisie.
— — de Groningue.	— de Smyrne.
— — d'Irlande.	— de Rodosto.
— — de la Plata.	— de Chypre.
— blanche d'Amérique.	— de Grèce.
— — du Canada.	— noire d'Algérie.
— — de Suède.	— d'Algérie.
— — de St-Pétersbourg	— rouge d'Afrique.
— — de Riga.	— de la Plata.
— — de Réval.	— blanche de Sansoum.
— — de Libau.	— — de Salonique.

Au lieu de considérer successivement les avoines de chaque provenance, il nous semble plus simple et plus logique de répartir les avoines indiquées dans le tableau précédent en 4 groupes :

1° *Les avoines bigarrées;*
2° *Les avoines noires;*
3° *Les avoines blanches et jaunes;*
4° *Les avoines jaune roussâtre ou jaune rougeâtre.*

Puisque nous nous proposons de chercher à reconnaître et à distinguer ces avoines, il est nécessaire de prendre pour base les caractères de premier ordre les plus saillants, c'est-à-dire la couleur, et non la provenance qui ne constitue pas un caractère proprement dit.

Ces avoines ainsi réparties forment, comme nous le verrons dans la suite, 4 groupes bien tranchés; toutefois nous ferons remarquer que les désignations commerciales, au point de vue de la couleur, ne doivent pas être prises à la lettre, car elles sont souvent fort inexactes; ainsi l'avoine jaune de Groningue n'est pas plus jaune que l'avoine blanche de Suède, leur couleur est assez inégale, d'un blanc jaunâtre plus ou moins accentué; du reste aucune des avoines du 3ᵉ groupe n'est franchement jaune avec la teinte, par exemple, de nos avoines jaune de Flandre ou jaune géante à grappe; d'autre part l'avoine noire d'Afrique qui fait partie du 4ᵉ groupe n'est nullement noire mais bien jaune rougeâtre. Enfin les avoines blanche de Samsoun et blanche de Salonique ne sont aucunement blanches, mais d'un jaune pâle plus ou moins rougeâtre, se rapprochant énormément comme couleur de l'avoine de Tunisie.

Après la couleur, les caractères les plus importants sont tirés de la forme, de la composition physique et des *impuretés*.

Ces dernières sont souvent précieuses pour la détermination, certaines d'entre elles permettant grâce à leur présence, d'en déduire à peu près sûrement la provenance.

1° AVOINES BIGARRÉES

Ces avoines sont ainsi appelées parce qu'elles sont des mélanges d'avoines de diverses couleurs, les unes blanches rarement blanc jaunâtre, les autres noires ou d'un brun plus ou moins roussâtre, chacune de ces formes entrant dans le mélange pour une proportion assez variable suivant les lots.

Ces avoines bigarrées comprennent l'avoine bigarrée d'Amérique, et l'avoine bigarrée de Libau.

Avoine bigarrée d'Amérique. — Ces avoines sont composées d'un mélange d'avoine blanche à petit grain et d'avoine à petit grain brun, brun roussâtre ou roux et très rarement noir.

Dans *les grains blancs*, les grains externes sont ténus, très effilés, peu pleins, ordinairement non aristés; la glumelle supérieure en est le plus souvent bien déprimée, concave; les bords de la glumelle inférieure sont roulés formant ainsi deux bourrelets d'autant plus marqués que l'amande du grain en est moins développée; dans les grains très légers, ces bourrelets se rapprochent sur la ligne médiane dorsale, au point de masquer complètement la glumelle supérieure qui occupe le fond de la rainure dorsale.

La baguette en est assez allongée, faiblement aplatie, avec deux très fines cannelures latérales; le talon est assez grêle, presque droit, à lèvres de la cicatricule sensiblement égales comme dans l'avoine blanche de Hongrie.

Poids moyen de 1000 grains........................ 26,35
  —   —   pour 0/00 des amandes............ 18,8
  —   —   pour 0/00 des écales.............. 7,55
        Rapport pour 0/0 de l'amande au grain. 71,3

Ce poids moyen de 1000 grains a été obtenu en pesant 1000 grains externes normaux, c'est à dire bien constitués, présentant un développement normal de l'amande.

Le poids de 1000 grains externes est compris pour cette variété entre 25 à 27 grammes, c'est donc une race à tout petit grain, mais à écorce assez fine.

Les grains colorés, qui dominent du reste le plus souvent dans le mélange, ont une teinte fort irrégulière allant du roux jusqu'au brun noir pouvant également présenter tous les intermédiaires; mais nous avons tout lieu de croire que ces grains diversement teintés appartiennent bien à la même race; la différence de couleur que l'on observe pouvant tenir à une maturité inégale, ou à quelque autre cause telle qu'une moisson trop prématurée ou encore à un échaudage plus ou moins accentué. Nous avons du reste fréquemment constaté des faits analogues chez certaines de nos races telles que l'avoine noire de Hongrie et l'avoine noire prolifique de Californie.

Les grains colorés externes, parfois aristés, munis dans ce cas d'une arête grêle, caduque, non coudée, sont très effilés, avec la glumelle supérieure rarement convexe, généralement plus ou moins déprimée.

Les poids moyens que nous avons relevés, d'après un grand nombre d'essais, sont les suivants :

Poids moyen de 1000 grains externes. 27,65
—   —   0/00 des amandes......... 20,40
—   —   0/00 des écales............. 7,25
Rapport   —   0/0 de l'amande........... 73,7

Ces grains colorés ont donc sensiblement le même poids que les grains blancs, mais leur rendement en amande est un peu plus élevé.

Avant de passer à la composition de ces avoines et l'examen de *leur valeur alimentaire* nous prions le lecteur de vouloir bien se reporter au chapitre xviii où nous donnons quelques notions succintes sur les substances utiles à la nutrition de l'animal et qui sont les suivantes : *les matières azotées* ou protéine; *les substances ternaires* comprenant les matières grasses, sucrées et amylacées; enfin *les cendres* ou substances minérales.

La composition de ces avoines bigarrées d'Amérique est la suivante :

COMPOSITION POUR 100 GRAMMES (1)

	A l'état normal	A l'état sec
Eau.................................	10,80	0,00
Matières azotées.....................	11,31	12,68
— grasses	5,80	6,50
— sucrées et amylacées.	60,15	67,43
Cellulose.............................	8,58	9,61
Cendres	3,36	3,78

(1) Les analyses de ces avoines ont été empruntées à l'excellent opuscule de M. Balland, pharmacien principal de 1re classe : « Composition de quelques avoines françaises et étrangères », brochure de 29 pages, en vente chez M. Lavauzelle, Éditeur militaire, 11, place St-André-des-Arts, Paris.

Ces avoines bigarrées d'Amérique présentent donc une bonne composition moyenne, avec plus de 10.0/0 de matières azotées, et de 5 0/0 de matières grasses.

Impuretés. — Les impuretés que l'on rencontre dans ces avoines sont en général dans une proportion de 2 à 4 0/0.

Les graines étrangères les plus caractéristiques sont des grains ordinairement peu nombreux de *maïs jaune gros* et *dent de cheval* (*maïs géant caragua*), des *grains de blé tendre ordinairement de très petite taille.*

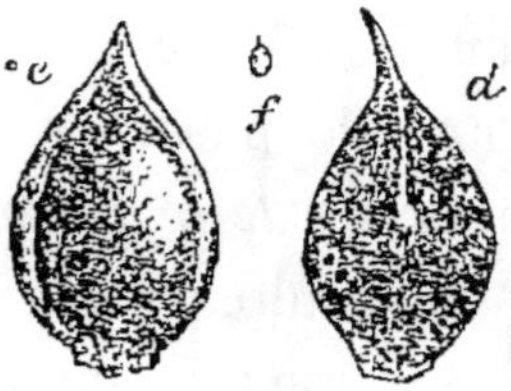

Les autres impuretés non caractéristiques et que l'on rencontre souvent sont : des *grains d'orge*, des *graines de lin*, puis de nombreuses graines de plantes sauvages : *l'oplismène crête de coq* (Fig. 62) (oplismenus ou Echinochloa crus galli), *des Sétaires* (Fig. 68) (setaria viridis, setaria glauca, setaria verticillata), *la moutarde sauvage ou séné, la renouée liseron* (Fig. 65) (polygonum convolvulus), *la renouée persicaire* (Polygonum Persicaria), *la renouée à feuille de patience* (Polygonum lapathifolium) (Fig. 63), *des chenopodes, l'oseille sauvage* (rumex acetosella).

Fig. 62. — *Oplismène crête de coq : f*, graine de grandeur naturelle; *d, c*, graines grossies, face inférieure et supérieure.

Fig. 63. — *Renouée à feuille de patience : a, b,* graine de grandeur naturelle, de face et de profil; *c*, coupe transversale; *d*, grossie.

Ces avoines bigarrées d'Amérique sont caractérisées d'autre part par l'absence de grains blancs d'avoines orgeuses, grains que l'on trouve toujours en proportion notable dans d'autres avoines telles que les avoines blanches de Saint-Pétersbourg, de Libau, de Riga, etc.

On n'y rencontre pas également certaines impuretés fréquentes dans des avoines d'autres provenances, telles que la Nielle des blés (Agrostemma githago) et la Vesce commune (Vicia sativa).

Avoines bigarrées de Libau. — Ces avoines sont très faciles à distinguer des précédentes par : 1° leurs grains externes plus gros, plus lourds, pesant plus de 30 grammes pour 1000 grains; 2° par leur couleur qui est d'un blanc jaunâtre ou jaune pâle, et d'un brun beaucoup plus foncé chez les grains colorés qui possèdent, d'autre part, des écales plus dures et plus épaisses; 3° par la présence d'une certaine proportion de grains uniques d'avoines orgeuses, grains fermés, renflés, pointus, mesurant seulement 11 à 12 millimètres. Les poids moyens de ces grains blancs jaunâtres et bruns noirs sont les suivants :

Grains BLANC JAUNÂTRE OU JAUNE PALE		
Poids moyen de 1000 grains externes..	33 gr. 40
— — 0/00 des amandes.........	24 gr. 40
— — — des écales..............	9 gr.
Proportion 0/0 d'amandes.................	73 gr. 0/0
Grains BRUN NOIR		
Poids moyen de 1000 grains externes.	31 gr. 40
— — 0/00 des amandes..........	21 gr. 25
— — des écales...................	40 gr. 2
Proportion 0/0 d'amande.................	67 à 68

Impuretés. — Les impuretés que l'on y rencontre, et que l'on ne retrouve pas ordinairement dans les avoines bigarrées d'Amérique, sont : *la Nielle des blés* fig. 64 (Agrostemma githago) grains toujours nombreux, *des vesces, des grains de millet rouge et de millet blanc, et des petites gousses de mélilot.*

Les autres impuretés sont constituées par des grains de blé, orge, seigle; renouée liseron, chénopode, sené, oplismène pied de coq.

Ces avoines bigarrées ne peuvent être confondues même en considérant les grains d'une seule couleur séparément, avec aucune variété cultivée en France; aucune race de notre pays ne présente des grains aussi petits que ceux des avoines bigarrées d'Amérique, aucune variété à grain noir ne possède avec un grain aussi petit, des écales aussi dures et

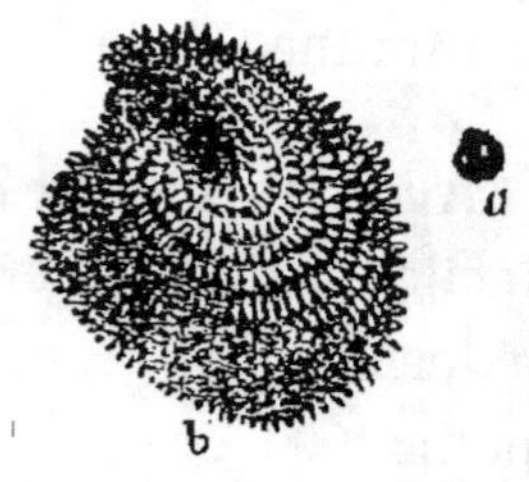

Fig. 64. — *Nielle des blés :* *a*, grain grandeur naturelle; *b*, grossi.

aussi épaisses que les avoines bigarrées de Libau où la proportion des écales des grains externes est de 32 à 33 0/0 avec un poids moyen de 1000 grains compris entre 30 et 32 grammes.

2° AVOINES NOIRES (OU BRUNES).

Fig. 65. — *Renouée liseron :* *a, b*, fruit et graine de grandeur naturelle; *c*, coupe transversale, grandeur naturelle; *d*, graine grossie.

Les avoines noires peuvent être réparties en 2 groupes bien définis :

A Les avoines à grain brun foncé sans barbes;

B Les avoines à grain très noir, aristé.

Le premier groupe *A* comprend *les avoines noires de Libau, l'avoine noire de Russie* et *l'avoine noire de Groningue* (Hollande).

Le deuxième *B* renferme *l'avoine noire de Suède, l'avoine noire d'Irlande* et *l'avoine noire de la Plata*, cette dernière étant extrêmement distincte des deux précédentes.

A. *Avoines à grain brun foncé, sans barbes. — Avoine noire de Libau.* —Les grains externes de ces avoines sont brun foncé et sans barbes, on y rencontre peu de grains bien noirs; ces grains sont caractérisés par un maximum d'épaisseur au niveau du sommet de la baguette, point à partir duquel ils s'effilent rapidement, étant par suite peu ouverts et se terminant généralement en pointe assez aiguë:

Poids de 1000 grains externes. 32,4
— 0/00 des amandes......... 21,4
— — des écales............. 11
Rapport de l'amande............. 66 0/0

Ces grains ont donc un poids inférieur à 35 gr.; le rapport de l'amande est faible, toujours inférieur à 70 0/0, les écales épaisses et dures représentent 34 0/0 du poids du grain.

Les impuretés qui s'y rencontrent à un taux variant de 3 à 5 0/0 environ sont principalement : *la nielle des blés et des vesces*, puis *des grains de millet, de sarrasin, seigle, orge, d'avoine folle, de ravenelle* (Fig. 66), *de renouée liseron, de séné, d'ophismène pied de coq et centaurée bleuet*; dans ces avoines on trouve

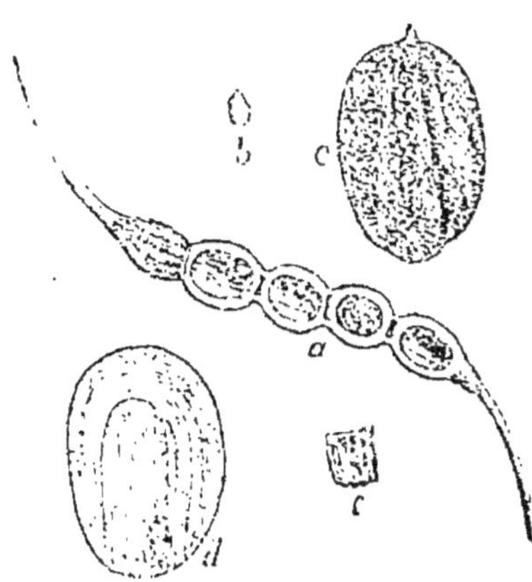

Fig. 66. — *Ravenelle (Radis sauvage)* : *a,* silique indéhiscente articulée de grandeur naturelle: *c,* graine grossie, *d,* en coupe montrant les cotylédons pliés en fer à cheval ; *c,* coupe d'un article isolé.

presque toujours quelques grains blanc jaunâtre ou jaune pâle, identiques à ceux qui existent dans les avoines bigarrées de Libau.

La composition pour 100 est la suivante :

	A l'état normal	A l'état sec
Eau...........................	10,90	0,00
Matières azotées...................	10,50	11,81
— grasses...................	3,57	4,01
— sucrées et amylacées.	60,77	68,20
Cellulose...........................	11,22	12,59
Cendres...........................	3,02	2,39
Total...........	100	100

Ces *avoines noires de Libau* sont caractérisées au point de vue de la composition par une faible proportion de matières grasses (moins de 4 0/0) et par un excès de cellulose 11 0/0.

Avoine noire de Russie. — Sous le nom d'avoine noire de Russie nous avons reçu des échantillons d'avoines qui par leur forme, leur couleur, la composition de leur grain et enfin les impuretés qui s'y trouvaient en mélange, nous ont paru absolument identiques aux avoines noires de Libau.

Les poids moyens de leurs grains sont les suivants :

Poids de 1000 grains externes.	32,55
— 0/00 des amandes.........	21,9
— — des écales.............	10,65
Rapport de l'amande au grain.	67,3

Comme impuretés caractéristiques on y rencontre également : *nielle, vesce, millet rouge*, etc.

Avoine noire de Groningue (Hollande). — Avoine à grain brun foncé, sans barbe, assez plein, à grain sensiblement plus lourd (poids des 1000 grains externes de 34 à 38 grammes) et plus riche en amande que les avoines noire de Libau et noire de Russie. Le talon en est fin à lèvres de la cicatricule presque égales. Nous avons constaté dans cette avoine une très faible proportion de grains noirs luisants aristés, analogues à ceux qui constituent les avoines noires d'Irlande.

Poids moyen de 1000 grains externes.	35,15
— pour 0/00 des amandes............	25,45
— pour 0/00 des écales	9,7
Rapport 0/0 de l'amande au grain......	72,3

La composition 0/0 de ces grains est la suivante :

	A l'état normal	A l'état sec
Eau..............................	12,50	0,00
Matières azotées....................	10,93	12,49
— grasses....................	4,96	5,67
— sucrées et amylacées.	59,39	67,88
Cellulose	8,92	10,19
Cendres.............................	3,30	3,77

Ces avoines ont une proportion de matières grasses plus élevée que les avoines noires de Libau, noire de Russie et noire d'Irlande.

Fig. 67. — *Graines de chénopodes :* *a,* grandeur naturelle; *b, c,* grossies; *d,* en coupe transversale.

Les impuretés de ces avoines sont : *renouée à feuille de patience, renouée persicaire, renouée liseron, chénopode* (Fig. 67), *orge*; on y trouve toujours quelques grains des avoines jaunes de Groningue.

Les graines de nielle, vesce, et millet, caractéristiques des avoines de Russie, ne s'y rencontrent pas.

B. *Avoines à grain bleu noir, aristé. — Avoine noire de Suède.* — Ces avoines possèdent un grain noir luisant aristé; les grains externes sont assez pleins, légèrement déprimés sur la face supérieure, et assez ouverts à la pointe; la baguette est de longueur moyenne et très légèrement aplatie.

Poids moyen de 1000 grains externes. 34,45
—   —   0/00 des amandes.... 24,15
—   —   0/00 des écales........ 10,30
Rapport 0/0 de l'amande au grain..... 70

Nous avons noté comme poids maximum des grains externes 38 |gr. avec un rendement en amande de 74 0/0. Ces avoines sont toujours mélangées, en très faible proportion, de grains blanc jaunâtre d'avoine blanche de Suède.

COMPOSITION CENTÉSIMALE.

	À l'état normal	A l'état sec
Eau...	12,80	0,00
Matières azotées.....................	10	11,47
— grasses.....................	4,84	5,55
— sucrées et amylacées.	60,80	69,72
Cellulose...	8,58	9,84
Cendres...................................	2,98	3,42
	100	100

Les avoines de Suède se rapprochent un peu par leur composition chimique des avoines de Beauce, avec lesquelles elles sont parfois mélangées dans le commerce; toutefois il est facile de les distinguer par la couleur noir-luisant de leur grain et | leur barbe caduque, dont on reconnaît l'existence par la présence sur le dos du grain d'une petite cicatricule qui en était le point d'attache, ainsi que par la rainure et l'absence de nervure dorsale au delà de cette petite cicatricule; les avoines de Beauce ne sont pas aristées, leur grain est moins noir, moins luisant, plus plein et moins hydraté.

Le taux des impuretés en est assez faible, de 2 à 3 0/0; elles consistent généralement en *vesces, renouée persicaire, pois gris, orge*. Pas de nielle ni de millet.

Avoine noire d'Irlande. — Ces avoines ont un grain un peu moins foncé que *les avoines noires de Suède*, et un peu plus terne, il est d'un brun noir, généralement barbu et à barbe souvent persistante, vrillée, fine, droite, non coudée.

Nous avons reçu plusieurs lots ·où les grains étaient noirs luisants comme ceux de Suède, mais ce sont des exceptions.

Les grains externes sont assez courts, renflés, un peu gibbeux et à pointe assez ouverte; la glumelle supérieure n'est généralement pas concave, mais simplement légèrement déprimée par la compression exercée par le deuxième grain. Le talon est à lèvres presque égales, et la baguette moyenne.

<pre>
    Poids de 1000 grains externes. 35,85
       —   0/00 des amandes......... 25
       —   0/00 des écales............ 10,85
    Rapport 0/0 de l'amande......... 69,80
</pre>

Ces avoines sont moins riches en amande que *les avoines noires de Suède*, et assez pauvres en matières grasses, leur composition moyenne est la suivante :

	A l'état normal	A l'état sec
Eau	11,20	0,00
Matières azotées	10,47	11,79
— grasses	3,32	3,74
— sucrées et amylacées.	62,31	70,17
Cellulose	9,74	10,97
Cendres	2,96	3,33
Total	100	100

Ces avoines sont toujours mélangées de grains blancs uniques d'avoines orgeuses, que nous n'avons pas constatés dans les avoines noires des autres provenances; la présence de ces grains nous paraît être un excellent caractère au point de vue de la détermination.

Les impuretés que l'on y rencontre sont toujours peu nombreuses, inférieures à 1 0/0, elles sont composées de *grain d'orge, renouée persicaire, renouée liseron, séné, grateron, sarrasin*.

En somme pas d'impuretés typiques; absence de nielle, vesces, millet rouge.

Avoine noire de la Plata. — Ces avoines sont fort distinctes, faciles à reconnaître, soit seules, soit dans des mélanges.

Elles possèdent en effet un petit grain noir, mat, aristé, à longs poils roussâtres sur le dos, et à rainure profonde depuis la naissance de l'arête jusqu'au sommet du grain ; talon à lèvres très inégales et à cicatricule se présentant sous forme de cavité; la baguette est très forte, terminée en tête de clou avec une cicatricule bien marquée.

Souvent les poils roussâtres du dos du grain, sont détachés, mais il est facile de constater leur point d'insertion avec une forte loupe.

> Poids de 1000 grains externes. 29,35
> — 0/00 des amandes.......... 21,45
> — 0/00 des écales............. 7,9
> Rapport 0/0 de l'amande......... 73

Ces grains sont donc de très petite taille, à écorce assez fine et à rendement en amande assez élevé.

Les amandes sont couvertes de très longs poils, surtout à la base, beaucoup plus développés que dans toutes les autres races.

Ces avoines ne renferment que très peu d'impuretés mais elles sont plus ou moins mélangées, souvent en proportion assez élevée, de grains blancs ayant la même forme que les grains noirs.

3° AVOINES BLANCHES ÉTRANGÈRES

Les avoines blanches d'importation, dont le grain, comme nous l'avons déjà indiqué précédemment, n'est pas toujours blanc, mais souvent d'un blanc jaunâtre ou même d'un jaune pâle plus ou moins prononcé, présentent quatre types différents que nous examinerons successivement :

a Avoine blanche d'Amérique;

b — — du Canada;

c — — de Russie;

d — jaune de Groningue.

A. *Avoine blanche d'Amérique.* — Ces avoines sont bien distinctes de la forme blanche qui entre dans la composition des avoines bigarrées d'Amérique.

Les grains en sont généralement blancs, parfois d'un blanc plus ou moins jaunâtre; peut-être pour cette raison les désigne-t-on quelquefois sous le nom d'*avoine jaune d'Amérique*; car les lots que nous avons reçus sous ce nom ne différaient en aucune façon des autres lots portant le nom de *blanche d'Amérique*. Les grains en sont effilés, la glumelle inférieure assez ouverte.

```
Poids moyen de 1000 grains externes.  31,80
   —      —    0/00 des amandes.........  22,70
   —      —    0/00 des écales.............   9,10
Rapport 0/0 de l'amande.................  71,30
```

Leur composition 0/0 est la suivante :

	A l'état normal	A l'état sec
Eau	9,60	0,00
Matières azotées	10,39	11,49
— grasses	5,06	5,60
— sucrées et amylacées.	62,89	69,57
Cellulose	8,48	9,38
Cendres	3.58	3,96
Total	100	100

Les impuretés que l'on y rencontre sont : quelques *grains de maïs dent de cheval* ou *jaune gros, petits grains de blé, orge, sétaires, lin, oplismène pied de coq, renouée à feuille de patience* et *renouée persicaire, sené, chénopode.* Les principaux caractères de ces avoines sont : la couleur généralement blanche, la proportion très faible ou nulle de grains d'avoines orgeuses, la présence de quelques grains de maïs; pas de nielle, ni vesces, ni millet,

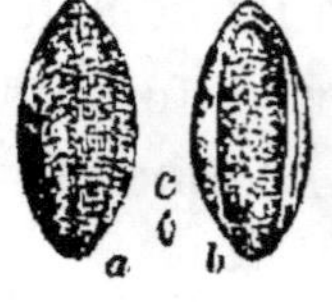

Fig. 68. — *Sétaire verticillé :* a, b, grain grossi, face inférieure et supérieure; c, grain de grandeur naturelle.

quelques grains d'avoines noires du type des grains noirs des avoines bigarrées d'Amérique.

B. *Avoine blanche du Canada.* — Les *avoines blanches du Canada* sont à grains généralement plus gros et plus lourds que les avoines blanches d'Amérique, le poids moyen de 1000 grains externes étant supérieur à 35 grammes; on y rencontre une proportion souvent assez élevée de grains d'avoines orgeuses, dont les grains uniques très distincts n'ont que 12 millimètres de longueur. La proportion d'amande en est assez forte généralement comprise entre 72 à 75 0/0.

Les poids moyens de ces grains externes ainsi que des grains uniques, à petit grain d'orge, qu'on y rencontre, sont les suivants :

	Grains externes types	Grains uniques orgeux
Poids de 1000 grains externes......	36,10	34,9
— — des amandes...........	26,30	26
— — des écales...............	9,80	8,9
Rapport 0/0 de l'amande..................	72.80	74 0/0

Comme impuretés on y trouve : *pois potagers, vesces, avoine folle, oplismène pied de coq, sétaire, renouée liseron, chénopode, liseron des champs, sarrasin, blé, orge, séné, renouée à feuille de patience* et *renouée persicaire.*

Ces avoines du Canada sont caractérisées : par leur grain blanc généralement pesant et lourd (le poids de l'hectolitre étant, dans les beaux lots, de 49 à 50 kilos et le poids de 1000 grains externes de 38 gr.) par

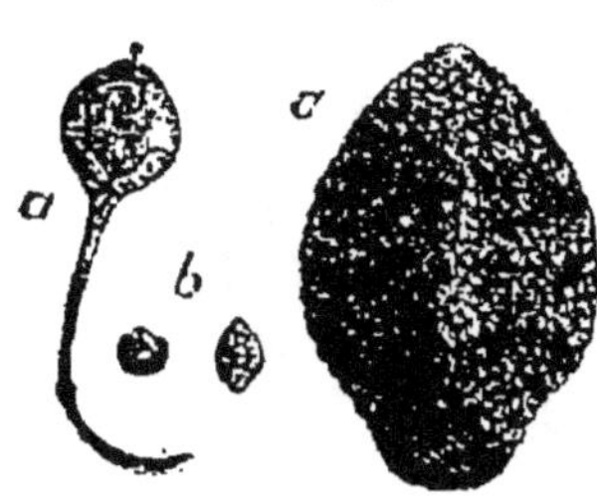

Fig. 68. — *Liseron des champs :* a, fruit (capsule) grandeur naturelle; b, graines grandeur naturelle; c, graine grossie.

la présence d'une proportion notable de grains d'avoine orgeuse, et comme impuretés, de vesces et de pois potager, enfin par l'absence de nielle, millet rouge, maïs.

C. *Avoine blanche de Russie.*— A cette avoine se rattachent directement *les avoines de Riga*, *les avoines de Réval*, *les avoines de Libau*, *les avoines de Courlande*, *les avoines blanches de Saint-Pétersbourg* et *les avoines blanches de Nicolaief.*

Toutes ces avoines ne nous ont pas paru présenter des caractères assez tranchés pour qu'il soit utile de les distinguer et de les examiner successivement; elles ne diffèrent entre elles que par la qualité, le poids de l'hectolitre et le taux des impuretés.

Toutes ces avoines offrent en général une couleur irrégulière des grains dans le même lot, les uns étant blancs, les autres blancs jaunâtres, les autres enfin d'un jaune plus ou moins accentué. Au point de vue de la forme des grains externes on y rencontre 2 types :

1° *Des grains blancs jaunâtres ou jaune pâle* qui constituent généralement le fond du lot;

2° *Des grains courts d'avoine orgeuse* analogues à ceux que nous avons signalés dans *les avoines blanches du Canada*. Leur proportion suivant les lots en est fort variable au point parfois de dominer et de composer le fond du lot. C'est ce que nous avons constaté pour certaines avoines de Libau qui renfermaient plus de 80 0/0 de cette avoine orgeuse.

Les grains externes blancs jaunâtres ou jaune pâle se rapprochent assez comme couleur et forme du grain des avoines que nous avons décrites sous le nom *d'avoine de*

Probster, *de Beseler*, *Blanche de Heine*, etc.; toutefois elles n'en possèdent ni la beauté ni le poids.

Les **grains externes**, quelquefois aristés, sont assez renflés, à **glumelle** supérieure peu déprimée, la pointe du grain étant plus ou moins ouverte; la baguette est fine, longue, cylindroïde sans cannelures, légèrement renflée au sommet qui porte une petite cicatricule.

Tableau donnant la composition physique moyenne des Avoines de Russie

NOMS	Couleur du grain	Poids p' °/₀₀ des grains externes	Poids pour °/₀₀ des amandes	Poids pour °/₀₀ des écales	Rapport pour °/₀ de l'amande
Blanche de Russie	Blanc jaunâtre...	32,18	23,3	8,88	72,5
	Blanches orgeuses.	35,86	25,4	10,46	70,9
Blanche de Nicolaief	Blanc jaunâtre...	34,15	25,3	9,2	73,3
	Blanches orgeuses.	34,17	24,25	9,92	70,9
Blanche de Saint-Pétersbourg	Blanc jaunâtre...	32,15	23,8	8,35	74,1
	Blanches orgeuses.	37 »	27,2	9,80	73,5
De Riga	Blanc jaunâtre...	32,2	23,3	8,9	72,3
	Blanches orgeuses.	34,0	23,85	11,05	68,2
De Réval	Blanc jaunâtre...	32,15	23,1	9,05	71,9
	Blanches orgeuses.	35,5	24,75	10,75	69,8
De Libau	Blanc jaunâtre...	31,55	22,8	8,75	72,30
	Blanches orgeuses.	35,29	24,43	10,86	69,3
De Courlande	Blanc jaunâtre...	35,1	25,6	9,5	72,9

D'après ce tableau, on voit que les grains blancs jaunâtres de ces diverses avoines ont sensiblement la même composition, et qu'il en est de même si on considère les grains d'avoines orgeuses qu'elles renferment; ces derniers sont un peu plus lourds, mais à écales un peu plus épaisses pesant de 9 gr. 8 à 11 gr., mais à rendement en amande plus faible de 70 à 71 0/0 en moyenne.

Si nous comparons maintenant ces diverses avoines au point de vue de la composition sommaire, on voit qu'il y a de légères différences, qui, à notre avis, doivent être attribuées à la qualité du lot, et d'autre part, à la proportion plus ou moins grande d'avoine orgeuse qui s'y trouve en mélange; ces avoines orgeuses ayant toujours une proportion plus élevée d'écales, donnent, par la suite, une proportion plus forte de cellulose.

C'est ce que nous avons par exemple constaté pour *les avoines de Libau* et *de Nicolaief* où la proportion d'avoine orgeuse est toujours fort élevée.

Si on trie les grains jaunâtres de ces avoines et si on les analyse séparément, on trouve des chiffres se rapprochant de ceux des avoines blanches de Russie et blanches de Saint-Pétersbourg.

NOMS	EAU	MATIÈRES AZOTÉES	MATIÈRES GRASSES	MATIÈRES SUCRÉES ET AMYLACÉES	CELLULOSE	CENDRES
Blanche de Libau....	10,40	12,01	3,55	59,98	10,88	3,18
Blanche de Nicolaief..	11,40	11,17	3,78	59,77	10,60	3,28
Blanche de Russie...	10	12,08	3,83	61,21	9,76	3,12
Blanche St-Pétersbourg	10	13,59	3,03	61,24	8,98	3,16

Impuretés. — Les avoines de ces diverses provenances renferment sensiblement les mêmes impuretés : nombreux grains *de nielle des blés ; vesces, épillets d'épeautres, orge, blé, chenevis, lin, millet rouge, renouée-liseron, grateron, renouée à feuille de patience, avoine strigueuse, sarrasin, séné, centaurée bleuet;* dans les échantillons *d'avoine de Réval* et *de Courlande* nous n'avons pas rencontré de *millet rouge;* la première renfermait en outre des grains de vesce velue et des petites gousses de mélilot.

D. *Avoine jaune de Groningue.*— Ces avoines comme nous l'avons indiqué précédemment ont la même couleur que les avoines du groupe *C*; elles ont également dans un même lot une teinte irrégulière allant du blanc jaunâtre à un jaune plus ou moins accentué, mais jamais aussi marqué dans l'ensemble que les avoines franchement jaunes telles que *les avoines jaunes de Flandre et jaune géante à grappes*; mais si elles ont la même couleur que les avoines du groupe précédent, elles s'en distinguent par le poids, la grosseur et la forme de leurs grains; les externes pèsent de 42 à 45 grammes pour 1000, et même souvent davantage; ils sont renflés, pleins, un peu gibbeux, rarement aristés; la glumelle supérieure est ordinairement bien convexe, et le grain est le plus souvent bien ouvert à la pointe.

Ces avoines ne renferment pas généralement de grains d'avoine orgeuse.

<pre>
Poids moyen de 1000 grains externes.   44,4
    —   pour 1000 des amandes............   32,1
    —   pour 1000 des écales...............   12,3
Rapport pour 100 des amandes...........   72,2
</pre>

Ces avoines possèdent donc les plus beaux et les plus **gros** grains de toutes les avoines d'importation examinées jusqu'ici; nous n'y avons rencontré que très peu d'impuretés ainsi que très peu ou pas d'avoines à grain noir.

4° AVOINES JAUNES ROUGEATRES

Ces avoines jaunes rougeâtres forment un groupe particulièrement distinct par la couleur jaune pâle roussâtre ou jaune plus ou moins rougeâtre, et la largeur ainsi que la forme de leurs grains.

Ces avoines renferment deux types bien différents :

A. *Le type des avoines de Tunisie* auquel se rattachent très étroitement *les avoines de Smyrne, de Rodosto, de Chypre, de Grèce, d'Algérie, noire d'Algérie, rouge d'Afrique* et *de la Plata.*

B. *Le type de l'avoine blanche de Salonique* à côté duquel on doit placer *les avoines blanches de Sansoum.*

A. **Avoines de Tunisie.** — Ces avoines présentent tous les caractères principaux de *l'avoine des Abruzzes* que nous avons décrite précédemment (Voir page 181).

Les grains se désarticulent très difficilement, restant réunis par deux et même par trois.

Les grains externes sont bien aristés, très allongés, de 18 à 22 millimètres, la glumelle inférieure se prolongeant en 2 fines pointes scarieuses; la glumelle supérieure est plane ou légèrement convexe; la baguette fait défaut, le point de rupture, lors de la chute du 2ᵉ grain, se faisant à la base de la baguette et non à son sommet, il en résulte que le grain intermédiaire a un talon spécial terminé en une longue pointe incurvée; il présente également le caractère particulier de porter une arête sur le milieu du dos, comme le grain externe.

Ces grains intermédiaires sont très effilés, ayant de 16 à 19 ᵐ/ᵐ. Quand ces avoines sont venues dans de bonnes conditions, elles sont assez lourdes, le poids de 1000 grains externes variant de 45 à 52 grammes.

Poids moyen de 1000 grains... 47,27
— pour 1000 des amandes. 31,74
— pour 1000 des écales..... 15,53
Rapport 0/0 de l'amande......... 67,1

Les écales sont épaisses et le rapport de l'amande au grain est peu élevé.

La composition pour 100 de ces avoines est la suivante :

	A l'état normal	A l'état sec
Eau	11,52	0,00
Matières azotées	9,17	10,37
— grasses	5,20	5,88
— sucrées et amylacées.	60,15	67,98
Cellulose	10,10	11,41
Cendres	3,86	4,36

Ces avoines de Tunisie se distinguent par une faible proportion de matières azotées (moins de 10 0/0), une bonne proportion de matières grasses (plus de 5 0/0) et enfin par un excès de cellulose.

Les impuretés typiques de ces avoines tunisiennes sont : quelques grains de *Rapistre oriental* (Rapistrum orientale) (Fig. 69) crucifère à silique indéhiscente à un seul article fertile, globuleux et un peu côtelé, des grains de deux ombellifères le *Krubéra leptophylla*, (Fig. 70), à graines plates et dures présentant 3 côtes dorsales et des ailes latérales plissées, le *Buplevrum protactum* (Fig. 71), à grains noirs restant réunis générale-

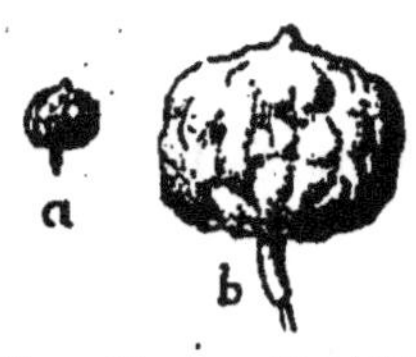

Fig. 69. — *Rapistre oriental : a*, fruit grandeur naturelle: *b*, grossi.

ment par 2, puis des grains d'orge appartenant à des orges à 6 rangs. A côté de ces avoines nous rangeons les avoines d'Algérie, à grains de rapistre beaucoup plus nombreux, les avoines rouge d'Afrique, noires d'Algérie.

Fig. 70. — *Graine de de krubéra leptophylla: a,* grand' naturelle; *b,* grossie.

Les avoines de Smyrne, de Chypre, de Grèce et de Rodosto se rapprochent énormément des avoines algériennes et tunisiennes comme composition physique et chimique; elles sont encore plus sèches, leurs écales sont très épaisses et leur rendement en amande est faible, inférieur à 70 0/0.

Les avoines de Smyrne présentent de très nombreux grains de rapistre oriental, léurs grains externes sont gros et lourds, pouvant peser jusqu'à 52 grammes par 1000.

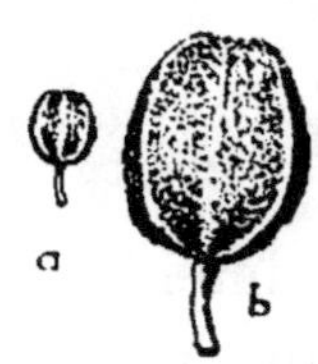

Fig. 71. — *Graine de buplevrum protractum : a.* grandeur naturelle.

Les avoines de Chypre ne renferment pas de rapistre oriental mais de nombreuses graines d'une ombellifère, le *scandix glaberrima* (Fig. 72).

Les avoines de la Plata se rattachent nettement aux avoines précédentes comme aspect général du grain; mais elles sont faciles à reconnaître par la présence de nombreux grains rouges de même forme que les autres grains, enfin par la présence de nombreux grains d'une sorte de petite avoine noire, dont les glumelles sont couvertes de longs poils roussâtres; ces petits grains sont en outre aristés, ordinairement réunis par deux, la désarticulation de l'épillet

Fig. 72. *Scandix glaberrima : a,* grand' naturelle; *b,* grossie.

étant assez difficile; l'amande en est brunâtre, couverte
de poils très longs surtout à la base; comme autre impureté
on y trouve *de l'orge, la renouée liseron,* mais *pas de rapistre oriental* ni aucune des ombellifères signalées précédemment.

B. **Avoine blanche de Salonique.** — Ces avoines se rapprochent
comme couleur des avoines tunisiennes, mais elles s'en
distinguent par leur grain externe pourvu d'une baguette
mince, allongée, de 16 à 19 millimètres ne se terminant
pas par des pointes aussi longues et aussi finement scarieuses; le 2e grain n'est pas aristé et se désarticule normalement.

Ces avoines sont d'autre part à grains moins gros (pesant
moins de 40 grammes les 1000 grains), enfin leurs écales
sont plus fines et leur rendement en amande plus élevé
supérieur à 70 0/0.

```
Poids moyen de 1000 grains externes.   34,1
   —      pour 1000 des amandes............   24,6
   —         —     des écales................    9,5
Rapport pour 100 de l'amande............   72,1
```

Ces avoines renferment comme impuretés : *nielle, orge,
avoine folle, vesce, lin, séné.*

L'avoine blanche de Samsoum est une forme analogue
à la précédente mais à grains généralement plus nourris
et plus pesants.

```
Poids moyen de 1000 grains externes....   37,16
   —      pour 1000 des amandes............   27,1
   —      pour 1000 des écales................   10,06
Rapport 0/0 de l'amande................   73
```

Pour résumer nous présentons dans le petit tableau
suivant les caractères les plus saillants des principales
avoines étrangères, avec leurs impuretés les plus typiques.

PRINCIPAUX CARACTÈRES DES AVOINES ÉTRANGÈRES

Classe	Sous-catégorie	Caractères	Dénomination
AVOINES BIGARRÉES Mélange d'avoines à grain blanc et à grain brun plus ou moins foncé *Poids de 1.000 gr. ext.*		Inférieur à 30 grammes. Ecales pesant 7 à 8 grammes pour 1.000 grains. Impuretés : *maïs. Pas de nielle, ni vesce, ni millet.*	Avoines bigarrées d'Amérique.
		Supérieur à 30 grammes. Ecales pesant 9 à 10 gr. 5 pour 1.000 grains. Impuretés : *nielle, vesces, millet. Pas de maïs.*	» » de Libau.
AVOINES NOIRES *Grains* *Poids de 1.000 grains*	sans barbes, brun foncé. / *Ecales*	en proportion de 33 à 34 %. avec un poids de 10 à 11 grammes pour 1.000 grains externes. Impuretés : *nielle, vesces, millet.*	» noires de Libau. » » de Russie
		en proportion de 28 %. avec un poids de 9 à 10 grammes pour 1.000 grains externes. Impuretés : *pas de nielle, ni vesce, ni millet.*	» » de Groningue.
	aristés noirs. *Poids de 1.000 grains*	supérieur à 30 gr. Ecales pesant 9 à 11 gr. Impuretés des grains blancs d'avoine orgeuse. *Pas de nielle, ni vesce.*	» » d'Irlande.
		inférieur à 30 gr. Petit grain noir mat avec poils roussâtres. Ecales pesant de 7 à 7 gr. 5. Mélangés de grains blancs de même forme.	» » de la Plata.
AVOINES BLANCHES ou plus ou moins jaunâtres. *Poids de 1.000 grammes externes*	de 30 à 40 gr. / *Grains* blancs jaunâtres ou jaune pâle dans l'ensemble.	Proportion très faible ou nulle d'avoine orgeuse. Grains pesant 31 à 35 grammes. Impuretés : *Grains de maïs.*	» blanches d'Amérique.
		Proportion notable d'avoine orgeuse. Grains pesant 36 à 40 grammes. Impuretés : *Pois potagers, vesces, avoine folle.*	» » du Canada.
		De nombreux grains d'avoine orgeuse. Impuretés : *nielle, vesce, millet rouge.* — *Toutes ces avoines présentent les mêmes caractères physiques et chimiques, et les mêmes impuretés.*	» » de Russie. » de St-Petersbourg » » de Riga. » » de Réval. » » de Libau. » » de Nicolaïef. » » de Courlande.
		de 40 à 50 gr. Pas de grains d'avoine orgeuse. Très peu ou pas d'impuretés. Grain gibbeux plus jaune que les précédents.	» jaune de Groningue.
AVOINE jaune rougeâtre. *Grains*	externes et intermédiaires aristés. les externes pesant de 40 à 52 gr. grains secs. / Poids des écales 13 à 15 gr. Rendement en amande inférieur à 70 %.	Buplevrum protractum. *Krubéra pletophylla. Peu de rapistre oriental.*	» de Tunisie.
		Impuretés. Très nombreux grains de *rapistre oriental.*	» d'Algérie. » rouge d'Afrique. » noire d'Algérie. » de Smyrne. » de Rodosto.
		Poids des écales 12 à 13 gr. Grains moins gros, moins lourds que les précédents pesant de 38 à 40 gr. Impuretés : *Scandix glaberrima.*	» de Chypre.
	externes seuls aristés pesant de 34 à 38 gr.	Poids des grains externes de 34 à 38 gr. Poids des écales, 9 à 10 gr. Impuretés : *nielle, vesce, avoine folle.*	» blanches de Salonique. » » de Samsoum.

CHAPITRE VII

CULTURE DES AVOINES

CLIMAT. — LATITUDE. — ALTITUDE.

Il est impossible de fixer exactement ｜les limites de la culture de l'avoine, les régions situées sous un même degré de latitude étant loin d'avoir le même climat et par suite les mêmes aptitudes pour la production de cette céréale.

L'altitude, les abris naturels, l'exposition, le voisinage de la mer, le régime des vents sont autant de causes qui, en modifiant les conditions climatologiques, empêchent de déterminer nettement l'aire de végétation de l'avoine. D'une façon générale, on considère le 69ᵉ de latitude en Norwège comme l'extrême limite de sa végétation en Europe. Au sud, sa production s'étend au-delà de la Méditerranée, en Algérie et en Tunisie principalement.

Dans ces contrées où toutes les variétés d'avoines de printemps peuvent être semées d'automne, comme nous l'avons indiqué précédemment, nous avons vu cette céréale résister, dans ces conditions, à la sécheresse, sur des sols arides considérés jadis comme ne se prêtant pas à sa cul-

ture. Mais les milieux les plus favorables à la production
de l'avoine sont les régions tempérées, où elle trouve dans
le sol une fraîcheur suffisante, sans avoir à redouter pendant le cours de sa végétation les froids excessifs, les chaleurs torrides, les sécheresses prolongées.

Le climat de notre pays convient très bien à la culture de
l'avoine; toutefois, elle est loin d'y donner partout les
mêmes résultats. Aussi la répartition de cette céréale dans
les diverses régions est-elle fort inégale, il en est de même
du rendement moyen et de la qualité du produit obtenu.

Si nous considérons les surfaces ensemencées au nord
et au sud d'une ligne passant par La Roche-sur-Yon, Châteauroux et Lons-le-Saulnier, nous trouvons, pour une
moyenne de 10 années 1882 à 1892, 2.738.560 hectares pour
la partie septentrionale et 1.066.930 hectares pour celle
située au midi, c'est-à-dire un excédent de 1.671.630 hectares
pour la région dont le climat est mieux approprié à la production de l'avoine.

Dans le Midi, cette céréale est remplacée en partie par
l'orge, qui a l'avantage d'être beaucoup moins sensible à la
sécheresse; nous ferons toutefois remarquer que l'avoine
est susceptible d'y donner de très bons résultats, si elle y
est semée de bonne heure, dans des terres saines ayant
suffisamment de fraîcheur.

L'avoine se cultive à des altitudes fort diverses; ainsi,
dans le Midi de la France, elle peut végéter, *à bonne exposition*, jusqu'à 1.500 mètres d'altitude, tandis que plus au
nord, sa culture est impraticable au-delà de 4 à 500 mètres.
L'exposition est, à ce point de vue, un facteur très important; ainsi, dans les montagnes des Alpes et des Pyrénées,

les avoines sont cultivées avec succès sur le versant sud jusqu'à une altitude de 1.200 mètres, tandis que, sur le versant nord de ces montagnes, la limite de leur culture est à environ 1.000 mètres d'altitude.

FROID

Les avoines de printemps, telles que nous les avons définies (voir page 7) ont rarement à souffrir du froid ; quant aux variétés d'hiver, contrairement a une opinion très répandue, leur culture est possible non seulement dans le midi et l'ouest de la France, mais aussi dans l'est et le nord.

Mais pour qu'il y ait chance de réussite, il est d'abord nécessaire, dans les départements où les hivers sont parfois rigoureux, de choisir des races d'hiver bien acclimatées et de n'employer comme semence que des grains provenant de cultures ensemencées d'automne et faites dans des régions plus froides ou au moins similaires comme climat. Il est enfin également nécessaire de leur réserver des terres saines, car elles ne sauraient résister, dans celles ayant un excès constant d'humidité pendant l'hiver. Pour cette raison, il est bon de disposer en billons les champs qu'on leur destine, quand les terres ne sont pas suffisamment perméables.

Les avoines résistent généralement bien aux froids intenses si, au moment où ces derniers sévissent, la terre est sèche, au moins dans les couches superficielles, ou encore si les plantes sont protégées par une couche de neige suffisamment épaisse.

Dans les Ardennes, où le climat est très rude, les avoines d'hiver acclimatées paraissent avoir une résistance au froid analogue à celle des blés d'origine méridionale ou anglaise, tels que les blés Riéti, Touzelle anone, Talavera de Bellevue, Victoria blanc, Richelle blanche hâtive, Hallet, Prince Albert, ou certains blés poulards, tels que les blés Pétanielle blanche, Poulard à 6 rangs, Poulard d'Australie.

L'inconvénient le plus sérieux pour les avoines d'hiver n'est pas tant l'intensité du froid que les alternatives de gels et de dégels qui déterminent le soulèvement et le déchaussement des plantes. C'est ce qui s'est produit dans l'hiver 1899, où une gelée, survenue brusquement à la suite d'une pluie, a soulevé la couche superficielle du sol et détruit par — 8° des avoines qui avaient supporté l'hiver précédent une température de — 16°. L'avoine grise d'hiver elle-même, bien que plus rustique que l'avoine noire d'hiver, a été aussi complètement détruite.

Il en a été, du reste, de même cette année là pour beaucoup de variétés de blés, à l'exception de ceux qui ont été semés très tardivement ou qui possèdent une résistance exceptionnelle au froid, comme les blés rouge de pays, rouge d'Alsace et rouge de Lorraine. Ces trois variétés se sont admirablement comportées, présentant sous ce rapport, une supériorité incontestable sur les autres races généralement cultivées.

SÉCHERESSE

L'excès de sécheresse est très préjudiciable à l'avoine. Tous les agriculteurs se souviennent encore des effets désastreux de la sécheresse de 1893 qui se prolongea pendant presque toute la période de végétation des avoines de printemps. En sols légers et pierreux, la levée fut nulle ou très défectueuse; presque partout, en sols non irrigables, les plantes restèrent rabougries, la grenaison fut imparfaite, la maturation irrégulière et le rendement très mauvais.

Les statistiques officielles accusèrent un rendement de 64.538.000 hectolitres, alors que le rendement de la dernière période décennale avait été de 89.607.000 hectolitres et celui de l'année 1892 de 86.854.487 hectolitres. Le déficit fut estimé dans l'ensemble à plus du tiers du produit; le rendement moyen ressortit à 16 h. 90 par hectare, alors qu'il avait été de 23 h. 83 pendant la période décennale.

On ne peut trouver un exemple plus frappant des effets préjudiciables de la sécheresse qu'en examinant les documents de cette année néfaste.

Dans les sols des pays tempérés exposés à la sécheresse, il faut avoir recours aux avoines d'hiver, parce qu'elles acquièrent pour le printemps une vigueur leur permettant de mieux résister à l'insuffisance d'humidité, et aux avoines très hâtives de printemps, que l'on sème alors aussi matin que possible, afin que la maturité s'effectue avant l'époque des grandes chaleurs.

En Algérie, de même qu'en Tunisie, dans les endroits où la sécheresse est à craindre, il est indispensable de semer en novembre au lieu d'attendre les mois de décembre ou de janvier, ainsi que cela se fait dans certaines régions privilégiées du midi de la France. Enfin, comme il est prouvé qu'une bonne fumure et des labours profonds se prêtent mieux à satisfaire les exigences de l'avoine au point de vue de l'humidité, il y a lieu de tirer partie de cette remarque dans les pays chauds ou cette céréale est exposée aux excès de sécheresse.

CHALEUR

Pour l'avoine, comme d'une façon générale pour toutes les plantes, il existe, au point de vue des radiations caloriques ou plus simplement de la chaleur, trois températures critiques à considérer :

1° Une certaine limite inférieure, au dessous de laquelle la vie de la plante ne se manifeste pas, restant ou retournant même à l'état latent. Cette limite inférieure est, pour l'avoine, d'environ 6° au-dessus de 0°, sensiblement la même que pour le blé; c'est dans le voisinage de cette température que peut s'effectuer la croissance du germe ou que la plante semée d'automne peut, au printemps, recommencer à végéter.

2° Une température où la croissance se manifeste avec un maximum d'énergie; la meilleure possible, c'est l'optimum de température de + 27 à 28°, pour les avoines.

3° Enfin, une certaine limite supérieure, au-dessus de laquelle la vie de la plante ne se manifeste plus, retourne ou reste à l'état latent; cette température critique serait voisine de + 42°.

Pour accomplir toutes les phases de sa végétation, l'avoine doit recevoir une certaine quantité de chaleur qui, d'après les expériences qui ont été faites, serait comprise entre 1500 et 2000°.

Le tableau suivant résume un certain nombre d'observations que nous avons faites en 1898, à ce sujet, sur diverses variétés d'avoines.

D'après ce tableau, nous voyons que les diverses variétés présentent des exigences fort différentes au point de vue du nombre de calories nécessaire pour arriver à la flo-

NOMS DES VARIÉTÉS	NOMBRE DE DEGRÉS du semis à la floraison.	NOMBRE DE DEGRÉS de la floraison à la récolte	NOMBRE DE DEGRÉS total.
Précoce de Mesdag	1.032	559	1.591
Blanche de Pologne	1.130	617	1.747
Blanche de Ligowo améliorée.	1.183	599	1.782
Noire hâtive d'Etampes.......	1.183	681	1.864
Noire de Hongrie.............	1.329	574	1.903
Jaune de Flandre.............	1.435	553	1.988
Jaune géante à grappes.......	1.435	553	1.988

raison; nous remarquerons, d'autre part, que de la floraison à la maturité, c'est-à-dire pour mûrir leur grain, les diverses variétés d'avoines ont sensiblement besoin de la même quantité de chaleur.

Lorsque des coups de chaleur surviennent, comme dans le courant de l'année 1899, entre la floraison et la maturité, il se produit ce que l'on appelle l'*échaudage*; l'avoine languit, sèche sur pied, et meurt ou ne donne qu'un grain maigre, de faible valeur nutritive, inutilisable comme semence.

On a remarqué que ce sont surtout les avoines cultivées en terre légère qui sont échaudées, alors que dans les terres profondes et fraîches elles ne sont que peu ou pas atteintes, bien que les coups de chaleur et de soleil soient les mêmes pour toutes. Il semblerait en résulter que cet accident, souvent fort préjudiciable, doit être surtout attribué à une rupture d'équilibre entre l'absorption par les racines et l'évaporation par les feuilles; dans les terres légères, la réserve en eau étant vite épuisée en temps de sécheresse, la feuille tend à évaporer plus d'eau qu'elle n'en reçoit des racines, et on a des avoines échaudées.

L'échaudage est fréquent dans les régions méridionales où les chaleurs sont intenses. Dans la région du Nord, cet accident est à craindre lorsque la végétation est retardée et que l'on emploie des variétés tardives.

Il en résulte que, pour prévenir l'échaudage, il convient de semer, de bonne heure en terre bien fumée, des variétés précoces, et d'éviter une végétation exubérante qui retarde la maturation. Afin d'atteindre ce but, il est prudent, au lieu d'employer exclusivement des engrais azotés, de forcer, au contraire, la dose des engrais phosphatés, qui influent non seulement sur le départ de la végétation, mais aussi sur la maturation.

HUMIDITÉ. — TRANSPIRATION

L'avoine préfère les sols frais, sans excès d'humidité, dans lesquels ses racines trouvent à leur disposition l'eau nécessaire à l'alimentation de la plante ainsi qu'à la transpiration qui s'opère par les feuilles.

Les recherches de M. Risler en France, et de J.-B. Lawes en Angleterre, démontrent qu'il faut à l'avoine, pour élaborer un gramme de matière sèche, plus de 250 grammes d'eau de transpiration, proportion considérable qui représente, par hectare, pour une bonne récolte, plus de 1400 mètres cubes d'eau transpirée. Mais d'autre part, les belles expériences d'Haberland, de Lawes, de Dehérain et de Sachs prouvent que cette évaporation est beaucoup moindre quand il s'agit de terres bien fumées, riches en humus, fertilisées par des apports de sulfate de chaux, de nitrate de potasse et de sulfate d'ammoniaque.

Ces remarques sont précieuses, surtout pour les colons du nord de l'Afrique, dont les récoltes sont si souvent perdues par le manque d'eau, et qui devraient s'efforcer de remédier, dans la mesure du possible, à cet inconvénient par un emploi plus judicieux des engrais.

Pluies. — L'excès de pluie, au moment de la floraison, entraîne la poussière des étamines ou pollen; par suite, les fleurs avortent, et il se produit *la coulure*.

Une humidité trop grande, lorsque le grain est encore à l'état laiteux, est préjudiciable au poids ainsi qu'à la valeur nutritive de l'avoine.

Enfin, les pluies pendant la moisson sont rapidement désastreuses pour cette céréale. Elles l'empêchent d'achever complètement sa maturation, provoquent une coloration défectueuse du grain, quelquefois même sa germination, et déterminent finalement une altération plus ou moins accentuée de la paille qui, de ce fait, perd beaucoup de sa qualité et de sa valeur.

VENTS — ORAGES — [GRÊLE

Les vents violents qui dessèchent la terre sont très contraires à l'avoine pendant sa première période de végétation. Ils nuisent aussi aux semis de graines fourragères effectués dans cette céréale.

Les orages, les trombes d'eau, les grands vents accompagnés de fortes pluies, causent *la verse*, principalement dans les champs semés trop drus ou trop copieusement pourvus d'éléments fertilisants qui provoquent un développement exagéré.

Les semis trop drus seront évités en employant les quantités de semences indiquées plus loin. Quant à l'exubérance de végétation, elle peut être prévenue en faisant précéder l'avoine par des cultures épuisantes. D'autre part, la verse est empêchée ou atténuée par le choix d'avoines à paille raide et l'emploi d'engrais phosphatés, qui augmentent la résistance et la rigidité des tiges.

Si l'humidité se prolonge après la verse, l'avoine se tasse, s'échauffe, fermente, noircit, et finalement pourrit dans les champs. Cet inconvénient se produit le plus rapidement dans les terres sales, où les mauvaises herbes prenant le dessus, empêchent la circulation de l'air tout en entretenant l'humidité.

Lorsque la verse arrive plus d'un mois avant la moisson et qu'il n'y a pas espoir de voir les tiges se redresser, il est préférable de se décider de suite à tirer parti de la récolte comme fourrage. Si, au contraire, elle survient peu de temps avant l'époque de la maturité, sur des terres qui ne sont pas infestées de mauvaises herbes, on laisse généralement la récolte mûrir, mais alors le grain n'est pas susceptible d'être employé comme semence. Ce grain est d'ailleurs le plus souvent mal développé, pas assez mûr, léger et de mauvaise couleur.

La grêle produit des ravages plus rapides et plus terribles que les fortes pluies, en meurtrissant ou en brisant les

tiges et les panicules, en hachant parfois le tout de telle façon
que la récolte est entièrement détruite, ce qui ne laisse que
la ressource de l'enfouir par un labour, pour faire place à
une culture dérobée, s'il est encore temps (ainsi que cela
arrive lorsque l'avoine cultivée est une variété hâtive), ou
à des semailles d'automne si la saison est trop avancée.

Place de l'avoine dans l'assolement

Sic quoque mutatis requiescunt fœtibus arva.
La terre se repose en changeant de production.

(VIRGILE).

Par sa facilité d'adaptation aux divers sols, sa rapidité
de végétation, sa faculté de remplacer les emblavures d'automne détruites pendant l'hiver, l'avoine est peut-être la
céréale qui se prête le mieux à être introduite dans l'assolement. Elle a de plus l'avantage de se succéder au besoin
à elle-même, de réussir sur défrichements, de tirer parti,
lorsqu'on sait choisir les variétés avec discernement, des
terres riches comme de celles de fertilité médiocre. Se
prêtant à des combinaisons multiples, il en résulte qu'elle
entre dans les formules les plus diverses, ainsi qu'il sera
facile de s'en rendre compte en examinant les assolements
que nous allons indiquer.

Mais avant de passer en revue ces assolements différents,
susceptibles d'être eux-mêmes variés à l'infini, nous répé-
terons encore une fois ce que nous avons dit dans d'autres
publications, c'est que ces formules générales ne doivent
être considérées que comme de simples indications. Il est

évident, par exemple, que le même assolement ne peut être applicable sur les sols riches de la Flandre et sur les terres pauvres de la Champagne, chez un Agriculteur exploitant son domaine et chez un Fermier n'ayant qu'un bail de courte durée.

Les assolements ne sont donc pas régis par des règles fixes, puisqu'ils dépendent des influences physiologiques, culturales, économiques et météorologiques qui agissent sur l'exploitation agricole. Ils doivent être établis en s'inspirant des règles générales suivantes, énoncées par le Comte de Gasparin :

Loi dérivant de la nécessité d'ameublir le sol ;
— — de nettoyer le sol et d'éliminer les insectes nuisibles ;
— de l'épuisement du sol et de l'ordre dans lequel les plantes doivent se succéder ;
— des forces disponibles aux diverses époques de l'année ;
— du bénéfice réalisé sur les cultures de l'année ;
— des avances à faire pour les cultures diverses ;
— des moyens d'utilisation et de vente des récoltes ;
— des exigences météorologiques des plantes et de l'influence du climat ;
— de la nature du sol ;
— de la possibilité d'accéder sur les terres en temps opportun.

L'assolement modèle n'existe pas ; tel assolement qui est bon à une place peut être détestable à une autre.

Il est donc nécessaire que chaque Agriculteur établisse, après tâtonnements prudents, le meilleur assolement pour le milieu dans lequel il cultive, et, au lieu de le considérer comme immuable, qu'il soit toujours prêt à y apporter des changements, si les besoins de la consommation se modifient.

Ceci posé, nous allons examiner les principaux types d'assolement (1), qui comportent une ou plusieurs soles d'avoine.

Assolement biennal. — Cet assolement, qui est le plus anciennement connu, présente des inconvénients nombreux. Par suite du retour trop fréquent de la même plante et de la réapparition des mêmes mauvaises herbes, il tire un mauvais parti des ressources de la terre.

L'alternat d'une avoine et d'une jachère n'est plus employé que dans les pays déshérités où de culture très arriérée.

L'assolement biennal ne présente des avantages que dans des cas spéciaux comme il s'en rencontre dans les pays de culture industrielle. Cette dernière reçoit la fumure ; la seconde sole est réservée fréquemment à une céréale, mais plutôt au froment qu'à l'avoine.

Assolement triennal. — Répandu encore maintenant dans un assez grand nombre de régions, cet assolement, qui est préférable au précédent, est connu depuis fort longtemps, puisqu'au neuvième siècle, Charlemagne, dans ses Capitulaires, conseillait aux Intendants des domaines royaux de suivre l'assolement suivant : 1re année, jachère ; 2e année, blé ; 3e année, avoine.

Ce système avec jachère complète, ou demi-jachère et cultures dérobées, fut assez suivi jusqu'au seizième siècle.

---

(1) Un certain nombre d'exemples ont été pris dans les deux excellentes publications suivantes : *Dictionnaire d'agriculture* de MM. Barral et Sagnier (Librairie Hachette, à Paris) et *Maison rustique du* xixe *siècle* (Librairie agricole de la Maison rustique, à Paris).

mais il est nécessaire, pour nettoyer le sol et maintenir sa fertilité, de donner plusieurs labours à la jachère et de fumer.

On comprendra facilement que cet assolement, comme d'autres indiqués plus loin. doit être soutenu par des cultures fourragères.

En sol pauvre, il est préférable à celui de quatre ans. si l'on ne peut donner qu'une fumure, car dans ce cas, l'action de cette dernière ne se prolonge guère au dela de trois ans.

DEUXIÈME TYPE			TROISIÈME TYPE		
1re année :	Froment.		1re année :	Avoine.	
2e »	Avoine.		2e »	Froment.	
3e »	Trèfle.		3e »	Trèfle.	

La fumure se donne en retournant le trèfle.

Ces deux assolements ont l'inconvénient de laisser succéder deux céréales, c'est-à-dire deux récoltes salissantes. qui elles-mêmes sont suivies d'une autre récolte, dans laquelle il n'est guère possible de restreindre le développement des mauvaises herbes et des plantes vivaces. C'est pourquoi, si une demi-fumure était donnée après le blé; il serait préférable d'employer les engrais chimiques, plutôt que du fumier qui introduirait à son tour une certaine quantité de graines étrangères.

L'inconvénient serait moindre cependant, si plusieurs déchaumages étaient opérés à des profondeurs différentes entre la récolte et les semis des deux céréales, car ils nettoieraient le sol, mais rares sont les exploitations où l'on répète les déchaumages.

Le troisième type est adopté de préférence dans certaines terres où l'on craint la verse du froment cultivé sur défri-

chement de trèfle; on sème alors une avoine courte, trapue,
à paille rigide.

<table>
<tr><td colspan="2">QUATRIÈME TYPE</td><td colspan="2">CINQUIÈME TYPE</td></tr>
<tr><td>1re année :</td><td>Pommes de terre fumées</td><td>1re année :</td><td>Choux fumés.</td></tr>
<tr><td>2e »</td><td>Avoine.</td><td>2e »</td><td>Avoine.</td></tr>
<tr><td>3e »</td><td>Trèfle rompu à l'automne</td><td>3e »</td><td>Trèfle rompu à l'automne</td></tr>
</table>

De même que dans les deuxième et troisième types, ces
assolements ont l'inconvénient de ramener trop fréquemment le trèfle. Aussi est-il préférable de l'alterner avec des
graminées productives ou des fourrages annuels à végétation rapide, mais alors, l'assolement devient plutôt un assolement de six ans.

<table>
<tr><td colspan="2">SIXIÈME TYPE</td><td colspan="2">SEPTIÈME TYPE</td></tr>
<tr><td>1re année :</td><td>Jachère fumée.</td><td>1re année :</td><td>Froment fumé.</td></tr>
<tr><td>2e »</td><td>Maïs, millet ou Sorgho.</td><td>2e »</td><td>Avoine.</td></tr>
<tr><td>3e »</td><td>Avoine.</td><td>3e »</td><td>Haricots, fèves, etc.</td></tr>
</table>

Ces assolements ne sont guère usités que dans le Midi.

HUITIÈME TYPE

1re année : Colza fortement fumé. | 2e année : Froment.
3e année : Avoine.

Assolement suivi autrefois en Brie, Beauce, Flandre et
Picardie, mais peu usité maintenant.

NEUVIÈME TYPE

1re année : Plantes sarclées. | 2e année : Fourrages annuels à vé-
gétation rapide.
3e année : Avoine.

Une forte fumure est donnée à chaque période à la plante
sarclée.

DIXIÈME TYPE

1re année : Sarrasin. | 2e année : Seigle ou froment.
3e année : Avoine d'hiver.

La fumure est mise à l'automne, après la récolte de sarrasin ; on sème ensuite le seigle ou le froment d'hiver. L'avoine est parfois suivie d'une culture de navets (navisseaux, nabusseaux, nabrisseaux), se récoltant en fleur au printemps, et laissant la terre libre assez tôt pour la culture du sarrasin. C'est une méthode assez suivie en Bretagne.

Assolement quadriennal. — Il est très répandu et presque toujours préférable au précédent, parce qu'il se prête à une répartition plus rationnelle des engrais et permet de tirer un meilleur parti du sol.

PREMIER TYPE (terres pauvres).		DEUXIÈME TYPE	
1re année :	Jachère.	1re année :	Cultures de printemps fumées.
2e »	Avoine d'hiver.	2e »	Froment.
3e »	Fourrages annuels.	3e »	Avoine.
4e »	Avoines de printemps ou froment.	4e »	Trèfle.

TROISIÈME, QUATRIÈME ET CINQUIÈME TYPES

1re année :	Plantes sarclées fumées.		
2e »	Avoine d'hiver.	Avoine.	Froment.
3e »	Fourrages annuels.	Trèfle.	Betteraves
4e »	Avoine ou froment de printemps.	Céréales d'hiver.	Avoine.

SIXIÈME TYPE		SEPTIÈME TYPE	
1re année :	Cultures fourragères fumées.	1re année :	Froment bien fumé.
2e »	Avoine.	2e »	Plantes sarclées.
3e »	Maïs.	3e »	Avoine.
4e »	Froment.	4e »	Trèfle.

HUITIÈME TYPE		NEUVIÈME TYPE (Tunisie).	
1re année :	Fèves, carottes, tabac, choux, betteraves fumés.	1re année :	Jachère verte.
2e »	Froment.	2e »	Froment.
3e »	Trèfle ou Colza fumé.	3e »	Avoine.
4e »	Avoine.	4e »	Sulla (Sainfoin d'Espagne).

On remarquera que, dans l'assolement quadriennal, la fumure complète est mise généralement sur la première sole, et que l'avoine entre, selon les cas, dans la deuxième, la troisième ou la quatrième sole.

Plusieurs de ces types présentent l'inconvénient existant déjà dans l'assolement triennal, de ramener trop souvent le trèfle qui se sème dans l'avoine. On peut y remédier en l'alternant avec d'autres plantes fourragères.

Les assolements de plus de quatre ans sont beaucoup moins usités que les précédents. Aussi comme cela nous entraînerait trop loin en les publiant, même sans commentaires, nous nous bornerons à en citer quelques-uns, afin de montrer combien l'avoine se prête bien à précéder ou à suivre les récoltes les plus diverses.

Assolements de cinq ans.

	PREMIER TYPE	DEUXIÈME TYPE
1re année.	Plantes sarclées.	Plantes sarclées.
2e »	Avoine ou Froment de printemps.	Froment.
3e »	Trèfle.	Prairie temporaire.
4e »	Froment d'hiver.	» »
5e »	Avoine.	Avoine.

	TROISIÈME TYPE	QUATRIÈME TYPE
1re année.	Froment.	Turneps.
2e	Fourrages annuels.	Orge.
3e »	Plantes sarclées.	Trèfle.
4e »	Avoine.	Froment.
5e »	Trèfle.	Avoine.

	CINQUIÈME TYPE	SIXIÈME TYPE
1re année.	Avoine.	Jachère.
2e »	Betteraves.	Froment.
3e »	Froment.	Trèfle.
4e »	Fourrages annuels.	Froment.
5e »	Froment.	Avoine.

	SEPTIÈME TYPE	HUITIÈME TYPE
1re année.	Jachère.	Colza.
2e »	Seigle.	Froment.
3e. »	Avoine.	Pavot.
4e »	Pommes de terre.	Froment.
5e »	Jachère.	Avoine.

Assolements de six ans.

	PREMIER TYPE	DEUXIÈME TYPE
1re année.	Avoine.	Cultures sarclées.
2e »	Trèfle.	Avoine ou Orge.
3e »	Froment.	Trèfle.
4e »	Plantes fourragères légumineuses.	Froment.
5e »	Froment.	Plantes fourragères légumineuses.
6e »	Cultures sarclées.	Avoine.

	TROISIÈME TYPE	QUATRIÈME TYPE
1re année.	Colza ou lin.	Betteraves.
2e »	Froment.	Froment.
3e »	Plantes fourragères non légumineuses.	Betteraves.
4e »	Avoine.	Avoine.
5e »	Trèfle.	Trèfle.
6e »	Froment.	Froment.

	CINQUIÈME TYPE	SIXIÈME TYPE	SEPTIÈME TYPE	HUITIÈME TYPE
1re année.	Avoine.	Jachère.	Pommes de terre.	Plantes sarclées.
2e »	Trèfle.	Orge d'hiver.	Avoine.	Froment.
3e »	Plantes à enfouir en vert.	Froment.	Trèfle.	Avoine.
4e »	Froment.	Prairie temporaire ou jachère.	Seigle.	Prairie temporaire ou jachère.
5e »	Cultures sarclées.		Lupin à enfouir	
6e »	Plantes pour fourrage ou en grais vert.	Avoine.	Froment.	Avoine.

Assolements de sept ans.

	PREMIER TYPE	DEUXIÈME TYPE	TROISIÈME TYPE
1re année.	Plantes sarclées.	Plantes sarclées.	Pommes de terre.
2e »	Froment.	Froment.	Avoine.
3e »	Avoine.	Plantes fourragères annuelles.	Froment.
4e »	Trèfle.	Avoine.	Luzerne, Sainfoin ou
5e »	Froment.	Trèfle.	Prairie temporaire
6e »	Plantes fourragères annuelles.	Plantes sarclées.	de quatre ans.
7e »	Avoine.	Froment.	

	QUATRIÈME TYPE	CINQUIÈME TYPE	SIXIÈME TYPE
1ʳᵉ année.	Sarrasin.	Betteraves.	Betteraves.
2ᵉ »	Plante industrielle.	Avoine.	Froment.
3ᵉ »	Avoine.	Trèfle.	Trèfle.
4ᵉ »	Lupin à enfouir.	Plante industrielle.	Plantes industrielles
5ᵉ »	Froment.	Froment.	Avoine.
6ᵉ »	Avoine.	Prairie temporaire	Fourrages annuels.
7ᵉ. »	Trèfle.	à base de graminées	Froment.

Il semble inutile de multiplier les exemples, car il est évident qu'en intercalant, dans les formules précédentes, des jachères, des plantes pour engrais verts, des prairies temporaires, des légumineuses fourragères de longue durée (telles que le sainfoin, la luzerne ou l'ajonc marin), des arbrisseaux, etc., il est facile de combiner des assolements avec une ou plusieurs soles d'avoines, beaucoup plus longs que ceux que nous venons de citer.

Des recherches ont été opérées à l'école de Grignon par M. Dehérain, dans le but de déterminer s'il était préférable de semer l'avoine après une plante sarclée ou après le blé. Quoique les résultats de ces expériences ne permettent pas de tirer des conclusions formelles, nous les indiquerons néanmoins, parce qu'ils renferment d'utiles indications pour modifier plusieurs assolements cités précédemment.

Les essais portèrent sur les variétés suivantes : Avoine grise de Houdan, Avoine jaune de Flandre et Avoine blanche de Ligowo, semées après Betteraves, Pommes de terre et Blé. Voici quels rendements on obtint à l'hectare.

	GRAIN QUINTAUX	PAILLE QUINTAUX
Après betteraves	35, 71	71
» pommes de terre	30, 01	44
» blé	29, 05	57

Il résulte donc de ces rendements :

1º Que le rendement le plus fort en grain et en paille fut obtenu après betteraves ;

2º Que le rendement en grain et en paille fut moins élevé après pommes de terre qu'après betteraves, mais qu'il fut d'autre part supérieur comme grain et inférieur comme paille à celui après blé ;

3º Que la récolte après blé fut la plus faible, quoique encore satisfaisante cependant.

De son côté, M. Ernest Menault déclare que : « C'est aussi « une pratique qui a été expérimentée avec succès, de placer « une avoine résistante à la verse avant blé, à la suite de « cultures sarclées, fortement fumées, comme les betteraves « ou les pommes de terre. On a de la sorte tout le temps « nécessaire pour bien préparer le sol déjà raffermi pour « recevoir de l'avoine, tandis qu'en voulant semer le blé « avant l'avoine, l'arrachage des racines n'est pas terminé « assez tôt pour que la préparation du sol se fasse dans de « bonnes conditions pour ensemencer en blé, qui demande « un sol mieux raffermi. »

Enfin, ainsi que nous l'avons dit précédemment, en déchaumant l'avoine à plusieurs profondeurs, de manière à détruire soigneusement les plantes nuisibles, il est possible de nettoyer le sol. Il suffit ensuite d'un labour et d'un apport d'engrais chimiques pour être dans des conditions favorables à la culture du blé.

L'avoine est susceptible de rentrer dans l'assolement, non seulement en semis pur dans les conditions que nous avons indiquées, mais aussi en vue de la production de fourrage à faucher en vert, et comme céréale à semer en mélange avec du blé arrivant à maturation en même temps qu'elle.

L'usage de l'avoine en vert, sur lequel nous reviendrons plus loin, est répandu principalement en Algérie et en Tunisie. Puisque nous avons l'occasion de citer ces deux belles colonies, nous en profiterons pour indiquer en passant, les assolements suivants qui y sont pratiqués :

1re année.	Fèves fumées ou jachère.	Fèves fumées.	Jachère.
2e »	Blé.	Avoine.	Blé.
3e »	Fourrrages.	Pâturage.	Avoine ou Orge,
4e »	Avoine ou Orge.	Avoine.	Fourrage.

Quant aux semis de blé et avoine mélangés, ils paraissent peu répandus. Nous donnons à leur sujet, des renseignements émanant de M. Colombiés, qui a employé ces semis sur sa propriété de Cintegabelle, dans la vallée de l'Ariège, dans des terres silico-argileuses de fertilité moyenne, et qui a vu pratiquer ce mode d'ensemencement à Saverdun, dans la plaine de Mazères, ainsi que chez M. Azema, au domaine de Conté, situé près de la ferme-école de Royat.

« Voici, dit M. Colombiés, ma manière d'opérer : j'associe
« à de l'avoine grise du pays un blé de maturité précoce,
« afin que les deux céréales soient moissonnées à un degré
« convenable de maturité. J'emploie de préférence et par
« égale part, la bladette de Puylaurens et le blé bleu de Noé
« pour mettre avec l'avoine, ayant fait la remarque qu'avant
« la moisson les espèces barbues avaient l'inconvénient de
« s'égrener lorsque, secoués par le vent, les épis de blé
« s'accrochent à ceux de l'avoine. Je fais donc mélanger 2/5
« d'avoine à 3/5 de blé.

« Comme la production moyenne du mélange ou *panaché*

« est supérieure à celle de l'une des deux espèces cultivées
« séparément, ce qui résulte d'ailleurs du tableau de trois
« années d'expériences ci-après, je n'ai appliqué mes
« essais que sur des défrichements de trèfle ou de sainfoin,
« afin de ne pas épuiser le sol et pour éviter l'échaudage
« fréquent du blé semé seul sur une luzernière.

« Il est à remarquer qu'à ces divers avantages ce procédé
« donne encore celui d'éviter la verse ; mes récoltes y sont
« très sujettes, et je n'ai constaté dans les mélanges qu'une
« récolte parfois inclinée mais non complètement adhérente
« au sol ; le dommage est sérieux dès l'instant que la matu-
« ration s'effectue normalement.

« L'époque de la moisson du mélange est à peu près la
« même que celle du blé. Si la proportion des tiges d'avoine
« est sensiblement supérieure à celle du blé, il est pru-
« dent de laisser dessécher pendant quelques heures la
« paille en javelles pour que celle-ci ne s'échauffe pas en
« gerbes.

« Après battage, il ne reste plus qu'à séparer le blé de
« l'avoine, qui, ensemble, pèsent 60 à 65 kilos l'hectolitre.
« Nos trieurs ordinaires effectuent très bien cette opération ;
« deux personnes en une journée passent de 10 à 15 hecto-
« litres de mélange, ce qui augmente le prix de revient de
« 0 fr, 20 à 0 fr. 25 l'hectolitre. L'avoine et le blé sont le plus
« souvent de belle qualité, bien nourris.

« Si parfois cette récolte ne produit pas une aussi grande
« quantité de paille que le blé seul, sa qualité compense ce
« déficit : les bêtes à cornes la consomment très bien, et
« pendant l'hiver elle rend de grands services pour leur
« alimentation.

Production en grain de trois années d'essai du mélange de blé et d'avoine :

	RENDEMENT A L'HECTARE		
	En 1893	En 1894	En 1895
BLÉ.....................	24 hect.	16 hect.	17 hect.
AVOINE	21 —	18 —	16 —

« En 1895, la grêle a enlevé 3/20 de la récolte.

« Ces mêmes terres, semées en blé seul, ne donnaient que « 22 hectolitres à l'hectare. »

Pour terminer cet exposé du rôle de l'avoine dans l'assolement, nous rappellerons que cette céréale est aussi employée à servir de tuteur en quelque sorte à plusieurs plantes fourragères, telles que les vesces, qui nécessitent une plante pour les ramer.

SOLS FAVORABLES. — PRÉPARATION DU SOL

L'avoine n'est pas exigeante relativement au choix du terrain. C'est peut-être la céréale qui tire le meilleur parti des matières fertilisantes qu'il renferme, même lorsque les engrais sont peu décomposés; celle qui supporte le moins mal une culture négligée; celle enfin dont la rusticité et la vigueur de végétation permettent l'adaptation à la plupart des sols.

On la trouve, en effet, dans les milieux les plus différents. Elle est cultivée dans les sols les plus riches, de même que sur les défrichements de forêts, les landes écobuées, les marais desséchés, les savarts calcaires, les sols pierreux et siliceux.

En choisissant judicieusement les variétés, sa production est donc possible dans toute la série des terres lourdes ou légères, fertiles ou ingrates, à la condition toutefois qu'elles ne soient ni trop sèches, ni trop humides.

Les variétés d'hiver principalement demandent des terres bien saines, peu sujettes aux effets désastreux des gels et des dégels.

Le peu d'exigence de l'avoine sous le rapport de la préparation et de la fertilité du sol a contribué à ne pas apprécier assez les avantages qui résultent de bonnes façons culturales jointes à l'emploi judicieux des engrais. On abuse trop souvent aussi de ses aptitudes pour tirer parti de terres défectueuses ou pour remplir les vides d'une rotation.

Un revirement se produit cependant. Il suffit d'examiner plusieurs tableaux publiés dans ce livre, pour remarquer qu'on commence à comprendre qu'elle rembourse largement les soins qu'on lui donne, et que c'est sa bonne culture qui procure le plus grand bénéfice net, ce dernier étant généralement en raison directe de ce que la récolte a coûté.

Les exemples ne sont pas rares que l'on ait tiré de la culture de l'avoine plus de profit que de celle du blé, malgré la plus value du grain et de la paille de ce dernier. Au lieu de nettoyer et d'ameublir insuffisamment le sol, il y a donc lieu de se bien pénétrer de l'idée que sa préparation incomplète est une erreur, une double erreur même, si on sème des graines fourragères dans l'avoine, et que ce n'est excusable que lorsque des intempéries ou certains travaux absolument urgents à l'époque des semailles obligent à limiter les soins à donner.

Le mode de culture varie, selon qu'il s'agit d'avoine d'hiver ou d'avoine de printemps.

Dans les terres sortant de cultures sarclées, il suffit à la rigueur de pratiquer un seul labour, ou de donner un coup de scarificateur, et ensuite de herser pour que le champ soit prêt à être ensemencé.

Pour les avoines d'hiver en particulier, ces opérations sont suffisantes, attendu que le déchaussement risque de se produire dans les terres trop ameublies plutôt que dans les autres. C'est pourquoi, dans les pays à hiver rigoureux, on préfère les terres restées *motteuses*, parce qu'elles se soulèvent moins et que les mottes restantes après l'hiver regarnissent le pied de la céréale en s'écrasant sous le rouleau.

Quant aux avoines de printemps, au contraire, il n'y a pas d'inconvénient à les mettre dans des terres très divisées. « Pour l'avoine d'hiver, dit Barral, on donne un « labour dès le commencement de septembre, en disposant « la terre en petits billons, qu'on trace autant que possible « dans la direction du nord au sud, pour que les rayons « solaires exercent leur action de la même manière de « chaque côté. On sème en septembre-octobre. La semaille « sous raie est très utile dans les terrains où, vers la fin « de l'hiver, l'avoine serait exposée à être déchaussée, ou « bien si l'on sème par un temps sec. En février ou en « mars, on herse les avoines d'hiver, ou bien on les sou- « met à un ratelage, par un temps à la fois sec et doux. Il » est bon de donner aux avoines d'hiver un second her-

« sage dans un sens perpendiculaire au premier. On donne
« par un temps sec des roulages, si les avoines sont en
« terres légères ou pierreuses. Si, vers la fin de janvier (1)
« ou pendant le mois de février, on constate que l'avoine
« d'hiver a souffert des gels et des dégels, on peut semer
« sur les parties les moins fournies de l'avoine très hâtive,
« en la choisissant de telle sorte que sa maturité arrive en
« même temps que celle de l'avoine d'hiver, qui est tou-
« jours fort hâtive. »

L'avoine de printemps se sème :

Sur labour d'automne ou d'hiver,

    »   »   de printemps,

    »   deux labours d'automne ou d'hiver,

    »   labour d'automne ou d'hiver, suivi d'un labour de
printemps.

Si un déchaumage est nécessaire, et s'il n'y a pas de raisons particulières, telle que la crainte du déplacement de
la terre meuble par les eaux, pour le retarder, il est bon de
l'exécuter aussitôt l'enlèvement de la récolte précédente.
Cette opération favorise la germination des graines existantes dans la couche superficielle, accélère la décompo-
sition des chaumes, et provoque la destruction des mauvaises herbes. Si, pour une raison quelconque, l'extirpateur ne peut être utilisé avant l'hiver, il est nécessaire de le
faire à la fin de l'hiver ou le plus tôt possible au printemps.

Lorsqu'on retourne une prairie, le labour a lieu de préférence avant l'hiver, de façon à provoquer la décomposi-

---

(1) On comprendra que cette méthode n'est pas applicable dans les
départements à hivers rigoureux.

ion du gazon pendant la saison pluvieuse. On laboure généralement une seule fois; dans le cas où il serait utile de rendre un second labour, il ne devrait être que très peu profond, afin d'éviter de ramener à la surface des gazons non décomposés, qui entraveraient la semaille.

Dans les contrées où les avoines de printemps se sèment sur un labour seul, il est facile à comprendre que, si les ravinements d'hiver ne sont pas à craindre, la meilleure méthode est de labourer à l'automne, surtout dans les sols compacts, afin que la terre se désagrège sous l'action des gels et des dégels, s'aère, se *mûrisse* comme on dit vulgairement.

Cela permet de herser, semer et rouler plus facilement à l'époque des semailles.

A l'Ecole pratique de Fontaines, des expériences ont été instituées et poursuivies de 1893 à 1900 sur des avoines semées après labour d'automne et de printemps :

Les résultats obtenus ont été les suivants :

SEMIS APRÈS LABOUR de PRINTEMPS			SEMIS APRÈS LABOUR D'AUTOMNE		
RENDEMENT A L'HECTARE			RENDEMENT A L'HECTARE		
années	grain	paille	années	grain	paille
1893	900	1.680	1895	570	1.730
			1896	1.550	2.670
1894	415	1.140	1898	730	1.880
			1899	1.500	2.900
1897	1.600	2.300	1900	630	1.100
moyenne des 3 années	970	1.700	moyenne des 5 années	995	2.050

D'après ces moyennes, les avoines semées après labour d'automne accusent un rendement plus élevé en grain et principalement en paille; ces labours effectués avant l'hiver ont donc une grande importance, et les résultats seront d'autant meilleurs que les labours auront été plus profonds et d'autant plus apparents qu'on aura affaire à un sol plus argileux.

« Une bonne et complète préparation du sol avant l'hi-
« ver, dit Schwerz, a les avantages suivants, qui sont
« incontestables : 1° on a les coudées franches, au prin-
« temps, pour les travaux de la saison ; 2° on peut choisir
« le moment de confier la semaille à la terre, et l'on est
« plus affranchi de la dépendance du temps et des circons-
« tances ; 3° le chiendent et les mauvaises herbes, qui se
« reproduisent de semences, ne peuvent pas faire autant
« de ravages dans les avoines ; le premier n'aime pas le
« sol tassé pendant l'hiver, les secondes germent de bonne
« heure et sont détruites par les gelées ou par les her-
« sages donnés à la semaille ; 4° la terre conserve l'humi-
« dité qui, dans les sols secs et les contrées exposées aux
« vents, est si nécessaire à l'avoine, tandis que les labours
« de printemps contribuent à la lui faire perdre.

« Bien que cette méthode ne paraisse convenable qu'aux
« sols secs et meubles, elle convient aussi aux terrains
« moins légers, même aux terres lourdes, pourvu qu'on
« ait sous la main de bonnes herses à dents de fer, de bons
« extirpateurs, ou de bonnes houes à cheval, pour les
« ameublir au printemps. »

Nous ne parlerons pas de la profondeur à donner aux labours, puisqu'ils dépendent généralement de l'épaisseur de la couche arable.

Dans certains pays, les travaux de fin d'hiver ou ceux de printemps sont forcément restreints, par suite de la nécessité de semer de très bonne heure, attendu que la récolte souffrirait plus de semailles tardives que d'une préparation incomplète du sol; c'est-à-dire que, dans ces cas, entre deux maux, on choisit le moindre.

Ailleurs, au contraire, dans les terres non exposées à l'excès de sécheresse, mais qui sont infestées de mauvaises graines et particulièrement de moutarde des champs (Sinapis arvensis) ou moutarde sauvage, appelée communément moutardière, moutardon, séné, sanve, sénevé, rabanas, raveluche, il y a lieu de retarder la semaille jusqu'après l'apparition des plantes nuisibles, afin de les détruire préalablement par des scarifiages ou des hersages.

Si la moutarde des champs ne peut être éliminée de cette manière avant le semis de l'avoine, on la détruit, une fois développée, en l'arrachant à la main sur les petites surfaces, et en ayant recours aux essanveuses mécaniques ou aux solutions cupriques s'il s'agit de grandes surfaces.

Pour terminer ce qui concerne la préparation du sol, nous rappellerons les règles générales suivantes, données par le docteur Schweitzer, il y a bien longtemps, il est vrai, à une époque où les instruments *perfectionnés* pour travailler et ensemencer la terre n'existaient pas encore. Ces conseils, restés justes dans l'ensemble donneront une idée de l'importance que certaines personnes attribuaient il y a plus de cinquante ans, à la bonne culture du sol destiné à la production de l'avoine :

1° Lorsqu'on peut attendre avec certitude un bon rendement de l'avoine de printemps, il faut, avant tout, régler les façons à lui donner sur la culture précédente et la nature du sol.

2° Si le sol est lourd et si la culture précédente était une céréale, il faut rompre le chaume en automne et donner au moins, un labour au printemps, semer sur le sillon brut, ou, dans le cas où il serait trop grumeleux, après un hersage, et enfouir à la herse.

3° Dans les mêmes circonstances, si l'on a le temps et si le sol est infesté de chiendent, il faut donner deux labours au printemps, et mieux, si le terrain n'est pas infesté de chiendent, donner le second labour et enfouir la semaille avec la charrue à butter; fallût-il retarder un peu la semaille pour pouvoir donner ces façons, on s'en trouverait toujours bien.

4° Si le sol est meuble, sec, mais en force, quand même il s'y trouverait une certaine quantité de mauvaises herbes se reproduisant de semence, il ne faut pas labourer au printemps, mais semer l'avoine sur les sillons d'automne et l'enfouir à la herse.

5° Dans les mêmes circonstances, l'avoine réussit encore mieux lorsqu'on a donné deux labours avant l'hiver.

6° Dans le cas où un sol labouré deux fois avant l'hiver, et, à plus forte raison, un sol labouré une seule fois, aurait été tassé par les pluies ou par l'effet d'un hiver défavorable, un labour serait nécessaire au printemps; néanmoins, conviendrait-il, si le sol était meuble de sa nature, d'enfouir la semaille à la charrue.

7° Si le sol est très humide et si l'automne est assez pluvieux pour rendre les labours difficiles, ou pour qu'on ne puisse les donner bons, il faut laisser reposer la charrue et ne rompre le chaume qu'après l'hiver, pour semer l'avoine sur le sillon brut dès les premiers jours favorables du printemps et l'enfouir à la herse.

8° Après les cultures sarclées de toute espèce, lorsqu'on a labouré avec soin en automne, il ne faut pas se servir de la charrue au printemps, mais tout au plus du buttoir, et n'enfouir qu'à la herse. Il n'y a d'exception à ce prétexte que pour les sols lourds et très humides.

9° Après les plantes à cosses, excepté dans les sols légers, il convient de donner encore un labour au printemps, parce que ces plantes laissent le sol très tassé et assez humide.

10° Après le trèfle, il ne faut donner qu'un labour, soit avant, soit après l'hiver. Pour les sols légers, mais sujets à être tassés par les pluies, le labour à la fin de l'hiver convient mieux que le labour d'automne.

11° Après un trèfle de plus d'un an, dont le chaume est ordinairement rempli de chiendent, il ne faut qu'un labour, mais en faisant passer deux charrues de suite dans le même sillon, c'est-à-dire un double labour.

12° Les chaumes d'esparcette et de luzerne doivent être rompus avant l'hiver. Il en doit être de même des défrichements, à moins que le sol ne soit humide par sa situation. On ne doit pas donner d'autre labour au printemps.

13° L'avoine aime une terre profondément ouverte, mais qui a eu le temps de se rasseoir, autrement, elle est disposée à verser; c'est pourquoi elle paye généralement bien le travail à la herse qu'on lui donne en sus de l'usage ordinaire.

En suivant, dit Schweitzer, ces préceptes, qui sont déduits de l'expérience, on pourra compter sur des récoltes d'avoine aussi abondantes que le comportera la force du sol, et le plus souvent, on tirera plus de profit de sa culture que de celle de l'orge.

CHAPITRE VIII

FUMURE DE L'AVOINE [1]

Disons tout d'abord, en commençant ce chapitre, qu'il n'entre pas dans nos vues de donner des formules types, immuables, pour tous sols et dans les conditions si diverses où est cultivée l'avoine.

Ceux qui ont quelque peu étudié la question des engrais chimiques savent bien que, malgré les dires des charlatans, la panacée-formule unique n'existe pas, capable de répondre invariablement et toujours aux exigences si multiples d'une même plante en des sols si différents eux-mêmes en tant que composition chimique et en des conditions si variées d'assolement, c'est-à-dire de succession de récoltes.

A autant de situations déterminées, autant de formules ad hoc. Comme nous ne pouvons pas envisager tous les cas

____

(1) L'auteur de cette étude sur la Fumure de l'avoine est M. Fiévet professeur départemental d'agriculture des Ardennes. Par ses connaissances approfondies de la question des engrais et sa longue expérience de leur emploi, M. Fiévet était en mesure, mieux que personne, de donner de précieux conseils, qui sont en quelque sorte le développement de l'un des chapitres de l'excellent : *Guide Élémentaire pour l'emploi des engrais chimiques par E. Fagot et F. Fiévet* dont plus de vingt mille exemplaires sont actuellement entre les mains d'agriculteurs. Ce livre, honoré d'une souscription du ministère de l'Instruction publique et d'une médaille d'argent à l'exposition universelle de Paris est en vente au Syndicat des Agriculteurs des Ardennes, 14, rue Tanton-Béchefer, à Charleville, au prix de 1 franc et 1 fr. 15 franco par la poste.

correspondant à des richesses de sols que, seule, l'analyse chimique de ceux-ci pourrait révéler, nous nous efforcerons plutôt d'étudier le rôle des engrais commerciaux vis-à-vis de l'avoine dans ses grandes lignes en restant dans le domaine des choses pratiques et des conditions moyennes de culture le plus généralement observées.

Les avoines sont ou d'automne ou de printemps. Sous le rapport des engrais à leur appliquer, il y aura une distinction à faire, selon qu'on se trouvera en présence des unes ou des autres; nous indiquerons celle-ci en temps utile.

Azote. — L'avoine, comme toutes les céréales-graminées, est très sensible à l'action des engrais azotés, conséquence de ce qu'elle fixe une très faible quantité d'azote atmosphérique. Le sol est donc presque exclusivement appelé à faire face à ses exigences en cet élément.

La richesse du sol en azote se reflète sur l'avoine par une ampleur de sa tige, de ses feuilles rubanées et engaînantes; en un mot, par un développement foliacé particulièrement abondant et une couleur d'un vert foncé, parfois même noirâtre de ces organes, signes caractéristiques qui n'ont certainement pas échappé à ceux qui ont remarqué la végétation exubérante des avoines succédant à prairies artificielles rompues, principalement à la luzerne (qui laisse un sol richement doté en azote.) Ces mêmes phénomènes extérieurs s'observent encore sur des avoines ayant reçu une certaine quantité d'engrais azotés assimiliables, tels que du nitrate de soude, par exemple.

Disons en passant qu'on peut même parfois mettre à profit cette action si efficace de l'azote nitrique sur l'avoine, azote provoquant cet essor rapide de la céréale, pour lui permettre de prendre le dessus, dans cette lutte pour la vie, sur un de ses ennemis végétaux des plus redoutable et des plus commun, le séné (sanve, — *sinapis arvensis*).

L'avoine étant tout particulièrement et si manifestement influencée par l'azote sous cette forme assimilable par excellence, le séné l'étant beaucoup moins, on peut utilement tirer parti de ce fait pour imprimer à la céréale, à sa levée (par environ 100 kilos de nitrate de soude, à l'hectare) un coup de fouet rapide la mettant à même de lutter plus avantageusement contre la maudite crucifère.

Est-ce à dire qu'on devra toujours recourir aux engrais azotés à l'exclusion de tous autres?

Assurément non; et l'on peut même ajouter que l'excès d'azote, outre qu'il constituerait une dépense élevée, (étant donné le prix du kilogramme de cet élément), irait souvent à l'encontre du but. Sous l'influence d'un excès relatif d'azote, c'est-à-dire de beaucoup d'azote en sol pauvre en minéraux (acide phosphorique et potasse), on obtiendrait surtout des tissus foliacés (tiges et feuilles), mais des tissus mous, sans résistance, une plante sujette à la verse (ce qui, disons-le, n'est généralement pas le cas pour l'avoine qui, rarement, se trouve à « bonne table »!) et enfin une grenaison peu abondante qui ne serait certainement pas en harmonie avec le rendement en paille.

On emploiera parfois l'azote, voire même l'azote seul, mais toujours avec sagesse et prudence afin d'éviter les déboires que le moindre excès en ce sens ne manquerait pas de provoquer ; enfin, on n'oubliera pas que l'emploi de l'azote seul n'est jamais économique en sol pauvre en potasse et surtout en acide phosphorique.

Sous quelle forme convient-il d'employer les engrais azotés?

Il en est deux qui sont presque exclusivement à conseiller:

1° Pour les avoines d'automne, le sulfate d'ammoniaque (20 à 21 0/0 d'azote); à la dose de 100 à 150 kilos à l'hectare, entre deux hersages, au moment de la semaille.

2° Pour celles de printemps, le nitrate de soude (15,50 à 16 0/0 d'azote), à raison de 100 à 200 kilos à l'hectare, soit en une application à la semaille comme précédemment, soit à la levée; soit, enfin, par moitié à la semaille et le reste à la levée, selon la nature plus ou moins filtrante des sols.

Sous ces deux états, l'azote est très assimilable. A l'automne, avec le sulfate d'ammoniaque, on n'aura pas à craindre les déperditions par infiltration dans le sous-sol; ce qui ne sera pas absorbé par la plante, de la levée à l'arrêt de la végétation, se nitrifiera au printemps pour faire face aux exigences de la récolte au réveil de la végétation.

Pour les avoines de printemps — qui ont si peu de temps à rester en terre — il faut des engrais rapidement assimilables, sous ce rapport, et pour l'azote, rien ne saurait mieux convenir que le nitrate de soude.

Exceptionnellement, en présence d'anomalies commerciales telles qu'on en constate parfois, si le nitrate de soude, à un cours très élevé, faisait payer le kilo d'azote sensiblement plus cher que le sulfate d'ammoniaque, on pourrait remplacer le nitrate, tout ou partie, par du sulfate d'ammoniaque, en tenant compte des proportions respectives d'azote (15,5 et 20 0/0) des deux produits.

Nous ne conseillons pas les engrais organiques qui, souvent, font ressortir le kilo d'azote à un prix plus élevé que les deux substances précédentes et dans certaines desquelles la nitrification de l'azote est chose trop aléatoire, subordonnée qu'elle est à des circonstances dont on n'est pas maître (fraîcheur du sol, température, etc.). Or une nitrification trop tardive de l'azote a, pour inconvénient, de prolonger au-delà des limites convenables la végétation herbacée de l'avoine, d'en retarder la maturation.

N'observe-t-on pas ce fait dans les sols riches en azote organique, pauvres en phosphore, où l'avoine continue à végéter à une époque où elle devrait être mûre; témoin certaines avoines après luzerne.

En un mot, l'azote en excès relatif et surtout mis tardivement à la portée de l'avoine, en prolonge d'une façon anormale la végétation, au plus grand détriment du résultat.

Pourquoi s'exposer de plein gré à cet aléa par l'emploi de matières organiques azotées, alors qu'on a à sa disposition deux sels (nitrate de soude et sulfate d'ammoniaque) qui réussissent parfaitement.

Il y a quelques précautions à prendre à propos des mélanges d'engrais qu'on pourrait être tenté d'opérer.

Ainsi le sulfate d'ammoniaque ne devra jamais entrer dans une formule en même temps que les scories de déphosphoration de la fonte, et ce, afin d'éviter de notables déperditions d'azote ammoniacal qui ne manqueraient pas de se produire au contact de la chaux vive, libre (oxyde de calcium) contenue dans les scories.

On peut d'ailleurs, dans ce cas, c'est-à-dire lorsque l'on

aura recours à la fois à ces deux produits, employer les scories à l'avance, les enterrer à l'extirpateur ou à la charrue; la chaux des scories se carbonatant en présence de l'acide carbonique du sol, on emploie ensuite le sulfate d'ammoniaque et la réaction précitée n'est plus à redouter.

Enfin, si l'on est conduit à faire emploi simultané de nitrate de soude et de superphosphate, le mélange devra en être fait à peu près au moment de l'emploi; effectué trop longtemps à l'avance, ce mélange aurait le double inconvénient de se reprendre en masse et de provoquer de légères déperditions d'azote.

Acide phosphorique. — Nous avons dit précédemment que l'azote avait une action prépondérante, en tant que phénomènes extérieurs apparents provoqués sur l'avoine; mais que cette céréale ne pouvait payer avantageusement l'azote employé qu'autant que le sol ne manquait pas d'acide phosphorique et de potasse; c'est un point sur lequel on ne saurait trop insister.

En effet, l'acide phosphorique a une action qui, pour être plus discrète que celle de l'azote, n'en est pas moins intéressante.

C'est par lui que les pailles acquièrent de la rigidité, une certaine résistance à la verse; c'est aussi grâce à cet élément que le rendement en grain peut s'élever; la grenaison est, pour ainsi dire, fonction de la richesse du sol en acide phosphorique; une bonne maturation en est encore la conséquence, de même que l'obtention d'un beau grain, lourd, bien nourri.

Les céréales mûrissent plus vite en sol riche en phos-

phore que là où cet élément — et combien souvent! —
n'est fourni qu'avec une bien regrettable parcimonie.]

Le phosphore parachève et complète de façon indispensable l'œuvre des autres éléments; par suite de sa
pénurie dans le sol, il y a mauvaise utilisation de l'azote
et, au point de vue économique aussi, résultat incomplet.

Ne voit-on pas telles avoines, après luzerne, d'une végétation luxuriante, remarquable, donnant un rendement en
paille considérable, mais ne voulant pas mûrir par suite
du défaut d'équilibre entre l'azote qui surabonde et l'acide
phosphorique qui manque?

On serait en droit de compter sur un résultat magnifique
et tout se borne, ou à peu près, à de la paille, beaucoup de
paille et relativement peu de grain.

Il y a eu mauvaise utilisation de ce stock d'azote laissé
par la luzerne et qui, à 1 fr. 50 l'unité par exemple, représente déjà un certain capital; ce dernier est resté partiellement improductif; on ne l'a pas fait fructifier à son
maximum et tout cela, faute d'avoir employé 3 à 400 kilos
de superphosphate représentant une dépense d'environ
25 francs à l'hectare!

Verse à redouter, maturité tardive, grenaison faible; telles
sont les conséquences d'une telle lacune.

En somme, l'acide phosphorique coûte peu (0 fr. 20 à
0 fr. 40 l'unité, selon son état) par rapport à l'azote (1 fr.50
à 1 fr. 70 l'unité) et son rôle est aussi essentiel qu'il est trop
souvent incompris ou ignoré, sans doute parce qu'il n'a
pas le don de produire sur les récoltes de ces démonstrations extérieures de ces coups de baguette de fée dont le
nitrate de soude a le monopole.

Pour les vrais observateurs, pour ceux qui, ne se contentant pas de l'aspect de la récolte, font intervenir la bascule, son efficacité ne fait plus doute.

On ne peut obtenir de bons rendements en grain et une bonne qualité de celui-ci qu'en ne marchandant pas à l'avoine l'acide phosphorique. C'est d'autant plus indispensable que l'avoine vient souvent après des récoltes telles que le blé, qui, déjà, ont appauvri le sol en phosphore.

Autant que possible cependant, on ne devra pas forcer la dose d'acide phosphorique dans un sol où abonde le sené. Les crucifères (choux, colza, navets, moutarde, séné, etc.) sont à tel point favorablement impressionnés par l'acide phosphorique que, sous l'influence de cette substance à dose un peu forte et surtout en sol pauvre en azote, l'avoine ne serait pas la première à profiter de cette application ; car elle est moins directement sensible au phosphore que le séné.

Il arriverait donc que sous l'influence de l'acide phosphorique, dont le séné ferait pour ainsi dire exclusivement son profit, l'avoine serait immédiatement reléguée au second plan et perdue sans retour. Le séné deviendrait gigantesque et l'on serait allé à l'encontre du but.

Nous avons indiqué comment une application d'azote nitrique pouvait faire tourner la lutte au profit de l'avoine.

D'une manière générale d'ailleurs, pas d'engrais chimiques en terres sales, ou alors des sarclages si on veut arriver à un résultat économique et ne pas dépenser son argent à favoriser, par des engrais rapidement assimilables le développement de plantes adventices qui, avec leur très gros appétit et sous l'influence d'un tel régime, prendraient vite le dessus sur la récolte.

Il vaudrait mieux, en pareil cas, ne pas faire le moindre emploi d'engrais et convertir la valeur de la dépense correspondante en façons culturales de nettoyage.

Les engrais chimiques ne peuvent être vraiment rémunérateurs que pour des récoltes en sols propres.

Formes sous lesquelles on emploiera l'acide phosphorique. — Depuis que les scories ont détrôné les phosphates fossiles dans les conditions de milieu où il était indiqué, jusque là, de recourir à ces derniers, il n'y a plus guère que deux formes auxquelles on puisse demander l'acide phosporique; le superphosphate de chaux et les scories de déphosphoration de la fonte.

Dans les sols froids, argileux, manquant de chaux et d'acide phosphorique; dans les sols schisteux, siliceux quartzeux, ou granitiques; dans les sols acides en général (bois, tourbières, prairies défrichées) où croît spontanément la petite oseille (rumex acetosella); dans ces sols en un mot, où les marnages ou chaulages seraient d'une utile intervention, les scories de déphosphoration (14 à 16 0/0 d'acide phosphorique et 40 à 50 0|0 de chaux) semblent chose tout indiquée, à la dose moyenne de 500 à 600 kilos à l'hectare.

Au contraire, dans les bonnes terres à blé, à luzerne, dans ces sols argilo-calcaires où poussent le pas-d'âne (tussilago farfara), le sureau yèble (sambucus ebulus), etc, nous conseillons le superphosphate minéral (14 à 16 0/0 d'acide phosphorique) à la dose d'environ 200 à 300 kilos à l'hectare.

Les scories devront toujours être incorporées au sol à la charrue, puis à l'extirpateur, de façon à en assurer un mélange aussi intime que possible aux particules terreuses; on pourra les employer à l'avance, par exemple à l'automne pour les avoines de mars; la récolte n'y peut que gagner.

Nous avons dit qu'on ne doit pas les mélanger au sulfate d'ammoniaque. Nous ajouterons que, dans les sols riches en matières organiques azotées, il pourrait n'être pas prudent de les employer à haute dose; car sous l'influence de la chaux libre des scories, la nitrification de l'azote (surtout si elle était favorisée par un été à la fois chaud et humide) pourrait aller trop bon train et mettre à la disposition de la céréale une si notable quantité d'azote assimilable que la verse en serait la conséquence fatale (ce pourrait être le cas des landes défrichées de la Bretagne, de la Dordogne, etc, ou abonde l'ajonc, si riche en azote).

Le superphosphate, le phosphate fossile ne présentent pas cet inconvénient, ne contenant pas trace de chaux libre.

Après luzerne, en rompant celle-ci, plutôt donc du super phosphate que des scories (d'ailleurs les sols à luzerne ne sont pas, avons-nous dit, indiqués pour scories) afin d'éviter cet accident provoqué par les scories sur les avoines de sidération.

Pour les landes, bois défrichés, etc, ou bien des scories à dose modérée ou bien des phosphates fossiles à forte dose les deux premières années, puis des scories par la suite.

Le superphosphate peut s'enterrer soit légèrement à la charrue, soit simplement à l'extirpateur ou à la herse.

Potasse. — Parfois, mais plus rarement cependant, on aura à faire intervenir la potasse comme troisième élément de restitution, dans certaines situations spéciales de sols et de culture. Par exemple, dans les terrains crayeux de la Champagne, si pauvres en potasse, ou en sols n'ayant depuis longtemps reçu de fumier de ferme ou enfin, après des récoltes exigeantes en potasse (tabac, pommes de terre, betteraves, etc.).

On a alors recours soit au chlorure de potassium (50 à 52 0/0 de potasse) à la dose de 100 à 150 kilos à l'hectare, soit à la kaïnit (12 à 13 0/0 de potasse) à raison de 400 à 600 kilos à l'hectare.

Comme les engrais phosphatés, les sels potassiques seront enterrés soit à la charrue, soit à l'extirpateur et à la herse ensuite.

— Ces bases jetées, nous allons passer rapidement en revue les diverses situations dans lesquelles l'avoine peut se trouver comme succession de récoltes.

L'avoine est, le plus souvent, traitée en paria, considérée comme pouvant et devant se contenter des conditions les plus médiocres, comme devant produire quelque chose là où d'autres plantes ne donneraient rien.

Elle est la plus mal placée des récoltes, surtout dans l'assolement triennal où elle arrive après blé, en sol épuisé en azote et en acide phosphorique, en sol sale, où elle aura à lutter contre les plantes adventices, lutte de laquelle elle ne sort pas toujours victorieuse; car combien de mauvaises avoines, ressemblant plutôt à des champs de sénés, panais, chardons, mélilots !... où l'avoine n'est plus que la chose secondaire, accessoire, ces plantes lui ayant disputé pied à pied — et souvent avec succès — l'air, la lumière, ainsi que les trop faibles réserves d'aliments que peut encore contenir le sol.

C'est la plus mauvaise situation qui se puisse présenter pour elle.

Les conditions sont sensiblement meilleures après fourrages artificiels, place que l'on donne parfois à l'avoine quand on redoute la verse d'un blé. Rarement vient-elle après une plante sarclée, place le plus généralement réservée au blé, sauf quand on craint de semer ce dernier trop tardivement. Jamais ou à peu près jamais, sur fumier de ferme.

. En somme, l'avoine n'est généralement pas gâtée sous le rapport des engrais ni de la propriété du sol.

Elle vient le plus souvent en fin de rotation (comme dans l'assolement triennal) alors que le fumier appliqué a dû faire face aux exigences d'une plante sarclée d'abord (betterave, pomme de terre, etc), et d'un blé ensuite.

Parfois à table un peu meilleure sous le rapport de l'azote, après artificielles, elle manque encore d'acide phosphorique pour évoluer normalement.

Aussi, son grand pouvoir d'assimilation aidant, au milieu de ces conditions difficiles, la voit-on d'autant plus sensible à la moindre intervention, au moindre apport d'engrais chimiques, et ce serait, peut-être, une des plantes payant le mieux ceux-ci, en sols propres s'entend.

Les rendements sont essentiellement variables, comme les conditions elles-mêmes où est placée l'avoine; on ose à peine dire qu'ils oscillent entre 10 et 60 hectolitres de grain à l'hectare ! Aussi la relation de la paille au grain subit-elle la même élasticité.

Pour fixer les idées, prenons un rendement moyen de 30 hectolitres à l'hectare; ce qui, à raison d'environ 47 kilos l'hectolitre, donne en chiffres ronds :

	Azote	Acide phosphorique	Potasse
1.400 kil. de grain ⎫ contenant ensemble (1)	36ᵏ40	12ᵏ74	35ᵏ60
2.800 kil. de paille ⎭			

Tels sont les éléments exportés par une récolte de cette importance.

Nous l'avons dit, les éléments à fournir au sol dépendent bien de la composition chimique de la récolte à obtenir; mais ils dépendent aussi d'une façon directe :

1° De la composition chimique du sol;

2° Des fumures qui ont été précédemment incorporées au sol;

3° Des récoltes qui ont succédé à ces fumures et qui précèdent l'avoine.

Pour ceux qui possèdent l'analyse chimique de leur sol, nous donnerons plus loin la manière d'interpréter cette analyse (2).

---

(1) D'après les tables de Wolff.

(2) A ceux qui ont la bonne fortune de posséder l'analyse chimique de leur sol, nous indiquons ci-dessous la façon d'interpréter celle-ci.

Une bonne terre à blé (nous dirons aussi à l'avoine) doit, d'après M. Joulie, contenir par hectare dans sa couche superficielle : de 0ᵐ20 d'épaisseur représentant 4 millions de kilos, les quantités ci-dessous d'éléments fertilisants.

    4.000 kilos d'azote.

    4.000   —   d'acide phosphorique.

    10.000   —   de potasse.

Supposons qu'une terre ainsi équilibrée produise 60 hectolitres d'avoine contenant (paille et grain réunis) 71 kil. 200 de potasse.

Supposons d'autre part que l'analyse de notre sol ait donné :

    4.000 kilos d'azote.

    4.000   —   d'acide phosphorique.

    7.500   —   de potasse (au lieu de 10.000),

elle contiendra assez d'azote, assez d'acide phosphorique pour engendrer, elle aussi 60 hectolitres d'avoine; seule, la potasse fera défaut; il en manquera 2.500 kilos.

Il va de soi qu'il ne saurait être question de les fournir à notre sol, ce qui, à 0 fr. 40 le kilo, ferait déjà 1.000 fr.; pour peu qu'en d'autres cir-

Comme nous ne pouvons pas envisager tous les cas, donnons à simple titre de base ou d'indication générale, quelques formules s'appliquant aux conditions moyennes les plus fréquentes et de sol et de fertilité.

Les doses ci-dessous s'entendent à l'hectare.

I. *Avoine de mars après blé ou Avoine sur avoine;* sol médiocre;

100 à 150 kilos Nitrate de soude.

200 à 300 kilos. Superphosphate ou bien 4-500 kilos scories, selon nature du sol. Si le terrain est pauvre en potasse, ajouter:

100 kilos Chlorure de potassium (en mélange à l'engrais phosphaté).

II. *Avoine de mars ou d'automne,* en sol assez riche, en bon état :

150 à 200 kilos Superphosphate ou 300 à 400 kilos scories.

III. *Avoine de mars ou d'automne,* après artificielles rompues : 400 à 500 kilos Superphosphate.

---

constances l'azote et l'acide phosphorique fussent également défaut, on arriverait à des sommes fantastiques !

On tient le raisonnement suivant :

Quand un sol contient 10.000 kilos de potasse à l'hectare, il en abandonne 71 kil. 200 à une bonne récolte d'avoine ;

Quand il n'en contiendra que 7.500, il n'en cédera que $\dfrac{71.20 \times 7.500}{10.000} = 53^k 400$

soit un déficit de 17 kil. 800 de potasse.

Si la plante se déplaçait pour prendre sa nourriture, si elle était douée de fonctions de relations, si en un mot elle était susceptible, dans l'année même, d'absorber la totalité de ce qu'on lui donne d'engrais solubles, il suffirait d'ajouter au sol 17 kil. 800 de potasse.

Il n'en est pas ainsi et on admet en principe que la plante n'absorbe la moitié de ces engrais solubles dans l'année même de leur application.

Il y aura donc lieu de fournir $17,800 \times 2 = 35$ kil. 600 de potasse.

  soit 70 kilos de chlorure de potassium.

  ou 280 kilos de kaïnit.

pour rétablir l'équilibre.

Et on procéderait de même pour les autres éléments, par une simple règle de trois.

Pour les avoines d'hiver, le superphosphate ou les scories, et, le cas échéant, la potasse, enterrés avant la
semaille à la charrue légèrement ou tout au moins à l'extirpateur; puis à la herse. Pour l'azote, si on en prévoit
l'apport indispensable à l'automne, 75 à 100 kilos de sulfate d'ammoniaque enterré à la herse à la semaille. Il sera
encore loisible, au printemps, si l'aspect de la récolte le
comporte, de parfaire l'apport d'azote sous forme, cette fois,
de nitrate de soude (50 à 100 kilos).

Quand on doit semer trèfle, luzerne ou sainfoin dans une
avoine, être très parcimonieux d'engrais azotés ou même
les supprimer radicalement, car ils imprimeraient à
l'avoine un développement herbacé excessif préjudiciable à
l'avenir de la jeune artificielle, à laquelle au contraire des
minéraux (acide phosphorique et potasse) assureraient un
départ vigoureux.

On doit également semer la céréale un peu clair en pareil cas.

Finesse, mélange, épandage des engrais. — Les engrais solubles
à l'eau (nitrate de soude, sulfate d'am-
moniaque, sels potassiques) seront bien
triturés afin d'en pouvoir faire un mélange intime entre eux, le cas échéant,
ou même seulement en vue d'une répartition convenable dans le champ.

Les engrais comme les scories, les phosphates fossiles ou les superphosphates
qui ne sont pas ou ne sont que partiellement solubles à l'eau, devront subir

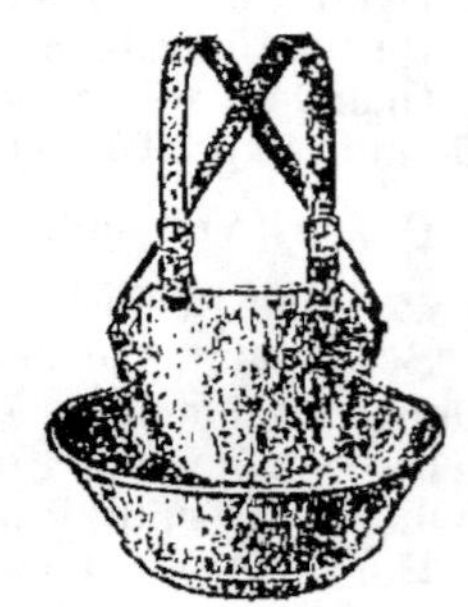

Fig. 74.
*Semoir portatif l'« In-
dispensable »*. (Bras-
seur, à Berry-au-Bac.)

une division aussi complète que possible, de laquelle dépen-
dra, en grande partie, leur rapidité d'action et leur efficacité.

Il importe, au cas de mélange, que celui-ci soit aussi intime et homogène que possible; à défaut de quoi, l'épandage étant même très soigné, la récolte ne pourra être qu'irrégulière.

Que l'on compare, pour se faire idée de cette importance du mélange, en des sols homogènes, la différence d'aspect d'une même récolte, sur une parcelle fumée au fumier (très irrégulier de composition), et sur une parcelle faite à l'engrais chimique.

Que verra-t-on? la première présentera des irrégularités, des taches, tandis que la seconde sera d'une homogénéité parfaite si le mélange et l'épandage n'ont rien laissé à désirer.

C'est là un point essentiel sur lequel on ne peut trop insister : bien mélanger les diverses substances entre elles après division préalable si besoin est. Cette division s'obtient soit à l'aide d'un broyeur de nitrates, soit à la main (le dos d'une pelle ou un pilon et un tamis).

Fig. 75. — *Distributeur d'engrais* » Le Hérisson (FAUL, à Paris).

On verse les substances par couches, stratifiées, puis on les brasse à la pelle à plusieurs reprises sur une aire de grange propre et sèche.

Enfin, il va de soi que l'action des engrais serait incomplète si l'épandage n'en était pas rigoureusement fait. On y procède en semant l'engrais à la volée, par un temps calme, ou mieux à l'aide de semoirs spéciaux ou distributeurs mécaniques d'engrais dans le genre de ceux représentés par les figures 74 et 75.

CHAPITRE IX

SELECTION ET NETTOYAGE DU GRAIN

SÉLECTION

Caractères et avantages d'une bonne semence. — La qualité de la semence joue un grand rôle. C'est pourquoi au lieu d'opérer comme les routiniers qui emploient telle quelle une avoine quelconque prise au tas dans le grenier de la ferme, il est très important au contraire de n'utiliser que de la semence irréprochable.

Comme il est bien évident que les reproducteurs végétaux et animaux transmettent leurs qualités et leurs défauts à leurs descendants, il est rationnel que, quelles que soient les variétés d'avoine adoptées, on choisisse un bon reproducteur-plante avec le même soin qu'un bon reproducteur animal.

Les variétés d'avoines sont nombreuses; elles ont des aptitudes et des exigences diverses. Aussi faut-il commencer par donner la préférence à celles répondant le mieux au milieu de végétation, c'est-à-dire à des variétés appropriées au climat du pays, ainsi qu'à la nature et à la fertilité des sols à ensemencer.

La variété étant choisie, on recherchera de l'avoine nouvelle, de bonne germination, d'espèce très franche, propre,
récoltée à pleine maturité, saine, luisante, régulièrement
grosse et bien nourrie — *ayant de la main* comme disent les
marchands. Il y a donc lieu d'éviter l'emploi de l'avoine
surannée, car sa germination est souvent défectueuse; il
en est de même de celle récoltée trop tôt. Cette dernière se
reconnaît le plus souvent à sa teinte verdâtre ou terne, à
ses grains mal développés, légers ou ridés, qui *glissent
mal*, selon l'expression courante des marchés.

On devra rejeter aussi l'avoine sentant le moisi, germée,
échauffée, charbonnée, renfermant de l'*ergot* (cas assez
rare dans l'avoine), et il sera même prudent d'éviter l'emploi de celle récoltée sur les champs où il y a eu de la verse.
L'avoine à grains très lourds sera préférée, car si le poids
de l'hectolitre ne joue pas un rôle capital dans la nutrition,
en ce sens qu'il n'y a pas, croit-on, de relation fixe entre la
valeur alimentaire de l'avoine et sa plus ou moins grande
densité, il n'en est plus de même lorsqu'il s'agit de semence.

Si la récolte de grain est destinée à être vendue au lieu
d'être consommée par les animaux de la ferme, il y aura
forcément avantage à adopter une variété ayant la couleur
préférée sur les marchés où elle est appelée à être livrée.

Il pourra arriver cependant qu'on soit obligé d'avoir recours à l'avoine surannée. Dans ce cas, il y aura lieu de
déterminer préalablement la germination 0/0, opération
facile qui s'effectue en exposant à une chaleur tempérée des
grains placés soit entre deux petits morceaux d'étoffe ou de
papier spongieux maintenus légèrement humides, soit
dans du sable entretenu avec une fraîcheur constante. La

proportion de germination étant connue, et sachant que celle des semences nouvelles est d'environ 95 0/0, il sera facile de calculer la quantité de semence à répandre par hectare, quantité qui forcément sera d'autant plus élevée que la germination aura été trouvée plus faible.

Il sera bon, afin d'éviter la dégénérescence, tout en obtenant un rendement meilleur, et en facilitant la disparition des herbes adventices ayant de la préférence pour un sol, mais se multipliant difficilement sur un autre, de changer de terrain, c'est-à-dire de semer l'avoine dans des terres qui soient d'une composition différente de celle sur laquelle l'avoine destinée à la semence a été récoltée.

Nous avons recommandé de préférer les grains les plus gros et les plus lourds, mais il sera utile aussi, dans certains cas, lorsqu'il s'agit par exemple de ce qu'on appelle la *semence étalon*, de ne choisir ces grains que sur les pieds à fort tallage, ainsi que le prouvent les expériences suivantes, exécutées sur de l'avoine grise de Houdan par M. Berthault, professeur à l'Ecole de Grignon :

1° Expérience comparative sur grains à une profondeur et à une distance égale, à raison de 400 au mètre carré.

	PRODUCTION AU MÈTRE CARRÉ	
	EN GRAIN	EN PAILLE
Semences des pieds bien tallés.	514 gr.	932 gr.
— — mal tallés..	395 gr.	924 gr.

2° Expérience comparative sur grains enfouis dans les mêmes conditions que ci-dessus.

	PRODUCTION AU MÈTRE CARRÉ	
	EN GRAIN	EN PAILLE
Semences lourdes..............	604 gr.	1182 gr.
— légères..............	494 gr.	1020 gr.

3ᵉ **Expérience** : M. Garola, professeur départemental d'agriculture de l'Eure-et-Loir, ayant fait semer séparément, par quatre cultivateurs, des grains lourds et des grains légers, a constaté que l'augmentation moyenne par hectare donnée par les grains lourds était de 211 kilos par hectare.

On sait que lorsque de l'avoine est projetée sur l'eau, les grains les plus lourds descendent alors que les grains les plus légers surnagent. En semant séparément, mais dans des conditions identiques, les grains recueillis au fond de l'eau et ceux restés à la surface, il a été constaté que les grains les plus lourds donnaient un supplément de rendement oscillant entre 200 et 400 kilos, ce qui confirme bien l'expérience précédente.

4° Résultat d'une expérience comparative opérée avec 400 grains de grosse semence et 400 grains de petite semence.

PRODUCTION AU MÈTRE CARRÉ

	EN GRAIN	EN POILLE
Grosses semences...............	507 gr.	1052 gr.
Petites semences...............	484 gr.	918 gr.

Sélection de l'avoine de semence. — La sélection de l'avoine s'opère de différentes façons; nous examinerons rapidement chacune d'elles.

Sélection à la main à l'époque de la moisson. — Cette sélection, appelée aussi *grande sélection, sélection généalogique, sélection méthodique sur pied*, a le défaut d'être longue, coûteuse et peu pratique lorsqu'il s'agit de recueillir l'avoine destinée à l'ensemencement de grandes surfaces. Par suite, elle n'est guère usitée que dans les cultures expérimentales, dans les champs d'essais, chez quelques spécialistes, et dans les exploitations agricoles où l'on se borne à récolter une petite quantité de *semence étalon*, destinée à être cultivée en lignes, avec des soins particuliers, sur un espace restreint très favorable, dans le but d'obtenir une quantité suffisante pour l'ensemencement de surfaces plus étendues dont la récolte est destinée à servir de semence.

Dans cette méthode, on recueille sur pied, à la main, à la pleine maturité, les plus belles plantes vigoureuses et saines, ayant un fort tallage, et représentant le plus fidèlement possible, comme paille et grain, les caractères de la véritable variété d'avoine que l'on désire obtenir; les plus beaux grains de chaque panicule sont ensuite choisis.

Sélection à la main après la moisson. — Une méthode moins bonne, mais présentant pour les avoines de printemps l'avantage de pouvoir s'opérer à l'époque où les travaux des champs ne pressent pas ou sont même suspendus, est de sélectionner, à la main, postérieurement à la rentrée de la moisson en *prélevant dans les gerbes les plus belles panicules et en choisissant les meilleurs grains de ces dernières.*

Sélection par surbattage. — Une troisième méthode donnant une semence moins parfaite, mais ayant l'avantage d'être plus pratique, car elle permet d'obtenir rapidement et économiquement la semence nécessaire à l'emblavement de grandes surfaces, est ce qu'on appelle le *surbattage*. Il consiste à battre les plus belles gerbes au fléau, sans les délier, en les frappant légèrement d'une façon spéciale, de manière à ne faire sortir que les plus beaux grains.

Après cette opération, les gerbes qui ne renferment plus que les grains de qualité ordinaire sont battues à fond par les méthodes habituelles.

Sélection par immersion. — Lorsque l'avoine est projetée dans l'eau, venons-nous de dire, les grains lourds tombent au fond et les grains légers surnagent. Cette propriété est utilisée, *sur les avoines de variété très pure*, pour obtenir les grains plus lourds destinés à servir comme semence.

« Il suffira, dit M. F. Berthault, d'employer une cuve
« comme celle dont on se sert dans les campagnes pour la
« lessive ou pour la récolte des raisins, d'y mettre de l'eau
« et d'y verser l'avoine destinée à fournir la semence. Une
« partie plus ou moins importante surnagera et sera immé-
« diatement enlevée à l'aide de corbeilles, de cribles ou de
« tamis. Ce déchet, étendu sur le grenier où il séchera
« rapidement, retournera à l'alimentation des animaux; la
« partie qui est tombée au fond de la cuve sera seule réser-
« vée comme semence. Etendue sur une aire et convena-
« blement aérée, elle se desséchera en se gonflant sensi-
« blement. Il est bien entendu qu'on aura déterminé avant
« le gonflement la quantité en volume ou en poids qu'on
« doit répandre sur le champ pour lequel on opère.

« Dans l'exécution de cette immersion de l'avoine, il est
« nécessaire de remuer la semence pour détacher les glo-
« bules d'air qui parfois restent à la pointe du grain à la
« faveur d'une arête plus ou moins développée, d'une glu-
« melle plus ou moins allongée. Sans cette précaution, des
« grains seraient éliminés qui, par leur densité, méritent
« d'être conservés. »

Une autre méthode *par double immersion*, préconisée à l'Ecole d'Agriculture du Cantal comporte les deux opérations suivantes :

1° Immersion dans une solution de sulfate de cuivre à 25 0/0 (densité d'environ 1,14), dans laquelle les grains d'avoine flottent, tandis que les autres grains et impuretés plus denses que l'avoine tombent au fond. Le sulfate de cuivre est choisi de préférence parce qu'il détruit les spores qui pourraient se trouver à la surface du grain (1).

2° Immersion dans l'eau, éliminant les grains moins denses que l'avoine ainsi que l'avoine légère et défectueuse, et débarrassant en même temps la semence d'un excès de sulfate de cuivre. On comprendra que les résidus légers ne sont pas utilisables pour l'alimentation.

Sélection mécanique. — Les moyens indiqués précédemment et à plusieurs desquels tout le monde ne peut avoir recours, ne sont pas très répandus; la sélection mécanique, au contraire, *qui ne doit porter que sur des variétés reconnues préalablement très franches*, se généralise chaque jour.

Elle s'opère au moyen de tarares, de trieurs, ou de la combinaison des deux. Dans la partie relative au nettoyage des avoines, nous parlerons de ces instruments, mais très brièvement, car un volume serait nécessaire si on voulait décrire les différents modèles employés en France et à l'Étranger.

Certains servent spécialement à la préparation de la semence, c'est-à-dire à *l'épuration mécanique*; les autres sont plutôt destinés au nettoyage des avoines de consommation.

La sélection mécanique a, de même que les autres sélections, une influence très grande sur l'abondance de la récolte et la propreté des terres, puisqu'elle permet de

---

(1). Voir également à *Chaulage*.

recueillir une semence composée rien que de grains de choix et exempte d'impuretés.

Il existe encore trop de cultivateurs malheureusement, surtout dans les pays de petite culture, qui ne se rendent pas compte de l'importance de cette sélection ou qui ne la pratiquent pas parce qu'ils trouvent que l'achat d'un trieur est une trop forte dépense. Ils devraient se rendre compte cependant que c'est un instrument qui rembourse rapidement les frais d'achat, d'abord par l'augmentation des rendements, ensuite par l'obtention d'une avoine plus belle et plus propre, se vendant plus cher sur le marché, constituant une nourriture meilleure et plus saine pour les animaux de la ferme, derniers avantages qui, à eux seuls, compenseraient largement les frais de main-d'œuvre et de déchets résultant de l'épuration, et d'autant plus que ces déchets eux-mêmes sont en majeure partie utilisables.

Mais en admettant que dans les contrées de très petite culture un trieur à céréales soit un sacrifice trop lourd pour beaucoup de cultivateurs, c'est le cas de s'associer pour acheter en commun un appareil qui n'a pas besoin d'être très grand, et par conséquent de coûter très cher, pour suffire à trier, en temps opportun, la semence nécessaire à un grand nombre d'exploitations agricoles. Nous connaissons des conseils municipaux qui n'ont pas hésité à doter leur commune de ces instruments si utiles qu'ils mettent à la disposition des cultivateurs, soit gratuitement, soit moyennant une redevance minime ne représentant que les frais d'amortissement et de réparation. Il est à souhaiter que cette excellente méthode se généralise.

NETTOYAGE

Impuretés de l'Avoine — Tarares — Trieurs

Les impuretés de l'avoine. — Après le battage d'une avoine, il existe en mélange avec le grain des corps étrangers qui constituent les impuretés.

Celles-ci peuvent être réparties en trois groupes :

1° les pierrailles et petites mottes de terre, provenant du terrain sur lequel la céréale a été récoltée :

2° les débris de paille ou de panicule, appartenant à l'avoine considérée;

3° les graines et les fragments (capsules, gousses, etc.) des plantes adventices qui se trouvaient dans la récolte d'avoine.

A l'aide d'instruments spéciaux, les **tarares** et les **trieurs**, dont nous donnerons plus loin la description, il est possible d'éliminer facilement la plus grande partie de ces impuretés qui constituent alors les *déchets*.

Dans des déchets provenant d'avoine noire d'hiver de Belgique et d'avoine grise d'hiver cultivées dans notre région, nous avons relevé la composition suivante :

	Avoine noire d'hiver.		Avoine grise d'hiver.
Grains maigres et amandes	67, 6 °/.		87, 0 °/.
Terre et pierre	9, 2 »		2, 32 »
Renoncule des champs	10, 3 »	Pavot des champs	6, 19 »
Ravenelle	7, 5 »	Vescerons et vesce	4, 05 »
Vulpin des champs	3, 4 »	Gaillet	0, 61 »
Gremil, Nielle des blés, vesce-rons, Oseille sauvage, liseron, chiendent, Paturin commun, etc.	1, 67 »	Grains d'orge et capsules de lise-ron.	0, 58 »

Les impuretés que l'on peut trouver dans les avoines sont donc très variables comme proportion et espèces, non seulement d'une région à une autre, leur flore étant généralement fort différente et possédant le plus souvent des espèces propres caractéristiques, mais aussi dans la même région comme le montre bien le petit tableau précédent; elles dépendent en partie de la nature des cultures précédentes et de l'état de propreté du sol après ces cultures.

C'est évidemment dans les récoltes après plantes sarclées que l'on obtient les avoines les plus propres, et par suite le moins de déchet. Pour les belles avoines de semence, on parvient, à l'aide des instruments perfectionnés dont on dispose actuellement, à séparer tous les corps étrangers et à trier mécaniquement les grains lourds de taille régulière, correspondant aux grains externes lourds et bien pleins.

Dans les avoines commerciales courantes où le nettoyage n'est jamais poussé aussi loin, il reste presque toujours une faible proportion de graines étrangères, dont la grosseur se rapproche sensiblement de celle du grain de l'avoine, telles que des *grains d'orge,* de *blé,* de *seigle,* de *vesces,* d'*avoine folle*, parfois aussi quelques *grains de Nielle* et d'*Ivraie enivrante* et des *fragments de cosses de ravenelle*.

L'*Avoine folle* se distingue facilement par sa taille se rapprochant sensiblement de celle des grains d'avoine, par son arête longue, tortillée, et sa glumelle inférieure bidentée, chargée ainsi que la baguette de longs poils roux. Elle est extrêmement répandue dans les terres sèches du Midi et du Sud-Ouest; nous indiquerons plus loin la manière de la détruire.

Les *vesces* que l'on trouve parfois dans les lots d'avoine sont des grains de vesce commune (Vicia sativa).

La *ravenelle* (fig. 66) a une silique ou gousse indéhiscente, qui se désarticule en articles de 3 ou 4 millimètres de diamètre, renfermant une graine ayant beaucoup d'analogie avec celle du radis cultivé avec lequel cette mauvaise herbe a beaucoup d'affinité au point de vue botanique.

La graine de *nielle* (Agrostemma ou Lychnis githago) (fig. 64) est une graine noire de 3^{mm} à 3, 5, bien caractérisée par sa forme légèrement échancrée et déprimée à l'ombilic, et son écorce couverte de nombreuses aspérités avec un aspect chagriné; en coupant ou écrasant cette graine, on trouve à l'intérieur un périsperme d'une blancheur immaculée. Cette graine est très abondante dans les avoines exotiques et en particulier dans celles provenant de Suède ou de Russie.

C'est une graine fort nocive et qui, ingérée en grande quantité par les animaux, peut déterminer des troubles dans la digestion, suivis parfois de mort.

L'*Ivraie enivrante* (Lolium temulentum), est également un poison violent; toutefois, dans les avoines, elle n'est pour ainsi dire jamais en quantité suffisante pour produire des accidents.

Ces graines d'Ivraie enivrante ont énormément d'analogie avec celles du ray-grass d'Italie, dont elles se distinguent principalement par la longueur de leur arête et leurs plus grandes dimensions (7 millimètres sans compter la barbe, tandis que le raygrass d'Italie n'a que 5 à 5^{mm}5 dans les mêmes conditions.

Après avoir ainsi indiqué brièvement les principales impuretés de l'avoine, nous allons décrire sommairement les appareils généralement employés pour les éliminer.

Fig. 76. — *Tarare cribleur ventilateur.*
(Amiot et Bariat, à Bresles.)

Tarares.

Les tarares sont des appareils peu coûteux qui servent à éliminer mécaniquement les matières étrangères que l'avoine renferme, en mettant à profit la différence de poids et de volume de ces matières.

Ceux de la petite culture se manœuvrent à bras; dans la grande culture, ils sont généralement appliqués aux batteuses ou actionnés par un moteur, ainsi que cela a lieu également dans le

Fig. 77. — *Tarare cribleur à vents fermés.*
(Lebouvier, Ménard, Papin.)

commerce et l'industrie, où l'on emploie principalement les *tarares dits à grand travail et à très grand débit*. Il est facile de trouver un tarare répondant à la dépense que l'on peut faire et à la quantité d'avoine à travailler, car les tarares coûtent de quarante à cinq cents francs et traitent de trois à cinquante sacs (1) à l'heure selon leurs dimensions.

Les principaux types employés sont :

Le tarare simple (comportant seulement un ventilateur); le tarare aspirateur; le tarare cribleur avec grilles ; le tarare cribleur avec grilles et cribles en tôles perforées ; le tarare cribleur émotteur, aspirateur insufflateur, cribleur.

Les cribles sont généralement plats et disposés en pente plus ou moins accentuée. Ces instruments ont remplacé à peu près partout le petit *van*, sorte de panier évasé en osier qui, malgré la simplicité, ne donnait de bons résultats qu'entre les mains des personnes ayant acquis par une assez longue pratique, la manière de le bien manœuvrer.

Le principe du lararage (fig. 79) est de faire passer, par l'action

Fig. 78. — *Tarare cribleur.*
(Bauduceau, à Paris.)

d'un ventilateur composé d'une roue à palettes tournant rapidement dans un tambour cylindrique, une colonne d'air à travers une mince couche d'avoine, de façon à chasser les poussières, les balles, les impuretés légères et même les grains d'avoine de faible densité. La force du courant d'air déterminé par les palettes fixées sur l'axe de la roue dépend : de la dimension de l'ouverture (réglable

____

(1) Tarares industriels.

à volonté dans les bons appareils) par laquelle s'effectue l'appel d'air, de la dimension des palettes, et de leur vitesse de rotation. Une petite vanne adaptée à la trémie qui reçoit l'avoine à nettoyer, sert à régler la sortie du grain. Dans les tarares cribleurs, l'action du ventilateur est com-

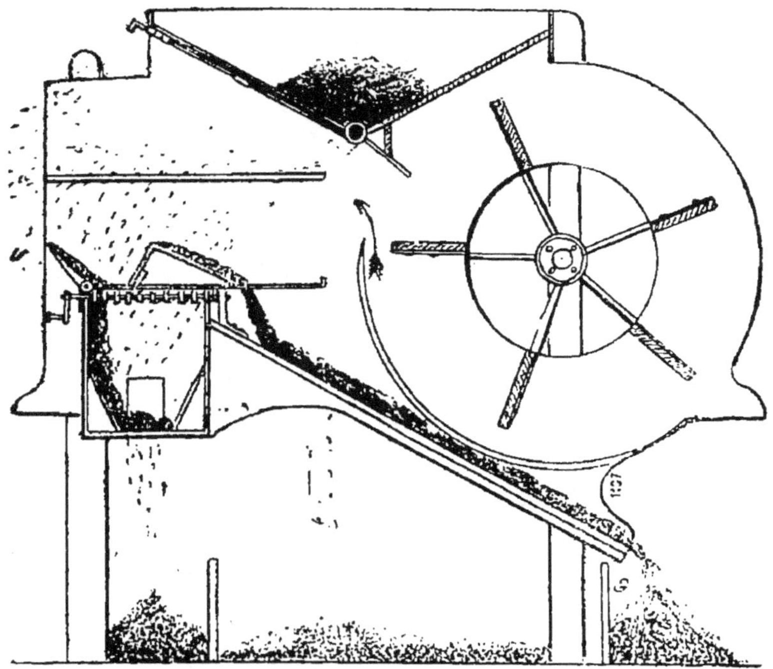

Fig. 79. — *Coupe d'un tarare.*

plétée par celle des grilles ou des cribles, qui éliminent les impuretés trop lourdes pour être chassées par le courant d'air.

L'air (1) est appelé au centre du ventilateur, par des ouvertures percées dans les joues du tambour, et il est chassé à travers le mélange à nettoyer, pendant le pas-

(1) Paul Férouillat.

sage de ce dernier sur le crible émotteur. L'émotteur est formé de grilles suspendues à des liens flexibles (chaînes, courroies, etc.) et légèrement inclinées du dedans au dehors. Elles reçoivent de l'arbre du ventilateur, par une transmission appropriée, un mouvement de trépidation.

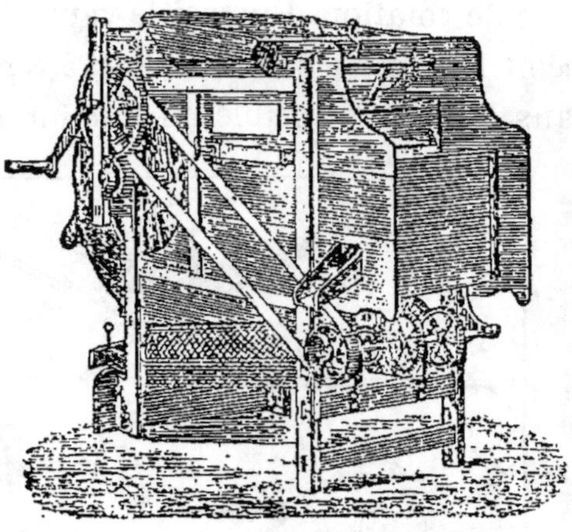

Fig. 80. — *Tarare cribleur à plusieurs cylindres* (2).

Le grain, contenu dans une trémie, tombe en nappe régulière sur ces grilles et, tout en subissant un émottage, il reçoit le courant d'air produit par le ventilateur. Un *ventelle*, permet de modifier à volonté le courant d'air, qui doit toujours rencontrer le mélange pendant sa chute d'une grille sur l'autre de l'émotteur. Ainsi se trouvent séparés les corps plus légers que le bon grain, que le ventilateur chasse au loin, et les corps les plus gros (petites pierres, otons, etc.) qui, retenus sur des grilles, tombent de là au pied du tarare.

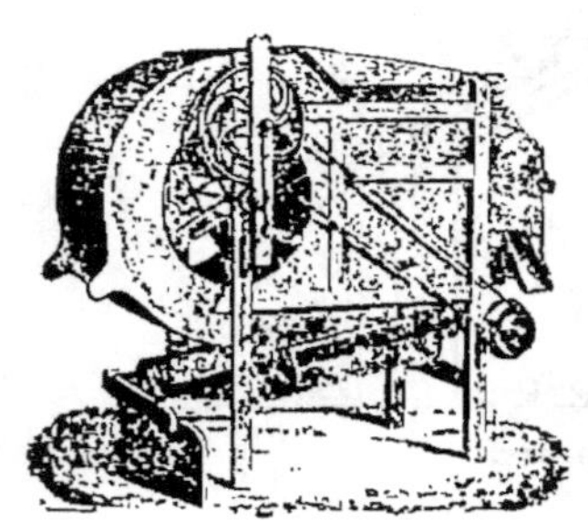

Fig. 81. — *Tarare cribleur à un cylindre* (3).

Le reste du mélange qui a traversé presque verticalement

(2) Modèle de la Société coopérative agricole de la région du Nord, 54, rue Saint-Jacques, Amiens.

(3) Modèle de la maison Amiot et Bariat, à Bresles.

l'émotteur, passe sur un crible incliné, à mailles étroites, animé d'un mouvement de va-et-vient qui opère un criblage. Le bon grain est recueilli au bas du crible, et tous les corps plus petits qui ont pu le traverser, grains cassés, avortés, grains de sable, sont ramassés au dessous. »

Fig. 82. — *Tarare aspirateur insufflateur cribleur.* (Rose frères, à Poissy.)

Les tarares ordinaires ne donnent que de l'avoine insuffisamment nettoyée, tandis que les tarares cribleurs parviennent à fournir de *l'avoine de semence, et de l'avoine marchande,* qui ne risque pas d'être payée moins cher sur les marchés, où la dépréciation de l'avoine est presque toujours supérieure à la moins-value résultant de la présence des impuretés.

Quant aux tarares adaptés aux machines à battre, tout en fonctionnant d'après les mêmes principes que les autres, ils reçoivent forcément des formes particulières exigées par les dimensions de la batteuse et la façon dont elle est construite. Dans ces machines, l'avoine sortant du

Fig. 83. — *Tarare spécial à grand travail pour avoine de consommation.* (Brichard, à Passy.)

contre-batteur renferme des impuretés que le tarare de bourreur élimine en partie, mais, même quand ce premier nettoyage est suivi d'un criblage, l'avoine sortant de la batteuse ordinaire n'est généralement pas assez propre pour la vente et la consommation. Seules les batteuses perfectionnées livrent une avoine directement utilisable, et certaines, dites à grand travail, opèrent non seulement un bon nettoyage mais classent même le grain en plusieurs grosseurs.

Dans les magasins importants, docks, entrepôts, où l'avoine emmagasinée en quantité considérable reste parfois longtemps, et où un seul bateau peut apporter plus de vingt-cinq mille quintaux, le tarare remplit un rôle impor-

Fig. 84. — *Tarare émotteur, et aspirateur à grand débit pour avoines de consommation.* (Rose frères, à Poissy.)

tant : en aérant le grain, en l'empêchant de s'échauffer, de fermenter, de moisir, tout en aidant en même temps à faire disparaître *l'odeur de bateau* et en l'empêchant de contracter *l'odeur de magasin* qui rendent toutes deux la vente très difficile.

Dans le tarare aspirateur (1), le bon grain reçoit d'abord le courant d'air d'un ventilateur qui le débarrasse des balles, des menues-pailles, etc. Il descend ensuite dans une cheminée dans laquelle circule en sens contraire l'air appelé au centre du ventilateur. Le bon grain continue

Fig. 85. — *Cribleur trieur ventilateur.* (Bullot, à Fontenay-les-Louvres.)

sa chute jusqu'en bas, tandis que les poussières et les corps légers, échappés à la ventilation, sont emportés par l'aspiration et recueillis dans un coffre spécial. Une

______

(1) Paul Ferouillat.

soupape règle automatiquement l'intensité de l'aspiration qui pourrait, si elle était trop forte, entraîner les grains eux-mêmes.

Il y a donc une grande différence entre la *ventilation* qui chasse principalement les impuretés légères, et l'*aspiration* qui, agissant par la pesanteur spécifique du grain, retire, outre des impuretés, l'avoine rongée, mal développée, etc.; c'est-à-dire isole

Fig. 86. — *Cribleur aspirateur trieur.*
(Hignette, à Paris.)

les grains avariés ou autres n'ayant pas un poids normal.

La ventilation et l'aspiration sont deux opérations se complétant l'une par l'autre, et qui sont complétées elles-mêmes par le triage.

Trieurs. — Les trieurs ont pour but d'éliminer, par criblage, les impuretés, et de séparer les bons grains d'avoine des mauvais grains, travail qui, dans les appareils les plus perfectionnés, est combiné avec celui de ventilateurs et d'aspirateurs adaptés aux trieurs.

Ils sont susceptibles d'être classés en trois grandes catégories : les *cribleurs*, les *alvéolaires* et les *cribleurs alvéolaires*, selon qu'ils comportent des cribles en métal perforé, des cribles en métal alvéolé, ou les deux réunis.

Fig. 87. — *Cribleur nettoyeur pour avoine de consommation.*

Nous regrettons que le cadre de ce livre oblige à ne consacrer que peu de lignes à ces instruments si utiles, qui constituent l'une des branches de l'industrie agricole où la fabrication française est des mieux représentée et a le moins à envier à l'étranger.

Il existe, en effet, un grand nombre de trieurs français très perfectionnés, qui font un travail parfait, aussi bien pour l'obtention de la semence (sélec-

Fig. 88. — *Trieur diviseur à distribution automatique et aspirateur.* (Moyse et Lhuillier, à Paris.)

tion mécanique dont nous avons parlé précédemment) que pour la préparation d'avoines de consommation très propres et même classées par grosseurs différentes.

On trouve dans les principaux systèmes d'excellents trieurs capables d'effectuer un travail répondant aux besoins de la petite culture, du commerce des avoines et des grandes installations industrielles. Selon leur force, ils sont actionnés à bras ou par moteurs ; ils coûtent de deux cents à quatre mille francs (batteries de trieurs) et débitent de deux à soixante hectolitres à l'heure.

Fig. 89. — *Trieur à alvéoles en une seule partie.* (Marot, à Niort.)

De même que pour les autres céréales, les cribles des trieurs d'avoine, des alvéolaires principalement, ont la forme cylindrique plutôt que la forme plate analogue à celle des sasseurs de meunerie. Ces cribles sont en toile métallique, en gaze spéciale pour tamis, et, le plus souvent, en tôle perforée et en zinc alvéolé. Le zinc estampé n'est guère employé que dans les

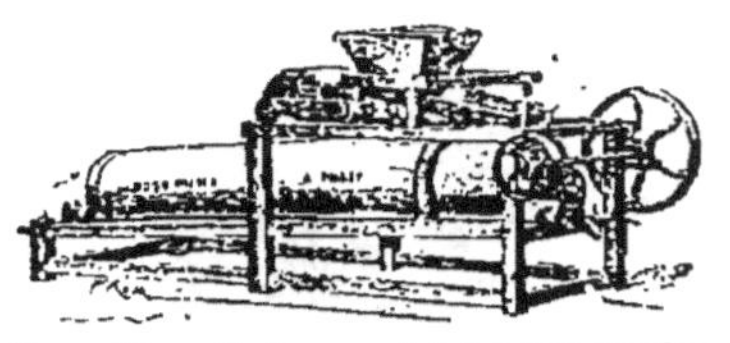

Fig. 90. — *Trieur spécial pour avoine, orge, etc.*

batteuses, la forme particulière du trou facilitant la séparation de la paille et du grain grâce à l'estampage.

Les trieurs sont dits à simple effet ou à double effet : les premiers opèrent la séparation des graines rondes ; les seconds éliminent les graines rondes et les graines longues ; ils sont en une partie ou en deux parties ; c'est-à-dire à dédoublement facultatif.[1]

Les cribleurs (1) sont surtout employés pour calibrer les grains de même nature et pour isoler les grains et les corps étrangers plus gros ou plus petits que le grain à trier. Ces appareils sont formés d'une ou plusieurs grilles en fil de fer ou en tôle perforée, dont les ouvertures varient de forme et de dimensions suivant la nature du grain à traiter et le résultat à obtenir.

Fig. 91. — *Trieur à alvéoles en deux parties, à reprise automatique.* (Clert, à Niort.)

Pour faciliter et pour activer le passage des grains à travers ces ouvertures, on donne aux grilles un mouvement de va et vient, ou un mouvement de rotation, et, par, suite on distingue les cribleurs plans à mouvement alternatif et les cribleurs cylindriques à mouvement rotatif.

(1) Paul Ferouillat. Dictionnaire de l'agriculture (Librairie Hachette).

Le travail du *trieur à alvéoles* (1), est basé sur le principe de la différence de forme des grains à séparer; c'est ce qui explique la perfection avec laquelle il extrait toutes les graines étrangères des avoines et des orges. Ces grains, à leur entrée dans le cylindre qui compose le trieur, sont mis immédiatement en contact avec ses parois formées de zinc alvéolé, c'est-à-dire entièrement garni de petites cases sphéro-coniques, imbriquées les unes dans les

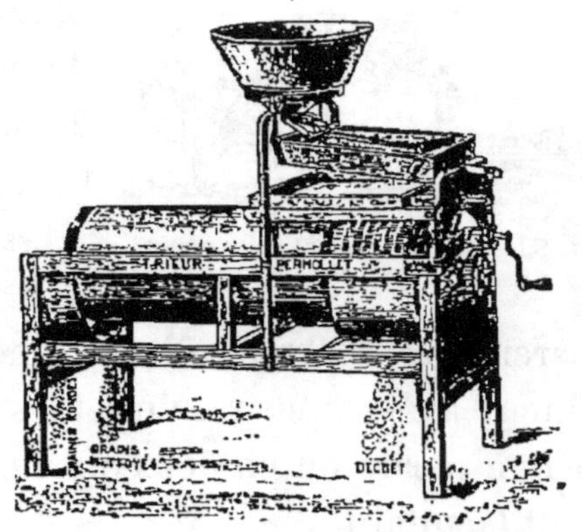

Fig. 92. — *Trieur à alvéoles avec émotteur.* (Trieur Permollet.)

autres, et présentant par cela même une certaine analogie avec les alvéoles de cire dont les abeilles tapissent les parois de leurs ruches. Les grains se logent dans les alvéoles où les graines rondes sont entièrement contenues, tandis que les graines longues n'y introduisent que leur extrémité, une partie ressortant à cause de la longueur du grain. Le mouvement de rotation lent donné au cylindre fait passer successivement tous les points de sa circonférence sous une série de palettes placées à l'intérieur

Fig. 93. — *Trieur aspirateur à alvéoles à émotteur, et distribution automatique.* (Moyse et Lhuillier, à Paris.)

dre fait passer successivement tous les points de sa circonférence sous une série de palettes placées à l'intérieur

---

(1) E. Lavalard. Le cheval dans ses rapports avec l'économie rurale et les industries de transport (Librairie Firmin-Didot).

et qui montées d'en haut à charnière sur un couloir ou conduit, appuient leur autre extrémité sur l'alvéole; on comprend facilement que ces palettes rabattent les grains

Fig. 94. — *Épierreur.*
(Hignette, à Paris.)

dépassant l'alvéole et les font sans cesse retomber au fond du cylindre dont la pente les amène aux trous ménagés tout autour, à l'extrémité, pour leur sortie. Les petites graines, au contraire, qui sont logées tout entières dans l'alvéole, ne subissent point le choc de la palette, et passent au-dessus jusqu'à ce que la rotation du cylindre les force à tomber sur la palette qui est en pente, et de là dans le couloir où une vis sans fin les amène à la sortie ménagée à l'extrémité du cylindre.

Les trieurs agricoles fonctionnent habituellement seuls. Ils sont placés au niveau du plancher, élevés le long d'un mur sur des consoles, ou complètement suspendus au moyen d'étriers. Ces deux dernières combinaisons permettent la circulation en dessous de l'appareil, tout en facilitant l'ensachage direct.

Fig. 95. — *Cribleur épierreur.*
(Brichard, à Massy.)

Lorsqu'il s'agit de traiter de grandes quantités d'avoine, on accouple les trieurs par deux, par quatre, ou par six, en les laissant au même niveau si la place est suffisante, et en les superposant dans le cas contraire. Au lieu d'avoir un bâti unique pour fonctionnement simultané, il y a souvent avantage à monter sur bâtis séparés, de façon à ce qu'au besoin chaque trieur puisse fonctionner isolément.

En dehors des trieurs les plus répandus, il existe des trieurs spéciaux, destinés aux épurations partielles et qui rendent des services dans les cas particuliers où on les emploie. Voici l'énumération d'un certain nombre de ces appareils qui s'emploient presque exclusivement dans le commerce et l'industrie.

Cribles diviseurs rotatifs. — Calibreurs. — Ils comportent des tôles perforées de trous rectangulaires et de trous ronds appropriés aux grains d'avoine à classer.

Trieurs diviseurs. — Tamiseurs calibreurs. — Cribleurs sasseurs plans. — Ces appareils à mouvement de va-et-vient ont des tôles analogues à celles ci-dessus, c'est-à-dire à perforations proportionnées à l'avoine à calibrer en plusieurs grosseurs.

Epierreurs. — Emotteurs. — Servent à supprimer les mottes de terre, gros sable, pierres, otons, et d'une façon générale tous les corps étrangers et les grains plus volumineux que l'avoine. Ils sont souvent adaptés aux trieurs, mais ils ont alors des proportions plus réduites que dans les appareils travaillant seuls.

Bluteries. — Râpes. — Ces appareils se composent d'un tambour hexagonal, rotatif, muni de tôle-râpe. Pendant le mouvement de rotation, l'avoine et ses impuretés étant projetées contre les parois du tambour, le grain perd sa poussière, les petites mottes de terre se brisent ou diminuent de volume, et finalement passent avec la poussière à travers les trous de la tôle-râpe.

Cribleurs centrifuges. — Ces cribleurs, peu employés pour les avoines, projettent et classent le grain à peu près par ordre de densité.

Appareils magnétiques fixes ou rotatifs à plaques aimantées

Fig. 96. — *Trieur magnétique.*
(Hignette, à Paris.)

d'une grande puissance qui retiennent les débris de fer, d'acier, clous, vis, et d'une façon générale tous les métaux attirés par l'aimant. Ils sont très rarement employés pour l'avoine.

Séparateurs de graines rondes. — **Séparateurs de nielles.** — Les noms indiquent suffisamment leur emploi ; ils sont réservés principalement au travail des déchets provenant des trieurs.

Nettoyage de l'Avoine dans les grandes administrations (1). — Le nettoyage des grains qui doivent entrer dans la composition de la ration est devenu indispensable depuis que les approvisionnements sont surtout formés d'avoines et de maïs exotiques.

Les avoines achetées en France sont généralement propres, cela tient à la petite quantité produite par chaque fermier, tandis que celles provenant de l'étranger, qui sont

---

(1) Extrait de l'ouvrage sur « Le Cheval dans ses rapports avec l'Économie rurale et les Industries de transport » par M. E. Lavalard.

aussi le résultat d'un grand nombre de récoltes de petites exploitations, voyagent dans des bâtiments à vapeur ou à voiles, qui peuvent en contenir jusqu'à 25 et 30.000 quintaux. Non seulement elles ne subissent aucun nettoyage avant l'embarquement, mais elles s'augmentent d'une foule de poussières et d'impuretés qu'elles ramassent dans les différentes manutentions de l'embarquement et du débarquement. C'est pourquoi on a imaginé de leur faire subir des nettoyages qui, en les débarrassant des corps étrangers et des poussières qu'elles peuvent contenir, augmentent leur poids naturel. M. Frère est un des premiers qui aient compris tout l'avantage qu'on peut tirer de ces opérations. En suivant son exemple, la compagnie des petites voitures, et plusieurs industriels de Paris, ont installé des manutentions destinées à nettoyer le grain et à hacher les fourrages.

Nous ne voulons ici nous occuper que de la première opération, nous reviendrons plus tard sur la seconde.

La Compagnie générale des voitures a exposé dans plusieurs brochures très intéressantes les avantages qu'elle retire de la création d'une manutention. Elle a simplifié les appareils employés par M. Frère en supprimant les ventilateurs qui enlevaient les balles pouvant encore être utiles à l'alimentation, et elle a réduit, sans nuire au nettoyage de l'avoine, et en réalisant une grande économie de force et de frais d'entretien, à trois appareils spéciaux, l'outillage nécessaire. L'installation définitive du nettoyage, à cette compagnie, se résume donc aux quatre opérations suivantes :

1° Le grain versé dans les trémies situées au rez-de-chaussée, sur le quai de déchargement des sacs, est monté au sommet des appareils par des élévateurs;

2° Il tombe dans l'émotteur;

3° Passe de l'émotteur dans un bluteur;

4° Et enfin dans un trieur à alvéoles.

Au sortir du trieur, il est repris par l'élévateur et conduit dans les silos ou dans les sacs, suivant les besoins.

Ces opérations successives se font automatiquement, sans main d'œuvre et par conséquent dans les conditions les plus économiques.

Avoines nettoyées. — Après avoir subi ces divers traitements, l'avoine présente une composition un peu différente de celle des avoines brutes qui ont servi à l'obtenir. Ces différences portent principalement sur l'eau, les matières azotées et les cendres. L'avoine a été trouvée, en général, plus riche en eau (1 p. 100 environ) que l'avoine brute.

L'avoine pure contient 0,5 p. 100 environ de matières azotées en moins que l'avoine brute, les graines étrangères que sépare de cette dernière le trieur à alvéoles étant sensiblement plus riches (13 à 14 p. 100) en matières azotées que l'avoine elle-même. Enfin, lorsqu'on a enlevé, par des nettoyages successifs, la matière minérale étrangère à la graine, on voit le taux des cendres de l'avoine s'abaisser de 1/2 p. 100 environ.

L'Avoine nettoyée semble plus pauvre en substances azotées que l'avoine brute, et sa valeur nutritive pourrait paraître abaissée par suite du nettoyage qu'elle a subi, mais on voit immédiatement qu'il n'en est rien, puisque la plus grande partie des graines étrangères auxquelles l'avoine du commerce doit son titre plus élevé en azote ne sont pas comestibles et ne sauraient dès lors entrer dans le calcul de la valeur nutritive de la ration.

M. Grandeau, directeur du laboratoire de la compagnie des petites voitures, conclut en disant que l'opération du nettoyage présente deux avantages considérables :

1° Elle élimine toutes les matières étrangères qui tendent à modifier la valeur nutritive réelle de l'avoine et à entacher d'erreur les calculs des rations.

2° Elle supprime les poussières minérales et organiques, causes incontestables d'accidents assez fréquents et presque toujours mortels chez le cheval (pelote, obstructions intestinales, etc.). Si nous ajoutons que le produit de la vente des graines extraites de l'avoine brute, graines qui peuvent être utilisées soit par l'industrie, soit par l'agriculture (engrais, nourriture des porcs, etc.) couvre largement les frais de nettoyage, nous aurons indiqué les avantages pratiques, hygiéniques et économiques du progrès réalisé dans l'alimentation de la cavalerie de la Compagnie générale des voitures par l'installation et la manutention d'un système de nettoyage, qui sera, avec les modifications que comportent leurs natures différentes, appliqué avec succès à toutes les denrées entrant dans le rationnement des chevaux.

CHAPITRE X

SEMAILLES & SOINS D'ENTRETIEN

La terre étant fumée, propre, bien ameublie, nivelée à la herse, et d'autre part le moment favorable étant arrivé, on procède à l'ensemencement, ou, suivant l'expression usuelle pour l'avoine « aux semailles »; opération qui consiste à répandre l'avoine sur le sol, puis à l'enfouir de façon à ce que les grains se trouvent dans les conditions favorables pour germer et produire des plantes.

Nous avons donc à envisager successivement :

1° l'époque des semailles,

2° la quantité de semence à employer à l'hectare,

3° la profondeur des semis,

4° les divers modes d'ensemencement,

5° les opérations suivant l'épandaison de la semence.

Époque des semailles. — Nous avons vu pages 7 et 97 que les avoines pourraient être réparties, en considérant le climat moyen de la France, c'est-à-dire celui de Paris, en deux groupes : les avoines d'hiver, et les avoines de printemps. Cette distinction exclusivement basée sur le degré plus ou moins grand de rusticité ne s'applique donc qu'à une région déterminée.

Parmi les avoines dites d'hiver, l'avoine noire d'hiver de Belgique et l'avoine grise d'hiver sont les deux seules variétés suffisamment rustiques pour être semées d'automne dans les régions du Nord, du Nord-Est, et de l'Est où les hivers sont généralement assez rigoureux.

Nous avons indiqué précédemment (page 97) que, d'une façon générale, ces avoines sont susceptibles de résister à un froid d'environ 10° au-dessous de 0; toutefois il est bon de faire remarquer que si l'on possède des semences bien acclimatées, et si l'ensemencement est fait dans de bonnes conditions, il est possible de voir ces avoines d'hiver résister à des abaissements de température encore plus considérables, ainsi dans un sol très sain, sans excès d'humidité, ces variétés bien acclimatées ne sont pas détruites certaines années par des froids de 16 à 18° au dessous de 0°, comme nous l'avons nous-mêmes constaté sur des cultures de ces avoines dans nos terres de Presles.

Ce qu'elles redoutent, ce n'est pas tant un froid sec, qu'une humidité abondante avec des alternatives de gelées et de dégels; aussi il est nécessaire, dans les régions sujettes à de forts abaissements de température, de leur réserver des terres saines, bien exposées, les moins basses possible; ces dernières doivent être d'autre part en bon état de culture.

Le semis demande à être effectué de très bonne heure, de préférence en septembre, ou au plus tard dans les premiers jours d'octobre.

Les avoines cessent de végéter quand la température

moyenne est inférieure à $+ 6°$, il est donc nécessaire que les plantes aient pris, avant cet arrêt de végétation, un développement suffisant, et que leur système radiculaire soit établi, fixant solidement la plante au sol, et lui permettant ainsi de mieux résister aux intempéries.

En Bretagne, les avoines d'hiver sont généralement ensemencées depuis le 10 septembre jusqu'à la mi-octobre; dans certaines localités voisines de la côte, privilégiées par la douceur de leur climat, il est même possible d'y cultiver comme avoines d'hiver certaines races de printemps. Ainsi dans le département des Côtes-du-Nord, aux environs de Lamballe, on sème à l'automne l'avoine noire de Brie, noire de Coulommiers, et l'avoine jaune de Flandre, etc.; les agriculteurs de cette région nous ont certifié que sur 15 années, il n'y en a eu que deux où ces avoines ont eu à souffrir du froid.

En Provence et dans le Bas-Languedoc les semis sont effectués jusqu'en novembre et même parfois en décembre; du reste dans ces régions les semis d'automne sont les seuls qui soient généralement usités.

En Algérie et en Tunisie l'époque des semailles d'avoine est par excellence le mois de novembre; toutefois il arrive de voir des avoines semées en janvier donner de bons résultats.

Dans ces pays toutes les avoines doivent être semées d'automne et enterrées suffisamment, de préférence à la charrue simple, ou mieux à la déchaumeuse enfouisseuse (charrue polysocs).

D'une façon générale les avoines de printemps se sèment en France en mars-avril; il est le plus souvent préférable d'effectuer les semis de bonne heure, dès que les froids ne sont plus à craindre. En principe, l'époque des premiers semis de printemps est celle où le terrain et l'air extérieur possèdent simultanément la température pour la germination et la végétation de la plante, c'est-à-dire une température supérieure à 6 degrés centigrades.

D'après cela, il est fort difficile de donner d'une façon précise le moment opportun pour ensemencer les avoines de printemps, car cette époque est variable avec la région, la nature des terres, et la variété employée.

Dans les régions où les terres sont légères, où les printemps sont chauds et secs, il est nécessaire d'ensemencer les avoines de printemps de très bonne heure; ainsi dans la Provence et le Midi, le semis est effectué dans le courant du mois de février. Dans le Nord-Est et l'Est où le sol est généralement assez compact, et où les froids se prolongent souvent au-delà du mois de mars, l'ensemencement n'est souvent possible que dans le mois d'avril, pouvant même se prolonger jusque vers le 15 mai, en n'employant dans ce cas, autant que possible que des variétés bien hâtives.

Enfin pour une région déterminée, l'époque à laquelle on ensemence les avoines dépend aussi des exigences de l'exploitation, et des moyens de cultures dont on dispose. Il est généralement préférable de faire en sorte, par le choix de variétés appropriées et une époque convenable du semis, que la récolte des avoines précède ou succède à celle des blés. Dans ce but on sèmera de très bonne heure des variétés bien hâtives telles que l'avoine très précoce de Mesdag, l'avoine très hâtive d'Australie, où l'avoine

Clydesdale ; un peu plus tard on procédera aux semis des avoines de précocité moyenne ou tardives telles que l'avoine jaune géante à grappe, l'avoine jaune de Flandre, l'avoine noire de Hongrie, l'avoine prolifique de Californie etc, dont la moisson aura lieu dans ces conditions après celle des blés d'automne hâtifs ou de précocité moyenne.

Dans les terres infestées de graines de mauvaises herbes telles que les sanves (moutarde sauvage ou sené) et la ravenelle il est recommandable de ne semer l'avoine que quelque temps seulement après le labour et le hersage afin de laisser s'effectuer la levée des plantes salissantes, qui seront ensuite détruites en majeure partie par les hersages qui précèdent et suivent immédiatement la semaille d'avoine. Sans cette précaution, les plantes nuisibles se développeraient en même temps que cette céréale, ce qui en comprometterait la récolte.

Toutefois les sanves sont susceptibles d'être détruites par les méthodes qui seront indiquées plus loin dans le chapitre traitant de la destruction des mauvaises herbes, mais il ne faut pas perdre de vue que les méthodes préventives sont toujours les meilleures.

Quantité de semence à employer par hectare.

Dans une très belle culture d'avoine on peut compter de 350 à 400 panicules par mètre carré. Or, comme nous l'avons vu précédemment à propos du tallage, que, du reste, on a tout avantage, semble-t-il, à réduire le plus possible, un pied moyen prélevé dans un champ d'avoine ne porte ordinairement que deux panicules ; il en résulte que ces 400 panicules sont produites par 200 grains, ce qui donnerait pour un hectare 2.000.000 de plants ou de grains levés. Comme une avoine de semence contient 30.200 grains environ par kilo, il ne faudrait, dans ces conditions, que 66 kilos par hectare.

Mais en fait, cette quantité théorique est bien inférieure à celle que l'on emploie couramment. Cela tient à plusieurs causes dont les principales sont : d'abord le tallage, sur lequel il ne faut pas trop compter, surtout si les semis ont été faits tardivement; puis un grand nombre des graines ensemencées ne lèvent pas, certains grains étant trop enfoncés, d'autres trop superficiels, susceptibles d'être détruits par des insectes ou des oiseaux.

Les quantités les plus généralement employées sont pour les semis à la volée de 125 à 150 kilos pour les avoines d'hiver et de 130 à 160 pour les avoines de printemps.

Avec les semoirs en lignes, suivant l'écartement entre les lignes on sème de 100 à 125 kilos.

Ces quantités que nous venons d'indiquer ne sont qu'approximatives, car il est impossible de fixer exactement les quantités à employer tant pour les semis à la volée que pour les semis en ligne, puisqu'il est nécessaire de tenir compte de la nature et de l'état des terres, des conditions plus ou moins favorables qu'elles offrent pour la germination, enfin des risques plus ou moins grands de déprédations ou de ravages par les oiseaux et les insectes. En résumé, au point de vue de la quantité de grains d'avoines à semer, c'est avant tout l'expérience qui doit guider le cultivateur, et lui indiquer s'il y a lieu d'augmenter ou de diminuer la semence à l'hectare.

L'avoine est également fort usitée comme plante protectrice pour abriter non seulement les semis de légumineuses fourragères telles que le trèfle et la luzerne, mais aussi les semis de prairies temporaires et permanentes.

Dans ce dernier cas l'avoine n'est répandue qu'à raison de la moitié ou des trois quarts au plus de la quantité normale de semence habituellement adoptée, afin d'obtenir une récolte claire dans laquelle la prairie recevant suffisamment d'air et de lumière ne s'étiole pas, tout en étant abritée. Lorsque l'année est sèche, on laisse l'avoine arriver à maturité, afin qu'elle abrite la jeune prairie le plus longtemps possible; en année humide au contraire, si on remarque que la prairie est très bien levée et vigoureuse, l'avoine est parfois coupée en vert de façon à favoriser le développement de la prairie.

Voyons maintenant quel est le rapport de la semence à la récolte.

Pour fixer les idées à ce sujet nous reproduisons dans le tableau suivant dressé d'après les statistiques du Ministère de l'Agriculture, de 1882 à 1892 : 1° les quantités de semences à l'hectare, 2° le rendement en hectolitres, 3° le rapport de la semence à la récolte, pour les divers départements de la France.

D'après les enquêtes décennales de 1882 et de 1892, les départements où les quantités de semences généralement usitées sont les plus faibles ou les plus fortes, sont la Charente avec 145 litres, et le Doubs avec 372 litres. Pour les six départements, Nord, Pas-de-Calais, Somme, Seine-et-Oise, Eure-et-Loir, Seine-et-Marne, où la production annuelle est supérieure à 3 000 000 d'hectolitres (Voir page 6), la quantité de semence moyenne employée est de 2 hectolitres 66.

DÉPARTEMENTS	Statistique 1882			Statistique 1892		
	Semence par hectare en hectolitres.	Rendement en grains en hectolitres.	Rapport de la semence à la récolte.	Semence par hectare en hectolitres.	Rendement en grains en hectolitres.	Rapport de la semence à la récolte.
Ain	2,32	24,63	1/10, 6	2,30	20	1/8, 7
Aisne	2,45	31,04	1/12, 1	2,45	29,6	1/12, 1
Allier	2,30	23,70	1/10, 3	2,30	21,7	1/9, 4
Alpes (Basses-)	1,84	17,03	1/22	1,85	16	1/8, 6
Alpes (Hautes-)	3,06	20,74	1/6, 7	2,90	18	1/6, 2
Alpes-Maritimes	2,57	16,95	1/6, 6	2,45	15	1/6, 1
Ardèche	2,17	18,45	1/8, 5	2,15	19,1	1/8, 8
Ardennes	2,90	34,38	1/8, 4	2,80	23,7	1/8, 4
Ariège	2,45	18,13	1/7, 4	2,40	17,2	1/7, 1
Aube	2,48	21,26	1/8, 5	2,50	17,5	1/7, 0
Aude	2,68	22,47	1/8, 4	2,65	22,4	1/8, 4
Aveyron	2,28	18,74	1/8, 2	2,25	16,5	1/7, 3
Bouches-du-Rhône	1,71	19,32	1/11, 3	1,70	21,8	1/2, 8
Calvados	2,80	21,89	1/7, 8	2,65	22,3	1/8, 4
Cantal	2,47	21,92	1/8, 8	2,45	22,0	1/8, 9
Charente	1,46	18,05	1/12, 3	1.45	18,0	1/12, 4
Charente-Inférieure	1,71	19,81	1/11, 5	1,70	18,7	1/11, 0
Cher	2,20	20,65	1/9, 4	2,20	17,2	1/7, 8
Corrèze	2,42	19,64	1/8, 1	2,00	20,6	1/10, 3
Corse	1,63	16,31	1/10, 0	1,92	15,9	1/8, 2
Côte-d'Or	2,57	23,30	1/9, 0	2,55	18,8	1/7, 3
Côtes-du-Nord	2,92	24,01	1/8, 2	2,90	22,6	1/7, 8
Creuse	2,25	21,56	1/9, 5	2,30	20,8	1/9, 0
Dordogne	1,58	19,46	1/12, 3	1,57	22,9	1/14, 5
Doubs	3,72	27,51	1/7, 3	3,70	27,0	1/7, 3
Drôme	1,77	28,74	1/16, 2	1,80	24,0	1/13, 3
Eure	2,43	26,74	1/11, 0	2,40	23,3	1/9, 7
Eure-et-Loir	2,60	28,40	1/10, 9	2,60	22,2	1/8, 5
Finistère	3,00	20,90	1/6, 9	3,00	22,6	1/7, 5
Gard	2,10	24,40	1/11, 6	2,07	22,7	1/10, 9
Garonne (Haute-)	2,30	26,44	1/11, 5	2,30	23,2	1/10, 1
Gers	1,81	22,22	1/12, 8	1,67	19,9	1/11, 9
Gironde	1,89	19,18	1/10, 1	1,49	18,9	1/12, 6
Hérault	2,31	22,24	1/9, 6	2,25	22,3	1/9, 9
Ille-et-Vilaine	2,74	20,27	1/7, 4	2,68	19,4	1/7, 2
Indre	2,07	22,27	1/10, 7	2,10	17,9	1/8, 5
Indre-et-Loire	1,70	20,50	1/12, 0	1,70	19,1	1/11, 2
Isère	2,72	24,51	1/9, 0	2,49	24,0	1/9, 6
Jura	3,31	25,01	1/7, 2	3,30	26,0	1/7, 8
Landes	1,85	18,65	1/10, 0	1,58	19,7	1/12, 4
Loir-et-Cher	2,02	20,46	1/10, 1	2,00	20,0	1/10, 0
Loire	2,30	20,90	1/9, 0	2,30	20,6	1/8, 9
Loire (Haute-)	3,08	25,63	1/8, 3	3,65	22,7	1/7, 4

DÉPARTEMENTS	Statistique 1882			Statistique 1892		
	Semence par hectare en hectolitres.	Rendement en grains en hectolitres.	Rapport de la semence à la récolte.	Semence par hectare en hectolitres.	Rendement en grains en hectolitres.	Rapport de la semence à la récolte.
Loire-Inférieure	2	20,70	1/10,3	1,97	20,5	1/10,4
Loiret	2,29	22,40	1/9,7	2,30	19,2	1/8,3
Lot	1,75	16,50	1/9,4	1,59	17,6	1/11,0
Lot-et-Garonne	1,64	23,63	1/14,4	1,70	22,7	1/13,3
Lozère	2,10	13,20	1/6,3	2,08	10,3	1/4,9
Maine-et-Loire	2,	21,60	1/10,8	1,75	20,2	1/11,5
Manche	3,01	20,56	1/6,8	3,00	20,6	1/6,8
Marne	2,90	23,10	1/7,9	2,90	19,7	1/6,8
Marne (Haute-)	2,51	22,17	1/8,8	2,50	20,3	1/8,1
Mayenne	2,50	22,	1/8,8	2,50	21,1	1/8,4
Meurthe-et-Moselle	2,80	25,80	1/9,2	2,80	24,	1/8,5
Meuse	2,67	22,42	1/8,4	2,65	20,7	1/7,8
Morbihan	3,22	21,26	1/6,6	3,20	19,7	1/6,1
Nièvre	2,55	24,38	1/9,5	2,49	19,0	1/7,6
Nord	2,40	48,05	1/20,0	2,40	47,8	1/19,9
Oise	2,49	32,78	1/13,1	2,63	27,8	1/10,5
Orne	2,66	19,66	1/7,4	2,70	18,6	1/6,9
Pas-de-Calais	2,74	36,84	1/13,4	2,73	36.	1/13,1
Puy-de-Dôme	2,84	23,69	1/8,3	2,90	22,3	1/7,7
Pyrénées (Basses-)	1,94	17,73	1/9,1	1,59	20,	1/12.5
Pyrénées (Hautes-)	2,58	23,76	1/9,2	2,39	22,8	1/9,5
Pyrénées-Orientales	2,32	21,97	1/9,4	2,30	20,9	1/9,1
Rhin (Haut-)	3,60	28,50	1/7,9	3,65	27,3	1/7,4
Rhône	2,21	24,52	1/11,1	2,25	23,7	1/10,5
Saône (Haute-)	2,60	25,40	1/9,7	2,60	22,6	1/8,6
Saône-et-Loire	2,30	25,26	1/10,9	2,07	20,7	1/10,0
Sarthe	1,79	16,54	1/9,2	1,80	17,	1/9,4
Savoie	2,60	22,20	1/8,5	2,60	20,5	1/7,9
Savoie (Haute-)	3,47	22,95	1/6,6	3,50	24,6	1/7,0
Seine	3,44	50,	1/14,5	2,60	43,9	1/16,6
Seine-Inférieure	3,60	30,30	1/8,4	3,54	24,4	1/6,8
Seine-et-Marne	2,60	29,60	1/11,4	2,60	29,2	1/11,2
Seine-et-Oise	2,88	38,25	1/13,3	2,79	31,1	1/11,1
Sèvres (Deux-)	1,61	26,51	1/16,4	1,60	23,	1/14,4
Somme	2,75	32,12	1/11,6	2,73	32,5	1/11,9
Tarn	1,97	26,38	1/10,3	2,	19,	1/9,5
Tarn-et-Garonne	1,73	23,	1/13,3	1,70	21,	1/12,3
Var	1,76	18,75	1/10,6	1,59	14,	1/8,8
Vaucluse	1,63	24,47	1/15,0	1,63	24,6	1/15,0
Vendée	1,67	26,96	1/16,1	1,49	24,8	1/16,6
Vienne	1,80	24,60	1/13,6	1,85	20,4	1/11,0
Vienne (Haute-)	1,67	23,74	1/14,2	1,49	21,	1/14,1
Vosges	3,2	25,46	1/18,1	3,10	23,8	1/7,6
Yonne	3,2	22,34	1/11,8	2,02	17,3	1/8,5

Pour toute la France la moyenne ressort à 2,56 en 1882 et à 2.34 en 1892, correspondant à des rendements moyens à l'hectare de 25 hectol., 15 hectol. et 22 hectol., 8.

Le rapport de la semence à la récolte est en moyenne pour les 6 départements dont la production annuelle est la plus élevée de 1/13.4, c'est-à-dire qu'un hectare produit 13 fois et demie la semence; le département du Nord, sous ce rapport tient incontestablement la tête, un hectare donnant comme rendement 20 fois la semence employée.

Si on compare maintenant les quantités de semences indiquées dans ces statistiques officielles de 1882 à 1892 à celles qui étaient usitées au début du siècle on trouve des différences excessivement accentuées.

Ainsi en 1805, le comte de Gasparin, dans son cours d'agriculture, indique comme moyenne 400 litres par hectare, mais ce chiffre s'élevait souvent jusqu'à 5 hectolitres.

En 1840 Schwerz dans son traité de culture des plantes à grains farineux donne comme quantité de semence pour bonne terre 290 à 300 litres, et pour les mauvaises terres des quantités bien supérieures variant de 520 à 580 litres.

Ainsi d'une façon générale on emploie à l'hectare beaucoup moins de semence qu'autrefois ; cela tient vraisemblablement à l'amélioration très marquée de la semence, à l'emploi de grains triés, lourds, bien nourris, produisant une forte proportion de plantes vigoureuses susceptibles de donner un bon résultat. En Angleterre, les quantités de semences généralement usitées sont sensiblement plus élevées que dans notre pays, oscillant entre 4 et 6 hectolitres. Ce sont là des chiffres qui semblent un peu exagérés car 250 kilos ou 5 hectolitres donneraient, si toutes les graines levaient bien, 7.600.000 touffes par hectare, soit 7,6 touffes par décimètre carré, nombre que la terre ne saurait nourrir, ni même contenir; il faut donc admettre dans ce cas qu'une grande partie de la semence ne lève pas, se trouve être détruite d'une façon quelconque.

En Algérie et en Tunisie les quantités de semences employées sont voisines de celles que nous avons indiquées précédemment, étant en moyenne comprises entre 2 hectolitres et demi et 3 hectolitres.

Profondeur du semis. — La profondeur à laquelle les grains d'avoine doivent être enterrés à une grande importance parce qu'elle peut avoir une certaine influence sur le rendement. La graine a besoin pour germer d'humidité, de chaleur et d'une certaine quantité d'oxygène, nécessaire à sa respiration.

Pour trouver l'humidité indispensable à sa germination, la graine demande à être enterrée à une profondeur variable dans de certaines limites avec le climat et la nature du sol. La profondeur doit être moindre dans les climats humides, et dans les terres fortes et compactes ; elle doit au contraire être augmentée si le climat est sec ou si le sol est léger et sablonneux.

D'après de nombreuses expériences, il a été reconnu que l'oxygène et la chaleur vont rapidement en diminuant à mesure que la profondeur augmente et que, si la profondeur du semis dépasse 8 à 9 centimètres, le germe peut ne pas trouver l'oxygène nécessaire à sa respiration, s'étioler, s'arrêter dans sa croissance, et enfin pourrir.

Au début le jeune germe se nourrit exclusivement aux

dépens des réserves qui sont contenues dans le grain. Comme celles-ci sont limitées, dès qu'elles sont épuisées, il est nécessaire pour que la plante continue sa croissance qu'elle emprunte directement à l'extérieur les éléments nécessaires au développement de son corps. Or l'élément le plus indispensable est le carbone, élément qu'elle puise dans l'atmosphère à l'aide de la matière verte qu'elle renferme (chlorophylle); mais, comme on le sait, celle-ci n'est susceptible de se former que sous l'influence de la lumière solaire; par suite, si la jeune plante reste enfouie sous terre, elle ne peut verdir, ni assimiler de carbone; elle s'épuise donc rapidement et meurt bientôt d'inanition.

Il ne faut donc pas enterrer l'avoine trop profondément. D'une façon générale, le semis ne doit pas être fait à plus de 6 centimètres sauf toutefois dans des conditions spéciales telles qu'en climat très sec, ou encore dans un sol très léger; mais, même dans ce cas, il ne faut pas dépasser une profondeur de 8 centimètres. Un autre point également très important consiste à effectuer le semis à une profondeur bien uniforme; comme nous le verrons un peu plus loin, cette régularité ne peut être obtenue que par l'emploi de semoirs en rayons qui ont l'immense avantage de distribuer uniformément la semence à une même profondeur.

Divers modes d'ensemencements.

Les semailles s'opèrent de plusieurs manières :

A la volée à la main;

A la volée aux semoirs mécaniques portatifs;

A la volée aux semoirs mécaniques sur roues;

En lignes à la main;

En lignes aux semoirs mécaniques à main;

En lignes aux semoirs mécaniques sur roues.

L'emploi des petits semoirs portatifs, ou actionnés à bras est très rare, même dans la petite culture, pour semer l'avoine; ces petits instruments ne sont du reste guère usités qu'en horticulture.

Semailles à la volée. — Les semailles à la volée s'effectuent:

1° à jets simples, à l'aide d'une seule main;

2° à jets doubles, à l'aide des deux mains, en lançant alternativement une poignée à droite et une poignée à gauche;

3° à jets croisés, c'est-à-dire en répandant sur la même bande de terrain, moitié de la semence en allant, et moitié en revenant, ou en répandant sur l'ensemble du champ moitié de la semence dans un sens, et l'autre moitié en marchant perpendiculairement à la première direction suivie.

La semence est répandue, de préférence, par un temps calme; à chaque pas, le semeur prend dans un semoir en toile, en métal ou en osier, une poignée d'avoine, pour la répartir aussi uniformément que possible, en lançant le bras de manière à lui imprimer un mouvement demi-circulaire. Les pas doivent être égaux, les poignées d'avoine uniformes, les mouvements de bras très réguliers.

Si parfaites qu'elles soient, les semailles à la volée ont l'inconvénient inévitable d'employer une partie de la semence en pure perte, par suite de l'impossibilité de la disposer régulièrement à une profondeur favorable, et de la recouvrir ensuite d'une couche de terre convenable et uniforme.

En effet, en hersant, l'avoine et la terre meuble se mélangent, les grains se trouvent répartis parfois à des profondeurs différentes, ceux qui sont trop superficiels, souvent ne germent pas, ou restent exposés aux déprédations des oiseaux, alors que d'autres trop enterrés ne donnent aucun résultat; ceux enfin dont la germination s'effectue étant eux-mêmes placés à des profon- deurs diffé- rentes, leur levée n'en est pas aussi régu- lière que dans les champs en- semencés avec les semoirs mé- caniques en lignes. La répartition iné- gale de la semence, qui constitue l'un des principaux in- convénients des se- mailles à la main par suite de la rareté de

Fig. 97. — *Semoir à la volée portatif «La Trouvaille ».*
(Système Jas.-S. Duncan, à Paris.)

bons semeurs, est facile à atténuer par l'emploi des se- moirs mécaniques à la volée, qui sèment très uniformément, sur une surface déterminée, une quantité d'avoine fixée à l'avance. Parmi ces semoirs les uns sont de faibles dimen- sions et portatifs tel que le semoir à la volée « La Trou- vaille, (fig. 97) » les autres sont de plus grande taille, et montés sur roues, comme le semoir à la volée à cuillères représenté plus loin (fig. 98).

Ces semoirs à la volée, sans présenter tous les avan- tages des semoirs en lignes, sont néanmoins très utiles, non seulement à cause de leur simplicité, de leur légèreté de traction et de leur régularité de distribution, mais aussi, point très important, à cause de leur bon fonction- nement dans les terres où les semoirs en lignes donneraient de mauvais résultats, ainsi que c'est le cas dans des sols humides, adhérents aux instruments, pierreux, motteux parfois envahis de plantes à racines traçantes, ou enfin renfermant du fumier long, peu enterré.

Fig. 98. — *Semoir à la volée, à cuillères.*
(Système R. Wallut, à Paris.)

Pour les semoirs à la volée, comme pour les semoirs en lignes, dont il sera question plus loin, on comprendra qu'il est impossible d'examiner dans ce livre les systèmes très ingénieux qui existent. On en trouvera la description dans les catalogues des constructeurs les plus connus tels que Jacquet-Robillat, Rud-Sach, Smith, etc. Les semailles à la volée peuvent être exécutées *sur raie* ou *sous raie*.

La première méthode est presque la seule employée. Il arrive fréquemment, lorsqu'on est pressé, que sur un vieux labour *rassis*, les semailles à la volée sont opérées sans extirpages ni hersages préalables. Pour les semailles en ligne (toujours sur vieux labour), il est nécessaire d'extirper avant le passage du semoir, mais il est possible souvent de se dispenser de herser, cette opération ne s'opérant alors qu'après la semaille, et seulement lorsqu'elle est jugée nécessaire.

Sur les labours récents, au contraire, qu'il s'agisse de semailles à la volée ou de semailles en lignes, il est presque toujours indispensable de herser avant de semer, mais la plupart du temps dans ce cas, le passage de l'extirpateur est superflu.

Les hersages pratiqués après l'épandaison de la semence sont effectués plus ou moins profondément selon la nature du sol et les risques qu'il présente d'être exposé à la sécheresse. Pour obvier à ce dernier inconvénient, on a parfois recours au scarificateur, afin d'enterrer les grains plus profondément qu'avec la herse.

Dans le semis sous raie employé quelquefois dans le Midi, afin que les plantes plus enterrées trouvent un supplément d'humidité pendant le cours de leur végétation; l'avoine répandue à la volée est recouverte par un labour peu profond à bandes très étroites et très serrées.

C'est là une méthode lente, coûteuse et par suite peu pratiquée. Toutefois, nous ferons remarquer qu'il est possible de simplifier et d'accélérer le travail, en se servant, au lieu de charrues, de déchaumeuses enfouisseuses simples (fig. 99) à 3, 4, ou 5 socs ou de déchaumeuses enfouisseuses doubles (fig. 100) qui sont, en principe, analogues aux brabants doubles ordinaires.

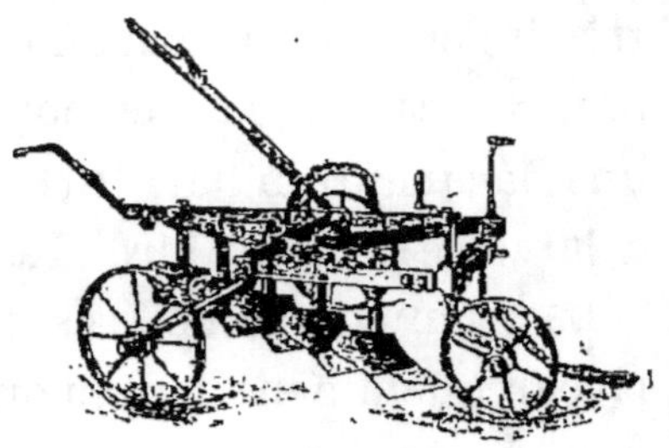

Fig. 99. — *Déchaumeuse enfouisseuse simple.*
(Maison Amiot et Bariat, à Bresles.)

Avec ces appareils il est possible de faire des labours superficiels enterrant la semence, à volonté, à 3, 4, 5, 6 et même 7 centimètres dans les terres légères exposées à la sécheresse.

Au lieu de semer à la volée avant le labour, un semeur, un enfant généralement, suit la charrue pour distribuer la semence dans le fond de la raie, semence qui est ensuite recouverte lorsque la charrue trace le sillon suivant. Cette méthode, qui se ratta-

Fig. 100. — *Déchaumeuse enfouisseuse double.*
(Maison Amiot et Bariat, à Bresles.)

che en somme aux semis en lignes, est encore plus lente et plus onéreuse que la précédente.

Il existe enfin ce qu'on pourrait appeler une méthode mixte, encore plus compliquée, du reste, et presque jamais employée, consistant à semer moitié sur raie et moitié sous raie.

Semailles en lignes. — Sans vouloir aborder l'étude comparative des semailles en lignes et des semailles à la volée, question qui a soulevé jadis tant de polémiques, nous dirons seulement que, malgré les quelques inconvénients présentés par les semailles en lignes, ces dernières sont préférables pour l'avoine, comme pour les autres céréales, chaque fois que le terrain le permet, car elles offrent les avantages suivants :

Economie importante de semence qui, dans les exploitations assez étendues, rembourse rapidement le prix d'achat du semoir. Réglage à l'avance de la quantité exacte d'avoine à semer ; grains restant en place où ils sont déposés, au lieu de glisser sur les parties saillantes, et de se réunir en trop grand nombre dans les fentes et dans les trous, ainsi que cela arrive fréquemment dans les semailles à la volée ;

Possibilité d'espacer les lignes à volonté, et de biner à la main ou à la machine si on le désire ;

Enterrage régulier de la semence à une profondeur déterminée à l'avance ;

Levée uniforme, quelquefois plus rapide que dans les semis à la volée, et résistance plus grande à la sécheresse au début de la végétation ; air circulant plus facilement entre les lignes, meilleure répartition de la lumière, par suite tiges plus rigides, moins exposées à la verse, et, d'autre part, conditions plus favorables pour les plantes fourragères végétant dans l'avoine ;

Facilité de circuler dans la récolte (échardonnage, etc.), sans fouler les plantes.

Dans les très petites exploitations, il s'opère quelquefois des semailles que l'on pourrait appeler *à la volée en lignes*, car le semis est effectué à la volée sur de légers sillons ou raies dans lesquels l'avoine descend, et qui sont ensuite recouverts à la herse.

Dans les autres exploitations, on a recours, pour semer en lignes, aux *semoirs mécaniques multiples au rayon*, traînés par un ou par plusieurs chevaux, et ensemençant un plus ou moins grand nombre de lignes à la fois, suivant leur largeur.

Ces semoirs en lignes ou à rayons, conviennent, aux sols plats, et non à ceux en billons, où qui se trouvent dans les conditions indiquées précédemment (p. 394).

Fig. 101. — *Semoir en lignes, à socs articulés, à avant-train.*
(Daubresse, Le Docte, à Arras.)

Il en existe de nombreux modèles répondant aux besoins de la petite, de la moyenne et de la grande culture. Certains sont transformables, c'est-à-dire construits de façon à semer non seulement l'avoine et les autres céréales, mais aussi la plupart des semences agricoles ; d'autres se transforment de façon à servir de semoirs à la volée, de houe à cheval, etc.

Quel que soit le système adopté, le semoir doit toujours

---

(1) Semoir à la volée.

remplir les conditions suivantes : être solide, pas trop compliqué, facile à régler et à conduire, monté de façon à ce qu'on puisse maintenir la caisse à grain horizontale, proportionné à l'importance de l'exploitation, et enfin avoir une lar-

Fig. 102. — *Semoir en lignes « Le Nonpareil »* (Smyth à Paris).

geur permettant de le conduire partout où c'est nécessaire.

Espacement entre rangs. — Quel écartement est-il préférable de laisser entre les rangs? C'est là une question qui a été maintes fois soulevée, et sur laquelle les opinions sont assez divergentes. Jusqu'à ces derniers temps, lorsque les céréales ne devaient pas être binées, il semblait préférable de semer clair sur le rang, et de rapprocher les lignes.

Mais si l'on se propose, comme c'est conseillé maintenant, de biner les avoines semées en rayons, il est nécessaire que l'écartement soit au moins de 15 centimètres.

L'espacement susceptible d'être adopté dans la plupart des cas est celui de 16 à 18 et même 20 centimètres, selon la nature et la fertilité du sol. Avec ces espacements, si l'on désire semer plus dru, comme cela a été, du reste, recommandé depuis peu, il suffit de serrer les grains sur le rang.

Il ne faudrait pas, cependant, trop exagérer dans ce dernier sens, car les grains très rapprochés, germant en masse, pourraient soulever la terre, surtout si elle était battue et plaquée à la suite de fortes pluies. Il se produirait alors des fentes au-dessus des lignes ensemencées et de ce fait les jeunes plants d'avoine seraient exposés à souffrir, et à être même en partie détruits.

Opérations suivant les semailles. — Nous avons indiqué dans quelles conditions s'opèrent les hersages après les semailles.

Pour les avoines d'hiver, surtout dans les régions froides, le passage du rouleau ne s'effectue, le plus souvent, qu'au printemps, afin de rechausser les racines et favoriser le tallage. Quant aux avoines de printemps, « c'est d'après « la température et l'état du sol, dit Schwerz, qu'il faut « juger si l'on doit passer le rouleau immédiatement après « la semaille, ou si l'on doit attendre que l'avoine ait levé, « ou qu'elle dépasse le sol de quelques centimètres. Si le « sol était en même temps lourd et humide, l'emploi du « rouleau ne saurait être qu'inopportun, parce qu'il for- « merait une croûte à la surface ; dans ce cas, il faut au « moins le retarder, pour y recourir plus tard, si le temps « et le sol deviennent secs. Si les terres sont légères et « sèches, et si le temps est clair, il est avantageux de pas- « ser le rouleau immédiatement après la semaille ; si le sol « est meuble et le temps sec, ou si la terre est fraîchement « fumée, le passage du rouleau est indispensable. L'affer- « missement par le rouleau est favorable à la germination « et fait lever plus également, deux des conditions les plus « importantes pour les céréales d'été ».

Quand l'avoine doit servir de plante protectrice à des plantes fourragères, celles-ci se sèment dans l'avoine de printemps aussitôt la semaille de cette dernière, ou quelques semaines après.

Le trèfle se sème le plus souvent immédiatement après l'avoine surtout si la terre est bien nivelée ; tandis que la luzerne, dans les pays exposés aux froids tardifs, ne se sème que plus tard; ces graines sont enterrées par le passage du rouleau.

Lorsqu'on sème une prairie dans l'avoine il est indispensable d'attendre que la terre soit bien ressuyée, c'est-à-dire ne renferme plus d'excès d'humidité. Le mélange des graines de prairies les plus grosses et les plus lourdes, appelées graines de premier semis, qui demandent à être assez enterrées, sont semées aussitôt l'avoine; on herse ensuite, puis on sème les graines de prairies les plus fines et les plus légères, appelées graines de deuxième semis, qui doivent être peu recouvertes; après quoi, on termine par le passage immédiat du rouleau. Un second roulage est très souvent nécessaire quelque temps après la levée des semis.

Les graines de prairies les plus lourdes sont semées quelquefois avec l'avoine, mais ce n'est pas une méthode à recommander.

Dans certaines terres, l'on est obligé de herser après la semaille de l'avoine et de herser une seconde fois après le semis des graines de prairies les plus grosses, après quoi l'on procède, comme d'habitude, au semis puis au roulage des graines légères.

Les semis de prairies à l'automne se font généralement sans plantes protectrices; ce que nous venons d'indiquer ne s'applique donc qu'aux graines semées dans l'avoine de printemps.

Soins d'entretien. — La levée effectuée, il reste à opérer successivement divers travaux d'entretien. Si au début de la végétation, dans les avoines semées sans graines de prairies, la partie superficielle de la terre se tasse trop, durcit, ou se forme en croûte, un hersage léger, exécuté avec précaution, produit très bon effet, en détruisant beaucoup de plantes adventices, en ameublissant la terre, et en ne tardant pas à rendre de la vigueur à la céréale; quelques tiges sont bien arrachées par la herse, mais c'est négligeable en comparaison du résultat obtenu.

Dans les semailles en lignes les binages sont préférables quoique peu répandus; ils présentent cependant de grands avantages, et ils mériteraient d'être beaucoup plus pratiqués au moins dans les terres qui le permettent.

« Quelque effroi, dit Schwerz, qu'inspire l'idée du binage « au cultivateur, à qui l'expérience n'en a pas appris les « avantages, quelque effrayé que j'en aie été moi-même « avant d'avoir essayé, je puis prédire avec une entière cer- « titude au cultivateur qui surmontera cet effroi que, dans « quelques années seulement, aucuns frais de travail ne « lui coûteront moins cher à payer que ceux du binage. »

Certains sols ne sont pas favorables au binage, soit qu'ils soient trop tenaces et que leur émiettement à l'état humide ne s'opère que difficilement ou d'une façon défavorable, soit encore qu'ils soient trop secs, produisant des mottes qui, par le binage, sont rejetées sur les plantes. Les binages, exécutés à la main, sont trop coûteux lorsque les

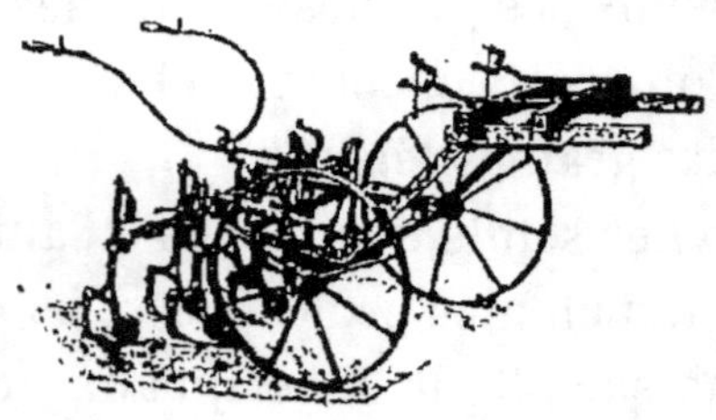

Fig. 103. — *Houe à socs mobiles.*
(Maison Amiot et Bariat, à Bresles.)

champs sont assez vastes, aussi se pratiquent-ils généralement à la houe à cheval telle que la houe à socs mobiles représentée dans la figure ci-dessus qui possède 8 couteaux bineurs passant simultanément dans 8 rangs. Ces binages s'exécutent également avec des bineuses spéciales, ou encore avec certains semoirs susceptibles d'être transformés pour effectuer ce travail.

Que l'avoine ait été roulée ou non aussitôt la semaille, il est souvent utile de procéder à un roulage, lorsque l'avoine a environ six centimètres de hauteur. Les légumineuses, telle que la luzerne, se sèment le plus souvent dans notre contrée immédiatement avant cette opération.

« Lorsque le rouleau a passé, fait remarquer Schweitzer,
« avant que l'avoine commence à taller, et qu'on l'applique
« à cet instant, son action, comme je l'ai souvent observé,
» favorise le tallement; elle empêche la croissance en hau-
« teur ou la ralentit lorsqu'elle est excitée par une tempé-
« rature sèche et chaude, tandis qu'elle favorise le mou-
« vement de croissance latérale. D'un autre côté, le tasse-
« ment de la terre contre les nœuds inférieurs excite le
« développement d'un plus grand nombre de racines. »

En terres exposées à l'excès d'humidité, non drainées, ayant suffisamment de pente, il est nécessaire de creuser à la charrue ou à la bêche des rigoles d'écoulement, afin que l'eau ne séjourne nulle part.

L'influence nuisible de l'eau est démontrée d'une manière frappante par une enquête effectuée auprès d'une centaine de cultivateurs relativement au rendement comparatif de leurs terres avant et après le drainage.

Voici la moyenne des résultats constatés pour l'avoine :

Rendement par	Non drainé	18 hectolitres.
hectare en sol.	—	30 hectolitres.

En terre drainée le poids de l'hectolitre est en moyenne

de 2 kilos plus élevé que celui de l'avoine récoltée sur terre non assainie.

Pour empêcher la propagation des mauvaises herbes, le moyen le plus économique consiste, ainsi que nous l'avons indiqué précédemment (voir page 334), dans une bonne préparation du sol. C'est là, du reste, le seul moyen réellement efficace pour la destruction de certaines espèces telles que l'avoine à chapelet (avena elatior var. Precatoria) et l'avoine folle (avena fatua) qui causent tant de préjudice lorsqu'elles existent en grande quantité.

Mais malgré toutes les précautions prises pour éviter les plantes adventices, il s'en développe toujours dans l'avoine comme dans les autres céréales.

Celles que l'on rencontre le plus généralement, outre celles citées précédemment, sont les suivantes, classées d'après l'importance des préjudices qu'elles peuvent occasionner :

La Moutarde sauvage, moutardon, sauve, séné, (Sinapis arvensis).
Le Chardon des champs (Circium arvense, ou Serratula arvensis).
Le Chardon penché (Carduus nutans).
Le Chiendent ordinaire (Agropyrum repens).
Le Vulpin des champs (Alopecurus arvensis).
La Renoncule des champs (Renunculus arvensis).
Les Prêles des champs (Equisetum arvense).
Le Tussilage ou pas d'âne (Tussilago farfara)

Nous citerons encore comme mauvaises herbes ordinairement moins préjudiciables : les Anthémis, les Matricaires, la Centaurée bleuet (Centaurea cyanus), le Coquelicot des champs (Papaver Rhœas) etc. Dans le chapitre consacré aux plantes nuisibles, nous indiquerons d'une façon très détaillée par quels moyens mécaniques, et quels agents chimiques, les sanves, cette plaie des moissons, sont détruites.

Quant aux chardons, qui, par leur racine pivotante, profondément enfoncée dans le sol, résistent en partie aux hersages, ou ne sont pas coupés entre deux terres par la bineuse, lorsqu'ils se trouvent sur la ligne, leur destruction n'est guère possible qu'à la main, en les coupant à une dizaine de centimètres en terre, lorsqu'ils ont environ quinze centimètres de hauteur. Coupés ou arrachés trop tôt, ils seraient susceptibles d'émettre de nouveaux rejets.

Les chardons sont coupés au moyen d'échardonnoirs, sorte de petits outils en forme de crochets, ou de bêche consistant en une lame de fer plate, tranchante à son extrémité, longue d'environ 20 centimètres et large de 5, munie d'une douille à laquelle on adapte un manche en bois rond; dans l'échardonnoir en forme de crochet, la lame est tranchante sur trois côtés (Fig. 104).

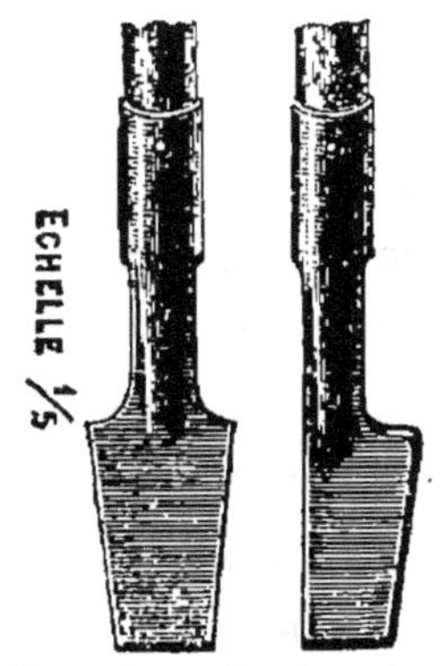

Fig. 104.—*Échardonnoirs.*

L'échardonnage est une opération beaucoup trop négligée qui devrait être réglementée sévèrement, car les graines d'un chardon, extrêmement nombreuses, sont pourvues d'une aigrette plumeuse, et par suite susceptibles d'être transportées par le vent à de grandes distances. Il suffit donc d'une seule terre ou d'un seul domaine négligé pour infester toutes les terres contiguës et même celles assez éloignées situées sous le vent.

CHAPITRE XI

MOISSON DE L'AVOINE

Époque de la Moisson

Après l'épiage et la floraison, le grain se forme et tend vers la maturité. C'est l'époque de la récolte, c'est-à-dire de la moisson, opération finale de la culture de l'avoine, qui est, comme on l'a fort bien dit, le résultat et la juste récompense des travaux du cultivateur, la rentrée de ses avances, le salaire de ses peines, la cessation d'une partie de ses inquiétudes. Mais c'est aussi l'époque où il doit déployer le plus d'activité pour ne pas courir le risque d'échouer au dernier moment, ne rien remettre au lendemain de ce qu'il peut faire le jour même, et se rappeler le dicton : *en moisson et en vendanges, il n'y a ni fêtes ni dimanches*, car une journée perdue peut compromettre une partie de la récolte, et il est évident que plus la moisson se fait vite, moins l'avoine reste exposée aux intempéries.

Le cultivateur prévoyant doit par conséquent s'assurer

à l'avance les moyens d'action pour éviter les pertes de temps, et veiller à ce que ouvriers, attelages, matériel, liens, chemins, passerelles, granges soient complètement prêts au jour voulu.

Chaque mois de l'année est une époque de moisson de l'avoine dans diverses parties du globe. En Europe elle commence vers le milieu de juin dans les contrées les plus chaudes, et se termine en octobre dans les régions septentrionales. En France, elle s'effectue du commencement de juillet à la fin de septembre au plus tard; les avoines d'hiver se coupent même en juin dans le Midi, alors qu'en Algérie et en Tunisie elles sont mûres en mai.

Dans une même contrée la date de la récolte est variable par suite des éléments divers ayant une influence marquée sur la maturation : la nature du sol, son altitude, son exposition, la date du semis, la hâtivité ou la tardivité de l'avoine employée, la température plus ou moins favorable, sont autant de causes qui avancent ou retardent l'époque de la moisson.

Dans le but d'échelonner la moisson, afin d'éviter que tout le travail tombe en même temps, dans le but aussi de courir moins de risques en cas d'intempéries nuisibles aux récoltes sur terre, certains agriculteurs ont la prudence de semer des avoines hâtives, des demi-hâtives, et des tardives, tout en ne choisissant, comme nous l'avons conseillé précédemment, que des variétés appropriées au milieu où elles sont cultivées. Ces récoltes échelonnées permettent d'effectuer successivement les déchaumages au lieu de les avoir à opérer tous à la fois. Elles ont encore un autre avantage appréciable dans les exploitations où les récoltes ont lieu à la main ; c'est d'éviter les interruptions de travail pendant la moisson, d'occuper moins d'ouvriers à la fois, d'en trouver d'autant plus facilement que la période d'occupation est plus longue. Chez nous par exemple, les céréales se coupent généralement dans l'ordre suivant : Seigles hâtifs, Escourgeon d'hiver, Avoines d'hiver, Seigles tardifs, Avoines de printemps très hâtives, Blés hâtifs, Avoines de printemps demi-hâtives, Avoines et blés demi-tardifs, Seigles de Mars, Blés de Mars.

Lorsqu'on coupe les variétés tardives, les avoines d'hiver sont battues, souvent même les semailles pour la récolte suivante sont commencées.

La maturité est complète lorsque la vie de la plante est en quelque sorte suspendue. A ce moment le système radiculaire ne fournit plus d'aliments ; la tige est sèche, dépourvue de sève, pailleuse, les feuilles sont jaunes et fanées ; l'axe de la panicule est jaunâtre ainsi que les balles qui alors se détachent très facilement ; le grain ne communique plus avec la tige, il est dur, sec, à amande farineuse, et s'échappe des épis lorsqu'on imprime des secousses.

Ce n'est guère que lorsqu'on a en vue la production de la semence que l'avoine est coupée à la maturité complète, d'autant plus que récoltée un peu sur le vert elle finit parfaitement sa maturation en moyettes et même en gerbes.

Au lieu d'attendre que les plantes complètement mûres présentent les caractères indiqués précédemment, l'avoine est coupée de préférence au moment où les tiges sont encore un peu vertes et flexibles, c'est-à-dire avant de devenir pailleuses, sans attendre que toutes les panicules paraissent à maturité. Les grains qui à ce moment ont cessé d'être laiteux, deviennent farineux, présentent une certaine consistance, tout en étant encore susceptibles d'être rayés facilement et même coupés par la pression de l'ongle.

Non seulement il n'y a pas d'inconvénients à couper les avoines destinées à la consommation une huitaine de jours environ avant l'époque habituelle de la moisson, puisque la maturation s'effectue dans les tiges coupées sensiblement comme dans celles sur pied, mais il résulte au contraire de cette coupe prématurée les avantages suivants bien connus des agriculteurs expérimentés :

1º Moins de grains perdus, par suite de la maturation successive, les premiers grains mûrs et qui sont quelquefois les meilleurs tombant pendant que les autres finissent de mûrir;

2º Moins de grains tombant à terre par l'action du vent, surtout dans les variétés s'égrenant facilement;

3º Moins de risques que la récolte soit versée, endommagée, diminuée ou détruite, par les orages, la grêle, les bourrasques, les pluies;

4º Ravages moindres de la part des oiseaux et autres animaux;

5º Paille moins épuisée, moins cassante, plus nutritive, meilleure pour la consommation;

6º Grain plus riche, à écorce plus mince, plus digestible et par suite se retrouvant en proportion moindre dans les déjections;

7° En cas de récolte versée moins de grains avariés et de moisissures dans la paille si le temps est pluvieux;

8° Mauvaises herbes coupées plus vite, ayant par conséquent moins de temps pour mûrir et se ressemer;

9° Plantes fourragères végétant dans l'avoine ayant plus tôt de l'air et de la lumière ce qui leur permet de profiter plus vite;

10° Possibilité de mettre en vente plus matin si les premières avoines nouvelles font prime sur le marché, et par suite prix plus rémunérateur.

L'essentiel est de garder une juste mesure, car couper trop sur le vert serait beaucoup plus nuisible que de moissonner trop tardivement, et cela non seulement pour l'avoine destinée à la semence dont il serait alors impossible de tirer parti, mais aussi pour celle de consommation.

Les grains récoltés étant encore à l'état laiteux, renfermant par conséquent une quantité assez notable d'eau de végétation, s'avarient plus vite en cas de mauvais temps, principalement si l'avoine n'est pas dressée, où si étant à terre elle n'est pas retournée fréquemment. Même rentrés dans de bonnes conditions ils sont toujours de qualité médiocre. En résumé, il est préférable d'avancer la moisson des avoines plutôt que de la retarder, mais en restant dans des limites raisonnables qu'il est facile de déterminer avec un peu d'expérience.

MOISSON

La coupe de l'avoine s'effectue :

1° A bras à l'aide de la faucille, de la sape, de la faux armée;

2° Aux machines, actionnées par traction animale ou par moteurs.

Les divers types de machines sont représentés par :

Les faucheuses munies de l'appareil à moissonner ou plus exactement d'un appareil à javelage;

Les moissonneuses combinées qui se transforment en faucheuses et en moissonneuses à javelage automatique ;

Les moissonneuses simples non transformables à javelage automatique;

Les moissonneuses lieuses et moissonneuses lieuses batteuses.

Moisson à bras. — Les petites quantités d'avoine qui tombent à chaque coup de sape et de faux forment des *andains ;* la réunion d'andains en brassées suffisantes pour constituer une *gerbe*, (une fois liée) s'appelle *javelle ;* la réunion d'un certain nombre de javelles, de gerbes, où de bottes, s'appelle *moyettes, cavaliers, meulons, dizeaux, douzeaux, treizeaux, dizaines, douzaines*, etc. Une fois l'avoine à point pour être rentrée, ces moyettes sont chargées directement sur les chariots.

Faucille. — La forme de cet instrument, le plus anciennement connu, n'a guère varié depuis les temps les plus reculés. C'est l'outil de la petite culture morcelée et des pays où les femmes sont occupées au *faucillage* des moissons. Il y a des faucilles à lame légèrement dentelée qui scient les tiges, d'autres à lame tranchante qui les coupent; ces dernières sont les plus usitées.

La faucille a l'avantage d'être maniable dans les sols inégaux, comme dans les avoines versées, d'être d'autre part utilisable par les personnes trop faibles pour manier la faux et la sape, quoique la position accroupie ou courbée en deux ne laisse pas d'être fatiguante.

Le très grand inconvénient de la faucille, qui en limitera toujours l'usage à des surfaces très petites, est le peu de travail qui s'effectue avec, les meilleurs *faucilleurs* arrivant difficilement à *fauciller* vingt ares par jour; ensuite elle ne coupe pas assez près de terre, d'où il résulte une perte de paille.

En Tunisie (1) la moisson s'exécute encore à la faucille. L'Arabe lie de suite la poignée qu'il vient de couper très haut et emploie à cette opération plus de temps qu'il n'en consacre à trancher les épis. Chaque moissonneur est suivi immédiatement d'une glaneuse. Cette pratique est invétérée chez les indigènes. Il est admis que le champ doit nourrir ceux qui le moissonnent. On serait obligé de recourir à la main-d'œuvre étrangère si on voulait interdire aux femmes l'entrée du champ que moissonnent leurs maris. Ce glanage équivaut presque à la quantité de semence employée, ce qui est énorme sur des terres ne produisant que de faibles récoltes. Il existe cependant des colons qui sont arrivés à supprimer cet abus par l'emploi de moissonneuses lieuses, mais à l'heure actuelle ils sont encore l'exception.

Sape. — La sape est une petite faux à manche court qui se manie avec le bras droit, pendant qu'un crochet se trouvant dans la main gauche groupe et maintient les tiges à présenter au tranchant de la sape.

(1) La Tunisie, 1876, Berger Levrault, Editeur.

Cet outil fonctionne bien, même dans les récoltes couchées ou il serait difficile de se servir d'autre moyen.

De même que le faucilleur, le *sapeur* peut se passer d'auxiliaire et *saper* 35 à 40 ares par jour.

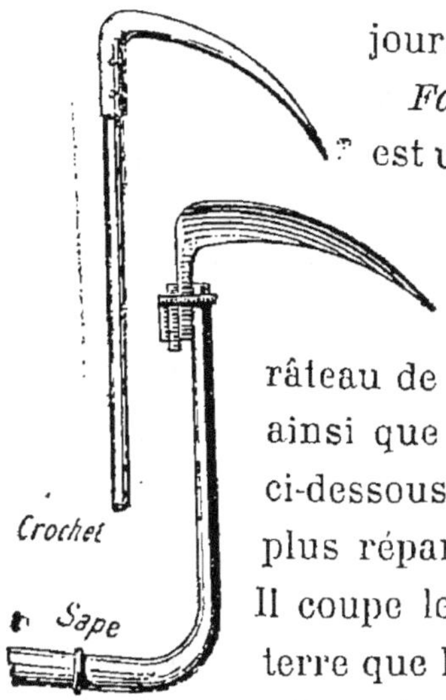

Faulx ou Faux. — La faux armée est une faux semblable à celle servant à couper l'herbe, mais pour retenir et réunir les tiges coupées, elle est munie d'un grand râteau de bois à dents arquées ainsi que l'indique la figure 166 ci-dessous. C'est l'outil à main le plus répandu, le plus expéditif. Il coupe les tiges aussi près de terre que le ferait la sape.

L'avoine *se fauche en dehors ou en dedans*.

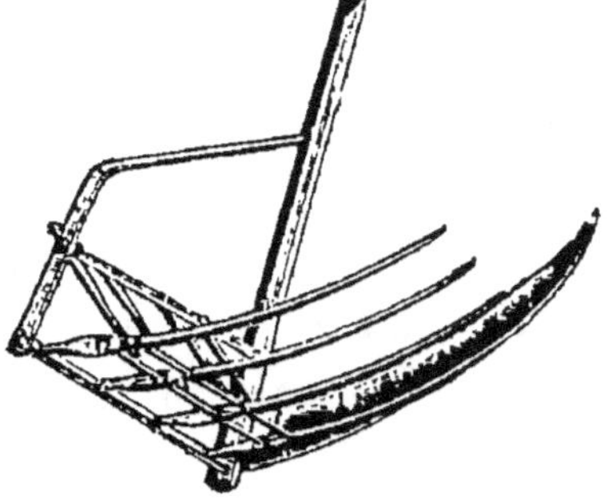

Fig. 166. — *Faux armée.*
(Modèle de la Manufacture du Râteau français, à Sedan.)

La première méthode permet d'éviter un *javeleur*, si on le désire, puisque les tiges coupées tombent à la gauche du faucheur, du côté opposé à celles sur pied, mais elle a le désavantage de secouer un peu les panicules, ce qui est un inconvénient si on est en présence d'une variété qui s'égrène facilement.

C'est pourquoi on préfère la seconde méthode pour les avoines très hautes, trop mûres, sujettes a s'égrener, car

Fig. 165.

Crochet

Sape

dans le fauchage en dedans l'avoine coupée s'appuie sur celle sur pied, avant d'être enlevée par le javeleur.

Le fauchage prolongé est très fatigant et ne peut être pratiqué que par des hommes vigoureux.

La surface fauchée varie de 30 à 50 ares par jour suivant l'habileté du faucheur, sa force, l'abondance de la récolte, la manière plus ou moins favorable sous laquelle elle se présente pour la fauche.

Il est évident que si la récolte est versée le travail est plus long que si elle est droite.

A la faux comme à la sape, si l'on craint l'égrenage, il est nécessaire de s'abstenir de faucher pendant les heures les plus chaudes du milieu de la journée.

Il est préférable de faucher bas; on ne peut trouver avantage à opérer autrement que si, par suite de l'abondance des pailles dont on dispose, on ne craint pas d'en sacrifier une partie pour fertiliser le terrain, et encore existe-t-il des moyens plus pratiques.

Cependant si les mauvaises herbes sont en très forte proportion, il est quelquefois recommandable de laisser les chaumes assez hauts, afin de les brûler après l'enlèvement de la récolte, et de détruire ainsi une partie de ces plantes salissantes avant le déchaumage et le labour destinés à les faire disparaître ensuite presque totalement.

Javelage. — Nous avons vu que les tiges coupées à la faucille, à la sape, et à la faux, sont réunies en javelles composées d'une quantité d'avoine suffisante pour former une gerbe, après le lien fixé.

La faucheuse moissonneuse, la moissonneuse combinée,

la moissonneuse non transformable, donnent des javelles dans les mêmes conditions.

Mais doit-on lier en javelles immédiatement après la coupe, ou bien un certain temps après ? Dans ce dernier cas au bout de combien de jours le liage doit-il être opéré ?

C'est une question que les auteurs ont une tendance à trancher par des conseils extrêmes : les uns trouvent que le javelage doit disparaître, les autres prétendent qu'il est indispensable. Sans avoir eu, comme nous, l'occasion de parcourir les diverses régions de la France à l'époque de la moisson, on doit se rendre compte qu'une règle uniforme est impossible : l'état de la récolte sur pied à sa dernière période et les prévisions du temps, sont les seuls guides pour apprécier ce qu'il est préférable de faire.

Il est évident que dans le Midi, où l'avoine ainsi que les plantes utiles ou nuisibles qu'elle renferme sont sèches, lorsqu'on les coupe, le javelage est peu pratiqué puisqu'il est superflu le plus souvent. Les javelles sont presque toujours liées et mises en moyettes aussitôt coupées sans qu'il en résulte d'inconvénient. L'importance du javelage diminue donc du Nord au Midi.

Dans le Nord, à la suite de la température défavorable l'avoine est parfois encore un peu humide, ou renferme une assez forte proportion d'eau de constitution le jour où on la coupe, et sans qu'il soit possible de retarder ce travail. Parfois aussi il y a une notable proportion de plantes vertes associées à l'avoine, plantes dont l'humidité avarierait la paille si on ne les laissait sécher suffisamment avant de lier les javelles, même en faisant celles-ci très

petites, ce qui atténue beaucoup dans ce cas les risques
d'altération de la paille.

Il est certain que dans ces deux derniers cas le javelage
a son utilité, mais en ne perdant pas de vue qu'il doit toujours être réduit au minimum de durée nécessaire, et même
abrégé si le temps est menaçant.

Si, au contraire, les tiges sont sèches, avec une proportion d'herbe verte incapable de nuire à la qualité de la
paille, il n'y a aucune hésitation : dans le Nord comme dans
le Centre et le Midi, il faut alors lier aussitôt la coupe, et
mettre en moyettes immédiatement, surtout si la pluie est
à craindre. En opérant ainsi, on évite, en saison pluvieuse
principalement, d'avoir à retourner les javelles un certain
nombre de fois, d'où possibilité d'employer à une autre
besogne les ouvriers, qui à cette époque de l'année ne sont
le plus souvent qu'en nombre strictement nécessaire pour
l'importance des travaux, d'autre part économie de main-
d'œuvre, et enfin pas de grains perdus dans la manutention des javelles.

Autrefois, on prétendait, et ce préjugé est loin d'être disparu, qu'il était indispensable de laisser l'avoine en javelles au moins 10 à 15 jours, pour qu'elle soit plus lourde,
plus volumineuse, plus facile à battre ; et on ajoutait qu'elle
se battait d'autant mieux qu'elle avait reçu une pluie pendant le javelage. Il n'est cependant pas difficile de se rendre
compte que si par le javelage prolongé le grain augmente
de volume c'est un renflement trompeur au détriment de la
qualité, que si les gerbes sont plus lourdes, l'accroissement
de poids est dû à la terre qui s'attache aux tiges ainsi qu'aux
panicules ; que par suite les grains sont moins sains, moins

luisants, ont moins d'arôme ; que la paille est plus brune, moins belle, moins nutritive, moins bonne et par suite mangée par les bestiaux avec une avidité moindre. « Les « bons cultivateurs des Pays-Bas et du Holstein, dit Lang, « regardant la mise en gerbes comme un travail tellement « pressant, que, lorsqu'ils manquent de bras, ils aiment « mieux retarder la rentrée de leurs céréales d'hiver que de « retarder le liage de leur avoine. On ne croit pas que « l'avoine ait besoin d'avoir été mouillée pour qu'on puisse « la battre, et nos batteurs savent très bien en tirer tout le « bon grain. Mais, fût-il impossible de battre à fond l'avoine « qui n'aurait pas été mouillée, nous aimerions mieux « encore faire profiter nos bestiaux des grains imparfaits « qui pourraient rester dans les épis que de semer les « meilleurs et les plus mûrs sur les champs au profit des « oiseaux et des souris.

« Lorsque l'avoine peut être liée sèche, et *il ne faut* « *jamais la lier autrement*, elle peut supporter très long- « temps, sans avarie, le plus mauvais temps, tandis que, « étendue en javelles, elle ne peut être préservée d'une « avarie complète qu'au prix de beaucoup de main-d'œuvre « pour la retourner souvent et d'une perte considérable de « grains. On a fait d'ailleurs l'observation, qui ne saurait « être révoquée en doute, que la paille d'avoine, immédia- « tement liée, conservait beaucoup plus de propriétés, « comme fourrage, que celle qui était restée huit jours en « javelles. »

Dans le cas où il y aurait utilité à ce que l'avoine reste sur le sol, il faudrait renoncer à l'y laisser plus qu'il n'est nécessaire, car c'est souvent à l'époque de la mois-

son des avoines tardives que prennent les pluies persistantes.

Si malheureusement on est pris par une période de pluie,
il y a lieu de retourner les javelles tous les deux jours au
plus tard, en profitant des éclaircies, ensuite, dès que le
beau temps est revenu, d'attendre que l'humidité ou la
rosée soient disparues, puis d'exposer alternativement
pendant 2 ou 4 heures (en entr'ouvrant les javelles si c'est
nécessaire) chaque face de la javelle à l'air et au soleil, et de
lier ensuite sans perdre de temps. Lorsqu'il y a des prairies associées à l'avoine, aussitôt la coupe de cette dernière,
les plantes fourragères contribuent à maintenir de l'humidité dans les javelles, il est alors prudent de retourner plus
souvent que sur les terres indemnes d'herbe verte. En
opérant ainsi on arrive à sauvegarder la récolte si le mauvais temps ne dure pas longtemps; mais s'il se prolonge,
il est fatal que les grains finiront par germer, que la paille
s'échauffera, moisira et noircira.

Il y a lieu alors d'être prudent en rentrant comme en utilisant une avoine moissonnée dans ces conditions. Rentrée
humide, elle est susceptible de provoquer dans les granges
comme dans les meules des incendies qu'on ne manquera
pas d'attribuer à la malveillance, ou de communiquer aux
animaux des coliques, des vertiges, des maladies funestes
dont on ne saura déterminer la cause. Inutile d'ajouter que
le grain de ces avoines n'est pas utilisable pour semence;
en tirer parti serait s'exposer à un insuccès complet.

Liage. — Tout cultivateur prévoyant a sa provision de
liens pour lier les javelles, c'est-à-dire mettre en gerbes

entièrement prête avant la moisson.

Les liens dits agricoles se font en paille de seigle, de blé, d'avoine; en tilleul, coudrier, jonc, genêt, ajonc. Ce sont les liens de paille qui servent le plus souvent, parmi ces derniers, ceux de seigle sont les plus usités.

Les liens du commerce sont en Alfa (désignation le plus souvent incorrecte), Fétuque-Dyss, Ramie, Palmier, Rotin. Ils valent, selon la matière première employée, la grosseur et la longueur, de 10 à 15 francs le mille. Dans les exploitations bien tenues, où l'on exige que ces liens soient rangés au fur et à mesure que les bottes sont déliées, ils durent plusieurs années. Leur emploi est alors beaucoup plus économique que celui des liens de paille qui coûtent de 7 à 16 fr. le mille, suivant les contrées, et ne durent qu'un an.

Il y a dans nos fermes des liens en Alfa, en Ramie et en Palmier qui durent 4 ans. Nous exigeons qu'ils soient placés sur les crochets spéciaux qui leur sont réservés, aussitôt la paille déliée, et lorsqu'il y en a un certain nombre ils sont portés dans la chambre où se trouve la provision de liens.

Il y a lieu de choisir des liens trempés dans une solution destinée à les rendre imputrescibles et à éloigner les rongeurs.

La ficelle est aussi employée comme lien. C'est souvent un moyen d'utiliser les bouts de ficelle provenant des bottes de paille d'avoine récoltées à la moissonneuse lieuse.

Moisson aux Machines. — Il ne peut convenir dans un livre consacré spécialement à l'avoine de décrire les divers types de machines employées pour la moisson ; aussi nous bornerons-nous à les énumérer en indiquant brièvement leur usage.

Faucheuses, à un cheval, et à deux chevaux, munies de l'appareil à moissonner, c'est-à-dire d'un appareil de javelage. Ces machines qui fonctionnent très bien dans les prés comme dans les moissons, sont précieuses dans les exploitations d'importance trop faible pour justifier l'achat d'une moissonneuse simple et à plus forte raison d'une moissonneuse lieuse. Ce sont les faucheuses de la petite culture, de la culture très morcelée opérant sur des terres de très faible surface, souvent même très étroites ; ce sont aussi ces machines dont l'emploi est tout indiqué dans les champs plantés d'arbres en rangs trop serrés, ou dont les branches sont trop peu élevées au-dessus de terre pour laisser passer les moissonneuses.

Le conducteur monte sur le même siège que pour la fenaison, tandis que le javeleur, placé sur le siège rapporté, fait incliner l'avoine vers la lame, au moyen d'un large râteau à dents écartées manié à bras. Aussitôt coupées les tiges tombent successivement sur le tablier mobile à claire-voie adapté

Fig. 107. — *Faucheuse avec appareil à moissonner*. (Samuelson, à Orléans.)

à la faucheuse, ensuite dès que ce tablier est couvert d'une quantité d'avoine suffisante pour former une gerbe, le javeleur manœuvre, au moyen d'une pédale, un levier qui fait incliner le tablier mobile, puis s'aidant au râteau à bras il pousse la javelle qui glisse alors doucement à terre. Comme les javelles tombent auprès de l'avoine sur pied qui va être coupée, il est nécessaire de déplacer rapidement ces javelles (ou les gerbes si on les lie de suite) avant que la faucheuse revienne, car l'avoine coupée se trouvant ainsi sur la nouvelle piste des chevaux serait piétinée.

Ce déplacement de javelles qui est assez onéreux est évité par l'emploi de la faucheuse transformée en *faucheuse moissonneuse à javelage automatique*, appelée aussi *moissonneuse combinée*, dans laquelle au lieu du râteau à bras et de la pédale maniés par le javeleur, il existe, comme dans les moissonneuses simples (moissonneuses fixes) des râteaux rabatteurs javeleurs qui font glisser la javelle et la poussent automatiquement en dehors de la piste des chevaux.

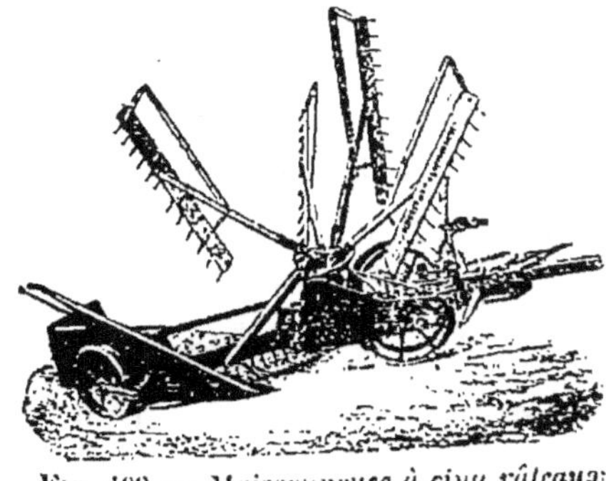

Fig. 108. — *Moissonneuse à cinq râteaux à deux vitesses.* (Albaret, à Rantigny.)

Moissonneuses. — Les moissonneuses simples sont traînées les unes par un cheval, les autres par deux chevaux. Elles sont destinées aux exploitations moyennement importantes. Ainsi que cela a lieu dans les faucheuses, les premières ne diffèrent des secondes que par des dimensions moindres.

De même que les faucheuses, les moissonneuses peuvent être traînées par des bœufs au lieu de chevaux, mais comme leur allure est plus lente on adapte un pignon spécial susceptible de maintenir une vitesse suffisante à la lame. Il existe des moissonneuses automobiles. Dans ces diverses machines comme dans les moissonneuses combinées, des rateaux javeleurs rabatteurs poussent la javelle où elle sera liée pour être mise ensuite en moyettes.

On considère qu'une machine à un cheval coupe par jour, avec un seul attelage, 2 à 3 hectares, tandis que celles à deux chevaux coupent 3 à 4 hectares. Ces chiffres sont très variables puisqu'ils dépendent de la force des chevaux, de la disposition du sol, de la façon dont la récolte se présente et de son abondance. Il est évident que sur un sol accidenté, en pente assez forte, comme dans une récolte inclinée, versée, paillassée, ou tourbillonnée, on mettra beaucoup plus de temps que pour faucher une avoine en sol plat et restée droite, ce qui permet de couper en tournant autour du champ, au lieu de ne faucher que sur un ou deux côtés par exemple, et de revenir chaque fois sur ses pas pour reprendre la piste dans la direction où l'avoine est la plus facile à faucher.

En relayant les attelages, la surface coupée sera forcément plus considérable que celle que nous venons de donner; elle pourra même être doublée.

Moissonneuses lieuses. — Ainsi que leur nom l'indique, les moissonneuses lieuses suppriment le travail des javeleurs et des lieurs, puisqu'elles livrent la récolte toute liée en gerbes de grosseur réglable à volonté.

Quoique les modèles actuels soient plus légers que ceux d'autrefois, ces machines exigent trois bons chevaux, la traction par deux chevaux seulement étant presque toujours trop pénible.

Par suite de leur fonctionnement parfait et de leur prix abordable maintenant, l'emploi de ces machines d'avenir se généralise très vite, dans la grande comme dans la moyenne culture.

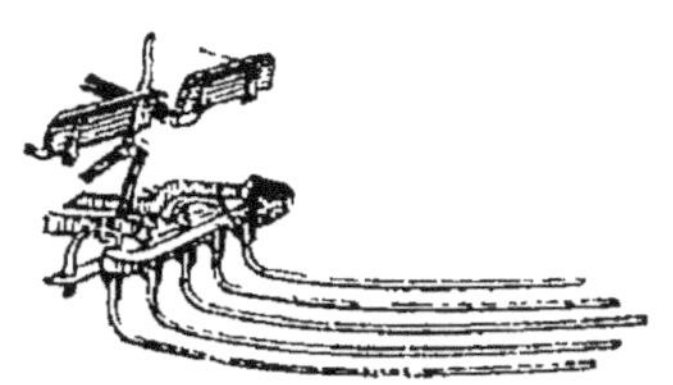

Fig. 109. — *Moissonneuse-lieuse basse sans élévateur.*
(Samuelson, à Orléans.)

Elles répondent aux besoins les plus variés, tout en permettant aux cultivateurs, lorsque les récoltes ne sont pas trop versées, de s'affranchir presque entièrement des exigences trop souvent excessives des moissonneurs.

A moins que de pouvoir suspendre à volonté le fonctionnement de l'appareil de liage, la seule restriction est d'éviter de les employer dans les avoines qui renferment trop d'herbe verte ou qui sont trop humides, car la paille contracterait un mauvais goût qui la ferait rejeter par les animaux.

Dans certaines moissonneuses lieuses chaque gerbe glisse sur le sol aussitôt liée tandis que les modèles perfectionnés sont

Fig. 110. — *Porte-gerbes.*

munis d'un appareil porteur (porte-gerbes) retenant plusieurs gerbes, quatre par exemple, pour les déposer toutes ensemble à des distances régulières, ce qui abrège le travail de la mise en moyettes tout en facilitant la circulation.

Au début, le liage se faisait avec du fil de fer, système qui présentait un danger dans les râteliers comme dans les litières, lorsqu'il restait des liens oubliés ou des morceaux de liens. L'emploi de la ficelle a fait disparaître tout danger.

Dans des conditions normales de marche, une moissonneuse lieuse bien conduite, traînée par des chevaux vigoureux habitués à ce genre de travail, abat jusqu'à un demi-hectare d'avoine à l'heure.

Fig. 111. — *Moissonneuse lieuse avec élévateur*. (Albaret, à Liancourt.)

Nous citerons simplement pour mémoire les *moissonneuses lieuses batteuses*, ainsi que celles qui *moissonnent, battent, trient* et *ensachent* le grain, machines dont nous ne connaissons que des descriptions, et qui, croyons-nous, n'ont pas encore été employées en France.

Prix du moissonnage. — D'après les renseignements (très variables d'ailleurs) recueillis auprès d'un assez grand nombre de cultivateurs de notre région, et dans notre comptabilité, les prix moyens du moissonnage à la main et du moissonnage mécanique, en se basant sur une récolte d'avoine de 900 gerbes à l'hectare donnant 20 quintaux de grains sont les suivants :

Moisson à la faucille.

	DÉPENSE A L'HECTARE		DÉPENSE PAR 100 GERBES	DÉPENSE PAR QUINTAL
	FR.	FR.	FR.	FR.
Faucillage..................	41 50			
Liens en paille de seigle..	7 50	58 50	6 50	2 90
Liage et mise en moyettes.	9 50			

Moisson à la faux armée.

	DÉPENSE A L'HECTARE		DÉPENSE PAR 100 GERBES	DÉPENSE PAR QUINTAL
	FR.	FR.	FR.	FR.
Fauchage..................	23 72			
Liens en paille de seigle..	7 50	40 72	4 50	2 05
Liage et mise en moyettes.	9 40			

Moisson à la faucheuse munie de l'appareil à moissonner.

Fauchage et main-d'œuvre du personnel qui range la javelle pour laisser libre la piste de la machine...	18 75			
Liens en paille de seigle...	7 50	35 75	4 00	1 80
Liage et mise en moyettes.	9 50			

Moisson à la moissonneuse (Javelage automatique).

Fauchage................	12 00			
Liens en paille de seigle...	7 50	29 00	3 20	1 45
Liage et mise en moyettes.	9 50			

Moisson à la moissonneuse lieuse (1).

Travail de la machine traînée par trois chevaux et dépense de ficelle.......	24 00	28 00	3 10	1 40
Mise en moyette..........	4 00			

Les chiffres précédents ne sont qu'approximatifs, puisque les prix sur lesquels ils reposent sont très variables, tel est le cas par exemple, des journées de travail estimées à 2 fr. 50 par les uns, à cinq francs par les autres, et le coût des liens de paille de seigle qui varie de 0 fr. 75 à 1 fr. 50 le cent suivant les pays. Mais même en tenant compte de ces variations du simple au double, on saisit nettement les avantages du moissonnage mécanique, qui, tout en permettant d'effectuer la moisson plus vite et de mettre l'avoine plus rapidement à l'abri des intempéries, qu'elle supporte moins facilement que tout autre céréale, affranchit le cultivateur en grande partie des exigences des moissonneurs.

Moyettes. — Les gerbes étant liées, il reste à les ras-

---

(1) De même que dans les instruments précédents, il a été tenu compte proportionnellement, dans le travail de la machine, de l'intérêt du capital d'achat, de l'amortissement, de l'entretien, du graissage, du fauchage à la faux pour permettre le passage de la machine (débassage, détourage) au début du travail, de la main d'œuvre, des frais de traction. MM. J. Bénard et Ringelmann estiment comme suit les frais à l'hectare pour le moissonnage de l'avoine : 1° à la main 29 fr. 61 ; 2° à la moissonneuse-javeleuse 21 fr. 25 ; 3° à la moissonneuse-lieuse 20 fr. 61.

sembler pour finir de sécher en petits groupes formant des lignes parallèles.

Ces petits groupes s'appellent *moyettes*, cavaliers, dizeaux, douzeaux, treizeaux, etc.

Les moyettes de javelles n'étant presque plus usitées, nous ne parlerons que des moyettes de gerbes, et même très brièvement. La plus simple, en même temps que la meilleure pour l'avoine, est la moyette circulaire (fig. 112), composée de gerbes dressées en laissant une certaine inclinaison, de façon à ce que toutes les panicules s'appuient toutes les unes contre les autres. Ces

Fig. 112. — *Moyette circulaire.*

panicules sont ensuite recouvertes par une *coiffe* (*chapeau, capuchon*) formée d'une grosse gerbe renversée bien liée, dont les tiges sont écartées de façon à former un entonnoir qui recouvre la partie supérieure de toutes les gerbes et sert à les abriter. Dans quelques exploitations cette gerbe retournée est remplacée par des coiffes de forme conique, appelées Paillassons ou Chaperons, confectionnées avec la machine servant à fabriquer les paillassons de meules.

On trouve aussi à des prix très réduits dans le commerce, des chaperons analogues à celui représenté par la figure 113, qui est fabriqué par la maison J.-B. Quentin, Rœux (Pas-de-Calais).

Fig. 113. — *Moyette avec chaperon.*

Une autre disposition est adoptée fréquemment dans le Nord, c'est le treizeau (fig. 114). Il consiste en deux gerbes couchées sur le sol, placées en ligne droite, les panicules de l'une recouvrant les panicules de l'autre ; deux autres gerbes sont disposées à leur tour, dans les mêmes conditions, mais perpendiculairement aux premières dont elles recouvrent les panicules ; puis ces quatre gerbes, placées en croix, sont ensuite recouvertes chacune par deux autres, en procédant de la même façon ; après quoi la treizième gerbe renversée, placée au-dessus du centre, sert de coiffe.

Fig. 114. — *Treizeau.*

Dans plusieurs pays on emploie encore la méthode des *chaînes*, dans laquelle des lignes de gerbes sont dressées, presque perpendiculairement, panicules contre panicules, et coiffées successivement de gerbes retournées. Ce genre de moyettes à l'inconvénient d'opposer une trop grande prise au vent, tout en manquant de stabilité.

Quelle que soit la méthode adoptée, toutes les moyettes d'un champ comportent autant que possible le même nombre de gerbes afin de permettre de se rendre compte plus facilement de l'importance de la récolte.

Les gerbes des moyettes une fois sèches, il ne reste plus qu'à les charger sur les chariots ou les charrettes, pour les transporter et les décharger à l'endroit où elles resteront jusqu'au battage.

Râtelage. — Le râtelage consiste à ramasser sur le sol les tiges et panicules qui ne sont pas entrées dans les gerbes. Lorsque les terres n'ont pas une grande surface cette opération s'effectue avec des râteaux à bras tels que le *Râteau français* (fig. 115) et le *Bayard* (fig. 116), excellents modèles à dents d'acier offrant une très grande résistance. Sur les terres plus étendues, on se sert des râteaux à cheval, instruments trop connus pour être décrits ici. Seul le propriétaire de la récolte a le droit de râtelage. Il ne peut le déléguer à autrui, et doit l'effectuer avant l'enlèvement de la récolte; mais on tend partout à ne plus attacher d'importance à ces règlements surannés, surtout lorsqu'il s'agit de l'avoine.

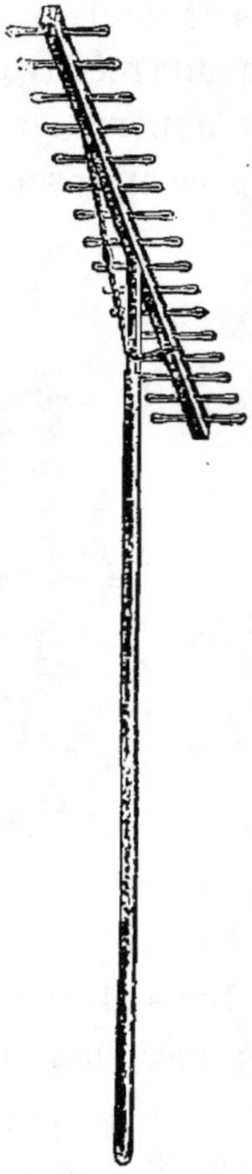

Glanage. — Le glanage est la faculté de ramasser sur le champ d'autrui l'avoine restante après la récolte enlevée. C'est en quelque sorte le droit du pauvre, un droit

Fig. 115. — *Râteau français.*

que l'humanité du législateur a réservé aux indigents, qui
par suite ne doit exister qu'en faveur de personnes infirmes
ou trop faibles pour gagner leur vie en travaillant. Par lui-
même, le glanage, qui d'ailleurs s'exerce de moins en moins,
ne cause aucun préjudice au cultivateur; il ne devient un
abus que lorsqu'il est pratiqué par des gens valides, dont
on a le plus grand besoin dans les périodes de moisson, qui
s'habituent ainsi à une sorte de mendicité déguisée.

L'article 73 de la loi du 20 juin 1898 dit : « Le **glanage**,
même dans les contrées où l'usage local l'a établi, est interdit dans tout enclos. Les glaneurs ne peuvent entrer
dans les champs ouverts que pendant le jour et après
complet enlèvement des récoltes. »

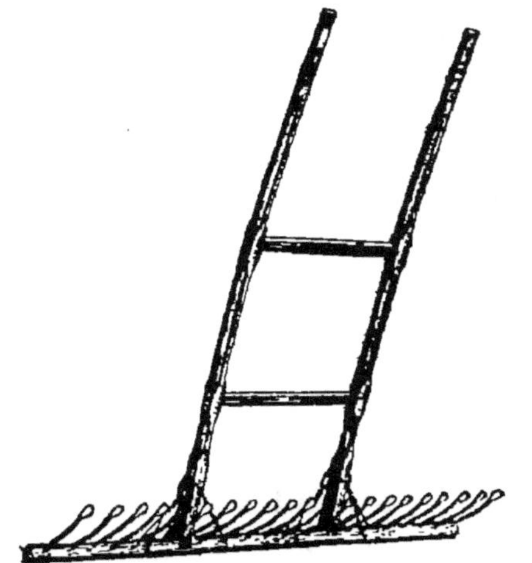

Fig. 116. — *Le Bayard.* (Modèle de la
Manufacture du Râteau français, à Sedan.)

Déchaumage. — Le déchaumage a pour but d'écroûter la
terre, d'ameublir sa surface, d'arracher les chaumes, de
détruire beaucoup de mauvaises herbes, de recouvrir légèrement les graines existantes sur le sol afin d'en provoquer
la germination.

Ces dernières, en effet, sous l'influence du soleil, et de
l'humidité que la terre renferme ou reçoit, germent et donnent des plantes qui peu de temps après sont détruites par
le travail des instruments aratoires.

On comprend tellement bien l'importance du déchaumage,

dans certains pays, que pour ne pas perdre de temps les instruments qui l'effectuent circulent dans les champs entre les moyettes alignées. Dans d'autres pays, au contraire, les cultivateurs ne se rendent pas assez compte de l'utilité considérable de cette opération culturale, qui ne coûte cependant qu'une dizaine de francs par hectare.

Le déchaumage présente encore les avantages suivants :

De permettre une préparation plus rapide du sol en vue des cultures dérobées (moutarde blanche, moha, navets tardifs, etc.) qui succèdent aux avoines hâtives ;

De détruire en partie les œufs du hanneton, qui éclosent vers le mois d'août, et dont les larves se trouvent souvent à cette époque dans la couche de terre remuée par les instruments ;

De permettre aux pluies de s'infiltrer dans la couche arable, puis de là dans le sous-sol, au lieu de ruisseler à la surface, et d'empêcher l'évaporation, ce qui autorise à répéter à propos du déchaumage ce qui a été dit du binage, « que déchaumer, c'est arroser sans eau ».

Cette provision d'eau reconstitue celle épuisée fréquemment par l'évaporation foliaire des plantes pendant les dernières semaines de végétation ; s'il survient une période de sécheresse, elle rend possible les labours impraticables sur les terres non déchaumées ; enfin l'humidité existante produit une action favorable sur les semences répandues à l'automne.

Le déchaumage ne doit pas se pratiquer à plus de 2 à 5 centimètres de profondeur, car les graines se trouvant enfouies trop profondément dans le sol restent le plus souvent sans germer jusqu'à ce qu'un labour plus profond les

ramenant vers la surface, provoque leur germination et de
ce fait le développement de plantes susceptibles d'infester
les cultures suivantes. Il s'effectue principalement avec les
sacrificateurs, les extirpateurs, les herses déchaumeuses,
les charrues polysocs ou les déchaumeuses polysocs, les
cultivateurs dans le genre du cultivateur canadien ou du
cultivateur piocheur. Quelquefois pour obtenir un travail
plus parfait, on passe deux fois ces instruments, une fois
en long et l'autre en travers.

Enfin pour que le déchaumage soit parfait, on le fait suivre
d'un hersage énergique, de manière à mieux ameublir le
sol, et à ramener plus complètement les herbes adventices
ainsi que les racines, afin d'en hâter la dessiccation, et si
on le juge utile de pouvoir les rassembler en tas pour les
brûler (1).

Dans certains pays où le glanage et le parcours sur les
chaumes sont pratiqués, on a prétendu qu'il était interdit
de déchaumer avant et aussitôt l'enlèvement des gerbes.
Cette question soumise plusieurs fois à des arbitres, ainsi
qu'à des tribunaux, a été généralement tranchée en faveur
du déchaumage.

---

(1) Opération indispensable si on constate la présence de Cecydomie
destructive qui, contrairement à ce que l'on croit généralement, existe,
exceptionnellement il est vrai, dans l'avoine.

CHAPITRE XII

Emmagasinage et battage des gerbes

L'avoine se trouvant dans les conditions voulues pour être rentrée, est chargée et conduite à l'endroit qui lui est assigné pour être engrangée ou mise en meules. Lorsqu'elle est destinée à être battue aussitôt la récolte, il suffit de faire sommairement dans le champ même, ou à proximité du lieu de battage, une meule provisoire pour abriter momentanément les gerbes. Si au contraire le battage ne doit s'effectuer que vers la fin de l'automne ou en hiver, pendant que les travaux des champs sont suspendus, il est indispensable de mettre l'avoine complètement à l'abri de l'humidité, en l'engrangeant ou en confectionnant des meules fixes.

Granges. — Dans les petites exploitations les granges gerbières sont, le plus souvent, suffisamment vastes pour contenir, en année normale, toute la récolte de céréales. Ces granges sont divisées en trois parties : dans le milieu se trouve l'aire à battre au fléau, qui sert en même temps au passage des voitures, puis, d'un côté, l'emplacement réservé aux gerbes à battre, et de l'autre celui pour loger les bottes de paille. S'il y a une machine à battre, elle est placée du côté des gerbes afin de simplifier la main-d'œuvre de battage. Dans les exploitations plus importantes, les céréales ne pouvant le plus souvent tenir dans une seule grange fermée, sont réparties dans d'autres et sous des abris économiques (hangars, gerbiers) ou bien conservées en meule.

La meilleure exposition (1) pour une grange est le nord ou l'est, car il faut éviter les vents chauds.

On a constaté depuis longtemps que 100 kilogrammes de gerbes de blé occupent un mètre cube; l'orge et *l'avoine* prennent *un dizième de moins* : au contraire le seigle exige plus de place. Un mètre cube contient donc neuf à dix gerbes de blé; si on admet qu'un hectare de terre cultivée donne, en moyenne, vingt hectolitres ou quarante douzaines de gerbes, ce qui certainement n'est pas exagéré, on voit qu'il faut dans une grange cinquante mètres cubes par chaque hectare cultivé en grain.

Si l'avoine est bien sèche, les gerbes sont serrées de façon à ne laisser aucun vide; moins il y en aura, mieux la ré-colte se conservera. Il n'y a que si l'on est obligé de rentrer les gerbes un peu humides qu'il est prudent de ménager un courant d'air au moyen de fagots juxtaposés intercalés dans la masse.

Meules. — Dans les meules bien conditionnées l'avoine se conserve parfaitement pendant une ou deux années, en

(1) J. Buchard. Constructions agricoles. Librairie J.-B. Baillière e fils, à Paris.

souffrant moins des ravages des rongeurs que si elle était engrangée, et en risquant moins de contracter une mauvaise odeur.

L'usage des meules évite aussi l'immobilisation en constructions d'un capital relativement important, mais il nécessite une main-d'œuvre supérieure à l'intérêt de ce capital si l'on se contente de constructions économiques. Outre ce dernier inconvénient d'entraîner une dépense supplémentaire (1) pour les confectionner et les couvrir, les meules en présentent plusieurs autres tels que :

1° D'avoir une épaisseur d'environ 10 centimètres de paille détériorée à la partie extérieure;

2° De renfermer presque toujours plusieurs *lits* de gerbes avariés à la partie inférieure;

3° De causer un supplément de travail si le battage ne s'effectue pas à *pied de meule*.

Les meules sont rondes ou disposées en longueur (rectangulaires). La forme circulaire oppose moins de résistance au vent, mais elle a l'inconvénient si le temps n'est pas absolument certain, d'obliger à enlever les meules en une seule fois lorsqu'elles sont découvertes pour le battage. Les meules longitudinales offrent plus de résistance au vent, mais permettent de ne prendre les gerbes qu'au fur et à mesure des besoins.

Dans certaines communes, des arrêtés municipaux prescrivent les distances auxquelles les meules doivent se trouver des villages, des chemins, des bâtiments de ferme.

---

(1) Nous estimons, d'après ce qui se passe dans nos cultures, que la *totalité* des frais divers, par meule de 6 à 7.000 gerbes, est d'environ cent francs.

Nous nous bornerons à résumer, relativement à la meilleure méthode à suivre pour la confection des meules, les excellentes indications données par M. Ma. Allard, professeur départemental d'agriculture de la Haute-Saône.

Les meules demandent à être placées sur un terrain sain et aplani, à l'abri du ruissellement de l'eau après les grandes pluies. Cet emplacement doit être entouré d'une rigole pour l'enlèvement de l'eau qui tombera des toits de la meule. Quand il est choisi, le pourtour de la meules est déterminé par des piquets.

Les meules primastiques, c'est-à-dire à base rectangulaire, sont beaucoup plus faciles à monter que les meules rondes ; aussi les débutants les préféreront.

La largeur adoptée est plus souvent de 4 à 5 mètres ; la longueur varie avec la quantité des gerbes.

Les meules ne doivent pas être trop petites, parce que la partie extérieure, détériorée par les intempéries, est toujours de 0^{m}10 d'épaisseur. Pour une petite meule, cette couche représente un volume important, tandis que pour une grosse meule de 4 à 5 mètres de large sur 10 à 12 mètres de long, cette épaisseur ne correspond plus qu'à un volume insignifiant par rapport à celui de la meule.

Les meules ne demandent pas cependant à être trop grosses parce qu'on pourrait être gêné par les pluies au moment de leur établissement. Cet inconvénient est surtout à redouter quand on ne possède pas de bâche pour couvrir la meule ébauchée en temps de pluie.

Exposition. — Afin de réduire autant que possible l'action de la pluie, la meule est exposée de telle sorte qu'elle reçoive les pluies dominantes par l'un de ses bouts et non par l'une de ses faces.

Sous-trait (1). — Pour assurer la conservation de la partie basse de la meule, il est nécessaire de l'isoler du sol par une couche d'environ 0^m50 d'épaisseur de fagots, de morceaux de bois, etc., en un mot de matières qui puissent résister au tassement et former obstacle continu à l'ascension de l'eau du sol par capillarité dans la meule.

Cette couche sur laquelle repose la meule s'appelle le *sous-trait*. Lorsqu'on ne fait pas de sous-trait la récolte tassée absorbe petit à petit l'humidité du sol et pourrit sur une épaisseur assez considérable.

Exécution de la meule. — On dépose les bottes de paille ou les gerbes, suivant les cas, en couches régulières sur le sous-trait, en ayant soin de monter le centre plus vite que les bords. Ainsi, pendant l'exécution, le dessus de la meule ronde est légèrement conique, tandis que le dessus de la meule à base rectangulaire est en dos d'âne. Cette précaution a pour résultat de conserver après le tassement une légère inclinaison, de l'intérieur vers l'extérieur, des tiges qui conduiront l'eau au dehors, si des gouttières viennent à s'établir. Si on montait la meule à plat, il pourrait se faire qu'après le tassement, il y eût des affaissements, des excavations, sur les flancs de la meule et que, l'eau de pluie, au lieu de s'écouler à l'extérieur, pénètre à l'intérieur et fasse pourrir la masse.

Au fur et à mesure que la meule s'élève, il est bon de

---

(1) L'industrie livre des sous-traits métalliques dont on trouvera la description dans divers catalogues.

l'élargir pour que, plus tard, les égoûts du toit tombent à une distance de 0^m30 à 0^m80 du pied.

Cet élargissement doit se continuer jusqu'à une hauteur de 2^m50 environ. Ensuite, on rétrécit le tas, petit à petit, pour le terminer en forme de cône si la meule est ronde, ou en forme de toit si la meule est rectangulaire.

Pour assurer l'équilibre de la meule après son exécution, et éviter qu'elle ne penche ni d'un côté ni de l'autre, il est indispensable qu'elle soit uniformément tassée sur tous ses points. A ce point de vue, il convient de décharger les voitures successivement sur chacun des points du périmètre de la meule.

Quand on décharge les voitures toujours du même côté, le tassement est plus considérable là qu'ailleurs, et l'affaissement ultérieur, qui se fait naturellement sous l'influence du poids de la masse, est plus considérable du côté inverse; la meule s'incline alors jusqu'à menacer de tomber.

Couverture de la meule. — Il est bon de couvrir la meule avec de la paille, pour empêcher la pénétration de l'eau dans son intérieur. Pour cela, il faut préférer la paille de seigle, si l'on en possède.

On commence par poser une couche de cette paille d'environ 0^m10 à 0^m15 d'épaisseur, sur la partie la plus basse du toit; on retient cette paille avec des perches posées en travers, c'est-à-dire horizontalement, et on fixe ces perches elles-mêmes avec des crochets en bois qu'on enfonce dans la meule. Ces crochets doivent être longs et plantés de bas en haut, suivant une certaine inclinaison, pour ramener l'eau à l'extérieur. Si on plantait ces crochets verticalement, de haut en bas, l'eau de pluie suivrait leur direction et il se formerait des gouttières.

La première couche de paille est recouverte par une seconde, la seconde par une troisième, et ainsi de suite jusqu'au faîte. Ces couches de paille, largement imbriquées les unes sur les autres, et retenues par les perches, constituent une couverture presque-parfaite.

Comme l'indique la fig. 117, les meules se couvrent aussi au moyen de paillassons fabriqués très rapidement par des machines spéciales, qui coûtent 240 à 300 francs, suivant qu'elles sont à deux ou à trois aiguilles.

Fig. 117. — *Meule couverte en paillassons.*

Le volume d'une meule se calcule avec la formule (1) suivante :

$$V = \frac{1}{12} \pi D^2 (H\text{-}h) + \left(\frac{D^2 + d^2 + Dd}{12} \pi h \right)$$

ou D est le diamètre maximum,

d est le diamètre de la base,

H la hauteur totale,

h la hauteur de la base à la ligne d'égout.

Afin de simplifier le calcul, lorsqu'il n'y a pas nécessité de connaître le volume absolument exact, on considère la partie inférieure de la meule (tronc de cône), comme un cylindre ayant un diamètre moyen entre D et d. Si nous envisageons, par exemple, une meule ayant 7 mètres de diamètre maximum, 5 mètres de diamètre de base, 9 mètres de hauteur totale, et 4 mètres de hauteur de la base à l'égout de la toi-

---

(1) Formule indiquée par M. Garola.

ture, nous trouvons : 178^m27 en appliquant la formule de M. Garola, et 177^m22, soit environ un mètre cube en moins, par le procédé plus rapide que nous venons d'indiquer.

Battage.—L'avoine est la céréale qui s'égrène le plus facilement au battage. Cette opération s'opère de trois manières : *le battage au fléau, le dépiquage, le battage mécanique.*

Le procédé primitif, lent et coûteux du battage au fléau, sur aire à grange ou sur une aire en plein air, n'existe plus guère que dans la petite culture. Même dans les exploitations où la surface réservée aux céréales est assez faible, on tend de plus en plus à adopter les batteuses actionnées à bras, ou à faire battre à façon par des entrepreneurs de battage.

L'opération au dépiquage, qui ne se pratique que dans le midi, en Algérie, en Tunisie, consiste à disposer l'avoine sur une aire circulaire afin d'en provoquer l'égrenage, soit par le foulage prolongé des sabots des chevaux, soit par le passage répété d'un rouleau ou d'un traineau spécial. Ce procédé, quelque primitif aussi, mais assez rapide, tend également à disparaître, par suite des avantages incontestables que présente le battage mécanique.

Les batteuses, les unes fixes, les autres mobiles, se divisent en machines qui *battent debout,* dans lesquelles les tiges d'avoine sont présentées dans le sens de la longueur, et en machines, beaucoup plus répandues, qui *battent en travers* (ou en biais) dans lesquelles les tiges sont présentées dans le sens de la largeur. Ces machines *fixes, demi fixes,* ou *mobiles* (dites *portatives*) sont actionnées par des *moteurs animés* ou mises en mouvement par des *moteurs inanimés.* La force de l'homme n'est utilisée que dans les petites exploitations où l'on se sert de *batteuses à bras*. En moyenne culture on utilise généralement les moteurs animés (chevaux, bœufs, mulets).

Ils actionnent les batteuses par l'intermédiaire d'un *manège circulaire* ou d'un *manège à plan incliné* comme cela a lieu dans les batteuses dites *trépigneuses* (fig. 119).

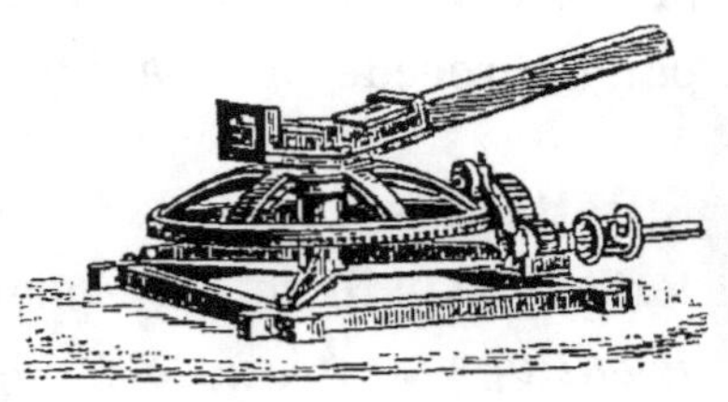

Fig. 118. — *Manège circulaire.*

En grande culture on a recours plutôt aux moteurs inanimés, telles que machines à vapeur, machines à pétrole, force électrique, force hydraulique, donnant un fonctionnement plus régulier que par l'emploi des chevaux, par exemple, qui tantôt ralentissent le pas et tantôt vont trop vite.

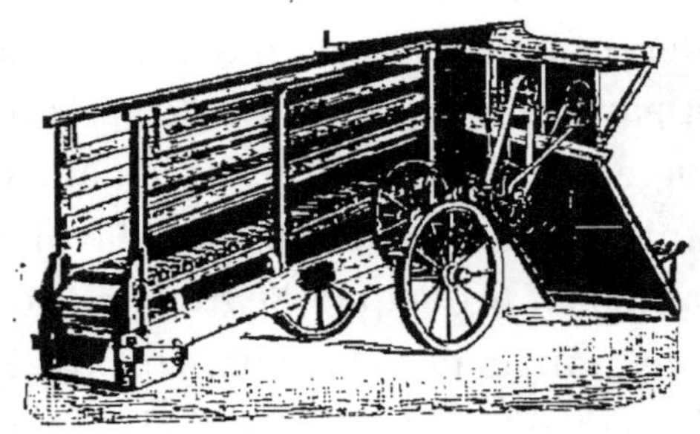

Fig. 119. — *Batteuse trépigneuse à plan incliné.*
(Société Coopérative du Nord à Amiens).

Suivant le plus ou moins grand nombre de gerbes qu'elles sont susceptibles de battre à l'heure, les machines sont dites : à *petit travail*, à *moyen travail*, à *grand travail* ou à *grand débit*. Il existe de nombreux modèles appropriés à l'importance de toutes les cultures et aux habitudes des diverses régions.

Certaines *batteuses* dites *mixtes* sont construites de façon à battre,

Fig. 120. — *Machine à battre fixe pour la petite culture.*
(Albaret, à Liancourt.)

au moyen d'une légère transformation, les céréales et les graines fourragères.

On trouvera dans les catalogues des constructeurs français la reproduction de ces divers systèmes, avec les indications détaillées relatives au prix, dimensions, débits, etc. renseignements trop longs pour être donnés ici.

Fig. 121. — *Machine à battre mobile pour la petite culture.* (Merlin, à Vierzon).

Nous dirons simplement qu'il existe des modèles : *sans ventilateurs*; avec *tarares* dont la ventilation chasse la poussière et la menue paille ; avec *tarares et trieurs*; *avec tarares, trieurs, et classeurs de grains.* Il existe pour le midi, où, contrairement aux autres régions, on préfère quelquefois obtenir la paille broyée, des machines pourvues *d'un broyeur simple, d'un broyeur double,* ou d'un *broyeur* et d'un *aplatisseur de paille.*

Différents appareils accessoires peuvent aussi s'adapter aux batteuses, tels sont :

A — *les engreneurs automatiques* qui, tout en évitant les accidents dus à l'imprudence des ouvriers engreneurs, (*en-*

Fig. 122. — *Machine à battre fixe pour la grande culture.* (Merlin, à Vierzon.)

greneurs à main) donnent plus de régularité à l'amenage au batteur ; *les lieuses mécaniques* dites *lieuses à ficelles,* qui en supprimant le liage à la main à la sortie de la machine, suppriment une importante main d'œuvre, tout en permettant d'obtenir, dans les modèles perfectionnés (appareils *lieurs peseurs*), par un réglage préalable, des bottes de la grosseur et même du poids exact que l'on désire ;

B — les *élévateurs de paille*, appareils automatiques qui, eux aussi, épargnent beaucoup de main d'œuvre. Ils trouvent parfois leur application pour la confection des meules dans les pays où l'on n'a pas l'habitude de lier la paille.

Aussitôt battu, le grain tombe dans des corbeilles quelconques pour être versé

Fig. 123. — *Machine à battre.*
(Modèle pour la grande culture; Merlin, à Vierzon.)

ensuite dans les sacs, ou bien il s'ensache directement. Dans les machines perfectionnées, munies d'appareils ventilateurs et de trieurs, l'avoine est de *qualité marchande* en sortant de la batteuse. L'avoine de consommation étant prête pour la vente est emmagasinée et conservée dans les conditions que nous indiquerons plus loin.

La *menue paille* sortant du ventilateur est ensachée ou logée en vrac dans une chambre spéciale pour servir plus tard à la nourriture du bétail. Avant de l'utiliser, il est né-

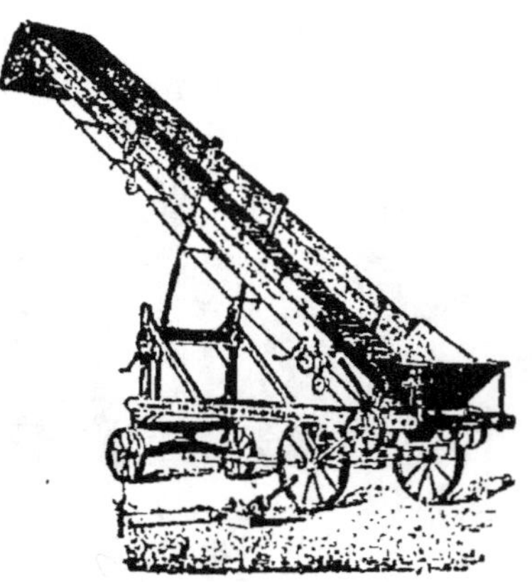

Fig. 124. — *Élévateur de paille.*
(Wallut, à Paris.)

cessaire de la mettre *hors de poussière* par le passage sur le *secoueur à menue paille* ou dans le *cylindre à menue paille*.

Lorsque la batteuse n'est pas pourvue de *lieuse*, la paille est reliée à la main à la sortie de la machine, en employant les liens enlevés pour le battage. Il existe, pour l'utilisation des ficelles des gerbes récoltées à la moissonneuse lieuse,

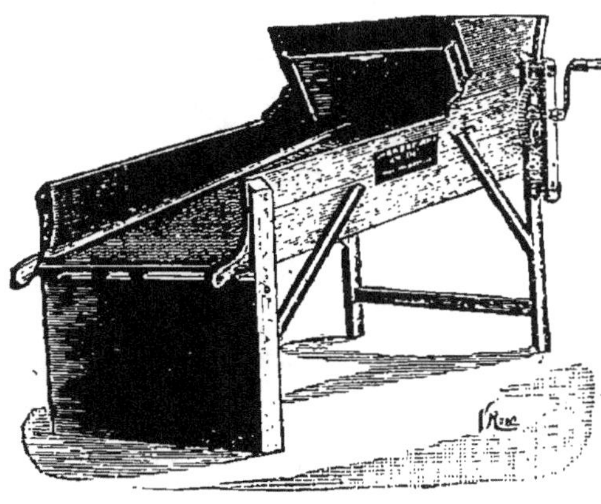

Fig. 125. — *Secoueur à menue paille.*
(Coopérative agricole du Nord, à Amiens.)

une petite lieuse à main en vente à la maison Francey de Tonnerre.

Le bottelage de la paille s'opère aussi au moyen de *botteleuses* dont les figures 127 et 128 donneront une idée. Avant l'invention des *Presses à fourrage*, la faible densité de la paille, rendant très onéreux le transport par chemin de fer comme par bateau, obligeait les grands centres de consommation à s'approvisionner dans un rayon assez restreint au lieu d'aller, comme maintenant, à cinq ou six cents kilomètres au besoin, chercher la paille dans les départements se prêtant le mieux aux

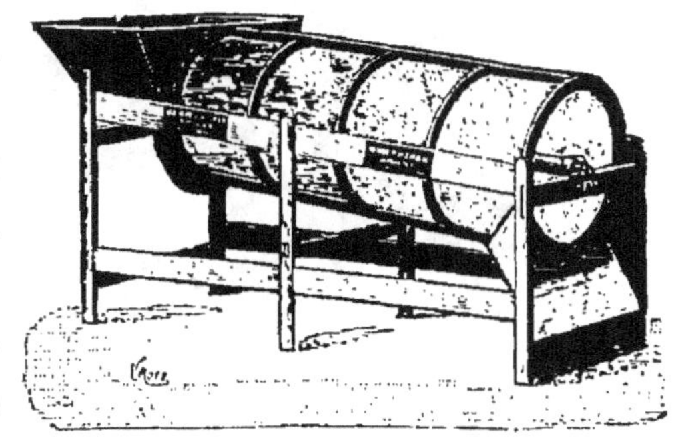

Fig. 126. — *Cylindre à menue paille.*
(Coopérative agricole du Nord, à Amiens.)

achats. Au lieu de charger trois mille kilos au maximum de paille bottelée sur un wagon, le pressage permet de mettre environ le double de ce poids, et de réaliser ainsi une économie de transport extrêmement importante.

La paille d'avoine doit cependant être pressée moins fort que les autres, car réduite à plus du tiers de son volume, elle constitue une mauvaise litière. Les presses à fourrage,

dont deux modèles sont représentés par les figures 129 et 131, sont actionnées à bras ou par moteur : dans les unes, le travail est continu, dans les autres, il est intermittent. Ces presses donnent des balles parallélipipédiques et cylindri

Fig. 127. — *Botteleuse de paille.*
(Wallut, à Paris.)

ques, de compression et de volume variables à volonté, dans lesquelles la paille est repliée sur elle-même en couches distinctes, sensiblement égales, ce qui facilite

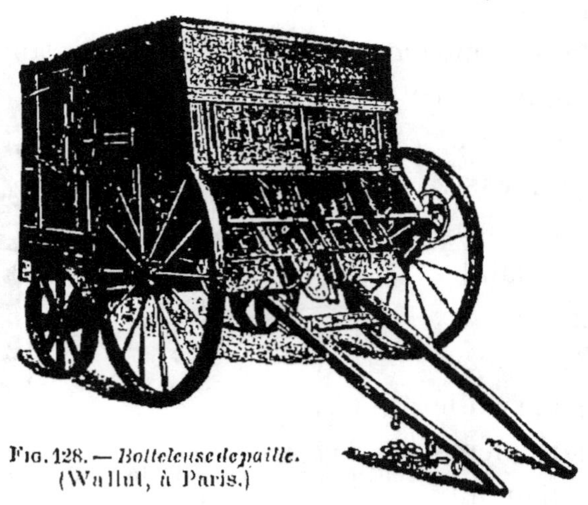

Fig. 128. — *Botteleuse de paille.*
(Wallut, à Paris.)

le rationnement des animaux, tout en permettant d'utiliser chaque balle successivement sans détériorer la partie non employée. La paille en balles pressées a de plus l'avantage : de prendre très difficilement l'humidité, de se conserver mieux, de tenir moins de place, dans les maga-

Fig. 129. — *Presse à fourrage en fonctionnement.*
(Figure extraite du catalogue de la maison Albaret, à Liancourt.)

sins, de présenter beaucoup moins de risques d'incendie.

Les balles sont liées au moyen de liens en fil de fer,

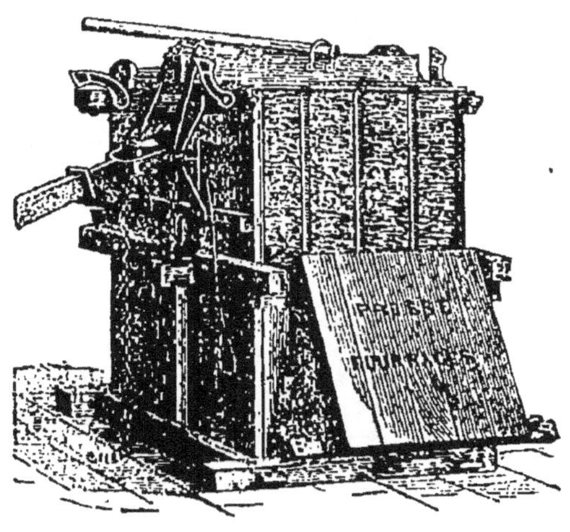

Fig. 131. — *Presse à fourrage.*
(Émile Puzenat, à Bourbon-Lancy.)

Fig. 130. — *Balle de paille pressée.*
(Albaret, à Rantigny, Oise.)

en feuillard et en corde. La figure 132 montre comment s'opère la ligature avec le fil de fer, qui est la méthode la plus employée.

A la Compagnie des Omnibus de Paris, on utilise des liens à crochets qui sont plus économiques parce qu'ils resservent pendant plusieurs années.

Dans d'autres chapitres, nous examinerons les usages

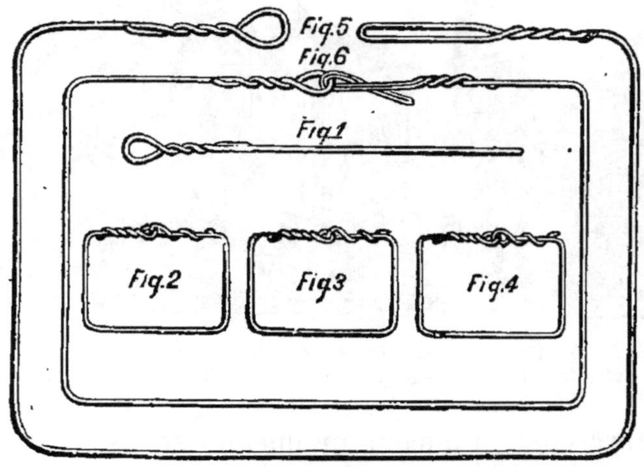

FIG. 132. — *Façon de ligaturer avec le fil de fer.*

1. — *Boucle de l'extrémité des liens.*
2, 3, 4. — *Vues de liens, la ligature étant faite.*
5. — *Lien courbé avec ses deux boucles avant la ligature.*
6. — *Indiquant la manière d'opérer pour commencer la ligature.*

de la paille et de la menue paille d'avoine, ainsi que ce qui concerne l'emmagasinage, la conservation et les usages du grain.

CHAPITRE XIII

RENDEMENT ET PRODUCTION

POIDS DE L'HECTOLITRE

On appelle *rendement*, d'une façon générale, le nombre d'unités de volume de grains produit par l'unité de surface.

En France, ainsi que dans les pays où le système métrique a été adopté, le rendement d'une récolte s'exprime par le nombre d'hectolitres de grains produits par un hectare.

Les pays qui évaluent le rendement de cette même façon sont : l'Allemagne, la Belgique, l'Italie, la Suisse, l'Autriche-Hongrie, la Hollande et l'Espagne. Pour les autres pays le rendement s'estime par le nombre d'unités de volume local produit par l'unité de surface agraire.

En Angleterre, par exemple, l'unité de surface agraire est l'acre = 0 hectol. 4047 et l'unité de volume est l'impérial-quarter = 2 hectol. 9078 ou l'impérial bushel = 1/8 de quarter = 0 hectol. 3635.

Pour transformer les chiffres donnant les rendements en mesures étrangères en nombre d'hectolitres à l'hectare, il suffit de multiplier ces rendements en mesures étrangères par le coefficient du rendement.

Un exemple établi avec des unités anglaises montrera que ce dernier s'obtient très facilement de la façon suivante : en appelant x le nombre d'hectolitres cherchés et A le rendement en bushels à l'acre on a les égalités :

$$
\begin{aligned}
\text{hectolitres } x &= 1 \text{ hectare} \\
0 \text{ hectol. } 4047 &= 1 \text{ acre.} \\
1 \text{ acre} &= A \text{ Bushels.} \\
1 \text{ bushel} &= 0 \text{ hectol. } 3635.
\end{aligned}
$$

en multipliant ces égalités membre à membre et en supprimant les facteurs communs on a : $x\, 0.4047 = A \times 3635$ d'où $x = A \times \dfrac{0.3635}{0.4047}$; ce dernier facteur est constant et représente le *coefficient de rendement;* qui est, en effectuant le calcul 0,9. Nous indiquons dans le tableau suivant pour chaque pays les coefficients de rendement qui leur correspondent respectivement :

	COEFFICIENTS		COEFFICIENTS
Etats-Unis	0,87	Danemark	2,50
Turquie	4,80	Serbie	0,03
Roumanie	3	Russie	1,92
Valachie	13,50	Angleterre { quarters	7,18
		Angleterre { bushels	0,9

Le rendement des différentes races d'avoine varie beaucoup suivant les conditions de leur culture. Toutefois, pour fixer les idées sur les rendements comparatifs des principales variétés d'avoines cultivées en France, nous donnons ci-dessous les moyennes des rendements par hectare obtenus d'après un grand nombre d'essais comparatifs faits dans les champs d'expériences de 1890 à 1899 :

VARIÉTÉS	RENDEMENT EN GRAIN Quintaux	RENDEMENT EN PAILLE Quintaux
Jaune de Flandre........................	18	24,8
Jaune géante à grappes..................	21	29,2
Hâtive de Sibérie.......................	19,3	23,8
Blanche de Pologne.....................	17,5	22,7
Blanche de Hongrie.....................	20	27,7
Grise d'hiver...........................	19,5	30,4
Noire de Brie..........................	16,7	25,8
White Standard........................	17	21
Blanche de Beseler.....................	18,5	26,4
Hâtive d'Australie......................	15	18,6
Noire de Mesdag.......................	17,5	27,5

En 1897, M. Malpeaux, professeur d'agriculture, a obtenu dans ses champs d'expériences les rendements comparatifs suivants :

	RENDEMENT EN GRAIN Quintaux	RENDEMENT EN PAILLE Quintaux
Blanche de Ligowo améliorée..............	37	71
Jaune de Flandre.......................	37	69,5
Jaune géante à grappes..................	35,5	64,9
Noire de Brie..........................	34,5	62
Noire de Mesdag.......................	30	58
Noire de Hongrie.......................	30	49
Très hâtive d'Australie..................	27,5	32

Enfin, M. Dehérain à Grignon, a relevé, pour les avoines de Ligowo améliorée et grise de Houdan qu'il cultive comparativement depuis 1892, les chiffres ci-après :

	GRAIN Quintaux	PAILLE Quintaux
Blanche de Ligowo améliorée..............	32,1	50,7
Grise de Houdan.......................	26,7	43,9

En 1899, les chiffres constatés à Grignon pour les avoines jaune de Flandre, jaune géante à grappes et blanche de Ligowo améliorée, sont les suivants :

| | GRAIN | PAILLE |
	Quintaux	Quintaux
Blanche de Ligowo......................	33,3	62,1
Grise de Houdan........................	31,5	50,3
Jaune de Flandre,......................	33,1	71,1

En comparant ces tableaux où cependant les rendements ont été établis d'une façon très rigoureuse, on peut remarquer des différences très prononcées; le fait que nous tenons à mettre en évidence, c'est que le rendement comparatif d'une avoine est très différent suivant la nature et la richesse du sol.

Ainsi, dans le premier tableau, l'avoine Blanche de Hongrie surpasse comme rendement les avoines jaune de Flandre, blanche de Pologne et hâtive de Sibérie, et cependant, en général, elle leur est notablement inférieure; mais dans les régions où ces essais ont été effectués, elle a eu le grand avantage d'être bien acclimatée et mieux appropriée au terrain qui, d'après les rendements indiqués, était seulement de richesse moyenne. De même, dans ce tableau, l'avoine noire de Brie vient en dernier lieu parce qu'elle est une avoine des terrains riches et frais et qu'elle ne trouvait pas les conditions voulues pour bien se développer, car si on considère, d'autre part, les rendements obtenus par M. Malpeaux dans des terres riches, on se rend mieux compte de la valeur des avoines susceptibles de donner un grand produit, dans ce tableau, l'avoine noire de Brie se rapproche beaucoup comme rendement de l'avoine jaune géante à grappes, tandis que dans le premier tableau elle est très inférieure.

Les rendements de 37 quintaux par hectare obtenus pour les avoines blanche de Ligowo améliorée et jaune de

Flandre et signalés dans ce tableau sont très élevés; ils peuvent être considérés comme les rendements maxima obtenus en grande culture.

Nous sommes donc amenés à indiquer succinctement les causes principales qui influent sur le rendement.

Ces causes sont : 1° la nature et la richesse du sol; 2° le choix d'une variété appropriée à ce terrain; 3° le climat et pour un même climat les conditions climatériques de l'année, 4° l'assolement (1).

1° *La nature et la richesse du sol.* — Les avoines pour bien prospérer demandent des sols frais; toutefois, elles viennent bien dans la plupart des terrains, pourvu qu'ils ne soient ni trop secs, ni trop calcaires.

De toutes les céréales, c'est celle qui sait le mieux tirer parti des ressources alimentaires que le sol peut renfermer, mais si elle est relativement peu exigeante, il est toutefois nécessaire, pour obtenir de grands rendements, qu'elle trouve à sa disposition dans le sol, des aliments rapidement assimilables, car sa végétation s'accomplit en un laps de temps assez restreint et, à moins de sols très riches, il est nécessaire de lui donner au moins une demi-fumure, surtout si dans cette céréale on sème une autre plante telle que du trèfle.

L'avoine, en effet, ne fournit dans chaque panicule que le nombre de grains qu'elle est susceptible de nourrir; aussi, aucune céréale ne se ressent peut-être autant qu'elle de l'influence des engrais. Si le sol est pauvre, la panicule est grêle, peu ramifiée, ne portant qu'un petit nombre

---

(1) Voir le chapitre consacré à l'assolement.

d'épillets qui eux-mêmes ne forment que deux ou même le plus souvent un seul grain, tandis que dans des sols riches, la panicule est généralement très fournie, et les épillets, très nombreux, renferment alors 2 et souvent même 3 grains.

2° *Du choix de la variété.* — Le choix de la variété est également très important, car toutes les variétés sont loin de présenter les mêmes aptitudes et les mêmes exigences, et à ce point de vue on peut les répartir en trois groupes : les avoines des sols riches, les avoines des sols moyens et les avoines des sols pauvres.

Pour les sols riches, on donnera la préférence aux avoines noire de Brie, noire de Coulommiers, Joanette, jaune géante à grappes, jaune de Flandre, noire de Hongrie, blanche de Hongrie et blanche de Ligowo améliorée.

Pour les sols de richesse moyenne, les avoines blanche de Pologne, hâtive de Sibérie, blanche de Ligowo améliorée, blanche de Beseler, sont particulièrement recommandables.

Enfin, dans les terres assez pauvres ou médiocres, on donnera la préférence aux avoines grise de Houdan, rousse couronnée, précoce de Mesdag et très hâtive d'Australie.

Il est bon également dans le choix de la variété, de tenir compte du climat et des préférences locales en faveur de telle ou telle couleur.

Dans les sols riches des vallées, on cultivera des avoines noires, d'autant plus qu'à qualité et poids égaux, une avoine noire est, sur certains marchés, payée plus cher qu'une avoine blanche ou jaune.

Pour les climats humides, les avoines grises, jaunes ou jaunâtres sont préférables; enfin, dans les régions où les étés sont très secs, il est nécessaire d'adopter des variétés hâtives peu sujettes à l'échaudage, telles que les avoines blanche de Pologne, hâtive de Sibérie, rousse couronnée et grise de Houdan. Ces deux dernières variétés, moins hâtives que les précédentes, sont particulièrement recommandables par leur tempérament très rustique et leur grande résistance à la sécheresse.

Après avoir donné les rendements comparatifs de différentes variétés d'avoine nous allons maintenant jeter un coup d'œil d'ensemble sur la production totale de cette céréale en France depuis le début du siècle, examiner le rendement moyen par hectare par département et par région, donner ensuite le tableau des rendements totaux obtenus depuis 1815 jusqu'à nos jours, et enfin examiner comparativement le rendement moyen à l'hectare, depuis 1815, de l'avoine et des autres céréales.

Nous reproduisons dans les cinq tableaux suivants, les chiffres empruntés aux statistiques du Ministère de l'Agriculture, ayant rapport aux diverses considérations que nous venons d'énumérer.

De ces différents tableaux il ressort que la production moyenne de la France de 1895 à 1900 est de 92.000.000 d'hectolitres; mais que celle de 1900 étant de 89.114.000 hectolitres, se trouve inférieure à la moyenne de 3 millions d'hectolitres.

Ce déficit est dû à la période d'extrême sécheresse et de grande chaleur que nous avons traversée en juillet, et qui a été extrêmement préjudiciable à cette céréale. Cet écart aurait été encore plus considérable, si les étendues cultivées en avoine avaient été les mêmes que l'année précédente; mais à cause de l'hiver extrêmement rigoureux de 1899, beaucoup de blés détruits ont été réensemencés

PRODUCTION TOTALE EN HECTOLITRES DE 1815 A 1900 (Tableau 1)

Années	Nombre d'Hectares	Nombre d'Hectolitres	Années	Nombre d'Hectares	Nombre d'Hectolitres
1815	2.498.481	36.438.171	1858	3.058.925	57.605.392
1816	2.468.839	38.486.624	1859	3.119.144	64.447.552
1817	2.480.104	40.850.538	1860	3.162.195	72.095.152
1818	2.460.751	29.771.130	1861	3.177.762	70.301.208
1819	»	»	1862	3.224.455	82.849.269
1820	2.556.075	41.692.509	1863	3.275.418	76.478.361
1821	2.565.596	43.636:975	1864	3.284.630	79.589.551
1822	2.588.738	35.449.139	1865	3.293.799	69.493.112
1823	2.586.165	43.631.218	1866	3.304.013	69.906.756
1824	2.573.177	45.171.403	1867	3.295.890	59.760.703
1825	2.602.452	33.702.863	1868	3.301.083	72.845.965
1826	2.646.511	37.862.443	1869	3.315.341	76.300.227
1827	2.652.911	42.427.133	1870	»	»
1828	2.679.780	41.826.983	1871	3.397.815	85.893.297
1829	2.697.979	41.861.330	1872	3.208.846	51.127.003
1830	2.760.669	52.480.286	1873	3.231.469	76.772.124
1831	2.762.336	53.285.770	1874	3.158.606	68.337.410
1832	2.756.310	46.709:708	1875	3.186.880	69.501.456
1833	2.803.678	42.903.226	1876	3.501.017	73.754.087
1834	2.724.102	45.532.738	1877	3.358.656	68.977.898
1835	2.840.360	49.460.057	1878	3.226.003	77.289.789
1836	2.834.488	45.927.071	1879	3.344.449	74.261.581
1837	2.859.861	44.789.803	1880	3.473.915	83.790.476
1838	2.913.493	57.550.856	1881	3.475.210	77.248.011
1839	2.911.846	55.969.595	1882	3.517.312	89.697.900
1840	2.899.320	54.296.405	1883	3.729.472	93.364.934
1841	2.913.388	57.936.031	1884	3.697.115	88.078.530
1842	2.914.531	45.284.119	1885	3.689.638	85.581.126
1843	2.957.736	65.012.077	1886	3.736.004	89.288.731
1844	3.003.789	65.578.998	1887	3.720.724	80.113.474
1845	2.996.026	59.952.559	1888	3.734.277	84.957.775
1846	3.026.720	47.081.235	1889	3.758.556	85.259.541
1847	3.075.257	56.292.217	1890	3.780.727	93.635.298
1848	3.049.624	61.547.010	1891	4.242.704	106.145.172
1849	3.048.452	66.390.262	1892	3.812.852	83.991.154
1850	3.031.049	58.528.069	1893	3.842.492	62.561.524
1851	3.018.110	61.101.866	1894	3.881.399	91.868.734
1852	3.042.324	66.909.013	1895	3.968.937	94.877.753
1853	3.001.653	64.441.673	1896	3.916.286	92.003.398
1854	3.049.940	73.923.435	1897	3.990.265	80.204.076
1855	3.107.428	73.856.205	1898	3.887.505	98.064.458
1856	3.082.972	68.859.762	1899	3.935.550	95.301.000
1857	3.040.359	68.732.714	1900	3.967.440	89.114.000

en avoine, et de ce fait, il y a eu un gain évalué à 28.000 d'hectares environ pour les cultures d'avoines.

Si l'on compare maintenant les chiffres du tableau 1 à

ceux des statistiques récentes, on remarque que cette céréale a pris de plus en plus d'importance, car les surfaces ensemencées de 1895 à 1900 sont presque le double

RENDEMENT MOYEN EN GRAIN PAR HECTARE DE 1815 A 1900 (France). Tableau II

ANNÉES	Nombre d'hectolitres récoltés par hectare.	ANNÉES	Nombre d'hectolitres récoltés par hectare.	ANNÉES	Nombre d'hectolitres récoltés par hectare.
1815	14.58	1844	21.82	1873	23.75
1816	15.59	1845	20.01	1874	21.63
1817	16.47	1846	15.56	1875	21.80
1818	12.10	1847	18.30	1876	21.15
1819	»	1848	20.18	1877	20.53
1820	16.31	1849	21.78	1878	23.23
1821	17.01	1850	19.31	1879	22.20
1822	13.69	1851	20.24	1880	24.12
1823	16.87	1852	21.99	1881	22.23
1824	17.55	1853	21.47	1882	25.10
1825	12.95	1854	24.24	1883	25.03
1826	14.31	1855	23.77	1884	23.82
1827	15.99	1856	22.66	1885	23.19
1828	15.65	1857	22.60	1886	23.89
1829	15.52	1858	18.83	1887	21.53
1830	19.01	1859	20.67	1888	22.75
1831	19.29	1860	22.76	1889	22.68
1832	16.95	1861	22.12	1890	24.76
1833	15.30	1862	25.69	1891	25.01
1834	16.71	1863	23.35	1892	22.80
1835	17.41	1864	24.23	1893	16.28
1836	16.24	1865	21.10	1894	23.66
1837	15.66	1866	20.25	1895	23.90
1838	19.75	1867	18.07	1896	23.49
1839	19.22	1868	22.06	1897	20.09
1840	15.28	1869	23.01	1898	25.22
1841	19.88	1870	»	1899	24.20
1842	15.54	1871	25.28	1900	22.5
1843	21.98	1872	25.28		

de ce qu'elles étaient de 1815 à 1825. D'un autre côté le rendement moyen à l'hectare qui à cette époque n'était que de **15** hectolitres s'est successivement élevé pour arriver maintenant à 23 ou 24 hectolitres. Ce rendement a donc suivi sensiblement la même marche progressive que l'étendue des surfaces cultivées en cette céréale.

Les tableaux 3 et 4 donnant les rendements par dépar-

RENDEMENT MOYEN EN GRAIN & EN PAILLE PAR DÉPARTEMENTS (Tableau III)

DÉPARTEMENTS	RENDEMENT			
	MOYEN PAR HECTARE		TOTAL	
	en grains.	en paille.	en grains.	en paille.
	hectolitres.	quintaux.	hectolitres.	quintaux.
Ain	20.0	18.5	399.540	368.931
Aisne	29.6	19.4	2.947.250	1.920.915
Allier	21.7	17.2	1.385.731	1.095.561
Alpes (Basses-)	16.0	14.7	85.232	78.307
Alpes (Hautes-)	18.0	13.8	117.736	89.508
Alpes-Maritimes	15.0	18.1	10.651	12.820
Ardèche	19.1	15.8	168.618	139.542
Ardennes	23.7	16.4	1.557.398	1.077.693
Ariège	17.2	16.4	148.072	141.232
Aube	17.5	12.6	1.483.902	1.073.591
Aude	22.4	14.7	447.333	292.905
Aveyron	16.5	14.6	627.065	552.917
Bouches-du-Rhône	21.8	18.4	267.090	225.288
Calvados	22.3	19.8	751.319	667.193
Cantal	22.0	18.0	257.169	213.817
Charente	18.0	12.7	761.275	535.780
Charente-Inférieure	18.7	12.4	1.011.125	673.491
Cher	17.2	10.8	1.577.580	978.016
Corrèze	20.6	15.2	145.086	107.054
Corse	15.9	11.8	28.756	21.242
Côte-d'Or	18.8	11.9	1.890.776	1.202.361
Côtes-du-Nord	22.6	25.5	1.953.505	2.094.917
Creuse	20.8	14.6	452.091	317.450
Dordogne	22.9	13.4	301.386	181.901
Doubs	27.0	21.5	996.759	793.715
Drôme	24.0	16.6	391.029	260.899
Eure	23.3	15.7	1.849.536	1.249.077
Eure-et-Loir	22.2	13.5	3.019.595	1.842.301
Finistère	22.6	24.4	1.389.990	1.500.698
Gard	22.7	17.6	471.871	366.492
Garonne (Haute-)	23.2	16.6	787.362	563.371
Gers	19.9	15.2	656.073	501.480
Gironde	18.9	14.0	112.034	82.601
Hérault	22.3	16.3	245.456	179.444
Ille-et-Vilaine	19.4	18.1	1.422.959	1.050.731
Indre	17.9	13.1	1.693.738	1.237.535
Indre-et-Loire	19.1	13.6	1.215.990	868.592

DÉPARTEMENTS	RENDEMENT			
	MOYEN PAR HECTARE		TOTAL	
	en grains.	en paille.	en grains.	en paille.
	hectolitres.	quintaux.	hectolitres.	quintaux.
Isère	24.0	20.0	655.001	548.618
Jura	26.0	20.0	506.010	383.572
Landes	19.7	15.3	31.747	24.599
Loir-et-Cher	20.0	12.0	1 838.153	1.111.850
Loire	20.6	14.5	397.266	279.191
Loire (Haute-)	22.7	17.8	465.832	375.517
Loire-Inférieure	20.5	19.8	440.198	425.674
Loiret	19.2	11.1	2.013.452	1.165.552
Lot	17.6	13.6	337.779	261.011
Lot-et-Garonne	22.7	17.1	227.417	171.693
Lozère	10.3	11.4	136.097	105.216
Maine-et-Loire	20.2	17.3	770.978	611.487
Manche	20.6	18.6	542.869	483.813
Marne	19.7	12.4	2.350.795	1.485.476
Marne (Haute-)	20.3	12.3	1.926.714	1.173.938
Mayenne	20.1	17.0	657.175	569.741
Meurthe-et-Moselle	24.0	15.2	1.846.985	1.168.445
Meuse	20.7	12.0	1.9 0.905	1.102.482
Morbihan	19.7	19.5	781.606	773.165
Nièvre	19.0	14.0	1.212.015	907.393
Nord	47.8	29.0	2.701.482	1.641.424
Oise	27.8	18.1	2.616.577	1.704.303
Orne	18.6	17.3	1.045.391	970.373
Pas-de-Calais	36.0	22.9	3.669.358	2.307.138
Puy-de-Dôme	22.3	19.3	8(6.836	700.311
Pyrénées (Basses-)	20.0	22.0	87.423	92.560
Pyrénées (Hautes-)	22.8	24.0	147.169	155.240
Pyrénées-Orientales	20.9	18.3	86.313	75.540
Rhin (Haut-) [Belfort]	27.3	21.3	62.546	48.682
Rhône	23.7	21.4	284.376	257.904
Saône (Haute-)	22.6	14.5	1.363.709	873.656
Saône-et-Loire	20.7	15.5	813.274	607.133
Sarthe	17.0	14.6	579.687	497.878
Savoie	20.5	19.6	182.828	174.530
Savoie (Haute-)	24.6	17.3	323.726	248.934
Seine	43.9	34.7	119.033	85.812
Seine-Inférieure	24.4	22.6	1.980.821	1 834.368
Seine-et-Marne	29.2	16.0	3.289.340	1.799.034
Seine-et-Oise	31.1	17.4	3.064.790	1.687.327
Sèvres (Deux-)	23.0	19.0	1.559.148	1.289.974
Somme	32.5	21.0	3.442.749	2.293.588
Tarn	19.0	14.8	476.281	372.737
Tarn-et-Garonne	21.0	13.5	363.536	230.844
Var	14.0	11.8	102.608	85.303
Vaucluse	24.6	16.7	266.243	181.226
Vendée	24.8	17.1	750.894	517.754
Vienne	20.4	16.1	1.847.227	1.460.046
Vienne (Haute-)	21.0	16.8	316.533	253.226
Vosges	23.8	15.1	1.224.377	777.814
Yonne	17.3	10.0	1.513.150	891.599

RENDEMENT DE L'AVOINE PAR RÉGIONS (Tableau IV)

RÉGIONS	NOMBRE D'HECTARES ENSEMENCÉS ANNUELLEMENT				NOMBRE D'HECTOLITRES récoltés annuellement par hectare				NOMBRE D'HECTOLITRES RÉCOLTÉS ANNUELLEMENT sur la totalité des terres ensemencées			
	de 1815 à 1835	de 1836 à 1855	de 1856 à 1876	de 1877 à 1900	de 1815 à 1835	de 1836 à 1855	de 1856 à 1876	de 1877 à 1900	de 1815 à 1835	de 1836 à 1855	de 1856 à 1876	de 1877 à 1900
1. Nord-Ouest.	352.301	365.655	389.490	433.215	17,11	21,49	21,33	20,48	6.027.809	7.858.905	8.311.118	8.872.382
2. Nord.....	769.288	830.819	866.392	956.486	21,31	26,82	31,21	31,41	16.399.910	22.280.414	27.046.842	30.049.403
3. Nord-Est..	575.298	640.118	630.232	589.432	12,94	17,17	19,82	20,31	7.445.258	10.886.100	12.494.150	11.973.145
4. Ouest	158.658	229.947	294.799	414.784	13,23	15,69	16,45	19,17	2.100.455	3.608,357	4.844.973	7.951.641
5. Centre....	345.411	412.306	477.044	610.910	11,79	14,26	18,04	20,13	4.075.306	5.881.067	8.608.859	12.301.257
6. Est......	217.126	259.608	302.658	337.699	14,35	17,57	20,68	21,15	3.117.233	4.563.083	6.259.756	7.142.280
7. Sud-Ouest..	50.505	55.323	69.804	109.657	13,55	15,85	17,35	19,22	685.340	876.912	1.211.639	2.108.494
8. Sud	93.900	113.345	116.708	150.681	15,02	15,64	15,82	17,18	1.410.995	1.773 209	1.847.084	2.589.089
9. Sud-Est....	68.145	74.179	85.517	109.997	12,86	17,29	16,87	18,29	876.690	1.283.154	1.443.413	2.012.833
France entière.	2.630.687	2.982.752	3.231.529	3.712.861	16,00	19,81	22,33	22,89	42.139.488	59.121.253	72.067.838	85.000.524

tement, et par région montrent bien comme nous l'avons déjà signalé (page 5) que les régions où la production de l'avoine est la plus considérable sont celles où le sol et le climat répondent le mieux à ses exigences. Les régions les plus favorables à cette culture sont donc le Nord, le Centre et le Nord-Ouest. Le Nord est le département qui tient de beaucoup la tête au point de vue de la production avec 30.000.000 d'hectolitres, c'est-à-dire le tiers de la production totale de la France.

Les surfaces ensemencées vont en diminuant au fur et à mesure qu'on descend vers le Midi; ainsi dans le Sud et Sud-Est la production pour ces deux régions n'est plus le que de 2.000.000 d'hectolitres.

Le tableau 5 donne par périodes, la moyenne du nombre d'hectolitres récoltés par hectare.

TABLEAU V

TABLEAU COMPARATIF DU RENDEMENT DE L'AVOINE ET DES AUTRES CÉRÉALES

ESPÈCES CULTIVÉES	NOMBRE D'HECTOLITRES RÉCOLTÉS ANNUELLEMENT PAR HECTARE			
	De 1815 à 1835	De 1836 à 1855	De 1856 à 1876	De 1877 à 1900
Avoine	16.00	19.81	22.33	22.90
Froment. . . .	11.57	13.30	14.58	15.29
Métoil	12.29	14.08	15.57	15.21
Seigle	10.50	11.70	13.35	14.41
Orge.	13.31	15.59	18.06	18.11
Sarrazin	10.56	14.23	14.40	15.64
Maïs et Millet.	10.82	14.00	14.83	15.64

Or si on compare le produit moyen par hectare pour l'avoine et le blé qui sont les deux céréales les plus importantes, on remarque que de 1815 à 1900 le rendement moyen par hectare pour le blé s'est accru de 3 hectolitres 72, alors que celui de l'avoine a progressé de 6 hectolitres 90. Mais, toutefois nous ferons remarquer que cette différence apparente qui, au premier abord semble considérable, est peu importante en réalité, attendu que les rendements moyens en volume des blés et avoines en hectolitres, ne sont pas comparables en principe, à cause de leur grande différence de densité, l'un étant à graine nue et l'autre à grain vêtu. Si par conséquent l'accroissement est exprimé en poids, on reconnaît que ce dernier devient sensiblement le même, puisqu'il est de 3 quintaux pour le blé et de 3 quintaux et demi environ pour l'avoine, en prenant respectivement pour poids de l'hectolitre 80 kilos et 50 kilos.

Poids de l'hectolitre. — Le poids de l'hectolitre d'avoine varie beaucoup pour une même variété, avec l'année, la région et la richesse du sol.

Le grand poids est généralement un signe de qualité, il indique dans tous les cas que le grain renferme beaucoup plus d'amande que d'écales. Les chiffres extrêmes que l'on peut le plus souvent constater sont de 35 et 56 kilogrammes par hectolitre. Les avoines ayant le même poids peuvent être considérées comme étant de qualité équivalente, bien que souvent des lots, donnant le même poids à la bascule, n'ont pas généralement la même valeur nutritive, si l'on base celle-ci sur le rendement en amande.

Nous donnons dans le tableau suivant le poids de l'hectolitre des principales variétés, pris d'une part sur de belles avoines de semences et d'autre part sur des avoines de semences sélectionnées, récoltées dans nos champs d'essai.

'Nous avons ainsi obtenu comme poids moyen de l'hectolitre 49,2 et 51,6 pour les belles avoines de semences avec

TABLEAU VI

NOMS DES VARIÉTÉS	POIDS de l'hectolitre	AVOINE de semence sélectionnée	NOMBRE de grains PAR LITRE	NOMBRE de grains PAR KILO
Blanche de Pologne.....	50 kilos	55 kilos	18100	39400
Hâtive de Sibérie.......	50 »	55 »	18300	36600
Hâtive de Géorgie......	50 »	51 »	19500	38900
Jaune de Flandre.......	47 »	50 »	15500	30300
Rousse couronnée......	48 »	52 »	17800	37000
Grise de Houdan.......	50 »	52 »	20000	40000
Joanette................	50 »	51 »	18600	37700
Hâtive d'Étampes.......	50 »	52 »	20200	40300
Noire de Hongrie.......	50 »	50 »	15900	31900
Noire de Brie..........	48 »	50 »	16600	34000
Noire de Coulommiers...	49,6	50,5	17100	34000
Moyenne.........	49,2	51,6	17000	35000

un chiffre de 17000 grains par litre, toutefois ce nombre est beaucoup moins élevé dans nos avoines de semences sélectionnées où les grains externes et uniques existent presque seuls, ainsi le litre d'avoine blanche de Ligowo

TABLEAU VII

Poids moyen de l'hectolitre

DÉPARTEMENTS	STATISTIQUE DE 1882	STATISTIQUE DE 1892	DÉPARTEMENTS	STATISTIQUE DE 1882	STATISTIQUE DE 1892
	kilos	kilos		kilos	kilos
Ain	45 02	44 97	Loire-Inférieure	50 20	50 80
Aisne	44 38	44 88	Loiret	47 59	46 79
Allier	45 36	46 26	Lot	46 18	47 58
Alpes (Basses-)	45 15	46 15	Lot-et-Garonne	48 38	48 98
Alpes (Hau es-)	42 04	42 04	Lozère	43 00	43 50
Alpes-Maritimes	45 56	46 96	Maine-et-Loire	49 20	49 80
Ardèche	45 30	46 10	Manche	48 96	51 56
Ardennes	46 00	47 70	Marne	46 40	47 30
Ariège	47 98	46 91	Marne (Haute-)	44 67	44 37
Aube	48 20	48 00	Mayenne	48 30	48 30
Aude	47 80	47 00	Meurthe-et-Moselle	44 30	44 30
Aveyron	46 80	45 00	Meuse	44 11	44 31
Bouches-du-Rhône	50 28	51 78	Morbihan	48 23	50 93
Calvados	49 92	49 92	Nièvre	45 70	45 00
Cantal	43 71	42 21	Nord	43 80	44 40
Charente	49 14	49 04	Oise	46 38	46 48
Charente-Inférieure	48 02	49 12	Orne	46 99	47 99
Cher	45 55	45 55	Pas-de-Calais	43 28	43 48
Corrèze	44 43	42 13	Puy-de-Dôme	45 54	42 94
Corse	49 68	49 98	Pyrénées (Basses-)	45 83	49 03
Côte-d'Or	46 01	46 81	Pyrénées (Hautes-)	48 83	49 03
Côtes-du-Nord	48 81	51 21	Pyrénées-Orientales	45 14	47 03
Creuse	46 70	46 90	Rhin (Haut-) (Belfort)	44 00	44 90
Dordogne	46 98	47 08	Rhône	45 40	45 20
Doubs	44 78	45 78	Saône (Haute-)	43 90	44 10
Drôme	46 71	44 41	Saône-et-Loire	45 66	46 26
Eure	47 37	48 17	Sarthe	48 13	48 63
Eure-et-Loir	48 55	47 05	Savoie	48 90	46 50
Finistère	49 00	51 00	Savoie (Haute-)	46 05	45 75
Gard	49 90	49 70	Seine	46 00	45 90
Garonne (Haute-)	49 11	49 21	Seine-Inférieure	46 40	46 30
Gers	49 22	49 52	Seine-et-Marne	47 20	47 06
Gironde	47 15	48 05	Seine-et-Oise	48 20	47 30
Hérault	49 26	46 55	Sèvres (Deux-)	48 87	49 47
Ille-et-Vilaine	49 21	50 51	Somme	44 58	45 48
Indre	45 75	40 45	Tarn	48 33	48 73
Indre-et-Loire	45 23	46 43	Tarn-et-Garonne	49 00	48 40
Isère	45 15	44 85	Var	47 00	47 70
Jura	43 93	44 72	Vaucluse	50 00	47 80
Landes	47 46	46 96	Vendée	47 50	45 50
Loir-et-Cher	47 94	46 84	Vienne	47 90	47 00
Loire	43 60	43 80	Vienne (Haute-)	46 05	46 35
Loire (Haute-)	45 68	44 68	Vosges	43 91	45 61
Moyennes	46 86	46 74	Yonne	46 74	45 94

améliorée triée et sélectionnée n'en contient que de 11
à 12 000.

Dans le tableau suivant, nous donnons d'après les statistiques officielles de 1882 et 1892 le poids moyen de l'hectolitre par département; d'après ce tableau le poids moyen
de l'hectolitre par département serait compris entre 42,04
et 51,78, la moyenne générale pour toute la France serait
de 46,8.

Nous ferons remarquer que le poids de l'hectolitre peut
paraître fort élevé pour des départements tels que le Tarn-
et-Garonne, le Tarn, l'Hérault, la Haute-Garonne, le Gard,
départements où le climat comme nous l'avons indiqué
précédemment ne convient pas aux avoines de printemps;
le poids élevé de ces avoines tient à notre avis à ce qu'il
s'applique presque exclusivement aux avoines d'hiver, qui
sont toujours plus lourdes et plus pesantes que les avoines
de printemps, qui sont peu cultivées dans ces régions.

CHAPITRE XIV

Prix de Revient et prix de Vente.

PRIX DE REVIENT

Nous n'avons pas la prétention d'indiquer des prix de revient fixes pour l'avoine. Etablis sur des données qui diffèrent dans chaque exploitation et presque à chaque champ, ces prix ne peuvent être considérés comme rigoureusement exacts, et par suite être généralisés sans risques d'erreurs.

Notre but, en publiant plusieurs bilans de production, a été d'ajouter quelques documents à ceux parus jusqu'à ce jour. Ne pouvant nous baser, pour l'avoine de consommation, sur les prix de revient dans nos fermes, où la production des avoines sélectionnées, destinées à être vendues comme semence, entraîne à des frais supplémentaires assez élevés, nous avons dû, pour rester dans les conditions d'une culture normale, examiner ce qui se passait dans d'autres exploitations, morcelées ou d'un seul tenant, d'une étendue de 70 à 150 hectares, exploitées, les unes par des propriétaires, les autres par des fermiers.

1er Tableau. — COMPTE PAR HECTARE D'UNE CULTURE D'AVOINE DE PRINTEMPS

En terre de fertilité moyenne, à distance moyenne de la ferme, de facilité moyenne d'accès.

Détail des frais (par exploitation)

DÉTAIL DES FRAIS	EXPLOITATION A	EXPLOITATION B	EXPLOITATION C	EXPLOITATION D
Fumure au fumier (1) — Fumier	40.000k à 5 fr. = 200	18.000k à 3f,50 = 56	10.000k à 5 fr. = 50	10.000k à 5 fr. = 50
— Conduite	60	35	15	17
— Epandaison	5	3	5	4
(total)	265 : 3 = 88,30	94	70	71
Labour	3 chevaux 30	3 chevaux 38	3 chevaux 25	4 chevaux 32
Scarifiage ou extirpage	3 — 10	4 — 19	3 — 8	5 — 16
Hersage avant semaille	3 — 4	3 — 10	3 — (2) 4	4 — 8
(total)	44	67	37	56
Fumure complémentaire, engrais chimiques — Nitrate	100 k. à 21 f. = 21	100 k. à 23 f. = 23	100 k. à 20 f. = 20	500 k. à 4 f. = 20
— Superphosphate	200 k. à 5 f. = 10		300 k. à 6 f.50 = 19 50	
— Scories		600 k. à 4 f. = 24		
— Epandaison au semoir mécanique à engrais	1 cheval 2 25	1 cheval 5	1 cheval 4	1 cheval 5
(total)	33 25	52	43 50	25
Semailles au semoir en lignes — Semence	150 k. à 22 f. = 33	100 k. à 23 f. = 23	110 k. à 25 f. = 27 50	100 k. à 21 f. = 21
— Epandaison	2 chevaux 7 50	2 chevaux 4	3 chevaux 4	3 chevaux 4
(total)	40 50	27	31 50	25
Hersage après semailles (3)	3 chevaux 4	2 chevaux 4	3 chevaux 2 50	4 chevaux 5
Roulage	2 — 3		3 — 3	
Coupage à la moissonneuse-lieuse, ficelle, liage, mise en moyettes	3 — 25	3 — 22	3 — 24	3 — 19 50
Rentrée de la moisson, chargement, charroi, déchargement, mise en grange ou en meule	4 — 12	4 — 17	3 — 8	4 — 10
Battage mécanique au moyen d'une batteuse actionnée par un manège à 3 chevaux — Chargement et adduction des gerbes	2	1 50	1	1 50
— Battage des gerbes	23	40	35	26
— Remisage de la paille en grange ou en meule	3	1	2	3
— Vannage supplémentaire et remisage du grain	2	3	2	2
(total)	30	45 50	40	32 50
Fermage ou intérêt basé sur la valeur foncière de la terre	35	50	40	30
Impôt par hectare de terre	5	6 60	6	2
Frais généraux d'exploitation (attelage, harnais, petit et gros matériel, assurances diverses)	10	21	35	30
(total)	50	77 60	81	62

Récapitulation

	EXPLOITATION A		EXPLOITATION B		EXPLOITATION C		EXPLOITATION D		MOYENNE	
	Nombre de gerbes 1.120. — Récolte en grains 1.900 k. — Récolte en paille 3.600 k.		Nombre de gerbes 900. — Récolte en grains 2.100 k. — Récolte en paille 3.000 k.		Nombre de gerbes 800. — Récolte en grains 2.000 k. — Récolte en paille 2.500 k.		Nombre de gerbes 680. — Récolte en grains 1.800 k. — Récolte en paille 2.900 k.		Nombre de gerbes 900. — Récolte en grains 1.950 k. — Récolte en paille 3.000 k.	
	FR.	C.	FR.	C.	FR.	C.	FR.	C.	FR.	C.
Fumure au fumier	88	30	94	»	70	»	71	»	80	75
Labour, scarifiage, hersage avant semaille	44	»	67	»	37	»	56	»	51	»
Fumure complémentaire	33	25	52	»	43	50	25	»	38	45
Semailles	40	50	27	»	31	50	25	»	31	»
Hersage après semailles	4	»	»	»	2	50			3	25
Roulage	3	»	4	»	3	»	5	»	3	75
Coupage à la moissonneuse	25	»	23	»	21	»	19	50	22	60
Rentrée de la moisson	12	»	17	»	8	»	10	»	11	75
Battage	30	»	45	50	40	»	32	50	37	»
Fermage, impôt, frais généraux	50	»	77	60	81	»	62	»	67	50
TOTAL DES DÉPENSES	330	05	406	10	340	50	306	00	347	05

(1) Dans ces quatre exploitations on ne fume pas directement les avoines. La fumure pour trois ans (30.000 à 50.000 kilos à l'hectare) est mise à la jachère, et on fait la récolte de blé et avoine sans nouvel apport de fumier. La fumure doit donc être considérée comme répartie sur trois récoltes.

(2) Hersés en fer.
(3) Très rarement pratiqué.

Tableau II. — Compte par hectare d'une culture d'avoine de printemps (suite)

	EXPLOITATION A	EXPLOITATION B	Moyenne
Recettes par hectares. Grain d'avoine......	1900 k. à 16. » °/₀ k. 304. »	2100 k. à 17.50 °/₀ k. 367.50	16.75
Déchets grain d'avoine	100 k. à 8. » °/₀ k. 8. »	100 k. à 13. » °/₀ k. 13. »	9.75
Paille d'avoine.....	3600 k. à 3.50 °/₀ k. 126. »	3000 k. à 3. » °/₀ k. 90. »	3.12
Menue paille.......	450 k. à 7. » °/₀ k: 31.50	200 k. à 4. » °/₀ k. 8. »	5.50
Recettes (total par hectare).	469.50	478.50	448.50
Dépenses par hectare.	330.05	406.10	345.65
Bénéfice par hectare.	139.45	72.40	102.85
Bénéfice aux 100 gerbes.	12.91	8.04	11.85

	EXPLOITATION C	EXPLOITATION D	Moyenne
Recettes par hectares. Grain d'avoine.....	2000 k. à 17. » °/₀ k. 340. »	1800 k. à 16.50 °/₀ k. 297. »	16.75
Déchets grain d'avoine	200 k. à 10. » °/₀ k. 20. »	100 k. à 8. » °/₀ k. 8. »	9.75
Paille d'avoine.....	2500 k. à 3. » °/₀ k. 75. »	2900 k. à 3. » °/₀ k. 87. »	3.12
Menue paille.......	200 k. à 5. » °/₀ k. 10. »	150 k. à 6. » °/₀ k. 9. »	5.50
Recettes (total par hectare).	445. »	401. »	448.50
Dépenses par hectare.	340.50	306. »	345.65
Bénéfice par hectare.	105.50	95. »	102.85
Bénéfice aux 100 gerbes.	11.60	14.84	11.85

Dans ce but, nous avons eu recours principalement à l'obligeance de quatre cultivateurs intelligents, travailleurs, économes, n'habitant pas le même arrondissement, opérant dans des milieux différents, mais sur terres assez difficiles et de fertilité moyenne.

Nous ne nous dissimulons pas que les prix de revient, de même que les bénéfices à l'hectare, qui ressortent des chiffres obtenus chez ces cultivateurs expérimentés, né cadrent pas avec certains prix publiés jusqu'à ce jour, néanmoins, nous avons tenu à ne rien modifier et nous espérons que nous serons approuvés.

Chaque cultivateur, en substituant les dépenses et les recettes de son exploitation à celles indiquées dans les tableaux précédents, sera en mesure de juger le bénéfice approximatif que l'avoine procure, et d'établir des comparaisons.

Il ressort de ce tableau que 900 gerbes d'avoine comportant 1.950 kilos de grain et 3.000 kilos de paille ont donné un bénéfice moyen de 102 fr. 85 par hectare et de 11 fr. 85 par cent gerbes.

Dans ce bénéfice global à l'hectare, le grain entre *ad valorem* pour 77 fr. 35 soit 75 fr. 83 0/0, ce qui représente 3 fr. 96 par quintal. En déduisant ce bénéfice du prix de vente 16 fr. 75, on voit que *le prix de revient du quintal est d'environ 12 fr. 79.*

Si nous procédons de la même façon pour la paille qui représente 24 fr. 65 à l'hectare, c'est-à-dire 24,17 0/0 du bénéfice, nous trouvons qu'elle donne un bénéfice de 0 fr. 82 par cent kilos. En diminuant ce bénéfice du prix de vente 3 fr. 12, *son prix de revient est donc approximativement de 2 fr. 30 les cent kilos.*

Prix de Revient moyen. — Les prix moyens de l'avoine de 1880 à 1900, depuis vingt ans par conséquent, ont été de :

> 17 fr. 30 les cent kilos pour le grain.
> 2 fr. 75   —   — la paille.

En remplaçant le prix moyen du grain et de la paille dans les exploitations A, B, C, D, par ces deux derniers, on remarque que :

Le Bénéfice global par hectare est de. . . . . 88 fr. »
— moyen par cent gerbes est de. . 9 fr. 77

Le bénéfice sur la totalité du grain est de . .   66 fr. 74
     —   sur la totalité de la paille est de.   21 fr. 26
     —   par quintal de grain est de . . .   3 fr. 42
     —   par cent kilos de paille est de. .   0 fr. 70
Le Prix de revient du quintal de grain est de.   13 fr. 88
     —   —   des cent kil. de paille est de   2 fr. 05

Mais, nous le répétons, comme les chiffres ne se prêtent pas à être généralisés, ce sont là de simples indications.

Pendant que nous sommes dans le domaine des hypothèses, supposons qu'au lieu d'un rendement à l'hectare de 900 gerbes, comportant 1.950 kilos de grain et 3.000 kilos de paille, ces chiffres soient :

Terre n° 1,   692 gerbes,   1.500 k. de grain,   2.307 k. de paille.
   —   n° 2,   922   —   2.000   —   3.076   —
   —   n° 3,   1.153   —   2.500   —   3.846   —
   —   n° 4,   1.384   —   3.000   —   4.615   —

La production de l'avoine comporte :

1° Des frais sensiblement fixes (labours, hersages, semailles, etc.)

2° Des frais essentiellement variables (fumure, moissonnage, battage, etc.), quelle que soit l'importance de la récolte.

Pour nous rapprocher de la réalité, tout en conservant comme base la moyenne des frais et des recettes dans les exploitations A, B, C, D, augmentons les frais variables, proportionnellement à la production en grain et en paille dans les terres n° 2, n° 3, n° 4, et diminuons-les au contraire dans la terre n° 1. En opérant ainsi, nous trouvons les résultats très intéressants consignés dans le tableau III.

TABLEAU III

DÉTAIL DES RECETTES DES FRAIS ET DES BÉNÉFICES	MOYENNE des exploitations A, B, C, D Grain : 1950 kil. Paille : 3000 »	DIMINUTIONS Terre n° 1 Grain : 1500 kil. Paille : 2307 »	MAJORATIONS Terre n° 2 Grain : 2000 kil. Paille : 3076 »	Terre n° 3 Grain : 2500 kil. Paille : 3846 »	Terre n° 4 Grain : 3000 kil. Paille : 4615 »
Recettes					
Grain d'avoine	1950 k. à 16.75. 326.62	1500 k. à 16.75. 251.25	2000 k. à 16.75. 335 »	2500 k. à 16.75. 418.75	3000 k. à 16.75. 502.50
Déchets de grain d'avoine	125 k. à 9.75. 12.18	96 k. à 9.75. 9.36	128 k. à 9.75. 12.48	160 k. à 9.75. 15.60	192 k. à 9.75. 18.72
Paille d'avoine	3000 k. à 3.12. 93.60	2307 k. à 3.12. 71.97	3076 k. à 3.12. 95.97	3846 k. à 3.12. 119.99	4615 k. à 3.12. 143.98
Menue paille	250 k. à 5.50. 13.75	192 k. à 5.50. 10.56	257 k. à 5.50. 14.13	320 k. à 5.50. 17.60	384 k. à 5.50. 21.12
	446.15	343.14	457.58	571.94	686.32
Dépenses	**Frais variables**				
Fumure au fumier	80.75	62.41	82.05	102.56	123.07
» aux engrais chimiques	38.45	28.20	38.97	48.71	58.46
Moissonnage, rentrée, chargement, etc	41.35	32.30	43.07	53.85	64.61
Battage	37 »	28.46	37.94	47.43	56.92
	Frais fixes				
Labour, scarifiage, hersage, roulage	51 »	51 »	51 »	51 »	51 »
Semailles	31 »	31 »	31 »	31 »	31 »
Fermage, impôts, frais généraux	67.50 | 347.05	67.50 | 300.37	67.50 | 351.53	67.50 | 402.05	67.50 | 452.56
Bénéfice par hectare	99.10	42.57	106.05	169.89	233.76
Bénéfice moyen par cent gerbes	11 »	6.15	11.50	14.73	16.16
Bénéfice sur la totalité du grain	77.35	31.80	80.18	129.44	178.46
Bénéfice sur la totalité de la paille	21.65	10.76	25.87	40.45	55.30
Bénéfice par quintal de grain	3.96	2.12	4 »	5.16	5.93
Bénéfice par cent kilos de paille	» 82	0.46	0.81	1.04	1.19
Prix de revient de cent kilos de grain	12.70	14.63	12.75	11.59	10.82
Prix de revient de cent kilos de paille	2.30	2.66	2.31	2.08	1.93

Ces dernières indications, quoiqu'un peu théoriques, il est vrai, prouvent très clairement, néanmoins, les avantages que l'on peut retirer de la culture intensive lorsqu'elle est praticable.

Le prix du fermage, l'intérêt du Capital foncier, les frais généraux d'exploitation qui diffèrent d'une ferme à l'autre, entraînent forcément des différences (quelquefois même assez grandes) dans l'établissement du prix de revient de l'avoine comme des autres céréales. En plus de ces causes de variations, il en existe un grand nombre d'autres, ainsi qu'on en jugera par les quelques exemples exposés dans les tableaux V et VI.

(Résumé graphique du Tableau IV).

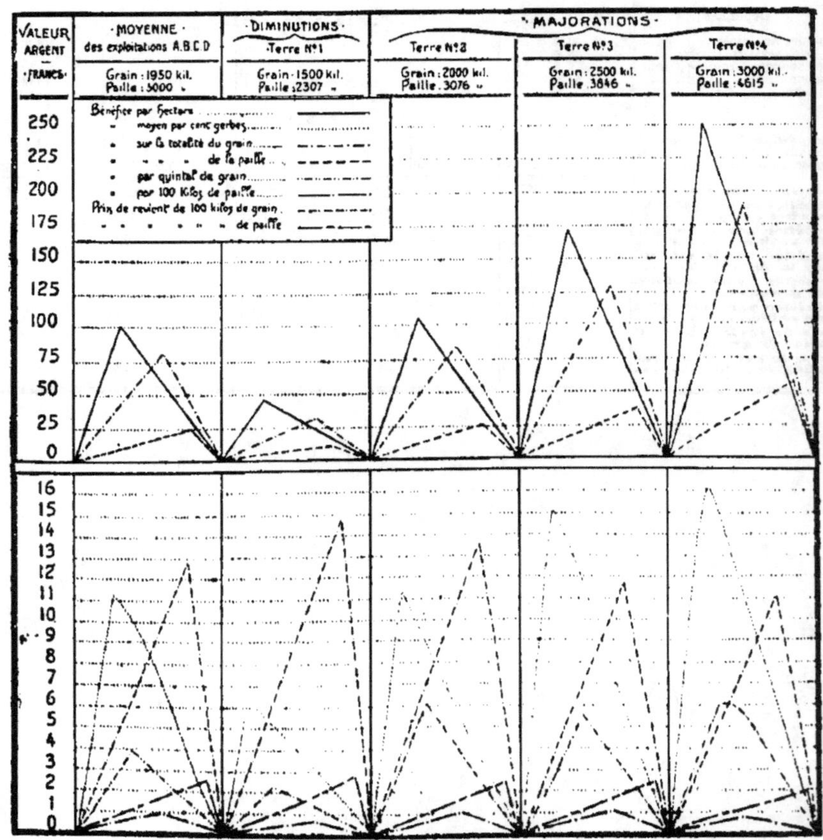

TABLEAU V. — VARIATIONS DU BÉNÉFICE A L'HECTARE

On s'est basé dans ce tableau sur les mêmes données à l'hectare que précédemment, relativement à l'impôt, à l'intérêt du capital foncier ou au prix du fermage. Ces prix sont susceptibles de varier énormément. Ils peuvent s'élever au point de ne procurer un bénéfice que par la culture intensive, ou arriver même à un maximum de prix ne permettant plus la production rémunératrice de l'avoine.

		TERRE N° 1		MOYENNE DES EXPLOITATIONS A, B, C, D		TERRE N° 2		TERRE N° 3		TERRE N° 4	
		Grain 1500 k. Paille 2307 k.		Grain 1950 k. Paille 3000 k.		Grain 2000 k. Paille 3076 k.		Grain 2500 k. Paille 3846 k.		Grain 3000 k. Paille 4615 k.	
		Bénéfice à l'hectare		Bénéfice à l'hectare		Bénéfice à l'hectare		Bénéfice à l'hectare		Bénéfice à l'hectare	
		FR.	au lieu de FRANCS	FR.	au lieu de FRANCS	FR.	au lieu de FRANCS	FR.	au lieu de FRANCS	FR.	au lieu de FRANCS
Suppression de la fumure aux engrais chimiques.......		70.77	42.57	137.55	99.10	145.02	106.05	218.60	169.89	292.22	233.76
Fumure aux engrais chimique seuls avec les formules suivantes :											
I. Avoine de mars après blé ou avoine sur avoine, sol médiocre. { 125 k· nitrate soude 20 fr. °/. k·... 25. » / 250 k· superphosphate 4.50 °/. k·.. 11.25 = 36.25	36.25	34.52	42.57	101.30	99.10	108.77	106.05	182.35	169.89	255.97	233.76
II. Avoine de mars ou d'automne en sol assez riche, en bon état. { 175 k· superphosphate 4.50 les °/. k··.........	7.87	62.90	42.57	129.68	99.10	137.15	106.05	210.73	169.89	284.35	233.76
III. Avoine de mars ou d'automne après artificielles rompues. { 450 k· superphosphate 4.50 les °/. k··.........	20.25	50.52	42.57	117.30	99.10	124.77	106.05	198.35	169.89	271.97	233.76
Echardonnage sur terre moyennement infestée..	6. »	48.57	42.57	105.10	99.10	112.05	106.05	175.89	169.89	239.76	233.76
Destruction des sanves :											
1· à l'essanveuse à peignes......................	10. »	52.57	42.57	109.10	99.10	116.05	106.05	179.89	169.89	243.76	233.76
2· au pulvérisateur (main-d'œuvre et produits chimiques)....	15. »	57.57	42.57	114.10	99.10	121.05	106.05	184.89	169.89	248.76	233.76
Déchaumage ? (dans le cas où il serait attribué à la récolte précédente)......................	13.25	55.82	42.57	112.35	99.10	119.30	106.05	183.14	169.89	247.01	233.76
Echardonnage, Essanvage, Déchaumage..........	31.75	74.32	42.57	130.85	99.10	137.80	106.05	201.64	169.89	265.51	233.76
Binage à la machine.............................	18. »	60.57	42.57	117.10	99.10	124.05	106.05	177.89	169.89	251.76	233.76
Y compris frais de liens et liage { Coupe à la faux armée au lieu de moissonneuse lieuse.	19.75	44.82	42.57	105.35	99.10	114.30	106.05	186.14	169.89	256.01	233.76
— faucheuse moissonneuse — —	14.25	50.32	42.57	110.85	99.10	119.80	106.05	191.64	169.89	261.51	233.76
— moissonneuse — —	8.65	55.92	42.57	116.45	99.10	125.40	106.05	197.24	169.89	267.11	233.76
Diminution de moitié des frais de labour, hersage, roulage ; l'autre moitié étant attribuée à la plante fourragère (semis de trèfle, luzerne, etc., dans l'avoine)	27. »	66.57	42.57	140.45	99.10	149.40	106.05	221.24	169.89	300.11	233.76

L'examen des tableaux VI et VII permettra de comparer les résultats précédents avec ceux publiés par d'autres Auteurs et de se rendre compte, une fois de plus, que le prix de l'avoine est essentiellement variable, non seulement dans chaque exploitation, mais avec chaque façon de le calculer.

TABLEAU VI. — FRAIS POUR UN HECTARE D'AVOINE (1)

SEPTEMBRE : Déchaumage de la sole de blé	8 fr.
FIN SEPTEMBRE : Une façon à l'extirpateur.	25 »
MARS { Labour pour semer l'avoine	25 »
2 hersages	10 »
1 roulage	4 »
2 hectolitres d'avoine pour semer à 10 fr.	20 »
200 kilos superphosphates à 11 fr.	22 »
Semeur d'avoine et d'engrais	4 »
AOUT { Fauchage et mise en gerbes de l'avoine .	20 »
Charroi.	15 »
Battage et nettoyage de 30 hect. à 0 fr. 80.	24 »
Fermage	30 »
Total des frais pour un hectare d'avoine	207 fr.

ESTIMATION DES PRODUITS

30 hectolitres d'avoine à 10 francs.	300 fr.
300 bottes de paille de 10 kilos à 3 francs	90 »
	390 »

BALANCE

Frais par hectare	Recettes par hectare
207 fr.	390 fr.

BÉNÉFICE	Prix de revient aux 100 kilos.	
	Paille	Grain
183 fr.	1,59	10,62

---

(1) Assolement sidéral en Loir-et-Cher; *Journal d'Agriculture pratique.*

Tableau VII. — COMPTE D'UNE CULTURE D'AVOINE [1]

Doit — Avoine 1891 (2 hectares) — *Avoir*

Doit

1891

JANVIER. 1

Solde ancien : emblavure 1890 .... 350 35

Avoine. { grain. 2.500 à 16.75. 418 75 / paille. 6.500 à 29.00. 188 50 } 607 25

DÉCEMBRE. 31

Approvisionnements : engrais chimiques printemps. 48 25

Culture : Exercice 1891.

Dépenses domestiques : journées du fermier.............. 36 20
Chevaux : journées....... 92 80
Caisse : journées des ouvriers................. 57 60
— portion gages domestiques. 17 10 203 70

Ménage : part des frais... 218 80
Frais généraux : part des frais.................... 242 » 460 80

1.670 35

Profits et pertes : bénéfice........ 437 80

2.108 15

PRIX DE REVIENT

Total du débit................................. 1.670 35
Moins le stock au 1er janvier 1891.............. 607 25

Dépense totale........ 1063.10

Revient d'un quintal $\dfrac{704}{62.5} = 11.26$

— — hectolitre $\dfrac{704}{133} = 5.30$

(1) Extrait du livre : Comptabilité agricole, par Henri Barillot, en vente à la Librairie Larousse, 17, rue Montparnasse, à Paris.

Avoir

1891

DÉCEMBRE 31.

| | CONSOMMATIONS | | | | TOTAL |
	GRAIN	PAILLE	GRAIN 17.50	PAILLE 31.50	GRAIN et PAILLE
	kilos	kilos			
Chevaux......	2.225	»	389.40	»	389.40
Vacherie......	650	9.300	113.75	292.95	406.70
Basse-cour...	100	»	17.50	»	17.50
Avoine 1892 .. Semence à 18 francs	400	»	72. »	»	72. »
	3.375	9.300	502.65	292.95	»

885.60

Ventes.

Caisse :
Grain. 3.775 kil. à 17.50 moyenne...... 660.65 } 742.55
Paille. 2.600 — 34.50 — ...... 81.90 }

1.628.15

Stock à l'inventaire de ce jour reporté à Avoine 1892 :
Grain. 1.600 kil. 18. » .... 288. » } 480. »
Paille. 6.000 kil. 32. » .... 192. » }

2.108.15

Récolte.

Paille : 11.400 kilos évalués 34 fr. 50............................ 350.40
Grain : 133 hectolitres pesant 6,250 kilos ou 47 kilos à l'hectolitre.
Rendement à l'hectare : 66 hectolitres 1/2.
Total des frais de culture :
350.35 + 48.25 + 203.70 = 602.30............................
Total des frais indirects.. 460.80............................ 1.063.10

Frais à l'hectare {

Directs : Culture et engrais : $\dfrac{602.30}{2} =$ 301.15

Indirects : Frais généraux, ménage : $\dfrac{460.80}{2} =$ 230.40

Totaux 531.55

Dans le commerce, comme dans l'industrie, les prix de revient sont exacts ou très approchés, et le prix de vente, c'est-à-dire le prix de revient majoré du bénéfice, est établi par le vendeur, par le producteur, au lieu d'être fixé, et on pourrait presque dire imposé, par l'acheteur, ainsi que cela a lieu pour l'avoine et les autres céréales.

Si ce prix est trouvé trop élevé par l'acheteur, si par suite il empêche la vente, on le baisse; si les exigences de l'acheteur ne permettent plus la réalisation d'un bénéfice, on peut cesser de vendre ou de fabriquer l'article qui ne rapporte plus rien ou qui met en perte. En un mot, on sait ce que chaque marchandise rapporte, ce qui permet : 1° de s'efforcer de donner de l'extension à celles qui sont rémunératrices; 2° de supprimer celles qui sont improductives et onéreuses; 3° de limiter la production et le trafic de ces dernières au strict minimum, si pour des raisons particulières, leur suppression est impossible.

En Agriculture, au contraire, les prix de revient exacts n'existent pas, il faut bien l'avouer. On ne peut donc le plus souvent se rendre un compte suffisant de ce que chaque céréale rapporte, et modifier la production en conséquence.

« L'Agriculteur, comme l'Industriel, dit M. H. Lefèvre,
« doit se préoccuper du prix-courant et moyen du marché :
« c'est là un des termes du problème qu'il a à résoudre;
« l'autre terme est dans le *prix de revient* de ses produits.
« Or, c'est là le côté par lequel il pêche le plus souvent.

« Combien y a-t-il d'Agriculteurs en France qui sachent
« au juste ce que leur coûte leur blé, ce que leur coûtent
« leur paille, leurs moutons, leurs bœufs, leur volaille, leur
« lait, leurs beurres, leurs fumiers? etc., etc.

« Nous ne craignons pas de dire que la plupart n'en
« savent rien et comment le sauraient-ils? où en est leur
« comptabilité?

« On demande à cor et à cris des capitaux pour l'agricul-
« ture : effectivement, il lui en faudrait beaucoup, et ces
« capitaux pourraient être largement rémunérés; mais les
« confiera-t-on à un cultivateur, si honnête qu'il soit, qui
« en sera comptable, et qui, dans l'état actuel de ses con-
« naissances, est incapable d'en rendre compte par le
« menu, de savoir par où et comment il les perd? et l'on
« perd toujours quand on ne sait pas découvrir le trou par
« lequel s'échappe l'argent, trou qui, dans des opérations
« agricoles à longue durée, peut être très longtemps dissi-
« mulé. »

Il a été publié dans les journaux agricoles de nombreux
articles sur les bénéfices comparés de la culture de l'avoine
et de la culture du blé, sur la substitution de l'avoine au blé,
dans une mesure compatible avec les nécessités imposées
par la composition des rations et par les fumures. Ne pouvant développer ce sujet, ce qui nous entraînerait trop loin,
nous dirons seulement que la production de l'avoine a été
reconnue plus rémunératrice que celle du blé, et que toutes
les personnes qui se sont livrées à des recherches sur les
résultats comparés de ces deux céréales, sont unanimes à
conclure nettement en faveur de l'extension de la culture
de l'avoine.

Prix de Vente. — Après nous être efforcés de donner
quelques renseignements intéressants sur le prix de revient
de l'avoine, nous allons passer une revue *rétrospective* et
contemporaine, de son prix de vente.

Prix moyen du quintal d'Avoine dans la France provinciale de l'an **1200** à **1500**

PROVINCES	1201 à 1225	1226 à 1250	1251 à 1275	1276 à 1300	1301 à 1325	1326 à 1350	1351 à 1375	1376 à 1400	1401 à 1425	1426 à 1450	1451 à 1475	1476 à 1500
Ile-de-France	22.0		2.24	2.82	7.92	9.44	9.36	3.76	4.52	2.16	1.78	
Picardie, Flandre	2.14		2.34			6.18	8.12	3.88		5.94		3.72
Normandie	3.52	2.70	2.56	2.64	4.46	5.42	4.78	4.94	2.94	3.24	1.84	4.92
Aunis, Saintonge, Angoumois	2.62			2.74			4.54		4.12		1.66	6.70
Poitou, Limousin	2.26	2.46	2.52	2.90	4.10	6.26		4.16	4.22	3.06		5.78
Anjou, Maine		2.58	2.46		4.76	4.18		3.96			1.86	
Berry	2.34		2.62		4.16		5.60		4.28	3.78		
Orléanais		2.54	2.72	2.98	5.92		5.76	4.84	5.12	7.42	2.88	4.66
Champagne	2.26			2.58	6.02	8.14	5.34	3.90	3.06	8.60	2.42	3.44
Franche-Comté-Lorraine	2.06	2.84	2.54			5.36				6.02		
Dauphiné	2.32	2.62		2.64	6.12		5.26	4.26	3.94			3.60
Comtat-Venaissin, Provence	2.38	2.66	2.38		4.38	6.38		4.22			2.28	
Bourgogne	2.24	2.54		2.68			5.96	4.02	4.86	4.06	2.34	6.18
Guyenne, Languedoc	2.30	2.64			4.32	8.02	8.02	4.66			2.42	
Alsace	2.16	2.72	2.78	2.82	6.14	6.16	4.32		3.62	3.70	2.76	2.64
MOYENNE PENDANT 25 ANS	2.35	2.63	2.52	2.76	5.30	6.55	6.09	4.24	4.07	4.80	2.23	4.63

Prix moyen du quintal d'Avoine dans la France provinciale de l'an 1501 à 1800

PROVINCES	1501 à 1525	1526 à 1550	1551 à 1575	1576 à 1600	1601 à 1625	1626 à 1650	1651 à 1675	1676 à 1700	1701 à 1725	1726 à 1750	1750 à 1775	1776 à 1800
Ile-de-France	4.22	6.80	11.74	12.86	7.78	11.50	10.30	5.90	4.74	2.46	7.46	11.68
Picardie, Flandre			15.44	11.72	10.02	15.60	8.44	4.60	6.98	6.98	11.74	12.38
Normandie	4.30	5.96	8.82	12.02	8.24		9.06	6.20	4.20	6.10	7.50	7.88
Aunis, Saintonge, Angoumois		5.66	10.04	16.18	7.98	11.70	6.08	6.60	6.54	6.70	7.94	9.98
Poitou, Limousin		5.48	9.16	19.84	9.20	7.20	10.30	5.94	8.18	4.72	7.70	12.60
Anjou, Maine	4.46	6.08	8.06	12.34	8.46	9.00	6.31	6.24	8.06	6.30	6.54	10.62
Berry			10.38	9.98	8.32		4.06	4.00	6.31	4.06	4.62	9.53
Orléanais	5.40	4.88	8.54	9.70	6.80	10.00	6.80	7.20	7.60	6.10	7.90	14.50
Champagne	4.82	4.06	14.04	16.46	10.12	6.90	4.91	5.27	5.63	5.04	5.39	9.77
Franche-Comté-Lorraine		4.34	13.66	15.80	11.62	13.74	4.72	5.10	5.32	4.95	5.06	9.62
Dauphiné	3.58		11.34	10.50	16.60	15.62	14.06	6.14	5.74	8.14	7.58	17.30
Comtat-Venaissin, Provence		2.70	9.96	12.54	15.74		13.74	13.20	9.60	8.30	14.26	14.70
Bourgogne	5.16		8.14	10.60	13.60		5.90	7.26	7.60	7.18	8.80	10.92
Guyenne, Languedoc		6.10	8.96	10.86	12.86		15.48	8.26	6.72	10.00	12.34	13.18
Alsace	2.76	3.90	5.98	7.76	10.24	14.16	7.78	10.62	7.96	6.98	8.76	9.66
MOYENNE PENDANT 25 ANS	4.33	5.09	10.28	12.61	10.50	11.54	8.53	6.83	6.74	6.26	8.24	11.62

Prix moyens de l'avoine dans l'Europe centrale de 1763 à 1800

Années	Prix	Années	Prix	Années	Prix	Années	Prix	Années	Prix
1763	8.89	1771	20.72	1779	14.74	1787	9.33	1795	13.20
1764	9.42	1772	12.88	1780	12.50	1788	13 »	1796	18.66
1765	8.80	1773	11.39	1781	11.76	1789	14 »	1797	12.51
1766	10.64	1774	9.62	1782	12.70	1790	16 »	1798	13.18
1767	12.32	1775	10.08	1783	11.57	1791	13.30	1799	15.04
1768	11.76	1776	11.76	1784	11.40	1792	11.66	1800	16.80
1769	11.66	1777	12.69	1785	14.19	1793	14.23		
1770	14.94	1778	12.88	1786	11.72	1794	17.73		

Ces prix s'entendent aux 100 kil. Poids moyen de l'hect. 45 k.

Prix moyens en France de 1795 à 1804

AN IV — 1795

Pluviose — Février. 12.34 les 100 kilos.
Ventose — Mars... 11.25 » »
Germinal — Avril... 12.34 » »
Floréal — Mai.... 13.07 » »
Prairial — Juin ... 11.12 » »

AN V — 1796

Messidor — Juillet ... 11.11 les 100 kil.
Thermidor — Août..... 11.61 » »
Fructidor — Septembre 11.12 » »

AN VI — 1797

Vendémiaire — Octobre... 10.82 les 100 kil.
Brumaire — Novembre. 9.07 » »
Frimaire — Décembre. 9.43 » »
Nivose — Janvier ... 9.80 » »

AN IX — 1800

Nivose — Janvier... 13.55 les 100 kilos.

AN X — 1801

Nivose — Janvier... 14.44 les 100 kil.
Pluviose — Février... 15.91 » »
Ventose — Mars ..... 16.40 » »
Germinal — Avril..... 18 » » »
Floréal — Mai ...... 24.40 » »
Prairial — Juin ...... 22.20 » »
Messidor — Juillet.... 18.80 » »
Thermidor — Août ..... 23.70 » »
Fructidor — Septembre. 22.20 » »

AN XI — 1802

Nivose — Janvier.. 15.64 les 100 kil.
Pluviose — Février.. 20.82 » »
Ventose — Mars ... 21.38 » »
Germinal — Avril.... 20.68 » »
Floréal — Mai..... 19.80 » »
Prairial — Juin .... 18.53 » »
Messidor — Juillet .. 19.25 » »
Thermidor — Août.... 22.02 » »
Fructidor — Septemb. 23.51 » »
Vendémiaire — Octobre . 23.22 » »
Brumaire — Novembre 21.57 » »
Frimaire — Décembre 19.28 » »

AN XII — 1803

Nivose — Janvier... 19.99 les 100 kil.
Pluviose — Février... 19.89 » »
Germinal — Avril..... 19.71 » »
Floréal — Mai ...... 18.70 » »
Prairial — Juin ..... 19.40 » »
Messidor — Juillet ... 22.22 » »
Thermidor — Août..... 22.82 » »
Fructidor — Septembre 22.22 » »
Vendémiaire — Octobre .. 20.08 » »
Brumaire — Novembre. 20.45 » »
Frimaire — Décembre. 18.77 » »

AN XIII — 1804

Thermidor — Août..... 27.40 » »
Fructidor — Septembre 22.22 » »
Vendémiaire — Octobre... 20.09 » »

Poids moyen de l'hectolitre ou 8 boisseaux : 45 kilos.

ANNÉES	NORD	OUEST	CENTRE	EST	SUD	MOYENNE
1837.....	14.34	13.94	12.72	12.75	15.40	13.83
1838.....	19.00	18.25	17.00	15.50	21.00	18.15
1839.....	17.25	17.25	16.00	15.50	17.50	16.70
1840.....	12.00	11.50	13.00	12.00	13.50	12.40
1841.....	14.50	14.00	13.50	11.75	15.25	13.80
1842.....	17.25	16.75	15.50	15.25	16.50	16.25
1843.....	14.50	16.00	17.00	12.00	17.50	15.40
1844.....	16.00	16.25	16.25	19.20	19.50	17.44
1845.....	16.50	13.50	14.25	14.00	17.00	15.05
1846.....	17.00	16.25	14.50	13.75	17.50	15.80
1847.....	19.50	19.00	22.00	18.50	22.50	21.30
1848.....	22.00	20.25	19.50	20.00	23.00	20.95
1849.....	14.50	15.00	12.50	11.50	15.00	13.70
1850.....	14.00	13.50	13.00	13.00	16.00	13.90
1851.....	14.50	13.50	12.25	12.50	15.50	13.65
1852.....	13.75	14.25	13.50	13.25	16.00	14.55
1853.....	17.00	19.60	18.46	20.80	23.64	19.89
1854.....	17.36	18.50	16.90	17.52	23.00	18.65
1855.....	17.74	18.66	17.50	16.54	20.78	18.24
1856.....	14.54	17.42	17.08	18.00	22.00	17.80
1857.....	16.40	16.00	16.00	16.00	18.50	16.58
1858.....	19.02	17.94	17.08	17.30	19.82	18.23
1859.....	15.74	16.06	14.04	15.90	17.88	15.92
1860.....	18.50	17.66	17.06	16.12	18.24	17.51
1861.....	17.90	21.80	18.70	17.50	22.80	19.54
1862.....	14.86	15.66	13.87	14.81	19.11	15.66
1863.....	14.50	13.94	13.86	13.44	16.98	14.54
1864.....	14.59	15.83	14.25	14.12	16.92	15.14
1865.....	17.68	16.32	17.16	18.02	17.92	17.42
1866.....	21.20	21.45	20.51	19.00	20.00	20.43
1867.....	22.84	21.52	21.21	21.65	21.90	21.82
1868.....	20.90	23.43	18.84	19.09	23.00	21.05
1869.....	17.10	18.54	16.00	16.31	20.78	17.54
1870.....	22.83	21.50	22.19	19.20	19.80	21.10
1871.....	30.50	33.00	30.00	29.00	30.50	30.60
1872.....	15.76	19.12	16.09	17.36	20.46	17.55
1873.....	21.28	19.68	19.12	20.87	20.99	20.39
1874.....	27.18	28.12	26.92	25.05	28.33	24.12
1875.....	23.32	22.44	21.64	19.87	24.55	22.36
1876.....	21.29	22.83	19.97	19.45	22.48	21.20
1877.....	19.41	20.31	20.28	19.37	22.10	20.29
1878.....	21.33	20.86	21.34	20.68	22.15	21.27
1879.....	19.52	19.97	19.40	19.53	21.58	20.00
1880.....	22.93	23.28	22.00	20.31	23.79	22.46
1881.....	20.22	18.44	18.28	18.59	20.38	19.00
1882.....	17.22	17.00	16.92	16.67	20.15	17.59
1883.....	19.32	18.62	18.89	19.11	20.06	19.20
1884.....	16.12	16.79	16.70	16.05	17.93	16.71
1885.....	16.92	17.17	17.79	16.71	19.63	17.64
1886.....	16.88	17.14	17.36	16.65	19.28	17.46
1887.....	16.50	16.22	14.85	15.73	18.32	16.32
1888.....	17.41	17.27	16.64	17.87	18.38	17.51
1889.....	18.19	17.85	18.29	17.33	19.72	18.27
1890.....	17.42	17.05	17.26	16.87	19.76	17.67
1891.....	19.05	18.98	18.14	18.14	19.42	18.73
1892.....	14.60	16.20	16.08	15.91	17.83	16.14
1893.....	20.85	20.30	21.64	21.43	20.83	21.01
1894.....	15.93	15.28	15.95	14.90	17.77	15.96
1895.....	15.00	15.06	14.41	14.40	16.48	15.07
1896.....	16.01	16.88	14.97	15.66	17.03	16.11
1897.....	17.37	17.78	17.81	17.62	17.56	17.63
1898.....	20.91	19.87	19.28	19.87	19.71	19.93
1899.....	17.32	16.58	17.02	17.27	16.75	16.59
1900.....	17.35	17.03	17.14	16.68	17.75	17.19

(1) Extrait des *Statistiques du Ministère de l'Agriculture.*

   Prix moyen du quintal d'avoine à l'étranger de 1855 à 1900

ANNÉES	ALLEMAGNE	ALSACE-LORRAINE	ANGLETERRE	AUTRICHE	BELGIQUE	ESPAGNE	HOLLANDE	HONGRIE	ITALIE	RUSSIE	SUISSE	COLONIES	
												Algérie	Tunisie
1855	—	—	12.82	—	9.76	—	9.53	—	—	—	—	8.77	8.65
1856	—	—	10 »	—	7.85	—	8.60	—	7.70	8 »	10 »	—	—
1857	9.50	—	10.25	—	9 »	—	10.50	—	10 »	6 »	12.50	—	—
1858	9.60	9.40	10.30	—	10.82	—	12.46	—	—	7.30	8.75	9.35	8.50
1859	7.60	7.25	10 »	8.50	9.23	—	11 »	8 »	—	7.50	8.60	8 »	8.80
1860	10 »	—	11 »	—	11.15	—	9.50	—	—	7.25	11.75	8.75	8.90
1861	9.80	—	9.25	—	8.63	—	9.50	—	13.50	8 »	10.50	10 »	10 »
1862	17 »	18 »	17.50	16.25	16.20	—	17 »	—	22 »	14 »	16.50	17 »	19 »
1863	15.25	12 »	17.05	15 »	16.43	—	17 »	—	20 »	16.50	17 »	17 »	18 »
1864	16.50	—	17.90	11.25	16.49	—	18 »	—	20.50	15 »	16.50	14 »	14.50
1865	15.80	—	20.45	11.10	18.33	—	17.10	—	18.20	—	17.25	16.50	15 »
1866	20 »	—	20 »	—	21 »	—	—	—	21.50	—	—	20.15	18.50
1867	21 »	20 »	28 »	21.75	23.25	—	22 »	20 »	25.25	14.25	22.25	20 »	19 »
1868	22 »	—	22 »	16 »	22.50	—	22.25	—	—	17.15	20.75	17 »	16.90
1869	15 »	—	12.96	—	19 »	—	18 »	—	—	13 »	18.75	18.50	16.25
1870	—	—	26 »	—	26 »	—	22 »	—	—	—	29 »	—	—
1871	16.80	16.20	18.10	—	17.75	—	16.75	—	15.90	9.20	21 »	16.87	15.75
1872	16.20	—	18.08	—	16 »	—	18.60	—	15.85	9.20	21 »	17 »	—
1873	24.75	23.75	22.72	—	24.50	—	20.37	—	20.75	12.25	23.50	16 »	16.25
1874	36 »	26.62	25.50	27 »	26.50	25.40	23 »	—	31 »	12.50	26.50	20 »	20.50
1875	23.12	21.50	24.50	20.50	22.25	—	22.20	—	22.50	—	23.50	15.50	15.25
1876	22.50	21.50	21.25	20 »	23 »	—	20.25	19.50	26 »	—	23.75	19.50	19.25
1877	23.12	22.10	22.25	17 »	22.77	—	21 »	16.80	22 »	17.75	22.50	18.40	19 »
1878	18.75	19.75	21.50	13.50	17.25	24.25	17.50	13.70	20.50	20 »	25 »	15 »	14.75
1879	17.50	18.25	19.25	13 »	19 »	—	18.25	12.85	19.75	12.50	22.50	15 »	14.50
1880	18 »	20.75	21.10	16 »	22 »	—	19.50	16.25	21.50	14.85	24 »	15.75	16 »
1881	20 »	20.25	20.75	14.50	17 »	15.50	20 »	15 »	19.25	14.55	22.75	16.50	18 »
1882	21.50	19.75	20.75	16.50	20 »	—	21.50	16.50	20.25	13 »	23.25	15.50	15 »
1883	18 »	16 »	19.50	14 »	19.50	—	20 »	11 »	18.50	13 »	22.50	16.50	15.75
1884	19.50	20.25	17.65	16.25	19.25	17.50	19 »	16 »	17 »	14.91	21 »	13.75	12.25
1885	21.50	21.50	18.60	21.25	17.50	19.50	19.75	18.60	17.75	12.65	21 »	16 »	15.75
1886	18.60	18.40	19.50	19.15	17 »	19.90	18.75	19 »	19.20	12.25	19 »	13.50	14 »
1887	16.50	17.25	16.80	13.50	13.50	18.20	10.75	13.75	13.75	8.40	17.50	—	—
1888	18.50	18.25	13 »	11.20	15.25	—	14 »	10.50	18 »	9.75	17.50	13.50	12.75
1889	19.75	20 »	15.25	15.50	16 »	—	15.50	15.50	20.50	11.95	17 »	18.75	18 »
1890	23.25	23 »	16.50	16 »	16.90	—	16.35	16.25	23 »	13.40	19.50	16.75	17.50
1891	19.75	18.75	18.40	15.80	15.15	21 »	15.40	15.40	—	12.20	18.50	16.75	17 »
1892	18.25	18.25	14.80	—	15.50	—	16.50	—	—	12.40	17.50	15.60	15.40
1893	15.85	22.75	15.90	—	15.50	—	17.25	—	—	—	—	17.25	17 »
1894	19.50	17 »	13.80	—	11.50	—	15 »	—	—	10.50	15.75	11.75	11 »
1895	16.65	18 »	13.75	—	14 »	14.75	12.50	10.05	—	9.60	16.75	12.40	13.75
1896	15.32	19.50	12.59	14.50	15 »	20.50	15 »	15 »	19.75	11.25	17.50	13 »	13.25
1897	20.25	19.50	17.25	—	15.75	21 »	16.87	—	—	—	16 »	14.25	17.50
1898	—	20 »	—	—	16 »	20 »	—	—	—	—	20 »	18 »	13.50
1899	15.65	19 »	—	—	16.50	22 »	14.25	—	—	—	16.50	15 »	16.75
1900	19.20	19.15	15.25	12.50	15.50	13.25	13.85	11.15	17.75	12.20	17 »	15 »	15.25

Ce tableau n'indique que les cours pratiqués en Europe, en Algérie et en Tunisie. Les quelques prix suivants donneront une idée des cours pratiqués en Amérique :

ÉTATS-UNIS

1858	7.50	1897	9 »
1859	7 »	1898	8.78
1894	10.20	1899	9.52
1895	7.62	1900	9.85
1896	9.24		

Prix comparatifs des pailles de blé, seigle et avoine de 1850 à 1900.

ANNÉES	PAILLE de blé les 1000 kil.	PAILLE de seigle les 1000 kil.	PAILLE d'avoine les 1000 kil.	ANNÉES	PAILLE de blé les 1000 kil.	PAILLE de seigle les 1000 kil.	PAILLE d'avoine les 1000 kil.
1851...	40 fr.	44 fr.	34 fr.	1876..	102 fr.	96 fr.	76 fr.
1852...	42 »	50 »	38 »	1877..	60 »	57 »	57 »
1853...	48 »	52 »	33 »	1878..	68 »	64 »	46 »
1854...	38 »	48 »	31 »	1879..	114 »	110 »	76 »
1855...	56 »	66 »	42 »	1880..	96 »	96 »	74 »
1856...	46 »	52 »	38 »	1881..	98 »	90 »	84 »
1857...	44 »	48 »	49 »	1882..	67 »	74 »	61 »
1858...	72 »	76 »	60 »	1883..	69 »	70 »	53 »
1859...	48 »	70 »	49 »	1884..	64 »	81 »	54 »
1860...	70 »	112 »	45 »	1885..	72 »	96 »	64 »
1861...	76 »	90 »	44 »	1886..	66 »	72 »	51 »
1862...	50 »	70 »	45 »	1887..	61 »	73 »	62 »
1863...	56 »	58 »	36 »	1888..	90 »	88 »	69 »
1864...	58 »	60 »	44 »	1889..	66 »	67 »	85 »
1865...	76 »	88 »	46 »	1890..	54 »	53 »	40 »
1866...	72 »	76 »	36 »	1891..	66 »	77 »	42 »
1867...	56 »	56 »	46 »	1892..	54 »	48 »	33 »
1868...	70 »	80 »	42 »	1893..	106 »	110 »	101 »
1869...	60 »	72 »	48 »	1894..	44 »	53 »	42 »
1870...	» »	» »	» »	1895..	46 »	58 »	46 »
1871...	103 »	102 »	66 »	1896..	56 »	64 »	49 »
1872...	84 »	76 »	59 »	1897..	45 »	48 »	40 »
1873...	66 »	62 »	44 »	1898..	46 »	48 »	42 »
1874...	80 »	76 »	66 »	1899..	52 »	66 »	46 »
1875...	123 »	121 »	52 »	1900..	76 »	75 »	74 »

MOYENNE GÉNÉRALE DES PRIX PENDANT 50 ANS	PAILLE DE BLÉ 65 fr. 24 les 1000 kilos.	PAILLE DE SEIGLE 70 fr. 78 les 1000 kilos.	PAILLE D'AVOINE 49 fr. 12 les 1000 kilos.

Il se dégage du tableau ci-dessus, établi d'après les statistiques officielles et les mercuriales des principaux marchés, que la moins value de la paille d'avoine comparativement à celle de blé est de 16 francs par 1000 kilog, si l'on envisage 50 ans, et que cette différence se réduit à 4 fr. 25 environ si le calcul est limité aux sept dernières années. Ce dernier chiffre se rapproche plus de la réalité, aussi craignons-nous que l'écart de 16 francs ne repose sur des erreurs provoquées par des documents inexacts.

Il est facile de se rendre compte, en examinant les cours pratiqués pendant ces derniers temps, sur le marché aux pailles de la Villette, le plus important de Paris, qu'il arrive que les prix de la paille d'avoine et de blé sont les mêmes. Dans notre pays, en année normale, la moyenne du prix oscille entre 6 et 8 francs par 1000 kilos en faveur de la paille de blé, c'est un écart qui existe dans beaucoup de régions agricoles.

CHAPITRE XV

TRANSPORT DE L'AVOINE

DROITS D'OCTROI — DROITS DE DOUANE

Transports par chemins de fer.

Transport du grain. — Les transports par chemins de
de fer, qui sont de beaucoup les plus employés, peuvent
s'effectuer au *Tarif général* ou au *Tarif spécial.*

Le Tarif général, qui coûte au moins 3 0/0 de plus que
l'autre, est très rarement préféré pour une marchandise
comme l'avoine, destinée à être revendue dans les centres
de consommation avec un faible écart sur le prix d'achat
à la culture, et qui, par suite, ne se prête pas à être grevée
de frais élevés.

On préfère les tarifs spéciaux, qui comportent des prix
réduits, mais permettent aux Compagnies de transporter
plus lentement (1).

Indépendamment des tarifs spéciaux de chaque Compagnie de chemin de fer, il existe pour les expéditions de

---

(1) Les Compagnies ont droit actuellement à cinq jours de plus sur
la durée du transport.

5.000 kilos empruntant les lignes de plusieurs réseaux, des *Tarifs communs* que nous indiquerons plus loin.

TARIF GÉNÉRAL

Relativement aux transports, l'avoine est classée dans la 4ᵉ série, et comme telle, est taxée ainsi qu'il suit :

Réseau Nord
- Jusque 100 kilomètres 0,10 par tonne et par kilomètre
- de 101 à 200 — 0,09 — — en sus
- de 201 à 300 — 0,08 — — —

Réseau Est
- Jusque 100 kilomètres 0,10 par tonne et par kilomètre
- de 101 à 300 — 0,09 — — en sus
- de 301 et au delà 0,08 — — —

Réseaux d'Orléans et du P.-L.-M.
- Jusque 100 kilomètres 0,10 par tonne et par kilomètre
- de 101 à 300 — 0,09 — — en sus
- — 301 à 500 — 0,08 — — —
- — 501 à 600 — 0,07 — — —
- — 601 à 700 — 0,06 — — —
- — 701 à 800 — 0,05 — — —
- au delà 0,04 — — —

Réseau de l'État
- De 0 à 59 kilomètres 0,10 par tonne et par kilomètre
- — 60 à 100 — 0,095 — — en sus
- — 101 à 150 — 0,09 — — —
- — 151 à 200 — 0,085 — — —
- — 201 et au-dessus 0,08 — — —

Réseau du Midi
- Jusque 200 kilomètres 0,12 par tonne et par kilomètre
- de 201 à 300 — 0,11 — — en sus
- — 301 à 400 — 0,09 — — —
- — 401 à 500 — 0,07 — — —
- — 501 à 600 — 0,06 — — —
- au delà de 601 — 0,05 — — —

Réseau Ouest
- Jusque 100 kilomètres 0,10 par tonne et par kilomètre
- de 101 à 300 — 0,09 — — en sus
- — 301 à 400 — 0,08 — — —
- — 401 à 600 — 0,06 — — —
- — 601 à 700 — 0,05 — — —
- au delà de 701 — 0,04 — — —

Chemins de fer économique et à voie étroite
Les prix varient de 0 fr. 12 à 0 fr. 25 par tonne et par kilom

TARIFS SPÉCIAUX

NORD, TARIF SPÉCIAL 2

	BARÈME A	BARÈME B	BARÈME C	BARÈME D	BARÈME E		
Jusqu'à 50 kilom.	0.10	0.08	0.07	0.06	0.05	par tonne et par kilom.	
De 51 à 100 —	0.08	0.06	0.05	0.04	0.04	—	— en sus
De 101 à 150 —	0.05	0.04	0.035	0.03	0.025	—	— —
De 151 à 200 —	0.05	0.03	0.03	0.03	0.025	—	— —
Au-delà	0.04	0.025	0.02	0.02	0.015	—	— —

Le Barème **A** est applicable aux expéditions de	50 k. ou payant pour ce poids.		
— **B** — —	1000 k.	—	—
— **C** — —	5000 k.	—	—
— **D** — aux wagons chargés d'au moins	7500 k.	—	—
— **E** — — —	15000 k.	—	—

EST, TARIF SPÉCIAL 2

I. — Expéditions d'au moins 50 kilos ou payant pour ce poids.

Jusqu'à 25 kilomètres 0,08 par tonne

POUR CHAQUE	25 à 50	—	0,05	— et par kilom. en sus
KILOMÈTRE EN	50 à 200	—	0,04	— — —
EXCÈDENT	200 à 400	—	0,025	— — —
AU DELA DE	400	—	0,02	— — —

II. — Expéditions d'au moins 5000 kilogr. ou payant pour ce poids.

Jusqu'à 25 kilomètres 0,08 par tonne

POUR CHAQUE	25 à 50	—	0,05	— et par kilom. en sus
KILOMÈTRE EN	50 à 200	—	0,04	— — —
EXCÈDENT	200 à 300	—	0,02	— — —
AU DELA DE	300	—	0,015	— — —

P.-L.-M. TARIF SPÉCIAL 2

Ce tarif n'est applicable qu'aux expéditions d'au moins 1.000 kilos ou payant pour ce poids ; sur le réseau P.-L.-M., les expéditions d'un poids inférieur sont taxées aux prix du tarif général.

Expéditions d'au moins 1000 kilos ou payant pour ce poids.

Jusqu'à	25 kilomètres 0,08	par tonne et par kilomètre		
de 26 à 30	—	0,05	—	— en sus
de 31 à 200	—	0,0425	—	— —
de 201 à 300	—	0,04	—	— —

Au delà de 300 kilomètres, il existe un tarif à « palier », c'est-à-dire un tarif dans lequel les prix de transport sont calculés par tranches de 2, 5, 10, 20 kilomètres suivant la longueur de la distance, le prix à percevoir étant toujours celui correspondant au nombre le plus élevé de la tranche. Ainsi, pour un parcours de 312 kilomètres, on paie comme pour 320, pour 605 kilomètres comme pour 620, etc.

Nous donnons ci-dessous quelques prix de ce tarif :

Distances	Expéditions de 1.000 kilos	Expéditions de 5.000 kilos	Expéditions de 10.000 kilos	Expéditions de 20.000 kilos	Distances	Expéditions de 1.000 kilos	Expéditions de 5.000 kilos	Expéditions de 10.000 kilos	Expéditions de 20.000 kilos
310 km.	13.75	12.20	11.20	9.70	600 km.	20. »	17. »	15.50	14. »
350 km.	14.75	13. »	12. »	10.50	680 km.	20.80	17.80	16.30	14.80
400 km.	16. »	14. »	13. »	11.50	780 km.	21.80	18.80	17.30	15.80
460 km.	17.20	14.90	13.75	12.40	840 km.	22.40	19.40	17.90	16.40
500 km.	18. »	15.50	14.25	13.00	900 km.	23. »	20. »	18.50	17. »
560 km.	19.20	16.40	15. »	13.60	1000 km.	24. »	21. »	19.50	18. »

ORLÉANS. Tarif spécial 2

I. Expéditions d'au moins 50 kilos ou payant pour ce poids

Jusqu'à	60 kilomètres 0,08	par tonne et par kilomètre		
de 61 à 200	—	0,05	—	— en sus
de 201 à 314	—	0,04	—	— —
au delà de 315	—	0,025	—	— —

II. — Expéditions d'au moins 5.000 kilos ou payant pour ce poids

Jusqu'à	60 kilomètres 0,08	par tonne et par kilomètre		
de 61 à 100	—	0,03	—	— en sus
de 101 à 250	—	0,02	—	— —
de 251 à 400	—	0,015	—	— —
au delà de 400	—	0,01	—	— —

ÉTAT. Tarif spécial 2

I. — Expéditions d'au moins 50 kilos ou payant pour ce poids.

Jusqu'à	100 kilomètres 0,06	par tonne et par kilomètre		
de 101 à 200	—	0,05	—	— en sus
de 201 à 300	—	0,04	—	— —
au delà de 301	—	0,03	—	— —

II. — Expéditions d'au moins 1000 kilos ou payant pour ce poids.

Jusqu'à	100 kilomètres	0,05	par tonne et par kilomètre		
de 101 à 200	—	0,04	—	—	en sus
de 201 à 300	—	0,03	—	—	—
au delà de 301	—	0,02	—	—	—

III. — Expéditions par wagon d'au moins 4000 kilos ou payant pour ce poids

Jusqu'à	100 kilomètres	0,04	par tonne et par kilomètre		
de 101 à 200	—	0,03	—	—	en sus
de 201 à 300	—	0,02	—	—	—
au delà de 301	—	0,015	—	—	—

MIDI. TARIF SPÉCIAL 2

Par expéditions d'au moins 50 kilos ou payant pour ce poids.

Jusque	75 kilomètres	0,08	par tonne et par kilomètre		
de 76 à 200	—	0,04	—	—	en sus
de 201 à 250	—	0,02	—	—	—
au delà de 251	—	0,015	—	—	—

OUEST. TARIF SPÉCIAL 2

I. — Expéditions d'au moins 50 kilos ou payant pour ce poids.

Jusqu'à	100 kilomètres	0,08	par tonne et par kilomètre		
de 101 à 150	—	0,06	—	—	en sus
de 151 à 200	—	0,05	—	—	—
de 201 à 300	—	0,03	—	—	—
de 301 à 400	—	0.02	—	—	—
de 401 à 800	—	0,015	—	—	—

II. — Expéditions par wagon d'au moins 4000 kilos ou payant pour ce poids

Jusqu'à	75 kilomètres	0,07	par tonne et par kilomètre		
de 76 à 100	—	0,055	—	—	en sus
de 101 à 160	—	0,03	—	—	—
de 161 à 500	—	0,02	—	—	—
au delà de 501	—	0,015	—	—	—

Nota. — Les prix résultant de ce barème sont applicables aux expéditions d'au moins 1000 kilos ou payant pour ce poids, mais avec une taxe additionnelle de 10 0/0 si la taxe ainsi calculée est plus avantageuse que celle résultant du barème applicable aux expéditions de 50 kilos.

CHEMINS DE FER ÉCONOMIQUES ET A VOIE ÉTROITE } Les prix varient entre 0 fr. 08 et 0 fr. 15 par tonne et par kilomètre pour les expéditions de 1000 ou 4000 kilos.

TARIFS COMMUNS

1° Tarif commun 102 entre les Compagnies du Nord, de l'Est, de l'Ouest et des Ceintures, sous condition d'un parcours total d'au moins 200 kilomètres ou payant pour cette distance. Tarif applicable au départ d'une gare quelconque de l'un de ces réseaux à une gare quelconque de ces mêmes réseaux.

I. — Expéditions par wagon d'au moins 5000 kilos ou payant pour ce poids.

1ᵉʳ parcours partiel de 200 kilomètres 9,25 par tonne

de 201 à 300	—	0,035	—	et par kilom. en sus
de 301 à 500	—	0,03	—	— —
au-delà de 501	—	0,02	—	— —

II. — Expéditions par wagon d'au moins 15000 kilos ou payant pour ce poids

1ᵉʳ parcours partiel de 200 kilomètres 9,25 par tonne

de 201 à 300	—	0,02	—	et par kilom. en sus
au delà de 301	—	0,—01	—	—

2° Tarif commun 102 entre les Compagnies du Nord, de l'Ouest, d'Orléans, de l'Etat et des Ceintures, sous condition d'un parcours total d'au moins 200 kilomètres ou payant pour cette distance. Tarif applicable au départ d'une gare quelconque de l'un de ces réseaux à une gare quelconque de ces mêmes réseaux.

I. — Expéditions par wagon d'au moins 5000 kilos ou payant pour ce poids

1ᵉʳ parcours partiel de 200 kilomètres 9,25 par tonne

au delà de 200	—	0,02	—	et par kilom. en sus

II. — Expéditions par wagon d'au moins 15000 kilos ou payant pour ce poids

1ᵉʳ parcours partiel de 200 kilomètres 8,50 par tonne

au delà de 200	—	0,015	—	et par kilom. en sus

3° Tarif commun 102 entre les sept grands réseaux et les ceintures. Tarif applicable au départ d'une gare quelconque du réseau P.-L.M. à une gare quelconque d'un autre réseau, sous condition d'un parcours total de 200 kilomètres ou payant pour cette distance.

I. — Expéditions d'au moins 5000 kilos ou payant pour ce poids.
1ᵉʳ parcours partiel de 200 kilomètres 9 fr. par tonne

de 201 à 300	—	0,03	— et par kilom. en sus
de 301 à 400	—	0,02	— — —
de 401 à 600	—	0,015	— — —
au delà de 601	—	0,01	— — —

II. — Expéditions d'au moins 10.000 kilos ou payant pour ce poids.
1ᵉʳ parcours partiel de 200 kilomètres 8,50 par tonne

de 201 à 300	—	0,025	— et par kilom. en sus
de 301 à 400	—	0,02	— — —
de 401 à 600	—	0,0125	— — —
au delà de 601	—	0,01	— — —

III. — Expéditions d'au moins 20.000 kilos ou payant pour ce poids.
1ᵉʳ parcours partiel de 200 kilomètres 8 fr. par tonne

de 201 à 300	—	0,02	— et par kilom. en sus
de 301 à 500	—	0,015	— — —
au delà de 501	—	0,01	— — —

Nota. — En plus des prix indiqués dans tous ces tarifs il est perçu pour la manutention :
1 fr. 50 par tonne pour es marchandises transportées au tarif général.
1 fr. »   —   —   — aux tarifs spéciaux par expéditions de 4.000 kilos.

A l'étranger, les tarifs sont généralement plus simples et plus bas que les nôtres.

La moyenne kilométrique du prix du transport par voie ferrée est d'environ 4 centimes (1); comparée aux anciens prix du roulage qui étaient de plus de 20 centimes au kilomètre, l'**économie procurée par les transports en chemins de fer est donc d'environ 80 0/0.**

____

(1) Non compris les autres frais, lettres de voiture de 0 fr. 80 quelle que soit la longueur du trajet, etc.

TABLEAU INDIQUANT LES PRIX DU TRANSPORT DE L'AVOINE

de Paris aux chefs-lieux des départements.

DESTINATIONS	DISTANCES	TARIF GÉNÉRAL	Tarifs spéciaux par expéditions de :							
			50 KIL.	1.000 KIL.	4.000 KIL.	5.000 KIL.	4.500 KIL.	10.000 KIL.	15.000 KIL.	20.000 KIL.
Agen	650	55.50	26.25	»	»	14.75	»	»	»	»
Albi	705	58.75	27.65	»	»	15.30	»	»	»	»
Alençon	206	21.05	15.20	11.80	10.35	»	»	»	»	»
Amiens	129	14.10	11.95	9.65	»	8 »	6.85	»	6.25	»
Angers (Ouest)	304	29.80	18.05	14.05	12.35	»	»	»	»	»
» (Orléans)	339	32.60	18.50	»	»	11.35	»	»	»	»
Angoulême	444	41 »	21.10	»	»	12.70	»	»	»	»
Annecy	584	52.50	»	21.50	»	18 »	»	16.50	»	15 »
Argentan	195	20.05	14.75	11.55	10.15	»	»	»	»	»
Arras	191	19.70	15.05	11.75	»	10 »	8.75	»	7.80	»
Auch	720	64.30	32.25	»	»	21 »	»	»	»	»
Aurillac	554	49.30	23.85	»	»	13.80	»	»	»	»
Auxerre	173	18.25	»	9.90	»	»	»	»	»	»
Avignon	721	59.50	»	22 »	»	19.40	»	17.90	»	16.40
Bar-le-Duc	250	25 »	11.50	»	»	11.25	»	»	»	»
Beauvais	77	9.20	8.65	7.10	»	5.85	5.10	»	4.60	»
Belfort	442	40.85	16.10	»	»	14.40	»	»	»	»
Besançon	405	39.10	»	17.90	»	15.30	»	14.25	»	12.80
Blois	177	18.45	12.15	»	»	8.55	»	»	»	»
Bordeaux	583	51.30	24.60	»	»	14.10	»	»	»	»
Bourg	442	42.30	»	18.70	»	15.90	»	14.75	»	13.40
Bourges	230	23.20	14.50	»	»	9.60	»	»	»	»
Caen	237	23.85	16.10	12.50	11 »	»	»	»	»	»
Cahors	598	52.35	24.95	»	»	14.25	»	»	»	»
Carcassonne	838	72.15	35.75	»	»	22 »	»	»	»	»
Châlons-sur-Marne	171	17.90	9.10	»	»	»	»	16 »	»	»
Chambéry	559	49.70	»	20.70	»	17.40	»	»	»	14.60
Chartres	86	10.10	8.40	7.95	6.85	»	»	»	»	»
Châteauroux	262	26.10	15.80	»	»	10.20	»	»	»	»
Chaumont	261	26 »	11.80	»	»	11.45	»	14 »	»	»
Clermont-Ferrand (P. L. M.)	418	39.10	»	17.90	»	15.30	»	.25	»	12.80
» (Orléans)	504	45.80	22.60	»	»	13.30	»	18 »	»	»
Digne	808	64.30	»	23.70	»	20.20	»	12.70	»	17.20
Dijon	314	31.10	»	15.50	»	13.40	»	20.40	»	10.90
Draguignan	953	69.90	»	25.10	»	21.60	»	.40	»	18.60
Épinal	396	37.20	15.15	»	»	13.70	»	»	»	»
Évreux	106	12.05	9.85	9 »	7.80	»	»	»	»	»

DESTINATIONS	DISTANCES EN KILOM.	Tarif général	TARIFS SPÉCIAUX PAR EXPÉDITIONS DE :							
			50 Kilom.	1000 Kilom.	4000 Kilom.	5000 Kilom.	7500 Kilom.	10000 Kilom.	15000 Kilom.	20000 Kilom.
Foix	830	71.75	35.40	»	»	22.65	»	»	»	»
Gap	746	61.50	»	23.10	»	19.60	»	18.10	»	16.60
Grenoble	610	53.70	»	21.70	»	18.20	»	16.70	»	15.20
Guéret	366	34.80	19.15	»	»	11.75	»	»	»	»
Laon (Nord)	139	15.00	12.45	70.05	»	8.35	7.15	»	6.50	»
Laon (Est)	207	21.15	10.45	»	»	10.40	»	»	»	»
Lille	245	24.10	17.30	13.15	»	11.15	9.90	»	8.70	»
Limoges	399	37.40	20.00	»	»	12.25	»	»	»	»
Lons-le-Saulnier	429	40.70	»	18.30	»	15.60	»	14.50	»	13.10
Lyon	493	45.50	»	19.50	»	16.50	»	15.25	»	14.00
Mâcon	421	40.70	»	11.30	»	15.60	»	14.50	»	13.10
Le Mans	210	21.40	14.30	18.90	10.45	»	»	»	»	»
Marseille	829	65.10	»	23.90	»	20.40	»	18.90	»	17.40
Mayenne	277	27.45	17.30	13.40	11.80	»	»	»	»	»
Melun	44	5.90	»	3.50	»	»	»	»	»	»
Mende	650	63.80	»	31.70	»	29.05	»	27.85	»	26.55
Mézières	243	24.35	11.35	»	»	11.10	»	»	»	»
Montauban	661	56.15	26.55	»	»	14.85	»	»	»	»
Mont-de-Marsan	735	69.45	33.90	»	»	23.65	»	»	»	»
Montpellier	752	61.50	»	23.10	»	19.60	»	18.10	»	16.60
Moulins (P.-L.-M.)	312	31.10	»	15.50	»	13.40	»	12.40	»	10.90
(Orléans)	406	38.00	20.15	»	»	12.30	»	»	»	»
Nancy	349	33.40	14.00	»	»	13.00	»	»	»	»
Nantes	426	39.60	20.65	»	»	12.50	»	»	»	»
Nevers	253	25.90	»	»	»	11.80	»	11.00	»	9.70
Nice	1029	73.10	»	25.90	»	22.40	»	20.90	»	19.40
Nîmes	722	60.50	»	22.90	»	19.40	»	17.90	»	16.40
Niort (Via Tours)	403	39.00	24.70	»	»	16.65	»	»	»	»
Orléans	120	13.30	9.30	»	»	7.40	»	»	»	»
Pau	823	80.10	36.80	»	»	26.55	»	»	»	»
Périgueux	498	45.35	22.45	»	»	13.25	»	»	»	»
Perpignan	917	81.70	»	33.10	»	29.85	»	28.35	»	26.85
Poitiers	331	32.00	18.30	»	»	11.20	»	»	»	»
Privas	640	54.90	»	21.90	»	18.40	»	16.90	»	15.40
Le Puy	565	51.10	»	21.10	»	17.70	»	16.25	»	14.80
Quimper	680	57.30	27.00	»	»	15.05	»	»	»	»
Rennes	372	35.25	19.40	15.45	13.70	»	»	»	»	»
La Rochelle	466	40.50	27.40	21.20	17.05	15.55	»	»	»	13.50
La-Roche-sur-Yon	441	38.50	26.15	20.70	16.70	15.05	»	»	»	13.10
Rodez	660	56.10	26.50	»	»	14.85	»	»	»	»
Rouen	134	14.55	11.55	9.90	8.65	»	»	»	»	»
Saint-Brieuc	447	40.30	20.70	17.10	15.20	»	»	»	»	»
Saint-Etienne	490	45.50	»	19.50	»	16.50	»	15.25	»	14.00
Saint-Lô	312	30.45	18.40	14.15	12.50	»	»	»	»	»
Tarbes	798	73.65	35.55	»	»	24.30	»	»	»	»
Toulouse	747	60.85	28.70	»	»	15.70	»	»	»	»
Tours	233	23.45	14.60	»	»	9.65	»	»	»	»
Troyes	165	17.35	8.85	»	»	»	»	»	»	»
Tulle	504	45.80	22.60	»	»	13.30	»	»	»	»
Valence	596	52.50	»	21.50	»	18.00	»	16.50	»	15.00
Vannes	561	49.75	24.05	»	»	13.85	»	»	»	»
Versailles	19	3.40	3.00	3.00	2.35	»	»	»	»	»
Vesoul	380	35.90	14.75	»	»	13.45	»	»	»	»

Transports par eau. — Transports fluviaux. — Transports maritimes.

Les transports par eau sont relativement peu pratiqués pour les avoines indigènes.

Le petit tableau ci-dessous, indiquant les tarifs par tonne pour les principaux parcours suivis, permettra de se rendre compte du prix de transport par voie fluviale et canaux.

ITINÉRAIRES	SANS CONDITION DE TONNAGE	1000 Kil.	5000 Kil.	10000 Kil.
Dunkerque-Paris.........	s'opère presque toujours par voie ferrée			
Le Hàvre-Paris..........	12 fr.	10 fr.	8 fr.	8 fr.
Lille-Paris..............	12 »	10 »	8 »	8 »
Nancy-Paris.............	11 »	11 »	10.50	10.50
Reims-Paris.............	7 »	7 »	6.50	6.50
Bar-le-Duc-Paris........	9 »	9 »	9 »	9 »
Sens-Paris..............	9 »	5 »	5 »	5 »
Dijon-Paris.............	20 »	10 »	10 »	10 »
Nantes-Paris............	ne s'opère presque jamais par voie fluviale			
Angers-Paris............		d°	d°	
Le Mans-Paris..........		d°	d°	
Tours-Paris.............		d°	d°	
Lyon-Paris.............		d°	d°	
Arles-Paris.............	ne s'opère jamais par eau			
Arles-Lyon.............			9.50	8.75
Cette-Toulouse.........			6.	5.50
Bourges-Paris...........	par 50 tonnes à la fois		7.50 sans manutention	
Nevers-Paris...........		d°	7.50	d°
La Charité, St-Satur, Cosne-Paris...		d°	7 »	d°
Briaro, Rogny-Paris		d°	6 »	d°

L'importation des avoines exotiques provenant d'Amérique, de la Russie septentrionale (ports de la Baltique), de la Suède et Norwège, de l'Irlande, de l'Allemagne, des Pays-Bas, s'effectue principalement par les ports de Rouen, du Havre, de Dunkerque; tandis que celles embarquées dans les ports de la mer Noire et de la mer d'Azof entrent en majeure partie par Marseille; il en est de même des avoines algériennes et tunisiennes.

En raison de l'importance considérable de la marine britannique, c'est elle qui règle presque uniquement les cours et les usages du *fret*, qui se trouve par suite exprimé en monnaies, poids et mesures anglaises. Il s'en suit que le cours du fret doit être converti en monnaies, poids et mesures du pays dans lequel les avoines sont importées ; des *tables de conversion* permettent d'effectuer rapidement ces calculs.

Le tarif normal anglais étant établi en prenant pour base le blé, ce tarif subit une majoration qui peut s'élever à plus de 20 0/0 lorsqu'il s'agit de marchandises plus légères, telles que l'avoine en sacs. Il est vrai qu'afin d'arriver à la limite de charge tout en tirant le meilleur parti de l'espace disponible, la cargaison est répartie sur des marchandises de densités différentes.

Les avoines exotiques, dit M. Lavalard, sont tranportées en vrac par des vapeurs. L'emploi des bâtiments à voiles a presque disparu.

Le fret de la Russie pour la France, par Dunkerque ou le Havre ou Rouen, est de 1 fr. 28 à 1 fr. 44 par 100 kilogrammes. Ce prix n'est qu'une moyenne, car il est très variable.

Les avoines provenant du Midi de la Russie viennent à Marseille et le fret d'Odessa à Marseille est de 1 fr. 16 à 1 fr. 21 les 100 kilog. Le transport des Etats-Unis en France et en Angleterre pour les avoines, ne peut se faire qu'en y ajoutant des blés et des maïs dont la densité est plus grande. Si l'on ne transportait que l'avoine qui est une marchandise encombrante par suite de son peu de densité, le fret serait beaucoup trop élevé.

Transport de la paille.

Les prix de transport de la paille n'étant pas identiques pour chaque réseau, nous nous efforcerons de donner, aussi succinctement que possible, un aperçu de ces prix sur les différents réseaux français.

I. — Réseau Nord (1).

Jusqu'à	25 km. 0,02 par mètre superficiel et par km. soit pour	25 km. 0,50
de 26 à 50 — 0,013	— —	50 — 0,85
de 51 à 100 — 0,0115	— —	100 — 1,40
de 101 à 150 — 0,009	— —	150 — 1,85
de 151 à 200 — 0,007	— —	200 — 2,20
au delà 201 — 0,006	— —	300 — 2,75

Plus 2 francs par wagon pour frais de gare.

II. — Réseau Orléans

Jusqu'à	100 km. 0,35 par wagon et par km. avec un minimum	de 14 fr.
—	200 — 0,30 — — —	de 35 fr.
au delà de 200	— 0,25 — — —	de 60 fr.

Plus 1 fr. 50 par wagon pour frais de gare.

Les wagons fournis par la Compagnie doivent avoir au minimum 3 m. 20 de longueur et 2 m. 28 de largeur.

III. — Réseau de l'Est

Sur le réseau Est, la taxe dépend à la fois de la surface du wagon employé et du poids chargé. Le minimum de poids taxé pour un wagon de 14 mq. est de 5.000 kilogrammes. Pour les wagons de superficie différente le poids à taxer est diminué ou augmenté de 360 kilogr. par mètre carré en moins ou en plus. Ainsi un wagon de 13 mètres sera taxé pour un poids minimum de 4.640 kilogrammes et un de 15 mètres pour 5360 kilogrammes.

Bases du Barème.

Jusqu'à	25 kilom. 0,05 par tonne et par kilom. soit pour	25 kilom. 1,25
de 26 à 50	— 0,04 — —	50 — 2,25
de 51 à 100	— 0,03 — —	100 — 3,75
de 100 à 250	— 0,02 — —	250 — 6,75
au delà de 250	— 0,015 — —	400 — 9 »

Plus 0 fr. 40 par tonne pour frais de gare.

---

(1) La superficie des wagons plats servant au transport de la paille varie de 13 à 18 mètres carrés. Un wagon de 13 mètres peut supporter un chargement d'environ 2.500 kilos de paille non pressée.

IV. — Réseau du Midi

Jusqu'à   200 km. 0,40 par wagon et par km. soit pour 200 kilom.   80 fr.
de 201 à 300   — 0,30   —   —   300   —   110 fr.
au delà de 300 — 0,10   —   —   400   —   120 fr.

Les dimensions normales des wagons fournis sont les suivantes : Longueur 5 m. 46, largeur 2 m. 64. Pour les wagons de dimensions plus grandes, la taxe est augmentée de 10 0/0.

V. — Réseau P.-L.-M.

Sur ce réseau, les taxes appliquées résultent des barèmes D. E. F., dont nous donnons les bases ci-après.

	BARÈME						BARÈMES		
	D	E	F				D	E	F
Jusque 25 kilom.	0.08	0.08	0.08	par tonne et par kilomètre, soit pour	25 kil.		2 fr.	2 fr.	2 fr.
26 à 30 —	0.05	0.04	0.04	—	—	—	30 —	2 25	2 20	2 20
31 à 50 —	0.0425	0.04	0.04	—	—	—	50 —	3 10	3 »	3 »
51 à 100 —	0.0425	0.03	0.02	—	—	—	100 —	5 25	4 50	4 »
101 à 200 —	0.0425	0.025	0.02	—	—	—	200 —	9 50	7 «	6 »
201 à 300 —	0.04	0.025	0.02	—	—	—	300 —	13 50	9 50	8 »
301 à 700 —	0.30	0.025	0.02	—	—	—	400 —	16 75	12 »	10 »

Plus 0 fr. 40 par tonne pour frais de gare.

Le barème D est appliqué aux wagons chargés d'au moins 4000 kilos ou payant pour ce poids. Toutefois le minimum de poids à taxer est abaissé à 3.000 kilos pour les wagons dont la superficie est inférieure à 15 mètres. L'excédent de 3.000 ou de 4.000 kilos est taxé d'après le barème E.

Le barème E est appliqué aux wagons chargés d'au moins 5.000 kilos ou payant pour ce poids, l'excédent de 5.000 kilos est taxé au barème F.

VI. — Réseau de l'Ouest

Jusqu'à   25 km. 0,02 par mètre superficiel et par km. soit pour 25 km. 0,50
de 26 à 100 — 0,017   —   —   100 — 1,80
de 101 à 250 — 0,010   —   —   250 — 3,30
au delà 251 — 0,006   —   —   400 — 4,20

Plus 1 fr. 50 par wagon pour frais de gare.

VII. — Réseau de l'État

Jusqu'à   25 km. 0,02   par mètre carré et par km. soit pour 25 km. 0,50
de 26 à 100 — 0,011   —   —   100 — 1,35
de 101 à 200 — 0,007   —   —   200 — 2,05
au delà de 200 — 0,006   —   —   300 — 2,65

Plus 0 fr. 10 par mètre carré pour frais de gare.

Dans le cas où le poids chargé serait supérieure à 250 kilogrammes
par mètre carré, l'excédent serait taxé d'après les bases suivantes :

Jusque	100 km.	0,04	par tonne et par km., soit pour	100 km.	4 fr.
de 101 à 200	—	0,03	—	—	200	— 7 fr.
de 201 à 300	—	0,02	—	—	300	— 9 fr.
au delà de 300	—	0,015	—	—	400	— 10,50

Plus 0 fr. 40 par tonne pour frais de gare.

Il est facile de se rendre compte par ce qui précède que les expéditeurs ont un grand avantage à employer la paille pressée pour leurs
envois. En effet, la taxe dépend principalement de la surface du wagon
employé et le poids chargé sur une même plate-forme sera beaucoup
plus fort en paille pressée qu'en paille non pressée.

Pour donner une idée du prix de transport sur les différents réseaux,
nous donnons ci-après le coût total du transport de un wagon paille
de 15 mètres carrés sur une longueur de 200 kilomètres. Un wagon de
cette dimension peut recevoir environ 3.000 kilogr. de paille non pressée ;
c'est le poids que nous prenons pour base dans nos calculs.

I. Réseau Nord	15 mètres à 2 fr. 20........ 33 fr. » Frais de gare............. 2 fr. » Enregistrement........... 0 fr. 80	35 fr. 80, soit 12 fr. environ par 1.000 kilos
II. Réseau d'Orléans	Minimum de transport pour 200 kilomètres.......... 60 fr. » Frais de gare............. 1 fr. 50 Enregistrement........... 0 fr. 80	62 fr. 30, soit 21 fr. environ par 1.000 kilos
III. Réseau de l'Est	1 wagon de 15 mq. ou 5360 kil. à 6 fr. 15 p. 1000 kil. 32 fr. 95 32 fr. 95 Enregistrement........... 0 fr. 80	33 fr. 75, soit 11 fr. environ par 1.000 kilos.
IV. Réseau du Midi	Taxe du wagon pour pour 200 kilomètres.... 80 fr. » Enregistrement.......... 0 fr. 80	80 fr. 80, soit 27 fr. environ par 1.000 kilos.
V. Réseau P.-L.-M.	3000 kilos à (9,50 + 0,40).. 29 fr. 70 Enregistrement.......... 0 fr. 80	30 fr. 50, soit 10 fr. environ par 1.000 kilos.
VI. Réseau de l'Ouest	15 mètres à 2 fr. 80 = 42 fr. » Frais de gare : .... 1 fr. 50 Enregistrement.......... 0 fr. 80	44 fr. 30, soit 15 fr. environ par 1.000 kilos.
VII. Réseau de l'État	15 mètres 2 fr. 05 = 30 fr. 75 Frais de gare : 15 mètres à 0 fr. 10 = 1 fr. 50 Enregistrement. = 0 fr. 80	33 fr. 05, soit 11 fr. environ par 1.000 kilos.

DROITS D'OCTROI

En plus de transports assez élevés, les avoines sont encore grevées de frais d'octroi onéreux, exorbitants même parfois, puisqu'ils atteignent jusqu'à 12 p. 100 de la valeur de la marchandise pour le grain et 16 p. 100 pour la paille.

Pour l'avoine entrant dans les Entrepôts ou dans les magasins analogues, l'octroi ne s'acquitte que si elle est vendue sur place. En cas de réexpédition, ailleurs que dans la ville où l'avoine est entreposée, il n'est perçu aucun octroi. Ce dernier est aussi remboursé, à partir d'un minimum de poids déterminé, sur les avoines qui, après avoir acquitté l'octroi, sont réexpédiées en dehors des limites d'application de ce dernier.

Ne pouvant indiquer tous les droits d'octroi appliqués en France, car cela eût été trop long, nous nous sommes bornés à résumer les taxes pratiquées dans les principales villes :

VILLES	GRAIN	PAILLE	VILLES	GRAIN	PAILLE
Abbeville	1.10	» 35	Aurillac	1.20	» 40
Agen	1 »	» 35	Bar-le-Duc	1 »	» 30
Aire-sur-la-Lys	» 40	» 10	Bayonne	1 20	» 20
Aix	1.20	»	Beauvais	» 60	» 35
Albi	1.32	» 20	Bernay	» 30	» 20
Albertville	» 70	» 20	Beaune,	1 »	» 30
Alençon	1.20	» 24	Béziers	1.50	» 10
Amiens	2 »	» 50	Bicêtre	1 »	» 20
Amélie-les-Bains	» 20	» 03	Blois	1.30	» 50
Andelys (Les)	» 10	» 15	Blaye	» 60	» 20
Angers	2 »	» 50	Boulogne-sur-Mer	1 75	» 45
Angoulême	1 40	» 50	Bourg	»	» 35
Annecy	1 »	» 30	Bourges	1.75	» 45
Argentan	» 30	»	Bourgoin	»	» 15
Arles	1 20	»	Bordeaux	1.30	» 30
Aubervilliers	1.60	» 55	Caen	1.75	» 45
Auxerre	» 83	» 30	Calais	1.50	» 50
Autun	1.11	» 30	Cambrai	» 60	» 15
Auxonne	» 80	» 15	Carcassonne	1 »	» 15
Auch	» 80	» 30	Castelnaudary	» 44	»
Avesnes	» 60	» 20	Cahors	1 »	» 20
Avignon	» 75	» 55	Castelsarrasin	« 40	» 25

VILLES	GRAIN	PAILLE	VILLES	GRAIN	PAILLE
Cette	1.40	» 38	Montpellier	» 99	» »
Châteaudun	« 40	» 30	Montrouge	1 »	» 30
Chaumont	1 »	» 20	Nantes	2 50	» 60
Châlon-sur-Saône	1.11	» 30	Narbonne	1 »	» 10
Chambéry	1.20	» 60	Nevers	1 »	» 30
Cherbourg	1.15	» 45	Neufchâteau	» 60	» 15
Compiègne	» 80	» 30	Nîmes	1 25	» 12
Commercy	» 70	» 20	Niort	1 50	» 35
Cosne	» 55	» 15	Noyon	1 »	» 30
Creusot (Le)	1 »	» 30	Nogent-le-Rotrou	» 40	» 10
Courbevoie	» 80	» 20	Orléans	1 60	» 50
Coulommiers	»	» 30	Pamiers	» 25	» 20
Decize	» 50	» 10	Paris	1 25	» 40
Dieppe	1 20	» 35	Pau	1 »	» 25
Dinan	»	» 20	Péronne	» 65	» 20
Douai	» 80	» 30	Perpignan	» 80	« 15
Dôle	1.10	» 30	Pontivy	1 30	» 30
Draguignan	1 »	» 30	Privas	» 70	» 10
Dreux	»	» 15	Provins	» 80	» 30
Dunkerque	1.50	» 40	Puy (Le)	» 70	» 45
Epernay	1 »	» 35	Rambouillet	» »	» 18
Evreux	»	» 33	Reims	» 65	» »
Fère (La)	» 80	» 25	Remiremont	» 50	» 15
Flèche (La)	» 70	» 30	Rochefort	1 75	» 50
Fontainebleau	1 »	» 35	Romorantin	» 53	» 30
Fougères	1 20	» 40	Romans	1 »	» 30
Fontenay-le-Comte	1.30	» 39	Roche-sur-Yon (La)	1 »	» 30
Foix	» 40	» 30	Rodez	1 20	» 35
Gap	» 40	» 40	Rochelle (La)	1 75	» 45
Givet	» 55	» 20	Rueil	» 50	» 20
Granville	1.20	» 35	Saint-Brieuc	» »	» 30
Gray	1 »	» 30	Saint-Cloud	1 »	» 30
Guingamp	»	» 25	Saint-Denis	1 60	» 55
Ham	»	» 08	Saint-Dié	» 50	» 10
Hâvre (Le)	2.20	» 65	Saint-Gaudens	» »	» 30
Laon	1 »	» 30	Saint-Lô	» 50	» 30
Laval	1.60	» 45	Saint-Mihiel	1 30	» 30
Limoges	1.70	» 20	St-Jean d'Angély	1 »	« 50
Libourne	» 80	» 30	Saint-Omer	» 60	» 30
Lisieux	1.20	» 30	Saint-Quentin	1 25	» 35
Longwy	» 50	» 15	Saintes	1 20	» 35
Lons-le-Saunier	1 »	» 20	Saumur	1 20	» »
Lodève	» 76	» 45	Sedan	» 84	» 24
Lunel	» 50	»	Senlis	» 60	» 25
Lure	1 »	» 30	Soissons	» 75	» 20
Mans (Le)	1 75	» 45	Tarascon	1 «	» »
Mayenne	» 80	» 40	Thonon	1 »	» »
Mâcon	1 20	» 35	Toulon	2 «	» 50
Marmande	1 »	» 35	Tours	1 40	» 35
Mende	» 45	» »	Troyes	1 20	» 25
Mézières	» 84	» 24	Valence	1 25	» 20
Melun	» 80	» 48	Valenciennes	» 60	» 10
Meaux	» 80	» 30	Vannes	1 20	» 35
Meudon	« 90	» 30	Vendôme	1 »	» 30
Mirande	» 40	» 25	Vernon	» »	» 20
Mont-de-Marsan	» 90	» 30	Versailles	1 50	» 35
Montauban	1 20	» 30	Vesoul	» 80	» 20
Montélimar	» 65	» »	Vienne	1 50	» 45
Montbéliard	1 »	» 10	Vitry-le-François	1 »	» 30
Montargis	» »	» 20	Vitré	» 80	» 30

DROITS DE DOUANE

Depuis la mise en vigueur de la loi du 11 janvier 1892, les avoines d'importation sont frappées à leur entrée en France d'un droit fixe de 3 francs les 100 kilos pour le grain, et de 5 francs pour la farine. Il y a en plus à payer un droit de statistique de 0 fr. 10 par 1000 kilos.

Les préposés des Douanes vérifient le tonnage des wagons à la gare frontière, ou assistent au débarquement afin de vérifier le poids d'avoine en présence de l'acheteur ou de ses ayants droit. L'avoine destinée à être livrée de suite à la consommation doit être immédiatement *acquittée de droits*, mais afin d'éviter l'immobilisation improductive de l'argent que ces droits représentent, l'acheteur la met *en entrepôt* afin de n'acquitter les droits qu'au fur et à mesure de la vente de l'avoine. Nous verrons plus loin à propos de l'emmagasinage des avoines, l'organisation de ces Entrepôts, Docks, Magasins généraux, soumis à la surveillance continue de la Douane.

On peut, dit M. Sérand, faire voyager les avoines des entrepôts des ports d'importation sur les entrepôts de l'intérieur, sans acquitter les droits de douane, en obtenant la délivrance d'un acquit à caution.

Cet acte est une déclaration d'expédition d'un entrepôt sur un autre, *de mutation d'entrepôt*, fait par le propriétaire d'une denrée soumise aux droits de douane ; elle indique le délai accordé pour le transport et doit être endossée par le négociant servant de caution. L'acheteur de l'intérieur paie les droits au moment où il prend lui-

RÉSUMÉ DES DROITS DE DOUANE A L'ÉTRANGER

DÉSIGNATION DES PUISSANCES	UNITÉ de PERCEPTION	AVOINE EN GRAINS	AVOINE EN FARINE	OBSERVATIONS
ALLEMAGNE	Quintal	Tarif général : 5f. » Tarif conventionnel : 3f. 50	Tarif général : 13f. 125 Tarif conventionnel : 9f. 125	En ce qui concerne les farines, tare de 13 0/0 pour les tonneaux, caisses, paniers, et 1 0/0 pour les sacs.
ANGLETERRE	Quintal	Exempte	Exempte	En ce qui concerne les farines, tare de 13 0/0 pour les caisses, tonneaux, paniers, et 2 0/0 pour les sacs.
AUTRICHE-HONGRIE	Quintal	1f. 875	9f. 375	
BELGIQUE	Quintal	3f. »	4f. »	
DANEMARK	Quintal	Exempte	Exempte	
GRÈCE	Quintal	Tarif général : 3f. 93 Tarif conventionnel : 2f. 36	Tarif général : 6f. 86 Tarif conventionnel : 3f. 73	Les grains et les farines sont taxés sur la base de 100 ocques (128 kilos).
ITALIE	Quintal	4f. »	6f. »	
PAYS-BAS	Quintal	Exempte	Exempte	
PORTUGAL	Quintal	8f. 96	12f. 32	Tares { Grains : sacs ou balles 1 0/0. Farines { barriques 10 0/0. sacs ou balles 1 0/0.
PRINCIPAUTÉS DANUBIENNES — BULGARIE	Quintal ad Valorem	0f. 40 »	8 1/2 0/0 »	Une diminution de 10 0/0 est faite sur la valeur des marchandises taxées *ad valorem*.
MONTÉNÉGRO	Quintal ad Valorem	Exempte »	6 0/0 »	
ROUMANIE	Quintal	Exempte »	5f. » »	
SERBIE	Quintal	1f. »	6f. »	
RUSSIE ET FINLANDE — RUSSIE	Quintal	Exempte »	4f. 88 »	Les farines sont taxées en Russie sur la base du *Poud* brut, soit 16 kil. 380.
FINLANDE	Quintal	Exempte	Exempte	
SUÈDE ET NORVÈGE — SUÈDE	Quintal	Exempte »	9f. 035 »	
NORVÈGE	Quintal	Exempte »	Tarif général : 0f. 973 Tarif minimum : 0f. 834	
SUISSE	Quintal	0f. 30	2f. »	
TURQUIE	ad Valorem	8 0/0	8 0/0 »	
ÉTATS-UNIS	Hectolitre Quintal	2f. 20 »	11f. »	L'avoine en grains est taxée sur la base du *Bushel* (35 litres. 237). La farine est taxée sur la base de la livre (0 kil. 453). Pour les grains, poids brut. Pour les farines, poids net légal.
MEXIQUE	Quintal	5f. »	10f. »	
BRÉSIL	Quintal	12f. »	8f. »	Tares { Grains { Barriques ou caisses 12 0/0. Sacs. — Au brut. Farines { Barriques ou caisses 20 0/0. Boîtes de fer blanc, sacs ou tous récipients autres que flacons de verre. } Au brut.
RÉPUBLIQUE ARGENTINE	Quintal	5f. 25	20f. »	

même livraison. Les avoines vendues dans ces conditions sont : *suite d'entrepôt.*

Enfin, le receveur des douanes peut accorder, sous sa responsabilité, et moyennant le dépôt d'une traite acceptée par un tiers agréé, un délai de plusieurs mois, datant du jour de la sortie d'entrepôt pour l'acquittement des droits.

Aucune avoine en entrepôt ne peut être mélangée tant qu'elle n'est dégrevée de droits.

Les avoines récoltées dans les colonies françaises sont exemptes de droits.

CHAPITRE XVI

Contrôle de la qualité, de la quantité, de la consommation.

Appareils utilisés dans les magasins. — Dans le chapitre relatif au nettoyage des avoines nous avons signalé, en plus des appareils dont on se sert généralement en agriculture, les divers types de tarares, aspirateurs, trieurs, épierreurs à grand travail d'un usage courant dans le commerce de grains et les installations industrielles. Nous allons compléter ces renseignements par la description sommaire des autres principaux appareils utilisés dans les magasins à avoine.

Sondes. — Les sondes (fig. 132) à grain servent pour le prélèvement des échantillons dans l'avoine en sac et dans l'avoine en vrac; leurs dimensions varient d'après leur utilisation.

Pour prélever les faibles échantillons, on emploie de préférence la *petite sonde pointue* (fig. A) avec couvercle à ressort, qui fait dans les sacs un trou de faible diamètre facile à boucher en grattant la toile avec la pointe de l'instrument.

Lorsqu'il s'agit de prélever de gros échantillons *des échantillons copieux*, suivant la locution commerciale, on se sert de la *canne sonde* (fig. B), qui, enfoncée rapidement jusqu'à la poignée, dans le sac, prélève d'un seul coup du grain à diverses hauteurs et donne un échantillon moyen. C'est le modèle le plus employé pour la réception des avoines livrées à l'armée.

Dans les bateaux, où l'avoine se trouve en vrac, comme il est nécessaire d'obtenir des échantillons copieux pris non seulement à la surface, mais à des profondeurs différentes, on a recours à la *sonde à bateaux* (fig. C) munie d'un manche de deux ou trois mètres, qui s'enfonce fermée pour être ouverte ensuite lorsqu'elle se trouve à la profondeur voulue.

Les *échantillons*, prélevés régulièrement, conformément aux usages commerciaux, afin d'éviter de la part des vendeurs, en cas de litige, des contestations relatives à la façon dont ce prélèvement a été opéré, sont ensuite appelés à passer par une série d'examens et d'épreuves

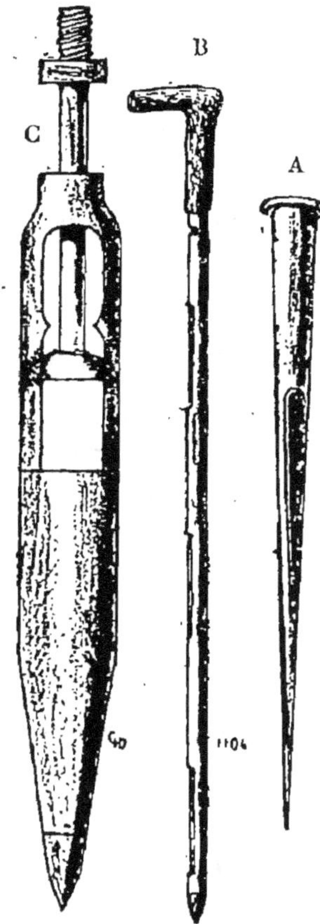

Fig. 132. — *Sondes* (1) *pour le contrôle des avoines.*

---

(1) Modèles en vente à la maison Amelin et Renaud, 39, rue Jean-Jacques Rousseau, Paris.

variables avec les conditions d'achats et la provenance de l'avoine.

Certaines constatations telles que celles relatives à *l'aspect général, à la couleur, au luisant, à la façon dont les grains coulent dans la main, au bruit plus ou moins sec qu'ils rendent en tombant d'une certaine hauteur* sur une surface dure, ne sont effectuées que d'une façon empirique. Il en est de même de celles relatives aux odeurs que l'avoine peut contracter, telles que les *odeurs de magasin*, de *vieux*, de *souris*, de *moisi*, de *fermenté*, de *bateau*, d'*étuvé* ou de *fumée*. D'autres constatations, au contraire, sont opérées d'une manière exacte au moyen d'appareils très précis dont nous donnerons plus loin la description.

Les méthodes que l'on doit employer de préférence pour apprécier aussi exactement que possible la qualité d'une avoine soumise à l'examen sont les suivantes.

1° l'emploi de la machine à examiner les grains,

2° la détermination du poids absolu,

3° la détermination du poids volume,

4° l'évaluation approximative des diverses impuretés,

5° la détermination de la proportion d'eau.

Emploi de la machine à examiner les grains. — Cette machine de dimensions très réduites (45 centimètres de longueur sur 25 de hauteur) a pour but de faire passer successivement et un à un si on le désire, sous les yeux de l'observateur, tous les grains que renferme un échantillon d'avoine.

Elle consiste en une bande de caoutchouc sans fin, avec rebords, mise en mouvement par une petite roue dentée;

la bande se déplace en entraînant par très petite quantité, ou même presque un à un, les grains que l'opérateur examine à l'aide d'une loupe mobile, à grand champ visuel adaptée au milieu de la bande.

Les bons grains tombent dans une petite caisse, tandis que les grains défectueux ou les impuretés sont enlevés avec des pinces pour être ensuite examinés ultérieurement.

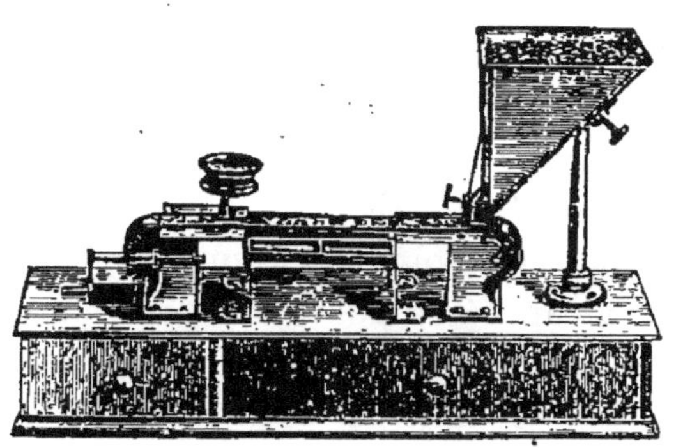

Fig. 133. — *Machine à examiner les grains.*

Pour faciliter l'examen et tirer plus facilement des conclusions, l'appareil est muni, sur les côtés, à hauteur de la bande de caoutchouc, de 4 petites boîtes plates qui permettent de répartir les impuretés au fur et à mesure qu'on les enlève en 4 groupes :

les grains d'avoine, défectueux, germés ou avariés;

les graines nourrissantes étrangères (grains de blé, orge, seigle, etc.);

les graines inertes ou nuisibles ;

les pierres, terre, sable et autres débris analogues.

Après avoir passé un échantillon d'un poids déterminé 100 grammes, 500 grammes, ou 1 kilo par exemple, de l'échantillon soumis à l'analyse, on reprend successivement pour les examiner plus en détail le contenu de la petite caisse et des diverses boîtes.

A. — Sur les grains d'avoine de la petite caisse renfermant les grains ne présentant rien d'anormal à l'œil, on recherchera s'ils possèdent quelque mauvaise odeur susceptible de les déprécier ou de les faire refuser par les acheteurs.

B Sur les grains d'avoine défectueux contenus dans la première boîte, on vérifiera :

a Si les grains n'ont pas été gonflés artificiellement, ou s'ils ne renferment pas un excès anormal d'humidité. Ce gonflement des grains se traduit au point de vue extérieur par : une écorce molle, spongieuse généralement ridée ou boursouflée, et une couleur éteinte. Ces grains ne coulent plus aussi facilement dans les doigts, et l'amande qu'ils renferment offre une odeur désagréable et une cassure noirâtre.

Cette altération peut être produite par deux causes :

1° par des influences purement climatériques (pluies, excès, humidité).

2° par un arrosement frauduleux dans le but de faire renfler les grains.

Ce mouillage est parfois pratiqué pour augmenter le volume des avoines, lorsque celles-ci sont vendues à la mesure, cas qui devient de plus en plus rare, et non au poids. Le gonflement, par le fait de l'humidité, est plus accentué que l'augmentation de poids qui en résulte.

D'après M. Payen une addition de :

$$5\ \% \text{ augmente le volume de } 10\ \%$$
$$10\ \% \qquad « \qquad « \qquad « \ 22\ \%$$
$$15\ \% \qquad « \qquad « \qquad « \ 35\ \%$$

Un fait à signaler c'est que ces grains une fois humectés puis desséchés ne reprennent plus leur volume primitif; ils présentent à la suite de cette opération une densité moindre et une surface rugueuse.

Quant à l'excès d'humidité que peut renfermer une avoine nous verrons dans le paragraphe traitant de la détermination de la proportion d'eau comment on peut l'apprécier.

b. Si les grains sont simplement lustrés mécaniquement ou à la brosse, — ce qui constituerait en somme une opération non répréhensible si elle ne servait le plus souvent à *rendre de l'œil* aux vieilles avoines, — ou si elles sont lustrées, toujours artificiellement, avec du vernis ou plutôt avec de l'huile afin de faire disparaître la couleur indécise, mate que présentent les grains avariés. Cette manipulation frauduleuse peut être mise en évidence par le procédé suivant : on dépose à la surface d'un vase plein d'eau absolument exempt de matières grasses un petit morceau de camphre; dans ces conditions ce dernier est immédiatement animé d'un mouvement de giration qui dure environ une à deux minutes. Aussitôt après avoir placé sur l'eau le petit morceau de camphre, on dépose un grain d'avoine, et si le mouvement de rotation s'arrête, on peut en conclure que le grain a subi un *vernissage spécial* ou un *huilage.*

Pour que cette épreuve soit concluante il est nécessaire de prendre certaines précautions; laver soigneusement le verre avec de l'éther, couper le petit morceau de camphre avec un couteau lavé à l'éther, enfin prendre le fragment de camphre avec des pinces lavées de la même façon. Il est indispensable de s'abstenir complètement d'y toucher avec les doigts.

Dans le cas où les grains seraient rajeunis par le *soufrage,* cas qui n'existe pour ainsi dire jamais pour l'avoine, on peut le reconnaître sommairement en se servant de papier tournesol sensible, légèrement humecté, sur lequel on place quelques grains de l'avoine à examiner; s'ils ont subi quelque soufrage on remarque autour de chaque grain une sorte d'auréole rougeâtre.

Si l'on veut employer des méthodes plus sures et plus sensibles, il est nécessaire d'avoir recours à des moyens qui sont alors du domaine de la chimie, et ne peuvent être pratiqués que dans les laboratoires.

c. Reconnaissance des grains avariés : moisis, fermentés ou germés. — Sous l'influence d'un excès d'humidité occasionné par une des causes examinées précédemment, les avoines moississent ou fermentent.

La *moisissure* est une des altérations les plus préjudiciables à l'avoine, causée par le développement de champignons inférieurs, de *mucorinées*, qui se présentent sur les écales comme de petits points verdâtres; quand l'altération est plus accentuée, ces taches s'étendent, envahissent les écales et l'amande, en leur communiquant une acreté caractéristique. Les avoines moisies sont susceptibles de faire contracter aux chevaux une maladie connue sous le nom de *ptyalisme* consistant dans une exagération de la sécrétion salivaire. Cet état morbide cesse dès qu'on substitue à l'avoine moisie de l'avoine sèche.

Quand l'avoine est entassée humide en quantité considérable, dans les endroits où la température est suffisamment élevée, cette avoine s'échauffe, germe et produit des diastases. L'avoine fermentée est caractérisée par son gonflement, son odeur vineuse, sa saveur sucrée, et enfin son dégagement d'acide carbonique qui est une des conséquences de toute fermentation.

d. La recherche du *mélange d'avoine indigène et d'avoine étrangère* est importante : ainsi d'après les règlements du marché d'avoine de Paris, le mélange d'avoines françaises et d'avoines exotiques est interdit; mais sont considérées comme de même provenance, les avoines provenant des diverses parties d'un même état. Cette recherche est généralement difficile, le plus souvent on ne peut tirer quelques conclusions que de l'ensemble des caractères fournis par les diverses formes des grains externes et des impuretés qu'elles renferment.

Ainsi, par exemple, la présence dans les avoines noires françaises de grains d'un noir luisant indique un mélange d'avoines noires étrangères telles que : avoine noire d'Irlande, ou avoine noire de Suède, ou de Russie. Ces dernières présentent en outre comme impuretés caractéristiques de nombreux grains de nielle, millet rouge, et de vesces.

e. L'examen attentif des divers grains se présentant successivement sous la loupe permet également de reconnaître s'il n'y a pas un *mélange d'avoine surannée et d'avoine nouvelle*.

Il est important de pouvoir discerner l'existence d'un pareil mélange car ce dernier est susceptible de procurer des ennuis aux vendeurs, l'avoine vieille perdant de sa valeur nutritive, et étant pour cette raison, quand elle a deux ans, refusée par l'armée et divers gros acheteurs. L'avoine en vieillissant perd son aspect brillant; devient mate, terne et prend une couleur plus foncée, ainsi les avoines blanches deviennent jaunâtres, et les avoines jaunes, d'un jaune plus ou moins acajou clair.

Dans les avoines noires ou brunes, le changement de couleur est peu sensible.

L'amande subit également avec l'âge, des modifications assez importantes : elle devient plus sèche et moins farineuse; mais il est bien difficile sinon impossible de décrire tous les aspects et toutes les modifications que les graines peuvent présenter, soit avec l'âge, soit sous les diverses influences atmosphériques ; l'appréciation exacte ne pouvant s'en faire qu'à la suite d'une longue pratique.

Impuretés. — On recherchera d'abord le taux des impuretés, puis parmi ces dernières, s'il n'existe pas quelques *grains ergotés,* car si faible qu'en soit la proportion, les avoines qui en présentent sont exclues et refusées par les grandes administrations et les acheteurs expérimentés.

Enfin on déterminera la proportion de certaines graines nuisibles telles que *la nielle* (fig. 64 page 287), *la moutarde sauvage* (1) et *l'ivraie enivrante* (fig, 134).

La toxité de *la nielle* est due à un glycoside, *la saponine* ou *githanine,* qui réside exclusivement dans l'amande.

L'empoisonnement par la nielle se manifeste chez les animaux par de l'inquiétude, des baillements, une salivation abondante, des coliques, puis une diarrhée à forme dysentérique ou hémorragique, et enfin une sorte de coma

---

(1) Nous ne citons ici que la moutarde sauvage parce que c'est la seule espèce que nous ayons trouvé dans les déchets d'avoine, mais nous ferons remarquer que dans les cas où le grain de cette céréale renfermerait comme impuretés des *grains* de moutarde blanche ou de moutarde noire, ces deux dernières sont beaucoup plus nocives, en effet la proportion de sulfocyanure d'allyle qu'elles renferment est la suivante :

3 moutardes noires	0 gr.	2387
2 — blanches	0 gr.	0049
1 moutarde sauvage	0 gr.	0107

qui précède la mort. Les accidents attribués à l'ingestion de nielle ont été bien mis en évidence par Cornevin.

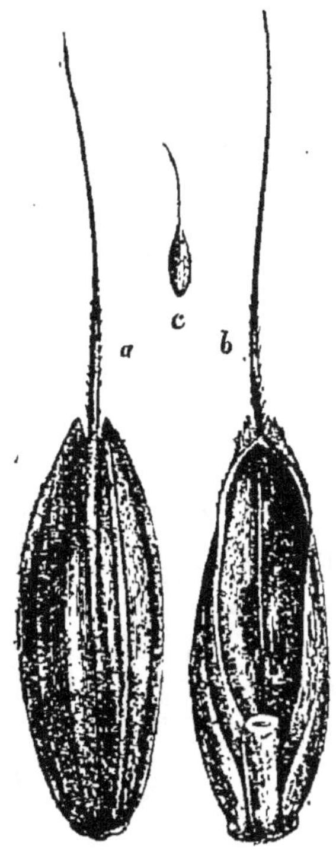

Fig. 134. — *Graine d'Ivraie enivrante : a* et *b* grossies, face inférieure et supérieure; *c*, de grosseur naturelle.

La toxicité de la farine de nielle est assez grande : il ne faut pour déterminer la mort que 2 gr. 50 chez le veau, 1 gramme chez le porc, 0 gr. 90 chez le chien et 2 gr. 50 chez la poule par kilogramme de poids vif; ce qui revient à dire que pour un animal donné, un chien par exemple, il faut multiplier son poids par 0,90.

Les grains de *moutarde des champs* ingérés en trop forte quantité produisent de violentes irritations intestinales provoquées par *le sulfocyanure d'allyle* ou essence de moutarde, qui prend naissance au contact de ces grains ingérés avec les liquides organiques. Enfin *l'ivraie enivrante* (lolium temulentum), détermine chez les animaux qui la consomment en trop forte proportion, des tremblements, puis des convulsions violentes; le cheval est particulièrement sensible à l'action de l'ivraie; 7 grammes par kilogramme de poids vif suffisent à le tuer; le mouton, le bœuf, et le porc y résistent mieux.

D'après les récents travaux de M. Guérin la toxicité de l'ivraie serait due à la présence d'un champignon inférieur parasite dans les tissus de la graine.

D'autre part la présence dans l'avoine de plus de 3 0/0

de poussière, criblures, grains ou corps étrangers suffit pour la rendre refusable sur certains marchés.

Après ces constatations, l'examen attentif des diverses graines et corps étrangers dont se composent ces impuretés permettent parfois d'en reconnaître la provenance, et de discerner si ces impuretés proviennent de la période de végétation, des manipulations à la récolte, du battage, ou si elles ont été mélangées par la main de l'homme dans une intention frauduleuse.

Ainsi, quelquefois pour chercher à faire paraître la qualité meilleure, en relevant le poids de l'hectolitre, on mélange dans une certaine proportion des criblures lourdes achetées à bas prix, des grains tels que le seigle, dont la densité est beaucoup plus élevée que celle de l'avoine et le prix plus faible. Ces fraudes paraissent peu fréquentes.

Nous signalerons également un traitement que l'on fait parfois subir aux avoines dans le but de diminuer le volume et d'augmenter par suite la densité; ce traitement consiste à supprimer mécaniquement les pointes

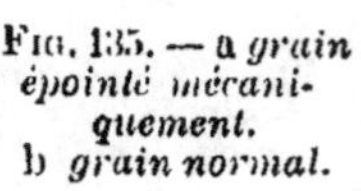

Fig. 135. — a grain épointé mécaniquement.
b grain normal.

des glumelles qui dépassent l'amande. L'avoine exotique épointée étant très lourde, entre quelquefois en mélange des avoines indigènes trop légères pour être acceptées avec par certaines administrations.

Nous avons ainsi reçu d'Angleterre des lots d'avoine où tous les grains avaient l'aspect qu'indique la fig. a, tandis que les grains entiers de même variété ont la forme du grain b. Cette pratique, qui n'a en somme aucun

intérêt au point de vue agricole, a donc pour but d'augmenter le poids de l'hectolitre et de produire une belle apparence.

Il n'en est pas de même de l'ébarbage qui présente une
certaine utilité pratique au point de vue des avoines de
consommation. En Hollande, par exemple, où plusieurs
variétés d'avoines sont fort aristées, on soumet les avoines
à un frottement qui a pour but de faire tomber l'arête et de
les rendre meilleures pour la consommation. Cette pratique,
est même indispensable, pour certaines avoines étrangères,
telles que les avoines noires de la Plata, dont les grains sont
non seulement munis d'une barbe, mais encore couverts de
longs poils ou soies raides, semblables à ceux de la folle
avoine.

L'ébarbage, souvent utile, au point devue pratique, constitue une fraude dans les avoines de semences, car en modifiant ainsi l'aspect du grain, elle peuvent induire en erreur
les cultivateurs, qui récoltent des avoines fort barbues alors
qu'ils croyaient avoir acheté et semé du grain non barbu.

Les appareils qui sont usités pour ces diverses manipulations nous sont inconnus, aussi, nous est-il impossible
d'en donner la description.

Pour la provenance nous avons indiqué dans le chapitre
concernant les avoines étrangères, les formes de grains
ainsi que les impuretés caractéristiques. Nous avons vu,
par exemple, que la présence de nombreux grains de
nielle, de vesces et de millet rouge caractérisait les avoines
de Russie, tandis que le rapistre oriental caractérisait
les avoines provenant d'Algérie, de Tunisie, de Smyrne, etc.
Néanmoins, l'examen des impuretés ne permet le plus sou-

vent que de faire des suppositions, et non de tirer des conclusions absolument certaines.

Enfin, pour terminer, il s'agit d'apprécier approximativement dans les grains sains, la proportion de grains d'avoine étrangers comme couleur, car sur les divers marchés, à Paris, par exemple, on considère comme avoine noire, celle qui ne contient pas au-delà de 10 0/0 en poids de grains blancs. En dépassant cette limite, on s'exposerait à des refus ou à des *réfactions*.

2° Détermination du poids absolu. — Le *poids absolu* est généralement apprécié par le poids de 1000 grains, obtenu à l'aide d'une balance de précision. Cette opération ne s'effectue presque jamais pour les avoines commerciales, parce que l'on obtient, sur un même lot, des chiffres assez variables, les grains ayant des grosseurs fort différentes.

On ne peut avoir des chiffres comparables, qu'en opérant sur une même forme de grains, les grains externes, par exemple, qui sont les plus nombreux et les plus lourds.

3° Détermination du poids volume. — On entend par *poids volume* ou *densité* apparente le poids d'un volume déterminé ; le litre, le demi-hectolitre ou l'hectolitre.

La détermination exacte du poids volume est très importante, car le grand poids est considéré comme un signe de qualité, et spécifié dans les marchés.

C'est avec le prix des 100 kilos, l'un des principaux facteurs des marchés d'avoine, l'avoine étant vendue un prix de... mais avec la garantie qu'elle pèse tant... l'hectolitre.

Toutefois, nous ferons remarquer que, quoique le poids de l'hectolitre, soit l'une des bases des transactions commerciales, deux avoines peuvent avoir le même poids volume, sans avoir la même valeur nutritive; il en résulte donc que le poids de l'hectolitre ne fournit aucune indication *absolument précise* sur la valeur nutritive d'une avoine, qui ne peut être appreciée exactement que par une analyse chimique.

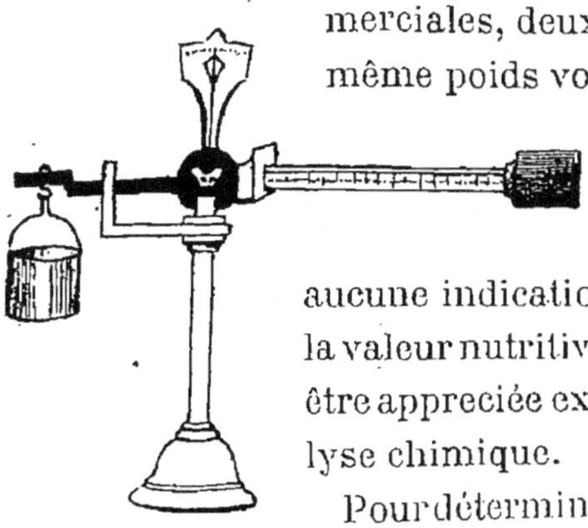

Pour déterminer le poids volume, il existe de petits et de grands appareils, les uns et les autres ayant leur utilité pratique.

Fig. 136. — *Pèse-grains de bureau.*

Ces petits appareils sont : le *pèse grain de bureau* (fig. 136), le *pèse grain de poche* (fig. 137) et le *pèse grain à arc* (fig. 138). Par suite de leurs dimensions réduites, ces appareils sont facilement transportables, mais à cause du très petit volume de grains sur lequel on opère, on n'obtient que des chiffres approximatifs.

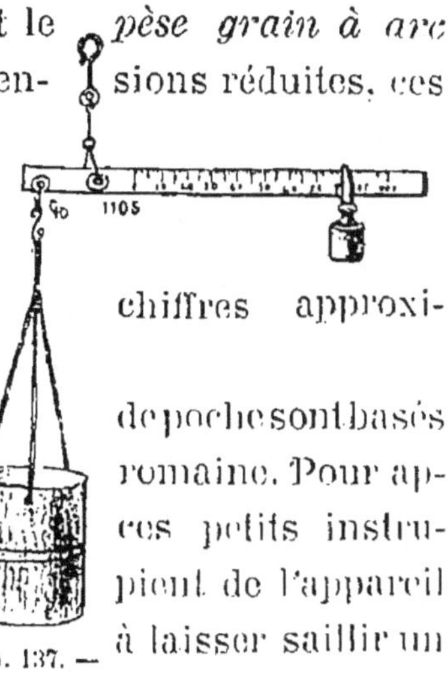

Les pèse-grains de bureau et de poche sont basés sur le système de la balance romaine. Pour apprécier le poids de l'avoine avec ces petits instruments, il faut remplir le récipient de l'appareil par pincées, et raser de façon à laisser saillir un demi-grain.

Fig. 137. — *Pèse grains de poche* (1).

<hr>

(1) En vente à la maison Amelin et Renaud à Paris.

Le pèse grain à arc (fig. 138) se rapproche énormément des pèse-lettres si usités dans le commerce.

Le point capital pour obtenir des chiffres exacts consiste a peser un volume obtenu *toujours dans des conditions semblables*, que nous allons examiner en détail pour les gros appareils qui sont : le demi-hectolitre et la trémie conique.

Avec le demi-hectolitre, il est nécessaire pour arriver à une détermination assez exacte de prendre quelques précautions ; car si pour un même lot, il est opéré sans méthode, on obtient des

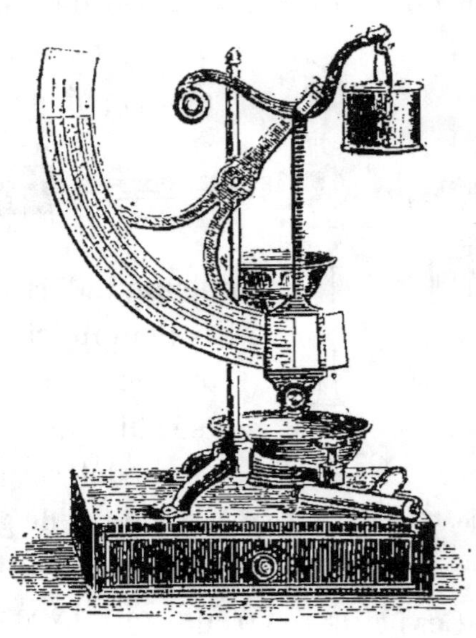

Fig. 138. — *Balance pour vérifier le poids des grains* (1).

chiffres différents, pouvant varier de 2 kil. suivant : le tassement, qui dépend de la hauteur de chute du grain, la quantité tombant à la fois, et la vitesse plus ou moins grande de la chute.

Pour remédier dans une certaine limite à ces inconvénients, on se sert généralement pour prendre le grain et le mettre dans le demi-hectolitre, au lieu de pelles, d'un récipient (fig. 140)

Fig. 139. — *Demi-hectolitre.*

nommé *minot* ou *puisette*, qui est appuyé sur les bords de

<hr>

(1) En vente à la maison Amelin et Renaud, à Paris.

la mesure pendant que l'on verse le grain. Les résultats que l'on obtient ainsi sont loin d'être parfaits, aussi, pour les transactions importantes, cet appareil est-il remplacé par la *Trémie conique*, qui donne des résultats plus réguliers, variant à peine de 100 gr. par hectolitre.

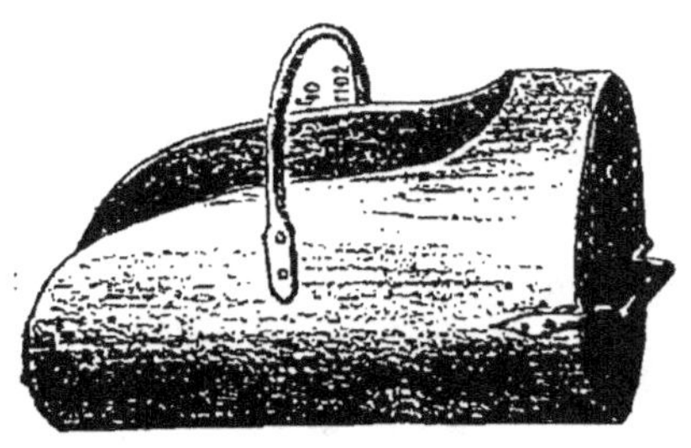

Fig. 140. — *Puisette.*

Trémie conique. — Cet appareil (fig. 141) se compose de deux parties principales : la mesure de *un demi-hectolitre* et la *trémie* proprement dite superposée à la mesure et portant un *rouleau araseur*.

La mesure est pourvue sur la bordure supérieure de 3 supports en fer pour recevoir la trémie ; l'un surélevé dans lequel s'engage une entaille pratiquée dans le cercle inférieur de la trémie, de manière à maintenir celle-ci sur un même plan horizontal.

Un numéro d'ordre, peint en rouge, est placé à côté de ce support et de l'entaille pour servir de repère.

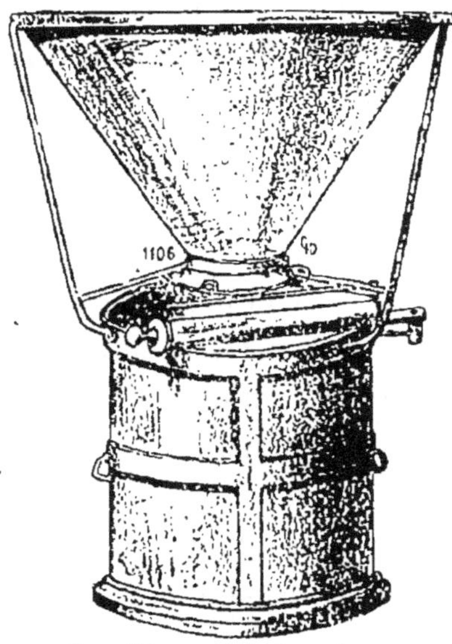

Fig. 141. — *Trémie conique.*

Le poids du demi-hectolitre est rigoureusement fixé à 10 kilos.

La trémie est un cône tronqué en tôle galvanisée, cerclé en fer, fixé à une armature en fer, s'emboîtant exactement sur la mesure; la dite armature est reliée à la partie supérieure du tronc de cône par 3 montants verticaux et à la partie inférieure par 3 bras horizontaux dont un porte le pivot de la trappe d'écoulement.

Au bas de la trémie est une rondelle conique en tôle rapportée formant orifice de sortie. Le diamètre de cet orifice est de 0^m08 et sa distance à la mesure est de 0^m120.

Un rouleau araseur, en tôle roulée, pivote d'un bout sur un bras horizontal rivé au cercle inférieur de l'armature juste à la hauteur de la mesure, position dans laquelle il est maintenu par un guide en fer fixé à la partie inférieure de l'armature et par une lame superposée au rouleau.

L'appareil est placé bien horizontalement, la trappe étant fermée et le rouleau araseur poussé à fond de course à gauche; on emplit alors la trémie avec le grain dont on veut connaître le poids, on abat le trop plein avec une règle, et on ouvre la trappe.

Le grain tombe dans le demi-hectolitre, le remplit en y formant le comble; aussitôt après on ferme sans secouer l'orifice de sortie, et au moyen du rouleau, on arase la mesure, en évitant qu'il y ait un temps d'arrêt.

On retire ensuite la trémie, et on pèse le grain avec la mesure dont la tare est déduite. Il suffit de doubler le résultat pour avoir le poids de l'hectolitre.

Le remplissage à la pelle produit des différences pouvant varier de 1 k. 500 soit en dessus soit en dessous du remplissage à la trémie.

Cette dernière indique parfaitement la relation des densités et les résultats sont fort comparables, à la condition toutefois que les trémies coniques employées aient toutes la même conformation et le même angle d'ouverture.

4° Détermination approximative du poids des impuretés.
— Les impuretés légères, lourdes, les grains d'avoine légers peuvent être séparés des échantillons d'avoine par l'emploi de tarares, trieurs, épierreurs *en réduction.*

Ces appareils sont en petit la reproduction exacte des grandes machines industrielles et leur mode de fonctionnement est absolument le même.

Leurs dimensions ne dépassent pas 90 cent. de longueur, 40 à 45 de largeur et 65 à 70 de hauteur; leur poids varie entre 20 et 25 kilos.

En traitant avec ces appareils un poids déterminé d'avoine il est donc facile de se rendre compte du taux des impuretés qui, d'après les règlements des grands marchés, ne doit pas dépasser 3 0/0.

La proportion tolérée des impuretés nourrissantes blé, orge, seigle, vesce, etc., et celle des impuretés nuisibles nielle, ivraie, etc., après criblage, est fixée, chaque année, pour les fournitures de l'armée, par la direction de l'intendance.

Toutefois la tolérance admise ne s'applique qu'à la présence naturelle des graines étrangères, tout mélange artificiel étant formellement interdit.

5° Appréciation de la proportion d'eau. — Les avoines peuvent, comme nous le verrons plus loin, renfermer dans leur grain de 9 à 14 0/0 d'eau. Les plus hydratées sont les avoines de Russie et de Norwège. Ces avoines hydratées arrivent généralement en France par voie maritime, or sous l'influence de la chaleur de la cale où elles sont enfermées en vrac, elles sont exposées à la fermentation.

Pour remédier à cet inconvénient il est souvent d'usage de les *étuver* pour leur enlever une partie de leur eau.

L'*étuvage* s'éxécute dans des soutes chauffées au charbon. Les avoines y sont placées sur le sol et souvent remuées pour changer l'ordre de superposition des grains.

Ce procédé assez primitif en usage en Finlande et en Suède a l'inconvénient de communiquer à l'avoine une odeur pyrogène par suite de l'emploi comme combustibles de bois résineux.

On obtient de meilleurs résultats sans exposer l'avoine à contracter d'odeur en la faisant passer dans des cylindres chauffés au moyen de la vapeur.

Les avoines étuvées sont exclues des fournitures de l'armée et de certaines administrations (1), aussi est-il nécessaire de connaître les particularités ainsi que les modifications qu'elles subissent de ce fait, modifications qui permettent de les reconnaître.

Les avoines étuvées sont caractérisées souvent :

Par des écales ridées collées sur l'amande, à pointes friables se brisant et se détachant facilement;

---

(1) Malgré cette clause prohibitive, indiquée par les règlements, il est arrivé à l'administration militaire d'acheter des avoines étuvées, ainsi qu'il résulte de la déclaration suivante faite par le Ministre de la guerre, à la Chambre des Députés, le 1ᵉʳ Juillet 1886, en réponse à l'interpellation de M. Brice : « Lorsque des approvisionnements considérables en avoines sont nécessaires, si on oblige l'administration de la guerre à n'employer que des avoines françaises, on lui impose un surcroît de frais et par cela même on l'oblige à demander des crédits supplémentaires. Aussi dans certains cas est-il nécessaire d'avoir recours aux avoines étrangères, et *même aux avoines étuvées*, qui se conservent deux ans, alors que les avoines françaises récoltées par un temps humide ne se conservent pas plus d'une année. »

Par des grains de volume moindre, plus durs et plus difficiles à broyer;

Enfin par un poids spécifique plus considérable : en effet, il est peu d'avoines étuvées qui ne pèsent 50 à 52 kilogrammes l'hectolitre. Nous ferons remarquer toutefois que l'accroissement de densité obtenu de ce fait est loin de constituer une qualité. Le poids de l'hectolitre qui est en général une preuve de qualité, n'a plus aucune valeur pour les avoines exotiques ayant été étuvées.

Toutes les observations que nous venons de présenter au sujet de la recherche de la qualité ne concernent que les avoines de consommation. Pour les avoines de semence; on procède généralement d'une façon différente en recherchant : l'*identité*, la *pureté* 0/0 et la *germination 0/0*.

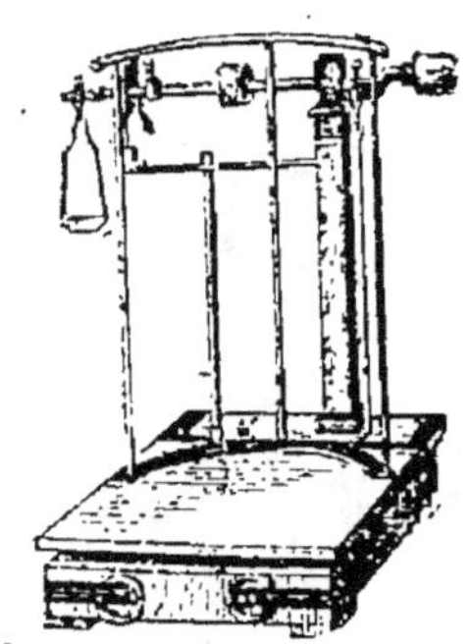

Fig. 142. — *Bascule romaine à sacs.* (Boehm, à Lunéville).

Contrôle du poids. — A moins que ce ne soit dans le petit commerce de détail, les petits instruments de pesage ne sont pas utilisés pour le pesage de l'avoine, qui se vend rarement par sacs de moins de 75 kilos, c'est-à-dire d'un hectolitre et demi ; ou de cent kilos.

Dans les greniers agricoles on utilise presque uniquement les bascules dites en bois ou en métal, qui sont généralement au dixième dans les modèles à poids et au centième dans les bascules romaines (fig. 142).

Dans les exploitations où l'on est appelé à peser non seulement des produits bon marché comme l'avoine, mais d'autres se vendant plus chers tels que les légumes secs, les graines fourragères, les graines oléagineuses, on préfère souvent les balances à fléau dans le genre de celle représentée ci-contre (fig. 143) parce que ce système donne un pesage plus exact que les bascules et qu'elle n'est pas sujette à des variations, soit pour différence de niveau, soit par suite des chocs déterminés par la personne amenant à la brouette les sacs à peser.

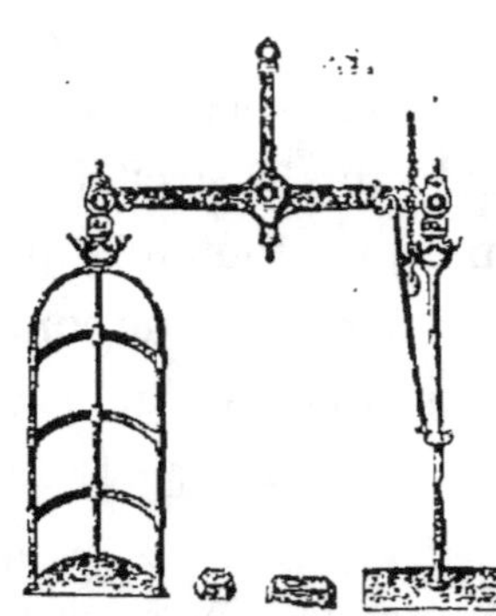

Fig. 143. — *Balance à fléau.* (Amelin et Renaud, à Paris).

Dans le commerce des graines où l'on est obligé d'économiser le plus possible la main d'œuvre et d'opérer très rapidement l'ensachage et le pesage de grandes quantités d'avoine; on se sert de bascules perfectionnées dont nous signalerons trois types seulement.

Bascule à ensachoir. — Cette bascule très pratique, dont on trouvera la description détaillée dans les catalogues des maisons Hignette, Amelin et Renaud offre les avantages suivants : 1º d'être d'un fonctionnement très simple et très rapide; 2º de mettre très exactement

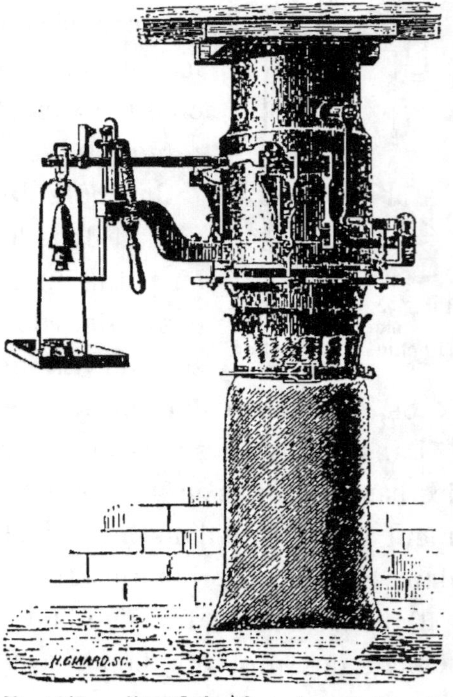

Fig. 144. — *Ensachoir à bascule perfectionnée.* (Maison Hignette, à Paris.)

le poids que l'on désire ; 3° de ne nécessiter qu'un seul homme pour ensacher et peser ; 4° de répandre peu de poussière ; 5° de permettre, si onle juge nécessaire, de procéder au *foulage* du sac, comme avec les ensachoirs ordinaires.

Balances automatiques. — Le but de ces balances (fig. 145 et 146), très bien décrites aussi dans les catalogues de MM. Amelin, Renaud, Hignette, et Rose frères est de peser automatiquement l'avoine, par quantités parfaitement égales, sans main d'œuvre, surveillance ni force motrice.

Indiquant à tout instant, au moyen d'un *compteur* (revenant automatiquemet à 0 lorsqu'il est à bout de *marquage*), les quantités exactes qui sont passées dans l'appareil et qui par conséquent y ont été

Fig. 145. — *Balance automat.q.e.* (Rose, à Poissy.)

pesées, ces balances sont extrêmement utiles dans les grands magasins, pour reconnaître, économiquement et sûrement, le poids des grains en chargement ou en déchargement, à l'entrée comme à la sortie. Il existe des modèles pour effectuer des pesées de 10, 20, 50, 100, 200, 500, 1.000 kilogrammes par exemple ; les balances puissantes sont en mesure de peser plus de cent cinquante quintaux d'avoine à l'heure.

Contrôle de la consommation. — Dans l'armée comme dans les grandes entreprises industrielles ou commerciales, la consommation de l'avoine est réglée au poids. C'est la méthode la plus précise et la plus rationnelle.

Presque partout ailleurs, c'est sur le volume qu'est basée la consommation, et la mesure de capacité adoptée comme

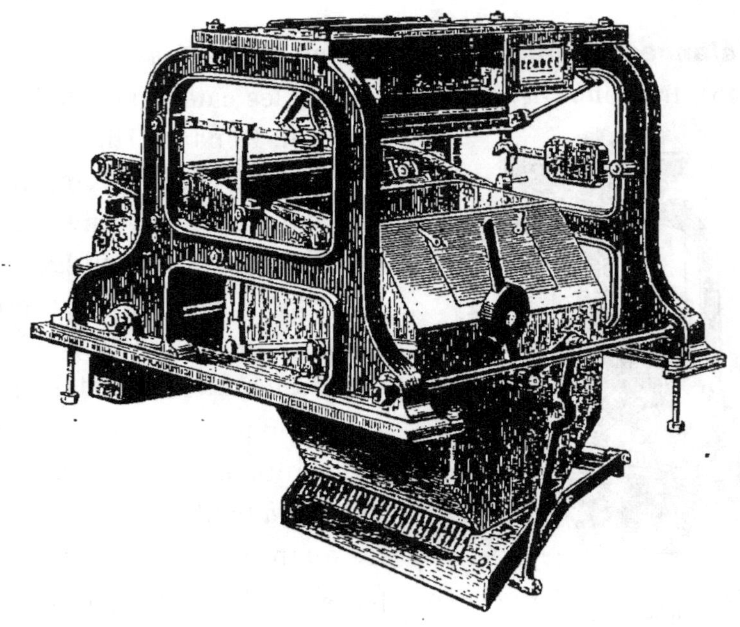

Fig. 146. — *Bascule automatique Avery*. (Maison Amelin et Renaud, à Paris.)

unité de volume, semble être le double litre, appelé vulgairement *picotin*, plutôt que le litre.

Les appareils de contrôle destinés à indiquer le mesurage de l'avoine sur le point d'être donnée aux animaux sont appelés *compteurs à avoine, compteurs de rations, mesureurs de rations*.

Les figures 148, 149 et 150 permettent de se rendre compte des principaux modèles adoptés. Ces appareils, quoique de construction généralement assez simple, sont très précis. La lecture du volume enregistré, qui représente celui de l'avoine sorti du compteur, est très facile; il suffit de lire sur

Fig. 147.
Picotin osier.
(Maison Guilliard, à Paris.)

les *cadrans*, dans l'ordre de la numération décimale, les chiffres franchis par les aiguilles ou les disques à chiffres.

Pour compléter les précautions, prises en vue d'éviter les erreurs où la fraude dans l'emploi des compteurs, il importait que l'appareil enregistreur ne pût marcher en sens inverse de sa marche normale, car le mouvement rétrograde décompterait sur les cadrans la consommation indiquée. Cet inconvénient est prévenu par un cliquet d'arrêt, qui en tombant dans une roue dentée empêche tout retour en arrière.

Les compteurs communiquent directement par un conduit en tôle, avec une chambre à avoine dont des personnes de confiance possèdent seules la clef.

Fig. 148. — *Compteur d'avoine.*
(Marandel, à Tagnon (Ardennes.)

Fig. 149.
Compteur cylindrique.
(Senet à Paris.)

Il est évident que ces compteurs ne peuvent malheureusement indiquer que la quantité d'avoine sortie et non celle consommée par les animaux, car il y a, en ville surtout, trop d'écuries où une partie de l'avoine est portée chez des recéleurs.

Dans certaines écuries de luxe où les rations d'avoine sont très fortes, les fournisseurs doivent en outre verser pour ne pas être évincés, une redevance par sac assez

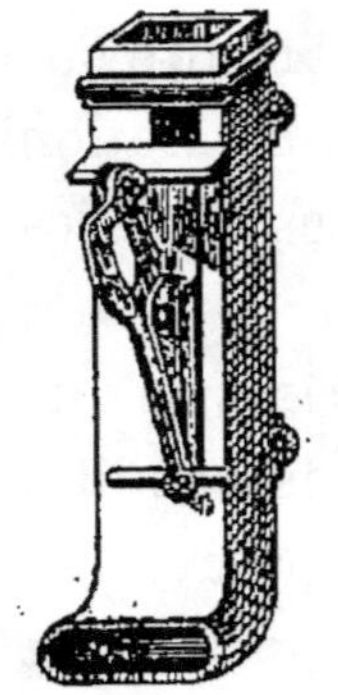

Fig. 150. — *Compteur d'avoine.* (Lavoi-pierre de Chaumont, Paris.)

élevée, second tribut au préjudice du pro-priétaire, qui s'ajoute à celui que nous venons d'indiquer. Mais partout où la sur-veillance est sérieuse, les compteurs sont très utiles, car tout en empêchant le gas-pillage, ils permettent de régler et de con-trôler facilement les quantités consom-mées. Il est à souhaiter que leur emploi, très limité jusqu'à présent, se généralise rapidement.

CHAPITRE XVII

Emmagasinage du Grain — Emmagasinage Agricole
Emmagasinage Commercial et Industriel

L'Avoine battue et nettoyée est conservée au *grenier à grains* ou dans la *chambre à avoine*.

Ces locaux, situés aux étages supérieurs afin d'éviter l'humidité des rez-de-chaussée, doivent être sains, secs, mais à l'abri de la chaleur, placés de façon à éviter les émanations (d'écuries et d'étables, par exemple), susceptibles de communiquer au grain une mauvaise odeur.

Il est nécessaire que les planchers soient solides et très propres. De même que les murs, ils doivent être exempts de fentes, de fissures, de crevasses, dans lesquelles les rongeurs et les insectes trouvent un refuge ; il est préférable que l'intersection des murs et des planchers soit recouverte par une feuille de métal (zinc, etc.), un enduit de ciment, des carreaux en terre cuite, des plaques en terre émaillée ou en faïence ordinaire, plutôt que par une plinthe en bois.

La ventilation est assurée par des cheminées d'appel placées sur la toiture ou le long des murs, et par des fenêtres percées les unes en face des autres, de façon à établir des courants d'air dans toutes les directions lorsque c'est nécessaire. Ces fenêtres sont munies d'un châssis de fermeture, destiné à éviter l'entrée de l'air humide, de la chaleur, de la trop grande clarté ; et d'un autre châssis à grillage, qui tout en empêchant la pénétration des oiseaux et des insectes, permet la circulation de l'air sec, lorsqu'on établit une ventilation active par le beau temps.

Dans les exploitations un peu importantes, les locaux à grains sont munis de poulies et de *tire-sacs*, avec *corde à pince* ou à *serrage*, pour faire monter les sacs qui entrent alors par une *fenêtre-porte* devant laquelle se trouve un balcon muni d'une *trappe* à deux battants qui se relèvent pour laisser passer les sacs.

Il est préférable de laisser l'avoine en sac, le moins longtemps possible. Elle se conserve mieux étant étendue sur les planchers, en couches d'autant moins épaisses qu'elle renferme plus d'humidité ; mais malgré cela, il est utile de la remuer de temps en temps (plus ou moins selon son degré de siccité) à la *pelle à grains*.

Dans les installations industrielles, sur lesquelles nous allons donner des renseignements (1) très intéressants, les manutentions s'opèrent mécaniquement.

Conservation des avoines. — La conservation des avoi-

---

(1) Grâce à l'obligeante autorisation que MM. Lavalard et Firmin Didot ont bien voulu nous accorder, les pages 527 à 545 ont été extraites du livre remarquable sur *Le Cheval*, par M. E. Lavalard, Administrateur de la Compagnie Générale des Omnibus de Paris, deux volumes, en vente à la librairie Firmin Didot, 56, rue Jacob.

nes, surtout lorsqu'il s'agit de cavaleries nombreuses, a une très grande importance.

On sait, que lorsque la proportion d'humidité des avoines est très élevée, leur conservation est moins parfaite.

Ainsi, on peut être certain, qu'une avoine ne contenant que 12 à 13 0/0 d'humidité, se conservera convenablement, soit en greniers, soit en silos, tandis qu'une avoine dans laquelle la proportion d'humidité s'élève à 16 et même 180/0 comme il arrive quelquefois, sera sujette à moisir et à se gâter, surtout lorsqu'elle est ensilée. Il convient donc encore, comme essai pratique à faire, de dessécher un certain poids d'avoine afin de déterminer la perte qu'elle subit et qui représente son degré d'humidité. Et ce n'est pas seulement au point de vue de la conservation que cette détermination est utile, mais aussi au point de vue alimentaire ; il est clair que plus une avoine est humide, moins elle contient de substances nutritives pour un poids donné, et, par suite, dans ces avoines, on paye une notable proportion d'eau au poids de l'avoine elle-même.

Autrefois, il était reconnu que la meilleure méthode de conserver les grains était de les mettre complètement à l'abri de l'air, dans ces derniers temps, on a tenté de les conserver, au contraire, en les présentant aussi souvent que possible au contact de l'air, par certaines manutentions que nous allons étudier.

On trouve encore, dans certaines provinces de l'Espagne, de la Hongrie, de la Russie et de l'Algérie, des traces de cette conservation si simple par l'enfouissement des grains dans de larges cavités pratiquées dans le sol proprement dit, ou dans les rochers ; dans ce dernier cas, on plaçait les grains à même dans ces cavités ; dans le premier cas, on établissait des murs qui devaient empêcher les éboulements et consolider toute la construction. On recouvrait les grains avec de la paille ou tout autre substance du même genre, comme les feuilles, les roseaux, etc. et, enfin, on remettait la terre qu'on battait vigoureusement.

Quelquefois, pour mieux assurer la conservation, on employait la chaux. Mais tous ces moyens ne pouvaient permettre la conservation que d'une petite quantité de grains, et il nous suffira de signaler les constructions établies en Amérique pour se rendre compte des quantités de grains qu'il faut conserver, surtout avec la facilité donnée au transport et à l'exportation de ces marchandises. Ainsi les Etats-Unis d'Amérique peuvent loger dans leurs magasins à grains plus de 4 millions de tonnes, et Londres, environ 300.000 tonnes. Nous ne connaissons pas en France d'établissements installés dans de pareilles conditions. Ces docks immenses comprennent des élévateurs et des sortes de silos ; c'est en s'appuyant sur la conservation en vases clos qu'on les a établis.

La méthode de conservation la plus simple, et dont l'usage paraît avoir été le plus général consiste dans l'emploi des silos, c'est-à-dire dans l'emmagasinage des denrées, dans un espace plus ou moins parfaitement clos où elles sont préservées, au moins partiellement, de l'action des agents atmosphériques, et des ravages des insectes ou d'autres animaux. Dans les années de disette, on retrouvait ainsi, sans altération notable, les réserves faites dans les années d'abondance. Sous les climats secs et chauds,

où la récolte peut se faire dans des conditions exception-
nelles et où par suite, les produits récoltés sont à un degré
de siccité très grand, où l'atmosphère et le sol sont eux-
mêmes peu chargés d'humidité, le problème est facile à
résoudre. La tendance à l'altération étant très faible, dans
ces conditions de sécheresse, une installation élémentaire
peut réaliser le but désiré, Nous citons comme exemple les
silos des Arabes. Il n'est pas rare de retrouver quelques
exemple de ces silos, remontant à des siècles, et contenant
du blé en bon état de conservation.

Dans ces pays, les silos ont été pendant longtemps, de
simples cavités creusées dans la terre, ou des constructions en maçonnerie, ou des vases en poterie, eux-mêmes
contenus dans la terre. Mais dans les pays froids ou tempérés, il n'en est pas ainsi. Les récoltes se font souvent
par un temps humide, et le grain retient des quantités
d'eau qui rendent sa conservation difficile. L'humidité de
l'air et du sol ne permettent pas d'employer les procédés
si simples des climats plus secs.

Préoccupé de l'avantage qu'il y a de pouvoir conserver
pendant une certaine durée de temps, les grains servant à
l'alimentation de l'homme ou des animaux domestiques,
on a fait, dans ces derniers temps des essais qui ont
abouti à la construction de silos à parois métalliques.
Parmi les savants et les praticiens qui ont le plus contribué
à réaliser, dans cette voie, des progrès réels, il convient de
citer en premier lieu Doyère, dont le nom doit rester attaché
aux procédés qui assurent la conservation des grains dans
de meilleures conditions.

Les silos à parois métalliques, dont l'emploi est aujourd'hui général, ont permis de résoudre, au moins dans certaines limites, le problème de la conservation temporaire des grains. Nous aurons à étudier ces différentes installations, mais avant nous voulons dire un mot de la conservation des grains à l'air libre, sans appareils pour les renfermer.

1º *Conservation en sacs.* — On conserve les grains dans les docks et les entrepôts en les laissant en sacs et en formant ainsi des piles sur les planchers des différents étages des greniers. Cette méthode a l'avantage de permettre de réunir sur de petites surfaces de très grandes quantités de grains, comme on le fait dans les docks des ports de mer. De plus, le grain emmagasiné par fractions de 75 à 100 kilos, se trouve en rapport avec l'air ambiant et ne s'échauffe pas aussi vite. Ce procédé est très pratique quand il ne s'agit de conserver la marchandise que pendant quelques mois, et qu'elle doit être transportée sur d'autres points.

2º *Conservation en vrac.* — Lorsqu'on veut conserver les grains *en vrac*, suivant le terme consacré, c'est-à-dire sans aucune enveloppe, on les dépose à même dans les greniers, généralement sur des planchers en bois ou en bitume, sur une épaisseur variable suivant la solidité des constructions, mais dépassant rarement 1ᵐ20. Le grain, ainsi emmagasiné, ne se conserve que lorsqu'on lui donne les soins nécessaires. Il arrive souvent, surtout par les temps d'orage, que le grain, qui n'a pas été suffisamment nettoyé, chauffe, comme on dit vulgairement, et menace alors de se détériorer. Il faut, dans ce cas, procéder à un pelletage, qui renouvelle l'air dans la masse du grain, le ramène à la température ambiante, et surtout produit une dessication partielle. On peut estimer, qu'en moyenne et en temps ordinaire, un pelletage est nécessaire tous les deux mois. Mais à l'automne et au printemps, époques où il se manifeste un mouvement si accentué dans les fonctions des végétaux, une sorte de poussée qui exagère temporairement leur activité vitale, le grain a une tendance plus grande à chauffer. A ces époques, comme pendant les temps d'orage, des pelletages plus fréquents sont nécessaires. Il faut alors les pratiquer deux ou trois fois par mois.

La nature et la qualité du grain, son état de propreté, ont une très grande influence sur leur tendance à s'altérer; ainsi les maïs ont besoin de pelletages plus fréquents que l'avoine. Au lieu de remuer à la pelle, on peut, avec des chaînes à godets amener les grains à des tarares, le résultat est le même. Le pelletage à la main nécessite une dépense de main-d'œuvre qu'on peut évaluer à 30 centimes par an et par 100 kilos.

Nous ne décrirons pas ici d'une manière complète les élévateurs et les magasins et entrepôts de Liverpool, de New-York, Chicago, et tous les derniers construits à Londres. Ils sont décrits, avec tous les détails nécessaires, dans un ouvrage intitulé : *The construction and equipment of grain magazines, by G. Luther*. Il suffira de présenter quelques dessins permettant de se rendre compte des puissants moyens de déchargement et d'emmagasinage employés en Angleterre et en Amérique.

En France, des essais ont été faits dans cette voie, mais on s'est heurté à la routine et à la mauvaise volonté des ouvriers des ports.

3° *Greniers à transvasement mécanique.* — Les dessins que nous allons présenter montrent les procédés employés pour la conservation des grains dans des chambres en maçonnerie, en bois, ou dans des réservoirs métalliques ou autres, avec transvasement fréquent du grain, ou avec circulation d'air, etc. Les silos qui existent maintenant à Trieste, à Pesth, à Londres, à Liverpool, à Chicago et à New-York, consistent en grandes boîtes en tôle, dont le remplissage et le vidage sont facilités par des chaînes à godets, et des vis d'Archimède. Ils sont traversés par un certain nombre de tubes en tôle perforée, par lesquels on détermine une aspiration d'air. Les gaz qui se forment dans l'intérieur du silo se trouvent ainsi entraînés, en même temps qu'il se produit une dessication partielle, si le grain est trop humide. On n'utilise pas généralement ces silos pour des séjours prolongés. Tous ces docks sont aussi pourvus d'appareils très puissants pour ventiler et nettoyer les grains qui se sont plus ou moins avariés pendant les traversées en mer.

C'est surtout en Amérique que les docks et les élévateurs ont pris un développement considérable, et il suffira pour s'en rendre compte d'énumérer la contenance de ceux des principales villes.

Les élévateurs de Buffalo ont une capacité de 9.000.000 de bushels, ceux de Chicago de 26.175.000 bushels, ceux de Saint-Louis de 11.750.000, ceux de Toledo de 6.000.000, ceux de Milwaukee de 6.630.000, ceux de Baltimore de 5,700.000, et enfin ceux de Minneapolis, les derniers construits, peuvent contenir 9.963.000 bushels. Mais pour loger des quantités aussi grandes de grains et leur faire subir ou un nettoyage, ou une violente aération, et enfin les charger sur wagon ou sur bateau, les Américains ont employé des machines puissantes, qui mettent en mouvement les chaînes à godets, les monte-charges et les ventilateurs. La figure 151 représente un magasin disposé d'une façon assez originale. Le grain est déposé dans

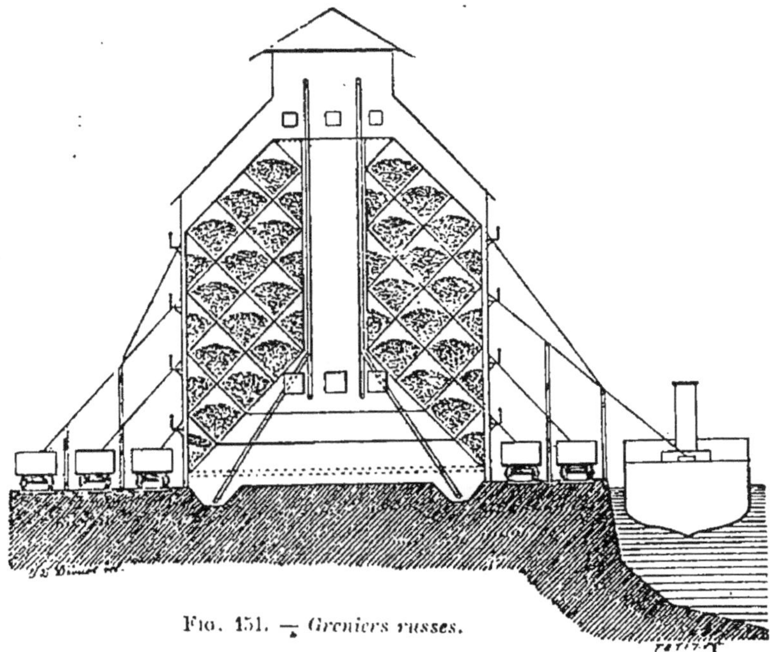

Fig. 151. — *Greniers russes.*

chaque compartiment, où il subit une ventilation à l'air chaud. Le grain humide est rapidement séché et amélioré.

Chaque division est munie d'une espèce de porte en saillie, qui s'ouvre lorsque le tube ventilateur tourne dans un certain sens, pour admettre le grain dans le compartiment, et qui se ferme hermétiquement quand le mouvement a lieu en sens inverse. Ce système est originaire de la Russie où il peut être installé économiquement à cause du bas prix du bois.

Les compartiments ne sont pas rangés verticalement, mais à angles de 45 degrés, de sorte que les parties les plus basses concourent à la formation de la construction générale.

Les avantages sont que le grain peut être renvoyé dans un compartiment voisin de ce dernier, qu'il soit à côté ou au-dessous et que les voitures peuvent être chargées directement après le passage à l'élévateur. Pour faire voyager le grain, le compartiment se vide sur une table rotatoire, qui transporte le grain d'un des élévateurs placés dans chaque coin du bâtiment.

La figure 152 donne la reproduction des magasins de Liverpool, qui ont été construits et installés dans le genre de ceux des Etats-Unis d'Amérique.

Ces magasins sont installés aux docks de Waterloo, ils sont à l'épreuve du feu et se composent de trois bâtiments, ayant les dimensions suivantes :

Bâtiment de l'Est : 650 pieds en longueur.
— de l'Ouest : 650 — —
— du Nord : 185 — —

Le pied anglais vaut 0 m. 304, le yard carré vaut 0^{mc} 836 et l'acre vaut 0 hectare 404.

La longueur totale est de 1.485 pieds sur 70 de largeur et ils occupent une surface de 11.500 yards carrés. Le total de la surface intérieure utilisable, en dehors du quai, est de 48.918 yards carrés, ou, en comprenant la surface du quai, de 11 acres 3/4. Au-dessus du cinquième étage et tout le long des bâtiments, il y a une plate-forme spécialement destinée à l'installation des machines à peser et à nettoyer, elle mesure 24 pieds de largeur. La hauteur du bâtiment, du quai au sommet de la corniche en pierre, est de 82 pieds.

Il y a quatre cages d'escalier dans chacun des bâtiments de l'Est et de l'Ouest, et deux dans celui du Nord. La surface totale utilisable de tous les étages, excepté le quai et le silo, est de 48.918 yards carrés, et a 4 quarters par yard; on peut donc loger 196.000 quarters de grain.

Des rails sont posés à l'intérieur des magasins, permettant une communication avec la ligne principale des docks. Tous les mécanismes sont mis en mouvement par une machine hydraulique, et sont appropriés pour le déchargement et le chargement de la marchandise ordinaire, le grain en vrac, en sacs, ou sous toute autre forme, du quai aux étages. Ces appareils sont disposés aussi pour emmagasiner une partie du chargement dans les magasins, en même temps que l'autre partie sera transportée sur bateau, chemin-de fer ou voiture. Pour retirer le grain du steamer qui l'a amené, et le porter sur les trémies, il y a cinq élévateurs portant le grain à la partie supérieure de l'édifice, travaillant chacun à raison de cinquante tonnes par heure.

Des trémies, le grain tombe sur des bandes en caoutchouc qui le transportent, et après avoir été ainsi débarrassé des poussières, il est livré aux machines à peser, qui enregistrent une tonne à chaque fois. Il tombe ensuite sur une trémie qui le distribue aux bandes de transmission, qui, au nombre de deux, parcourent toute la longueur des trois bâtiments des magasins, et qui sont disposées de

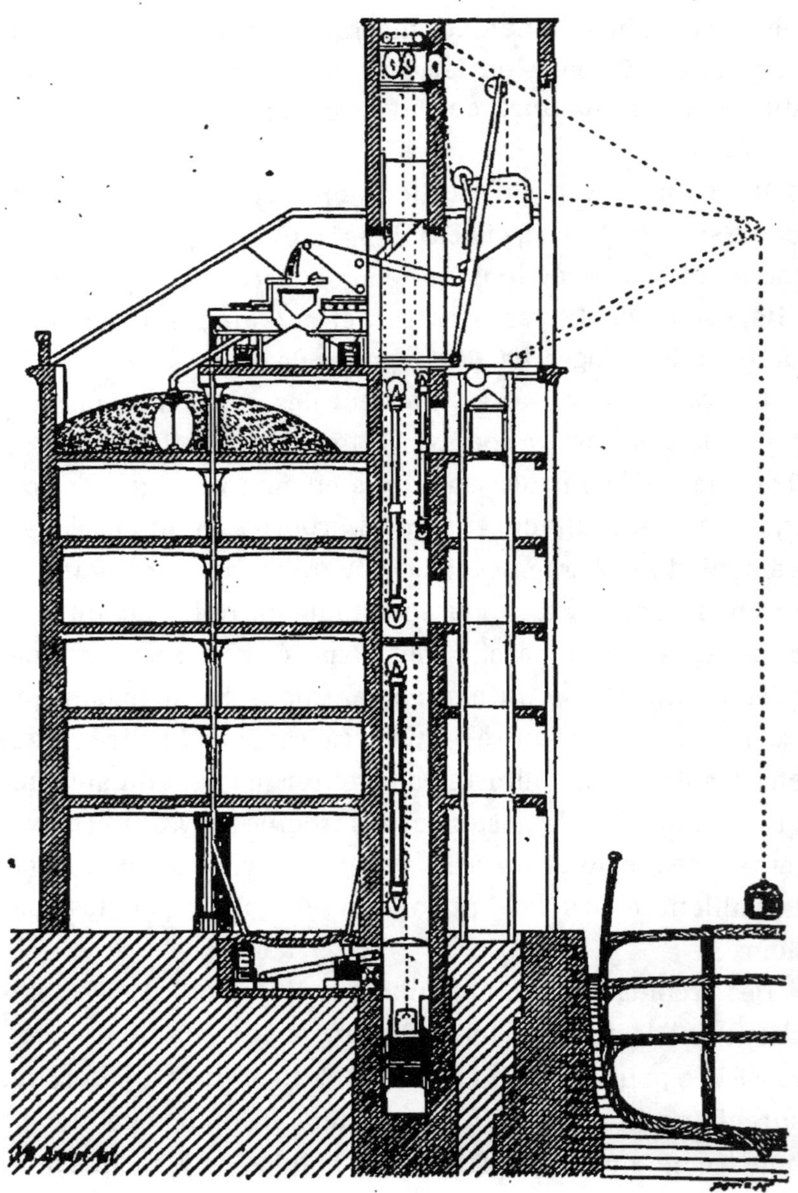

Fig. 152. — *Docks de Liverpool.*

telle façon qu'on peut transporter le grain dans toutes les parties des magasins.

La longueur totale des bandes est de 11.800 pieds. Elles travaillent à une vitesse d'environ 500 pieds par minute et transportent le grain à raison de 80 tonnes à l'heure.

Quand le grain est en vrac dans les bateaux qui l'ont amené, on décharge ces derniers avec des élévateurs flottants, qui sont mis en rapport avec les appareils nettoyeurs de l'intérieur des magasins. Il y a cinquante-six ouvertures pour permettre de faire passer le grain d'un étage à un autre.

Des ouvertures sont aussi pratiquées dans les murs afin de faciliter le chargement des grains logés à chaque étage, soit sur des bateaux, soit sur des wagons.

On peut faire passer le grain d'un étage à l'autre pour le ventiler. Il y a aussi douze monte-charges pour barils et sacs, chacun capable de monter neuf barils de farine en même temps, ou un poids d'une tonne, à tous les étages, et même à une distance extrême de 66 pieds.

La machine qui met tout en mouvement est placée au centre du bâtiment nord et est composée de deux machines horizontales à haute pression, de la force de 370 chevaux.

Une construction semblable existe à Birkenhead avec une surface extérieure de 10 961 yards carrés, et présente cinq étages.

En France, des installations aussi complètes sont rares, c'est pourquoi nous sommes entrés dans quelques détails pour permettre de juger quelle est l'importance de l'outillage des ports que nous avons cités plus haut, et des moyens de conservation mis en œuvre par les Anglais et les Américains.

La Compagnie générale des voitures à Paris possède, dans son vaste établissement pour la manutention des grains et des fourrages, 9 élévateurs à grains débitant 7 tonnes à l'heure à 15 et 27 mètres de hauteur, sous l'action d'un même nombre de ventilateurs pneumatiques du système Farcot.

Silos Huart. — Comme magasins importants en France, nous pouvons encore citer les silos connus sous le nom de silos Huart, établis à la manutention militaire du quai de Billy et qui sont destinés à la conservation du blé. Ce sont de grands réservoirs prismatiques à parois métalliques qui ne sont pas fermés. On empêche l'échauffement et l'altération du grain en opérant des transvasements fréquents, soit deux ou trois par mois. Ces silos, ou greniers, sont installés dans deux bâtiments spéciaux.

Les dimensions des récipients sont les suivantes : hauteur 12^{m}50, longueur 3^{m}80, largeur 3^{m}80.

Dans le deuxième, hauteur 9^{m}90, longueur 3^{m}80, largeur 3^{m}80. La contenance moyenne des premiers est de 1275 quintaux de blé et celle des seconds de 970 quintaux.

Le nombre de récipients est de 28 dans le premier récipient et de 24 dans le deuxième. Ils sont groupés dans l'un, par lignes de 4, et dans l'autre, par lignes de 2. Ces greniers consistent en compartiments qui occupent la hauteur de plusieurs étages (quatre dans le premier et trois dans le deuxième bâtiment) et dans lesquels le blé est contenu. Sa conservation y est fondée, non sur la clôture hermétique comme dans les silos, mais au contraire, sur le renouvellement de l'air.

Ces greniers fonctionnent de la manière suivante :

Des trémies, situées au rez-de-chaussée, reçoivent le blé à emmagasiner et le font passer dans un cylindre cribleur installé dans le sous-sol. A sa sortie du cylindre cribleur, la denrée peut être soumise à l'action d'un ventilateur, s'il est nécessaire, d'où il est enlevé par une chaîne à godets ; cette chaîne le monte à la partie supérieure, le laisse échapper dans une vis d'Archimède qui le verse ensuite par de petites trappes à glissières dans le compartiment où on veut le conserver.

Chaque compartiment est pourvu de dix trappes, disposées à la partie inférieure (rez-de-chaussée), et destinées à livrer passage au blé. Celui-ci coule dans une vis, soumise à l'action du courant d'air, qui le livre de nouveau à l'élévateur, pour être ensaché, s'il s'agit de l'envoyer à la mouture (opération qui a lieu au troisième étage) ou pour être rejeté, soit dans le compartiment d'où il venait, soit dans un autre, dans le but de le remuer et de l'aérer.

Cette dernière manœuvre est renouvelée fréquemment, à peu près tous les dix jours. Cependant l'expérience a permis de constater qu'une denrée saine s'y conserve très bien de vingt à vingt-cinq jours, au repos, sans fermentation ; peut-être serait-il possible de l'y laisser plus longtemps, mais l'expérience n'a pas été tentée.

Quand le criblage et la ventilation ne sont pas jugés nécessaires, le blé peut passer directement, c'est-à-dire sans être ni criblé, ni ventilé, dans la chaîne à godets, soit de la trémie de remplissage, soit de la vis, après chaque manœuvre de déplacement.

Mais lors de son emmagasinage, on opère un premier criblage. Cette opération s'exécute mécaniquement. Les manœuvres ultérieures de conservation consistent seulement à vider successivement chaque compartiment pour remettre le blé, soit dans le même, soit dans un autre.

Le premier mode, c'est-à-dire le mouvement du blé sur lui-même, permet d'utiliser à la fois tous les compartiments, mais il a l'inconvénient grave de rendre impossible l'examen des parois, de ne permettre l'appréciation de l'état de la denrée que par le blé qui s'écoule, enfin de rejeter le blé dans le milieu dont l'air n'a pas été suffisamment renouvelé. C'est ainsi qu'il peut très bien arriver que, malgré l'emploi de diaphragmes en bois, destinés à en faciliter l'écoulement uniforme, les grains très humides ou avariés s'attachent dans les angles des compartiments, s'y accumulent, s'y échauffent, et, devenant foyers d'infection, peuvent causer des avaries considérables. Cet état de choses échappe d'autant plus facilement à la surveillance que c'est toujours le blé avarié qui s'immobilise et le blé sain qui s'écoule.

La prudence déconseille donc la manœuvre des compartiments sur eux-mêmes; il vaut mieux réserver un certain nombre de compartiments vides pour faire passer le blé d'un plein à un vide, et vider successivement ceux qui sont pleins afin de procéder à leur nettoyage.

Tout le mécanisme est mû par une machine à vapeur de la force de vingt-cinq chevaux.

Cette méthode de conservation équivaut à la conservation à l'air libre, avec pelletage fréquent. Elle n'est pas sans entraîner des frais assez notables de manutention et une déperdition de matières due au frottement et à l'action de l'air. Pour nous, cette installation ne présente qu'un avantage, celui de permettre l'emmagasinage sur une surface restreinte d'une quantité considérable de grains. On peut comparer le contenu de ces boîtes métalliques à des tas de grains ayant 12 à 15 mètres de hauteur. Dans les silos Huart, la dépense, pour la conservation proprement dite, peut être évaluée approximativement, par an et par quintal métrique, à un peu plus de 20 centimes.

1° Conservation en vases clos. — Silos. — Mais la conservation des grains, pour se faire dans des conditions complètes et sans déperdition aucune, ne peut avoir lieu qu'en vases clos, sans renouvellement d'air, c'est-à-dire par un véritable ensilage, comme le voulait Dayère.

Nous donnons les dessins des deux différentes espèces de silos employés par la Compagnie générale des Omnibus de Paris (fig. 153 et 155). La fig. 154 donne une coupe des greniers avec ces mêmes silos.

La contenance de chacun de ces silos est d'environ 220 mètres cubes, leur hauteur est de 7 mètres. Ils doivent être enfouis le plus possible dans le sol de manière à se trouver entourés d'une atmosphère confinée, comme celle d'une cave et ne pouvant se modifier par suite des variations de température.

La condition essentielle de la conservation du grain est une herméticité complète.

Les avantages de ces silos sont faciles à concevoir, ils diminuent les frais de l'emmagasinage des grains, en

réduisant l'étendue des surfaces nécessaires à leur conservation, et en ne nécessitant pas de pelletages. Les grains

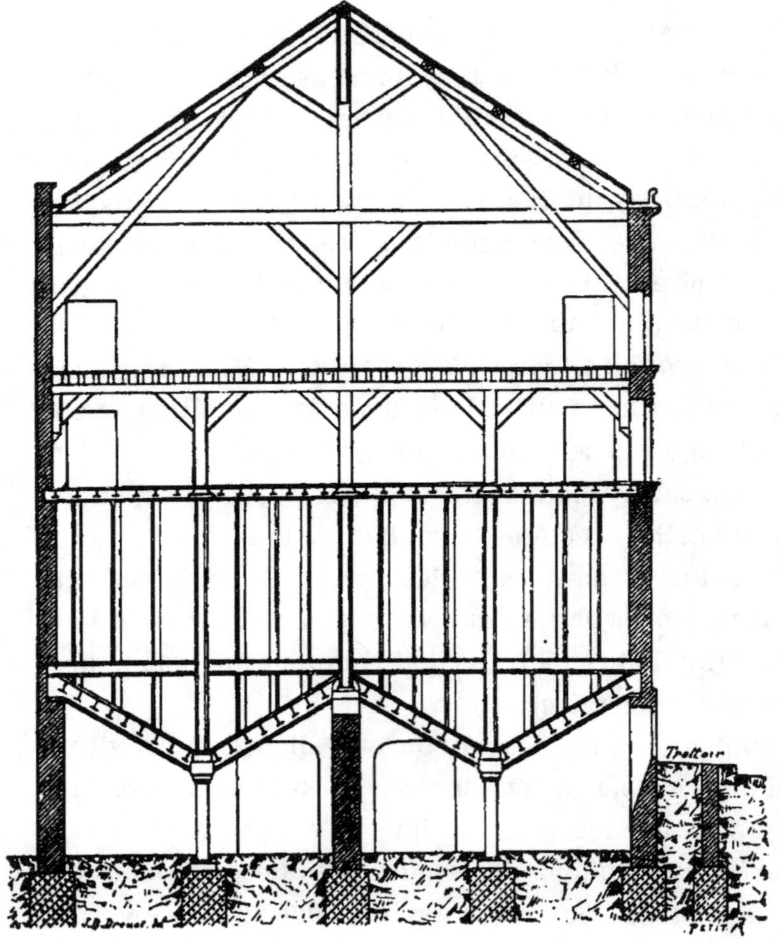

Fig. 153. — Silos de la Compagnie générale des Omnibus de Paris.

n'éprouvent pas la déperdition due à l'action de l'air;
ainsi, dans les expériences que nous avons faites, nous
avons vu des avoines, ensilées pendant deux et trois ans,

Fig. 154. — *Silos à avoine.*
Silos de la Compagnie générale
des Omnibus de Paris.

présenter un déchet insignifiant, tandis que des avoines, conservées à l'air libre pendant le même laps de temps, avaient perdu 7, 18 p. 100 de substance sèche.

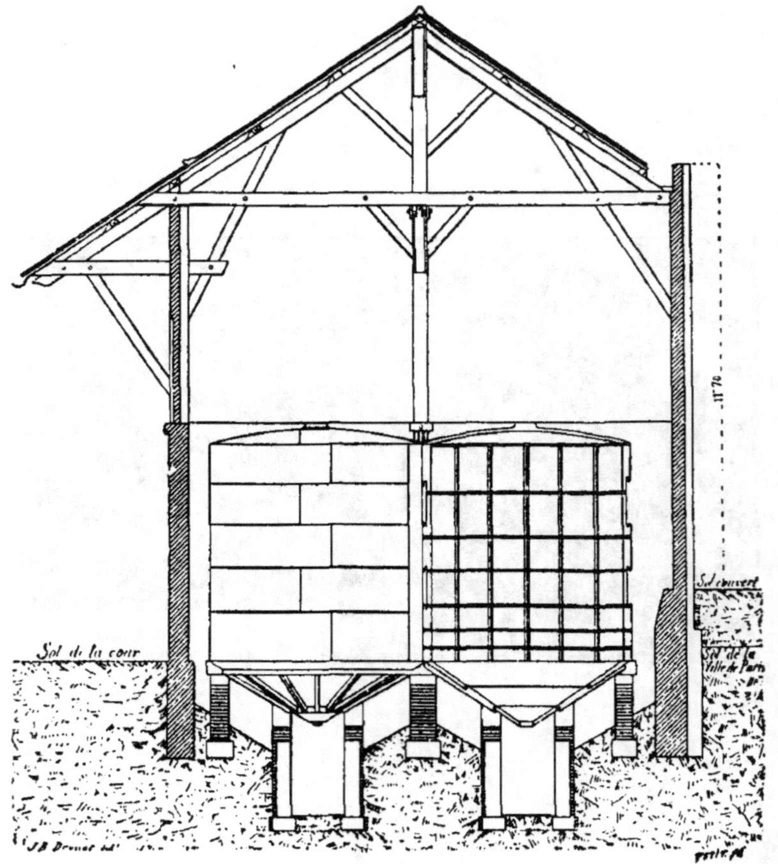

Fig. 155. — Silos de la Compagnie générale des Omnibus de Paris.

Les avoines ensilées dosaient 15 p. 100 d'humidité, tandis que celles en tas ne dosaient que 13,8.

Un fait curieux à signaler pendant l'ensilage, c'est le tassement qui se produit et qui varie avec la nature de la denrée. Ce tassement est dû à la trépidation et surtout au poids du grain.

L'avoine, dont le grain est entouré d'écales, et qui, à poids égal, occupe un volume plus grand que le blé et le maïs, se tasse plus que ces deux dernières denrées. Le tassement est de 15 à 17 p. 100 de matière pour l'avoine, tandis qu'il n'est que de 0,9 à 2 p. 100 pour le maïs.

Les meilleures conditions pour ensiler les grains et surtout l'avoine, c'est que le grain ne contienne pas trop d'humidité, que la température et l'état hygrométrique de l'air au moment de l'ensilage soient favorables. Ainsi, par un temps sec et une température un peu au-dessus de la moyenne, l'opération se fera bien, et la conservation sera plus complète.

Emmagasinage dans les Magasins généraux, Docks et Entrepôts

Nous nous bornerons à montrer par quelques exemples les tarifs et les principales conditions applicables à l'avoine dans quelques uns de ces établissements seulement, car les services qu'ils rendent, leur fonctionnement, et leurs prix, sont analogues à ceux de la plupart des autres Magasins généraux, Docks et Entrepôts similaires.

1" Exemple
COMPAGNIE DES ENTREPOTS & MAGASINS GÉNÉRAUX DE PARIS [1]

Entrée des marchandises. — La compagnie se charge de constater l'état apparent des sacs, de les peser si le pesage

[1] Cette société anonyme au capital de 30 millions a 17 entrepôts à Paris et la banlieue, 13 succursales en province, à Dunkerque, Coudekerque-Branche, Lille, Nantes, Saint-Nazaire, Le Mans, Tourcoing, Rou-

est demandé, de les échantillonner s'il y a lieu, de les introduire en magasin et de les arrimer.

DISPOSITIONS GÉNÉRALES.

1° L'Administration des Magasins généraux reçoit, les avoines sans préférence ni faveur, tant que l'emplacement le permet, dans les termes de la loi du 28 mai 1858 et du décret du 12 mars 1859.

2° Elle les emmagasine dans l'emplacement disponible le plus convenable; elle est responsable de leur garde et de leur conservation, sauf les cas de force majeure et les déchets naturels, provenant du vice propre ou de la nature de la chose, de leur conditionnement et des rongeurs.

3° L'Administration ne peut être responsable ni de la nature, ni de la qualité, ni de l'état de l'avoine que les sacs ont été déclarés contenir.

4° Elle n'est responsable du poids, sous déduction des déchets qui se produisent, que quand le pesage a eu lieu à l'entrée dans ses magasins et qu'il a été demandé par écrit. A défaut de cette formalité, elle ne répond que du nombre de sacs.

5° Elle se charge de toutes les opérations relatives à la réception, à la manutention et à la livraison des avoines soit :

A l'entrée. — *Constater l'état apparent des sacs, les peser, si le pesage est demandé, échantillonner s'il y a lieu, introduire en magasin et arrimer;*

<hr>

baix, Le Havre, Dieppe, Rouen, Saint-Quentin, Tergnier, Le Tréport, 6 entrepôts de concentration pour les approvisionnements à la disposition de l'autorité militaire à Nevers, Troyes, Neufchâteau, Verdun, Mourmelon, Reims.

A la sortie. — *Désarrimer, peser, si le pesage est requis, et mettre à la porte du magasin.*

6° A l'entrée comme à la sortie des avoines, l'Administration, sans être tenue de concourir au chargement ni au déchargement des voitures, autorise, suivant les cas, pour la facilité des opérations, l'emploi de ses appareils élévatoires; seulement, elle décline toute responsabilité pour les conséquences que pourrait avoir cet emploi purement facultatif.

7° Les ordres d'entrée et de sortie sont exécutés à tour de rôle sans aucune préférence et dans la limite des moyens dont dispose l'entrepôt. Il en est de même des manutentions extraordinaires.

8° L'Administration se charge de toutes les manutentions; en conséquence, l'entrée de ses magasins est interdite à tous ouvriers autres que les siens.

Néanmoins, en cas de manutentions exigeant des connaissances absolument spéciales, les déposants qui désireraient les faire exécuter par leurs ouvriers devront en faire la demande à la Direction, qui statuera. La surveillance de ces manutentions sera exercée par un contremaître, un chef d'équipe ou un ouvrier du magasin, et comptée à 0 fr. 60 l'heure, sans fractionnement.

9° Il est facultatif à l'Administration d'acquitter les lettres de voiture et autres frais à la charge des marchandises, et, dans ce cas, le remboursement de ses avances doit lui être fait à présentation avec les intérêts à 6 % par an.

10° Les prix de camionnage sont traités de gré à gré avec les clients.

Entrée des marchandises.

11° Toute avoine présentée aux Entrepôts doit être accompagnée d'une lettre de voiture ou d'un bulletin indiquant : le nombre de sacs, les marques et le poids ou la contenance de chacun, le nom et le domicile du propriétaire.

12° Il est remis au voiturier un bulletin constatant le nombre de sacs entreposés.

Après la reconnaissance, il est délivré au propriétaire un bulletin de magasin.

Ces bulletins sont de simples pièces d'ordre et ne forment pas titres de propriété.

13° Le bulletin de magasin porte les indications suivantes :

Le nom du propriétaire ;

Le numéro et la date de l'entrée ;

La nature déclarée de la marchandise, le nombre, l'espèce, et, s'il y a lieu, les marques des sacs ;

La contenance ou le poids brut reconnu ou annoncé ;

Le poids net pour les avoines mises en couches.

La date de départ du magasinage, si, pour une cause quelconque, celle-ci est antérieure à la date du bulletin ;

La valeur à assurer (au cours du jour ou celle déclarée par le déposant).

Sortie des Marchandises. (1)

14° Les avoines non warrantées sont livrées, transférées ou expédiées sur l'ordre écrit du propriétaire.

____

(1) Tout ordre de sortie, sous quelque forme qu'il soit donné, doit être muni d'un timbre de 0 fr. 10. (Décision du 18 juillet 1882).

Il est délivré à ce dernier, à chaque livraison partielle ou totale, un bulletin de sortie rappelant le numéro d'entrée, le nombre des sacs, leurs numéros et leurs marques, la nature de la marchandise, son poids brut ou net ou la contenance suivant le cas.

15° L'avoine warrantée n'est livrée que contre remise du récépissé et du warrant.

A défaut de la remise du warrant, le montant de la somme prêtée doit être versé à la Caisse de la Compagnie, conformément à l'art. 6 de la loi du 28 mai 1858.

16° La Compagnie se réserve 24 heures, à partir de la date de la présentation de l'ordre régulier de sortie, pour effectuer la livraison de l'avoine.

Si, dans les 48 heures de la présentation de cet ordre, l'avoine n'est pas enlevée, elle est réarrimée d'office pour le compte de qui de droit et donne lieu à la perception d'un nouveau droit de magasinage, indépendamment des nouveaux frais de manutention.

17° La Compagnie n'est responsable d'aucune avarie quand l'avoine est entre les mains du voiturier.

18° Elle se charge de faire à l'Administration de l'Octroi, les déclarations nécessaires pour les entrées en magasins, etc., etc., et les déclarations pour les sorties.

Dans ce dernier cas, elle se réserve le droit de demander une garantie suffisante pour se couvrir contre les conséquences pouvant résulter de la non-représentation ou de la non-décharge des pièces d'octroi.

Il est perçu pour chacune des déclarations ci-dessus la somme de vingt-cinq centimes :

A l'entrée. — *Formalités de déclarations à l'Octroi, etc. etc.*

A la sortie. — *Demandes de déclarations de sortie.*

19° Sur la demande du propriétaire de l'avoine, la Compagnie se charge de l'encaissement de ses factures moyennant une perception de 1/10 % sur l'intégralité de chaque facture.

Lorsque l'importance d'une facture dépasse dix mille francs la commission d'encaissement, sur l'excédent, est réduite à 1/20 %.

Les opérations d'encaissement et de versement des remboursements effectués par les preneurs, à la caisse de la Compagnie, suivant les ordres de livraison des livreurs, sont soumises à une perception de *cinquante centimes* par mille francs. (*Minimum de perception : un franc* jusqu'à vingt mille francs et, *au delà, vingt-cinq centimes* par mille francs sur le surplus).

Les remboursements suivis sur expéditions ont à supporter les mêmes frais.

Lorsque l'encaissement d'une facture exige plusieurs courses ou le dépôt préalable d'un duplicata de facture, il est perçu deux francs par course supplémentaire, *en plus du montant de la facture à encaisser.*

Récépissés et Warrants.

20 — L'Administration délivre à tout déposant qui en fait la demande un récépissé et un warrant transmissibles par voie d'endossement, dans la forme et sous les conditions déterminées par la loi du 28 mai 1858 et le décret du 12 mars 1859.

Il est perçu un droit fixe de un franc par chaque numéro d'entrée compris dans un récépissé-warrant, plus le timbre.

Maximum de perception : cinq francs par récépissé-warrant, plus le timbre.

Avant de délivrer des warrants, la Compagnie, si elle le juge utile, vérifie le contenu des sacs, jauge et les pèse aux frais des déposants.

Transferts (1).

21 — Le transfert a lieu sur un ordre écrit du cédant, accepté également par écrit par le cessionnaire. Les endossements de récépissés, quand la transcription en est faite sur les registres de la Compagnie, sont considérés comme transferts.

Dans ce dernier cas, la marchandise peut être transférée d'office, sur les registres de l'Entrepôt où elle est emmagasinée, au nom du bénéficiaire de l'endos qui a demandé la transcription et à charge de tous les frais dus à la Compagnie.

22 — Lorsque le transfert s'opère sans déplacement de la marchandise, il donne lieu à la perception d'un droit de trente centimes par 1 000 kilogrammes, sans que le montant du droit puisse descendre au-dessous de un franc plus les droits de bureau prévus à l'article 48.

23 — Les transferts avec triage, pesage ou vérification quelconque, sont considérés comme entrées nouvelles et donnent lieu à la perception du droit de manutention ordinaire d'entrée et de sortie, à la charge du cessionnaire, plus les frais de triage, de pesage, ou autres selon le cas.

En dehors des manutentions de triage, pesage ou vérification préalables aux transferts, il n'est opéré de manu-

---

(1) Tout ordre de transfert, sous quelque forme qu'il soit donné, doit être muni d'un timbre de 10 centimes. (Décision du 18 juillet 1882).

tentions extraordinaires sur l'ordre des cessionnaires qu'autant que le transfert à leur nom a été effectué sur les registres de l'Entrepôt.

24 — *Les frais de magasinage et autres courent du jour du transfert pour le compte du nouveau propriétaire, lors même qu'il lui serait accordé un délai pour prendre livraison et quelle que soit la date d'expiration des périodes en cours à la charge du cédant.*

Le premier mois faisant suite au transfert ne se fractionne pas.

Quant aux frais d'entrepôt et autres grevant la marchandise au jour du transfert, le cessionnaire doit en faire effectuer le paiement par le cédant, sinon il en demeure personnellement tenu.

25 — Les frais de transfert sont à la charge du cessionnaire; les frais de sortie à la charge du titulaire au moment de l'enlèvement, si le cessionnaire n'en a pas fait effectuer le paiement par son cédant au jour du transfert.

Ces dispositions ne sont pas applicables à certains cas prévus dans les Tarifs spéciaux.

Magasinage.

26 — Le magasinage est dû pour la partie entière du jour de l'entrée du premier colis en magasin, et les périodes sont comptées sur la base de trente jours pour un mois, *y compris le jour d'entrée et celui de sortie.*

27 — Le magasinage est liquidé à chaque sortie proportionnellement à l'importance de chacune d'elles jusqu'au jour du départ du dernier colis. Le premier mois est toujours dû en entier; les mois suivants se fractionnent par quinzaines.

28 — Les comptes de frais sont établis sur le poids brut, sur le poids net d'entrée ou sur les contenances, suivant le cas, sans avoir égard aux différences provenant des déchets naturels constatés à la sortie ou de ceux résultant des manutentions extraordinaires.

Néanmoins, lorsque pendant le séjour en magasin, le déposant fait manutentionner sa marchandise et en demande le pesage, la taxe de magasinage est appliquée, pour les périodes ultérieures, sur le poids nouvellement constaté.

29 — Le magasinage et la manutention se calculent au nombre ou sur le poids brut, en arrondissant les fractions de poids de 10 kilog. supérieurs, conformément aux prix indiqués dans le Tarif général ou dans les Tarifs spéciaux. Toute sortie qui n'atteint pas le poids de 100 kilog. est liquidée d'après ce poids.

Cependant, pour les marchandises en colis d'un poids inférieur à 10 kilog. l'un, de même que pour les marchandises en vrac, les manutentions ordinaires d'entrée et de sortie et tous déplacements de ces marchandises sont payés à l'heure et non au poids, sauf ce qui est dit aux Tarifs spéciaux.

30 — Toutefois, pour un même numéro d'entrée, aucun droit de magasinage ne peut être inférieur à un franc par mois, et le minimum du droit de manutention, soit à l'entrée, soit à la sortie, est fixé à cinquante centimes.

31 — Les frais de magasinage et autres, ainsi que le coût des ports de lettres et des dépêches, sont acquittés à la sortie; toutefois, lorsque la marchandise a séjourné plus de six mois en magasin, l'Administration peut, après

ce délai, exiger le paiement de tous les frais échus et des déboursés. Cependant, dans le cas où la Compagnie reconnaîtrait que certaines marchandises admises en Entrepôt n'auraient pas ou n'auraient plus une valeur suffisante pour répondre des frais dus pour une période de *six mois*, elle se réserve la faculté de percevoir les dits frais à des époques plus rapprochées, même mois par mois si elle le juge à propos.

32—Les marchandises, non susceptibles d'être arrimées, paient le magasinage au mètre carré selon la surface occupée mesurée à angles droits et augmentée de l'espace libre indispensable pour les visites et pour les manutentions.

La base minima de perception est, dans ce cas, de 10 mètres carrés.

33 — Toutes les fois qu'un négociant désirera que ses avoines soient réunies dans un même magasin et voudra que l'espace choisi par lui soit tenu à sa disposition pour les avoines qu'il pourra recevoir, la Compagnie percevra le magasinage non plus au poids ou à la quantité, mais au mètre carré sur la totalité de l'emplacement réservé pour le dépôt des marchandises et la circulation.

34 — Dans ce dernier cas, les prix seront traités de gré à gré; le mode de magasinage seul aura changé et tous les autres articles du présent Règlement conserveront leur même effet; toutefois, la Compagnie se réserve la faculté de faire présenter à la fin de chaque mois la note de tous les frais dus.

La base minima de perception est de 25 mètres carrés.

Assurance contre l'Incendie.

35 — Toutes les avoines reçues dans les divers entrepôts de la Compagnie sont soumises à l'assurance par le fait même de leur entrée en magasin.

36 — L'assurance est faite par les soins de la Compagnie au moyen de polices permanentes.

37 — A défaut de déclaration par le déposant, la valeur est déterminée d'office par la Compagnie, qui décline toute responsabilité au delà du montant de son estimation. En dehors du cas faisant l'objet de l'assurance, ni cette estimation approximative, ni la déclaration du déposant ne pourront servir à justifier une dépréciation de la marchandise.

La prime d'assurance, pour chaque numéro d'entrée est de 0 fr. 30 par mille francs de valeur et par mois de trente jours, sans aucun fractionnement de la valeur ni du temps, pour les marchandises qualifiées *ordinaires* et *de toute nature* par les Compagnies d'assurances.

Tout mois commencé est dû en entier.

Manutentions ordinaires.

38 — Les manutentions ordinaires consistent dans les opérations suivantes :

A l'entrée. — Recevoir la marchandise des mains des voituriers, qui la doivent à l'entrée des magasins ; la vérifier extérieurement en ce qui concerne les marques et numéros ; en faire le placement en magasin et l'arrimer ;

A la sortie. — Désarrimer la marchandise et la mettre à la porte du magasin, où les voituriers doivent la prendre pour la charger eux-mêmes sur leurs voitures.

Au cas où les voituriers demanderaient que le chargement de leurs voitures fût effectué par les soins de la Compagnie, il leur sera perçu au moment de la livraison cinquante centimes par tonne.

Minimum de perception : cinquante centimes.

On fait observer que le désarrimage a lieu dans l'ordre où la marchandise se trouve et sans choix de colis ; si un triage devait avoir lieu pour livrer des colis dont les marques ou les numéros seraient désignés d'une manière spéciale, ce triage et le réarrimage des colis déplacés seraient considérés comme manutentions extraordinaires et payés à raison de soixante centimes par chaque heure d'ouvrier employé, selon le temps passé.

39 — Toutes les autres manutentions sont des manutentions extraordinaires.

Les manutentions des marchandises emballées sont taxées sur le poids brut ; il en est de même lorsque la manutention à opérer nécessite un ensachage de la marchandise.

Voir, en outre, aux articles qui sont applicables aux manutentions.

Manutentions extraordinaires.

40 — Aucune de ces manutentions ne sera faite que sur l'ordre écrit du propriétaire, à moins de besoin urgent pour la conservation de la marchandise ; dans ce dernier cas, il en recevra immédiatement avis.

41 — Les manutentions extraordinaires non prévues aux tarifs seront payées, suivant le temps passé, à raison de 0 fr. 60 par chaque heure d'ouvrier employé.

Aucune opération n'est comptée pour moins d'une heure.

Pour les manutentions extraordinaires prévues au tarif, le minimum de perception est fixé à 0 fr. 60.

Le paiement des manutentions extraordinaires peut être exigé aussitôt le travail terminé.

Le séjour pendant lequel s'effectuent les manutentions extraordinaires est, dans tous les cas, à la charge de la de la marchandise.

Pesages.

42 — Tous pesages non taxés aux Tarifs spéciaux et faits soit à l'entrée, soit à la sortie des marchandises, seront payés à raison de 0 fr. 50 par 1 000 k.

43 — Pour les colis d'un poids inférieur à 10 kilog. l'un, et pour les marchandises en vrac, le pesage est payé à raison de 0 fr. 60 l'heure de chaque ouvrier employé.

Pour le pesage en magasin pendant le séjour, il est perçu, en plus des prix indiqués plus haut, le droit de manutention ordinaire de sortie et d'entrée pour désarrimage et réarrimage.

44 — Le minimum des droits de pesage est fixé à 0 fr. 50.

Réparations.

45 — Les réparations sont facturées d'après leur importance, et leur nature ou au temps passé, fournitures en plus.

Le prix de l'heure ne peut être inférieur à *un franc* par heure et par ouvrier. Minimum de perception *deux francs*.

46 — Le prélèvement des échantillons ne peut se faire qu'en présence d'un employé de l'Administration et suivant autorisation écrite du déposant.

Il est perçu pour temps passé, fourniture et surveillance, par chaque échantillon du type ordinaire prélevé sur un seul lot ou par numéro d'Entrepôt lorsque l'échantillon est prélevé sur plusieurs lots :

Vingt-cinq centimes pour les farines, grains, graines et marchandises diverses en sacs ou en vrac.

47 — Les affranchissements et ports sont taxés en plus lorsque les échantillons sont expédiés par la poste ou portés à domicile, et la course, dans ces cas, est taxée au temps passé à raison de 0 fr. 60 par heure.

Droit de bureau.

48 — Il est perçu, pour enregistrement à l'entrée 0 fr. 50 par numéro (timbre en sus), et à la sortie un droit fixe de 0 fr. 10 par bulletin délivré à chaque livraison partielle ou totale.

Règlement intérieur.

49 — Ne sont admis dans les magasins que les propriétaires des marchandises ou les personnes autorisées par eux.

Dans tous les cas, personne ne peut pénétrer dans les magasins sans être accompagné d'un agent de la Compagnie spécialement désigné.

Fig. 156. — *Lève-sacs transvideur* (Rose frères, à Poissy).

50 — Toute visite, ouverture de colis et tout échantillonnage ne seront faits, sauf le cas d'urgence, que sur un ordre écrit du propriétaire.

51 — Les magasins sont ouverts de 6 heures du matin à six heures du soir, du 1er avril au 30 septembre, et du lever au coucher du soleil du 1er octobre au 31 mars.

52 — Ils sont fermés les dimanches et les jours fériés.

Ventes publiques.

53 — Le négociant qui désire opérer une vente publique doit remettre à l'Administration les ordres pour le lotissement de la marchandise quatre jours au moins avant le jour fixé pour la vente.

54 — Les frais de lotissement sont fixés de gré à gré, soit avec le propriétaire, soit avec le courtier chargé de la vente.

55 — Indépendamment de ces frais et de ceux de magasinage et de manutention, la rétribution due à l'Administration par vente ou par jour, si la vente durait plus d'un jour, est fixée comme suit :

```
Par vente ne dépassant pas 5 000 fr..............  10 fr. »
    d°        de  5 001 à  10 000.. .......... ...  20    »
    d°           10 001 à  30 000 .............. .  30    »
    d°           30 001 à  50 000 ...............  50    »
    d°        au-dessus de 50 000 ...............  60    »
```

2ᵉ Exemple

TARIF SPÉCIAL N° 2

AVOINES

Manutentions ordinaires.	Prix moyens des divers Entrepôts (1)	Entrepôts de Paris
A l'entrée. — Par 100 kilog. bruts.		
En sacs, mise en magasin et arrimage..................	0.06 à 0.08	0.10
— — et vidage immédiat avec mise en couche, sans mélange..	0.08 à 0.10	0.12
— — et vidage immédiat avec mise en couche et mélange à la pelle	0.12 à 0.15	0.15
A la sortie. — Par 100 kilog. bruts.		
Désarrimage et livraison immédiate	0.06 à 0.08	0.10
Ensachage, posage, réglage et arrimage................	0.10	0.12
— — — livraison immédiate........	0.10	0.12
— — — livraison et vidage pour transfert de la marchandise en vrac.................	0.12 à 0.15	0.15

(1) Voir nomenclature page 563.

	Prix moyens des divers Entrepôts	Entrepôts de Paris
Magasinage par mois de 30 jours.		
En sacs arrimés, par 100 kilog. bruts	0.05à0.08	0.10
— — en piles creuses	0.06à0.10	—
— — cul sur gueules	0.07à0.11	—
— debout et en rang simple	0.10à0.12	—
En couche de 0ᵐ30 d'élévation, par 100 kilog. nets	0.25à0.40	0.60
— de 0 40 — —	0.35	0.50
— de 0 50 — —	0.28à0.30	0.40
— de 0 60 — —	0.15à0.25	0.35
— de 0 75 — —	0.10à0.20	0.30
— de 0 90 — —	0.15	0.25
— de 1 00 — —	0.10à0.12	0.20
— de 1 25 et au-dessus —	0.08à0.10	0.15
Assurance contre l'incendie, par 1 000 francs de valeur et par mois de 30 jours, sans aucun fractionnement	0.30à0.40	0.40
Manutentions extraordinaires s'appliquant aux Avoines, à tous les grains et aux graines fourragères ou oléagineuses.		
Par 100 kilog. bruts :		
Chaque pesage à l'entrée ou à la sortie	0.05	0.10
Pesage avec réglage	0.06à0.07	0.08
Pour les grains déjà en couche : Ensachage, pesage, réglage, réarrimage	0.10	0.12
Pour les grains déjà en couche : Ensachage, pesage, réglage et remise en couche { *sans mélange*	0.12à0.15	0.15
couche { *avec pelletage pour mélange*	0.15à0.20	0.20
Pour les grains en sacs : Désarrimage, vidage, pelletage (1) réensachage, pesage, réglage et réarrimage ou livraison immédiate	0.18à0.20	0.20
Désarrimage, pesage en magasin et réarrimage ou livraison immédiate	0.10	0.10
Désarrimage, pesage et mise en couche sans mélange	0.10à0.12	0.12
— — — avec pelletage pour mélange	0.14à0.15	0.15
Transvidage sans réglage, sac dans sac de même contenance	0.04à0.05	0.05
Transvidage avec réglage — —	0.06à0.09	0.08
— avec pesage dans des sacs de diverses contenances	0.08à0.10	0.10

(1) Au lieu d'être fait à la main, le pelletage peut être opéré mécaniquement. Les installations de ce genre existent à Lyon et Vincennes dans les magasins à avoine de l'administration militaire.

Par 100 kilog. bruts :	Prix moyens des diverss Entrepôts.	Entrepôts de Paris.
Mélange à la pelle	0.12à0.15	0.15
Pelletage	0.04à0.05	0.05
Criblage au fil de fer	0.15	0.15
Tararage des graines fourragères ou oléagineuses	0.40à0.50	0.50
Tararage à bras des grains en vrac restant dans leur emplacement (sans vérification de poids) sur le poids d'entrée ou de transfert	0.02à0.25	0.25
Par 100 kilog. bruts :		
Tararage à vapeur avec ensachage, pesage et réglage (sans autre manutention)	0.35	0.35
Triage avec ensachage, pesage et réglage (sans autre manutention)	0.40	0.40
Tararage à vapeur et triage. (opérations simultanées)	0.50	0.50
Ensachage, pesage, réglage, tararage à vapeur ou à bras, ensachage, pesage et réglage à la sortie du tarare et remise en couche ou réarrimage	0.50	0.50
Même opération avec triage simultané	0.60	0.70
Désarrimage, poids de recensement, tararage à vapeur ou à bras, ensachage, pesage et réglage à la sortie du tarare, mise en couche ou réarrimage	0.40à0.45	0.45
Même opération avec triage simultané	0.60	0.70

Le bloc ci-dessus est marqué, à gauche, de l'accolade : *Dans les magasins munis d'appareils ad hoc.*

Dans le cas où la manutention à exécuter nécessiterait un changement de magasin, il sera perçu **0 fr. 10** *par 100 kilog. bruts pour déplacements.*

TOILES VIDES

Le magasinage est perçu à raison de quinze centimes par 100 kilog. pour les toiles non enlevées dans les dix jours de la mise en couche des grains.

Assurance. — Trente centimes par 1 000 fr. de valeur et par mois de 30 jours, sans aucun fractionnement, en prenant pour base de la valeur 1 fr. 50 par toile.

Manutentions.

Triage, comptage et mise en pochetées de toiles vides, à la suite du vidage des grains et graines :

Par 100 toiles ou fraction au-dessous............... 0 fr. 50

(Minimum de perception : 0 fr. 60).

Les autres manutentions sont comptées au temps passé à raison de o fr. 60 l'heure d'ouvrier employé, sans fractionnement.

3ᵉ Exemple

PORTS DE MER [1]

1º RÉCEPTION

Avoines, Grains, Graines par lots d'au moins 100 tonnes.

Débarquement avec pesage et mise à quai..	1 25	par 1 000 kil. bruts
— et mise directe sur wagons, voitures ou bateaux placés le long du bord du navire.............................	1 25	—
Débarquement, mise au parc, ensachage, pesage, réglage et réarrimage à quai ou mise immédiate sur voitures ou wagons (*au fur et à mesure de l'ensachage*)................	2 50	—
Même opération, avec mise sur bateaux (*sans camionnage*)............................	3 »	—

N. B. — Ces prix comprennent la commission de transit, mais ils subissent une augmentation de *0 fr. 50* par tonne, lorsque le réglage des sacs est fait à un poids inférieur à 100 kilog. bruts.

2º RÉEXPÉDITIONS

A — Relevage de quai et mise sur voitures ou wagons placés à proximité des piles (sans camionnage, ni portage ou boulage supplémentaire).

Farines, Grains, Graines et autres marchandises en sac 0 fr. 50 par 1 000 kil. brut.

---

[1] Ex. : Tarif applicable à Dunkerque.

B — Relevage de quai et mise sur bateaux amarrés au quai où sont placées les marchandises à embarquer (sans camionnage ni portage ou boulage supplémentaire).

Farines, Grains, Graines et autres marchandises en sacs, 1 franc par 1000 kil. brut.

C — Manutentions diverses.

AVOINES, GRAINS, GRAINES, FARINES

Désarrimage, pesage et réarrimage à quai...	0 75	par 1 000 kil. bruts.
— — et chargement sur wagons ou voitures..........................	0 75	—
Désarrimage, pesage et chargement sur bateaux (sans camionnage)...................	1 25	—
Désarrimage, transvidage, sac dans sac sans pesage et réarrimage à quai...............	1 »	—
Même opération, avec chargement sur wagons ou voitures................................	1 »	—
Même opération, avec chargement sur bateaux (sans camionnage).........................	1 50	—
Désarrimage, transvidage, pesage et réarrimage à quai................................	1 25	—
Désarrimage, transvidage, pesage et chargement sur wagons ou voitures..............	1 25	—
Désarrimage, transvidage, pesage et chargement sur bateaux (*sans camionnage*).......	1 75	—
Désarrimage, transvidage, pesage avec réglage et réempilage à quai.......................	1 40	—
Désarrimage, transvidage, pesage avec réglage et chargement sur wagons ou voitures.....	1 40	—
Désarrimage, transvidage, pesage avec réglage et chargement sur bateaux (*sans camionnage*)	1 90	—
Dépilage, comptage et réarrimage à quai.....	0 60	—
— triage — —	0 70	—
— — et chargement sur voitures ou wagons..................................	0 70	—
Dépilage, triage et chargement sur bateaux (*sans camionnage*)........................	1 »	—

Désarrimage, mise au parc, ensachage, pesage, réglage et réempilage à quai..............	1 75	par 1 000 kil. bruts.
Même opération, avec chargement sur voitures ou wagons................................	1 75	—
Même opération, avec chargement sur bateaux (*sans camionnage*).........................	2 »	—
Chargement simple sur bateau, (*sans arrimage*)	0 50	—
— sur bateau (*avec arrimage*)......	0 75	—

3° SÉJOUR A QUAI — BACHAGE — GARDIENNAGE

A — Séjour à quai.

Les divers risques résultant du séjour à quai, et tout particulièrement les avaries, restent à la charge du propriétaire de la marchandise.

En ce qui concerne l'empilage à quai, il est fait d'après la place disponible, et sans aucune responsabilité, sur des claies dont la location est facturée suivant débours.

B — Bâchage.

Lorsqu'il y a mise à quai, le bâchage des Farines, Grains, Graines ou autres marchandises craignant la mouille, est fait d'office pour le compte et aux risques du propriétaire de la marchandise.

Il est perçu pour cet abri provisoire, en usage dans les Ports : *0 fr. 05* par tonne et par jour. Minimum de perception : *1 fr.*

C — Gardiennage.

Pour éviter les détournements ou soustractions de marchandises, le transitaire en assure le gardiennage de jour et de nuit aux conditions suivantes : *Cinq francs par navire et par nuit pendant le cours du débarquement.*

Le débarquement achevé, la perception par vingt-quatre heures est de *8 fr., pour le gardiennage de jour et de nuit.*

4° SURVEILLANCE

La Compagnie se charge d'assurer la surveillance des débarquements, réceptions des marchandises ou pesages et du prélèvement contradictoire des échantillons moyennant : *0 fr. 25* par tonne sur le poids du chargement surveillé.

5° CAMIONNAGE OU PORTAGE

Des Bassins	aux Entrepôts de Dunkerque.....	0 75	par 1.000 kilos bruts
—	à l'Entrepôt de Coudekerque....	1 25	—
—	à la Gare........................	0 75	—
—	aux Lignes régulières...........	0 75	—

N. B. — En temps de neige ou de verglas, les prix de camionnage sont traités de gré à gré, sans aucun engagement pour notre Compagnie.

6° CALES

Grains et Graines en sacs...........................	0 70
Grains en vrac....................	0 80

OBSERVATIONS GÉNÉRALES

Lorsque le matériel de transport *(wagons ou bateaux)* fait défaut, la marchandise est mise à quai et, dans ce cas, tous les frais en résultant *(location de bâches et de claies, gardiennage, manutentions, etc., etc.)* sont à supporter par le propriétaire de la marchandise débarquée. — Il en est de même, lorsque la mise à quai a lieu à défaut d'instructions.

Il est nécessaire, pour éviter cette mise à quai, de donner toutes instructions utiles, avant ou au plus tard, dès l'arrivée du navire.

Pour tous les navires placés en second, la taxe de manutention de débarquement est augmentée de *0 fr. 25* par tonne; mais la quantité transbordée directement sur les bateaux placés le long du bord du navire en débarquement est exonérée de cette dépense supplémentaire.

Les prix de débarquement pour les Avoines, Grains ou Graines en vrac s'entendent pour des sacs réglés à un poids uniforme ne dépassant pas 101 kilos. Si le réclamateur désire que le réglage des sacs se fasse à un poids supérieur, une entente préalable est exigible.

Les réceptions de lots n'atteignant pas 100 tonnes subissent une augmentation de 20 0/0.

Dans les taxes de débarquement ne sont pas compris les débours à payer au service du Poids Public, lorsque celui-ci est requis.

Tous les frais nécessités par les avaries sont facturés en sus des prix prévus ainsi que les débours pour envoi d'échantillons, fournitures, communications téléphoniques, affranchissement de la correspondance, télégrammes, timbres, débours en Douane et autres occasionnés par les formalités à remplir vis-à-vis des Administrations de l'Etat, de la Ville et des Compagnies de chemins de fer.

Lorsqu'il y a accord pour travailler la nuit, la plus-value est déterminée par les usages du Port pour le salaire des ouvriers, sans préjudice de l'indemnité à payer aux employés de la Douane.

En cas de réexportation, on traite de gré à gré pour les manutentions à opérer en présence de la Douane, ou, à défaut de convention préalable, les frais sont comptés au temps passé à raison de *0 fr. 60* par heure et par ouvrier employé, sans fractionnement.

Une provision est exigible pour le paiement du fret

et le remboursement des sommes versées au Capitaine ou au Courtier Maritime doit être effectué au fur et à mesure des versements ainsi que les frais d'envoi d'argent.

La Compagnie décline toute responsabilité en cas de surestaries, s'il y a retard pour manque d'instructions, par cas de force majeure ou de grève des ouvriers, et aussi, si les jours de planche accordés par la Charte-Partie sont inférieurs à ceux déterminés par les Règlements du Port.

Par suite, les sommes versées par les Capitaines à titre de *Dispatch-Money*, lorsqu'il y a lieu, sont encaissées au crédit des propriétaires du chargement.

Toutes manutentions supplémentaires, que le manque de place à quai (*à proximité du navire en débarquement*) occasionne, sont à la charge de la marchandise.

La Compagnie se charge de faire assurer les marchandises à quai moyennant une prime à déterminer, toutes les fois que son concours, à ce sujet, est réclamé par la clientèle.

Les frais laissés par le vendeur à la charge de l'acheteur, ainsi que la traction sur les Voies Maritimes et le transport des sacs vides, sont suivis en débours sur les expéditions ou livraisons, et la Compagnie décline toute responsabilité s'il y a refus à l'arrivée ou en cas de non-paiement.

Les comptes de transit et de débarquement à établir, dès que les opérations sont terminées, sont à payer à présentation, déduction faite de la couverture qui a pu être exigée.

4ᵉ Exemple (1)

EMMAGASINAGE EN PROVINCE

TARIF SPÉCIAL N° 3

Avoines.

MAGASINAGE **en SACS** *(Sans fixation de quantité)*	**0 fr. 50** par 100 kilog. nets pour une période indivisible de **3 mois.**	Comprenant le **droit d'embranchement** ou le **camionnage** à l'arrivée, l'entrée et l'arrimage, le magasinage et l'assurance pendant **3 mois**, le désarrimage et la sortie.
	0 fr. 07 par 100 kilog. nets pour chacun des mois suivants.	Comprenant le magasinage et l'assurance. Tout mois commencé est dû en entier.
MAGASINAGE **en VRAC** **(Par lots de 500 qx au minimum)**	**0 fr. 66** par 100 kilog. nets pour une période indivisible de **3 mois.**	Comprenant le **droit d'embranchement** ou le **camionnage** à l'arrivée, l'entrée, le versage en couches de 1 mètre 50 de hauteur; le magasinage, l'assurance pendant **3 mois**, l'ensachage, le réglage et la sortie.
	0 fr. 09 par 100 kilog. nets pour chacun des mois suivants.	Comprenant le magasinage et l'assurance. Tout mois commencé est dû en entier.

TARIF SPÉCIAL N° 4

Avoines.

MAGASINAGE **en SACS** *(Sans fixation de quantité)*	**0 fr. 60** par 100 kilog. nets pour une période indivisible de **6 mois.**	Comprenant le **droit d'embranchement** ou le **camionnage** à l'arrivée, l'entrée et l'arrimage, le magasinage et l'assurance pendant **6 mois**, le désarrimage et la sortie.
	0 fr. 06 par 100 kilog. nets pour chacun des mois suivants.	Comprenant le magasinage et l'assurance. Tout mois commencé est dû en entier.
MAGASINAGE **en VRAC** **(Par lots de 500 qx au minimum)**	**0 fr. 85** par 100 kilog. nets pour une période indivisible de **6 mois.**	Comprenant le **droit d'embranchement** ou le **camionnage** à l'arrivée, l'entrée, le versage en couches de 1 mètre 50 de hauteur; le magasinage, l'assurance pendant **6 mois**, l'ensachage, le réglage et la sortie.
	0 fr. 08 par 100 kilog. nets pour chacun des mois suivants.	Comprenant le magasinage et l'assurance. Tout mois commencé est dû en entier.

(1) Tarif applicable aux Docks de Bourgogne.

TARIF SPÉCIAL N° 5

pour les Pailles.

Entrepôt à couvert sous hangar (haut maximum 6 métres) comprenant le magasinage et l'assurance par trimestre et par 500 kilogrammes indivisibles....... 0'40

Minimum de perception pour magasinage et assurance dans le cas d'un séjour ne dépassant pas 3 mois, par 500 kilogrammes indivisibles.............. 0'80

    Manutentions : par demi-heure indivisible.... 0fr.30
    Camionnage : par 500 kiliogrammes.......... 2fr.00

NOTA. — Par quantité inférieure à 5000 kilog. les taxes d'entrepôt sont doublées.

AVOINES – MANUTENTIONS

Avoines en sacs	MAGASINAGE PAR MOIS	MANUTENTIONS	
	0 fr.10 par 100 kilos	ENTRÉE	SORTIE
		0.10	0.10

L'assurance des marchandises est comptée en sus des prix ci-dessus à raison de 50 centimes par 1000 francs et par mois.

Minimum de perception : 5 francs, tous frais compris, assurance exceptée.

Pour quantité inférieure à 5000 kilos, le magasinage est côté moitié en plus.

Versage, empochage et réglage..........	0 fr. 11 les	100 kilos.
Réglage simple.........................	0 fr. 03	—
Réglage à un poids uniforme des sacs entrés à des poids différents..........	0 fr. 06	—
Pelletage...............................	0 fr. 02	—
Tararage	0 fr. 12	—
Pesage.................................	0 fr. 05	—

(Chaque pesage est considéré pour 1000 kilos.)

Manutentions ordinaires non dénommées. 0 fr. 60 de l'heure.

Magasinage à couvert sous hangar par surface minimum indivisible de 10 m. carrés   7 fr.   par mois.
Maximum 4 mètres de hauteur.

Magasinage à découvert, par surface minimum indivisible de 50 mètres carrés..   2 fr. 50   —
(Toutes manutentions en dehors.)

Céréales et graines en vrac, hauteur maximum 1^{m}50, prix du magasinage en sac augmenté de moitié jusqu'à 2000 quintaux par chaque lot de même marchandise, et d'un quart au-dessus de 2000 quintaux.

Les bonifications suivantes sur les tarifs de magasinage, d'entrée et de sortie, seront accordées aux déposants qui, dans le cours d'une année, auront emmagasiné les quantités ci-après :

Céréales, Graines et Farines.

Jusqu'à 500 quintaux, le tarif.

De	501 à 1,000 —	5 °/₀
De	1,001 à 2,000 —	10 °/₀
De	2,001 à 3,000 —	15 °/₀
De	3,001 à 4,000 —	20 °/₀
De	4,001 à 5,000 —	25 °/₀
De	5,001 à 6,000 —	30 °/₀
De	6,001 et au-dessus.	35 °/₀

Camionnage.

1 franc   les 1.000 kilos pour les grains et farines.
4 francs   —   pour les pailles.

Minimum de perception : 1 franc.

Droit remplaçant le camionnage pour marchandises reçues ou expédiées par les embranchements particuliers.

A l'arrivée, par wagon complet, 0 fr. 50 par 1,000 kilos.
Au départ,   —   0 fr. 50 par 1,000 kilos.

Les wagons incomplets sont camionnés d'office.

5ᵉ Exemple (Navigation fluviale)

TRANSIT des Marchandises arrivées ou expédiées par bateau

GRAINS ET GRAINES

Embarquement en transit par 1000 kilogr.

En sacs, pris sur voiture et arrimage sur bateau............... 1 »
En sacs, pris sur voiture et mis en bateau en vrac, avec le pelle-
  tage nécessaire pour niveler le chargement................... 1.25
Arrimage dans le bateau, en sus, pour les marchandises en barils 0.25

Débarquement en transit par 1000 kilogr.

En sacs, pris au bateau et mis sur voiture ou sur quai.......... 1 »
Pour les grains en vrac, ensachage, pesage, réglage et mise sur
  quai ou sur voiture au fur et à mesure de leur sortie du bateau
  et sans arrêt............ : .... 2 »

L'arrimage sur voiture devra toujours être fait par les voituriers, ainsi que le chargement, lorsque la marchandise a été déchargée sur le quai.

Pesages.

Il est perçu pour le pesage des marchandises sur quai, lorsque ce pesage est demandé, un droit de 0 fr. 10 par 100 kilogr. brut. *Minimum de perception, 0 fr. 75.*

Droits de manutention.

Chargement du quai à bord du bateau (par tonne).............. 1 »
Déchargements des bateaux et mise à quai ou sur voiture (par
  tonne) (1)... 1 »

Les droits de manutention ci-dessus s'appliquent aux bateaux non pontés ou à ceux dont, soit les écoutilles, soit les ouvertures, ne sont pas de dimensions moindres que celles des colis à manutentionner.

---

(1) Tarif applicable aux docks de Lyon Vaise.

Droit de stationnnement.

Par jour et par bateau.. 2 »

Le droit s'applique :

1° Pour toute la durée de leur séjour dans les bassins,

Aux bateaux entrés vides et sortant vides;

Aux bateaux entrés chargés et qui sortent sans avoir été déchargés;

2° Aux bateaux qui excèdent les délais prévus.

Droits de quai.

Aprés les jours de planche :

Par tonne et par jour... 0.10
Asssurance, par 1 000 fr. de valeur et par jour, sans fractionnement de valeur.. 0.02

Pesages.

Il est perçu pour le pesage des marchandises sur quai ou sur bateau lorsque la nature de la marchandise le permet et lorsque ce pesage est demandé :

Un droit fixe, par 100 kilog. bruts, de.................:.............. 0.10
Minimum de perception... 0.75

Droit d'éclusage.

Pour les bateaux qui entrent dans le bassin des docks ou qui en sortent :

Droit d'entrée et de sortie (minimum de perception par bateau).. 25 »
Bateaux entrés chargés et sortant vides (par 1 000 kilog.)....... 0.30
       —   vides et sortant chargés (—   )....... 0.30

Bateaux entrés chargés et sortant chargés :

Pour l'entrée p. 1 000 kil. (minimum de perception 20 fr. p. bateau) 0.25
Pour la sortie   —   (—   15 fr.   —   ) 0.15

Bateaux entrés vides et sortant vides :

Droit d'entrée et de sortie, par bateau............................. 30 »

Nota. — Les marchandises à destination ou provenant

des Magasins Généraux de Saint-Denis et d'Aubervilliers ont à supporter une taxe supplémentaire de cinquante centimes (0 fr. 50) par tonne pour transport du bassin d'Aubervilliers aux magasins desdits entrepôts ou *vice versa*.

Camionnage. — La Compagnie se charge, autant qu'il lui est possible, du camionnage, soit à l'entrée, soit à la sortie; il en sera traité de gré à gré.

ENTREPOTS RÉELS — ENTREPOTS FICTIFS

Les divers renseignements que nous venons de donner permettront de juger les conditions d'emmagasinage de l'avoine dans les magasins publics agréés par l'Etat, et de se rendre compte de la façon dont les divers frais et manutentions y sont tarifés.

Les avoines *placées en entrepôt sont réputées hors de France pour ce qui concerne la perception des droits de douane de 3 francs par 100 kilos*. A la sortie de l'entrepôt, elles sont traitées, quant à la quotité des droits applicables, comme si elles arrivaient à ce moment du pays d'où elles ont été importées, et elles peuvent recevoir toutes les destinations auxquelles les importations faites en ce moment pourraient donner lieu.

Les avoines étrangères entreposées, et réexportées ensuite directement, sont donc exemptes des droits, et les autres destinées à la consommation en France ne les acquittent qu'à leur sortie définitive d'entrepôt.

Il y a des *Entrepôts réels* et des *Entrepôts fictifs*.

L'*entrepôt réel* est établi dans un local gardé par la Douane. Toutes les issues et tous les magasins en sont fermés à deux clefs dont l'une reste entre les mains de l'administration des douanes.

L'*entrepôt fictif* est constitué dans les magasins du commerce.

Tout importateur a le droit de déclarer ses marchandises pour l'entrepôt réel régulièrement constitué.

La déclaration d'entrepôt fictif doit être faite conjointement par l'*importateur* et par une *caution*.

Les avoines placées dans un entrepôt sont susceptibles d'être dirigées sur un autre entrepôt frontière ou de l'intérieur, sans acquitter des droits de douane, en remplissant les formalités de *mutation d'entrepôt*. Elles peuvent aussi être cédées, sans acquitter les droits, au moyen de *transferts*, à un ou plusieurs tiers acheteurs qui s'engagent personnellement envers la douane au lieu et place du précédent propriétaire. Si au lieu d'être en entrepôt réel l'avoine est en entrepôt fictif, l'acheteur doit s'engager envers la douane, non seulement personnellement, mais concurremment, avec une caution.

Nous verrons plus loin, dans le chapitre consacré au commerce des avoines, l'emploi des transferts. Les mutations d'entrepôt réel ou fictif par mer ont lieu, dans les conditions déterminées par l'article 21 de la loi du 17 mars 1826 et avec dispense du plombage des sacs, comme toutes les opérations de cabotage, elles sont réservées à la marine française ; quant aux mutations d'entrepôt par terre, elles s'effectuent sous les conditions générales du transit.

La durée de l'entrepôt est de trois ans pour l'entrepôt

réel, et de deux ans pour l'entrepôt fictif des grains, tandis qu'il n'est que d'un an pour les autres marchandises. En cas de mutation d'entrepôt, le délai date de l'inscription au *sommier* du premier entrepôt.

PORTS & VILLES OU IL EXISTE DES ENTREPOTS

1er *Entrepôts maritimes.*

Nice, Toulon, Marseille, Arles (1), Cette, Agde, Port-Vendres, Bayonne, Bordeaux, Rochefort, La Rochelle, La Pallice, Nantes, Saint-Nazaire, Vannes, Lorient, Brest, Roscoff, Morlaix, Le Legué, Saint-Servan, Saint-Malo, Granville, Cherbourg, Caen, Honfleur, Rouen, Le Havre, Fécamp, Dieppe, Saint-Valery-sur-Somme, Abbeville, Boulogne, Calais, Gravelines, Dnnkerque.

2e *Entrepôts à l'intérieur et aux frontières de terre.*

Paris, Orléans, Lille, Douai, Valenciennes, Besançon, Lyon, Saint-Etienne, Roanne, Chambéry, Toulouse, Tours, Limoges. La création d'entrepôts a été en outre autorisée par divers décrets, mais n'a pas encore été effectuée à Saint-Quentin, Dijon, Charleville, Nancy, Cambrai.

L'entrepôt fictif pour les avoines et les autres grains peut être effectué *dans tous les ports* d'entrepôt réel et dans tous ceux où il existe un bureau de douane, ainsi que dans les villes de Lille, Valenciennes, Givet, Charleville, Lyon et Nancy.

Magasins coopératifs à céréales.

La question d'organisations coopératives pour la vente des céréales étant à l'étude en ce moment, il nous a paru

(1) Avec interdiction de reexportation par mer.

utile de publier les renseignements précédents sur les magasins généraux et les entrepôts dont le fonctionnement est inconnu de la plupart des cultivateurs, et qui, après avoir été si utiles parfois aux spéculateurs, semblent être à la veille de rendre à l'Agriculture les mêmes services qu'à l'Industrie et au Commerce.

Une entente avec les Magasins Généraux permettrait aux producteurs de tenter de suite l'essai de la vente coopérative des céréales, sans risquer un capital considérable en constructions et en installations, tout en évitant des mises de fonds qui ne viendraient que plus tard, si le système était reconnu bon, et si l'utilité de ces dépenses s'imposait.

Ces magasins et entrepôts étant peu nombreux en France, il a fallu, afin de permettre d'étudier la généralisation future des greniers ou magasins coopératifs pour la vente des céréales, examiner la possibilité de leur création dans les diverses régions agricoles. Comme ces institutions coopératives commencent à être assez répandues en Allemagne où elles donnent de bons résultats, M. M. Souchon, professeur d'Economie rurale à la Faculté de droit de Paris, et Paisant, furent délégués pour étudier sur place l'organisation et le fonctionnement des greniers coopératifs agricoles. Leurs observations (trop longues pour être publiées ici) ont été développées dans une communication faite le 12 décembre 1900 à la Société Nationale d'Agriculture; les personnes qu'elles intéressent les trouveront résumées dans le bulletin de cette société.

Les magasins coopératifs ont été créés jusqu'alors seulement en vue de la vente du blé, mais il sera facile d'étendre leur action à la vente de l'avoine, surtout à proximité des magasins militaires, et d'autant plus que des règlements récents prouvent la tendance du Ministère de la Guerre à favoriser les fournitures directes des cultivateurs à l'administration militaire.

On comprendra facilement que ces magasins devront être installés : à proximité des centres de production et de consommation, rapprochés autant que possible des chemins de fer et des canaux, être reliés les uns aux autres, (ainsi que cela a lieu en Allemagne), par une vaste organisation commune coopérative ou syndicataire.

Leur but sera :

De recevoir les céréales aussitôt la récolte et de les emmagasiner, de les nettoyer et de les épurer si c'est nécessaire;

De les conserver jusqu'à l'époque de la vente, moyennant une redevance minime;

De les acheter *ferme* aux cultivateurs qui désirent les vendre immédiatement;

D'avancer des fonds (80 °/₀ par exemple) aux producteurs qui désirent se procurer de l'argent en attendant le moment propice pour la vente;

De lutter contre la spéculation, d'empêcher l'avilissement des cours, de supprimer des intermédiaires, de se créer des débouchés et de traiter des marchés importants.

Ces sociétés et magasins coopératifs pour la vente du blé, de l'avoine, et même des autres céréales, semblent appelés à prendre avant peu un grand développement en France, où ils seront profitables aux producteurs comme aux consommateurs.

CHAPITRE XVIII

Constitution, Composition et Usages de l'Avoine.

Généralités. — L'avoine est peu usitée pour la nourriture de l'homme, mais par contre, elle est une céréale précieuse pour celle des animaux domestiques.

Toutes ses parties, grain, paille, balles sont d'un usage courant pour leur alimentation, employées seules, ou en mélange.

Le grain d'avoine forme la base de la nourriture des chevaux; il est également recherché par tous les autres animaux de la ferme. Ce grain est particulièrement estimé pour ses propriétés excitantes, stimulantes, susceptibles de permettre le développement de l'énergie dans l'animal, en même temps qu'elle fournit tous les principes d'une bonne alimentation.

Farine d'avoine. — La farine d'avoine n'est presque plus usitée en France pour la nourriture de l'homme, mais il existe encore plusieurs pays étrangers, en Ecosse, par exemple, où elle est restée en faveur. Elle donne un pain de couleur brunâtre n'ayant pas très belle apparence, mais sain et nutritif. Se basant sur ce que les populations dont le fond de l'alimentation est l'avoine sont robustes, énergiques, et d'une grande endurance, M. Paul Ewart a préconisé l'emploi de la farine d'avoine pour la nourriture des enfants. Quelquefois elle est associée à la farine de froment et de seigle pour faire un pain assez savoureux.

Gruau d'avoine. — En dépouillant le grain de ses écales, on obtient un gruau très nourrissant, agréable au goût et pouvant se prêter à divers usages : ainsi ce dernier est parfois employé comme le riz et l'orge pour faire d'excellents potages, qui sont recommandés pour les convalescents, ou pour préparer des tisanes utiles à prendre contre les rhumes et les coliques.

Enfin dans certains pays, comme en Allemagne, l'avoine remplace l'orge pour la fabrication d'une sorte de bière blanche, légère, pétillante et très hygiénique.

La valeur alimentaire du grain de cette céréale est fort élevée, comme il ressort du reste de l'examen de sa composition que nous allons maintenant aborder.

Constitution de l'avoine. — Par constitution de l'avoine on entend la proportion de grain, paille, et balles que donnent après le battage 100 kilos de gerbes.

Les proportions de chacune de ces parties sont assez variables, comme il ressort des petits tableaux suivants, où figurent les chiffres moyens donnés par les principaux auteurs et ceux trouvés par nous.

	100 KILOS DE GERBES DONNENT				
	D'après M. Heuzé	D'après M. Norton	D'après M. Boussingault	D'après M. Laurent champs d'essais Seine-Inf.	D'après M. Garola
Grain............	36	37	36.8	46	38.6
Paille............	52	56	51.8	54	61.4
Balles et menues pailles.........	12	6	11.4		
Grain pour 100 k. de paille	69 k.	66 k.	71 k.	85 k.	62 k.

Dans notre région, on a obtenu en 1900 dans les quelques fermes désignées dans le tableau ci-dessous les proportions suivantes :

	100 KILOS DE GERBES ONT DONNÉ				
	(Extrait du chapitre XIV sur le prix de revient de l'avoine).				
	Ferme de Presles	Ferme de Géromont	Ferme de Taizy.	Ferme de Baybel	Ferme de Cernay
Grain............	42.5	35.2	44.0	39.0	41.1
Paille	49.2	56.5	49.0	55.0	54.9
Menues pailles et balles	8.3	8.3	7.0	6.0	4.0
Grain pour 100 k. de paille	86 k. 030	62 k. 300	89 k. 796	70 k. 900	74 k. 863

PROPORTIONS MOYENNES

100 kilos de gerbes donnent :
- Grain......................... 39
- Paille....................... 53
- Menue paille et balles........ 8

Quantité de grain pour 100 kilos de paille.................... 73.400

La proportion de grain pour 100 kilos de paille ne présente donc aucune fixité, elle est en effet susceptible de varier d'une façon extrêmement sensible suivant l'année, le pays, la variété, la richesse du sol, et la fumure.

L'effet de la fumure est très inégal, tantôt augmentant, tantôt au contraire diminuant la proportion relative de grain.

Ainsi M. Garola, dans les champs de démonstration d'Eure-et-Loir a obtenu les proportions de grain suivantes, pour 100 kilos de paille, en cultivant comparativement avec et sans engrais :

	CULTURES	
	SANS ENGRAIS	AVEC ENGRAIS
Cloches (1890)	80	68
Challet (1890)	68.5	66.4
Grouasleu (1890)	74	72
La Basoche Gouet (1890)	58	51
— — (1889)	55	63
Mousseaux (1889)	75	64
Duan (1888)	105	99
Théleville (1888)	88	94
Grouasleu (1888)	70	75.6
Cloches (1886-87-88)	61	64

On voit donc que dans ces essais le poids de grains pour 100 de paille a varié de 51 à 105; c'est-à-dire de plus du simple au double.

Ces essais ont montré d'autre part que la fumure, en général, a une influence beaucoup plus grande sur la paille que sur le grain, de telle sorte que l'accroissement de poids qui en résulte étant très inégal et nullement proportionnel, la fumure peut avoir pour effet, dans certains cas, d'abaisser le taux du poids de grain pour 100 kilos de paille.

L'influence de la variété, toutes choses égales d'ailleurs, est également fort importante à considérer; ainsi dans tous nos essais comparatifs nous avons toujours obtenu pour certaines races, telles que les avoines noire de Brie, noire de Coulommiers, Joanette, noire hâtive d'Etampes, un rapport de grain pour 100 de paille beaucoup plus élevé que pour les avoines blanches de Hongrie, noire de Hongrie, prolifique de Californie, et jaune géante à grappes.

Nous ferons toutefois remarquer que le fait, pour une variété d'avoine de présenter ordinairement un rapport élevé de grain pour 100 de paille, n'est pas forcément l'indice d'une variété à grand rendement en grains.

Ainsi les avoines unilatérales que nous venons de citer ont un rapport de poids de grain pour 100 de paille généralement assez faible, et cependant leur rendement en grain est bien supérieur à celui des variétés indiquées plus haut.

Composition de l'avoine.— Avant de passer à la composition de l'avoine, il nous semble bon de rappeler brièvement quelle est l'importance et le rôle, au point de vue alimentaire, des divers principes qui entrent dans sa composition.

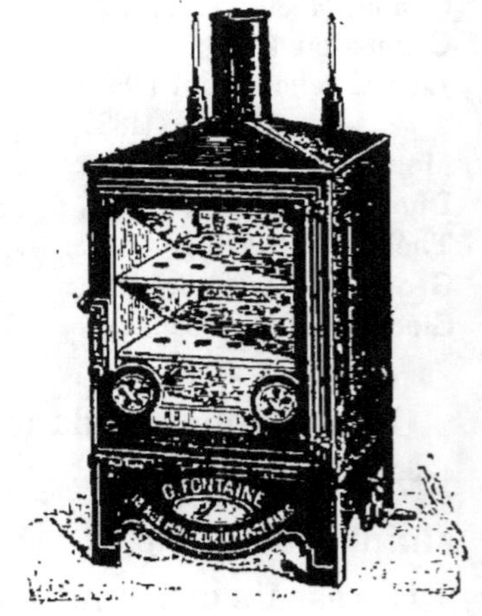
Fig. 157.
Étuve de Gay-Lussac.

L'analyse d'une avoine, ainsi du reste que de toute autre denrée alimentaire, s'exprime, comme on le sait, de la façon suivante:

Eau.

Cendres ou matières minérales.

Matières grasses.

Matières azotées ou protéine.

Matières ternaires ou hydrocarbonées.

Cellulose, ligneux.

Eau. — Le dosage de l'eau offre pour les avoines un grand intérêt, car il fournit de précieux renseignements au point de vue de leur qualilé et de leur conservation; il permet d'autre part de reconnaître si elles ont été étuvées, ou si elles contiennent un excédent d'eau, ce qui constitue comme nous l'avons vu précédemment, p. 503, une véritable falsification.

Au point de vue pratique, le dosage de l'eau ne présente aucune difficulté; on l'effectue en desséchant 5 grammes, par exemple, de l'avoine à analyser dans une étuve, dont un bon modèle est l'étuve de Gay-Lussac, adoptée dans les service de l'Intendance (fig. 157).

Une autre étuve peu coûteuse est celle qui est représentée dans la figure 158, modèle de petite dimension que l'on peut accrocher simplement à un mur, et que l'on chauffe à l'aide d'une petite lampe; une fois l'étuve réglée entre 108 et 114°, on y introduit dans une capsule 5 grammes de l'avoine à analyser.

Fig. 158. — *Étuve à Grains.*

Quand, à la suite de plusieurs pesées successives après réintroduction à chaque fois dans l'étuve, on ne trouve plus de diminution de poids, la perte de poids observée définitivement donne la quantité d'eau que contenait les 5 gr. d'avoines, d'où il est facile de déduire le proportion d'eau 0/0.

Les matières azotées, appelées aussi substances *albuminoïdes* ou *protéines* sont les substances de beaucoup les plus importantes, au point que, pendant longtemps, on n'a tenu compte, dans la comparaison des aliments, que de leur teneur en matière azotée.

Mais si on a reconnu depuis qu'il y avait une exagération, il n'en est pas moins vrai que le taux de matière azotée détermine en majeure partie la valeur d'une avoine comme du reste de toute denrée alimentaire.

Ces matières azotées sont les principes plastiques proprement dits, destinés à être assimilés, à former les tissus animaux, et par suite à constituer en un mot les cellules organiques primordiales dont sont constitués tous les tissus.

Nous ferons remarquer à ce sujet que le dosage de l'azote, et par suite des matières azotées, tel qu'il est pratiqué dans tous les laboratoires, n'est pas d'une précision absolue, car, comme on le sait, pour l'obtenir, on multiplie le taux d'azote par une constante 6,25 (100/16) en admettant ainsi que toutes les matières azotées des produits végétaux contiennent 16 pour 100 d'azote; or si ce taux est exact pour les albuminoïdes, aliments plastiques par excellence, il ne l'est plus pour certains principes azotés tels que les corps amidés ou les corps azotés minéraux, qui sont toutefois negligeables dans les phénomènes de nutrition.

Matières grasses. — Les matières grasses sont également très importantes, ayant une haute valeur alimentaire comme aliment respiratoire, au point qu'elles sont considérées comme équivalentes à deux fois et demi leur poids de matières hydrocarbonées.

La grande différence qui existe entre ces deux sortes d'aliments, c'est que les matières grasses ne sont pas généralement utilisées immédiatement. Etant bien assimilables, elles ne servent de combustibles que quand les sucres viennent à manquer, et en attendant elles sont mises en réserve dans les cellules du tissu adipeux.

Il en résulte que ces principes sont très utiles en pratique, mais ils ne sont pas absolument indispensables, pouvant être remplacés en partie par les sucres, mais, nous le répétons, ces derniers sont utilisés immédiatement, n'étant pas susceptibles, par suite, de parer aux variations accidentelles de perte de chaleur, surtout pour les pays froids, ou à l'insuffisance et à l'irrégularité des repas souvent fréquente pour les animaux de travail.

Matières ternaires ou hydrocarbonées. — Ces matières comprennent tous les éléments respiratoires autres que les matières grasses, éléments qui peuvent être divisés en deux catégories : les *sucres* proprement dits, immédiatement solubles, et d'autre part les *principes féculents*, (*amidons*) transformables en *glucose* par l'acte digestif et qui sont absorbés ensuite en partie dans l'estomac, en partie dans l'intestin.

Ces matières hydrocarbonées sont assimilées complètement, ce sont donc des aliments de premier ordre.

La cellulose ou ligneux. —La cellulose et le ligneux, qui constituent pour ainsi dire le squelette des plantes, sont très peu digestibles, mais ces substances sont importantes à déterminer parce que leur taux permet de tirer des indications sur la haute ou la faible valeur nutritive de l'aliment considéré. Ainsi une forte proportion de cellulose est un indice de faible valeur nutritive; enfin cette détermination est indispensable pour permettre d'évaluer quantativement les *principes hydrocarbonés* appelés également *extractifs non azotés*.

Les cendres ou matières minérales ne sont pas des principes inertes au point de vue alimentaire, bien que n'étant pas des substances organiques; les principaux corps qu'elles renferment et qu'il y a intérêt à doser sont l'acide phosphorique, l'acide sulfurique, la potasse, la chaux, la magnésie, la silice, le chlore, l'alumine et le fer.

Parmi ces corps, l'acide phosphorique et la chaux, jouent un rôle important dans la formation de certains tissus : sous forme de phosphate et de carbonate de chaux, ils concourent à la solidification des os; enfin le fer, sous forme d'oxyde de fer entre dans la composition des globules de sang.

Après avoir indiqué sommairement les principes utiles qui entrent dans la composition de l'avoine, ainsi du reste, que dans tous les aliments, nous allons maintenant examiner dans quelles proportions ils existent dans les diverses parties de cette céréale : grain, farine, paille, balles.

Composition. — Nous donnons dans le tableau suivant la composition moyenne de l'avoine établie d'après un très grand nombre d'analyses, et empruntée aux ouvrages les plus autorisés.

D'après ce tableau, les moyennes générales sont de 12 à 13 0/0 pour l'eau, de 9 à 10 0/0 pour les matières azotées de 58 à 60 0/0 pour l'amidon et le sucre et de 5 à 6 0/0 pour les corps gras.

Quant aux ligneux, les chiffres donnés par les différents

auteurs sont loin d'être concordants, nous admettrons comme moyenne générale 9 à 10 0/0, chiffres de M. Grandeau et de Kühn.

Au point de vue de la proportion d'azote, et par suite de matières azotées, nous attirerons particulièrement l'atten-

	D'après Baillet	D'après Kühn	D'après Boussingault	D'APRÈS GRANDEAU moyenne de 174 analyses		
				moyenne	minima	maxima
Eau	14	13.7	14	12.97	8.50	19
Matières azotées...	10.60	12	11.90	9.59	7.12	12.43
Amidons et sucres..	61.90	56.6	60.50	59.18	48.60	66.86
Corps gras	5.50	6	5.50	5.16	2.77	8.05
Cellulose, ligneux..	4.10	9	4.20	9.82	6.12	14.89
Cendres	3.90	2.7	3.90	3.28	2.06	6.14

tion sur ce fait que cette proportion, peu variable d'un échantillon à un autre, quand leurs grains sont tous bien mûrs, présente au contraire une différence notable quand ils renferment une certaine proportion de grains mal conformés ou dont le développement s'est arrêté trop tôt.

Si on compare la composition de grains arrivés à leur complète maturité à celle de grains de maturité plus ou moins imparfaite, on constate que ces derniers sont plus riches en matières azotées, c'est-à-dire en éléments nutritifs plastiques, producteurs de chair et de sang.

Or, comme c'est dans les criblures que se trouvent la plupart des grains à maturité incomplète il en résulte que, quand ces derniers ne renferment pas d'impuretés nuisibles, en les faisant consommer, on donne aux animaux une nourriture plus riche en principes azotés qu'on ne le croit généralement. D'après M. Boussingault, les 3,90 de cendres que lui ont donné les échantillons de grains analysés, contiennent les éléments minéraux dans les proportions suivantes :

Acide phosphorique	0,58
Acide sulfurique	0,04
Potasse, soude	0,50
Chaux et magnésie	0,45
Silice	2,08
Oxyde de fer	
Chlore	} 0,25
Charbon	

Composition de la farine. — Gohren attribue à la farine d'avoine la composition qui suit :

Eau	12	0/0
Matières azotées	17,7	»
— grasses	6	»
— hydrocarbonées	63,9	»
Cellulose		»
Cendres		»

La farine d'avoine est donc extrêmement nutritive, étant très riche en matières azotées et en matières grasses, dépassant très sensiblement sous ce rapport les farines des autres céréales : orge, seigle, maïs, dont les proportions sont respectivement pour les matières azotées : 11,6 — 8,9 — et 10,21 et pour les matières grasses : 4,9 — 1,97 — 6,89.

Composition des écales. — Les enveloppes du grain ou écales, ont la composition suivante :

Eau	10,06
Matières azotées	2,50
Matières grasses	0,50
Matières hydrocarbonées	31,85
Cellulose brute	34,80
Cendres	20,29

Cette analyse se rapporte à une avoine blanche, à écales assez grosses, les avoines grises et noires diffèrent sensiblement, en particulier au point de vue de la richesse en matières azotées, de 3,50 dans les avoines grises, et de 3,10 dans les avoines noires.

Si nous comparons la composition de ces écales à celles des balles, nous voyons qu'elles leur sont inférieures comme qualité nutritive, renfermant une proportion moindre de matières azotées et de matières grasses, mais elles renferment un principe qui joint un rôle très important dans l'alimentation.

Propriétés excitantes. — Les enveloppes ou écales de l'avoine contiennent, en proportion assez variable, une substance ayant une odeur agréable (1) rappelant celle de la vanille, et possédant, paraît-il, la propriété d'exciter les cellules motrices du système nerveux, et de développer l'ardeur et l'énergie.

En 1883, M. André Sanson est parvenu à isoler le principe immédiat produisant l'action excitante de l'avoine, et il l'a appelé *avénine*; c'est un alcaloïde spécial se présentant sous forme de matière résineuse ou cristallisée, existant en proportion variable dans les écales de toutes les avoines.

A la suite de plusieurs expériences, on a émis cette opinion quelque peu risquée :

1° Que, au-dessous de 3 de principe excitant pour 1000 d'avoine séchée à l'air, la dose est insuffisante pour exciter le cheval et qu'au dessus de cette proportion, l'action excitante est certaine.

_____

(1) A défaut de vanille, il arrive, à la campagne, que l'on emploie une petite quantité d'avoine renfermée dans un sachet; on laisse l'avoine séjourner pendant quelque temps, pendant la cuisson, dans les aliments auxquels on désire communiquer un arôme analogue à celui de la vanille.

2° Que la durée totale de l'effet d'excitation a toujours paru, dans les expériences, être d'environ cinq heures par kilo d'avoine ingérée.

Les expériences n'ont pas été assez nombreuses pour élucider la question, et nous ne retiendrons pour le moment que cette hypothèse, que la propriété excitante de l'avoine est proportionnelle à la quantité d'avénine qu'elle renferme. Or cette proportion semble à priori, devoir être d'autant plus élevée que les écales, qui contiennent ce principe excitant, sont elles-mêmes plus épaisses; et d'autre part les avoines étant d'autant moins estimées que ces écales sont plus développées, on est amené naturellement à émettre cette opinion, qui tout d'abord semble paradoxale, qu'à poids égal ce sont les avoines les plus excitantes et les plus fortifiantes, qui sont d'un autre côté les moins nourissantes et les moins favorables à l'accroissement de volume des animaux.

Quelque illogique que cela paraisse, il y a cependant des constatations empiriques qui tendent à indiquer qu'il y a quelque chose d'exact dans cette hypothèse et qu'il serait désirable que des expériences plus nombreuses soient instituées de façon à faire disparaître le doute qui existe à ce sujet.

Composition de la paille. — La composition de la paille d'avoine, d'après M. Grandeau est la suivante :

Eau	13,63
Matières azotées	4,55
Matières grasses	1,64
Matières hydrocarbonnées	36,95
Cellulose, ligneux	37,97
Sels	5,26
	100

D'après Kühn elle renfermerait les proportions suivantes, établies d'après un très grand nombre d'analyses.

	MAXIMA	MINIMA	MOYENNE
Eau	21.2	40.3	14.3
Matières azotées	6.1	1.3	2.5
— grasses	5.1	1.0	2.
Amidon et sucres	48.9	24.9	35.6
Cellulose-ligneux	50.2	30	41.2
Cendres	»	»	4.4

Ces cendres renferment les principaux éléments dans les proportions qui suivent :

Acide phosphorique	0.11
Potasse	1.23
Chaux	0.35

D'après Springel, la paille d'avoine donne après incinération, 5 grammes 7.34 de cendres comprenant :

Acide phosphorique	0.012
Acide sulfurique	0.079
Potasse	0.870
Chaux	0.152
Magnésie	0.013
Silice	4.588
Chlore	0.011
Albumine	

La silice y entre donc pour une très forte proportion, représentant les 4/5 du poids de ces cendres.

Les dominantes sont, au point de vue des éléments fertilisants, en première ligne la potasse, puis la chaux.

Les chiffres qui sont donnés par les différents auteurs pour la composition de la paille de l'avoine, et des autres céréales présentent des écarts assez marqués, ceci résulte de ce que les pailles sont très susceptibles de varier dans leur composition, suivant les conditions dans lesquelles les

céréales ont végété, et surtout suivant que les grains ont
été récoltés à une époque plus ou moins avancée de leur
maturité.

La composition de la paille d'avoine comparée à celle des
autres céréales, d'après Grandeau, est la suivante :

	PAILLE DE				
	AVOINE	BLÉ	SEIGLE	ORGE	MAÏS
Eau.................	13.63	13.55	13.00	13.31	14.00
Matières azotées.....	4.55	3.03	3.61	3.57	3.00
Matières grasses....	1.64	1.10	1.35	1.90	1.10
Matières hydrocarbonées.....	36.95	40.90	33.42	32.07	37.90
Cellulose ligneux....	37.97	37.48	44.65	42.00	40.00
Sels.................	5.26	3.94	3.97	7.15	4.00

Ce qui est important à signaler, dans la composition des
pailles de l'avoine ainsi que des autres céréales, c'est la forte
proportion de silice qu'elles renferment, élément qui n'a
aucun rôle à jouer dons l'économie animale, d'un autre
côté qu'elles contiennent peu de matières azotées, et qu'elles
sont riches en cellulose et en ligneux peu susceptibles
d'être digérés ; elles sont toutefois assez riches en matières
hydrocarbonées, ce qui a un grand intérêt au point de la
constitution de la ration.

Palles d'avoine. — Les balles d'avoine ont la composition moyenne suivante :

	D'après Kühn.	D'après Garola.
Eau.....................	14.30	8.38
Matières azotées.........	4	8.00
Matières grasses	1.50	} 54.00
Amidon et sucres........	28.20	
Cellulose.................	34	16.60
Cendres.................	18	13.52

D'après ces analyses, il ressort que la composition des diverses parties de l'avoine : grain, paille, balles, sont susceptibles de présenter des variations très accentuées, variations qui dépendent, même pour des avoines cultivées et récoltées de la même manière, de la nature du terrain où elles ont été semées, des engrais employés, enfin des influences météorologiques et d'une foule de circonstances imprévues qu'il est assez difficile d'énumérer.

Si nous rapprochons maintenant la composition de l'avoine de celle des autres céréales, nous remarquerons en jetant les yeux sur le tableau de la page suivante, où ne figurent que des chiffres moyens, que les diverses céréales ont une composition assez voisine de l'avoine, il y a toutefois une différence extrêmement marquée au point de vue de la proportion des matières grasses qui sont environ 3 fois plus élevées dans l'avoine que dans l'orge et le seigle, 5 fois plus élevées que dans le blé, mais qui, d'autre part, se rapproche assez de la proportion que l'on trouve dans le sarrasin et le maïs; nous verrons plus loin les conséquences qui en résultent au point de vue de la ration.

Nous ferons remarquer que les compositions de ces diverses céréales sont susceptibles de présenter également des variations de composition analogues à celles que nous avons constatées pour l'avoine.

C'est principalement à l'égard des substances azotées que l'on observe les écarts les plus considérables.

Ainsi les limites de variations que l'on peut observer pour ces substances sont 2.45 et 26 à 27 0/0; les matières grasses et hydrocarbonées (sucres, amidons) varient beaucoup moins.

Tableau comparatif de la composition du grain des céréales.

CÉRÉALES ANALYSÉES	AVOINE			ORGE			MAÏS			SEIGLE			BLÉ			Sarrasin
Noms des principes dosés	D'après Kühn	D'après Grandeau	D'après Boussingault	D'après Kühn	D'après Grandeau	D'après Boussingault	D'après Kühn	D'après Grandeau	D'après Payen	D'apèrs Kühn	D'après Grandeau	D'après Boussingault	D'après Baulet	D'après Boussingault	D'après Garola	D'après Boussingault
Eau................	13.7	12.52	14	14.3	13.07	13.22	12.7	12.38	12.54	14.3	14.94	15.3	13.50	14	14	13
Matières azotées....	12	12.66	11.90	10	12.09	11.24	10.6	9.94	10.93	11.0	13.31	10.7	14.8	14.6	12.44	13.1
Matières grasses...	6	6.09	5.50	2.3	2.09	2.39	6.8	5.56	7.70	2.0	1.96	2.0	1.30	1.2	1.31	3.9
Sucres et amidon...	56.6	54.30	60.50	64.1	64.97	66.25	6.10	65.43	62.58	67.2	65.16	66.90	66.5	66.90	67.40	64
Cellulose ligneux...	9	11.01	4.20	7.1	5.14	4.12	7.6	4.22	15.16	3.7	2.71	3.1	2.0	1.7	2.80	3.5
Cendres...........	2.7	3.42	3.90	2.2	2.64	2.68	1.3	2.47	1.09	1.8	1.92	2	1.9	1.6	2.05	2.5
Totaux :	100.0	100.0	100.0	100.0	100.0	100.0	100.0	100.0	100.0	100.0	100.0	100.0	100.0	100.0	100.0	100.0

En nous basant sur les proportions moyennes de grain, paille, balles contenues dans 100 kilos de gerbes, (voir page 583) nous donnons dans le tableau suivant les proportions d'éléments nutritifs que ces 100 kilos renferment.

COMPOSITION DES GRAINS, PAILLE, ET BALLES
CORRESPONDANT A 100 KILOS DE GERBES

	GRAIN	PAILLE	MENUES PAILLES ET BALLES	100 KILOS DE GERBES
Eau.....................	5.05	7.57	1.114	13.764
Matières azotées.......	3.74	1.32	0.320	5.380
Amidon et sucre.......	23.08	1.06	0.120	24.260
Corps gras.............	2.02	18.76	2.256	23.036
Cellulose ligneux.......	3.83	21.83	2.720	28.380
Cendres...............	1.28	2.46	1.440	5.80
	39ᵏ.00	53ᵏ.00	8ᵏ.000	100ᵏ.000

Relation nutritive. — Parmi les différents principes qui entrent dans la composition des divers aliments, de l'avoine par exemple, aucun pris isolément ne peut constituer un aliment propre à l'entretien de la vie, car il faut que l'aliment fournisse à l'organisme les éléments nécessaires à la combustion respiratoire, et ceux nécessaires au développement des tissus, c'est-à-dire les principes azotés d'une part, et les principes gras ou hydrocarbonés de l'autre, puis enfin des substances minérales et de l'eau.

Le rapport qui existe dans l'aliment entre les matières azotées et la somme des matières grasses et hydrocarbonées constitue sa relation nutritive.

Ainsi en nous reportant aux chiffres moyens de M. Grandeau, la valeur nutritive de l'avoine est exprimée par le rapport $\dfrac{9,59}{5,16 + 59,18} = \dfrac{9,59}{64,34} = \dfrac{1}{6,70}$. Ce qui veut dire que dans l'avoine il y a 6.70 d'aliments respiratoires (matières grasses et hydrocarbonées) contre 1 de matières azotées protéïques.

Voyons maintenant quelle doit être la valeur de ce rapport pour que l'aliment soit utilisé aussi bien que possible au profit de la nutrition.

A la suite d'un très grand nombre d'expériences, M. Boussingault a déduit quelles étaient les proportions des divers éléments nutritifs qui devaient exister dans un fourrage pour qu'il soit pour ainsi dire parfait au point de vue nutritif.

Sa composition correspondrait à :

```
Eau.............................  13
Matières minérales..............  9.6
    —      grasses...............  3.8
    —      hydrocarbonées........  44
    —      azotées ..............  7.2
Cellulose.......................  24.4
```

Or, ces quantités sont celles qui sont précisément contenues dans un foin que l'on rencontre dans certaines régions (dans la Haute-Loire et certaines parties de l'Angleterre) ; le foin ayant cette composition a été désigné par Boussingault sous le nom de foin normal.

La relation nutritive de ce foin normal est de $\dfrac{7,2}{47,8} = \dfrac{1}{6,63}$; étant ainsi sensiblement la même que celle de l'avoine ; à la suite de nombreuses expériences, on a constaté que la relation la plus favorable pour les herbivores adultes est la relation 1/5 autour de laquelle oscille précisément la relation nutritive de l'avoine 1/47 ; 1/52 ; 1/55 ; 1/67.

Si nous considérons maintenant le rapport adipo-protéïque, c'est-à-dire le rapport *des matières grasses aux matières azotées*, nous remarquerons que le rapport est de $\dfrac{6,09}{12,06} = \dfrac{1}{19,8}$ rapport extrêmement voisin du rapport $\dfrac{1}{2,2}$ qui d'après les belles expériences de Clusius est la plus favorable pour les animaux adultes.

Si nous comparons maintenant la relation nutritive et le rapport adipo-protéïque de l'avoineà ceux des autres céréales nous voyons que :

		Relation nutritive.	Rapport adipo-protéique.
Avoine d'après	Kühn	1/5.2	1/2
	Grandeau	1/4.7	1/2.07
	Boussingault	1/5.5	1/2.1
Orge d'après	Kühn	1/6.6	1/4.3
	Grandeau	1/5.5	1/5.7
	Payen	1/6.1	1/4.7
Maïs d'après	Kühn	1/6.3	1/1.5
	Grandeau	1/7.1	1/1.7
	Payen	1/6.4	1/1.4
Seigle d'après	Kühn	1/6.3	1/5.2
	Grandeau	1/5	1/6.7
	Boussingault	1/6.4	1/5.3
Blé d'après	Baulet	1/4.6	1/11.4
	Boussingault	1/4.6	1/12.1
	Garola	1/5.5	1/9.4
Sarrasin d'après	Boussingault	1/5.1	1/3.3

La relation nutritive pour tous ces grains est peu différente, il n'en est pas de même pour le rapport adipo-protéïque qui, très voisin du rapport rationnel dans l'avoine, ainsi que dans le sarrasin, est au contraire trop faible dans l'orge, le seigle, le blé; trop fort au contraire dans le maïs.

Ceci nous amène à examiner maintenant la valeur nutritive de l'avoine, son équivalent, son aptitude à être utilisée dans l'organisme, aptitude que l'on exprime par le coefficient de digestibilité, et enfin quel esl le rôle de l'avoine dans la ration.

Equivalent et valeur nutritive de l'avoine. — On appelle équivalent d'une avoine la quantité nécessaire pour remplacer 100 de foin normal (voir page 606) et corrélativement, sa valeur nutritive est représentée par la quantité de foin normal à laquelle est équivalent 100 de l'avoine considérée.

Les chiffres qui les représentent, obtenus par les différents auteurs, sont assez différents, allant parfois du simple au double.

Ceci s'explique du reste facilement, quand on se reporte aux différences de composition et de poids que nous avons observées dans le grain de l'avoine.

L'équivalent de l'avoine est de :

D'après Block........	40	soit valeur nutritive.	250
— Schwertz.....	50	—	—	200
— Riéder........	55	—	—	182
— Royer........	57	—	—	175
— Boussingault..	60	—	—	166
— Dusuzeau.....	70	—	—	142
— Thaer........	85	—	—	117

Ainsi, quand on dit que l'équivalent de l'avoine est 60, cela veut dire que 60 kilos d'avoine ont la même valeur nutritive que 100 kilos de foin; sa valeur nutritive étant 166, c'est-à-dire 100 kilos d'avoine correspondant à 166 kilos de foin.

Malgré les écarts observés, on peut dire d'une façon

générale, que l'avoine pesant 45 kilos, l'hectolitre nourrit à peu près deux fois autant que son poids de foin.

Les chiffres de 60 à 63 représentent bien l'équivalent moyen de l'avoine, car l'équivalent le plus ordinaire en matières azotées est de 60 à 61.

D'autre part, M. Payen en prenant pour proportion moyenne de matières grasses 5,5 lui donne pour équivalent sous ce rapport 60 à 63, il en résulte que 60 à 63 parties d'avoine peuvent remplacer 100 de foin, tant au point de vue des matières azotées que des matières grasses; ce remplacement d'un aliment par un ou plusieurs autres équivalents constitue la méthode de substitution qui joue un grand rôle dans l'établissement de la ration.

VALEUR NUTRITIVE (PAILLE)

Les relations nutritives moyennes de la paille d'avoine et des autres céréales sont les suivantes :

Avoine	1/8.4
Orge	1/9,5
Seigle	1/9,6
Froment	1/13,8
Maïs	1/13

La relation nutritive de ces pailles est assez éloignée de celle du foin pour qu'il ne soit pas possible de remplacer d'une manière absolue, dans la ration, une quantité déterminée de foin par une quantité équivalente de paille.

Toutefois de toutes les céréales, c'est l'avoine qui a la paille relativement la plus riche en principes alibiles, d'autre part sa relation nutritive est plus favorable que celle d'aucune des autres céréales.

Cependant elle pourrait avoir parfois quelques inconvénients, surtout quand on la substitue à la paille de blé dans la ration du cheval, dont le principal serait d'exercer sur les organes urinaires de ce dernier une influence irritante qui parfois a des conséquences graves ; on a remarqué que c'est ordinairement à la suite d'un javelage mal fait, que cette paille devient dangereuse, aussi est-il nécessaire de ne la distribuer aux animaux qu'autant qu'elle est exempte de toute altération.

Malgré les quelques inconvénients, qu'il est généralement facile d'éviter, il est à noter que quand la paille d'avoine est mêlée à des plantes messicoles de bonne qualité, qu'elle a été récoltée un peu avant la maturité, que le javelage n'a pas été trop prolongé, elle se rapproche du foin ordinaire, plus qu'aucune autre par sa composition et ses propriétés alimentaires.

Coefficient de digestibilité des avoines. — On entend par coefficient de digestibilité, l'aptitude plus ou moins grande d'une avoine à être utilisée par l'organisme.

A cause de l'importance de ce point nous reproduisons, pour mieux fixer les idées les expériences faites par MM. Müntz et Gérard instituées de la façon suivante :

3 chevaux étaient nourris exclusivement avec la même avoine pendant un temps donné ; on observait ensuite les variations de leur poids, et d'après les déjections on déterminait l'aptitude digestive de chacun d'eux ; les aliments retrouvés dans les déjections étaient considérés comme n'ayant pas été utilisés.

Dans une deuxième série d'expériences, les mêmes chevaux étaient nourris avec une autre variété d'avoine, et dans une troisième série avec une troisième race.

Les résultats ainsi obtenus sont résumés dans le tableau ci-contre exprimant les coefficients de digestibilité, les différents principes alimentaires pour chacune des avoines et pour chaque cheval.

DÉSIGNATION	GRAISSE	AMIDON	CELLULOSE SACCHARIFIABLE	CELLULOSE BRUTE	MATIÈRES AZOTÉES	SUBSTANCES INDÉTERMINÉES
Avoine noire de Suède.	p. 100	p. 100	p. 100	p. 100	p. 100	p. 100
Cheval n° 1............	85.17	100.00	42.50	39.50	71.90	43.93
Cheval n° 2............	82.72	»	39.40	34.75	77.40	39.00
Cheval n° 3............	82.79	»	34.30	38.30	75.70	40.40
Avoine blanche de Russie.						
Cheval n° 1............	81.50	100.00	39.80	15.30	74.10	60.20
Cheval n° 2............	81.00	»	41.80	16.30	79.18	59.50
Cheval n° 3............	82.31	»	40.40	23.70	78.89	56.10
Avoine noire de Beauce.						
Cheval n° 1............	91.00	100.00	55.57	46.01	76.00	38.90
Cheval n° 2............	85.07	»	47.80	42.05	77.56	38.20
Cheval n° 3............	89.83	»	54.70	43.30	84.66	40.00
Cheval n° 4............	89.34	»	55.80	49.10	81.69	44.90

Si on se reporte dans ce tableau aux matières azotées, les plus importantes, on constate que leur coefficient de digestibilité est assez variable, allant de 72 à 84,6.

Il est à remarquer que la variété d'avoine joue un grand rôle, ainsi l'avoine noire de Beauce qui est une race à écales fines et à fort rendement en amande a une beaucoup plus grande digestibilité que les deux autres, quelque soit l'aptitude digestive du cheval soumis à l'expérience.

D'après M. Crevat, il est raisonnable d'admettre que la digestibilité est inversement proportionnelle à la cellulose et au ligneux; le coefficient de digestibilité pourrait par suite, être établi facilement de la façon suivante en appelant x le coefficient, L le ligneux et M le total des matières sèches;

$$x = 1 \frac{L}{M}$$

En procédant de cette façon, et en prenant comme proportion de matières sèches et de ligneux, les chiffres donnés par les tables de Wolff dernièrement revues par Lehmann, qui les a mises au courant des travaux les plus récents, on a comme coefficient de digestibilité, valeur nutritive et équivalent nutritif des diverses parties de l'avoine, les chiffres indiqués dans le petit tableau suivant :

	Matières sèches.	Ligneux.	Coefficient de digestibilité.	Valeur alimentaire.	Équivalent nutritif.
Avoine grain	85.7	93	0.89	138	57
» paille............	85.7	420	0.49	49	160
» balles............	85.7	340	0.60	54	146
» son..............	90.6	279	0.69	67	116
» germes de brasserie	87.9	226	0.74	112	70
» fourrages vert.....	19.0	65	0.66	18	432

Les chiffres figurant dans les 3 dernières colonnes, sont ceux qui ont été adoptés dans le congrès international de l'alimentation rationnelle du bétail, tenu à Paris en juin 1900.

De la ration. Rôle de l'avoine dans cette ration. — Le cadre de cet ouvrage ne nous permet pas de nous étendre longuement sur ce sujet, toutefois si important et si complexe, aussi nous nous bornerons à résumer les faits généraux les plus intéressants.

On donne le nom de ration à l'ensemble des denrées dont la quantité et la qualité concourent à l'alimentation journalière de l'animal.

Il est d'abord nécessaire de faire remarquer qu'il existe plusieurs sortes de rations d'après le but que l'on se propose; il est indispensable de distinguer *la ration de simple entretien*, uniquement destinée à entretenir l'animal dans le même état, et *la ration d'entretien productif*, c'est-à-dire la ration de l'animal fabricant des produits, et encore à ce point de vue, faut-il distinguer deux catégories bien distinctes : les bêtes de travail de quelque espèce qu'elles soient, et les bêtes de rentes comprenant les jeunes animaux d'élevage, les bêtes à lait, à l'engrais et à laine.

Comme l'avoine, ainsi que nous l'avons déjà indiqué, constitue la base de la nourriture du cheval de travail, nous nous bornerons à donner comme exemple la ration de ce dernier.

Ration du cheval de travail (1). — A la suite de nombreuses expériences, il est admis actuellement qu'un cheval de travail du poids d'environ 500 kilos a besoin pour réparer ses forces de :

    1 kil. 16 de matières azotées,
    0 kil. 610 de matières grasses,
    7 kil. 10 de matières hydrocarbonées,
    1 kil. 16 de matières salines.

Ces quantités sont celles qui sont précisément contenues dans 16 kilogrammes de foin normal dont nous avons donné précédemment la composition (page 606).

<hr>

(1) Aux personnes qui désirent consulter des travaux très complets sur l'établissement des rations, nous conseillons de lire : les belles études expérimentales de MM. Bixio, A. Ch. Girard, Grandeau, Lavalard, Muntz, les comptes-rendus des expériences opérées d'après les instructions de la Commission de l'Armée, et les publications très intéressantes de la Société de l'alimentation rationnelle du bétail.

Cette quantité de 16 kilogr. de foin représente la ration normale du cheval de travail; mais dans la pratique cette ration ne peut consister exclusivement en cet aliment, aussi nous allons indiquer brièvement comment on peut le remplacer par d'autres matières, en un mot comme on peut lui substituer d'autres aliments et dans quelle proportion.

Ce problème de la substitution serait très simple si, comme l'a énoncé M. Boussingault, « la valeur d'une substance alimentaire paraît dans beaucoup de cas proportionnelle à la quantité d'azote qu'elle renferme. »

D'après cela si on voulait substituer au foin normal de l'avoine, il faudrait pour avoir une même quantité de matières azotées $16 \times \frac{61}{100} = 9$ kil. 46, mais de cette façon on ne fait la substitution en ne tenant compte que des principes plastiques, et l'expérience a démontré que cette substitution ne pourrait se faire sans inconvénient, il est donc nécessaire de faire des substitutions mixtes, en mélangeant 3, 4 et même 5 substances, de telle sorte que l'une contienne, autant que possible, un excès de principes azotés ou carbonés digestifs que l'autre ne contiendrait pas.

Comme exemple de ration mixte, la ration des chevaux de la cavalerie légère est la suivante :

Foin.........................	2ᵏ500
Paille de froment..............	3ᵏ500
Avoine.......................	4ᵏ300

renfermant 792 de principes azotés; 5.092 de principes carbonés et 318 de matières grasses.

Ces quantités sont notablement inférieures à celles indi-

RATIONS D'AVOINE A L'INTÉRIEUR ET AUX ARMÉES.

Tarif **A**, du 12 Octobre 1887 ; Tarif **B**, du 12 Octobre (1881).

DÉSIGNATION DES PARTIES PRENANTES.	PIED DE PAIX ET DE RASSEMBLEMENT — Ration des animaux appartenant aux divers états-majors, aux parties prenantes isolées et aux corps de troupe.		Ration des animaux pendant leur séjour dans les dépôts de remonte, y compris les chevaux des officiers détachés en remonte.		CAMPS DE MANŒUVRES — Animaux baraqués.		Animaux bivouaqués. (i)		RATION DE ROUTE par terre. (ii)		Ration de chemin de fer (pour 24 heures) aussi bien en temps de paix qu'en temps de guerre.		PIED DE GUERRE. (iii)		CHEVAUX AU VERT. (iv)	
	A	B	A	B	A	B	A	B	A	B	A	B	A	B	A	B
1ᵉʳ CLASSE.																
Cuirassiers............	5.25	»	5.00	»	5.25	»	5.75	»	5.75	»	2.00	2.00	5.75	»	3.00	»
Batteries d'artillerie attachées aux divisions de cavalerie...	5.25	»	5.00	»	5.25	»	5.75	»	5.75	»	2.00	2.00	5.75	»	3.00	»
Officiers généraux. — Chevaux de carrière. (Écoles).........	5.25	5.05	5.00	»	5.25	5.05	5.75	5.55	5.75	5.55	2.00	2.00	5.75	5.80	3.00	3.00
2ᵉ CLASSE.																
Artillerie de campagne et à pied (2)...............	5.25	4.85	4.50	»	5.25	4.85	5.75	5.35	5.75	5.35	2.00	2.00	5.75	5.60	2.50	3.00
Dragons.—Chevaux de manège (Écoles). — Chevaux des écuyers et des instructeurs (Écoles). — Train des équipages militaires. — Officiers du service d'état-major et officiers brevetés. — Officiers employés à l'administration centrale en vertu d'une lettre de service. — Gendarmerie et garde républicaine............	5.00	5.05	4.50	»	5.00	5.05	5.50	5.55	5.50	5.55	2.00	2.00	5.50	5.80	2.50	3.00
3ᵉ CLASSE.																
Compagnies de sapeurs-conducteurs du génie...........	4.75	5.05	4.00	»	4.75	5.05	5.25	5.55	5.25	5.55	2.00	2.00	5.25	5.80	2.00	3.00
Chasseurs, hussards.— Officiers du cadre des Écoles (autres que les officiers instructeurs et les écuyers). — Officiers d'infanterie et du génie. — Officiers employés dans le service de la remonte. — Chevaux de trait des équipages de l'infanterie.— Officiers des états-majors particuliers d'artillerie et du génie. — Officiers du corps de santé (en dehors des corps de troupe). —Vétérinaires (en dehors des corps de troupe).— Fonctionnaires de l'intendance et officiers d'administration. — Aumôniers.— Fonctionnaires et agents de la télégraphie militaire, du Trésor et des postes.—Transports auxiliaires. — Imprimerie nationale.	4.50	4.00	4.00	»	4.50	4.55	5.00	5.05	5.00	5.05	2.00	2.00	5.00	4.80	2.00	2.50
4ᵉ CLASSE.																
Mulets de toutes provenances.	4.00	3.75	4.00	»	4.00	3.75	4.50	4.25	4.50	4.25	2.00	2.00	4.50	4.50	2.00	2.00

OBSERVATIONS.

(i) RATIONS DANS LES CAMPS DE MANŒUVRES.

Lorsque les animaux doivent bivouaquer pendant un certain temps sur le même point, il peut y avoir avantage à remplacer 1 kilogramme de foin ou 500 grammes d'avoine par 2 kilogrammes de paille pour la litière. S'il a lieu, la substitution est demandée au Ministre.

(ii) RATIONS DE ROUTE.

S'il est autorisé par le chef de corps, l'officier qui précède les colonnes a le droit, pour tout ou partie de l'effectif, suivant les circonstances, de réclamer le remplacement au *plus* pour chaque ration de 1 kilogramme de foin ou de 500 grammes d'avoine par 2 kilogrammes de paille. La substitution ne peut porter sur les deux denrées à la fois dans le même gîte.

(iii) RATIONS DE GUERRE.

Le taux et la composition indiqués au présent tarif serviront de base aux prévisions pour la formation des approvisionnements de réserve et des moyens de transport; mais elles n'ont rien d'absolu. Pour le service en campagne, les rations varient nécessairement selon la nature et l'importance des ressources des contrées où les armées opèrent.

(iv) CHEVAUX AU VERT.

Ces allocations sont exclusives de toutes autres. La paille est fournie gratuitement par l'entrepreneur.

Sont autorisés à faire usage, à leur choix, du tarif **A** du 12 octobre 1887 ou de celui **B** du 12 octobre 1881 :

1° Les régiments de Dragons, Chasseurs, Hussards ;
2° Les régiments d'Artillerie (sauf pour les batteries attachées aux divisions de cavalerie) ;
3° Les bataillons d'Artillerie à pied ;
4° Les régiments du Génie (pour les chevaux des compagnies de sapeurs-conducteurs, mais d'après le taux de la ration des chevaux de l'artillerie) ;
5° Les escadrons du train des équipages ;
6° Les officiers sans troupe ;
7° Les officiers des régiments du Génie ;
8° Les officiers brevetés.

quées précédemment (page 613), mais il faut remarquer que les chevaux de la cavalerie légère ne pèsent pas 500 kilos et que leur ration, déduite de nombreuses expériences, ne doit guère dépasser : matières azotées, 0,720 ; matières carbonées, 4.080 et matières grasses, 0.252 ; enfin faisons remarquer qu'une bonne ration doit contenir en proportions suffisantes les principes réparateurs nécessaires, mais il est absolument inutile que les principes s'y trouvent en proportions par trop surabondantes.

Le sarrasin et le maïs sont deux aliments complets qui peuvent remplacer de l'avoine dans l'alimentation du cheval, leurs principaux éléments étant utilisés, par l'organisme pour le maïs surtout, dans une très forte proportion ; M. Lavalard, à la suite de nombreuses expériences faites sur un grand nombre de chevaux, a constaté que l'on pouvait remplacer plus d'un tiers, de la moitié, des deux tiers et presque la totalité de la ration d'avoine par du maïs sans diminuer sensiblement l'énergie nécessaire au travail.

Pour terminer cette étude sommaire du rôle de l'avoine dans l'alimentation (pour les chevaux principalement), nous montrons par plusieurs tableaux quelles sont les rations d'avoine adoptées par les armées françaises et étrangères.

Nous examinerons ensuite les usages de l'avoine, les effets qu'elle produit, comment les rations doivent être distribuées et quels sont ses succédanés.

TARIF DES RATIONS D'AVOINE A L'INTÉRIEUR, EN ALGÉRIE ET EN TUNISIE

Décision du 4 août, concernant les 1er, 9e et 16e Corps d'Armée.

DÉSIGNATION des PARTIES PRENANTES	RATION du pied de paix.	RATION DU PIED DE GUERRE, ROUTES, MANŒUVRES.		CHEVAUX CONSERVÉS dans les DÉPOTS DE REMONTE.				CHEVAUX au VERT.	RATION de chemin de fer ou en mer.	RATION DE GUERRE
		Ration minima.	Ration normale.	1er mois	2e mois	3e mois	4e mois			
1re classe (1)...	5.900	5.900	6.650	3. »	4. »	5. »	5.900	3. »	2. »	Le taux de la ration normale d'avoine indiqué au présent tarif, sera perçu sur un ordre du commandement, partout où les ressources locales permettront de se procurer sur place les quantités nécessaires ; chaque fois qu'on sera obligé de faire vivre les chevaux exclusivement sur l'avoine des trains et des convois, la ration minima sera seulement perçue. Pour le service en campagne, les rations varient nécessairement selon la nature et l'importance des ressources des contrées où les armées opèrent.
2e classe.......	5.200	5.500	6.150	3. »	3.750	4.500	5.200	2.500	2. »	
3e classe.......	4.700	5. »	5.350	3. »	3.750	4.250	4.700	2. »	2. »	
4e classe.......	4.900	4.900	5.500	3. »	3.750	4.250	4.900	2. »	2. »	
Algerie et Tunisie.	*Les chevaux de toutes armées et les mulets ne reçoivent que de l'orge : seuls les étalons reçoivent un supplément de 1 kilo d'avoine par jour.*									

TABLEAU DES RATIONS DE FOURRAGES

dans les différentes armées européennes (d'après M. LAVALARD).

PAYS	Etat-major général — CAVALERIE DE RÉSERVE			ARTILLERIE DE TRAIT			ARTILLERIE DE SELLE			CAVALERIE DE LIGNE			CAVALERIE LÉGÈRE		
	Foin.	Paille.	Avoine.	Foin.	Paille.	Avoine.	Foin.	Paille.	Avoine.	Foin.	Paille.	Avoine.	Foin.	Paille.	Avoine.
	KILOG.	KILOG.	KILOG.	KILOG.	KILOG.	KILOG.	KILOG.	KILOG.	KILOG.	KILOG.	KILOG.	KILOG.	KILOG.	KILOG.	KILOG.
France, 1853...	5.000	5.000	4.200	5.000	5.000	4.200	»	»	»	4.000	5.000	3.400	»	»	»
France, 1886...	4.000	4.000	5.050	4.000	4.000	4.850	4.000	4.000	4.850	4.000	4.000	4.550	3.000	4.000	4.000
France, 1887...	2.750	3.750	5.250	2.500	3.500	5.000	2.500	3.500	5.000	2.500	3.500	4.500	2.500	3.500	4.000
Allemagne.1887	2.500	3.500	5.250	2.500	3.500	5.250	2.500	3.500	4.500	2.500	3.500	5 000	2.500	3.500	4.500
Autriche, 1877.	4.500	1.700	3.465	500	1.700	4.342	4.500	1.700	4.342	4.500	1.700	4.342	4.500	1.700	4.342
Italie, 1885.....	6.000	4.000	3.000	6.000	4.000	3.000	6.000	4.000	3.000	6.000	4.000	3.000	5.000	4.000	3.000
Russie, 1868..	4.100	2.500	5.340	4.100	1.250	4.250	4.100	1.250	4.250	4.100	1.250	4.250	4.100	1.250	4.250
Hollande, 1886.	4.000	6.000	4.000	4.500	6.000	3.500	»	»	»	»	»	»	»	»	»

D'après ce dernier tableau on voit qu'en France on n'a pas augmenté d'une manière visible la ration, mais on l'a sensiblement modifiée en remplaçant successivement les fourrages par une plus forte proportion d'avoine.

Nous signalerons enfin la similitude presque complète existant entre les rations des armées françaises et allemandes.

Usages de l'avoine. —Le rôle de l'avoine dans l'alimentation ayant été décrit d'une façon magistrale par MM. Magne

INSTALLATION D'ÉCURIE EN FER ET BOIS

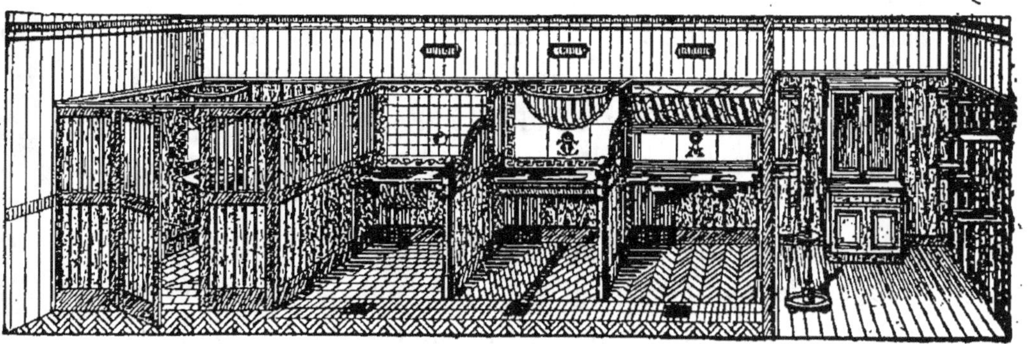

Fig. 159. — *Modèles de Mangeoires et de Rateliers* (2).

et Baillet, nous sommes heureux de profiter de l'autorisation qui nous a été accordée de publier un extrait du chapitre consacré à ce sujet, par ces savants, dans leur excellent *Traité d'Agriculture Pratique et d'Hygiène vétérinaire générale* (1).

L'avoine est remarquablement riche en principes ali-

---

(1) En vente à la librairie Asselin et Houzeau, place de l'Ecole de Médecine à Paris. Prix : Tome I, 7 fr. Tome II, 9 fr. Tome III, 9 fr.

(2) Modèles de la maison A. Guillard, 4, avenue Mac-Mahon. Paris.

biles. Mieux que la plupart des grains et des graines, elle contient en de justes proportions la substance inerte qui doit servir de lest, les éléments azotés qui sont utilisés par l'organisme à la reconstitution des principes de même nature usés par le jeu des organes et éliminés par la sécrétion urinaire, et les principes carbonés ou hydrocarbonés qui entretiennent la combustion respiratoire.

Dans les régions du centre et du nord, l'avoine est l'aliment par excellence des animaux de l'espèce chevaline, auxquels elle est donnée presque toujours avec avantage dans les différents âges de la vie, et dans les différentes conditions où l'homme les utilise à son profit. Donnée aux jeunes poulains même pendant l'allaitement, et à plus forte raison dans les périodes qui suivent, elle en favorise le développement, leur donne de la taille, de l'énergie, de la vigueur, en même temps qu'elle provoque la poitrine à prendre de l'ampleur, qu'elle maintient le ventre à un volume normal, et qu'elle imprime aux fonctions de nutrition une telle direction, que tous les appareils d'organes se relient les uns aux autres d'une manière aussi harmonieuse que possible, relativement aux tendances que les élèves tiennent de leurs ascendants. Malheureusement, dans la pratique, le prix élevé de l'avoine empêche souvent les éleveurs de tenir compte de cette influence bienfaisante de l'avoine, qui, dans bien des cas, pour les chevaux fins surtout, préviendrait le manque d'harmonie que l'on observe trop souvent dans les formes chez les sujets dont l'alimentation n'a pas été assez riche dans le premier âge. Mais si les éleveurs sont forcés d'être parcimonieux

sous ce rapport, la plupart d'entre eux ne méconnaissent
pas combien il est utile de donner de l'avoine aux jeunes
chevaux au moment où on les met en service. Tous comptent sur les effets avantageux qui se produiront chez ces
animaux lorsqu'ils seront *avénés*, pour nous servir de
l'expression consacrée, et
plus que les éleveurs en-
core, les marchands savent
tirer partie de cette circonstance.

L'avoine est sans contre-
dit l'aliment qui convient
le mieux aux chevaux que
l'on utilise à des travaux

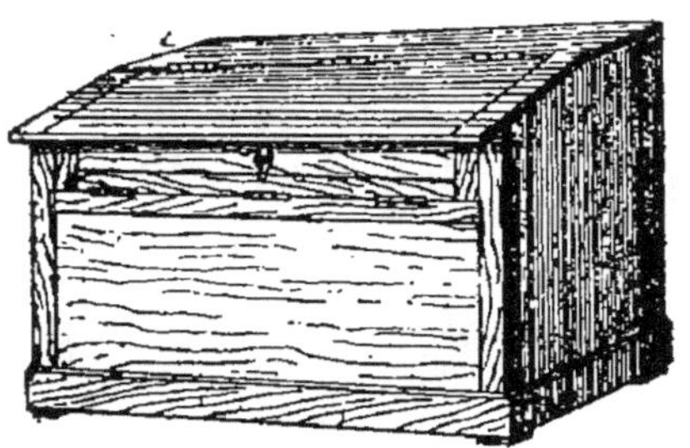

Fig. 160. — *Coffre à avoine en bois.*
(Maison **A.** Guillard, à Paris.)

fatigants et pénibles. On leur en administre journellement
de 3 à 10 ou 12 kilog. en deux ou trois fois *après qu'ils ont
bu*. A la dose de 1 ou 2 kilog. aux chevaux exténués de fatigue
au moment où ils rentrent à l'écurie, elle produit un très
bon effet; elle agit comme excitant diffusible, ranime à
l'instant les forces, excite l'appétit, et prévient les suites
d'un refroidissement profond. Mais son action n'est pas
momentanée comme celle des excitants liquides auxquels
on la compare; les principes assimilables qu'elle renferme, agissant à leur tour, réparent les pertes qui ont été
faites, et mettent les animaux en état de suffire à de nouveaux efforts. L'utilité de faire entrer l'avoine dans la
ration des chevaux de travail, dans le nord et même dans
le centre de la France, est incontestable. Cependant elle
n'existe pas d'une façon également impérieuse pour tous
les animaux de cette espèce. Les chevaux qui ont à faire

des efforts énergiques et soutenus en tirant à pas lents de lourds fardeaux, de même que ceux qui travaillent à des allures rapides, comme les chevaux de poste, de diligences ou d'omnibus, doivent en recevoir et en reçoivent en effet dans la plupart des cas de fortes rations. On en donne moins à ceux qui font des travaux moins pénibles, et souvent, à certaines époques de l'année, on réduit d'une manière notable la ration de ce grain pour les chevaux de l'agriculture. Il est même bon de faire observer *qu'au fur et à mesure que l'on s'avance du nord vers le midi, l'avoine paraît devenir moins indispensable dans la ration des chevaux qui travaillent.* Dans nos provinces méridionales, beaucoup de solipèdes (chevaux,

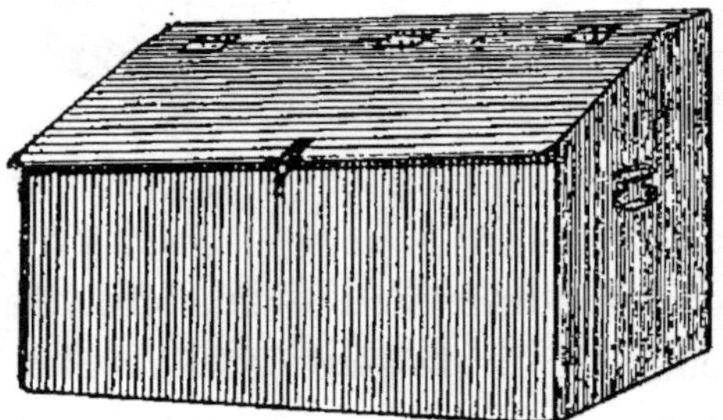

Fig. 161. — *Coffre à avoine en tôle galvanisée.* (Maison A. Guillard, à Paris.)

ânes ou mulets) s'entretiennent bien et viennent facilement à bout de leur tâche en recevant des rations d'avoine qui équivalent à peine aux deux tiers, à la moitié, au quart de celles que l'on donne dans le nord aux animaux de même taille faisant un travail analogue. *Souvent même l'avoine est remplacée en partie ou en totalité par d'autres grains, comme le maïs, l'orge, les féverolles, sans que les animaux paraissent en souffrir.* C'est surtout dans le midi que l'on trouve fréquemment, parmi le petit nombre de chevaux employés aux travaux des champs, des animaux qui suffisent à leur tâche sans manger d'avoine ou qui n'en reçoivent de faibles rations que de loin en loin, et seulement aux époques où l'on a besoin d'exiger d'eux des efforts extraordinaires.

Il est rationnel d'augmenter un peu, au moment d'un fort travail, la ration d'avoine des chevaux qui reçoivent ordinairement une ration journalière de ce grain.

C'est ce que l'on fait pour les chevaux et les mulets de l'armée à l'époque des routes, des grandes manœuvres, ou pendant que l'on est en campagne. Nul autre aliment ne peut mieux que l'avoine ou l'orge, selon le climat, réparer le surcroît de pertes que l'économie fait en de semblables circonstances. Nul ne convient mieux aussi pour refaire les animaux qui ont souffert d'un travail exagéré ou de mauvaises conditions hygiéniques pendant un certain temps. En Algérie, l'administration de la guerre accorde souvent aux chevaux qui rentrent d'expédition un supplément d'orge pendant la période de repos qni succède à cette période de fatigue excessive. En France, on peut, dans le même but, augmenter la ration d'avoine. Il est seulement indispensable d'en surveiller alors les effets, afin d'éviter les accidents qu'elle pourrait déterminer si elle était donnée trop vite en forte proportion, ou si, par suite d'un surcroît de ration trop longtemps prolongé, on voyait naître la pléthore.

L'avoine occasionne quelquefois des indigestions vertigineuses mortelles sur les animaux qu'on soumet à de rudes travaux après de forts repas. Pour prévenir ces accidents, on doit la donner en fractionnant la ration en repas plus nombreux et plus souvent répétés. Les administrations et les maîtres de poste qui suivent cette méthode perdent bien rarement des chevaux.

L'avoine, qui est si propre à l'entretien des chevaux de travail, est aussi fort utile à ceux de ces animaux que l'on consacre à la reproduction. Pour être en bon état et aptes à féconder les juments qu'on leur présente au printemps, les étalons doivent recevoir de l'avoine pendant toute l'année; seulement la ration, qui est modérée en temps ordinaire, est augmentée pendant la saison de la monte, et même pendant quelque temps encore après que celle-ci a cessé. En France, l'administration des haras augmente d'un kilogramme environ par jour la quantité d'avoine qu'elle accorde à ses étalons pendant la monte. La plupart des étalonniers sont dans l'habitude de distribuer une petite ration d'avoine à leur chevaux peu de temps après la saillie. La même pratique est souvent suivie pour les baudets.

Il est parfois avantageux de donner de l'avoine aux juments destinées à la reproduction. Lorsqu'elles ne sont pas pleines, l'usage de ce grain suffit souvent pour les faire entrer plus tôt en chaleur ; il convient, dans tous les cas, pour les préparer aux fatigues de la gestation. Lorsqu'elles sont pleines, il les met en état de fournir au fœtus les éléments dont il a besoin pour se développer. Enfin, lorsqu'elles sont nourrices, et qu'elles redeviennent alors en état de gestation, ce qui leur arrive le plus souvent, l'avoine tout en les entretenant en bon état, leur fait secréter un lait plus riche dont le poulain profite. Malheureusement, ce n'est guère que dans les pays où les poulinières et les jeunes chevaux travaillent, que l'on fait usage de l'avoine sans parcimonie ; partout ailleurs on en donne peu ou point. Le prix du grain met obstacle à son usage habituel, et cela nuit à la prospérité de l'élevage.

L'avoine est beaucoup moins employée pour les autres herbivores domestiques que pour le cheval. Il est évident qu'elle pourrait être donnée aux bœufs de charroi et de halage, ainsi qu'aux bœufs qui font les travaux de l'Agriculture ; très certainement, ces animaux s'en trouveraient bien. Mais comme en général ils s'entretiennent très convenablement et suffisent parfaitement à leur tâche en utilisant des aliments d'un prix beaucoup moins élevé, il est rare qu'on leur en donne. Nous en dirons autant des vaches laitières ou nourrices, qui n'en reçoivent pas ordinairement, bien que cet aliment pousse rapidement l'accroissement des élèves, et donne aux mères un lait abondant et de bonne qualité. Dans beaucoup de pays, dans certaines exploitation on fait entrer l'avoine dans la ration du taureau, et l'on fait de même pour le bélier pendant la lutte ; quelquefois aussi on en donne aux brebis, aux porcs, aux animaux que l'on engraisse, aux lapins. C'est sans contredit pour ces animaux une excellente alimentation, et son prix élevé est la seule raison qui s'oppose à ce que son usage soit plus général.

Enfin nous ajouterons encore que l'avoine donnée aux oiseaux de basse-cour les fait pondre abondamment ou les engraisse, suivant les circonstances, et que dans ce dernier cas, bien qu'elle ne vaille peut être pas pour cela le maïs, elle provoque la formation d'une chair et d'une graisse d'excellente qualité.

Distribution de l'avoine. — Pour les animaux de travail, la règle qui domine, quant à la distribution successive des aliments d'une même ration, c'est de donner une partie au moins de l'aliment ou des aliments de force dans le repas qui précède le moment où le travail doit se faire.

La ration journalière d'avoine se distribue habituellement en trois fois : le matin avant le travail, au milieu de la journée pendant la période de repos, et le soir à la rentrée à l'écurie après le travail terminé. Dans l'armée, en dehors des jours de route et de manœuvre, l'avoine est donnée après le pansage, en deux rations égales, le matin et le soir, lorsque les chevaux reviennent de l'abreuvoir.

A l'époque des manœuvres, on donne un tiers de la ration d'avoine un peu avant de seller et de brider les chevaux. Dans les grandes administrations on procède de même, et il n'est point de personne habituée à gouverner des chevaux qui ne se conforme à cet usage généralement suivi. Il y a plus, c'est que souvent quand la tâche est pénible et la durée un peu plus longue, les conducteurs soigneux n'hésitent pas à arrêter leurs chevaux après qu'ils ont déjà fatigué pendant un certain temps et à leur distribuer une ration d'avoine. Cette pratique est parfaitement en rapport avec les effets connus des grains et des fourrages fibreux.

L'avoine, qui offre d'ailleurs comme le foin une relation nutritive favorable pour des sujets adultes, présente des avantages opposés aux inconvénients des aliments fibreux. Elle est relativement peu volumineuse, et peut être donnée à dose suffisante sans qu'on soit en danger de remplir outre mesure l'estomac. En général elle est bien mâchée, bien insalivée, et la pratique a enseigné que si l'on a fait boire quelque temps avant de la donner après un repas modéré de foin ou de paille, *il ne faut pas faire boire après qu'elle vient d'être mangée*, afin de ne pas l'entraîner en dehors de l'estomac, où elle doit séjourner un certain temps, pour être suffisamment imprégnée du suc gastrique par lequel sa matière azotée doit être transformée en peptone et préparée pour l'absorption. Il y a là toutes les conditions voulues pour que les mouvements respiratoires jouissent de la plus grande liberté, pour que l'animal soit réconforté, et pour qu'il ne soit point tourmenté par la faim pendant qu'il accomplira sa tâche.

En outre, cet aliment concentré fournira tous les éléments nécessaires à la réparation des pertes que provoque le travail, et l'animal pourra s'entretenir sans diminution de poids. C'est donc avec raison que l'avoine est réservée, en partie ou en totalité, pour les repas qui précèdent le travail.

Du reste, ce que nous disons de ce grain peut s'appliquer à tous les autres aliments de force : à l'orge, qui remplace l'avoine en Orient et en Algérie, où pendant les expéditions les animaux ne mangent presque pas autre chose; aux féveroles, usitées concurremment avec l'avoine en Angleterre, pour les chevaux qui ont à faire les plus pénibles services; au maïs utilisé dans certaines

Fig. 162.
Picotin en osier.
(Guillard, à Paris.)

partîes de l'Amérique; en un mot à tous les grains ou graines dont on peut se servir pour nourrir les bêtes de travail.

Quand on distribue aux animaux leurs aliments, il est indispensable de prendre la précaution de ne leur causer aucune inquiétude, qui puisse devenir le point de départ d'un trouble quelconque dans les fonctions de digestion et de nutrition. Il est des charretiers et des cavaliers qui, pour engager leurs chevaux à manger plus vite, commencent à les seller ou à les couvrir de leur harnais en même temps

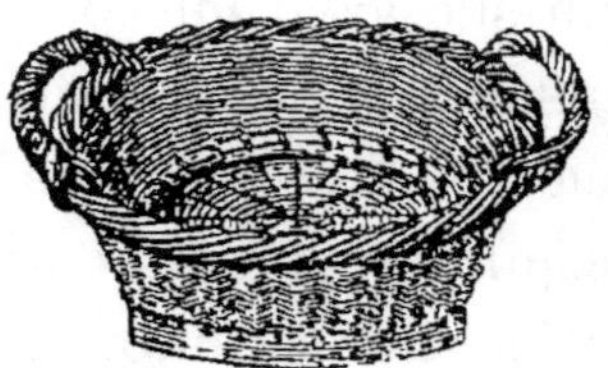

Fig. 163. — *Vannette crible en osier pour l'avoine.*
(Guillard, à Paris.)

qu'ils leur donnent de l'avoine. C'est un tort, l'animal, inquiet, se presse de manger, il broie le grain incomplètement, l'insalive d'une manière imparfaite, et le déglutit dans un tel état que celui-ci est mal préparé à subir l'action du suc gastrique.

De là quelquefois des indigestions, ou tout au moins une perte réelle sur les principes alibiles qui auraient pu être digérés. Il faut s'y prendre assez à temps pour que l'animal ait le loisir de manger à son aise.

Il est bon que la digestion soit commencée lorsque arrive l'heure du travail. Ce que nous avons dit précédemment fait assez voir que cette indication est plus impérieuse encore, lorsqu'il s'agit d'un aliment volumineux comme le foin, que lorsqu'il s'agit d'une ration de grain.

L'attention de ne point troubler les animaux en leur distribuant leurs aliments, est toujours aussi importante pour ceux qui donnent des produits en lait ou en viande, que pour ceux qui travaillent. La

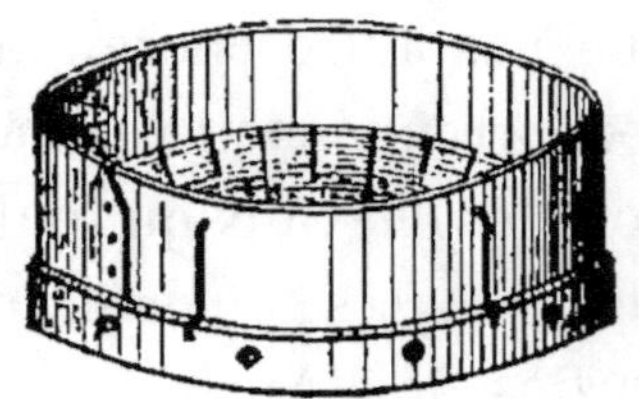

Fig. 164. — *Crible en bois pour l'avoine.*
(Guillard à Paris.)

brutalité, les mauvais traitements, se traduisent toujours par une perte sur les produits obtenus.

A ces précautions qui assurent la bonne exécution du service et jusqu'à un certain point le bien-être des animaux, il faut ajouter encore l'attention de ne pas secouer les fourrages poussiéreux dans les écuries ou dans les étables, de vanner les grains au dehors, et de nettoyer les crèches et les râteliers au moment d'y mettre de nouveaux aliments.

Les poussières qui s'échappent des fourrages et des grains sont au moins incommodes, et quelquefois assez irritantes pour provoquer de la toux.

Cela suffit pour justifier la recommandation que nous faisons.

Quant au maintien de la propreté dans les mangeoires, il a pour objet d'éviter que les animaux se dégoûtent du contact de leurs aliments avec les denrées qu'ils ont une première fois dédaignées, ou avec des produits qui peuvent avoir éprouvé un commencement de fermentation.

Fig. 165.— *Pochet ou musette à avoine.*

(Gaillard à Paris.)

Dans les écuries particulières où n'existe pas, comme dans les écuries industrielles, d'organisation spéciale pour que l'avoine soit distribuée très propre, c'est une excellente habitude de la passer et de la secouer sur une *vannette* (fig. 163) ou sur *un crible* (fig. 164) au moment de la distribution.

Certains chevaux mangent leur avoine trop vite, ne la mastiquent pas suffisamment, se l'assimilent par conséquent moins bien au détriment de la réparation des forces, s'exposant ainsi à des indispositions telles que les coliques et les gonflements d'estomac. D'autres chevaux salivent sur toute l'avoine qui leur est distribuée, en projettent hors de la mangeoire, ou en laissent tomber en mâchant.

Ces inconvénients sont supprimés par l'emploi de la mangeoire (1) imaginée par M. Lavoipierre de Chaumont (fig. 166) dans laquelle l'avoine destinée à un seul repas,

Fig. 166. — COUPE DE LA MANGOIRE HYGIÉNIQUE ET ÉCONOMIQUE

est placée dans un récipient communiquant avec la mangeoire proprement dite.

L'avoine tombe successivement par petite quantité, par bouchée en quelque sorte, sous les lèvres du cheval. Celui-ci la mange lentement, la broye mieux, et l'imbibe suffisamment de salive avant de l'avaler.

Ces conditions assurent une digestion meilleure, une assimilation plus complète, et une économie quotidienne d'avoine.

Certains auteurs ont conseillé de rendre excitante ou

____

(1) En vente, 59, rue des Mathurins, à Paris.

stimulante l'alimentation des animaux, quand on veut en obtenir exceptionnellement des efforts très énergiques. Les aliments alcooliques entrent souvent dans les breuvages que les entraîneurs font prendre à leurs chevaux de course, au moment de les lancer sur l'Hippodrôme. On voit parfois aussi les charretiers associer du vin à l'avoine qu'ils font manger à leurs chevaux avant de les mettre à un travail où ils auront à donner de vigoureux coups de collier. Mais ce sont là des faits qui sortent des conditions ordinaires et qui doivent rester absolument exceptionnels.

En général, des rations constituées avec des aliments concentrés, l'avoine, les féveroles, le chenevis, les tourteaux, sont excitantes, et même échauffantes quand on en abuse, et suffisent à faire accomplir par les animaux les plus rudes travaux. Si l'on va au delà, en employant trop fréquemment des stimulants proprement dits, comme le vin ou les autres alcooliques, on s'expose à user prématurément les animaux. C'est le cas dans lequel se trouvent beaucoup de chevaux qui sont ruinés par l'entraînement, dont ils n'ont pu supporter ni la rude gymnastique, ni le régime excitant.

Dans les circonstances ordinaires, il faut s'en tenir à l'emploi des bons aliments, et se contenter d'exiger des animaux la somme de travail qu'ils peuvent raisonnablement fournir : les aliments excitants ne sont vraiment utiles que dans quelques cas particuliers : quand il faut accidentellement faire produire de grands efforts, qui doivent être de courte durée, ou bien encore quand il s'agit de combattre certaines faiblesses dues à des causes passagères.

Si la *ration excitante* est quelquefois utile, la *nourriture débilitante* peut aussi être favorable aux animaux sanguins, pléthoriques, échauffés, à ceux qui ont été bien nourris et ont peu travaillé, à ceux qui, ayant cessé subitement de faire des déperditions, sont menacés de congestions sanguines.

La nourriture débilitante est employée en particulier pour les animaux échauffés par l'abus des grains. Le régime rafraîchissant comporte alors une ration moindre de ces derniers, l'usage des barbottages de son ou de farine d'orge, la mise au vert, etc. Sous l'influence de l'eau qui est absorbée en plus grande quantité et des secrétions intestinales et cutanées qui deviennent plus abondantes, les animaux s'affaiblissent et perdent de leur vigueur. Dans la plupart des cas on ne saurait les laisser longtemps, sans inconvénient à un semblable régime. Aussi est-il souvent nécessaire, pour éviter un affaiblissement trop marqué, de ne pas supprimer entièrement la ration de grain. Dans l'armée on se trouve beaucoup mieux du régime du vert pour les chevaux, depuis que l'on a pris le parti de leur donner la moitié ou les deux tiers de la quantité d'avoine qui compose leur ration ordinaire. Chez les Bovidés la débilitation provoquée par le régime du vert est beaucoup moindre que chez les Equidés.

Avoine nouvelle. — On a longtemps considéré l'emploi de l'avoine nouvelle comme dangereux ou très imprudent. Il fallait, disait-on, lui laisser *jeter son feu*, et attendre deux mois au moins avant de l'employer pour l'alimentation, sans quoi on risquait de la voir communiquer aux chevaux des troubles digestifs, des échauffements, de l'affaiblissement, des éruptions cutanées, de l'urticaire.

La commission d'hygiène hippique du Ministère de la Guerre a reconnu, après des expériences très nombreuses, qu'il serait trop long de relater ici : qu'on peut sans inconvénient, *et peut être avec avantage*, substituer l'avoine nouvelle à l'avoine ancienne, et qu'il n'est pas utile, pour en permettre l'usage, d'attendre que deux mois se soient écoulés, depuis la récolte.

Toutefois, si cette avoine ne présente aucun inconvénient pour des chevaux bien rationnés comme ceux de l'armée, surtout si on l'emploie en augmentant progressivement la dose, et en examinant avec soin les effets qui en résultent, il n'en est plus de même dans les écuries où l'avoine est donnée sans mesure. Dans ce dernier cas il survient forcément quelquefois des indispositions, et même des conséquences fâcheuses, si l'avoine, ayant été mal récoltée, est encore humide. Le meilleur moyen lorsqu'on ne dispose que de semblable avoine, et qu'on ne veut pas en acheter de l'autre en attendant qu'elle soit sèche, est d'en passer successivement des quantités proportionnées au besoin, à l'aplatisseur d'avoine, et d'exposer ensuite le grain aplati à un courant d'air sec.

Il arrive aussi : que la provision d'avoine est vendue quelque temps avant la récolte, par l'appât d'un prix élevé; qu'elle est épuisée par suite d'un rationnement mal calculé, ou que un à deux mois avant la moisson, il ne reste que des quantités trop faibles. La ration ordinaire des chevaux est alors supprimée ou très diminuée. La récolte arrive ensuite, on rend de l'avoine nouvelle, les chevaux la man-

gent avec avidité sans la broyer suffisamment, et il survient des indispositions diverses, des coliques, des vertiges, des indigestions accompagnées de symptômes nerveux qu'on attribue à l'action de l'avoine nouvelle, alors
que les troubles sont uniquement causés par un écart de
régime trop brusque et qu'ils eussent pu être évités par la
distribution de doses successivement croissantes. Quand
le javelage a été prolongé par un temps pluvieux, l'avoine
rentrée trop humide ou malsaine, donnée sans précautions,
provoque quelquefois des accidents très graves et même
la mort.

L'avoine nouvelle mûre et bien saine, peut au contraire
être utilisée sans inconvénient si elle est employée avec
discernement; elle est même plus nutritive que l'avoine
surannée, et préférable à cette dernière.

Cela est si vrai (1) que dans les régions agricoles de l'Oise,
le vieil usage de ne donner de l'avoine nouvelle qu'en janvier et même en février, a complètement disparu; les cultivateurs la donnent aussitôt récoltée.

Dans le Perche, vers 1832, des maîtres de postes possédant de superbes écuries de percherons, donnaient déjà de
20 à 25 litres d'avoine nouvelle par cheval, sans aucune
hésitation et sans aucune apparition de malaises quelconques; au contraire, les chevaux devenaient plus vigoureux et plus nerveux. Ici nous donnons chaque année de
l'avoine nouvelle à nos chevaux, sans avoir jamais constaté d'inconvénient.

Certes, on ne démolit pas une coutume semblable du jour

____

(1) Simon de l'Artois, vétérinaire.

au lendemain ; il faut lutter longtemps, parfois des années.

Il est, à notre connaissance, de riches cultivateurs et nourrisseurs excellents, en même temps, qui, depuis plus de 35 ans, donnent de l'avoine nouvelle, à la dose de 18 litres par cheval, sans que les troubles digestifs soient devenus plus fréquents chez eux qu'ailleurs.

Raisonnablement les coliques d'octobre, si communes en nos pays, ne peuvent être attribuées à l'avoine nouvelle, puisqu'elles se produisent aussi dans les écuries, où cette dernière n'est donnée qu'en janvier. C'est plutôt à des écarts de régime qu'elles sont dues.

Il y a donc lieu de faire justice de ce préjugé, attendu qu'il touche à une importante question alimentaire du cheval.

Nous ajouterons cependant qu'au bout de deux mois l'avoine nouvelle contracte une odeur spéciale qui la fait mieux appéter des chevaux.

Avoine surannée. — C'est aussi un préjugé de croire que les avoines vieilles ne valent rien pour la consommation, même si elles ont été conservées dans des conditions telles qu'elles soient exemptes d'altération et de mauvaises odeurs.

Il est certain que les avoines d'un an et de deux ans sont préférables à celles plus surannées, qu'il y a lieu par conséquent de les préférer à ces dernières lorsqu'on a le choix, et que les prix sont sensiblement les mêmes, mais on ne doit pas hésiter dans certains cas à employer des avoines de plusieurs années, qui sont restées saines et sans mauvais goût.

Il a été livré souvent sur les marchés des avoines conservées pendant plus de cinq ans et leur consommation n'a donné lieu à aucun mécompte.

DIVERS MODES D'EMPLOI DU GRAIN

Nous n'avons considéré précédemment que la consommation de l'avoine dans les conditions où le grain se trouve après le battage et le nettoyage terminés ; nous allons passer en revue maintenant les opérations et les transformations qu'il subit quelquefois avant d'être distribué aux animaux, et dont les principales sont les suivantes :

Fig. 167. — *Aplatissseur à bras.*
(Faul, à Paris.)

1° *L'aplatissement* qui s'opère au moyen de *l'aplatisseur* (fig. 167), instrument dans lequel le grain, au lieu d'être partagé en fragments comme dans la mouture ou le concassement, est comprimé plus ou moins fortement par son passage entre deux cylindres lisses. La pression de ces dernières fait éclater l'avoine, l'aplatit, mais comme à la suite de cette compression l'enveloppe reste adhérente à la partie farineuse, il en résulte que le grain ainsi traité, quoique plus tendre sous la dent de l'animal, doit subir quand même une mastication assez énergique avant la déglutition. Si des grains échappent à cette mastication, et par suite sont mal digérés le coefficient de digestibilité est d'autant diminué.

2° *Le concassement* appelé aussi *concassage, écartelage,*

s'opère à l'aide du *concasseur* (fig. 168) dans lequel l'avoine passe entre deux cylindres à cannelures obliques ou munis de dents s'emboîtant les unes dans les autres. Au lieu d'être réduit en farine comme dans la mouture, le grain est entrouvert, broyé grossièrement, et la plus grande partie de l'amande est détachée de l'enveloppe. L'avoine ainsi divisée se prête parfaitement à l'action des sucs de l'estomac et acquiert par suite une grande digestibilité.

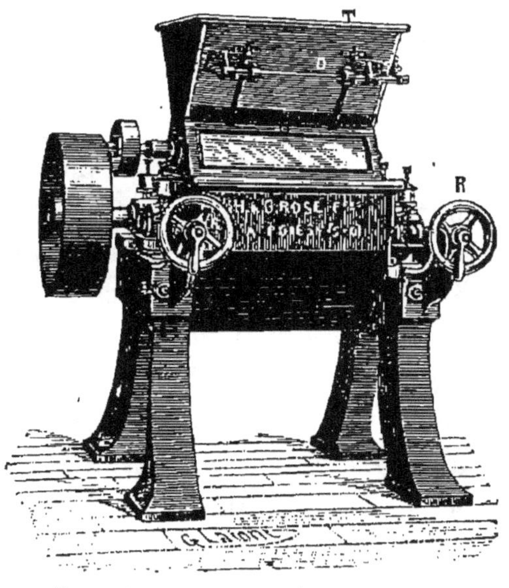

Fig. 168. — *Aplatisseur à grand travail.*

3° La mouture, qui s'opère d'une façon analogue à celle du blé, pour l'obtention de la farine d'avoine, dont nous verrons l'usage, et qui est employée en particulier à la *panification* c'est-à-dire à la fabrication d'un pain d'avoine pure ou en mélange avec d'autres céréales.

Fig. 169. — *Concasseur d'avoine. (Wullut à Paris.)*

4° La macération et le trempage, c'est-à-dire l'immersion de l'avoine pour la rendre moins dure, ou simplement l'addition d'une certaine quantité de liquide afin de faciliter l'absorption d'aliments tels que la mélasse, de stimulants tels que le vin, ou d'excitants tels que le sel.

5° La cuisson du grain, qui est employée si rarement que nous n'en parlerons pas, trouvant préférable d'insister sur des usages très répandus tels que l'aplatissement et le concassage.

Avoine aplatie et avoine concassée (1). — L'emploi des concasseurs a été proposé principalement pour prévenir la perte qui résulte de la mastication incomplète des grains par les chevaux. Pour apprécier cette perte, qui souvent est plus apparente que réelle, il suffit de rechercher la quantité de grains entiers qui se trouvent dans les excréments. Or il semblerait au premier abord que la quanlité de grains intacts, que renferment certains crottins soit considérable; mais si on examine bien ces grains, on reconnaît aisément que la majeure partie est formée exclusivement par les glumelles qui se sont conservées intactes, ou à peu près, l'amande, ou caryopse, s'en étant échappée sous la pression des dents qui l'ont en même temps écrasée.

Les grains entiers ou incomplètement vides, et ayant encore conservé la totalité ou une partie de l'amande, sont rares dans les crottins des chevaux ayant une bonne dentition et une force digestive non affaiblie.

D'après de nombreuses expériences on a en effet constaté, même pour des vieux chevaux, que 180 à 200 grains entiers pour 10 kilogrammes de crottins, soit environ le millième de la ration, on peut donc dire que la quantité d'avoine qui échappe à la digestion dans la ration du cheval est peu

---

(1) A son entrée en France. l'avoine concassée est passible des mêmes droits de douane que la farine d'avoine, tandis que l'avoine mondée pour potages suit le régime des grains perlés ou mondés.

importante, et qu'elle ne justifie nullement les craintes que l'on avait eues à cet égard, par suite d'un examen trop superficiel des excréments.

La manière la plus ordinaire de faire consommer l'avoine est de la donner entière, mais est-ce bien la façon la plus avantageuse ? Et n'y aurait-il pas économie réelle à faire consommer aux animaux l'avoine ayant subi une préparation mécanique : aplatissement ou concassement ? Pour fixer les idées à ce sujet, nous résumerons brièvement les expériences opérées dans ce sens à Grignon par M. Paul Gay, répétiteur de zootechnie.

Ces expériences faites sur un bélier, et sur un cheval comprirent trois périodes de quinze jours : pendant la première l'avoine entrait dans la ration *entière*, pendant la deuxième *aplatie*, et pendant la troisième, *concassée*.

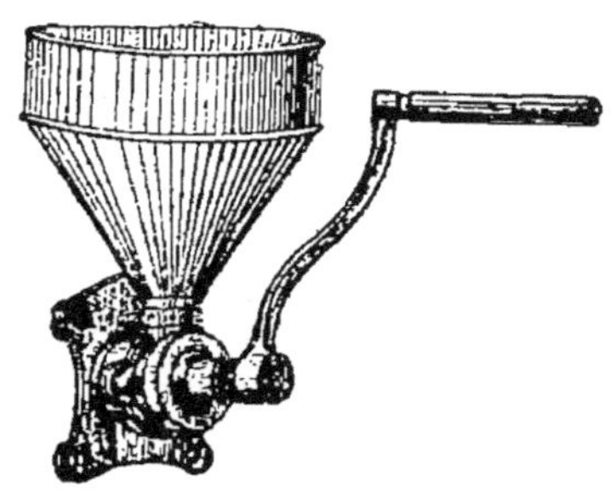

Fig. 170. — *Concasseur à avoine, pour être appliqué sur mur.* (Guillard à Paris.)

Dans la série d'expériences entreprises sur le bélier, l'avoine concassée s'est montrée un peu supérieure aux deux autres avec un excédent de digestibilité de 0,79 0/0, excédent qui peut être considéré comme négligeable dans la pratique; d'ailleurs le poids de l'animal est resté pour ainsi dire stationnaire pendant toute la durée de l'expérience.

Ce fait que les préparations mécaniques des grains n'ont qu'une influence à peine sensible sur la digestibilité des ruminants s'explique du reste facilement, car ceux-ci ne broyent que très peu les aliments, qui sont avalés et envoyés dans la panse, où ils sont soumis à une macération, sous l'influence de laquelle ils se gonflent, de telle sorte que lors de la rumination, c'est-à-dire quand ces aliments reviennent plus tard par petites quantités dans la bouche sous l'influence de la volonté de l'animal, ces grains n'offrent plus à l'action des molaires qu'une faible résistance et sont broyés facilement. Maintenant devons-nous étendre ces conclusions aux autres ruminants, aux bovidés également *polygastres;* non, d'après M. Paul Gay, car les bovidés possèdent à un moins haut degré le pouvoir de s'assimiler les aliments tels que les grains, à enveloppe protectrice assez résistante; aussi il semble, à la suite d'un grand nombre

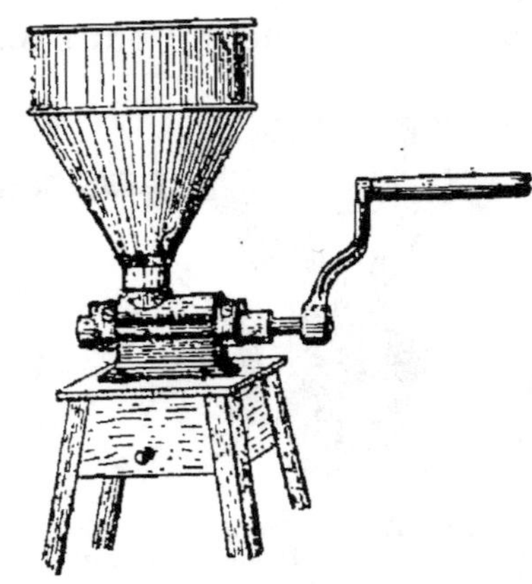

Fig. 171. — *Concasseur à avoine, posé sur table.* (Guillard, à Paris.)

d'observations et d'après plusieurs années de pratique, que les grains quels qu'ils soient ne doivent jamais être donnés aux bœufs et aux vaches sans avoir subi préalablement l'action d'un broyeur ou d'un aplatisseur.

En résumé, il est absolument inutile de faire subir aux grains destinés aux moutons une préparation mécanique quelconque, préparation au contraire qui semble avoir un effet assez marqué sur la digestibilité des grains entrant dans l'alimentation des bovidés.

Passons maintenant aux expériences faites sur le cheval. Chez ce dernier, comme tout le monde le sait, le travail préparatoire de la digestion est loin de s'opérer comme chez

les ruminants, car ce sont des *monogastres*, et par conséquent les aliments sont mastiqués aussitôt entrés dans la
bouche, pour être envoyés ensuite dans l'estomac afin d'y
subir l'action du suc gastrique. Ces graines ne sont donc pas
soumises à une macération préalable, et s'offrent avec leur
dureté naturelle à l'action des dents, action qui souvent devra être très forte pour que les aliments soient utilisés dans
la plus large mesure possible.

Il y a du reste des cas où cette mastication ne s'opère
pas d'une façon satisfaisante; c'est ce qui arrive ordinaire
ment quand l'animal est trop âgé ou qu'il mange trop vite,
dans ce cas une portion des aliments, principalement les
graines telles que l'avoine, passe dans l'estomac sans être
broyée; or un grain non broyé est un grain qui ne sera pas
digéré et qui est par suite employé en pure perte. Dans ce
cas l'emploi de l'aplatisseur ou du concasseur est nécessaire.

Doit-on également donner l'avoine concassée à tous les
chevaux? Enfin cette préparation du grain entraîne-t-elle
une dépense complémentaire compensée par un excédent
de digestibilité suffisamment grand? Ces deux questions se
trouvent élucidées, comme nous allons le voir, par les expé
riences faites sur le cheval par M. Paul Gay.

Les expériences, comme pour le mouton, comprenaient
trois périodes bien distinctes : la première période avec ration d'avoine entière, la deuxième avec ration d'avoine
aplatie, et la troisième avec ration d'avoine concassée.

Pour faciliter l'interprétation des résultats nous reproduisons dans le tableau suivant les coefficients de diges-
ibilité obtenus.

RATIONS	Coefficient de digestibilité pour °/₀					
	TOTALE	Protéine	Matières grasses	Matières hydrocarbonées	Cellulose	Cendres
Avoine entière dans la ration..............	64.53	71.30	40.00	74.70	42	27.78
Avoine aplatie dans la ration..............	68.58	79.15	59.46	74.99	48.87	31.97
Avoine concassée dans la ration........	72.73	94.11	54.78	75.19	64.60	42.71

Le coefficient de digestibilité total qui est donc de 64,53 0/0 pour l'avoine employée entière dans la ration, présente une augmentation notable pour l'avoine aplatie s'élevant à 68,58 0/0, augmentation encore plus forte pour l'avoine concassée dont le coefficient est de 72.73. L'avoine concassée montre donc sur l'avoine aplatie une supériorité, au point de vue digestf, égale à celle de cette dernière sur l'avoine entière.

Cette supériorité de l'avoine concassée est surtout fort accentuée au-point de vue de la digestibilité de la protéine et de la cellulose, il en résulte que cette avoine concassée semble devoir être préférée dans l'alimentation des chevaux, si toutefois cet excédent de digestibilité compense largement et au-delà le prix de revient du travail mécanique, c'est cette considération économique que nous allons maintenant aborder très brièvement.

D'après le tableau ci-dessus, nous voyons que la digestibilité de l'avoine entière, aplatie, concassée est dans le même rapport que les nombres 64, 68 et 72; il en résulte qu'on peut remplacer 100 kilos d'avoine entière par 96 kilos d'avoine aplatie ou 92 kilos d'avoine concassée; il y a donc, paraît-il, une économie de 4 0/0 dans le premier cas et de 8 0|0 dans le second. Cette économie est-elle réelle? Est-elle inférieure ou supérieure au prix de revient du travail mécanique nécessaire à la préparation de ces deux sortes d'avoines?

Voyons auparavant quelles sont les modifications physiques de poids et de volume que produit ce travail mécanique.

Les modifications constatées par M. Ringelmann sont résumées dans les quelques chiffres suivants :

		APLATISSEUR	CONCASSEUR
		kilos.	kilos.
Poids de l'hectol.	Grain naturel......	50 930	50 930
d'avoine.	Grain travaillé.....	21 760	19 200

Le grain a donc, après avoir subi l'action soit de l'aplatisseur, soit du concasseur, augmenté considérablement de volume puisque le poids de l'hectolitre a diminué de plus de moitié. Il en résulte que si au lieu de donner à un animal un certain nombre de litres d'avoine entière, on lui donne le même volume d'avoine aplatie ou concassée, le poids de grain fourni sera plus de moitié moindre, et l'animal, bien nourri précédemment, montrera moins de vigueur qu'auparavant; c'est là une des raisons pour lesquelles beaucoup d'agriculteurs ont été amenés à penser que l'avoine travaillée était moins bonne pour les chevaux que l'avoine entière.

Nous signalerons encore, comme avantage à l'actif des

concasseurs, que ceux-ci exigent pour le travail une force moitié moindre que l'aplatisseur.

Revenons maintenant à la question économique, et voyons quel est le prix de revient du travail nécessaire pour aplatir 95 kilos d'avoine, et concasser 92 kilos, poids correspondant au point de vue nutritif à 100 kilos d'avoine entière; nous supposerons que le prix de 100 kilos d'avoine soit de 15 francs (prix certainement bien inférieur au cours moyen).

AVOINES	Prix à raison de 15 fr. les 100 kilos	PRIX de REVIENT		Différence avec le prix des 100 kilos d'avoine	PRIX de REVIENT		Différence avec le prix des 100 kilos
		du travail à bras	Total		à la machine à vapeur	Total	
100 k. d'avoine entière	15		15			15	
96 k. d'avoine aplatie	14.40	1.63	19.03	4.03	0.83	15.23	0.23
92 k. d'avoine concassée	13.80	2.21	16.01	1.01	0.39	14.19	0.81

Ainsi dans le cas de l'avoine aplatie, il n'y a aucune économie à effectuer cette opération, même avec des machines.

Pour l'avoine concassée les résultats sont différents; quand le concasseur est mu par une machine à vapeur, l'économie réalisée est alors de 0 kil. 81 pour 92 kilos, soit 0 fr. 88 pour 100 kilos.

Cette économie, bien que paraissant peut-être assez minime, n'est pas à dédaigner; remarquons d'ailleurs qu'elle sera généralement supérieure, car nous avons adopté comme prix de l'avoine un chiffre excessivement bas. Dans

le cas d'une exploitation exigeant une cavalerie nombreuse,
il est donc possible d'arriver à économiser de ce fait plusieurs centaines de francs dans une année.

Bien qu'il ressorte des expériences de M. Paul Gay qu'il soit
possible dans certaines conditions de réaliser un bénéfice
en donnant de l'avoine concassée aux chevaux, il semble
que l'avoine entière, de l'avis de tous les vieux praticiens
soit la seule qui convienne aux chevaux bien portants et
possédant une mâchoire saine, l'avoine concassée n'étant
avantageuse que pour les chevaux ayant une dentition défectueuse, une force digestive affaiblie, pour les poulains
dont la mâchoire n'est pas complète, et les vieux chevaux
dont les dents ne valent plus rien, et enfin pour les animaux
malades.

Les chevaux nourris avec de l'avoine concassée ou aplatie auraient une tendance, d'après de nombreux essais, à
être moins énergiques et moins alertes, à transpirer plus
vite, à supporter moins bien les allures accélérées, et à tomber plus facilement sur les genoux ; enfin une fois habitués
à l'avoine aplatie ils sont moins en état, dans la suite, de
manger de l'avoine normale, sans être sujets à des troubles
digestifs.

Avoine trempée.— Le trempage de l'avoine est une pratique qui d'après certains auteurs est à conseiller. L'avoine
trempée se prépare d'avance de la façon suivante : on met
d'abord dans un bac la quantité nécessaire pour une journée
et on arrose avec de l'eau chauffée à 80° environ, puis on
remue la masse ; au bout de six heures on laisse écouler
l'eau.

On répète la même opération le deuxième et le troisième jour dans d'autres bacs pour servir les jours suivants. L'avoine ainsi trempée entre promptement en fermentation et peut être donnée aux chevaux après quarante-huit heures. Dans ces conditions, elle produit son maximum d'effet utile et les rations journalières sont susceptibles d'être sensiblement réduites. Nous ne connaissons pas d'expériences concluantes opérées dans le but de se rendre compte des effets de l'avoine trempée.

Avoine salée. — L'influence favorable du sel dans l'économie animale est connue depuis les temps les plus reculés, de nombreux auteurs l'ont signalée, aussi l'usage du sel est-il très répandu en agriculture. Il s'administre aux chevaux à raison de 15 à 20 grammes par jour, en le mélangeant à l'avoine, ou en le faisant dissoudre dans une certaine quantité d'eau, avec laquelle on asperge la ration de grain ou de fourrage au moment de la distribution.

En Italie l'avoine additionnée d'eau, est employée dans l'alimentation des porcs à l'engrais qui refusent de manger et laissent une bonne partie de leur ration, subissant ainsi une grande perte de poids.

Le remède est simple et réussit bien, dit-on. Il consiste à administrer chaque jour deux poignées d'avoine salée que l'on prépare de la façon suivante : on prend de l'avoine pour deux jours, on la met dans un vase de façon à ce que chaque couche de grain alterne avec une couche de sel, puis, après avoir comprimé le tout avec les mains, on verse dessus un peu d'eau. Le vase ne doit pas être trop rempli parce que les grains gonflent facilement. En administrant chaque jour deux poignées de cette avoine, on voit les porcs reprendre de l'appétit et augmenter de poids.

Farine d'avoine (voir page 581). — Par la mouture, le grain de l'avoine est réduit en gruau et en farine dont on sépare par le blutage le son constitué par l'écorce et la couche la plus extérieure on caryopse.

Généralement lorsqu'on doit faire consommer l'avoine en farine par des chevaux on n'en sépare pas le son, car elle perd ses propriétés stimulantes et favorise l'engraissement ou prédispose au lymphatisme; elle empâte les chevaux qui s'en dégoûtent facilement, n'y trouvant pas probablement la même saveur que dans le grain entier, saveur qui provoque une plus forte insalivation. L'avoine moulue ne peut donc convenir qu'aux vieux chevaux et aux convalescents dont les fonctions digestives sont languissantes.

Elle est employée avec avantage dans les pâtées données aux volailles.

Pain d'avoine. — La farine d'avoine, outre son usage pour l'alimentation humaine, est également employée pour la fabrication de pains propres à l'alimentation du cheval.

L'usage de ce pain pour la nourriture des chevaux est assez répandu à l'étranger; les journaux agricoles ont rendu compte maintes fois des résultats obtenus. Mais ces pains sont composés de mélanges divers : de farines de blé, d'avoine, d'orge, de seigle, de féverolles, de riz, etc., et non d'avoine seule. En Allemagne et en Suède on fabrique pour les chevaux des pains composés de farines d'avoine et de seigle en parties égales.

Nous signalerons en passant que des pains spéciaux, très riches et se conservant longtemps, sont adoptés pour les chevaux dans les armées allemandes et russes.

Ces pains, faciles à transporter, car ils sont de petit volume, permettent en temps de guerre, aux cavaliers, d'emporter les rations de plusieurs jours et de franchir ainsi de longues distances sans être obligés de rechercher des approvisionnements pour les chevaux.

QUANTITÉ D'AVOINE UTILISÉE EN FRANCE

La quantité d'avoine utilisée en France est actuellement de 47.069.740 quintaux, se répartissant en 2.353.487 quintaux utilisés pour la semence et 44.716.253 pour la consommation.

Ces 47 millions de quintaux représentent un chiffre supérieur seulement de 2 millions au produit de la récolte totale; il en résulte que notre pays produit presque toute l'avoine qui y est consommée, le surplus est comblé par les importations s'élevant en 1900 au chiffre de 2.089.000 quintaux; quant aux exportations elles sont relativement peu importantes, et négligeables, inférieures depuis 1898 à trente mille quintaux.

Le tableau suivant porte les quantités d'avoine utilisées en France pour la semence et la consommation depuis l'année 1827 jusqu'à nos jours : de 21.119 quintaux, qu'elle était alors à cette époque elle s'est progressivement élevée jusqu'à l'année 1893, à partir de laquelle elle est restée à peu près stationnaire avec un chiffre moyen de 46 à 48 millions de quintaux.

ANNÉES	Utilisation totale en France.	Utilisation pour la semence.	Utilisation pour la consommation.	ANNÉES	Utilisation totale en France.	Utilisation pour la semence.	Utilisation pour la consommation.
	QUINTAUX	QUINTAUX	QUINTAUX		QUINTAUX	QUINTAUX	QUINTAUX
1827	21.119.000	2.121.356	18.987.644	1864	38.908.422	3.924.526	34.983.896
1828	21.409.575	2.141.344	19.258.231	1865	35.190.495	3.524.205	31.566.290
1829	21.541.919	2.143.152	19.398.767	1866	34.029.796	3.340.336	30.689.460
1830	26.333.511	2.624.014	23.709.497	1867	31.638.660	2.927.040	28.611.620
1831	26.133.706	2.614.434	23.419.272	1868	38.681.033	3.642.353	35.038.680
1832	23.271.761	2.330.430	20.941.331	1869	38.446.006	3.815.011	34.631.995
1833	21.405.301	2.140.211	19.265.090	1870	manque	manque	manque
1834	22.228.496	2.223.342	19.995.154	1871	45.351.562	4.244.115	41.107.447
1835	25.216.638	2.523.002	22.693.636	1872	39.947.238	4.001.300	35.945.938
1836	22.455.497	2.246.503	20.208.994	1873	38.599.332	3.833.101	34.766.231
1837	22.396.503	2.240.140	20.156.363	1874	35.043.046	3.411.420	31.531.626
1838	26.309.671	2.626.042	23.683.629	1875	36.455.727	3.525.022	32.930.705
1839	27.446.133	2.743.430	24.702.703	1876	38.627.246	3.632.204	34.295.042
1840	27.162.225	2.714.820	24.447.405	1877	38.727.025	3.632.204	34.295.042
1841	28.485.979	2.846.801	27.539.179	1878	38.009.390	3.453.344	34.545.946
1842	22.218.141	2.214.207	20.003.934	1879	41.706.923	3.814.534	37.892.399
1843	32.069.193	3.200.603	29.868.590	1880	40.676.037	3.713.124	36.962·913
1844	32.229.532	3.223.449	29.006.083	1881	44.893.013	4.234.023	44.659.000
1845	29.384.633	2.943.223	26.441.410	1882	41.171.400	3.812.400	37.359.890
1846	23.071.501	2.304.111	20.773.390	1883	47.014.669	4.434.545	42.580.124
1847	28.523.008	2.814.110	25.708.898	1884	48.890.734	4.613.241	44.277.493
1848	31.379.901	3.127.000	28.152.901	1885	46.106.745	4.403.831	41.702.914
1849	33.126.765	3.319.913	29.806.852	1886	43.623.929	4.229.705	39.394.224
1850	29.211.061	2.926.403	26.284.658	1887	46.113.260	4.414.431	41.598.729
1851	29.750.542	3.005.143	26.744.399	1888	43.784.479	4.005.523	39.778.956
1852	33.256.358	3.340.400	29.915.958	1889	44.463.849	4.252.344	40.211.505
1853	32.213.292	3.222.134	28.891.058	1890	43.473.729	4.213.526	39.260.203
1854	36.487.948	3.641.121	32.846.827	1891	53.026.313	5.231.214	47.795.099
1855	36.462.448	3.642.310	32.820.138	1892	41.347.953	4.102.304	37.245.649
1856	34.484.549	3.424.433	31.060.116	1893	34.180.334	3.123.031	31.057.303
1857	34.461.764	3.441.140	30.920.634	1894	50.760.584	4.543.432	45.117.152
1858	28.503.900	2.830.219	25.673.681	1895	48.910.197	4.643.442	43.266.755
1859	32.297.992	3.223.526	29.073.466	1896	47.681.847	4.600.125	43.081.722
1860	35.969.957	3.604.507	32.364.450	1897	40.466.570	4.010.203	36.456.367
1861	35.403.143	3.515.010	32.888.133	1898	52.041.519	4.903.213	47.038.306
1862	41.492.347	4.142.413	37.249.934	1899	48.129.605	4.701.102	43.428.503
1863	37.977.483	3.823.418	34.155.065	1900	47.069.740	4.500.790	42.569.040

(1) Ces chiffres ont été établis en tenant compte de la production totale en France, et des mouvements d'importation et d'exportation.

L'utilisation totale pour la semence a été calculée en admettant 120 kilos, en moyenne, de semence employée par hectare.

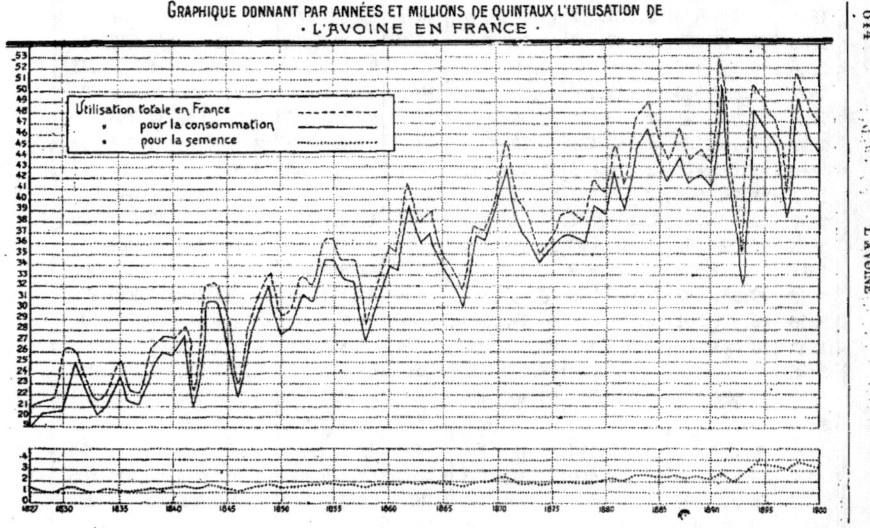
GRAPHIQUE DONNANT PAR ANNÉES ET MILLIONS DE QUINTAUX L'UTILISATION DE
· L'AVOINE EN FRANCE ·
Utilisation totale en France
pour la consommation
pour la semence
1827 1830 1835 1840 1845 1850 1855 1860 1865 1870 1875 1880 1885 1890 1895 1900

Quantité d'avoine achetée par l'Administration militaire

Achats prévus du 1ᵉʳ Novembre 1900 au 31 Octobre 1901.

	EFFECTIFS	QUINTAUX
Gouvernement militaire de Paris..	4.669	75.700
1ᵉʳ Corps............................	3.876	70.113
2ᵉ Corps............................	4.902	73.395
3ᵉ Corps............................	1.431	23.150
4ᵉ Corps............................	4.357	72.405
5ᵉ Corps............................	7.707	114.593
6ᵉ Corps............................	9.366	153.383
7ᵉ Corps............................	4.320	56.211
8ᵉ Corps............................	3.760	45.492
9ᵉ Corps............................	6.999	132.022
10ᵉ Corps............................	2.840	43.432
11ᵉ Corps............................	4.076	33.797
12ᵉ Corps............................	4.343	64.414
13ᵉ Corps............................	3.800	60.614
14ᵉ Corps et Gᵗ militaire de Lyon...	4.124	61.900
15ᵉ Corps............................	3.937	64.246
16ᵉ Corps............................	2.254	38.393
17ᵉ Corps............................	2.192	33.903
18ᵉ Corps............................	2.438	38.686
19ᵉ Corps (1)........................	»	»
20ᵉ Corps............................	1.050	16.323
Gendarmerie et Garde Républicaine	11.780	214.984
Total :	94.251	1.487.256

D'après le tableau précédent les 94251 chevaux (2) de l'armée et de la gendarmerie consomment en France 1.387.256 quintaux d'avoine, ce qui représente une moyenne journalière de 4 kilos 300 par cheval.

(1) Les renseignements relatifs au 19ᵉ Corps d'armée dont le quartier général est à Alger (divisions à Alger, Oran, Constantine), ne nous sont pas parvenus en temps utile.

(2) Dans ce nombre sont compris les mulets.

L'administration militaire achète donc à elle seule le trentième (1) de la récolte d'avoine (2) en France, et ce qui est donné aux chevaux militaires représente également environ le trentième (3) de la quantité totale consommée en France (4).

En se basant sur les données relatives au rendement à l'hectare, publiées dans le chapitre XIII (page 454), c'est-à-dire en adoptant le chiffre de 23 hectolitres comme moyenne du rendement à l'hectare en France, on voit que la production de l'avoine nécessaire pour les adjudications militaires nécessiterait une surface de 120.630 hectares, ce qui représenterait le 1/33 de la surface totale emblavée en avoine (5), si les entrepreneurs militaires et adjudicataires divers ne fournissaient que de l'avoine récoltée en France.

SUCCÉDANÉS DE L'AVOINE

« C'est un préjugé assez répandu en France, dit M. Crevat,
« que rien ne peut suppléer l'avoine pour le cheval de tra-
« vail, et de fait, c'est presque le seul grain qu'on lui donne,
« tandis qu'en Espagne, en Afrique et dans tout l'Orient, on
« donne de l'orge; en Amérique, du maïs, souvent des féve-
« rolles; en Angleterre, dans l'Inde, on donne des pois
« chiches, au Bengale, des vesces. »

---

(1) Cette proportion n'est que théorique, car les fournisseurs emploient aussi des avoines étrangères.

(2) La récolte en 1900 a été de 45.007.103 quintaux.

(3) Cette coïncidence est toute fortuite, car la production totale en France et le nombre de quintaux utilisés pour la consommation sont deux quantités distinctes.

(4) Utilisation en France 44.716.253 de quintaux pour la consommation, et 2.353.487 quintaux pour la semence, soit au total 47.069.740.

(5) 3.967.440 hectares emblavés en avoine dans toute la France.

Le choix du succédané de l'avoine, ou plus exactement du grain à substituer à l'avoine, doit être basé sur sa valeur nutritive dépendant de sa composition et de sa digestibilité, ainsi que sur les renseignements donnés par les tables d'équivalents, afin d'arriver, *dans des conditions économiques*, à ce que, sans modifier sensiblement la relation nutritive, on obtienne, après la substitution les mêmes effets par la nutrition.

Il est préférable de ne distribuer les nouvelles rations que progressivement afin d'éviter des troubles chez les animaux. Si l'on remplace 4 kilos d'avoine, par exemple, par le même poids de maïs, on donnera pour commencer un demi kilog. de maïs, quelques jours après un kilog, puis ensuite deux kilogs, pour arriver progressivement à supprimer l'avoine ou à ne la distribuer que dans les proportions qui sont assignées.

Par suite de la variété des produits, les substitutions sont relativement faciles dans les exploitations agricoles, surtout lorsqu'il s'agit d'animaux tels que ceux de l'espèce bovine, mais l'application aux chevaux exige plus d'attention.

Dans les écuries industrielles principalement, le problème est plus complexe, car il y a obligation de baisser le plus possible le prix de revient de la ration, tout en conservant en bonne santé et en pleine vigueur des chevaux effectuant toute l'année des travaux pénibles. C'est donc en se basant sur ces données très sérieuses que l'on fixe le choix et les proportions des aliments dont l'ensemble est appelé à constituer une ration nutritive convenable tout en étant composée de telle sorte qu'elle soit consommée facilement par les animaux.

Plusieurs exemples de rations aideront à mieux comprendre comment l'avoine est remplacée par des succédanés.

RATION ANCIENNE		RATION DE SUBSTITUTION	
Foin....................	3 k. 750	Foin....................	3 k. 750
Paille....................	2 h. 350	Paille....................	2 k. 350
Son....................	1 k.	Son....................	1 k.
Avoine....................	8 k.	Avoine....................	5 k.
		Maïs....................	3 k.
Relation nutritive......	1 5/3		
Rapport adipo-protéique	1 2/2	Relation nutritive......	1 5/3
		Rapport adipo-protéique	1/2

Ferme de Lens.		Omnibus de Paris.		Tramways de Berlin.	
Avoine............	4 k.	Avoine........	3 k. 938	Avoine 4 k.	
Maïs, Sarrasin, Orge	3 k.	Maïs..........	4 k. 500	Maïs.. 4 k.	
Foin..............	3 k.	Féverolles....	0 k. 562	Foin... 3 k. 500	
Paille..............	2 k.	Foin haché...	2 k.	Paille.. 3 k. 500	
Sel................	0 k. 030	Paille hachée.	2 k.		

Ces quelques exemples, que le manque de place empêche de multiplier, permettront de juger un peu comment s'opèrent des substitutions basées sur l'analyse chimique, et sur l'appétence des aliments, tout en tenant compte d'un facteur extrêmement important, *le prix de revient de la ration* puisque c'est toujours pour le réduire que les substitutions ont lieu.

Nous allons maintenant passer rapidement en revue les principaux grains utilisés comme succédanés de l'avoine.

MAÏS

L'exemple des pays tels que les Etats-Unis, le Mexique, l'Espagne, la Hongrie, où le maïs est d'un emploi presque général dans l'alimentation des chevaux, a suggéré l'idée de l'utiliser en France comme succédané de l'avoine. Cette substitution semblait d'autant plus logique que ces deux céréales ont des compositions très voisines, et que le cours du maïs est inférieur à celui de l'avoine.

Depuis longtemps, la consommation du maïs est sortie de la période des essais. Il est utilisé dans toutes les écuries industrielles, et dans les exploitations agricoles, pour nourrir et graisser les animaux, lorsque le cours élevé des avoines permet de réaliser une économie sérieuse en les remplaçant par du maïs. Dans la région nord de la France, il est préférable cependant que la substitution ne soit pas totale ; pour les chevaux de trait léger, et en général pour ceux qui travaillent aux allures vives, la moitié de la ration d'avoine doit même être conservée.

Le maïs s'emploie concassé et se distribue non bluté. Dans les petites exploitations où le concasseur n'est pas employé, le maïs est mis dans un tonneau ou dans une cuve, et recouvert pendant une demi journée en été, deux jours au maximum en hiver, d'eau légèrement salée, de façon à rendre le grain tendre, et à produire une légère fermentation grâce à laquelle la nourriture est

Fig. 172. — Maïs.

plus recherchée des animaux et plus assimilable. L'excès d'eau est enlevé avant la distribution, au moyen d'un trou pratiqué en bas du récipient, et le maïs est mangé facilement par les équidés, les bovidés et les porcs. Le maïs se distribue aussi cuit, ou crevé dans l'eau bouillante. Il entre dans la composition des pâtes des animaux de basse-cour.

ORGE

L'orge est une céréale précieuse pour le midi, parce qu'elle résiste à la chaleur et à la sécheresse mieux que l'avoine. Aussi sa culture est très développée dans les pays chauds où les conditions climatériques lui sont moins défavorables qu'à l'avoine. Sa substitution à cette dernière, lorsque la production a lieu en vue de la nourriture des chevaux, n'a de raison d'être que dans ces conditions.

Dans le nord de l'Afrique, l'orge est la base de la nourriture des chevaux. Elle est aussi substituée sans inconvénient à l'avoine dans le midi, mais dans le reste de la France (région nord principalement) il a été démontré expérimentalement et reconnu par la pratique, qu'elle convient moins bien pour les chevaux qui travaillent beaucoup. Si les rations sont trop fortes, elle les prédispose à des inflammations, à des congestions et même à la fourbure. Sur la demande de la commission d'hygiène hippique, l'administration de la guerre a fait opérer autrefois, dans six régiments, des expériences sur les effets comparatifs de l'orge et de l'avoine. Dans chaque régiment, cent chevaux étaient divisés en deux groupes ; cinquante recevaient la ration réglementaire, foin et avoine, et cinquante une ration composée de foin et d'orge : l'orge était donnée à la place de

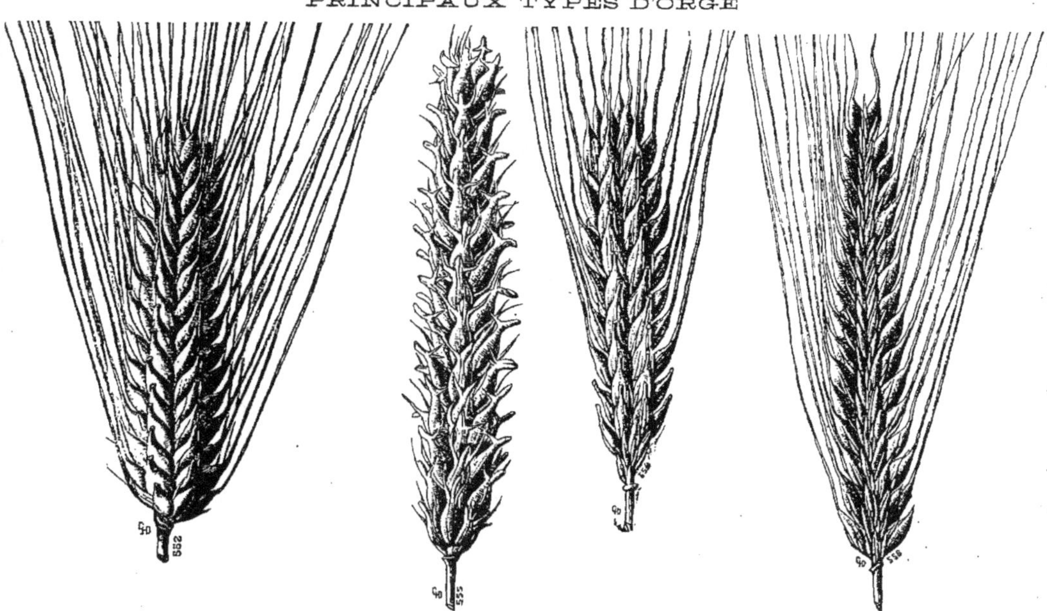

Fig. 173. — *Orge à 6 rangs.*   Fig. 174. — *Orge trifurquée.*   Fig. 175. — *Orge carrée.*   Fig. 176. — *Orge à deux rangs.*

l'avoine, poids pour poids. Il fut reconnu qu'avec la ration d'orge, les chevaux laissaient à désirer quant à la vigueur, qu'ils étaient plus mous, plus lents dans leurs mouvements, et se couvraient de sueur facilement.

L'orge se distribue à l'état naturel, concassée, écrasée, macérée. Comme les chevaux non habitués à la consommer l'écrasent moins facilement que l'avoine, il est préférable de ne la donner, au début, qu'écrasée ou ramollie par un séjour de plusieurs heures dans l'eau. Il y a des exploitations où l'orge est donnée germée et fermentée. Après une préparation préalable et l'addition de quelques aromates, on tire d'abord une boisson pour le personnel de la ferme, ensuite le moût d'orge est saupoudré d'un peu de son et distribué aux chevaux, bêtes à cornes, porcs, qui le mangent avec avidité.

La farine d'orge est employée en barbottage pour rafraîchir les chevaux ; elle convient aux ruminants que l'on engraisse et aux jeunes animaux pendant l'élevage.

A quoi attribuer ce fait que l'orge, aliment par excellence pour le cheval en Afrique, dans une partie de l'Asie et en Espagne, ne remplisse pas chez nous ou au moins dans toutes les contrées septentrionales les mêmes conditions d'alimentation, et qu'au lieu d'y rendre les mêmes services, elle présente au contraire de tels désavantages qu'on ne puisse l'appliquer sans inconvénient au même usage ? Cela tient très probablement à ce que l'orge des contrées méridionales au point de vue de l'alimentation du cheval, est très supérieure à l'orge que l'on récolte dans les contrées septentrionales, qui contient encore une proportion considérable d'eau de végétation.

L'orge des pays tempérés est très propice à l'engraissement de toutes sortes d'animaux, mais elle ne possède pas les propriétés d'ailleurs peu définies qu'elle acquiert et qui la font tout autre sous des climats chauds.

BLÉ

L'utilisation du blé dans l'alimentation du bétail, a été étudiée sérieusement depuis plusieurs années, et a fait l'objet d'un rapport présenté par M. Marcel Vacher à l'un des congrès de l'Exposition Universelle de 1900, rapport auquel nous avons emprunté les renseignements qui suivent.

Blé distribué à l'état de nature. — C'est le procédé le plus simple, mais donné tel aux ruminants, et en particulier aux bovidés, ces animaux n'assimilent que 40 à 50 0/0 des grains de blé.

Les porcs, en raison de leur constitution, assimilent le blé dans une proportion d'au moins 75 0/0.

Quant aux chevaux, qui mâchent et broient dans de bonnes conditions les aliments avant de les ingérer, non seulement ils consomment fort bien le blé à l'état de nature, mais le coefficient de digestibilité est remarquable, puisque 90 0/0 des matières protéiques sont digestibles pour eux, et que l'amidon et le sucre le sont au taux de 100 0/0.

Lorsque le blé est substitué à l'avoine, il y a lieu de tenir compte, dans l'établissement des rations, que son poids est à volume égal d'un tiers supérieur à celui de cette dernière céréale, et qu'il renferme 15 à 25 0/0 de principes nutritifs en plus. Si les rations étaient distribuées à la mesure, en remplaçant un volume d'avoine par un égal volume de blé, on risquerait donc de voir se produire des inconvénients sérieux, tels que la congestion intestinale et la fourbure chez les chevaux.

Blé distribué en farine. — Cette farine ébouillantée est très assimilable par tous les animaux. Les moutons soumis à ce régime, avec une ration de 350 grammes de farine par jour, engraissent rapidement; mais il n'en est pas de même des bœufs et des cochons. Chez ces deux espèces d'animaux, la bouillie de farine leur empâte la bouche, les dégoûte facilement, et provoque même quelquefois chez les bovidés un échauffement préjudiciable.

Blé distribué concassé. — C'est un très bon moyen de distribuer le blé aux animaux de la ferme, qui l'acceptent tous sous cet état, et l'assimilent à haute dose.

Pain. — Il est fabriqué avec de la farine grossière non séparée de son. Les animaux le consomment volontiers. En substituant 3 kilos de pain à 3 kilos 750 d'avoine, M. Pluchet obtenait une économie de 0 fr. 15 pour l'alimentation d'un cheval. Ajoutons qu'il était donné en outre 100 grammes de graine de lin et que le résultat obtenu ne laissait rien à désirer.

Blé distribué cuit. — C'est sous cette forme qu'il est préférable de donner le blé, au double point de vue de la digestibilité par tous les animaux et de l'économie réalisée, les frais de cuisson étant inférieurs aux frais de mouture et de panification, surtout si l'on fait tremper préalablement le grain, afin que la cuisson soit plus rapide et exige par suite moins de combustible.

Par la cuisson le blé double presque de poids et de volume. Lorsqu'on le retire de la chaudière, on le laisse refroidir pendant 12 heures, de façon qu'il prenne un léger goût acidulé. Quelques instants avant de le distribuer aux animaux, on jette dessus une certaine quantité d'eau tiède pour lui faire reprendre son volume et en faciliter l'ingestion et la digestion.

Le blé cuit étant très riche et très concentré demande à être distribué avec beaucoup de prudence. On commence par des doses de un kilo pour arriver progressivement jusqu'à 8 et 10 kilos par jour et par tête de gros bétail. C'est aussi par précaution d'hygiène stomacale qu'il est indispensable de toujours donner, avec le grain cuit, du foin et de la paille en quantité suffisante pour lester l'estomac, et faciliter chez les ruminants le fonctionnement et le contract du rumen.

Rations. — Afin de permettre de mieux comprendre le mode d'alimentation des animaux par le blé, nous terminerons par l'indication de trois types de rations qui serviront d'indication.

CHEVAUX TRAVAILLANT AU TROT		BŒUF DE 8 A 900 KILOS A L'ENGRAIS	
		Ration ordinaire.	Ration de substitution.
Avoine	1ᵏ600	Foin............. 6 kil.	Foin .... 6 kil.
Maïs........	1 600	Pommes de terre	Pommes de terre
Blé	1 600	cuites......... 15 »	cuites........ 6 »
Fèves.......	1 132	Farine, avoine,	Blé cuit........ 10 »
Son.........	0 679	orge .... 5 »	
Farine de riz délayée dans l'eau.	0 453	Tourteaux ...... 3 »	Tourteaux ...... 1 »
Foin haché..	0 436	Le tout formant breuvage avec 25 à 28 litres d'eau.	Le tout formant breuvage avec 25 à 28 litres d'eau.
Total ...	12ᵏ500		

On remarquera que la dernière ration de substitution permet de ménager la provision de pommes de terre, de diminuer la ration des tourteaux dont le prix est élevé, et de vendre une grande partie de la récolte d'avoine et d'orge lorsque les cours sont rémunérateurs.

SEIGLE

Le seigle, qui joue un rôle assez important en Agriculture, semble peu employé comme succédané de l'avoine, quoique rien ne mette obstacle à l'employer comme tel dans certaines limites, où son usage permettrait de réaliser des économies assez sensibles.

Des expériences faites par M. Adenot, tendraient à mettre le seigle au premier rang des grains dont peut être nourri le cheval, après l'avoine pourtant qu'il n'égale pas.

Le seigle, dit M. Adenot, a été employé par nous il y a près de quinze ans et nous en avons obtenu d'excellents résultats. Ce grain était donné à l'état de nature mélangé à l'avoine, sans avoir subi aucune préparation.

La ration de nos chevaux était : avoine, 6 kilos; seigle, 3 kilos. L'exploitation à laquelle nous étions attachés alors possédait 350 chevaux, tous furent soumis à ce régime; pendant huit mois qu'ils furent ainsi nourris, ils se maintinrent dans un état de santé florissant et le travail ne fut nullement ralenti.

Nous devons toutefois ajouter que la vigueur de nos travailleurs était moindre qu'alors qu'ils étaient nourris exclusivement d'avoine. Quoi qu'il en soit, le seigle est, de tous les grains que nous avons essayés pour atténuer les disettes d'avoines, celui qui nous a le mieux réussi.

Sans vouloir aucunement discuter les résultats de ces expériences nous ferons remarquer que, dans cette ration de grain où il existait deux d'avoines contre un de seigle, la vigueur des chevaux était déjà moindre, ce qui tend à prouver que le seigle est bien inférieur à l'avoine comme bon producteur d'énergie et de force.

La farine de seigle est souvent donnée en barbottages aux chevaux lorsqu'on veut les rafraîchir; elle entre également dans la composition des pains destinés aux chevaux.

M. Gérard de Melcy, propriétaire à Chéhéry (Ardennes) a obtenu des résultats satisfaisants en substituant à l'avoine un pain spécial préparé chez lui, composé d'un mélange de 4 quintaux de farine de seigle avec le son, un quintal de seigle concassé et un quintal de son de blé; la ration était par jour de 2 kilos de ce pain avec 5 kilos de foin de pré, 5 kilos de luzerne et 10 kilos de paille de blé, les jours où les labours étaient possibles, les chevaux recevaient un kilo de plus de ce pain.

Cette nourriture a été appliquée à 35 chevaux pendant trois mois, au bout de ce temps ils paraissaient aussi bien se porter étant gais et vigoureux, avec un poil luisant. Cette intéressante expérience de M. de Melcy démontre une fois de plus que l'avoine n'est pas un aliment absolument indispensable au bon entretien et à la vigueur du cheval de service et que les substitutions de fourrages, faites rationnellement, c'est-à-dire en tenant compte de la composition et de la valeur nutritive des aliments substitués à l'avoine, sont une bonne pratique dont le côté économique n'est pas le moindre avantage.

SARRASIN

Dans les pays producteurs de sarrasin, tels que la Champagne, la Bretagne, le Limousin, ce grain entre dans l'ali-

mentation des chevaux quoique son coefficient de digestibilité soit faible, et que la dureté de l'enveloppe empêche une

mastication com-
plète et une action
suffisante des sucs
gastriques.

M. Lavalard a
déterminé que les
grains entiers se
trouvaient dans
les déjections dans
une proportion re-
présentant 27,6
pour 0/0 du poids
sec. Il a constaté
en outre que la
consommation du
sarrasin était peut-
être la cause des
démangeaisons

Fig. 177. — *Sarrasin*.

chez les chevaux, et qu'elle provoquait l'apparition d'une
sorte de prurit sur la peau. D'après ce que nous venons
de dire, on comprendra qu'il est préférable de donner le sarrasin concassé ou de le faire consommer panifié. La farine
de sarrasin n'est guère distribuée qu'aux ruminants et aux
porcs.

FÉVEROLLES

Les féverolles données avec modération constituent une
excellente nourriture. On les distribue en vert, alors que

les tiges sont encore tendres, ou de préférence en sec, *en branches, en gerbées.* Fourrage et grain sont très nutritifs et conviennent très bien aux chevaux.

Le grain est donné de préférence concassé. Dans nos contrées du Nord l'emploi de la féverolle est avec juste raison très répandu.

Comme aliment, la féverolle a du reste fait ses preuves, et il y a donc lieu de s'étonner qu'elle ne soit pas plus généralement employée comme succédané de l'avoine.

En Angleterre, en Allemagne, en Alsace, elle lui est substituée en proportion plus ou moins grande dans la ration ; elle détermine dans tout l'organisme à l'heure des besoins, une excitation favorable et utile ; elle donne aux tissus une fermeté nécessaire aux animaux qui fati-

Fig. 178.
Féverolle.

guent, elle crée la force et la vigueur, le pouvoir de supporter des effets prolongés, aussi est-elle considérée à bon droit comme un des meilleurs succédanés de l'avoine. On ne craint pas du reste de la faire entrer dans la composition des rations des chevaux qui se montrent délicats ou petits mangeurs à l'entraînement ; ce fait est assurément une présomption à son avantage, car un entraîneur ne donnerait à aucune dose aux animaux qu'il prépare, un aliment débilitant sans aller à l'encontre du résultat cherché.

La féverolle agissant comme astringeant et échauffant est très favorable aux animaux qui, digérant mal des rations d'avoine trop abondantes, sont néanmoins en bonne disposition pour digérer utilement une plus petite quantité de nourriture ; il n'est pas possible, au surplus, de distribuer la féverolle en proportion aussi élevée que l'avoine, il faut donc en user avec mesure.

En résumé, le grain de cette légumineuse, dont le pouvoir nutritif est très élevé, peut être rapproché de l'avoine et lui être substitué dans une certaine proportion.

POIS

Les pois conviennent très bien pour la nourriture des animaux de la ferme; les chevaux les consomment volontiers. Pendant une partie de l'année nous en donnons deux litres par repas à nos chevaux de trait, après un trempage de 6 heures, et nous obtenons un bon résultat.

En Angleterre, ces grains sont également employés pour la nourriture des chevaux de course, venant ainsi un peu varier la nourriture si uniforme de ces derniers.

AVOINE ARTIFICIELLE

On s'est efforcé, avec plus ou moins de succès pendant ces dernières années, de remplacer certains produits alimentaires par des succédanés moins coûteux, similaires non seulement comme valeur nutritive et comme saveur, mais même comme apparence. A côté de quelques réussites, ces tentatives sont restées généralement infructueuses, même lorsqu'elles visaient le remplacement de produits coûteux, tels que le café, par exemple.

Les essais s'étendent maintenant aux marchandises à bas prix, aux produits tels que les fourrages et les grains qui composent la ration des animaux, et ce n'est pas sans un étonnement profond que l'on entend des gens parler de fabriquer des pailles, des foins, de l'avoine. Afin de rester dans le cadre de ce livre, nous nous bornerons à dire quelques mots de l'avoine artificielle, fabriquée d'après le procédé imaginé par un autrichien.

N'ayant pas vu fonctionner *la machine à fabriquer l'avoine* et ne connaissant cette *avoine artificielle*, que par l'échantillon qui nous a été adressé, et dont quelques grains sont reproduits dans la figure 179, nous nous bornerons à résumer la traduction des renseignements suivants qui se trouvent sur la circulaire publiée par l'inventeur du procédé.

Certains déchets de fabrication et de mouture, tels que blé, seigle, maïs, sons, fèves, déchets de rizeries, d'amidonneries, tourteaux divers, etc., ainsi que beaucoup de produits naturels féculents, que l'on trouve dans l'in-

Fig. 179. — *Avoine artificielle.*
(Reproduction d'après photographie de grains fabriqués depuis 4 ans).

dustrie et l'agriculture seraient mieux utilisés et trouveraient des débouchés plus considérables si on leur donnait une forme pratique en les associant dans des proportions convenables. L'une des meilleures applications, pour satisfaire aux besoins toujours croissants de la consommation de l'avoine, était de trouver comme succédané au grain de cette céréale un produit économique, qui, grâce à la possibilité de le conserver longtemps, par suite de sa composition et de sa consistance permit d'en emmagasiner des quantités considérables en vue de certaines applications. En réduisant des substances contenant des matières hydrocarbonées (telles que légumes, blés, déchets de mouture, produits secondaires des usines de décortication du riz, etc.), et en y ajoutant des aliments riches en matières azotées (protéine) tels que déchets des industries agricoles, fabrication d'amidon, d'huile, de sucre, etc., et en y ajoutant enfin certaines matières savoureuses, qui excitent l'appétence des animaux (telles que farines de seigle, son, avoine d'arrière saison particulièrement riche en avénine) il est possible d'obtenir un aliment de force qui peut être distribué avec avantage aussi bien aux ruminants qu'aux solipèdes. En se basant sur les considérations précédentes on est arrivé à produire une nourriture pour les animaux et principalement une avoine artificielle en employant le procédé suivant :

1° Mouture de matières premières telles que celles indiquées précédemment et contenant des matières hydrocarbonées et azotées.

2° Réduction de ces matières au moyen de cylindres, de meules ou d'autres appareils de mouture.

3° Blutage des matières premières indiquées précédemment et leur mélange à sec dans les proportions suivantes qui paraissent avoir donné les meilleurs résultats dans la pratique.

60 parties en poids de matières contenant des hydrocarbures.

30 «   «   «   «   «   de la protéine.

10 «   «   «   «   stimulants (savoureux indiqués).

Il est évident que, suivant la richesse plus ou moins grande en éléments nutritifs des substances entrant dans le mélange, ces proportions sont susceptibles d'être modifiées.

Le mélange, ainsi effectué, et rendu aussi homogène que

possible, est ensuite additionné de la quantité d'eau nécessaire à l'obtention d'une pâte suffisamment épaisse pour lui donner une forme voulue et variable avec le moule adopté.

Pour la fabrication de l'avoine artificielle, la pâte est pressée directement entre deux cylindres, présentant des cavités alvéolaires ayant la forme du grain d'avoine, ces cylindres sont chauffés intérieurement de façon à former sous l'influence de la chaleur, une première croûte sur les grains artificiels. Ces derniers sont recueillis sur des claies ou tamis, et passés ensuite, si c'est nécessaire, dans un séchoir, où ils acquièrent une croûte analogue à celle que présente le pain et certains gâteaux secs.

Ces opérations ont pour but : 1° d'assurer la possibilité d'une conservation prolongée, par suite de la stérilisation

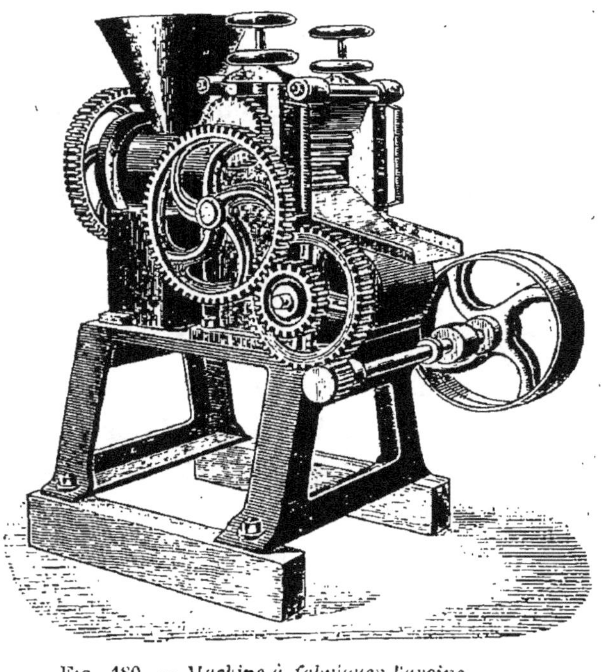

Fig. 180. — *Machine à fabriquer l'avoine.*

de la pâte moulée, sous l'action de la chaleur; 2° d'obtenir un produit divisé, ne s'agglomérant pas en masse pâteuse, soit dans la bouche pendant la mastication, soit dans l'estomac pendant la digestion.

Cet aliment a en outre l'avantage de plaire d'autant mieux aux chevaux qu'il est croustillant, de pouvoir être conservé longtemps, parce qu'il n'est pas hygrométrique, enfin de coûter 3 à 4 fr. (1) par 100 kilos meilleur marché que l'avoine, tout en imitant sa forme extérieure, et étant plus nutritif qu'elle, si les proportions des matières premières sont bien combinées. Cette avoine artificielle, dit l'inventeur du procédé, est préférable aux préparations vendues sous le nom de « *pain de cheval et biscuit de cheval* » très répandues aujourd'hui, qui exigent des frais assez élevés pour les pétrir et les cuire, tandis que pour l'avoine artificielle, il suffit d'une dessication à 80° afin de détruire les germes de fermentation, tout en obtenant une cohésion suffisante.

Comme exemple, nous indiquons le prix de revient et la composition d'un échantillon d'avoine artificielle fabriquée en Autriche et composée de déchets d'huileries et de rizeries.

Prix des déchets............	9 fr. 40 pour 0/0	
Frais de fabrication........	1 fr. 75 » »	
Prix de revient............	11 fr. 15 » 0/0	

Ainsi le prix de revient de cette avoine artificielle n'étant que de 11 fr. 15 les cent kilos tandis que l'avoine naturelle est côtée 17 fr. les 100 kilos, la composition de cette avoine artificielle étant de :

Matières azotées............	18.27	
— grasses............	14.23	
— hydrocarbonées..	41.89	

Si l'on compare cette composition à celle du grain d'avoine naturelle on constate une valeur nutritive supérieure de 20 à 25 0/0 à celle de cette dernière :

On trouve dans le commerce des déchets ou matières pre-

---

(1) Cette différence nous semble très exagérée au point de vue de l'application en France (D et S).

mières très convenables au prix de 6 à 10 fr. les 100 kilos, dont le mélange reviendrait au prix moyen de 8 fr. les 100 kilos. Dans ces conditions le prix de l'avoine artificielle ne serait que de 12 francs environ par 100 kilos en comprenant la redevance pour le brevet ; il y a donc un écart extrêmement marqué avec le prix de 100 kilos d'avoine naturelle.

Des machines analogues à celle représentée dans la figure 180 coûteraient 3.500 à 4.000 francs et produiraient 20 à 25 quintaux par jour. En estimant l'installation complémentaire et les frais de personnel et de loyer à 10 000 francs, il y aurait moins de 15 000 francs à engager.

Cette machine se prête surtout à être montée dans les moulins et les amidonneries, afin que l'installation se réduise à l'établissement de la machine même, néanmoins elle peut faire l'objet d'une exploitation spéciale.

CAROTTES — PANAIS

Après avoir passé rapidement en revue les grains et autres produits susceptibles d'être employés comme succédanés de l'avoine nous dirons quelques mots seulement des deux espèces de racines utilisées dans le même but.

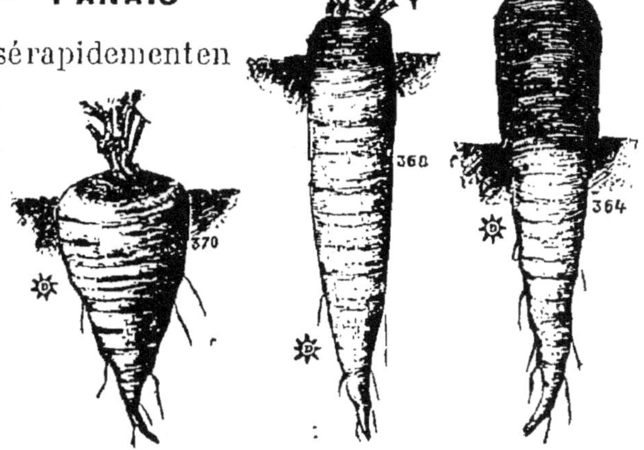

Fig. 181. — Carottes fourragères.

Les carottes constituent une nourriture rafraîchissante

très saine pour les chevaux. On ne les donne qu'avec modération cependant aux poulains par la crainte qu'elles n'engen-
drent (1) des maladies ou des excroissances du système
osseux. Aussi, malgré leurs propriétés précieuses, et l'économie qu'elles permettent de réaliser doivent-elles remplacer avec prudence une partie de la ration
d'avoine et non s'y substituer entièrement,
dans les régions sep-
tentrionales principa-
lement, où comme on
l'a répété souvent, le
secret pour faire de
bons chevaux est dans
le coffre à avoine.

Dans ces pays, en
effet, l'avoine qui est la
meilleure compensa-
tion du lait est presque
indispensable, c'est
même une erreur de la

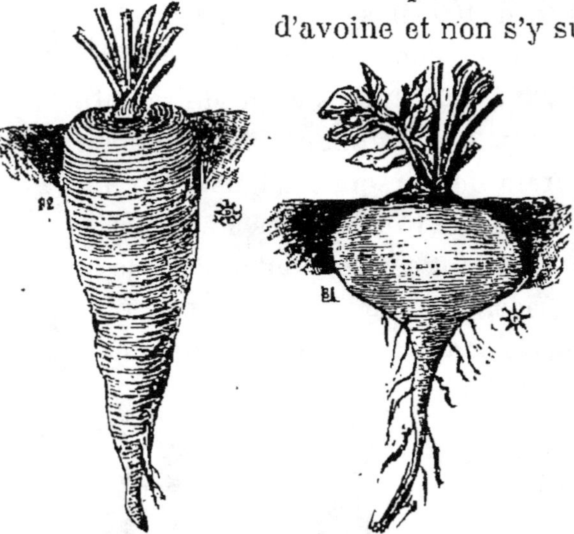

Fig. 182. — *Panais fourragers.*

remplacer partiellement, sous prétexte d'économie dans la
première année d'élevage.

A partir de la deuxième année, dit M. Wagner, on peut
ajouter à la ration une légère dose de carottes qu'on augmente peu à peu jusqu'à la fin de l'année. La deuxième et
la troisième année, où la croissance de la bête diminue, elle
peut se contenter d'une nourriture moins intensive et plus

____

(1) Lorsque la ration de carottes est assez forte, il est bon d'addition-
ner la nourriture d'une légère dose de phosphate de chaux.

volumineuse, c'est même nécessaire dans l'intérêt de la santé et du développement du corps de diminuer parfois la ration d'avoine aux poulains. Le foin, la carotte mélangée de son et de paille hachée, forment la plus grande partie du régime.

La carotte saine n'est pas seulement une nourriture hygiénique, elle forme une excellente transition de l'automne au printemps, du régime de stabulation au régime de pâturage et vice versa.

En Bretagne, où la culture des panais est très développée on les préfère aux carottes fourragères pour les substituer à l'avoine. Les panais, qui réussissent si bien dans cette contrée, sont considérés comme plus sucrés, moins aqueux et consommés avec plus de profit par les animaux.

MÉLASSE

Le sucre a une heureuse influence sur les voies respiratoires du cheval, et par suite de son caractère particulier de digestibilité absolue et de son influence sur la production de l'énergie musculaire et de la chaleur animale, il n'est pas étonnant que cet aliment tende à occuper une place importante dans l'alimentation du cheval. L'armée allemande et l'armée russe en ont adopté l'emploi. Grâce aux facilités accordées maintenant par le fisc français, grâce aussi aux expériences et à la persévérance de MM. Dickson et Malpeaux, la mélasse commence à entrer dans la ration des chevaux des grandes administrations, et à être employée dans les fermes, offrant ainsi à l'industrie sucrière un débouché pour ses sous-produits et aux cultivateurs un nouvel aliment pour leurs animaux.

Dans l'une des expériences de M. Dickson, la ration journalière était avant l'expérience :

Avoine........ 7 kilos.
Foin de luzerne 5 kilos.
Paille de blé... 5 kilos.

La mélasse a été présentée en dissolution dans l'eau donnée en boisson à raison de 300 grammes le premier jour, en substitution du même poids d'avoine, pour arriver le sixième jour à celle de un à plusieurs kilos d'avoine.

Cette ration a donné des résultats favorables : le poids vif a légèrement augmenté, la faculté de travail n'a rien laissé à désirer.

L'eau mélassée sert aussi pour l'utilisation des fourrages avariés. Chez M. Bachelet, agriculteur à Vaulx-Vraucourt, pour les employer, on les hache au préalable avec de la paille d'avoine dans la proportion de deux de fourrage pour un de| paille, et on arrose le tout avec un kilogramme de mélasse diluée dans trois fois son poids d'eau tiède et par tête de bétail. Ce mélange préparé 24 heures d'avance subit une légère fermentation qui plaît beaucoup aux animaux.

En résumé la mélasse a donné des résultats encourageants tant au point de la nutrition que de l'économie de l'emploi, et l'on peut espérer que les 250 millions de kilos produits annuellement en France se trouveront en grande partie utilisés par l'Agriculture.

PAILLE D'AVOINE

Il existe un préjugé fort répandu dans nos campagnes, c'est que la paille d'avoine *ne vaut rien*, pour l'alimentation des animaux domestiques, et en particulier pour celle des chevaux. Nous allons voir que ce préjugé est loin d'être fondé. Si on se reporte à la page 595 où nous donnons la composition des pailles des diverses céréales, ainsi que leur relation nutritive, on voit que la paille d'avoine est assez riche en principes alibiles, et que sa relation nutritive est plus favorable que celle d'aucune des autres céréales dont nous avons indiqué la composition.

Cette paille est mangée sans difficulté par tous les herbivores; les bœufs et les moutons la consomment sans en être incommodés.

La paille d'avoine est donnée également comme nourriture aux chevaux, toutefois dans l'armée et dans les grandes administrations on préfère la paille de froment; cependant quand cette dernière vient à manquer, on a recours à la première.

Examinons rapidement les quelques légers inconvénients que l'on peut reprocher à la paille d'avoine.

1° La paille d'avoine est molle, moins belle, et moins appétissante que celle du froment, présentant une couleur d'un jaune foncé, souvent même un peu brune.

2° Elle aurait l'inconvénient de rendre amer le lait des vaches laitières, auxquelles on la donne en quantité un peu forte.

3° Substituée à la paille de froment, elle déterminerait parfois un peu de diarrhée chez les chevaux que l'on met au travail immédiatement après le repas; inconvénient qui peut du reste être évité en jetant cette paille le soir seulement dans les râteliers.

On lui reprocherait enfin de provoquer dans certains cas

dans les voies urinaires des troubles, inflammation des reins et rétentions d'urines, quand elle est donnée en trop grande abondance.

D'après de nombreuses expériences, qui prouvent combien ces inconvénients ont été exagérés, la paille d'avoine peut être donnée sans danger comme nourriture à tous les animaux, mais il est préférable pour éviter les quelques cas que nous venons d'indiquer, de ne la faire entrer que partiellement dans la nourriture des chevaux et des vaches laitières.

En résumé quand elle a été mélangée à la paille d'autres céréales et principalement de blé, qu'elle a été récoltée un peu avant la maturité, que le javelage n'a pas été trop prolongé, elle se rapproche du foin ordinaire, plus qu'aucune autre par sa composition et ses propriétés alimentaires. Les pailles sont données aux animaux entières, hachées ou écrasées, seules ou mélangées à d'autres fourrages. Pour la paille d'avoine, comme du reste d'une façon générale pour toutes les pailles destinées aux bovidés, il est bon, pour augmenter leur valeur nutritive, de les arroser légèrement avec des liquides salés, et avec l'eau dans laquelle on fait cuire des racines ou des tubercules.

Fig. 183. — *Coupe-litière.*
(Pilter à Paris.)

Cette simple préparation a l'avantage de rendre les pailles sapides, faciles à écraser et à digérer; d'autre part ces dernières nourrissent beaucoup mieux les animaux, les engraissent même et augmentent la sécrétion du lait.

Lorsque la paille est très longue, afin d'avoir plus facile

à liter ou à enlever la litière, on la passe au coupe-litière (fig, 195) afin d'en diminuer la longueur.

Enfin les menues pailles sont fréquemment employées pour garnir les paillasses, surtout celles des enfants, et les coussinets des appareils à fractures, ainsi que pour embal ler les objets fragiles.

La paille d'avoine, outre les différents usages indiqués précédemment est souvent utile pour stratifier les fourrages difficiles à dessécher et à conserver; enfin on a pu en extraire un alcool de qualité supérieure à l'alcool de betteraves et à celui de pommes de terre. En 1859, M. Emilien Bouchotte a présenté à l'académie de Metz un échantillon d'un pareil alcool reconnu d'excellente qualité.

Quantité de paille à faire entrer dans la ration. — Il est difficile de fixer d'une manière rigoureuse la quantité de paille nécessaire à faire entrer dans la ration sous un volume convenable relativement à la capacité des réservoirs digestifs, à ce point de vue elle peut être distribuée en plus grande quantité aux chevaux de gros trait qu'aux chevaux fins; d'une autre côté elle est utile pour ramener à une relation nutritive favorable une ration dans laquelle les autres aliments tendent à élever un peu trop la proportion des principes azotés. Les ruminants digèrent mieux que les solipèdes la cellulose imprégnée de ligneux, aussi la paille peut leur être donnée en assez forte proportion avec plus de profit. Les quantités de paille que l'on fait généralement entrer par jour dans la ration sont les suivantes :

Pour les grands ruminants, 2 à 6 kilogr. associés à d'autres aliments tels que tourteaux, racines, foins ou résidus de différentes natures; pour les moutons que l'on engraisse,

200 à 500 grammes par jour, quantité qui peut être diminuée ou augmentée suivant les autres substances auxquelles elle est associée.

Dans l'armée chaque cheval, selon sa taille, reçoit 3 à 4 kilogrammes, mais on estime que, vu cette quantité, au moins 2 kilos à 2 k. 500 servent à faire la litière.

Les chevaux en dehors de l'armée reçoivent moins de paille encore, et quelques-uns mêmes parmi les chevaux de course par exemple, n'ont que celle qui sert à les coucher.

Quant aux gros chevaux de trait, il est rare qu'on leur en donne comme aliment plus de 3 à 4 kilogrammes.

La culture livre généralement la paille d'avoine en bottes réglées à 5 kilos ; elle établit ses prix *au petit mille* (500 kilos) *et au gros mille* (1 000 kilos), mais il est d'usage constant que le vendeur ajoute gratuitement 40 kilos par 1 000 kilos. Ce prix du mille s'entend : pris chez le cultivateur, dans le grenier, ou sur essieu (sur voiture, sur roues), rendu à domicile, rendu gare, ou rendu sur wagon, mais même dans ce dernier cas, les frais de confection du wagon sont le plus souvent partagés par moitié entre le vendeur et l'acheteur.

Dans les villes où existent des droits d'octroi les prix s'entendent soit en ville, soit hors barrière.

Si on examine le cours de la paille d'avoine, à la Chapelle et à Montrouge, pendant le courant du dernier trimestre 1900, on constate qu'à ces deux grands marchés parisiens, qui se tiennent en dehors de l'enceinte fortifiée, les prix ont été fort élevés, surtout pour les qualités supérieures. Ainsi sur le marché de la Chapelle ces prix ont été de 27 à 32 francs pour les qualités secondaires, de 31 à 36 pour les bonnes qualités, et 36 à 41 pour les qualités de choix, ces dernières étant ainsi *aussi chères que la paille de blé* de même qualité. Ces prix s'entendent : marchandise rendue dans Paris au domicile de l'acheteur, frais de camionnage et droits d'entrée (1) compris par 104 bottes de 5 kilos; pourboire en sus, 1 franc par 104 bottes.

Ce prix élevé de la paille d'avoine pendant le dernier trimestre 1900 a été dû : 1° à l'absence d'offre importante; 2° à la cherté des foins de consommation qui a contribué à rendre la demande de paille d'avoine plus active, des nourrisseurs en employant davantage pour leurs bestiaux; 3° au manque de foin d'emballage dont le prix très élevé a engagé à employer de la paille d'avoine.

On peut constater souvent une différence de prix assez sensible, due à la différence de qualité ou d'habileté à présenter la marchandise, entre les pailles d'avoines qui arrivent à Paris de loin par chemin de fer, et celles achetées dans la région parisienne, qui sont amenées par voiture sur les marchés de La Chapelle et de Montrouge.

Les pailles arrivant par wagon se vendent aux 520 bottes pour les qualités communes, et aux 104 bottes réglées à 5 kilogs pour les pailles de choix. Il est à remarquer que les pailles longues, bien triées, *parées*, de belle qualité, se vendent presque toujours, malgré leurs cours élevés, beaucoup plus facilement que les pailles communes, courtes, sans panicules, non parées, classées comme qualités secondaires. Ce commerce et ces entrées de grain et de paille dans Paris se prêtent à de nombreuses fraudes.

---

(1) Les frais d'entrée sont de 2 fr. 40 par 104 bottes de 5 kilogs. L'avoine en gerbe acquitte séparément les droits sur la quantité évaluée de grain et de paille; l'avoine moulue acquitte les droits comme grain.

ALTÉRATIONS DE LA PAILLE

Les altérations de la paille d'avoine peuvent être réparties en deux catégories : 1º les altérations déterminées par les maladies susceptibles d'attaquer l'avoine pendant le cours de la végétation et désignées d'après la cause déterminante sous les noms de paille rouillée, paille charbonnée et paille niellée ; 2º les altérations survenant pendant la moisson ou après que l'avoine a été rentrée, et désignées sous les noms d'avoine moisie, avoine pourrie, avoine poudreuse, avoine brisée.

Paille rouillée. — Les avoines sur pied sont susceptibles d'être attaquées par plusieurs champignons microscopiques, bien connus des agriculteurs sous le nom de rouille (voir page 705). Les pailles de ces avoines conservent des traces très apparentes et bien caractéristiques des atteintes de ces parasites, sous forme de taches de couleur de rouille, brunes ou noires, éparses, confluantes, ou le plus souvent distribuées en série linéaires sur les chaumes, les gaines et les limbes des feuilles.

Ces pailles ainsi altérées sont plus cassantes, et répandent encore quand on les frotte ou quand on les secoue violemment un peu de la poussière noire qu'elles ont en grande partie disséminée lorsqu'elles étaient sur pied.

Les pailles rouillées sont toujours de médiocre qualité, les plantes ayant végété dans de mauvaises conditions, et n'ayant pu par suite acquérir toutes leurs qualités nutritives ; d'après quelques essais, cette altération n'aurait pas paru entraîner d'inconvénients sérieux. Malgré cela, il faut toujours considérer les pailles rouillées comme dangereuses et n'en faire usage dans la ration, que momentanément et lorsqu'on ne peut pas s'en procurer d'autres. Il est même bon dans ces conditions de ne la distribuer qu'en petite quantité, après l'avoir bien battue, bien secouée, puis arrosée avec de l'eau salée.

Paille niellée. — Cette altération beaucoup moins fréquente pour la paille d'avoine que pour celle de blé est causée par un petit ver microscopique « l'anguillule », (anguillula tritici) voir page 689. La paille ainsi envahie est toujours rabougrie et d'un aspect peu avantageux ; il est rare, heureusement, que les pailles ainsi attaquées se rencontrent en grande masse, et jusqu'à présent on ne leur a pas attribué la propriété de faire développer des affections particulières.

Paille charbonnée. — La paille charbonnée est une altération produite par un champignon inférieur le charbon (ustilago segetum) dont nous parlerons plus loin. Ce parasite étend ses fins filaments mycéliens dans tous les tissus, et transforme plus ou moins toute la panicule en une masse charbonneuse, se désagrégeant en une fine poussière noire, entraînée par le vent : poussière formée par une quantité inimaginable de petits corps reproducteurs, ou spores ; même après la dissémination complète, l'aspect que présente le reste de la panicule permet de reconnaître facilement cette maladie.

La paille ainsi attaquée est mauvaise, parce que la plante a été épuisée et dépouillée par le parasite de tous les principes nutritifs qu'elle renfermait, mais elle ne possède pas de propriétés nuisibles spéciales.

Pailles vasées. — Pailles terreuses. — On appelle pailles vasées, les pailles qui sont plus ou moins recouvertes ou enduites de terre.

Cet accident, bien qu'assez rare, est le plus souvent produit par une forte pluie, qui survenant alors que le sol est très sec et pulvérulent, fait sauter la terre, qui adhère et recouvre comme d'un enduit les diverses parties de la plante. La paille vasée est mauvaise malgré le battage qui la nettoie et la débarasse en grande partie de la terre qui y était adhérente.

Pailles moisies. — Lorsque les pluies sont fréquentes à l'époque de la moisson, les pailles ainsi exposées à une humidité constante et prolongée, se tachent, deviennent brunes, fragiles, et se décomposent même en partie ; si d'autre part elles sont rentrées avant leur dessication complète ou conservées dans un lieu humide, elles moisissent et souvent même pourrissent ; cette dernière altération est provoquée par le développement de champignons microscopiques désignés communément sous le nom de moisissures. La paille ainsi moisie devient verdâtre, d'un jaune foncé, puis brune, friable, âcre et souvent fétide.

Les pailles ayant subi une semblable altération sont refusées par les animaux, qui ne les prennent que quand ils sont pressés par la faim. On affirme cependant que les champignons inférieurs qui constituent ces moisissures ne sont pas vénéneux, et que leur action nuisible se borne à détruire les principes alibiles qu'elles renferment. nous ne croyons pas toutefois qu'il faille prendre cette assertion à la lettre.

En résumé toute paille altérée, quelle que soit du reste la cause de l'altération, ne doit pas être distribuée au ratelier, elle ne peut être utilisée le plus souvent que comme litière, c'est à cet usage seulement qu'on doit consacrer toutes celles qui sont vasées, niellées, imprégnées de corps fétides ou d'excréments.

On peut faute de mieux, présenter aux animaux, comme aliment, les pailles rouillées ou charbonnées, mais en cherchant à diminuer les inconvénients qui pourraient en résulter, en employant les moyens que nous avons indiqués précédemment.

Quand à la paille moisie, il est préférable de la jeter dans la fosse à fumier, et de ne pas la répandre comme litière, dans la crainte que les animaux en mangent et se rendent ainsi malades.

MENUE PAILLE

On appelle *menue paille* d'avoine les résidus du battage comprenant les balles, les otons, les pailles brisées ainsi que les débris de graminées et les fragments de panicules. La quantité de menue paille ainsi produite varie selon le procédé de battage que l'on emploie.

Les menues pailles possèdent (voir page 595) une composition et une relation nutritive qui sont plus favorables à la nutrition que les pailles desquelles elles ont été séparées par le battage ou le dépiquage ; les menues pailles sont donc nourrissantes par elles-mêmes, mais elles le sont encore davantage par suite de la présence des grains, graines, débris de panicules qu'elles renferment et qui les rendent de ce fait plus substantielles.

Malheureusement, elles sont légères, s'imprègnent facilement de poussière et la retienne. Il est donc nécessaire avant de les distribuer sous une forme quelconque aux animaux de les passer au secoueur à menue paille (fig. 125) ou au trieur cylindrique à menue paille qui les débarrassent des matières terreuses, des petits cailloux et des poussières qu'elles renferment, ces dernières particuliérement étant suscepti- bles de provoquer une irritation des bronches.

Fig. 184. — *Trieur cylindrique à menue paille.* (Amiot et Barial.)

D'ailleurs les menues pailles sont rarement distribuées telles quelles, le bétail dans ce cas les acceptant difficilement. Il n'en est plus de même si l'on a soin de les humecter légèrement et de les laisser macérer un certain temps.

Le plus souvent ces menues pailles sont mélangées aux pulpes de sucrerie, ou aux drèches, très aqueuses, que l'on conserve en silos. Ce procédé rend ces aliments moins aqueux, et aug- mente leur valeur nutritive, tout en facilitant leur conservation.

Enfin, un excellent mode d'ali- mentation consiste à mélanger les menues pailles avec les betteraves, les rutabagas ou les carottes après la sortie du coupe-racines.

Fig. 185. — *Hache-paille.* (Samuelson à Banbury et à Orléans.)

Lorsque ces menues pailles sont épuisées, on les remplace par de la paille hachée au moyen de hache-paille.

Dans les fermes, la paille d'avoine est réservée de préfé- rence pour les rations et les litières des bêtes à cornes.

DE L'AVOINE CULTIVÉE COMME FOURRAGE

L'avoine est aussi fort utilisée, à la façon des graminées, comme fourrage vert; elle donne dans ces conditions un fourrage très abondant, du goût de tous les animaux et d'autant meilleur que l'avoine est une des graminées dont les feuilles et les jeunes chaumes sont les plus sucrés. Cette culture présente le grand avantage d'être comme semences d'un prix moins élevé que celui de la vesce, du maïs, des pois, et d'être bonne à récolter à un moment où le soleil de juillet occasionne parfois de redoutables sécheresses susceptibles de produire une véritable lacune dans *le régime en vert*, si l'avoine verte ou plutôt demi-verte, n'était là pour garnir la mangeoire des étables.

L'avoine est cultivée à ce titre dans presque toute l'Europe, principalement dans le midi, car elle forme seule ou mélangée de très bonnes prairies annuelles.

On sème l'avoine devant être coupée en vert aux mêmes époques que celles cultivées comme céréales; le semis est plus épais que dans ce dernier cas afin que les tiges restent minces.

L'avoine fourrage doit être fauchée de préférence quand le grain, commençant à se former, est mou, laiteux et sucré. A ce moment d'ailleurs la plante constitue une nourriture substantielle et rafraîchissante que l'on considère, dans certains pays, en Allemagne notamment, comme l'un des fourrages les plus nutritifs pour les animaux de la ferme.

On lui reproche parfois de provoquer la météorisation, mais en la faisant prendre à doses modérées, on n'a pas à redouter cet inconvénient. On peut obtenir par hectare 15.000 à 20.000 kilos de fourrage vert, mais généralement pour faciliter la distribution, on ne fauche pas tout en même temps, on se borne à couper chaque jour la quantité nécessaire pour la ration des animaux, quantité qu'on laisse seulement faner un peu avant de la faire manger.

Souvent au lieu de semer l'avoine seule on l'associe avec avantage à d'autres graines fourragères, qui doivent être semées de préférence dans cette avoine au moment où la herse en achève l'enfouissement. Le trèfle, en particulier, est employé dans ces conditions.

De cette façon, dans les années qui ne sont pas trop sèches, il est possible de faucher une avoine verte qui ne court aucun des risques auxquels sont exposées les avoines récoltées à maturité, avec jeune trèfle trop développé à leur pied. Lorsque de telles avoines sont couchées en javelles, à terre, il est alors nécessaire d'attendre que le trèfle soit *amorti* par le soleil avant de les lier ou de les dresser en moyettes; si on ne prenait cette précaution, le trèfle enserré dans les gerbes les échaufferait, et il y aurait fermentation. La récolte de l'avoine à l'état vert, comme le trèfle qui a grandi sous elle n'expose pas à ces graves inconvénients, car aussitôt coupée, l'avoine est consommée, et elle plait d'autant mieux au bétail qu'elle leur apporte à la fois des grains, de la paille molle et des feuilles de trèfles. Enfin un des autres avantages de cette méthode consiste en ce que le trèfle enraciné dans le champ, repousse pour ainsi dire derrière la faux; il donne un beau regain alors que souvent celui qui est resté sous l'avoine récoltée plus tard, à maturité, n'est pas encore fauchable. Le régime du vert est certainement un régime d'alimentation des plus économiques, aussi tout doit être combiné pour que chaque année, il dure sans discontinuité cinq à six mois et même davantage en recourant au pâturage.

Nous ferons toutefois remarquer qu'il est nécessaire de prendre quelques ménagements au début ainsi qu'à sa clôture, attendu qu'il importe de ne jamais passer brusquement du régime sec au régime vert et réciproquement.

L'avoine fourrage peut également être récoltée en sec, et dans ce cas on obtient aussi un fourrage de bonne qualité, se conservant assez bien, tendre encore malgré l'apparition des panicules, et constituant par suite une précieuse ressource, surtout dans les années sèches.

Dans certains pays, tels que l'Algérie et la Tunisie, cette avoine fourrage peut rendre de grands services, en procurant une abondante nourriture verte ou une réserve d'excellent fourrage sec, qui constituera une précieuse ressource dans les années de grande sécheresse.

Toutes les variétés d'avoines d'hiver et de printemps cultivées pour leur paille et leur grain peuvent être également employées comme avoine fourrage, toutefois il y a tout avantage à donner la préférence aux races qui ont un fort développement herbacé telles que les avoines noire de Hongrie, blanche de Pologne, blanche de Sibérie. Parmi les espèces que nous avons décrites dans le chapitre III, il en est une qui est presque exclusivement cultivée comme fourrage, c'est l'*avoine pied de mouche* (avoine courte, avoine à fourrage, page 217).

Cette espèce est particulièrement recommandable à ce point de vue pour les pays montagneux et les plaines sablonneuses. L'avoine est aussi fréquemment employée comme tuteur, et par conséquent comme fourrage pour ramer certaines plantes fourragères telles que pois, vesces, gesses, dont la tige frêle a besoin d'être soutenue. On sème généralement par hectare un mélange de 100 kilos de vesces et 50 kilos d'avoine ; on obtient ainsi un excellent fourrage vert ou sec, ayant une valeur nutritive très voisine de celle du trèfle et de la luzerne. La fauchaison a lieu dès que la vesce commence à passer fleur ; un hectare ensemencé dans ces conditions peut rapporter jusqu'à 45 quintaux de fourrage sec.

Le genre avoine renferme également outre les espèces céréales annuelles plusieurs espèces vivaces, uniquement employées comme plantes fourragères, et qui entrent avec avantage dans la composition de toutes les prairies naturelles et permanentes. Ces avoines sont : l'avoine élevée ou fromental (*avena elatior*), l'avoine pubescente (*avena pubescens*), l'avoine des prés (*avena pratensis*), et enfin l'avoine jaunâtre (*avena flavescens, trisetum flavescens*).

Nous prions le lecteur de vouloir bien se reporter pour l'étude de ces avoines fourragères à notre *Manuel de Culture Fourragère* où sont donnés tous les renseignements oncernant ces plantes.

CHAPITRE XIX

Accidents et Maladies des Avoines

Les principaux accidents auxquels sont exposées les avoines pendant le cours de leur végétation sont : la coulure, l'échaudage et la verse.

Les ennemis des avoines ne sont pas très nombreux, et généralement, sauf quelques cas exceptionnels, ne causent pas de dommages sérieux au point d'influer sensiblement sur le rendement.

Ces ennemis sont : parmi les animaux, les mulots, les campagnols et les anguillules, sortes de petits vers microscopiques, et parmi les insectes, la Cecydomie de l'avoine, l'Oscine ravageuse et certains Chlorops.

Les maladies cryptogamiques qui sont susceptibles d'attaquer les avoines et de leur causer quelque tort, sont : le charbon et les rouilles (rouille commune, rouille linéaire ou grosse rouille, et rouille couronnée.)

ACCIDENTS

1° **La coulure**. — On entend par coulure, un défaut de fécondation entraînant la stérilité des fleurs ; elle se pro-

duit ordinairement quand, au moment de la fécondation,
il survient de fortes pluies; les gouttes d'eau, pénétrant
entre les glumelles lavent le stigmate et les anthères. La
coulure n'est le plus souvent que partielle; cela tient à ce
que, dans une même panicule, la floraison est longuement
successive (voir page 34) et que, d'autre part, les épillets
étant pendants et les glumelles fermées, l'eau ordinairement ne pénètre que difficilement.

La coulure est moins à craindre pour l'avoine que pour
le blé et l'orge, il n'en est pas de même de l'échaudage'
accident qui abaisse souvent le rendement d'une façon
considérable.

2° **L'échaudage**. — L'échaudage se produit quand, par
suite de coups de soleil ou d'une sécheresse du sol, il y a
un arrêt de végétation provoquant une maturité prématurée : les feuilles et les tiges se desséchant avant que le
grain n'ait eu le temps d'acquérir son développement
normal. Dans ces conditions, l'amande est rabougrie et le
grain très léger, les grains doubles sont fort nombreux,
et la proportion de grains fermés et pointus en est, très
grande, même dans les variétés qui n'en forment pas
habituellement.

Les avoines sont extrêmement sensibles à l'échaudage,
qui est d'autant plus à craindre que les terrains sont plus
secs et le climat plus chaud.

Toutes les variétés ne sont pas également sensibles à
cet accident; celles qui y sont les plus prédisposées sont
les avoines de Géorgie, blanche de Ligowo, blanche de
Hongrie, noire de Hongrie et noire prolifique de Californie.
Celles qui nous ont paru au contraire peu sensibles à

l'échaudage sont particulièrement les avoines grises de Houdan et rousse couronnée.

Toutes choses égales d'ailleurs, une avoine sera d'autant plus sujette à être échaudée qu'elle sera plus tardive. Aussi est-il bon, sinon nécessaire, dans les régions ou l'été est sec et chaud, de semer les avoines de printemps de très bonne heure et de recourir de préférence à des variétés hâtives ou demi-hâtives.

3° **La verse**. — Cet accident est dû à ce que les chaumes, au lieu de rester droits, se couchent plus ou moins sur le sol.

Le verse est déterminée par des causes assez nombreuses. Elle est provoquée : 1° Par des conditions climatériques défectueuses, par suite de coups de vent, de pluies battantes, d'orages. Sous l'influence d'excès de chaleur avec humidité constante, les avoines, surtout dans les sols riches ou de bonne fertilité moyenne montent rapidement; les feuilles, larges et nombreuses, empêchent l'air et la lumière d'accéder à la base des tiges qui s'étiolent, blanchissent et n'acquièrent pas de consistance, la lignification et la sclérification des tissus ne se faisant que difficilement.

Ce même étiolement de la base des tiges, avec les mêmes conséquences, se produit quand le semis est par trop dru.

2° Par suite d'un excès de fumure azotée qui provoque une exubérance du système foliacé, une grosseur exagérée des chaumes au détriment pour ainsi dire de l'épaisseur et de la consistance de leurs tissus.

Moyens de prévenir la verse. — La verse sera d'autant plus désastreuse qu'elle se produira à une époque plus éloignée de la maturité et que les tiges seront plus couchées sur le sol.

Quand elle se produit de bonne heure avant la floraison, on peut encore espérer que les tiges se redresseront, mais le produit en sera toujours amoindri, car le sol et la base des tiges ne reçoivent que peu d'air et de lumière ; il y aura donc moindre fixation de carbone, moindre formation d'hydrates de carbone et par suite de matériaux de réserve (amidon).

La verse aura également d'autant plus d'inconvénient que la culture est plus envahie par les mauvaises herbes, surtout par le liseron et les vescerons qui en s'enroulant autour des chaumes les empêcheront de se relever et les chargeront, accentuant davantage la verse.

On combat la verse : 1º par des semis en lignes, pas trop drus, en rapport avec le tallage de la variété employée ; 2º par une culture soignée et la destruction des mauvaises herbes envahissantes (senés, ravenelles) ; 3º par l'emploi de fortes fumures phosphatées qui ont pour but, comme le fait a été bien démontré, de déterminer un épaississement des tissus de soutien (sclérenchyme) ; enfin 4º par l'effoliage, c'est-à-dire par le fauchage des feuilles quand les rubans sont trop larges et trop abondants. Cet effoliage doit être pratiqué en temps voulu, bien avant que les panicules n'occupent la dernière gaîne foliaire.

Certaines variétés d'avoines sont plus sujettes à la verse que d'autres, parce qu'elles ont une paille plus longue et plus délicate. Les avoines unilatérales sont plus résistantes que les autres, mais celle qui nous a paru l'emporter de beaucoup sous ce rapport est l'avoine rousse couronnée, à cause de sa paille assez courte, raide et forte ; les variétés qui, au contraire, sont le plus susceptibles de verser sont : l'avoine précoce de Mesdag, et les avoines Joanette et très hâtive d'Étampes, dont la paille est fine et grêle.

ENNEMIS DE L'AVOINE

1° **Mulots et Campagnols**. — Personne n'est sans avoir remarqué dans les champs, après la moisson, de nombreux orifices de petites galeries pratiquées à une faible distance de la surface du sol. Ces galeries sont habitées par de petits rongeurs, mulots ou campagnols, qui n'en sortent le plus souvent que la nuit pour aller exercer leurs ravages, en attaquant un grand nombre de racines ou de graines de plantes cultivées.

Les deux espèces de ces rongeurs, malheureusement si répandues en France sont : le Campagnol des champs (Arvicola arvicolis) et le Campagnol souterrain (Arvicola subterraneus). Ces rongeurs, un peu plus gros que la vulgaire souris des habitations, possèdent un pelage roux-brun sur le dos et blanchâtre sous le ventre.

Ils se multiplient avec une rapidité surprenante, et les dégâts qu'ils occasionnent sont souvent considérables; les ravages sont parfois tels que la récolte disparaît presque entièrement, comme le fait a été constaté à Janville en 1883.

Les remèdes qui ont été prônés il y a quelques années pour les combattre sont fort nombreux, mais il en est peu qui donnent des résultats réellement satisfaisants. Ils consistent presque tous dans l'emploi de pièges, de substances végétales empoisonnées, ou encore de virus infectieux.

La méthode la plus pratique consisterait à creuser dans le sol, au centre des galeries fréquentées par les rongeurs, des trous verticaux de 60 centimètres de profondeur. Cette méthode donne, paraît-il, des résultats très satisfaisants; on cite le cas d'un cultivateur qui, en deux journées et demi, aurait détruit de la sorte sur 1 hectare 1/2, 1600 de ces rongeurs qu'un gamin retirait vivants des trous, à sa grande joie.

Comme poisons, on peut employer des grains de blé renflés, après légère cuisson, dans une solution d'acide arsénieux, ou de petits cubes de carotte saupoudrés légèrement de cet acide. Des grains de blé qui ne seraient imprégnés que superficiellement ne donneraient pas de bons résultats parce que les campagnols pèlent le grain, laissent le son et ne mangent que la farine.

On dépose dans chaque trou quelques grains ou quelques morceaux de carotte, en ayant soin de boucher ensuite le trou avec le talon; on peut aussi se servir de petits tuyaux de drainage que l'on enfonce obliquement dans le sol après avoir placé vers le milieu un mélange de farine et d'un peu d'acide arsénieux.

D'après le Progrès Agricole, le campagnol ne perce pas de galeries. Ce n'est pas un fouisseur; il habite, adopte et fréquente les trous et les galeries pratiqués par les taupes, et le moyen de prévenir l'envahissement des campagnols serait peut-être de commencer par la destruction de ces dernières; n'ayant pas de galeries toutes faites, les mulots iraient plus loin.

Nous devons enfin mentionner le mode de destruction des mulots par propagation de maladies contagieuses. Des virus, contagieux seulement pour ces rongeurs, sont préparés au laboratoire de l'Institut Pasteur de Paris, et vendus au public dans de petits tubes fermés avec un bouchon de ouate.

Nous reproduisons le mode d'emploi de ces tubes, donné par M. Danysz, directeur de ce laboratoire.

« On prépare une solution de 5 grammes de sel marin de cuisine dans un litre d'eau; on fait bouillir dans une casserole, puis on laisse refroidir.

« Avec ce liquide refroidi, on remplit jusqu'aux 2/3 environ (après avoir enlevé le bouchon d'ouate) le tube contenant le virus, on secoue fortement jusqu'au moment où la gélatine se sera détachée du verre, et on verse le contenu dans la casserole.

« La gélatine n'étant pas facilement soluble dans l'eau, il faut écraser avec la main, les morceaux qui sont restés compacts.

« Du pain rassis est ensuite coupé en cubes de 1 à 2 centimètres; ces bouchées sont jetées dans la casserole, et lorsqu'elles sont suffisamment imprégnées de liquide, ce qui a lieu au bout d'une ou deux minutes, elles sont retirées et placées dans un vase. On peut imprégner au moyen de 1 litre de ce liquide environ de 1000 à 1200 de ces bouchées de pain.

« Pour la destruction des mulots, on doit prendre 2 tubes par litre d'eau; distribuer le pain trempé de préférence le soir; placer une bouchée dans chaque trou.

« Le virus doit être employé aussitôt que le tube a été ouvert; on ne peut conserver ni la solution, ni le pain imprégné plus d'une journée. Pour obtenir de bons résultats dans les champs envahis, il faut employer en moyenne 5 tubes par hectare. »

Le virus doit être employé dans les 10 jours qui suivent la réception.

Nous ferons encore remarquer que ce virus est absolument inoffensif pour les animaux de la ferme, le gibier et les oiseaux de basse-cour. La maladie qu'il provoque, au contraire, chez les mulots est extrêmement contagieuse, déterminant rapidement leur mort, non seulement sur les surfaces ensemencées pour ainsi dire avec le microbe, mais aussi dans un rayon environnant très étendu.

Ce virus peut de même être employé efficacement pour détruire les rats et les souris dans les appartements, les greniers à grains ou les cales de navires.

2° **L'anguillule.** (Anguillula Tritici, Tylenchus Tritici). — Ce parasite est un petit ver microscopique du groupe des *nématodes*, causant souvent de très forts dommages à un grand nombre de plantes et particulièrement au blé et à l'avoine.

Les dommages causés à cette dernière par ce petit ver, ont été signalés dans plusieurs départements, entre autres dans la Haute-Marne par M. Philippe, professeur spécial d'agriculture à Joinville, qui a reconnu sa présence dans les cantons d'Andelot, Saint-Blin, Vignory, Joinville, Saint-Dizier, etc.

Dès le mois de mai, et surtout en juin, les avoines attaquées par ce parasite se montrent comme arrêtées dans leur développement ; les places envahies forment des sortes de grandes taches rondes dont l'étendue varie suivant l'intensité du mal.

La maladie est caractérisée par une hypertrophie de la tige qui s'étend du collet au deuxième entre-nœud; dans le pays, les cultivateurs disent alors, pour exprimer ce fait, que *la plante est tournée en poireau ou en échalotte* (fig. 186). Les feuilles sont comme tordues en spirales, et la plante reste maigre et rachitique.

Si on examine au microscope, les tissus de la tige dans cette partie, on y reconnaît facilement la présence d'un grand nombre de petits vers nématoïdes vivant en parasites et qui ne sont autres que les larves du Tylenchus tritici. Ces larves ont une longueur de 1 à 1,5 millimètre et une largeur de 20 à 25 millièmes de millimètres.

Le ver à l'état parfait, que l'on trouve en grand nombre dans le sol, est cylindrique, filiforme un peu atténué à ses deux extrémités. Le milieu du corps paraît pointillé par une sorte de granulation qui cache l'intestin. Sa longueur est de 2 millimètres et sa largeur de 30 à 40.

Les larves microscopiques de ces vers envahissent tous les tissus de la plante; dans le blé, le grain même en est complètement envahi, et dans ce cas, il est très petit, ressemblant un peu aux graines de la nielle des blés (Lychnis Githago); de là, la dénomination de grains niellés qui leur est ordinairement donnée.

Dans les grains d'avoine, M. Philippe n'a que très rarement constaté la présence de ces petits vers; dans ces conditions, les grains étaient courts, maigres et chagrinés. Il explique ce fait, parce que dans les avoines, les larves éprouvent une grande difficulté à s'insinuer dans les rameaux longs et grêles de la panicule pour arriver jusqu'au talon du grain.

Après un grand nombre d'expériences continuées pendant plusieurs années, M. Philippe a reconnu que, pour combattre cette maladie, il était nécessaire de donner un coup de fouet à la végétation par l'emploi du nitrate de soude ; d'autre part, le meilleur moyen d'éviter les ravages de ces petits vers consiste à ne cultiver dans les endroits infestés, que des plantes entièrement différentes de celles qui y existaient précédemment. Enfin, il convient de n'employer que des graines très propres, et de préférence celles provenant d'une région où ces nématodes n'existent pas.

Après la moisson, il est nécessaire d'opérer le déchaumage du champ infesté, de réunir les chaumes en tas, puis de les anéantir par le feu, car si on fait une coupe d'un de ces chaumes secs qui ont été attaqués par ce parasite et qu'on l'examine au microscope, on reconnaît dans les tissus la présence de filaments soyeux microscopiques qui ne sont autre chose que des anguillules raides et sèches. Lorsque ces chaumes ainsi

Fig. 186. — *Pieds d'avoine tournés en poireaux*. Vulg. : Avoine poireautée.

envahis sont enfouis par un labour, sous l'influence de l'humidité du sol, ils se désorganisent, puis les anguillules sortent de leur engourdissement, quittent les tissus de ces chaumes et se mettent à la recherche des plantes bien portantes où elles pénètrent et dont elles envahissent rapidement les tissus.

Enfin, les pailles, balles et graines provenant des champs contaminés ne doivent pas être employées pour les usages de la ferme ou comme litière, car le fumier, ainsi produit aurait l'inconvénient de propager la maladie dans les terres où il serait enfoui.

Dès que l'on s'aperçoit que quelques plantes sont envahies par cette maladie, il ne faut pas hésiter à les arracher et à les brûler pour éviter que les vers n'attaquent

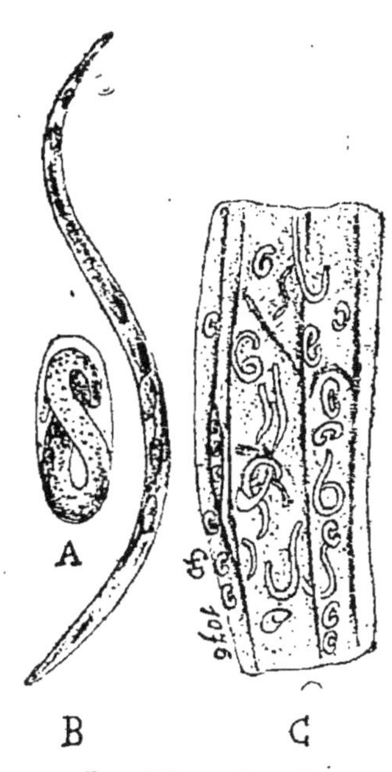

Fic. 187. — *Anguillule de l'avoine.* A. Larve enkystée, B. Larve isolée, C. Larves dans les tissus de la feuille.

celles qui avoisinent et qui pourraient être encore saines.

MALADIES ET DOMMAGES CAUSÉS PAR LES INSECTES

Les avoines comptent peu d'ennemis parmi les insectes; toutefois plusieurs espèces ayant causé dans certaines années et dans certaines régions des dommages assez importants, il est nécessaire de les signaler à l'attention des agriculteurs, afin que si pareil fait se reproduisait dans leur culture, ils fussent à même de reconnaître la nature du mal et d'appliquer ensuite le remède convenable.

Les insectes que l'on a particulièrement remarqués comme suseptibles de nuire aux cultures d'avoines sont : la *Cecydomie de l'avoine*, l'*Oscine ravageuse* et les *Chlorops*.

La Cecydomie de l'avoine (*Cecydomyia avenæ*). — Cet insecte est un petit diptère voisin de la *Cecydomie destructive* du blé (C. destructor). A peine distincts à l'état adulte, ces deux insectes présentent des différences très grandes dans la forme de leurs larves ainsi que dans leur genre de vie à cet état de développement ; tandis que la larve de la *Cecydomie destructive* possède un segment anal terminé par un prolongement charnu, dorsal, bilobé, portant des papilles dorsales situées quatre à quatre sur chacun des deux lobes, la larve de la *Cecydomie de l'avoine*, au contraire, présente des papilles dorsales implantées directement sur le segment lui-même. D'autre part, la première ne se développe que sur le blé, l'orge et le seigle, tandis que la seconde ne se développe que sur l'avoine.

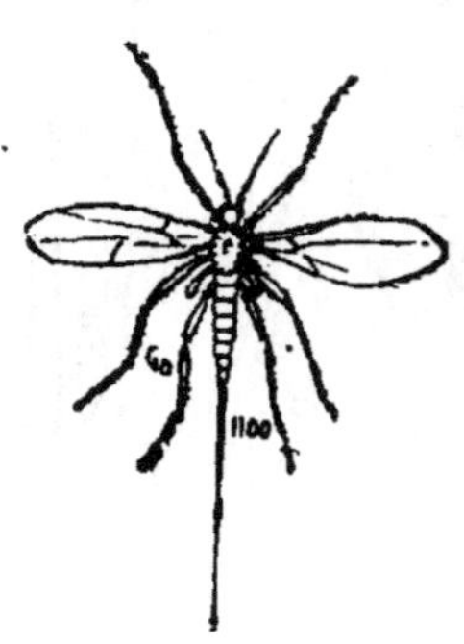

Fig. 188. — *Cecydomie de l'avoine.*

La *Cecydomie de l'avoine* est une petite mouche de deux millimètres de longueur, de couleur jaune citron avec les yeux noirs ; elle dépose au printemps ses œufs sur les chaumes d'avoines avant la floraison. Ces œufs, très petits et jaunâtres, produisent des larves qui percent la tige et en rongent l'intérieur ; d'abord blanchâtres, ces larves passent plus tard au jaune vif.

Certaines années, les dégâts causés par ce parasite aux cultures d'avoines ont été très importants ; ainsi, au printemps de 1894, les avoines du Poitou et de la Vendée ont été fort éprouvées, par suite de la présence, en très grand nombre, des larves de cet insecte.

Heureusement, on a remarqué que le développement de ces larves de Cécydomie est entravé par de petits parasites du groupe des *Platygastres* et des *Chalcidiens* qui vivent à l'intérieur des larves et en déterminent la mort.

Comme moyen de destruction on conseille d'arracher et de brûler les chaumes après la moisson; mais M. Marchal, directeur de la Station d'entomologie à l'Institut agronomique, qui a spécialement étudié ce diptère, a montré avec quelle circonspection on doit procéder au brûlage des éteules après la moisson.

Si le temps d'éclosion de la Cecydomie est passé, il pourrait être très nuisible de brûler ces chaumes qui contiennent toute une légion de parasites prêts à combattre les générations suivantes et à réduire le nombre de leurs représentants à une quantité négligeable. Appliquée en temps opportun et sur l'indication formelle des entomologistes compétents, cette mesure pourra, au contraire, avoir une grande efficacité et reste le principal moyen d'action qui soit à notre disposition pour nous opposer aux ravages de la cecydomie.

L'Oscine ravageuse. — *L'Oscine ravageuse* ou *Oscine dévastatrice* (*oscinis* ou *oscinia vastator*) est une très petite mouche de 1^{mm},5 à 2 millimètres, d'un noir brillant, avec des ailes transparentes. Le corselet, aussi large que la tête, est plus long que l'abdomen, formé de cinq anneaux; les pattes sont assez longues et grisâtres.

L'Oscine ravageuse attaque l'orge, l'avoine et le blé,

produisant trois générations par an. La première de ces générations ravage les cultures d'orge; les larves rongent dans la première quinzaine de juin les feuilles centrales et l'intérieur de la tige des céréales; l'insecte parfait éclot fin juin et produit une deuxième génération qui attaque les grains d'avoine mûrs.

En 1892, M. Poirson, professeur d'agriculture à Tomblaine (Meurthe-et-Moselle) a constaté aux environs de Nancy la présence de ce diptère dont la larve avait détruit en moyenne sur chaque panicule les amandes de 5 à 12 épillets.

Le meilleur moyen d'éviter la propagation de cet insecte est de ne pas faire revenir trop souvent l'avoine à la même place et surtout de bien choisir les grains de semence qui doivent être indemnes, c'est-à-dire très lourds.

De même que la Cecydomie, l'Oscine possède un grand ennemi qui vit à ses dépens : c'est un Ichneumon, le *Sigalphus caudatus*.

Les Chlorops. — *Les Chlorops* sont de petites mouches parasites des céréales et assez voisines des Oscines, caractérisées par leur tête large et hémisphérique, portant deux yeux composés, d'un beau vert, d'où le nom de *chlorops* qui a été donné à ce genre.

La femelle dépose ses œufs à la partie inférieure de la panicule et les œufs éclosent quinze jours environ après la ponte; les petites larves qui en sortent percent le chaume et creusent en descendant un sillon à l'intérieur de la tige.

Ces larves ont, suivant les espèces, de 3 à 5 millimètres de longueur ; arrivées à leur complet développement, elles s'y transforment en pupe et restent dans cet état une vingtaine de jours, après quoi, elles donnent naissance à l'insecte parfait.

Les espèces de Chlorops qui sont susceptibles de causer quelques dommages à l'avoine sont assez nombreuses; elles diffèrent, du reste, très peu les unes des autres, au point de vue pratique, les ravages qu'elles occasionnent étant sensiblement les mêmes.

Les trois espèces les plus répandues et les plus communes sont : le *Chlorops linéaire (Chlorops lineata)*, à corselet marqué de cinq raies longitudinales ; le *Chlorops à pieds articulés (Chlorops tœniopus)*, de couleur jaune paille et dont l'abdomen présente quatre bandes noires ; le *Chlorops d'Herpin (Chlorops Herpini)*, représenté dans la figure ci-contre et caractérisé par sa tête jaune avec deux taches triangulaires situées l'une au-dessus de l'autre et dont le corselet porte trois raies noires.

Fig. 189. — *Chlorops d'Herpin.*
1° de grandeur naturelle,
2° grossi.

Le seul remède, peu pratique, du reste, consiste à brûler les tiges attaquées.

Les Chlorops ont pour ennemis naturels deux chalcidites : l'*Alysia Olivieri* et le *Pteromalus nirians* (ou *nigricans*), qui en font périr un grand nombre.

MALADIES CRYPTOGAMIQUES

Le Charbon *(Ustilago segetum; Ustilago carbo)*. — Le charbon est de toutes les maladies cryptogamiques, celle qui cause le plus de tort à l'avoine.

Caractères extérieurs : La maladie reste à l'état latent

jusqu'au début de l'épiaison, le feuillage et les chaumes ne présentant aucun caractère anormal jusqu'à ce moment. Toutefois, les tiges attaquées sont plus grêles et quand arrive le moment de l'épiaison, la panicule ne se dégageant souvent qu'en partie de la gaine, les tiges sont par suite moins élevées que dans les plantes saines.

Le rachis de la panicule ainsi que les rameaux des verticilles sont courts, tordus et irréguliers; un peu plus tard, on remarque que la floraison ne se produit pas, tous les organes floraux sont atrophiés, et à l'approche de la maturité les glumes et glumelles se désorganisent, se transformant en une sorte de poussière charbonneuse qui représente les spores du champignon. Généralement, toutes les panicules du même pied sont attaquées de la même façon, et c'est exceptionnellement qu'on en trouve de saines.

Ce parasite cause souvent de grands dommages, et il n'est pas rare de voir dans des champs d'avoines un nombre considérable de pieds attaqués, abaissant ainsi d'une façon très notable le rendement de cette céréale, au point de ne pouvoir payer les frais de culture. Toutes les variétés paraissent également sujettes à cette maladie.

Marche de la Maladie : La cause de cette altération de la panicule est un champignon microscopique de la famille des Ustilaginées, l'*Ustilago segetum* ou *Ustilago carbo*, désigné ordinairement sous le nom de *charbon*, à cause de l'aspect charbonné que présentent les panicules atteintes.

D'après de nombreuses expériences entreprises par de savants cryptogamistes, tant en France qu'à l'étranger, on a constaté que les plantes sont contaminées de la façon suivante :

Les organes reproducteurs du cryptogame ou spores
existant dans le sol ou sur les glumelles du grain germent et donnent naissance à un filament, qui pénètre dans
les tissus de la jeune plantule au raz
du sol, et là se ramifie dans les méats
intercellulaires, formant un véritable réseau extrêmement ténu, qui
constitue l'appareil végétatif ou le
mycélium du champignon.

Ce mycélium suit à l'intérieur des
tissus la marche de leur développement; il attaque également les jeunes
panicules, formant dans tous les tissus un feutrage abondant de filaments, qui subit plus tard des diffé-
renciations progressives, pour arriver finalement à la formation d'une
multitude de spores d'un brun noir
qui constituent la poussière charbonneuse dont nous avons précédemment parlé. Cette poussière, par la
moindre secousse ou le moindre vent
est mise en liberté, tombant soit sur
le sol, soit sur les plants d'avoine
voisins.

On a remarqué que l'envahissement
des avoines par ce parasite ne pou-

Fig. 190. — *Panicule
charbonnée.*

vait avoir lieu que peu de temps après leur germination,
l'attaque n'étant plus possible dès que les plantes sont suf-

fisamment développées. Les climats chauds et humides, les sols légers, humides et chauds sont les plus favorables à la propagation de ce champignon.

Remèdes : Les remèdes contre cette maladie comprennent : 1° les moyens préventifs, et 2° le traitement des semences.

1° *Moyens préventifs.* —Ne jamais apporter de fumier frais sur les champs destinés à l'ensemencement des avoines.

M. Brefeld, à la suite de recherches très intéressantes, a en effet montré que l'apport de fumier frais pouvait être une des causes de la maladie ; car ce fumier peut être infecté, par suite de l'emploi de chaumes charbonneux comme litière ou comme nourriture des animaux; d'autre part, il est susceptible de favoriser d'une façon extraordinaire, une fois dans le champ, le développement des spores qui peuvent exister dans le sol.

2° *Traitement des semences.* —Lorsqu'un terrain a porté une récolte charbonnée, il est nécessaire pour ne pas voir réapparaître la maladie, de ne pas cultiver les années suivantes de plantes susceptibles d'être attaquées par le charbon, car les organes reproducteurs restés dans le sol conservent leur vitalité pendant plusieurs années.

Enfin, comme les spores germent a la surface et n'attaquent les plantules qu'au rez de terre, nous conseillons d'enfouir assez profondément les semences; d'après de nombreuses observations, cette pratique atténuerait sensiblement le développement de la maladie.

Toutefois, les moyens de défense doivent toujours être précédés du traitement des semences que nous allons maintenant indiquer.

Ce traitement consiste à mettre la semence en contact avec un agent caustique capable de détruire les sporules du charbon sans toutefois détruire ou porter atteinte au germe du grain.

Nous n'indiquerons que les méthodes qui sont reconnues comme donnant de bons résultats.

1° *Le sulfatage.* — Cette opération se pratique en mouillant le grain d'avoine avec une solution de sulfate de fer, de sulfate de soude ou de sulfate de cuivre.

De toutes ces solutions, c'est la dernière qui donne de beaucoup les meilleurs résultats, et qui est du reste presque seule employée. Dans ce traitement, on peut procéder, soit par immersion, soit par aspersion.

Dans le premier cas, on opère de la façon suivante :

On fait dissoudre 500 grammes de sulfate de cuivre dans de l'eau chaude, puis on verse cette solution dans un cuvier et on étend ensuite d'eau froide pour faire un hectolitre.

On plonge la semence dedans en la laissant ainsi séjourner douze heures; on l'étend ensuite en couche très mince sur un plancher pour la laisser ressuyer, mais nous ferons remarquer qu'il est indispensable d'effectuer le semis très peu de temps après ce traitement, car autrement le grain qui a été ainsi plongé douze heures dans l'eau se trouve tellement détrempé et gonflé qu'il s'échaufferait et se gâterait promptement.

Le sulfatage a généralement lieu dans les fermes par aspersion, bien que cette méthode soit moins à conseiller que la précédente.

On étend la semence sur une aire ou sur un plancher, puis on l'arrose avec une solution de sulfate de cuivre à

1 0/0. On a soin de bien brasser le grain et on effectue le semis le lendemain.

Après le sulfate de cuivre, c'est le sulfatage au sulfate de soude qui semble donner les meilleurs résultats.

On emploie danc ces conditions une solution contenant 8 kilos de sulfate de soude par hectolitre d'eau ; on répand sur un plancher d'une pièce à sol étanche un hectolitre d'avoine et on arrose le tas avec cette solution en pelletant jusqu'à ce que tous les grains soient bien humectés. On prend ensuite de la chaux éteinte en poudre avec laquelle on saupoudre la masse d'avoine toujours soumise au brassage jusqu'à ce que tous les grains soient couverts de chaux.

L'efficacité de ce traitement consisterait dans l'action de la soude mise en liberté par l'addition de chaux.

Le sulfate de fer s'emploie dans l'eau en solution de 2 à 5 0/0 ; on y laisse macérer la semence de 6 à 12 heures selon la richesse de la solution, puis on la chaule ou on la laisse tout simplement se sécher à l'air.

D'après des expériences de Mathieu de Dombasle, l'efficacité de ce dernier sel est fort aléatoire et presque nulle.

2° *Immersion des semences dans de l'eau à 55°.* — Ce procédé dû à un savant danois, le professeur Jansen, est très répandu en Belgique et en Allemagne et préféré au sulfatage qui aurait le grave défaut de retarder la germination des grains.

Ce traitement par l'eau chaude se pratique de la façon suivante :

On place tout d'abord le grain dans un panier en toile métallique, une grande passoire ou un sac en tissu lâche, puis on le plonge à plusieurs reprises dans de l'eau qui se trouve à une température de 40 à 50 degrés seulement. De cette façon, tous les grains sont uniformément mouillés ; on plonge enfin ces grains dans de l'eau à 55°, en les y laissant séjourner pendant quinze minutes.

Il ne faut pas que cette eau dépasse 57° ni qu'elle descende au-dessous de 54° ; pour rester entre ces limites, il est nécessaire d'employer un thermomètre.

La quantité d'eau devra être en volume, de cinq à huit fois plus considérable que le volume du grain. Après quinze minutes, on retire le grain du bain chaud et on le plonge dans de l'eau à la température ordinaire. Il est préférable de le semer de suite, surtout quand on en a à semer de grandes quantités ; toutefois, on peut également le mettre sécher sur une aire bien propre et l'employer postérieurement.

En Amérique, on a simplifié le procédé : la semence placée dans un sac, est plongée dans l'eau à 58°. Après cinq minutes, on constate la température ; si elle n'est pas descendue au-dessous de 53°, on retire le grain, dans le cas contraire, on les laisse encôre quelques minutes.

Ce procédé qui a, dans la pratique, donné de très bons résultats, a le grand avantage d'être relativement commode et peu coûteux.

Nous citerons encore un nouveau mode de traitement préventif qui a été expérimenté au Canada, et qui aurait donné des résultats remarquables.

Ces essais ont été effectués par M. Bedford, régisseur de la ferme expérimentale de Brandon (Manitoba) sur trois variétés d'avoines très charbonnées que nous désignerons par les numéros 1, 2 et 3. Un lot de chacune d'elles a été immergé pendant deux heures dans une solution de 2 grammes de formaline ou formol par litre d'eau ; un autre lot dans une solution à 3°/₀₀, et enfin un troisième à été trempé pendant quatre heures dans une bouillie bordelaise à 2 % de chaux et 2 % de sulfate de cuivre.

Pour chaque variété d'avoine, on a réservé une parcelle témoin.

Les résultats obtenus sont consignés dans le tableau suivant :

	PROPORTION 0/0 D'ÉPIS CHARBONNÉS		
	AVOINE 1	AVOINE 2	AVOINE 3
Témoins..................	10,4	11,8	11,7
Bouillie bordelaise......:	2,6	9,0	3,0
Formaline à 2°/₀₀.........	0	0	0
Formaline à 3°/₀₀.........	0	0	0

M. Bedford conclut, d'après ces expériences, que l'immersion d'avoine fortement charbonnée pendant deux heures dans une solution de formaline à 2 °/₀₀ est un parfait préventif de charbon.

Dans une seconde série d'expériences, M. Bedford a cherché s'il n'était pas possible de réduire le temps d'immersion, tout en obtenant une efficacité aussi grande.

Les résultats obtenus ont été les suivants :

	Durée de l'immersion.	Proportion 0/0 d'épis charbonnés.
Témoin..................	0	46
Bouillie bordelaise.......	5 minutes	29,3
— —	10 —	36,
Formaline...............	5 —	0
—	10 —	0
—	30 —	0

D'après ces expériences, on voit qu'avec une solution de formaline à 3 0/0 et cinq minutes d'immersion, la proportion d'épis charbonnés a été nulle, alors qu'elle a été de 29 0/0 avec la bouillie bordelaise.

Etant donné le succès des résultats obtenus au Canada, nous souhaitons que des essais analogues soient institués dans les champs d'expériences départementaux de ce nouveau fongicide qui, à notre connaissance, n'a pas encore été employé dans notre pays.

La rouille. — *Les rouilles* sont des cryptogames parasites de la famille des *urédinées*, facilement reconnaissasables par les taches ou stries d'une couleur rougeâtre qu'elles forment sur la surface des organes attaqués, taches qui laissent sur la main lorsqu'on froisse les feuilles atteintes, une poussière rougeâtre, couleur de rouille, qui leur a valu le nom sous lequel on les désigne d'une façon générale.

Cependant, cette coloration ne se présente que dans les premières phases du développement; vers la fin de ce dernier, les taches offrent un aspect et une couleur différente.

Les avoines sont susceptibles d'être attaquées par trois sortes de rouille :

La rouille commune (Puccinia graminis);

La grosse rouille (Puccinia rubigo-vera);

Et *la rouille couronnée* (Puccinia coronata).

Ces cryptogames présentent un polymorphisme et un parasitisme irrégulier; ils sont dits *hétéroïques*, c'est-à-dire que pour accomplir leur cycle évolutif complet, ils doivent passer et vivre successivement en parasites sur deux plantes hospitalières généralement fort différentes, comme nous allons du reste le voir dans la suite; aussi ces formes différentes du même champignon ont-elles été considérées pendant longtemps comme des espèces distinctes.

Actuellement, on est bien fixé sur ce fait, mais il est certains points du développement de ces parasites sur lesquels on n'est pas encore bien d'accord; M. Jakob Ericksson, professeur de physiologie végétale à la station expérimentale d'Albano, près de Stockolm, a émis et publié récemment une nouvelle opinion sur la nature de la rouille des céréales, opinion tout en opposition avec les idées généralement répandues, et qui, si elle était exacte, amènerait un changement complet dans les procédés que les praticiens mettent en œuvre pour combattre cette maladie.

Mais nous ne croyons pas utile de nous arrêter sur cette nouvelle théorie, d'autant plus que depuis, le Dr Franck a, dans de nouvelles recherches sur la rouille des céréales, discuté l'opinion émise par Ericksson qui lui paraît absolument erronée et en contradiction avec les résultats des observations faites jusqu'à présent.

La rouille commune *(Æcidium Berberidis Gmel. — Puccinia graminis, Pers. — Uredo linearis. — Puccinia linearis. — Æcidum lineare).* — Cette maladie fait son apparition dans le courant d'avril sur les feuilles et gaînes des diverses variétés d'avoines; on peut reconnaître de bonne heure son attaque par la présence de sortes de taches jaunâtres où la chlorophylle n'existe plus; ces taches s'accentuent de plus en plus, prennent une teinte jaune, puis rougeâtre. A ce moment, l'épiderme de la feuille se déchire, se soulève et laisse échapper une poussière d'un jaune rougeâtre qui se répand sur les plantes voisines et est formée par les corps reproducteurs du parasite.

Si on fait à ce moment une coupe transversale de l'une de ces taches et qu'on l'examine au microscope, on reconnaît la présence de fins filaments constituant le mycelium; ces filaments s'insinuent dans tous les espaces intercellulaires, émettent des suçoirs en pinceaux qui pénètrent à l'intérieur des cellules, puis à l'endroit où l'épiderme est soulevé et rompu, ces filaments plus nombreux donnent naissance à de petits rameaux dressés côte à côte et dont l'ensemble constitue un sore, ou pustule.

Chacun de ces petits rameaux porte à son sommet une spore appelée *urédospore ;* c'est une cellule elliptique couverte de fines granulations; son contenu est granuleux avec, en suspension, de fines gouttelettes jaunes ou orangées.

Ces spores, emportés par le vent, tombent sur d'autres feuilles d'avoine; elles germent, émettent un tube mycélien qui pénètre par une des ouvertures appelées stomates, et propagent ainsi la maladie.

Pendant toute la belle saison, cette dernière va ainsi se multiplier de cette façon; l'envahissement par ce parasite sera d'autant plus grand qu'il existera une humidité constante; si au contraire, les journées sont chaudes et sèches, la germination des spores est ralentie et entravée.

D'après Ericksson, le pouvoir que possède le champignon de se propager d'une plante à une autre au moyen de spores transportés par le vent ou autrement, n'existe que pour des distances très peu considérables.

Un peu plus tard, quand la végétation commence à se ralentir, ces pustules ne forment plus d'urédospores, mais d'autres corps reproducteurs différant par leur forme et leur couleur, c'est alors la *rouille noire*.

Ces nouveaux corps reproducteurs sont plus allongés, à extrémités légèrement effilées; ils sont bicellulaires, à membrane épaisse ou noire. Ce sont les *teleutospores* ou *probasides*.

Dans le courant de l'été, les mêmes pustules présentent souvent associées ces deux formes de spores, mais en automne les teleutospores existent seules, formant ainsi des stries noirâtres sur les feuilles et les entre-nœuds (Fig. 191-B).

Ces téleutospores diffèrent essentiellement des urédospores en ce qu'elle sont des spores d'hiver et qu'elles ne peuvent germer immédiatement; il

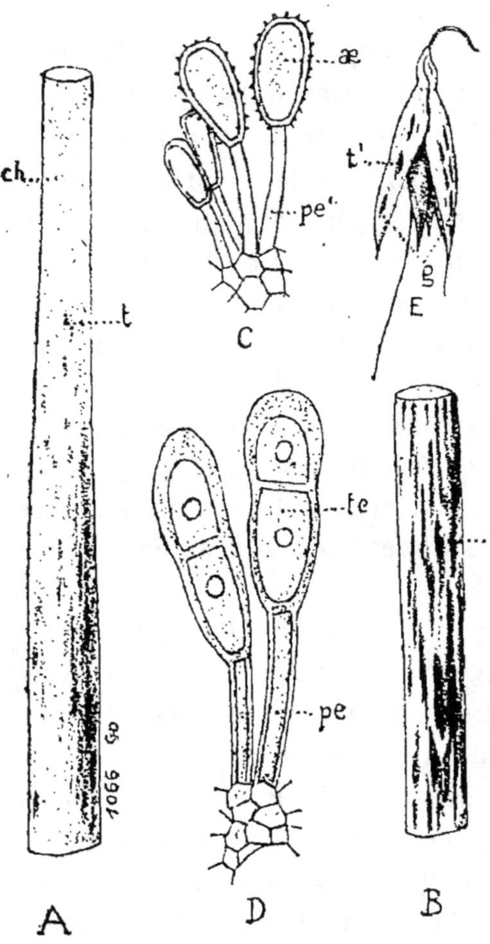

Fig. 191. — *Rouille commune.* 1° A, Portion de chaume avec taches de rouille, t. — 2° B. avec stries de rouille noire; 3° E. épillets avec taches de rouille t' sur les glumes g; 4° C, groupe isolé d'urédospores (spores de la rouille orangée); — D. Téleutospores (spores pérennantes de la rouille noire).

faut qu'elles passent par une période de vie latente.

Au printemps ces spores, sous l'influence de l'humidité et surtout d'une température suffisamment élevée, germent ; chaque cellule pousse un filament assez court qui se cloisonne, produisant de petits pédicelles ou *stérigmates* portant à leur sommet une petite spore ou sporidie.

D'après M. Ericksson, ces

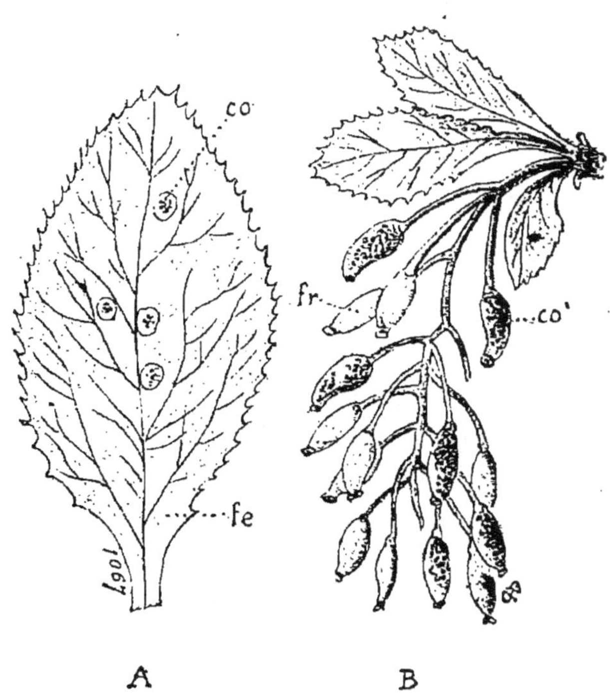

Fig. 192. — *Feuille et grappe de fruits d'Epine-Vinette portant des taches de rouille (forme uredo).*
Co, réceptacles fructifères.

téleutospores ne peuvent germer au printemps qui suit leur formation que lorsqu'elles ont été exposées à l'air et dans des conditions naturelles de milieu qui se trouvent réalisées en hiver (froid, neige et pluie). Il en résulterait qu'aucune paille rouillée, placée dans un grenier, une grange ou même dans l'intérieur des meules, ne constitue un danger pour la propagation de la maladie. D'autre part, ces spores n'auraient pas une faculté germinative de longue durée ; d'après ces observations, la paille de l'année précédente, attaquée par la rouille, ne serait plus à craindre pour la propagation de la maladie.

Le fait très important, c'est que ces sporidies retombant sur des feuilles d'avoines ne peuvent propager la maladie; elles ne sont susceptibles de se développer que si, emportées par le vent, elles viennent à tomber sur des feuilles de *Berberis* ou *épine-vinette*.

Le cycle évolutif de ce cryptogame va se continuer ainsi sur un hôte différent qui ne peut être qu'une berbéridée.

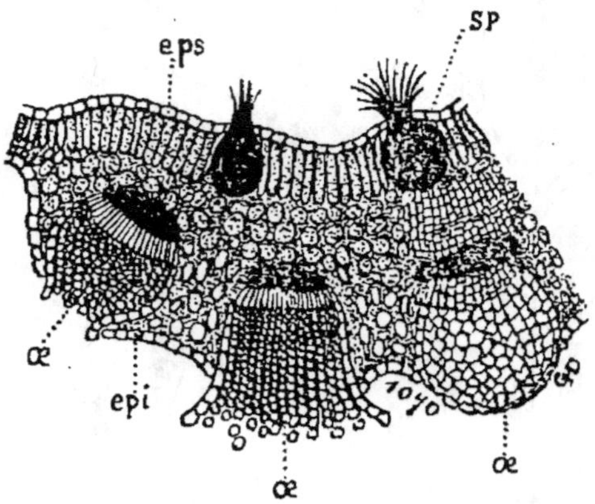

La sporidie tombant au printemps sur une feuille d'épine-vinette germe; son tube germinatif pénètre par un stomate et se ramifie dans les méats intercellulaires du parenchyme. En certains points, ce mycelium se condense, devient plus épais et se diférencie dans la suite en réceptacles sporifères qui soulèvent l'épiderme de la feuille et produisent à l'extérieur leur appareil sporifère.

Fig. 193. — *Coupe transversale d'une feuille d'épine-vinette, passant par une tache de rouille.* SP, spermogonies — œ, œcidies; — eps, épiderme supérieur de la feuille — epi, épiderme inférieur.

Cet appareil est de forme différente sur les faces supérieure et inférieure de la feuille. A la face supérieure, on distingue avec la loupe de petits pinceaux de poils sortant de petits orifices; ces conceptacles fructifères sont les *œcidioles* où *spermogonies*.

Si on fait une coupe passant par un de ces petits appareils et qu'on l'examine au microscope, on observe la structure que représente la figure 194 dessinée à la chambre claire.

Ces *acidioles* ont la forme de petites bouteilles à orifice extérieur; elles sont tapissées par des poils et ceux du col de la bouteille, sortant par l'orifice, forment une sorte de pinceau po, (fig. 194).

Le fond de la bouteille est couvert de rameaux serrés, terminés par une spore ronde sous laquelle il s'en forme une autre, et ainsi de suite. Il se produit ainsi des chapelets de spores qui se désarticulent très vite, remplissant cette sorte de bouteille d'une poudre jaune de miel

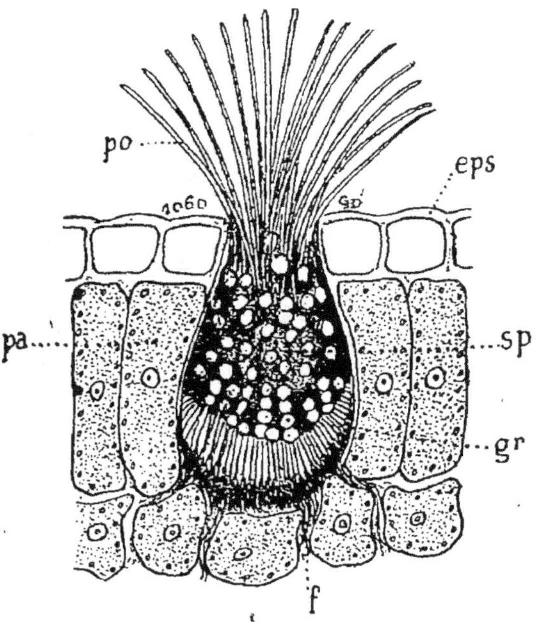

Fig. 194. — *Coupe transversale fort grossie d'une acidiole ou spermogonie.* — pa, eps, parenchyme et épiderme supérieur de la feuille; — f, filaments mycéliens intracellulaires du parasite; — sp, spores; Po, poils.

constituant ainsi les spores appelées *spermaties* (sp), ou *acidiolispores*. Ces spores sont extrêmement petites et n'ont par suite, que très peu de matériaux de réserve.

Quand les spermogonies se sont ainsi développées à la partie supérieure des feuilles, ce même thalle produit à la partie inférieure une autre forme de conceptacle appelé *acidie* ou *acidium* (fig. 195); c'est l'*acidium berberidis* des anciens auteurs, alors que l'on ne connaissait pas le lien qui existe entre cet appareil et le *Puccinia graminis* ou *rouille commune*.

Ces *æcidies* se présentent d'abord sous forme de sortes de petits tubercules situés à l'intérieur de la feuille sous l'épiderme inférieur. Plus tard, en s'accroissant, ils soulèvent et rompent l'épiderme, puis ils s'ouvrent largement au sommet en forme de cupule, en reployant leurs bords. Comme le montre la figure 195 la paroi de ce tubercule est formée d'un rang de cellules polyédriques. Les rameaux dressés qui occupent le fond de cette cupule donnent naissance à des sortes de chapelets de grosses cellules fertiles qui sont un peu polyédriques à cause des compressions qu'elles exercent les unes sur les autres ; ces chapelets se désarticulent au sommet, produisant ainsi les spores qui mises en liberté et emportées par le vent tombent sur des feuilles d'avoine et déterminent la maladie.

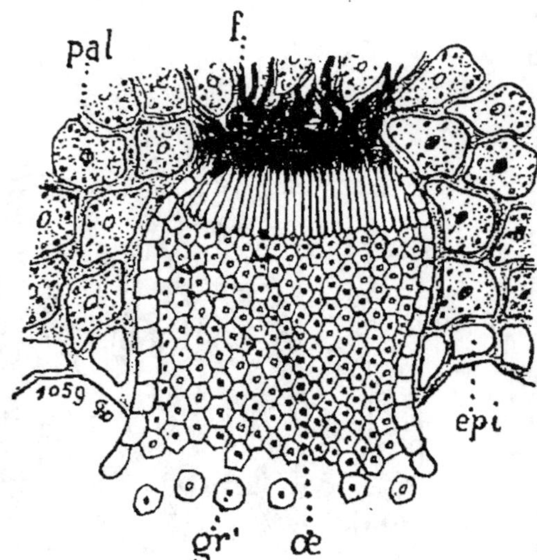

Fig. 195. — *Coupe d'une æcidie fortement grossie.* — epi, pal : épiderme inférieur et parenchyme lacuneux de la feuille ; — œ, æcidie ; — gr, spores ; — f, filaments mycéliens intracellulaires.

Nous sommes ainsi revenus à notre point de départ, et nous avons ainsi fini de décrire le cycle du développement de ce parasite.

D'après cette étude, il semblerait que le moyen de défense soit excessivement simple, car si le cryptogame est obligé de passer sur l'épine-vinette avant d'attaquer l'avoine, il suffirait de supprimer les berbéridées pour voir également disparaître cette maladie. Mais il est maintenant bien reconnu que le Puccinia graminis peut se reproduire à l'état de rouille rouge presque indéfiniment.

La phase *æcidium* n'est donc pas indispensable, et ceci est du reste confirmé par ce fait qu'en Australie il n'existe pas d'épine-vinette, ce qui n'empêche pas la grande abondance et la perpétuité de la rouille.

Sous le climat de la France australe, il faut admettre que la maladie existe en permanence, et nous avons pu reconnaître dans le mois de novembre qu'elle existait sur des pieds de blé et d'avoine qui s'étaient resemés naturellement après la moisson, de même que sur des graminées telles que le Ray-grass d'Italie, le Ray-grass anglais, la Fléole des prés et la Fetuque des prés etc.

Conditions favorables à la rouille. — L'humidité et une température de quelques degrés suffisent pour la germination des spores ; une apparition hâtive ne semble pas être l'indice d'une invasion violente, et si dans la suite le temps est sec, les spores ne germent pas et la récolte est remarquablement exempte de rouille.

Les grandes pluies sont défavorables à la rouille, lavant les feuilles et entraînant les spores. Seulement, elles sont généralement suivies de jours brumeux et humides pendant lesquels les spores trouvent des conditions favorables à leur germination, et dans ce cas, on a pu constater jusqu'à trois générations d'urédospores en un mois.

Le passage de la rouille rouge à la rouille noire ne

constitue pas une aggravation de la maladie, mais marque seulement la fin de cette période où les spores produites sont susceptibles de développement immédiat. En général, l'apparition des teleutospores ou spores noires précède de peu la maturité de l'avoine.

Toutes les variétés paraissent être également sujettes à cette maladie qui est beaucoup moins pernicieuse pour cette céréale qu'elle ne l'est pour le blé.

Dans le cas d'une invasion un peu violente, le traitement qu'on peut appliquer consiste dans le déchaumage et la destruction des résidus de la récolte contenant des teleutospores, dans la destruction des substrata (Epine-vinette) et dans le traitement du grain avant le semis (voir page 701).

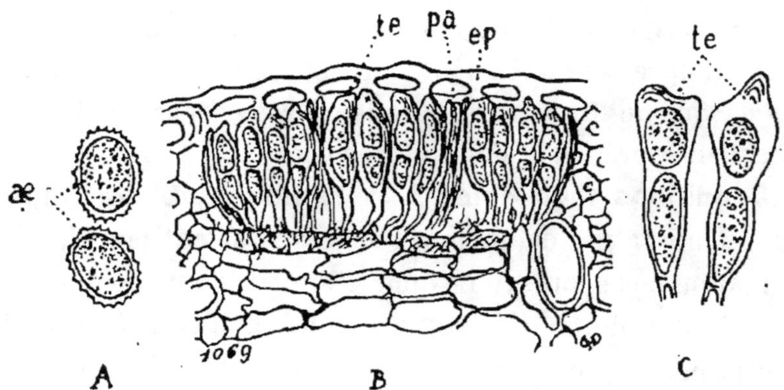

Fig. 196. — *Grosse Rouille*, B, coupe d'une feuille d'avoine montrant un réceptacle fructifère — ep, épiderme supérieur — pa, paraphyses — te, téleuspores — æ, urédolospores isolées — C, téleutospores isolées.

La rouille linéaire ou grosse rouille (*Puccinia rubigo-vera. Puccinia straminis*). — Toutes les phases du développement de cette autre rouille sont sensiblement les mêmes et les caractères qu'elle présente sont identiques à ceux de la rouille commune. Les différences essentielles portent sur ce que la *grosse rouille* ne termine pas le cycle de son développement sur l'épine-vinette mais sur des plantes sauvages de la famille des Borraginées telles que : *Bourrache officinale, Buglosse officinale* et *des champs, Lycopsis des champs, Consoude officinale, Gremil des champs, Vipérine commune, Pulmonaire* et *Cynoglosse officinale,* sur lesquelles elle forme ses spermogonies et ses æcidies.

Sur les points attaqués, la feuille présente une hypertrophie, très nette du parenchyme, avec une coloration d'abord jaune, puis rouge foncé; l'épiderme se rompt ensuite, laissant apercevoir de petites cupules remplies de spores, comme nous l'avons vu pour l'épine-vinette.

Cette urédinée ne peut facilement être distinguée de la rouille commune, dans la partie de son cycle évolutif sur les avoines. Il faut des coupes microscopiques pour observer une légère différence de

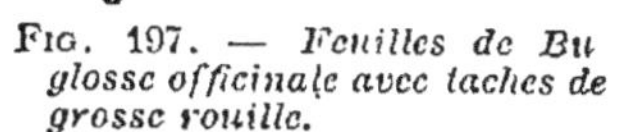

Fig. 197. — *Feuilles de Buglosse officinale avec taches de grosse rouille.*

forme des spores et la présence, dans les sores, de spores cylindriques et stériles qui ont reçu le nom de *paraphyses.*

La rouille couronnée (*Puccinia coronata*).— Cette rouille assez peu répandue, se différencie principalement des deux formes précédentes par la structure de ses téleutospores qui sont surmontées par des sortes d'excroissances disposées le plus

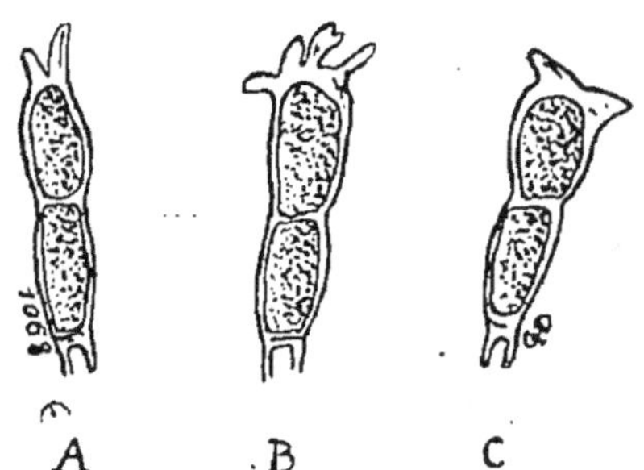

A   B   C

Fig. 198. — *Téleutospores de rouille couronnée, fortement grossie.*

montées par des sortes d'excroissances disposées le plus

souvent en couronne d'où le nom de rouille couronnée (P. coronata) qui a été attribué à cette espèce.

La forme æcidium de cette urédinée se rencontre sûr les feuilles et pétioles du *Rhamnus catharticus* (*Nerprun*) et du *Rhamnus frangula* (*Bourdaine*).

Le noir des Céréales (*Cladosporium Herbarum var. Fasciculare*). — Ce cryptogame microscopique se comporte ordinairement comme champignon saprophyte, c'est-à-dire vivant sur les plantes mortes. Toutefois, dans certaines conditions, il peut devenir un véritable parasite et causer quelques dommages, comme ce fait a du reste été constaté dans certaines localités de la Sologne.

Les pieds fortement atteints présentent une teinte gris noirâtre due à la présence du mycelium formant une sorte de léger feutrage à la surface des gaînes et des feuilles ; la montaison est beaucoup plus lente, les tiges sont arrêtées dans leur développement et n'épient pas ; seuls, quelques épillets arrivent à se dégager de la gaîne foliaire.

Le parasitisme du cryptogame a été nettement constaté sur les feuilles, les tiges et les panicules. M. Noffray qui a attiré l'attention sur cette maladie conseille d'arracher et de brûler les plantes attaquées.

LES ENNEMIS DU GRAIN DANS LES GRENIERS

Les principaux ennemis du grain dans les greniers sont: le *Charançon du blé*, la *Teigne des grains*, l'*Alucite des céréales*.

Le Charançon du blé (*Sitophilus granarius. — Calandra granaria*). — Le Charançon du blé est un petit Coléoptère de la tribu des *Curculionides* très facile à reconnaître;

son corps, de 3 millimètres de longueur, est étroit, oblond et cylindrique, brun avec les élytres striées; sa tête porte un bec allongé et recourbé.

Pendant tout l'hiver, il reste blotti dans les trous des murailles ou dans les fentes des planchers, mais au premier printemps, il quitte sa station hivernale pour aller attaquer les grains amoncelés dans le grenier et y déposer ses œufs.

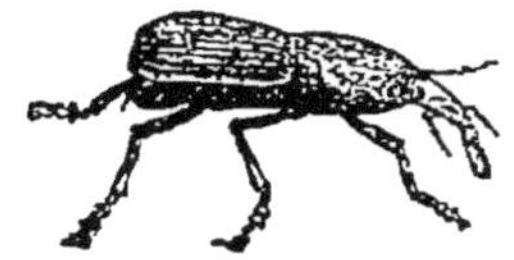

Fig. 199. — *Le charançon du blé*, grossi 7 fois.

La femelle dépose un seul œuf dans chaque grain; peu de jours après, la jeune larve éclot et ronge l'albumen du grain, puis quand sa croissance est terminée, elle s'y transforme en nymphe. L'adulte apparaît cinquante jours environ après la ponte; ces adultes s'accouplent à leur tour et déposent leurs œufs dans d'autres grains du même tas. Les générations vont ainsi se succéder continuellement pendant tout l'été et l'automne, de telle sorte qu'à l'approche de l'hiver, leur nombre en est très considérable, et les dégâts qu'ils occasionnent sont souvent très importants.

Les procédés de destruction qui ont été indiqués sont fort nombreux, mais il en est peu de réellement pratiques et donnant, d'autre part, de bons résultats.

Le sulfure de carbone est très efficace, mais aussi d'une manipulation dangereuse; il n'est pratique que lorsqu'il s'agit seulement de petites quantités à désinfecter.

On a aussi conseillé le moyen suivant qui repose sur ce fait que ces petits insectes n'aiment pas à être dérangés. Les tas de grains sont souvent remués à la pelle et déplacés, sauf un petit tas qu'on laisse à dessein dans un coin du grenier, les insectes dérangés viennent s'y loger en grand nombre, et pour les détruire il suffit de verser dessus de l'eau bouillante.

Mais à notre avis, la méthode la plus rationnelle consiste tout simplement à tenir constamment les greniers dans un grand état de propreté; il convient de balayer souvent et brûler les résidus, puis blanchir à la chaux les murs et les charpentes après avoir bouché autant que possible toutes les fentes où ces petits insectes pourraient se réfugier.

L'Alucite des céréales (*Alucita* (*Butalis, sitrotoga*) *cerealella*). Très petit papillon de la famille des Tineïdes, de 5 à 6 millimètres de long, présentant une teinte générale gris cendré. Ces teignes sont nocturnes, les femelles sortant la nuit pour aller déposer leurs œufs entre les glumelles du grain. Il en sort une petite chenille blanche et molle, à tête noire, qui perce le péricarpe, dévore peu à peu l'intérieur de grain, où elle s'y transforme en chrysalide.

La maturité des avoines arrivée, celles-ci sont battues et rentrées dans les greniers, renfermant ainsi des grains avec des nymphes qui ne tardent pas à en sortir sous

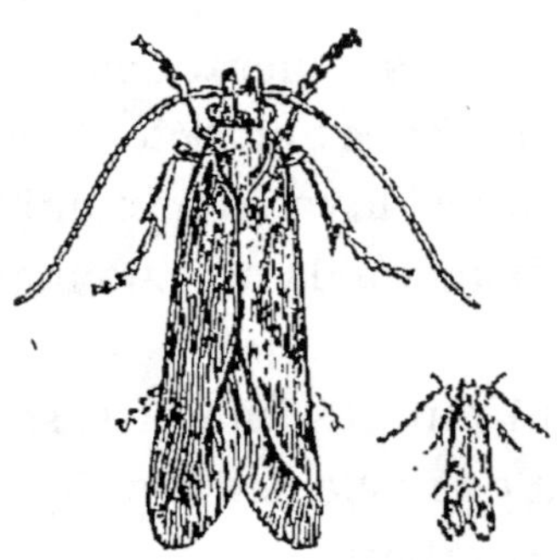

Fig. 200. — *Alucite des céréales,* grossie et de grandeur naturelle, (femelle).

forme de papillons, qui s'accouplent et vont déposer leurs œufs sur d'autres grains, continuant ainsi à étendre leurs ravages. Il se produit plusieurs générations par an, les chenilles tardivement écloses hivernant dans les greniers et ne se métamorphosant qu'au printemps suivant.

Remèdes. — Le meilleur moyen de les détruire consiste

à les asphyxier dans des silos ou dans de grandes tonnes ; on brûle préalablement dedans quelques morceaux de charbon, puis on y verse le grain et on ferme hermétiquement.

On peut également employer des tarares à grande vitesse comme ceux que l'on utilise dans beaucoup de moulins.

On a également conseillé deux autres moyens qui nous paraissent peu pratiques, c'est l'emploi du sulfure de carbone ou d'une chaleur de 50 à 52°; mais dans ce dernier cas, il faut agir avec précaution pour ne pas enlever à l'amande ses facultés germinatives. Plusieurs instruments spéciaux ont été construits pour pratiquer ce traitement qui est beaucoup plus appliqué pour les blés que pour les avoines.

La Teigne des grains (*Tinea granella*). — Ce petit papillon (lépidoptère) est bien distinct par sa taille et sa couleur du précédent. Il est long de 13 millimètres avec les ailes supérieures marbrées de brun et les ailes inférieures uniformément d'un gris luisant.

Pendant les mois de juin et juillet, les femelles pondent et déposent un œuf sur chaque grain. Les chenilles naissent au bout de 10 à 15 jours; longues de 10 millimètres, elles sont de couleur jaunâtre avec la tête plus foncée. Chacune de ces chenilles réunit ensemble plusieurs grains par

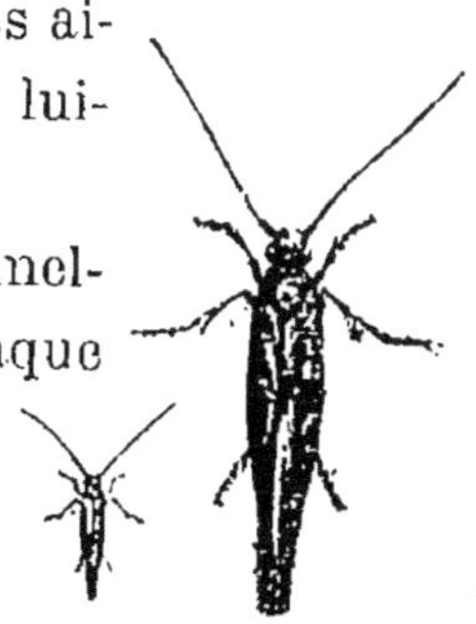

Fig. 201. -- *Teigne des grains*, vue de face, grandeur naturelle et grossie.

des fils, se formant ainsi une sorte d'étui d'où seule la tête en sort pour saisir et dévorer les grains voisins.

A l'approche de l'hiver, les chenilles quittent leur sorte

de carapace formée de grains ainsi assemblés, et vont à la recherche d'un endroit propice tel qu'une cavité dans le mur ou sous la charpente pour y filer leur cocon.

Ces teignes ont deux générations par an; la première accomplit son cycle évolutif de mai en août et la seconde d'août au printemps.

Comme remède, il convient d'entretenir une grande propreté dans les greniers et d'opérer de fréquents pelletages qui éloignent les teignes. Toutefois, la méthode la plus rationnelle consiste dans l'ensilage qui met le grain à l'abri de tous les insectes, teignes et charançons.

Fig. 202. — *Teigne des grains,* vue de profil et grossie.

Ce procédé, de quelque manière qu'il soit employé, consiste à conserver le grain dans des récipients hermétiquement clos; ce sont le plus souvent des cavités creusées dans le sol et soigneusement maçonnées que l'on nomme silos. Dans ces réservoirs, il règne une température uniforme voisine de 4°, trop peu élevée pour permettre la reproduction des insectes qui y sont enfermés avec les grains.

CHAPITRE XX

LES HERBES NUISIBLES. — LEUR DESTRUCTION.

Toutes les plantes étrangères sont nuisibles dans une céréale et particulièrement dans les cultures d'avoines qui nous occupent spécialement.

Le préjudice occasionné par les mauvaises herbes est souvent considérable, car ces plantes se nourrissent des engrais qui ne leur sont pas destinés, accaparent une grande quantité de l'eau en réserve dans le sol, et entretiennent à la base des chaumes une ombre et une humidité funestes, qui ont parfois pour conséquence fatale la verse avec tous les inconvénients qu'elle entraîne.

Sous le nom de *mauvaises herbes* ou *herbes nuisibles*, on comprend toutes les plantes à tiges non ligneuses annuelles, et à racines ou rhizomes vivaces émettant chaque année de nouvelles tiges herbacées; le qualificatif de *mauvais* doit être pris dans un sens relatif, car telle graminée, qui est dite mauvaise herbe, peut constituer par exemple une excellente plante de prairie ou de pâturage, de même qu'un pied d'avoine est une mauvaise herbe dans un champ de pommes de terre ou de betteraves.

Chaque région et chaque nature de terrain possède sa végétation naturelle propre; toutefois, en France, les plantes réellement nuisibles se retrouvent sensiblement les mêmes dans toutes les cultures.

Les mauvaises herbes doivent être réparties en deux groupes bien distincts :

1° Les herbes à racines vivaces.

2° Les herbes annuelles et bisannuelles dont la souche périt dès que la maturation de la graine est assurée.

1° LES HERBES A RACINES VIVACES.

Ce sont généralement les plus communes, les plus redoutables et en même temps celles dont il est le plus difficile de se débarrasser.

Les plus nuisibles sont : les *chiendents*, l'*avoine à chapelet*, les *chardons*, le *liseron des champs*, le *pas d'âne*, les *presles*.

Les chiendents. — Sous ce nom, on comprend vulgairement plusieurs espèces de graminées fort distinctes au point de vue botanique, mais qui, pratiquement, ont comme caractères communs d'être des graminées essentiellement traçantes, causant les mêmes dommages et dont on se débarrasse par les mêmes moyens; les espèces les plus répandues sont :

Le chiendent ordinaire (Agropyrum repens), à souche émettant de longs rhizômes traçants, et à épis distiques, lâches, ressemblant vaguement à un maigre épi de blé épeautre.

Le chiendent pied de poule (Cynodon dactylon) à rhizômes traçants, à feuilles très courtes et chaumes grêles, élevés de

3 à 5 décimètres, terminés par une panicule violette digitée.

L'avoine à chapelet ou chiendent à patenôtre (Arrhenatherum bulbosum), variété de l'avoine élevée, graminée fort usitée dans les mélanges pour semis de prairies, caractérisée, ainsi que l'indique son nom par sa souche rhizomateuse un peu traçante présentant un grand nombre de renflements charnus superposés, rappelant un peu ainsi les grains d'un chapelet.

L'agrostis traçante, ou chiendent gazonnant, ou fiorin (Agrostis stolonifera), graminée excessivement traçante, tardive, à tiges d'abord couchées, puis ascendantes, très grêles ; portant une panicule étroite fine et légère.

Fig. 203. — *Le Chardon penché.*

Pour détruire tous ces chiendents, le meilleur procédé consiste, quand la couche arable a une grande épaisseur, à effectuer un labour très profond, de 0^{m}30 environ, afin de faire périr et pourrir leur souche rhizomateuse.

Quand le sol est peu profond, le seul procédé pratique consiste à ramener à la surface, par des scarifiages, les stolons de ces chiendents, puis d'en détacher peu à peu la terre par des hersages répétés.

Ces travaux doivent être faits par un temps bien sec, et

renouvelés autant de fois que cela sera nécessaire pour arriver à un bon résultat. Quand les stolons ainsi ramenés à la surface sont secs, on les ramasse à l'aide du rateau à cheval, a la ner se, puis à la main, enfin on les brûle, car ces racines de chiendent sont extrêmement vivaces, capables de repartir alors qu'elles pourraient paraître absolument desséchées.

Des chardons. — Deux variétés de chardons se rencontrent très communément dans les cultures d'avoines. Ce sont : le chardon des champs (Cirsium arvense ou Serratula arvensis) et le chardon penché (Carduus nutens), (fig. 203), le premier à petits capitules dressés réunis en corymbe, le deuxième à capitules

Fig. 204. - *Le chardon des champs.*

gros, penchés et isolés.

Ces deux espèces de chardons, principalement la première, sont particulièrement nuisibles à la culture de l'avoine et de toutes les céréales pour des causes extrêmement multiples; ils entravent la croissance des plantes, et rendent les opérations de la moisson pénibles, à cause de leurs feuilles et de leurs tiges piquantes, enfin diminuent la qualité alimentaire des pailles. Pour les détruire, on pratique l'échardonnage qui se fait, soit à la main munie d'un fort gant, soit à l'aide d'échardonnoirs, sortes de petites bêches tranchantes permettant de couper entre deux terres la tige des chardons (voir page 404).

Le liseron des champs (Convolvulus arvensis) est une petite convolvulacée à fleur blanche ou rosée, dont les racines et rhizômes s'enfoncent verticalement et très profondément dans le sol. Les nombreuses tiges volubiles qu'ils émettent, entourent les chaumes des avoines qu'elles étouffent en occasionnant la verse.

Cette convolvulacée vivace est très difficile à détruire ; on ne parvient à s'en débarrasser qu'à la suite de labours profonds, de préparations soignées du sol et de forts binages effectués pendant plusieurs années de suite, et enfin par l'établissement de prairies artificielles.

Fig. 205. — *Le liseron des champs*.

Le Pas d'âne ou Tussilage (Tussilago farfara) est une composée vivace dont les tiges florifères se développant de très bonne heure et avant les feuilles, ne portent que des sortes d'écailles embrassantes. Ces tiges se terminent par un capitule solitaire, jaune, rappelant vaguement la fleur du pissenlit.

Plus tard, les feuilles normales apparaissent, naissant d'un rhizóme épais, charnu et traçant. Ces feuilles sont pétiolées, souvent à limbe très ample, revêtu à sa face inférieure de poils tomenteux blanchâtres, leur donnant un aspect particulier très caractéristique.

Cette composée très envahissante forme souvent de grandes taches empêchant toute autre végétation, surtout dans les sols argilo-siliceux ou les terres marneuses humides.

Il est assez difficile de débarrasser de cette mauvaise herbe les champs qui en sont envahis; il est d'abord nécessaire de bien assainir le terrain, puis d'exécuter des labours profonds pendant l'été.

Fig. 205. — Le Pas d'âne.

Les Presles des champs (Equisetum arvense).—Ces mauvaises herbes, connues vulgairement sous le nom de queues de rats, appartiennent à la famille des Équisétacées, (cryptogames vasculaires), dont elles représentent le type le plus commun; elles sont extrêmement préjudiciables aux céréales, car de toutes les plantes nuisibles, ce sont peut-être celles qui sont le plus difficiles à détruire.

Les Presles des champs sont des herbes vivaces à souche souterraine, profonde et traçante, produisant des tiges, les unes fertiles, les autres stériles, d'aspect fort différent. Ces dernières sont très rameuses, sans feuilles, articulées, présentant à chaque articulation une gaine membraneuse plissée, dentée, et ordinairement à sa base un verticille de rameaux articulés comme la tige.

Les Presles des champs, à l'encontre des autres éspèces de ce groupe, qui ne peuvent végéter que dans un sol humide, ont un tempérament très élastique, pouvant croître dans tous les sols, même dans les terrains secs et perméables ; il en résulte qu'un assainissement complet du sol au moyen de drainages ou de saignées ne saurait aucunement en préparer au moins la disparition comme pour

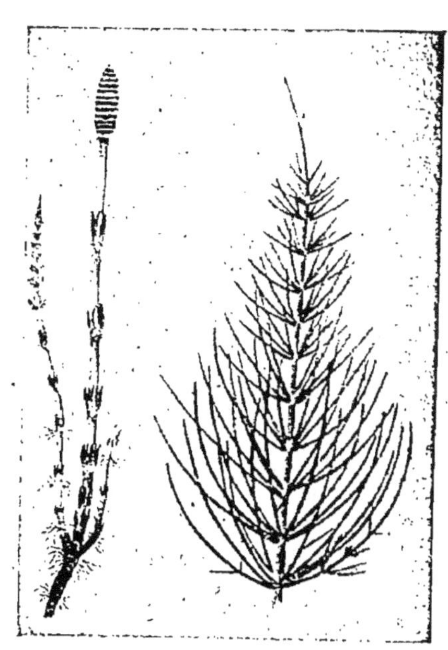

Fig. 2)7. — *Presles des champs.*

les autres espèces de ce genre. On ne peut les détruire ou au moins arrêter leur extension que par des labours profonds et de bons binages, de façon à en empêcher la fructification.

2° MAUVAISES HERBES ANNUELLES ET BISANNUELLES.

Les herbes annuelles et bisannuelles les plus préjudiciables à la culture de l'avoine sont : le Pavot des champs ou Coquelicot, le Bluet, les Anthémis, les Matricaires, la Rave-

nelle ou Radis sauvage et la Moutarde sauvage (sanves ou
senés).

Nous citerons également les plantes sauvages suivantes,
susceptibles, dans certains terrains, d'envahir les cultures
d'avoines, et par suite de leur causer des dommages. Ce
sont : le Scandix peigne de Vénus, les Renouées, les Vescerons, le Séneçon, les Laite-
rons et la Nielle des blés.

Le coquelicot des champs (Papaver Rheas), désigné vulgairement sous les noms de
Pavot des champs, Pavot
rouge, Pavot coq, et dont
tout le monde connaît la
belle fleur rouge éclatante,
est bien plus répandu dans
les champs de blé, que dans
les avoines.

Quand il n'est pas très
abondant, il est peu nuisible, car il se dessèche avant
la moisson, et sa graine fine
est facile à séparer du grain

Fig. 208. — *Nielle des blés.*

à l'aide de criblages et de vannages.

Le Coquelicot est assez difficile à faire disparaître des cultures à cause de la facilité avec laquelle ses graines se
conservent en terre pendant plusieurs années.

La Nielle des blés (Agrostemma githago). Cette plante
messicole à fleurs grandes, solitaires au sommet de la tige
et des rameaux, d'un beau rouge violet, est une mauvaise

herbe trop répandue et trop connue pour qu'il soit nécessaire d'en donner une description. Elle est fort nuisible non seulement par le fait de sa présence dans les cultures d'avoines, mais surtout parce que la graine assez volumineuse (fig. 64), renfermant un principe toxique la githanine (page 511), est mise en liberté au battage et se mélange au grain. Certaines avoines d'importation telles que celles de Salonique, de Samsoum, de Riga, de Libau, de Saint-Pétersbourg, de Russie, etc., en renferment toujours une certaine proportion, parfois même assez élevée. La destruction s'en effectue par la pratique des binages, et par un bon assolement.

La Centaurée bleuet (Centaurea cyanus), vulgairement appelée barbeau des blés, blavelle, aubifoin. Cette composée, que tout

Fig. 209. — La Ravenelle.

le monde connaît, est commune dans toute la France, surtout dans les terrains secs et légers; elle n'est pas très nuisible aux avoines. Sa destruction en est assez difficile, à cause de sa floraison longuement successive et de la facilité avec laquelle elle se ressème.

Les Anthémis et Matricaires. Plusieurs espèces d'Anthémis et de Matricaires sont très répandues dans les cultures d'avoines, les plus communes sont : l'Anthémis des champs (Anthemis arvensis), l'Anthémis fétde (Anthemis cotula), la Matricaire inodore (Matricaria inodora) et la Matricaire camomille (Matricaria chamomilla) ; ces espèces sont des composées radiées, assez voisines, faciles à reconnaître à leurs capitules composés de demi fleurons blancs entourant un grand centre jaune, à leurs feuilles étroites, très divisées, enfin à l'odeur désagréable et pénétrante qu'elles exhalent généralement de toutes leurs parties.

Leur destruction s'en effectue en les arrachant lors des sarclages.

La Ravenelle (Raphanus raphanistrum). La Ravenelle connue également sous les désignations de *faux raifort, raifort sauvage, rapistre*, est, avec la Moutarde sauvage, une des plus funestes des mauvaises herbes annuelles, dont il est fort difficile de se débarrasser.

Cette crucifère est facilement reconnaissable à ses quatre pétales en croix jaune pâle ou blanc plus ou moins veiné de violet.

Sa destruction s'effectue par les mêmes procédés que ceux employés contre la Moutarde sauvage que nous allons maintenant considérer.

La Moutarde sauvage (Sinapsis arvensis). Cette mauvaise herbe, connue sous une foule de désignations dont les principales sont : *la moutarde des champs, le moutardon, le senevé, le séné, les sanves*, etc., est extrêmement répandue dans la plupart des cultures d'avoines des régions tempérées, où elle forme souvent un véritable tapis jaune étouffant complètement sous sa végétation rapide et abondante, les plants d'avoines qui restent maigres et étiolés. Comme *la ravenelle*, elle est difficile à extirper à cause de sa rusticité et de la facilité avec laquelle ses graines peuvent se conserver dans le sol, sans perdre leur faculté germinative, ce qui est dû en partie à la forte proportion d'huile qu'elles renferment.

Les dommages causés par ces plantes sauvages lorsqu'elles existent en forte proportion, sont considérables : elles privent les avoines d'une partie de l'air et de la lumière, provoquant ainsi leur étiolement ; elles prennent d'autre part au sol de l'eau et une notable partie des aliments dont l'avoine ne profite pas.

Divers moyens ont été essayés pour entraver le développement de cette plante et en amener la destruction.

Fig. 210. — *La moutarde sauvage.*

Ces moyens sont de trois sortes :

1° La destruction à l'aide de binages et de sarclages.

2° La destruction par des moyens chimiques.

1° La destruction par des moyens mécaniques.

1° Destruction à l'aide de binages et de sarclages. — Dans les régions où les semis d'avoine peuvent être retardés, soit que l'on n'ait pas à redouter la chaleur de l'été, soit que la nature du sol ne permette pas le travail de la terre de bonne heure au printemps, il est possible de détruire une grande quantité de sanves de la façon suivante :

Par un hersage, on ramène à la surface du sol une forte proportion de graines de sanves et de ravenelles, qui viendront à germer et pourront être ensuite détruites par un nouveau hersage.

Si d'autre part cette céréale a été semée en ligne à l'aide du semoir, il sera également possible de pratiquer des binages à la main ou de préférence à la houe à cheval (voir page 401).

2° Destruction par des moyens chimiques. — La destruction *des sanves* et *des ravenelles* par des moyens chimiques est basée sur ce fait que les céréales offrent une plus grande résistance aux solutions corrosives, à cause de la présence sur les feuilles d'une légère glaucescence ou pruine, produit cireux de sécrétion, et dans l'épiderme de fins granules de silice dont les sanves et les ravenelles sont totalement dépourvues.

De nombreuses solutions corrosives ont été essayées, tant en France qu'à l'étranger. Celles qui semblent actuellement donner les meilleurs résultats sont *les solutions cupriques* et *les solutions ferriques*.

Ces solutions doivent être employées suffisamment étendues, afin d'attaquer l'appareil végétatif des plantes nuisibles, tout en laissant indemne celui des céréales.

Sulfate de cuivre. — Le sulfate de cuivre doit être appliqué en solution de 2 à 3 1/2 0/0, c'est-à-dire à raison de 2 à 3 kilos 500 par hectolitre d'eau.

Pour faire la solution, il est nécessaire de faire fondre les cristaux dans de l'eau chaude. Si dans le voisinage du champ à traiter on possède de l'eau, il est bien préférable, pour réduire la main-d'œuvre, de faire une solution concentrée à 20 ou 30 0/0; dans ces conditions il suffira étant donné qu'il faut environ 10 hectolitres à 3 0/0 pour traiter un hectare, de préparer un hectolitre à 30 0/0, que l'on étendra alors, avant de l'employer, de dix fois son volume.

Lorsque les sanves et les ravenelles sont jeunes, une solution à 2 ou 2,5 0/0 donnera de très bons résultats; si elles sont avancées comme développement, il est nécessaire d'employer une solution à 3 ou 3,5 0/0 sans toutefois dépasser cette proportion.

M. Brandin, dans des expériences faites sur une très vaste échelle, a obtenu un succès absolu en employant à l'hectare 7 hectolitres 1/2 à 3,5 0/0.

Le sulfate de fer, pour produire le même effet, doit être employé en solutions plus fortes, à 10 ou 12 0/0 quand les moutardes et les ravenelles sont jeunes et à 15 0/0 quand les moutardes sont grandes, et répandues à raison de 12 hectolitres à l'hectare.

Le traitement au sulfate de fer aurait l'avantage : 1° d'être moins coûteux, revenant à 9 francs environ par hectare, tandis que le prix de revient est de près de 21 francs pour le sulfate de cuivre; 2° d'être d'un effet favorable sur la croissance de l'avoine, les cultures de cette céréale ainsi aspergées se distinguant nettement par une croissance luxuriante et une teinte générale verte beaucoup plus accentué. Un des seuls inconvénients du sulfate de fer est d'être peu soluble et de ne pouvoir pour cette raison être préparé en solutions concentrées comme on peut le faire pour le sulfate de cuivre.

Mode d'emploi. — Ces solutions sont épandues avec des pulvérisateurs à main, soit de préférence avec des pulvérisateurs à grand travail.

Les pulvérisateurs à main se composent essentiellement d'un récipient d'une contenance de 10 à 15 litres, d'une pompe réservoir et d'une lance avec jet pulvérisateur.

Dans le pulvérisateur éclair, représenté dans la figure ci-contre, la pompe proprement dite est placée en dessous du réservoir dont la paroi inférieure est traversée par la cloche, ou réservoir d'air, situé à l'intérieur; cette cloche a pour effet d'assurer la continuité de la pulvérisation lorsque l'appareil fonctionne.

Fig. 211. — *Pulvérisateur éclair.*
(Vermorel à. Villefranche).

L'ouvrier tient de la main droite le levier actionnant la pompe, et de l'autre main la lance terminée par le pulvérisateur proprement dit, qu'il dirige à son gré.

Comme pulvérisateur à grand travail, nous citerons le pulvérisateur à bat (fig. 212). Cet appareil se compose essentiellement de deux cylindres réservoirs, renfermant 70 litres de la solution, placés sur le dos d'un cheval. Le liquide y est introduit sous pression à l'aide d'une pompe spéciale, sur chaque cylindre est adapté un porte-lance avec une lance à trois pulvérisateurs.

Le système est articulé de façon à pouvoir se plier au repos, et pendant le travail être orienté horizontalement ou verticalement avec tel écartement que l'on désire.

Avec un pulvérisateur ordinaire, un homme dans sa

journée pulvérise environ 35 ares par jour ; la dépense totale par hectare serait de 9 francs de sulfate de fer, 8 francs de main d'œuvre pour l'épandage, 1 franc de main d'œuvre pour la préparation de la solution, soit un total de 18 francs.

Pour le sulfate de cuivre, la dépense est d'environ 30 francs par hectare.

M. Brandin, à sa ferme de Galande, a relevé une dépense de 23 fr. 50 par hectare : 17 fr. 50 de sulfate de cuivre, 3 francs de main-d'œuvre et 3 francs pour l'amortissement des pulvérisateurs, mais nous ferons remarquer que c'est là une dépense minimum que l'on ne peut généralement atteindre dans des conditions de culture ordinaire.

Fig. 212. — *Pulvérisateur à bât.*
(Vermorel à Villefranche).

En résumé pour la destruction des sanves et ravenelles nous conseillons d'observer autant que possible les points suivants :

1° Traiter de préférence les moutardes jeunes, les tissus de ces mauvaises herbes étant bien plus sensibles à ce moment à l'action des solutions corrosives ; toutefois il est reconnu que souvent on a obtenu de bons résultats en traitant même ces plantes étant près de fleurir.

2° N'employer que des matières premières bien pures et préparer la solution dans des récipients en bois.

3° Appliquer cette solution avec une machine à bras ou

à cheval, produisant une fine pulvérisation par pression d'air.

4° Opérer par un temps calme, couvert et non pluvieux, car une pluie qui surviendrait, immédiatement après l'épandage, délaverait les feuilles et contrecarrerait ainsi la réussite.

3° Destruction par les moyens mécaniques. — L'arrachage des sanves à la main est une pratique à laquelle on ne peut songer pour des cultures d'une certaine étendue, aussi a-t-on cherché à obtenir un résultat identique avec des instruments pratiques. Ceux-ci désignés sous le nom d'essanveuses sont de deux sortes : les essanveuses à disques et les essanveuses à peignes.

Les premières, très simples, consistent essentiellement en deux disques parallèles aux roues, disques réunis par plusieurs fils de fer qui étêtent les sanves en tournant rapidement.

L'essanveuse à peignes (fig. 213) est la plus répandue, elle se compose d'un tambour armé de peignes à dents en acier, très serrées, qui, grâce au mouvement de rotation dont est animé le tambour pendant la marche, passent dans la récolte, saisissent très près du sol les plantes de sanves, toujours plus ou moins ramifiées, les dépouillent, cassent ou arrachent sans endommager les avoines, dont les feuilles passent aisément entre les dents des peignes.

Le moment le plus propice pour utiliser avantageusement cette machine est celui du début de la floraison; l'essanveuse à peignes peut être employée tant que les avoines ne sont pas encore épiées. On peut avec cette machine essanver en moyenne quatre hectares par jour.

D'une façon générale pour se débarrasser des plantes adventices sans distinction, l'agriculteur doit employer les moyens suivants :

1° *Les façons mécaniques* comprenant labours, hersages, arrachage, fauchage ; les labours et les hersages effectués avant l'ensemencement et parfois pendant une année de jachères provoquant la levée des mauvaises herbes et permettant de les enfouir avant qu'elles aient grainé. Durant la végétation un binage si la céréale a été semée en lignes, et l'emploi des essanveuses arrachant les plantes de ravenelles et

Fig. 213. — *L'essanceuse à peignes.*
(Ch. Paul, à Paris).

de sanves, que l'on peut encore, plus simplement, faucher par dessus l'avoine si l'on ne possède l'un de ces appareils spéciaux.

2° *L'assolement* dans lequel on multiplie les plantes sarclées, *les cultures étouffantes* contribuant ainsi au nettoiement du sol. Plutôt que de recourir à la jachère, on peut faire succéder plusieurs cultures sarclées : maïs, pommes de terre, betteraves, fèves.

3° *L'emploi de semences pures*, emploi rendu facile à l'aide de trieurs éliminant les grains étrangers.

4° *L'épandage des fumiers* seulement avant une plante sarclée, ceux-ci ayant l'inconvénient de ramener dans les champs beaucoup de graines de mauvaises herbes ou même des spores de champignon.

5° *L'amendement du sol* permettant de faire disparaître certaines catégories de plantes adventices; ainsi les amendements calcaires éloigneront les plantes des terrains acides : oseille, patience, etc. De même le drainage peut améliorer les terres envahies par les presles, les renouées, les joncs, les laiches, etc.

6° *Destruction par les agents chimiques.* Solutions cupriques ou ferriques dosées, répandues au printemps à l'aide de pulvérisateurs et détruisant sans nuire aux avoines, les sanves, ravenelles, bluets, etc.

CHAPITRE XXI

COMMERCE DES AVOINES

Après avoir passé en revue la classification, la production, la conservation, la consommation de l'avoine, nous envisagerons le commerce de cette céréale qui, contrairement à ce que beaucoup de personnes pensent, constitue, lorsqu'on opère sur des quantités considérables d'avoines indigènes et exotiques, une véritable science, présentant des combinaisons très compliquées, dont quelques-unes seront effleurées simplement dans ce chapitre.

Le trafic des avoines comprend trois branches principales à chacune desquelles se rattachent, dans le grand commerce, des professions distinctes exigeant un ensemble de connaissances spéciales :

1º Le Commerce proprement dit, comprenant l'achat et la vente de l'avoine, qui sera presque le seul sujet que nous traiterons, mais en faisant pour ainsi dire abstraction du grain, c'est-à-dire de la marchandise elle-même, pour n'envisager que les transactions qui en dérivent.

2º Les Opérations pour payer et recevoir qui, assez simples lorsqu'elles se limitent à un même pays, deviennent très complexes parfois lorsqu'elles s'effectuent à l'étranger, où elles se compliquent de questions d'usages, de bourse, de change, de jurisprudence financière, dont le maniement est généralement confié à *la Banque.*

3° L'Enregistrement des opérations, c'est-à dire la comptabilité, question que nous laisserons de côté.

Dans le commerce des semences et quelquefois aussi en agriculture, les avoines sont désignées par le nom exact de leur variété. Il n'en est pas de même dans le trafic des avoines de consommation, où pour éviter toute complication, surtout s'il y a mélange de plusieurs espèces, il n'est tenu aucun compte des classifications botaniques et agricoles. On se borne simplement à des désignations de teinte et de grosseur, ou à des appellations géographiques qui rappellent la provenance, la nationalité, le port d'exportation.

Le résumé suivant, indiquant les principaux noms adoptés sur les marchés français, permettra de mieux se rendre compte des désignations les plus usitées.

Avoines blanches, A. jaunes, A. rouges, A. grises, A. petites noires, A. noires ordinaires, A. moyennes ordinaires, A. noires belle qualité, A. noires choix.

Avoine grise d'Arles, A. grise de Beauce, A. de Bourgogne, A. de Bretagne, A. de Bresse, A. du Comtat, A. de Berry, A. du Bourbonnais, A. de Champagne, A. grise de Chartres, A. du Centre, A. de Château-Thierry, A. du Cher, A. de Dijon, A. rouge d'Étampes, A. noire d'Évreux, A. rouge d'Évreux, A. de l'Eure, A. de Gray, A. du Gâtinais, A. de Lorraine, A. de Malesherbes, A. de Meurthe, A. du Nivernais, A. du Nord, A. de Nièvre, A. de Picardie, A. de Saintonge, A. de Haute-Saône, A. du Soissonnais, A. des Vosges.

Avoine d'Afrique lourde, A. d'Afrique légère, A. d'Algérie, A. d'Oran, A. Tunisienne, A. rouge d'Afrique, A. noire d'Afrique.

Avoine bigarrée d'Amérique, A. bigarrée d'Amérique clipped, A. blanche d'Amérique, A. Canada blanche, A. de Chypre, A. Caramie, A. de Crimée, A. du Danube, A. de Groningue, A. de Hollande, A. d'Irlande, A. de Libau, A. du Levant, A. de Mersina, A. blanche

de Norwège, A. de Nicolaïef, A. noire de La Plata, A. de Saint-Pétersbourg, A. de Russie (supérieure, noire, blanche), A, de Riga, A. de
Riga séchée, A. de Rodosto, A. de Rostoff, A. de Reval, A. blanche
de Salonique, A. de Sansoum (1), A. de Suède, A. de Smyrne.

Ces désignations multiples indiquent que l'avoine est
l'objet d'un *trafic national* et d'un *trafic international* de
l'importance desquels on jugera d'abord par le tableau
de la consommation en France publié précédemment et
d'autre part par les tableaux des *importations* et des *exportations* qui se trouvent plus loin.

La première étape du trafic des avoines en France, pays
de culture morcelée, est représentée par les petits faiseurs,
blatiers, acheteurs et ramasseurs à la Commission, qui
visitent les exploitations agricoles, et par les cultivateurs
qui vont offrir les avoines chez les négociants et sur les
marchés aux grains, où ils se trouvent en contact direct
avec les acheteurs.

Chaque transaction donne lieu à un débat portant sur
le prix (2) et la qualité : le vendeur exaltant la beauté de
son avoine, afin de vendre le plus cher possible, et l'acheteur amplifiant les défauts des échantillons qui lui sont
soumis, afin d'acheter au cours le plus bas. Le marché

(1) Cette avoine est toujours offerte « Avoine de Sansoum *légère
odeur* ou *léger flair* ».

(2) L'avoine s'achète *nue* ou *logée* (en sacs) en prenant le prix du
quintal comme base ; ou à l'hectolitre en garantissant le poids minimum de ce dernier, ce qui, en définitive, revient toujours à un achat au
poids. L'usage d'acheter au volume tend à disparaître complètement,
aussi est-il surprenant de voir aux portes de Paris, dans la Brie,
vendre encore au *setier* (environ 150 kilos d'avoine), et de constater
que dans un pays de culture avancée, comme le Pas-de-Calais, on vend
toujours à la *rasière* (environ 2 hectolitres) ainsi que cela a lieu sur le
marché de Calais, par exemple. Ces pratiques incommodes et surannées
devraient être abandonnées partout depuis longtemps.

conclu, l'avoine est livrée au *marchand de grains*, qui, s'il n'en a pas le placement dans le pays, l'achemine vers les centres de consommation où le trafic est en grande partie entre les mains de *négociants en gros*.

Dans le grand commerce d'avoines indigènes et étrangères où l'on opère sur des quantités considérables et où les offres sont faites sous condition d'acceptation immédiate, la façon d'opérer est toute autre. Au lieu de perdre du temps à faire l'article ou à marchander, on se borne à accepter l'offre reçue, à la refuser, ou à adresser une contre-offre laconique suivie immédiatement d'une acceptation ou d'un refus. Les lettres sont réduites au nombre de phrases strictement nécessaires et les réponses rédigées aussi brièvement. Il en est de même des télégrammes et des millions de francs de transactions s'opèrent journellement au moyen de quelques abréviations (1) d'usage courant, et d'une centaine de mots empruntés à diverses langues.

On conçoit que pour opérer d'une façon aussi simplifiée, il a été nécessaire de constituer des *types* moyens d'avoine presque fixes, connus des intéressés, et sur lesquels les cours puissent s'établir sans voir la marchandise qui, comme premières conditions dans les transactions habituelles, doit être sans odeur, saine, loyale et marchande. Chaque place a des conditions d'usage ou des règlements particuliers dont nous parlerons plus loin et que tout négociant

---

(1) Exemples : *caf* signifie coût, assurance, fret; *fob*, franco bord. On offrira des Libau (avoines russes de Libau) *caf* Havre, et des Bretagne *fob* Brest. Dans le premier cas, les divers frais incomberont au vendeur jusqu'au débarquement, et dans le second cas jusqu'à l'embarquement seulement.

doit connaître. Comme le prix est établi au poids absolu, mais en tenant compte du poids spécifique, c'est donc la balance qui sert à déterminer la quantité et la qualité de la marchandise.

Le grand commerce des céréales, dit H. Lefebvre, constitué par l'adoption des types basés sur la densité des grains, se réduit à des rapports de prix que la même denrée présente, au même moment, sur les différents marchés : ce qui constitue le *commerce* dit *par arbitrage;* et aux rapports de prix que la même denrée peut avoir à deux époques différentes : ce qui constitue le *commerce* dit *de spéculation.*

Or, le commerce par arbitrage repose sur des données qui sont absolument fixes, c'est-à-dire sur des rapports de poids et de monnaies, et sur des frais de transports qui sont ou qui doivent être connus du commerçant.

Aujourd'hui, grâce aux moyens de communication qu'ont entre eux les principaux marchés du globe, les prix d'une même marchandise, des grains, par exemple, se nivellent avec une admirable précision, quand on tient compte des frais de change et de transport d'une place à l'autre; de telle sorte qu'il n'y a pour ainsi dire aucun bénéfice à acheter sur un point pour vendre au même moment sur un autre; et, lorsque les besoins d'une place y appellent la marchandise du dehors, ce sont les industries de transport qui touchent la rémunération du service qu'elles rendent.

Le grand commerce ne peut plus guère tirer ses bénéfices que des écarts de prix entre deux époques différentes, ce qui constitue la spéculation proprement dite, qui, elle, a pour résultat, non plus de niveler les cours des différents marchés au même moment, puisque ce résultat est déjà obtenu, mais de faire en sorte que les fluctuations des prix ne soient pas aussi violentes qu'elles le sont actuellement, quelquefois entre deux époques très rapprochées l'une de l'autre.

Il suffit en effet de jeter un coup d'œil sur les tableaux graphiques dressés par M. Ch. Bivort qui représentent le mouvement des cours des céréales, pour s'apercevoir combien ces mouvements sont brusques et pressentir la perturbation qu'ils doivent jeter dans le commerce de ces denrées, par conséquent dans les industries dont l'existence est toujours sous le coup de telles variations.

Malheureusement, ce grand commerce est encore très mal compris et très mal fait. Les grands spéculateurs ont beaucoup plus en vue d'opprimer le marché à certains moments que de lui être utile; quant aux petits, ce sont de simples joueurs, qui ne connaissent même pas leurs cartes, et qui sont naturellement toujours mangés par les gros.

Il y a là toute une éducation à faire à la fois morale et intellectuelle, comme celle qui résulte de l'enseignement d'une science qui assainit en même temps qu'elle éclaire.

Le trafic des avoines comprenant le commerce des avoines récoltées en France (avoines indigènes) et des avoines récoltées à l'étranger (avoines exotiques), comporte, ainsi que nous l'avons dit précédemment, des opérations à l'intérieur et à l'extérieur du pays.

Sans entrer dans des détails qui seraient trop longs, nous dirons que ce trafic se subdivise en deux grandes séries:

1re Série.

1º Vente directe ou indirecte par les producteurs français aux consommateurs et aux négociants habitant en France. — C'est le *commerce intérieur*.

2º Vente par les négociants ou par les producteurs aux exportateurs. — C'est le *commerce extérieur*, l'EXPORTATION.

2e Série.

1º IMPORTATION dans notre pays, d'avoines exotiques ou coloniales pour les conserver dans les Docks, Entrepôts, Magasins généraux, surveillés par la douane, afin de les réexpédier à l'étranger (RÉEXPORTATION sans avoir à acquitter de droits d'entrée), si la vente en France ne se présente pas comme la plus profitable. — C'est le *commerce général*, et ce qui reste invendu dans les Docks ou autres magasins analogues en fin d'année, constitue le *stock*.

2º IMPORTATION par des maisons françaises d'avoines qui acquittant les droits d'entrée sont considérées comme *naturalisées*, et EXPORTATION, c'est-à-dire envoi à l'étranger de ces avoines importées, ainsi que d'avoines récoltées en France. — C'est le *commerce spécial*.

Dans les chapitres précédents, nous avons publié des tableaux relatifs à la production et à la consommation de l'avoine; nous allons indiquer maintenant d'après les chiffres empruntés à la statistique agricole du ministère des Finances, l'importance considérable du mouvement des importations et des exportations.

Résumé par période décennale **IMPORTATIONS** (Quintaux métriques)

	1827 à 1836	1837 à 1846	1847 à 1856	1857 à 1866	1867 à 1876	1877 à 1886	1887 à 1896	1897 et 1898
Russie	32.939	—	67.275	1.773.459	4.237.157	14.248.290	11.342.576	903.041
Suède et Norvège	2.626	—	—	224.676	1.938.382	4.243.196	2.723.899	189.853
Danemark	35.284	10.312	16.234	—	—	—	—	—
Allemagne	82.959	100.747	27.189	458.024	2.154.867	1.121.347	125.160	20.643
Villes Hanséatiques	7.043	—	24.406	—	—	—	—	—
Hollande	41.929	—	—	—	—	—	—	84.070
Belgique	1.973	14.135	71.668	434.105	1.323.503	1.876.779	1.468.690	12.199
Angleterre	91.170	61.447	13.943	288.561	1.875.278	—	—	124.288
Etats-Unis	—	—	—	—	—	931.856	914.073	1.996.495
Autriche	11.565	—	—	—	—	—	—	—
Sardaigne	3.050	6.736	19.772	—	—	—	—	—
Deux-Siciles	18.937	18.165	283.177	—	—	—	—	—
Italie	—	—	—	261.204	1.309.933	461.332	—	—
Toscane	12.331	11.968	33.058	—	—	—	—	—
Suisse	3.715	21.831	1.324	95.110	—	—	—	—
Turquie	—	—	193.737	201.328	1.441.126	1.919.337	1.808.798	480.326
Algérie	2.409	—	—	101.159	1.138.759	1.476.763	3.881.680	796.142
Tunisie	—	—	—	—	—	—	—	93.767
Autres Pays	196	33.643	91.699	178.328	1.731.053	2.743.441	1.822.976	647.414
Totaux	348.126	378.984	843.582	4.015.954	17.150.058	29.022.341	24.087.852	5.348.238

Résumé par période décennale **EXPORTATIONS** (Quintaux métriques)

	1827 à 1836	1837 à 1846	1847 à 1856	1857 à 1866	1867 à 1876	1877 à 1886	1887 à 1896	1897 et 1898
Russie	—	—	45.931	—	—	—	—	—
Allemagne	74	3.787	11.406	235.128	597.804	161.087	—	5.474
Belgique	21.918	11.681	48.637	289.815	591.907	195.815	193.341	17.931
Angleterre	125.226	74.289	389.965	418.159	859.866	283.832	835.589	6.046
Espagne	4.921	4.358	—	—	—	—	—	—
Etats Sardes	6.116	12.220	101.103	—	—	—	—	—
Suisse	7.811	11.664	69.118	353.635	451.082	648.592	1.083.050	307.512
Algérie	41.393	12.689	—	—	—	—	—	—
Guadeloupe	46.353	25.801	42.890	54.193	—	—	—	11.251
Martinique	7.420	9.478	13.289	—	—	—	—	10.693
Réunion	—	3.407	6.798	24.061	—	—	—	—
Bourbon	2.624	—	—	—	—	—	—	—
Etats-Unis	1.772	337	—	—	—	—	—	—
Turquie	1.060	—	—	—	—	—	—	—
Italie	—	—	—	206.675	—	—	—	—
Autres Pays	2.296	3.857	26.151	82.894	124.160	202.687	327.170	20.078
Totaux	208.984	173.568	755.288	1.664.560	2.624.819	1.492.013	2.489.150	387.985

Il est facile de se rendre compte, au moyen des tableaux que nous avons publiés dans divers chapitres, des centres de production et de trafic des avoines en France. Nous éviterons donc de revenir sur ce sujet, et nous nous bornerons à examiner succintement le trafic dans les ports de mer par lesquels s'effectue presque exclusivement le mouvement des importations et des exportations. Enfin plusieurs exemples intercalés parmi les explications relatives aux ports de premier ordre tels que : le Havre, Dunkerque, Marseille, permettront de se faire une idée des usages, frais, conditions de réception et du mécanisme de la vente de l'avoine dans les ports de commerce.

Le Havre. — Les avoines d'importation au Havre portent principalement sur les avoines : d'Amérique, de Russie, d'Allemagne, de Suède, d'Irlande, de Hollande, de Bretagne, d'Afrique (Tunisie) et du Levant. A moins de pénurie dans certains pays étrangers, et de bonne récolte en France, le Havre exporte peu.

Les frais sont très variables suivant les circonstances : ainsi un navire qui débarque rapidement et charge sur wagon sans mise à terre, aura forcément des frais beaucoup moindres qu'un navire qui débarque lentement, supporte des exigences d'ouvriers, met à terre, a du séjour et du gardiennage à quai, puis relève pour mettre sur wagon ou pour camionner en gare. En un mot, un stationnement, même très court, entraîne à des dépenses qui sont évitées lorsque l'avoine passe directement de bateau sur wagon. Un exemple permettra de saisir comment les frais se répartissent.

COMPTE DE RÉCEPTION & TRANSIT DE 200 TONNES D'AVOINE ÉTRANGÈRE

venue en vrac le 1ᵉʳ Mars 1901 par le vapeur " LA FRANCE "

	Frs
Droits de douane 3 0/0 Kᵒˢ et quittances......................	6.000 50
Permis de statistique..	20 60
Timbre et certificat d'origine...............................	1 20
Mise en sacs de location, pesage, cachetage, réglage à 75 kilos brut, mise sur wagon maritime, chalands accostés le long du bord de 100 tonnes et mise à terre de 100 autres tonnes, surveillance au débarquement, conditionnement des sacs à frs 2 0/00 kilos s/200 tonnes...........................	400 »
Camionnage après réception de 50 tonnes sur chaland nᵉ 8 non accosté au bord de *La France* à frs 1.50 0/00 kilos.........	75 »
Camionnage de 25 autres tonnes en gare du Havre à frs 1.50 0/00 kilos...	37 50
Mise sur wagon maritime après mise à quai de 25 tonnes solde de 100 mises à quai à frs 0.50 0/00 kilos..............	12 50

Relevage sur quai de 100 tonnes ci-dessus réexpédiées en temps :

50 tonnes par chaland nᵒ 8......	⎫	
25 » . par chemin de fer.....	⎬ à frs 0.25 0/00 kilos.	25 »
25 » sur wagon maritime..	⎭	

Couverture et Gardiennage à 0 frs 15 par tonne et par jour sur 100 tonnes mises à terre pour départs ultérieurs :

50 tonnes pendant 2 jours frs 15 »................	⎫	
25 » » 4 » » 15 »................	⎬	48 75
25 » » 5 » » 18.75................	⎭	

Quatre passe-debout pour sorties d'octroi du Havre.......	» 40
Francs	6.621 45

Commission de transit, peines et soins

de 0.40 0/00 kilos sur 100 Tx frs 40 ».............	⎫	
» 0.50 » » » » » » 50 ».............	⎬	90 »
		6.711 45
Frêt payé au départ frs 1.50 0/0 s/200 Tx.................	3.000 »
Total.....	**9.711 45**

La dépense totale est donc inférieure à 5 francs par quintal (1), ce qui aux cours de 15 à 16 francs pratiqués ac-

---

(1) Il est évident que pour les envois de faible tonnage les dépenses sont plus élevées. Ainsi nous venons de recevoir 100 kilos d'avoine de sélection pour laquelle la totalité des frais de Londres à la gare de Dunkerque a été de 4 francs les 0/0 kilos (3 francs de droits d'entrée non compris), alors que de gros chargements venant de Russie ne coûtent qu'un franc par exemple.

tuellement en France pour les avoines exotiques, reporte le prix à 10 ou 11 francs les 100 kilos dans le pays de production. Or, ainsi que nous l'avons vu dans le chapitre relatif aux prix de revient et de vente, il existe des pays, tels que la Russie et les États-Unis par exemple, où ces prix et même des prix très inférieurs sont pratiqués, alors que le prix de revient en France est d'environ 13 francs le quintal.

Dunkerque. — Les deux tableaux suivants permettront de juger le mouvement des importations et des exportations.

IMPORTATIONS	1894	1895	1896	1897	1898	1899
	Kilos	Kilos	Kilos	Kilos	Kilos	Kilos
Russie (Baltique) ..	56.863.761	22.024.777	30.028.380	21.605.100	14.097.700	11.813.500
Russie (mer Noire).	3.355.408	544.624	»	»	2.355.200	1.408.200
Angleterre	694	4.428	1.947	159.000	4.000	»
Algérie.........	852.232	2.693.210	3.121.765	»	4.367.600	1.208.400
République Argentine	»	244.433	»	»	»	50.100
Allemagne.......	»	»	196.760	»	«	»
États-Unis	»	»	»	3.101.000	19.642.100	939.800
	61.072.095	25.511.472	33.348.852	24.865.100	40.466.600	15.420.000
EXPORTATIONS						
Angleterre........	»	900	»	»	521.500	»
Allemagne........	»	»	227.200	»	»	»
Guyane française...	3.754	»	»	»	»	»
	3.754	900	227.200	»	521.500	»

Modèle d'un Contrat de Dunkerque.

Je vous confirme la vente d'avoine que je vous ai faite à toutes les conditions ci-dessous de : Quantité...... Désignation (de l'avoine), etc...... Qualité *bonne moyenne de la saison au lieu et à l'époque de l'embarquement, marchandise déli-*

vrée saine, c'est-à-dire exempte d'avarie ou d'échauffement, légère chaleur sèche n'altérant pas la qualité à considérer comme saine. Prix....... les 0/0 kilos....... sur wagon (ou bateau Dunkerque ou parité)....... Livraison....... Toiles....... Paiement dans Dunkerque, comptant, sous 1/2 0/0 d'escompte ou à 30 jours, à mon choix, avec faculté de faire traite sur ville bancable sans déroger au lieu d'exigibilité.

Sauf avis contraire...............................

Agréez, M.................

CONDITIONS GÉNÉRALES :

L'acheteur est tenu de reconnaître la marchandise et le poids au lieu de livraison. L'ordre d'expédition est considéré comme une agréation formelle. En conséquence la responsabilité du vendeur cesse à la mise sur wagon, bateau ou voiture.

Les toiles de l'acheteur doivent être rendues franco au navire dès le commencement du débarquement, avec ses instructions pour la livraison, faute de quoi le vendeur se réserve le droit de louer des toiles d'office, au nom de l'acheteur, pour son compte et à ses frais.

La livraison sur wagon ou bateau n'implique pas l'obligation pour le vendeur de les procurer. Ainsi, dans le cas de manque de matériel, celui-ci a le droit de mettre les marchandises sur quai ou bateau aux frais et risques de l'acheteur.

En ce qui concerne les expéditions par fer, les prix de vente s'entendent par wagon complet. Tous frais supplémentaires pour expéditions partielles sont à la charge de l'acheteur. La marchandise est mise sur wagon par le vendeur, mais elle est arrimée et contrôlée par la manutention du chemin de fer : le coût de cette opération est ajouté au transport ou suit en débours.

Chaque livraison mensuelle forme contrat séparé.

L'acheteur ne peut refuser la marchandise pour différence de qualité, tous ses droits étant, le cas échéant et de convention expresse, limités à un arbitrage.

Toute vente n'est parfaite, malgré confirmation, qu'après bonnes références et il est expressément convenu que, quelles que soient les conditions de paiement spécifiées plus haut, le vendeur se réserve toujours le droit d'exiger, lors de chaque livraison, le paiement comptant sous un demi pour cent d'escompte.

En cas de force majeure empêchant l'exportation, ou de guerre européenne, le contrat est annulé de plein droit.

Toute contestation résultant du contrat précédent est réglable à l'amiable par la Chambre Syndicale et de Conciliation de Dunkerque, dont la décision est finale, les parties contractantes renonçant ainsi à toute voie judiciaire.

Modèle d'un marché d'Avoine exotique (avoine de Russie).

Nous vous avons vendu ce jour :

Environ deux cents (200) tonnes (5 0/0 plus ou moins) Avoine Saint-Pétersbourg, bonne qualité moyenne de l'année, poids naturel 46/47 kilos garantis à l'hectolitre au débarquement à francs 12 1/8 (douze francs un huitième) les cent kilos, nets caf. Dunkerque, poids et état sain garantis au débarquement. Embarquement en juillet et/ou Août prochain (vieux style). Paiement : comptant à présentation et contre remise des documents d'expédition sous déduction de 1 0/0 d'escompte ou paiement en traites à 90 jours de date de connaissement acceptables contre remise des documents par une première maison de banque moins 1/4 0/0 commission de banque.

CONDITIONS GÉNÉRALES :

Après la délivraison des avoines, la facture finale sera établie sur le poids délivré et toute différence des deux côtés sera réglée immédiatement et au comptant. — En cas d'accident de mer affectant la quantité, la facture provisoire sera finale. En cas de blocus, de prohibition, d'exportation, de glaces contrariant l'embarquement, le contrat sera nul. La marchandise en qualité inférieure à celle vendue ne pourra être refusée, elle devra être acceptée moyennant bonification à taxer par arbitres. Toute difficulté résultant de ce contrat sera à régler par arbitres à Londres, Paris, Dunkerque, ou places neutres, de la manière usuelle.

Quant aux frais, ils varient suivant les modes de livraison dont voici quelques cas : 1° transbordement direct du vapeur sur bélandre, en vrac, environ 1 fr. 20 par 0/00 kilos ; 2° chargement direct du vapeur sur wagons ou voitures, en sacs réglés, environ 1 fr. 50 par 0/00 kilos, plus, s'il y a lieu, la commission du transitaire qui est d'environ 0 fr. 50 par 0/00 kilos ; 3° si la marchandise est mise à quai, ces frais s'élèvent à peu près 1 fr. 80 pour 0/00 kilos, commission non comprise.

Calais. — Le port est approvisionné d'avoine jaune et

d'avoine blanche dont une faible partie est cultivée dans le rayon tandis que le surplus est tiré des environs d'Arras, de Bapaume, de la Somme, de la Seine-Inférieure. Il entre cependant une assez grande quantité d'avoine d'importation de la Russie principalement.

Boulogne-sur-Mer. — Importations et exportations très peu importantes.

Rouen. — Il s'importe surtout des avoines de Suède, des Libau, des Saint-Pétersbourg, des Amérique. Les importations par Rouen, assez restreintes en temps ordinaire, sont très actives les années où la récolte d'avoine est mauvaise en France.

Nantes. — Ce port étant situé en plein centre de production n'importe que lorsque les années sont déficitaires, ainsi que c'est arrivé en 1894, où il est entré dans ce port des quantités importantes d'avoines de Libau, de Suède, d'Irlande, de Salonique, d'Amérique et d'Algérie.

Brest. — Les importations sont presque nulles, la région en produisant de grandes quantités qui permettent très souvent des ventes à Bordeaux, Bayonne, etc.

Saint-Nazaire. — Ce port reçoit des arrivages pour le compte de maisons de Nantes, de Paris, mais il s'approvisionne en grande partie dans la Loire-Inférieure et les départements limitrophes (Morbihan, Ille-et-Vilaine, Finistère). Quand il y a pénurie d'avoine, les importations sont assez suivies.

La Rochelle. — *Sables d'Olonne.* — Les importations sont assez restreintes, l'approvisionnement s'opérant plutôt dans la région.

Bordeaux. — Les arrivages en avoines exotiques sont peu

considérables, il entre cependant des avoines bigarrées d'Amérique, des Libau, des Algérie.

Marseille. — Les avoines qui arrivent à Marseille proviennent principalement d'Afrique (Algérie-Tunisie), de la mer Noire, de la mer d'Azow et de divers ports de la Méditerranée et du Levant. Elles sont importées par des agents ou correspondants de maisons de Marseille, de Russie, Turquie, Roumanie et Amérique du nord. Elles se vendent généralement aux conditions de la place de Marseille que voici : Marchandise prise sous Palan, ou le débarquement à la charge de l'acheteur. Qualité moralement conforme à un type, et le poids de l'avoine garanti à l'hectolitre et au chevalet, ou bien encore à la trémie conique selon les conventions arrêtées.

Toutes les affaires se traitent par courtiers, lesquels prélèvent de chaque côté un courtage de 1/3 0/0. Le commissionnaire à la vente à l'intérieur prélève ordinairement une commission de 1/2 0/0 et quelquefois plus selon la situation de l'article au moment de l'affaire.

En cas de contestation sur la qualité, celle-ci est déterminée par amis communs ou bien par le Syndicat des grains. On règle ordinairement en bonifiant la totalité de la terre qui excède le 1 0/0; le 1/2 0/0 de la charge en orge qui excède le 2 0/0; et 1/2 kilo par 1/2 kilo de manquant sur le poids spécifique convenu. Les frais de réception sont de 0 fr. 27 0/0 kilos lorsque l'acheteur prend la marchandise sous le Palan et de 0 fr. 40 0/0 kilos lorsque, par un incident quelconque, on la reçoit à quai. Dans ces frais sont compris, la mise en sacs et le réglage de ceux-ci à un poids uniforme

Les Docks mettent la marchandise sur wagon moyennant une traction de 1 fr. 15 la tonne que perçoit cette Compagnie à l'article débours, et laquelle est supportée par le client de l'intérieur. Il n'y a jamais de camionnage à Marseille, puisque la voie ferrée vient prendre la marchandise dans les Docks auprès des navires. Les différences de qualités sont généralement tranchées par des bonifications.

Le frêt varie selon les saisons et selon les circonstances; ces derniers temps il était aux 100 Kilos de : 1 franc à 1 fr. 50 de Russie, de Turquie et de Roumanie; 2 à 3 francs d'Amérique.

Le port de Marseille exporte peu d'avoine.

Transit.

Le *transit* est la faculté de transporter l'avoine en *franchise* sur notre territoire. Il s'applique à l'avoine : 1° qui entre par une frontière de terre ou de mer pour ressortir directement, *sans emprunter la mer*, par une autre frontière de terre ou de mer; 2° qui est dirigée *par terre*, d'un bureau ou d'un entrepôt des frontières ou de l'intérieur, sur un autre bureau ou un autre entrepôt. C'est ainsi que les mutations d'entrepôt par terre sont soumises aux conditions du transit. On réserve le nom de *transport d'un premier bureau sur un autre bureau* aux expéditions faites, dans le rayon frontière, d'un premier bureau d'entrée sur un second bureau de même rayon.

Le transit ordinaire a lieu par toutes les voies indistinctement, *l'emprunt de la mer excepté*, sous la responsabilité des expéditeurs.

Le transit international s'effectue exclusivement par chemins de fer sous la responsabilité des compagnies.

Toutes les dispositions générales relatives au transit sont consignées dans les Tarifs et Règles générales publiés par la Direction des Douanes.

Il ne faut pas confondre l'entrée en franchise par transit, avec l'entrée en franchise de l'avoine récoltée sur des biens fonds que les Français possèdent à l'étranger dans la zone extra frontière de 5 kilomètres et qui sont affranchies des droits (1) de douane à l'entrée.

Épreuves :

Nous avons dit que la qualité de l'avoine, comme celle des autres grains, se constate par le poids de l'unité de volume, c'est-à-dire par la densité.

Dans le commerce, la constatation de la densité s'effectue par *l'épreuve*, détermination qui s'opère de façons différentes suivant les usages des places : nous ne citerons que les épreuves les plus employées en Europe.

1° *Épreuve métrique*, qui détermine le poids en kilos de l'hectolitre d'avoine, lequel, comme nous l'avons vu, est de 45, 48, 50 kilos, etc. suivant la qualité. Cette épreuve est usitée en France, en Belgique, en Hollande, en Italie, en Suisse, en Autriche-Hongrie, et dans le sud de l'Allemagne.

---

(1) Le bénéfice de ce régime n'est conservé qu'à des propriétaires se trouvant dans des conditions déterminées par certaines lois. Par exception les habitants des communes frontières du Nord des Ardennes, limitrophes de la Belgique, jouissent de la faculté d'emporter en franchise les graines provenant des terrains *essartés* dans les forêts étrangères avoisinantes.

2° *L'Ancienne épreuve de Berlin*, qui détermine le poids du nouveau boisseau de 50 litres, en livres allemandes.

3° *La nouvelle épreuve de Berlin*, qui détermine le nombre de grammes par litre *réel* (comme s'il n'existait pas de vide entre les grains), et constitue une véritable épreuve scientifique qui exige l'emploi de la balance hydrostatique.

4° *L'épreuve de Marseille*, qui donne en kilos le poids de la *charge* dont le volume est de 160 litres.

5° *L'épreuve de Vienne*, abandonnée maintenant et que nous ne citons que pour mémoire.

6° *L'épreuve de Hollande*, qui donne le poids du *zack* d'Amsterdam = 83 litres 44 en *livres-troy* de Hollande de 492 gr. 17. Cette épreuve est employée à Brême, à Hambourg, en Danemark, dans quelques provinces de la Russie orientale, et à Stettin, Dantzig et Kœnigsberg, principalement pour les affaires d'exportation en Suède et en Norvège.

7° *L'épreuve anglaise*, qui donne le poids du *quarter impérial* (2 Hl, 9078) en *livres anglaises* (0 k, 4536).

8° *L'épreuve russe*, qui donne le poids du *tschetwert* = 2 h, 0991 en *livres russes* de 0 k, 4095.

9° *L'épreuve américaine*, qui donne le poids en *livres anglaises* (0 k, 4536) du *bushel américain* (vieux bushel anglais ou bushel de Winchester) de 35 lit, 238.

10° *L'épreuve turque*, qui donne le nombre d'*oka* par *kile* de Constantinople = 36 lit 11, et 44 oka = 56 kilogs.

De nos jours, comme nous l'avons indiqué, le commerce tend à constituer des types de qualité et de quantité presque aussi bien définis que le sont les valeurs mobilières et les monnaies, de sorte que, dans un marché, la discussion ne porte que sur les prix. C'est grâce aux différents moyens que nous nous sommes efforcés d'expliquer précédemment que ce résultat tend à être obtenu. Quand

Extrait des « Tables de Conversion des diverses Epreuves »
dans les limites courantes des qualités des Avoines, par H. LEFÈVRE.

Kilogrammes par hectolitres.	LIVRES ANGLAISES		Livres russes par tschetwert.	Livres-troy par Zack.	Grammes par litre.	Kilogrammes par charge de 160¹.
	par Quarter	par Bushel				
48.1/2	311	37.7	249	82.»	452	77.60
48. »	308	37.3	246	81.5	447	76.80
47.1/2	304	36.9	243	81.»	442	76.00
47. »	301	36.5	241	80.»	438	75.20
46.1/2	298	36.1	238	79.»	433	74.40
46. »	295	35.7	236	78.»	428	73.60
45.1/2	292	35.3	233	77.»	424	72.80
45. »	288	35.0	231	76.»	419	72.00
44.1/2	285	34.6	228	75.»	414	71.20
44. »	282	34.2	226	74.5	410	70.40
43.1/2	279	33.8	223	74.»	405	69.60

la marchandise livrée n'est pas conforme au type convenu, on tient compte à l'acheteur ou au vendeur de la différence, au moyen d'une *échelle de bonification* facile à déterminer.

Exportateur-Consignataire. — L'exportateur est le négociant qui achète de l'avoine sur les lieux de production ou les marchés, pour la revendre dans les pays étrangers.

Le consignataire est le négociant qui reçoit les avoines en France pour le compte de l'exportateur, et après instructions reçues, les revend, moyennant la perception d'une *commission*, aux frais, risques et périls de ce dernier.

A l'arrivée du navire dans le port de destination, le consignataire présente au capitaine le connaissement (1) rela-

___

(1) Voir plus loin la signification de ce mot et un modèle de connaissement.

tif à l'avoine, le confronte avec celui qui lui est soumis, et constate la conformité de la livraison ainsi que son état.

Le consignataire reçoit de l'exportateur, en même temps que le connaissement, la police d'assurance (1) maritime, et la *charte-partie* (2) indiquant les conditions du *contrat d'affrètement* en mer.

Commissionnaires-Courtiers (3). — Les fonctions de courtier de marchandises consistent principalement à mettre en présence un vendeur et un acheteur, à rapprocher des intérêts différents entre eux dans leurs prétentions respectives et à amener le vendeur et l'acheteur à conclure un marché que le courtier constate, sans y être partie, sans s'identifier avec l'un ou avec l'autre, ni s'assimiler à aucune des parties (4), sans contracter aucune obligation et sans être tenu de rendre compte. Le courtier ressemble à un messager allant porter à l'un les propositions de l'autre, ne soutenant pas plus celui-ci que celui-là, mais restant impartial et désintéressé entre les deux. Ces

---

(1) L'assurance a lieu à l'embarquement. Elle comporte une *franchise*, c'est-à-dire une limite en-dessous de laquelle l'assureur n'est pas responsable.

(2) Voir plus loin un modèle de Charte-Partie.

(3) Renseignements extraits du Livre sur le « Courtage des Marchandises » par Bivort et Turlin, en vente à la librairie des Halles, 33, rue J.-J. Rousseau, Paris. A la même librairie on trouvera le « Manuel de la Chambre syndicale des courtiers de marchandises ».

(4) D'après la nouvelle loi, le courtier n'est plus tenu de prêter son ministère à tous ceux qui le requièrent; il peut être banquier, commissionnaire, négociant, fabricant, faire des affaires pour son compte, s'intéresser dans des entreprises commerciales, former des associations, etc., etc. Il peut faire des actes de commission, c'est-à-dire devenir le représentant d'une seule partie, ou recevoir la marchandise, lui faire des avances, et s'engager pour elle en contractant en son nom personnel. Le courtier peut aussi se rendre garant de l'exécution des marchés dans lesquels il s'entremet par une convention expresse et moyennant un *ducroire*. Le *ducroire* est une augmentation de salaire moyen-

fonctions font du courtier l'intermédiaire indispensable
entre l'acheteur et le vendeur. Servant à rapprocher celui
qui produit, ou détient la marchandise, de celui qui la recherche pour la répartir ou la consommer; le courtier éco-
nomise à l'un et à l'autre une perte de temps considérable
et souvent des efforts infructueux.

De grands industriels ont voulu se passer des courtiers
et acheter directement les matières premières dont ils
avaient besoin ou vendre les produits de leur fabrication.
Ils ont dû renoncer à ce système : les commerçants auxquels ils s'adressaient se tenaient en garde contre leur
offre ou leur demande, et ne consentaient que difficilement
à traiter avec eux. La raison en est que la spéculation a
pénétré partout, et que, quand un grand industriel achète,
on s'imagine que la marchandise va monter et on ne veut
plus lui vendre. Un intermédiaire réussit bien mieux à
rapprocher deux intérêts contraires; et encore bien souvent est-il obligé de cacher le nom de son commettant pour

---

nant laquelle le courtier garantit le commettant de tous risques de la
part des tiers avec lesquels l'opération a été traitée; il assure le commettant non seulement contre la non-exécution mais encore contre le
retard, *quelle que soit* en définitive *la solvabilité des tiers.* Le courtier
qui se porte garant prend également le nom de *ducroire.* Celui qui reçoit le *ducroire* tient de l'assureur et de la caution. Mais il diffère de
la caution en ce qu'il ne peut pas invoquer les bénéfices dont elle jouit,
et il y a entre lui et l'assureur ordinaire cette différence que le prix de
la chose assurée n'est exigible qu'après la perte de cette chose, tandis
qu'il est de règle que le commettant auquel le commissionnaire ou le
courtier a promis de faire les *deniers bons* peut poursuivre ce dernier
sans s'inquiéter de la partie avec laquelle le courtier a traité, aussitôt
que l'échéance de la dette est arrivée. Seulement il est d'usage de laisser au commissionnaire la *foire de respect,* c'est-à-dire un délai de trois
mois pour faire les paiements et laisser rentrer l'argent des ventes; cet
usage est tombé en désuétude, du moins à Paris.

Afin d'éviter des abus, la loi nouvelle exige que lorsque le courtier
opère pour son compte dans une affaire, il fasse connaître à la partie
qui l'emploie quel intérêt personnel il a dans cette affaire.

pouvoir faire de grandes opérations, surtout quand il s'agit de spéculation. C'est ce qui explique comment les courtiers sont souvent obligés d'agir comme commissionnaires.

Au point de vue juridique, le courtage s'analyse en un double mandat. Intermédiaire désintéressé entre deux parties, chargé par les deux de les rapprocher, de leur faire conclure un marché et de le constater, le courtier représente les deux parties à la fois, rend service aux deux, tout en tenant la balance égale entre elles et, comme conclusion, il reçoit son salaire des deux. Ce mandat est, sans doute, très restreint, puisqu'il ne consiste qu'à servir d'intermédiaire ou de « porteur de paroles », suivant l'expression d'un orateur du Conseil d'Etat, et que le courtier ne traite ni en son nom, ni au nom de ses clients, mais se contente de les faire traiter l'un avec l'autre.

Le commissionnaire diffère du *courtier* en ce qu'il est le mandataire d'une seule partie, dont il est l'homme, *l'alter ego*, avec laquelle il s'identifie, et dont il défend exclusivement les intérêts. Il ne se contente pas de faire acheter, de faire vendre : il achète, il vend pour le compte de tiers ; enfin, il traite, en général, en son nom personnel et engage, par conséquent, sa responsabilité, tandis que le courtier donne à chacun des contractants le nom de l'autre et se dégage des conséquences du marché qu'il fait conclure.

Depuis la loi nouvelle, qui a permis à ces deux sortes d'agissements de se confondre, c'est surtout à cette dernière différence qu'il faut s'arrêter pour distinguer dans quels cas il y a courtage et dans quels cas il y a commission.

En décrétant la liberté du courtage, la loi nouvelle a privé le courtier de la qualité d'officier public dont il avait été investi jusque là; elle en a fait un simple négociant.

Si les courtiers n'avaient jamais fait que des opérations de courtage, on aurait pu s'en tenir à l'article 1er de la loi du 18 juillet 1866. Mais ils ont eu de tout temps le droit de procéder à des ventes publiques de marchandises, et l'intérêt du commerce, comme nous le verrons plus loin, exigeait qu'ils conservassent ces attributions. Or, les ventes publiques ne pouvaient être confiées à tous les courtiers indistinctement. Celui qui procède à une vente de cette nature est un véritable *munus publicum*. Il n'a pas seulement mandat du propriétaire de marchandises à vendre, il a aussi un mandat public pour exécuter les lois et ordonnances qui ont prescrit certaines règles et certaines formalités destinées à assurer la loyauté de ces sortes de ventes et à protéger les droits et les intérêts des tiers. Aussi la loi du 22 pluviose an VII exige-t-elle que les ventes publiques mobilières soient faites en présence d'officiers publics ayant qualité à cet effet. Pour se conformer à cette loi, il fallait, si l'on voulait conserver les ventes publiques, créer, à côté des courtiers libres, une classe de courtiers investis du caractère exigé par la loi de l'an VII et soumis à un contrôle et à une discipline qui assurassent leur capacité et leur loyauté. De là est venue l'institution de *Courtiers inscrits* et dont les attributions privilégiées sont : *les ventes publiques des marchandises* en gros, l'estimation des marchandises déposées dans les Magasins généraux et la fixation du cours légal.

Le courtier, une fois inscrit, est tenu de prêter un serment professionnel, c'est pourquoi les courtiers inscrits se sont appelés *courtiers assermentés* près le Tribunal de Commerce. Nous préférons la première dénomination qui est celle employée par la loi.

Les courtiers ont, pendant longtemps, été en conflit avec les commissaires-priseurs. Ceux-ci sont également officiers ministériels, mais ils ne sont pas commerçants et la nature de leurs fonctions ne les met pas en rapport avec des commerçants.

Les courtiers sont, au contraire, en rapports continuels avec ceux qui vendent et achètent la marchandise; ils sont mieux que personne au courant des besoins du commerce, de la nature et de la qualité de la marchandise à vendre et des conditions les plus favorables à son trafic; eux seuls sont capables de composer les lots, d'en estimer la valeur, de rédiger un catalogue, de fixer les conditions de la vente et de diriger les enchères. Aussi étaient-ils naturellement désignés pour procéder aux ventes en gros, qui intéressent les marchands en gros et en demi-gros.

Ajoutons enfin qu'ils ne prennent que 1 à 1 1/2 0/0 de courtage, tandis que la commission des commissaires-priseurs est de 5 à 6 0/0.

Le courtier ne doit pas se contenter de porter sur ses livres les opérations qu'il fait conclure; il est également chargé de constater les conventions intervenues entre les parties au moyen d'un bordereau.

Dans la pratique, le bordereau prend le nom de *marché*. La plupart du temps, à Paris du moins, les parties dispensent le courtier de cette formalité et se contentent d'un simple échange de lettres; mais si elles réclament un marché, le courtier ne peut se dispenser de l'établir, et c'est, dans ce sens, que doit s'interpréter l'obligation que lui en fait la loi.

Warrant(1). — Les courtiers inscrits peuvent être requis, à défaut d'experts désignés d'accord par les parties, pour l'estimation des marchandises déposées dans un magasin général.

La détermination exacte de la valeur vénale de ces marchandises a une grande importance; elle sert à fixer la somme qui peut être prêtée sur ces marchandises, et plus elle inspirera de confiance, plus le *warrant* en inspirera à son tour; entourer le warrant de toutes les garanties possibles, c'est en faire un puissant agent de circulation et un des éléments de la prospérité commerciale. C'est pour que le warrant inspire plus de confiance, que la loi permet de requérir un courtier inscrit, qui semble devoir être compétent, à raison de ses fonctions, pour cette estimation.

Cours légal. — Le cours légal doit être constaté par les

---

(1) Le warrant est une pièce délivrée sur demande, au négociant qui dépose des marchandises dans les Docks, Entrepôts, Magasins généraux. C'est un signe représentatif de la marchandise, une sorte de lettre de change transmissible par voie d'endossement. Au moyen du *warrantage*, le négociant peut se faire avancer immédiatement une somme correspondant environ aux quatre cinquièmes de la valeur de la marchandise *warrantée*.

Les magasins indiqués ci-dessus font généralement avancer aussi des sommes sur les avoines qui leur sont données en *nantissement*.

courtiers inscrits, réunis, s'il y a lieu, à un certain nombre de courtiers non inscrits et négociants de la place, dans la forme prescrite par un règlement d'administration publique, en date du 22 décembre 1866. Le cas où il y aura lieu d'adjoindre aux courtiers inscrits des courtiers non inscrits et des négociants de la place sera celui où les courtiers inscrits ne représenteraient pas suffisamment tous les genres de commerce ou d'opérations qui se pratiquent sur la place.

Dans les villes où il n'y a pas de courtiers inscrits, le cours des marchandises est constaté par des courtiers et des négociants de la place désignés chaque année par la Chambre de commerce.

La constatation des cours ne sert pas seulement aux commerçants pour régler leurs opérations, elle est encore nécessaire au gouvernement pour qu'il prenne les mesures qui lui paraissent utiles au commerce.

C'est enfin le cours légal des marchandises que la justice consulte pour statuer sur les contestations auxquelles donnent lieu les opérations commerciales et pour fixer les dommages-intérêts qui peuvent être dûs.

Navigation des Grains sur la Méditerranée, la Baltique

ET LA MER NOIRE

Note de Chargement

Cargaison emmagasinée au
N°...........

Contenant ....

Fardage...........

Séparations...........

Consistant en

TIMBRE

CONNAISSEMENTS

1 F. & 2/10

MARQUES
et Numéros

Embarqué en bon ordre et bien conditionné par.........
dans le bon navire à vapeur appelé............... sous
pavillon............... dont............... est le capitaine
pour le présent voyage, mouillant actuellement dans
le port de............... et allant à............... avec facilité d'arrêter à tous les ports de la route pour besoin
de houille ou causes urgentes, de naviguer sans pi-
lotes, de remorquer et d'assister tout navire en
détresse et de dévier de la route pour sauver des
vies, kilogs............... d'avoine, en sacs marqués...........
numérotés............... comme en marge, délivrés dans de
bonnes conditions au port désigné ci-dessus, sous
ordre............... à son ou à ses destinataires, à ses ou
à leurs frais ou surestarie s'il y a lieu, pour les marchandises ci-dessus aux conditions et exceptions de
la *Charte-Partie*, datée du............... et ci-jointe.

Les actes de Dieu, périls, accidents de mers ou
d'autres eaux, de n'importe quelle nature, l'incendie
pour cause quelconque sur terre ou sur eau, barate-
rie du maître ou de l'équipage, ennemis, corsaires ou
voleurs, saisies, retenues, détournement, explosions,
avaries de machine, abordages, et toutes les pertes, accidents et dommages de navigation étant
exceptés, même lorsqu'ils sont occasionnés par la
négligence, la faute, les erreurs des pilote, maître,
marinier, ou autre personnel du navire, mais à moins
d'échouement, de navire qui sombre, d'incendie, rien
d'indiqué ici n'exempte le propriétaire de la responsabilité de payer les dommages occasionnés au chargement par un arrimage défectueux, un mauvais fardage, l'absence de ventilation normale, l'ouverture
non rationnelle de soupapes, de vannes, ou pour d'autres causes que celles réservées, exceptées et spécifiées ci-dessus qui sont conditionnelles, mais toute
défectuosité dans la coque ou la machinerie, ne devant
pas être imputé comme arrêt de navigation, s'il n'y a
pas un manque de diligence des propriétaires de l'un
d'entre eux, ou du capitaine du navire.

Moyenne générale payable selon règlement York-
Anvers............... jours d'arrêt pour déchargement
de cargaison.

En foi de quoi, le capitaine du dit navire a signé
trois connaissements de cette teneur et date, l'un des
dits connaissements étant accompli, les autres nuls
et non avenus.

Date le (nom de la ville et date)............... ...190

Le Capitaine,

CHARTE-PARTIE *Entre les Soussignés :*

M.................du navire appelé.................pavillon.................
attaché au port de.................commandé par le Capitaine.................jau-
geant officiellement.................tonneaux, coté.................doublé en.................
construit en.................actuellement.................comme fréteur d'une part.

Et M.................demeurant à.................comme affréteur
d'autre part.

Il a été convenu ce qui suit :

Article premier. — M.................frète.................ledit navire à M.................
.................qui accepte pour recevoir dans le port de.................à l'endroit
qui lui sera désigné par l'affréteur , son tirant d'eau le permettant.................
.................tonnes d'avoine.................qui seront embarquées
suivant les règlements des ports à transporter directement à.................
ou aussi près de là que le navire pourra sûrement aborder, toujours à flot,
pour y débarquer.

Le navire est garanti d'une portée en lourd de.................

Art. 2. — Le Capitaine se réserve la chambre, pour y prendre des passa-
gers au profit du navire et les autres lieux usités pour loger l'équipage, les
vivres, les provisions et les rechanges ; mais ne pourra pas prendre d'autres
marchandises que celles de affréteur sans permission écrite de.................part.

Le navire devra être clos, gréé, bien et dûment étanché, muni de tout le
nécessaire pour entreprendre le voyage ; ce qui devra être constaté par le
certificat de visite en due forme.

Art. 3. — Les staries seront fixés comme suit :

Pour opérer le chargement.................jours ouvrables sont accordés
.................ne finissant pas avant.................

Le déchargement aura lieu à la diligence du Capitaine et dans les délais
en usage dans le port de destination.

Le navire devra partir aussitôt chargé et dans les 48 heures de la signature
des connaissements et de la remise de ses expéditions, le temps le permettant.

Les jours de staries commenceront partout 24 heures après que le Capitaine
aura avisé par écrit l affréteur ou.................agents que son navire est prêt
à opérer.

S'il est nécessaire le Capitaine accordera en outre tous jours de surestaries pour chacun desquels il lui sera payé sur les lieux, et jour par jour,
25 centimes par tonneau de jauge.

Art. 4. — Le chargement.................se fera sous palan du navire aux
frais et risques de affréteur.................Le déchargement se fera.................

L'arrimage sera fait par les gens de affréteur sous la surveillance du
Capitaine et seront payés par ce dernier au cours de la place.

Le fardage réglementaire sera comme d'usage à la charge du navire.

Art. 5. — Le présent affrètement est convenu au prix de.................

Le fret sera payé comptant sans escompte ni réduction, après bonne et
fidèle livraison de la cargaison.

Art. 6. — Il sera compté au Capitaine à.................jusqu'à concurrence
de.................à valoir sur son fret pour les besoins du navire (cas
d'avaries toujours excepté) ce sera sous déduction de.................

Art. 7. — Le Capitaine devra signer les connaissements à n'importe quel
taux de fret sans qu'il puisse résulter pour le navire ni perte ni profit sur le
prix qui lui est alloué par la présente Charte-Partie, pourvu toutefois que le
montant total du fret d'après connaissements ne soit pas moindre que le fret
entier acquis d'après la présente Charte-Partie. Dans le cas où le montant
total du fret produit par les connaissements n'équivaudrait pas au fret
accordé par la Charte-Partie, le Capitaine aurait le droit de faire compter la
différence sous la déduction désignée pour les avances.

Art. 8. — Pendant le voyage, le Capitaine paiera les droits et frais concernant le navire et l affréteur paier ceux applicables à la marchandise.

Avant le départ du navire de.................le capitaine paiera a affréteur une commission de.................pour cent sur le fret produit par l'article 5
de la présente Charte-Partie et les surestaries.

A.................le navire sera consigné aux correspondants à
l'entrée seulement de affréteur et leur paiera une commission de
.................pour cent sur le fret produit par l'article 5 de la présente Charte-
Partie.

Le Second tiendra, signera et délivrera une note exacte de toutes les marchandises reçues à bord, jour par jour, avec les mesures et le Capitaine ou
son substitut se rendra quand sera besoin à l'office de l'affréteur pour
signer les connaissements.

Le navire sera expédié en douane dans chaque port par les courtiers de
affréteur aux conditions usuelles de chaque place.................

Un courtage de.................pour cent est dû à la signature de la présente Charte-Partie navire perdu ou non.

le.................

DE LA SPÉCULATION

La spéculation, dit M. Sérand, consiste dans la vente ou l'achat, a délai éloigné, quoique spécifié, d'une marchandise déterminée par une désignation de type, que l'un des contractants peut posséder, mais qu'il ne possède généralement pas, et dont, le plus souvent, aucun des deux ne compte prendre ou effectuer livraison. La différence de l'appréciation des cours dans le délai spécifié forme la *base de la spéculation*. Le délai convenu s'appelle *terme*.

Il y a deux sortes de marchés :

1º *Les marchés au comptant.*

2º *Les marchés à livrer.*

Dans le premier cas, la livraison et le payement sont immédiats, à moins qu'une clause n'accorde un règlement à une date un peu plus éloignée. *Les marchés à livrer* sont *fermes* ou *à primes;* nous en empruntons la description sommaire à *l'Annuaire des Halles et Marchés.*

Il existe deux sortes de marchés à livrer :

1º *Le marché sur navire désigné ou sur navire à désigner dans un laps de temps déterminé.*

Si, à l'époque fixée pour l'arrivée, le navire désigné n'est pas entré dans le port, l'acheteur a la faculté de proroger ou d'annuler le marché.

Si le navire se perd, le vendeur n'est pas tenu de le remplacer, ni l'acheteur d'en recevoir un autre à sa place.

Les avaries restent à la charge du vendeur.

2º *Le marché ferme par lequel le vendeur s'oblige à livrer et l'acheteur à recevoir dans le délai d'un ou de plusieurs mois, des quantités et qualités de céréales déterminées.*

Le vendeur primitif ne peut pas se soustraire à l'obligation de livrer, si la livraison lui est réclamée, mais l'acheteur peut transporter son marché à un autre qui est substitué à ses droits.

A cet effet, le vendeur primitif, propriétaire ou censé propriétaire de la marchandise, délivre à son acheteur immédiat un engagement signé par lui de livrer telle quantité de marchandise à tel délai. Cet engagement, que l'acheteur peut transmettre à son tour par voie d'endossement, porte le nom de *filière*.

Filière. — La filière est un ordre de livraison créé par le propriétaire de la marchandise sur son acheteur direct. Ce dernier a le droit de l'endosser à l'ordre de son acheteur à lui; il en est de même de tous les acheteurs successifs de la même marchandise et ce, pendant un temps donné, jsusqu'à ce qu'on trouve un *arrêteur*, c'est-à-dire une personne qui déclare *prendre livraison*. Nous ne pouvons entrer dans les Réglements relatifs à la filière qui sont consignés dans le *Règlement de la place* de Paris; nous citerons seulement un exemple permettant d'en comprendre le *mécanisme*.

Imaginons une filière créée par le détenteur de la marchandise, que nous appellerons *Primus*, sur son acheteur direct *Secundus* et ainsi conçue : « Je prie Secundus de prendre livraison dans les Magasins généraux de X... (nom de la ville) 500 quintaux avoine, marqués n° K, plomb en date du..., n° d'entrée Y, que je lui dois sur ce mois, suivant marché du... au prix de ... francs. Signé : Primus. — Visé par l'entrepositaire A. — Timbré par le liquidateur.

En créant la filière, Primus remet au liquidateur (1) une facture acquittée sur Secundus de 500 quintaux avoine, au prix fixé entre eux, que nous supposons être de 20 francs.

Si Secundus a revendu la marchandise à Tertius 22 francs

	MONTANT DE LA VENTE	GAIN	PERTE	COMPTE DU LIQUIDATEUR			
				FACTURE		AVANCES	RECETTES
				REÇUE	DONNÉE		
Primus vend 500 à 20 fr.	10.000	»	»	10.000	»	»	»
Secundus — 23 fr.	11.000	1.000	»	11.000	10.000	1.000	»
Tertius — 18 fr.	9.000	»	2.000	9.000	11.000	»	2.000
Quartus — 25 fr.	12.500	3.500	»	12.000	9.000	3.500	»
Quintus *arrêteur*.							
						4.500	2.000
Différence......							2.500

par exemple, il reçoit du liquidateur 2 francs par quintal, formant la différence entre son prix d'achat et son prix de vente, et lui remet sur Tertius une facture de 22 francs, en échange de celle qu'il reçoit à 20 francs. Il endosse la filière comme suit : Livré à l'ordre de Tertius, les 500 quin-

(1) Pour la liquidation des affaires on se sert d'agents spéciaux appelés liquidateurs, qui sont chargés de payer ou de recevoir les différences des endosseurs successifs qui se trouvent entre le vendeur qui veut livrer et l'acheteur qui a intention de prendre livraison. Le liquidateur est un *mandataire salarié* responsable de toutes les fautes commises dans l'exercice de ses fonctions. Il semble rationnel de considérer le liquidateur comme le mandataire du créateur de la filière, mais il devient successivement le mandataire de chaque endosseur, jusqu'au jour de l'arrêt de la filière, où le créateur de celle-ci devient seul responsable des formalités irrégulières de la vente.

taux métriques ci-dessous, au prix de 22 francs. Signé : Secundus.

Tertius endosse sur Quartus à 18 francs, et comme il a reçu à 22 francs, il doit payer au liquidateur, en endossant 4 francs.

Quartus endosse sur Quintus à 25 francs, et comme il a reçu à 18 francs, il reçoit par conséquent 7 francs par quintal et remet au liquidateur une facture acquittée à 25 francs en échange de celle qu'il reçoit.

Supposons que Quintus veuille prendre livraison; *il arrête* dans ce cas la filière, la marchandise lui est transférée par le livreur, et il la lui paye, par l'entremise du liquidateur, sur la facture de son vendeur direct.

Ces opérations sont résumées dans le tableau précédent.

Quintus remet 12.500 francs au liquidateur, qui garde 2.500 francs avancés et remet 1000 francs à Primus, lequel livre ses 500 quintaux d'avoine.

Les échanges de factures auxquels la filière donne lieu sont nécessaires pour que chaque acheteur soit en possession de l'acquit de son vendeur, seule preuve de l'éxécution du contrat. Les liquidateurs reçoivent la filière de son créateur, en même temps que la facture acquittée.

Ils présentent la filière à l'acheteur, et exigent, à présentation, soit un endos sur un autre acheteur, soit un arrêt immédiat. En cas d'endos, ils procèdent à l'échange des factures et au règlement des différences. En cas d'arrêt, ils constatent officiellement le jour et l'heure de l'arrêt et remettent au créateur de la filière, la facture du dernier endosseur sur l'arrêteur, facture à l'aide de laquelle le créateur ou livreur encaissera en ajoutant son acquit (1).

La denrée à livrer, soit qu'elle constitue la cargaison d'un navire venant de l'étranger, soit qu'elle réside en magasin, se nomme *livrable*, et la mettre en vente s'appelle *la passer en filière*.

Nous avons supposé jusqu'ici, qu'une filière suivait son cours régulier. Mais il arrive parfois qu'il n'en est pas ainsi : il se peut que l'arrêteur au lieu de prendre livraison de la marchandise, vienne à défaillir. Les règlements de place imposent, dans ce cas, des devoirs spéciaux au créateur de la filière, aussi bien dans son intérêt que dans celui de ses endosseurs; c'est ce qui reste à examiner. Pour en revenir à l'exemple que nous avons pris plus haut : Quintus arrête une filière de 500 quintaux d'avoine; en d'autres termes, il déclare au liquidateur qu'il prend livraison. Primus, muni de la facture d'arrêt, doit présenter immédiatement à Quintus livraison de la marchandise, et ce dernier a un certain délai déterminé par les règlements pour effectuer cette prise de livraison et pour payer.

A l'expiration de ce délai, Quintus a réfléchi, il refuse d'accepter la marchandise. Dès lors, il est immédiatement mis en demeure, par *courtier assermenté*, à la requête, tant du dernier endosseur que du créateur de la filière, avec déclaration que, faute d'exécution, il sera procédé à la Bourse du lendemain, à ses risques et périls et par ministère d'un courtier assermenté, à la revente des 500 quintaux d'avoine. Cette revente ne sera soumise à

---

(1). Pour les détails, voir le Règlement de la place de Paris pour la vente des grains (Halles et marchés)..

aucune autre formalité qu'une simple attestation délivrée par ledit courtier dans les vingt-quatre heures.

« Cette attestation, accompagnée de la facture, sera présentée dans un autre délai de 24 heures, par le liquidateur, au nom du créateur de la filière, au destinataire directement responsable de la perte et tenu au payement immédiat, ou, à défaut de payement par ce dernier, aux cédants successifs également obligés dans l'ordre ascensionnel des endossements.

« Chaque concessionnaire jouira d'un délai de 24 heures pour recourir contre son cédant, et ce délai expiré sera forclos. (1) »

L'idée a été émise, pour rendre la circulation du papier plus facile et plus pratique, de substituer dans de nombreux cas, au warrant et à la filière, des *bons* ou *billets de céréales*, constitués comme le *billet de banque* qui est un *bon de monnaie*. Cette idée est séduisante, mais est-elle réellement réalisable, ne présente-t-elle pas de grandes difficultés d'application?

Des marchés à prime. — Les marchés à prime sont à *prime simple* ou à *prime double*. Voici la définition qu'en donne l'Annuaire des Halles et des Marchés :

Les *marchés à prime simple* laissent au payeur de prime la faculté de prendre ou de ne pas prendre livraison de la marchandise s'il se porte comme acheteur;

« De donner ou de ne pas donner livraison de la marchandise s'il se porte comme vendeur;

« Si le marché entraîne la réception ou la livraison, la prime est réglée en facture.

---

(1). *Règlement de la place de Paris,* titre IV, chapitre 1ᵉ.

« Elle se paye à part s'il n'y a pas de réception ou de livraison. Dans les *marchés à prime double*, le payeur d'une prime double n'a pas seulement la faculté de prendre ou de ne pas prendre livraison de la marchandise; il peut lui-même fournir la quantité indiquée dans le marché : d'acheteur qu'il était, il devient vendeur; mais, dans un cas comme dans l'autre, il doit payer la prime, c'est-à-dire que, s'il reçoit la marchandise, la prime est ajoutée au prix convenu, et que s'il la livre, elle en est déduite.

Quelquefois la prime se paye d'avance. Dans tous les cas, elle reste acquise au receveur, même en cas de non réponse aux époques fixées.

La liquidation des primes se fait généralement le 15 et le dernier jour du mois. Les réponses se font d'ordinaire le soir à la Bourse, mais souvent il est stipulé sur les marchés qu'elles doivent se faire avant midi.

Les *marchés à prime* sont généralement regardés comme des affaires de pure spéculation; il est de fait que, la plupart du temps, ils n'ont d'autre objet que le jeu sur la hausse ou la baisse. Assurément, s'ils n'étaient que cela, ils ne mériteraient pas une étude sérieuse, mais ils ont heureusement une fonction plus utile. Ils sont d'ailleurs mal connus; les ouvrages qui en traitent sont à la fois erronés et inintelligibles; la définition que nous venons de citer de ces marchés prouve que, dans le commerce ordinaire, on ne les comprend pas très bien.

En réalité, dit M. Lefèvre, dans son Traité du Commerce des Céréales, il n'y a qu'une seule sorte de prime, les deux autres résultant de la combinaison de cette prime avec du ferme.

Ce n'est pas le lieu de donner ici des démonstrations, que l'on peut trouver ailleurs (1). Nous devons nous borner à qnelques indications pratiques qui montreront comment dans le commerce ordinaire de gros et de demi-gros, les primes doivent être maniées.

Supposons, ce qui n'existe pas actuellement, un marché aux grains parfaitement organisé, c'est-à-dire suffisamment pourvu de capitaux et de marchandises pour que toute opération puisse se liquider immédiatement ou se reporter à des conditions raisonnables, et prenons l'avoine, qui se traite par 250 quintaux, c'est-à-dire par une quantité que le consommateur achète rarement d'un seul coup.

Un commerçant en grains écoule, par exemple, dans sa clientèle 1000 quintaux d'avoine par mois et par fractions de 40 à 50 quintaux qu'il livre aux cours du marché avec un bénéfice moyen et normal pour le détail et le demi gros de 2 à 3 pour 100.

Le cours des avoines pour fin prochain est de 20 francs les 100 kilos, on trouve *à les acheter avec le droit, en payant une* PRIME *de 0 fr. 25 par quintal, de prendre ou de ne pas prendre livraison.*

Il peut faire des marchés fermes avec ses clients ou des marchés à commission, sans avoir rien à craindre de la hausse ou de la baisse, s'étant assuré contre cette dernière moyennant la prime payée de 0 fr. 25 par quintal.

Si les avoines sont en hausse, rien de plus simple : il de-

---

(1). 1° *Principe de la Science du Commerce,* Ch. Delagrave, éditeur. 2° *Physiologie et Mécanique sociale,* en vente à la librairie de la Bourse do Commerce.

mande livraison à son vendeur et livre lui-même à ses clients avec un bénéfice plus ou moins considérable selon l'écart.

Si les avoines sont en baisse, il abandonne sa prime, il achète et livre aux cours du marché plus 2 à 3 fr. °/₀, soit 0 fr. 40 à 0 fr. 50 en plus qui, diminués de 0 fr. 25 pour prime payée, lui laissent encore un bénéfice de 0 fr. 15 à 0 fr. 35.

Il a donc pour lui toutes les chances de hausse, et la baisse ne peut le constituer en perte, puisqu'elle n'attaque que son bénéfice.

Si par une circonstance quelconque, le décès par exemple, son commerce était interrompu et que les avoines fussent en baisse notable, sa succession ne perdrait que la prime de 250 francs, moyennant quoi l'opération est liquidée d'elle-même.

Si le négociant a en même temps une clientèle de cultivateurs qui le chargent de vendre leurs avoines sur le marché, il pourra très légitimement vendre pour son compte par une prime à livrer qui le garantit contre la hausse. En cas de baisse, il livre et prend à cet effet la marchandise de ses clients au cours du marché; en cas de hausse, il abandonne sa prime pour la vendre directement.

Enfin, s'il a à la fois une clientèle de vendeurs et une d'acheteurs, il pourra réunir les deux marchés précédents par un *marché à prime double* qui le fera bénéficier de la hausse ou de la baisse, quelles qu'elles soient, sans aucun préjudice pour ses clients, ni danger pour lui-même.

Il peut même encore, s'il veut leur être agréable, prendre ou donner dans certaines limites d'écart, et s'y engager ferme.

Il peut aussi, quand il a fait un marché à prime et que quelque circonstance l'empêche d'y donner suite, repasser ce même marché à un de ses confrères, en profitant encore de certaines éventualités.

Les marchés à primes, ainsi pratiqués, ne sont donc pas plus du jeu que l'acte d'un négociant faisant assurer ses marchandises contre les risques de naufrage ou d'incendie.

En général, partout où il y a un risque à courir on voit naître une assurance plus ou moins appropriée à la mesure du risque; or les fluctuations des cours sont un risque pour le commerce.

Mais nous n'avons jusqu'ici considéré que les *payeurs de prime*; il s'agit de savoir maintenant quel est le rôle des *receveurs de primes*, c'est-à-dire des assureurs contre les risques de hausse ou de baisse; car, ce qu'il y a de curieux, les auteurs qui parlent des primes ne s'occupent ordinairement que de ceux qui les payent.

Les receveurs de primes, les assureurs en réalité, sont de gros commerçants qui sont, ou sont censés être toujours en mesure de prendre livraison de la marchandise en cas de baisse, ou de la livrer en cas de hausse, et qui couvrent leurs risques au moyen des primes qu'ils reçoivent.

Au fond ils reçoivent une prime du vendeur à prime, et une autre de l'acheteur à prime pour les assurer tous deux, le premier contre la hausse, le deuxième contre la baisse.

Mais la prime à livrer n'est pas autre chose qu'un achat à prime combiné avec une vente ferme.

Donc le receveur de primes, qui fait la contre-partie des

payeurs de primes, se trouve acheteur de ferme et vendeur du double à primes (1).

Supposons, pour donner un exemple simple, qu'on ait fait les opérations suivantes sur les avoines.

En liquidation du mois prochain :

Le 7	acheté	1.000	quintaux	19,80 ferme.
	vendu	2.000	—	19,80 et 0 fr. 25 de prime.
Le 10	acheté	1.000	—	19,90 ferme.
	vendu	2.000	—	19,90 et 0 fr. 25 de prime.
Le 12	acheté	1.000	—	20 fr. ferme.
	vendu	2.000	—	20 fr. et 0 fr. 25 de prime.
Le 17	acheté	1.000	—	20,10 ferme.
	vendu	2.000	—	20,10 et 0 fr. 25 de prime.

Nous en passons écritures, et le transport au grand livre donne le compte courant ci-après.

Doit. Compte avoine en liquidation du .... Avoir

DATES	ACHATS		COURS	CAPITAUX	DATES	VENTES		COURS	CAPITAUX
	fermes	à primes				fermes	à primes		
7	1000		19.80	19.800	7		2000/25	19,80	500
10	1000		19.90	19.900	10		2000/25	19.90	500
12	1000		20.00	20.000	12		2000/25	20.00	500
17	1000		20.10	20.100	17		2000/25	21.10	500
						4000			77.800
	4000			79.800		4000			79.800

Ceci fait, nous établissons la situation du compte aux

<hr>

(1) Nous supposons le cas le plus simple dans lequel les détenteurs de marchandises, vendeurs, font exactement équilibre aux acheteurs, et où les opérations des uns et des autres se feraient aux mêmes cours. Dans la réalité il n'en est pas tout-à-fait ainsi.

Il faut noter aussi que les primes qui se font sur les marchandises s'ajoutent au cours du ferme ; tandis qu'en Bourse le cours des primes est plus ou moins indépendant de celui du ferme.

divers cours, de façon à connaître notre position, selon le cours de réponses des primes. Cette situation s'établit comme ci-dessous :

Situation du compte avoine en liquidation du............

ACHATS	PIED DES PRIMES	VENTES	BÉNÉFICE OU PERTE		QUANTITÉ RESTANTE		COURS	OBSERVATIONS
4000							19.45	Primes abandonnées.
	19.80	2000	Bén.	1400	A.	2000	19.10	
	19.90	2000	»	1600	liquidé			
	20.00	2000	»	1600	V.	2000	20.80	
	21.10	2000	»	1400	V.	4000	20.45	Primes levées.

Elle nous apprend qu'au dessous de 19 fr. 80, nous restons acheteur de 4.000 quintaux qui seront livrés, et qui ressortent à 19 fr. 45;

Qu'à partir de 19 fr. 80 jusqu'à 19 fr. 90 nous ne restons plus acheteur que de 2.000 quintaux qui nous seront livrés et qui ressortent à 19 fr. 10. Par conséquent, si la réponse des primes se faisait, par exemple, au cours de 19 fr. 85, on serait en bénéfice de 1.500 francs.

De 19 fr. 80 à 20 francs on est liquidé, les ventes compensent les achats avec un bénéfice de 1.600 francs.

De 20 francs à 21 fr. 10, on sera vendeur de 2.000 à 20 fr. 80. Par conséquent, si on les livre au cours de réponse des primes supposé de 20 fr. 05, on sera encore en bénéfice de 1.500 francs.

Enfin, à partir de 20 fr. 10, on est vendeur de 4.000 dont la contre partie demandera livraison et qui ressortiront à 20 fr. 45.

On voit donc que, si le négociant qui reçoit les primes est obligé de prendre livraison, les avoines qu'il reprend lui ressortent à 19 fr. 45, et qu'en livrant on les lui paye 20 fr. 45.

Mais, par hypothèse, disposant de gros capitaux et de quantités considérables de marchandises, il est toujours dans la possibilité de livrer ou de lever et garder, puisque les primes qu'il reçoit diminuent de plus en plus son prix de revient.

Il est évident que, s'il y a une baisse telle que le négociant assureur soit obligé de prendre livraison, les détenteurs d'avoines n'en enverront pas au marché; les bas prix solliciteront les acheteurs et, le mois suivant, le négociant vendra plus de primes qu'il n'aura de ferme à acheter. Si ses primes lui sont encore abandonnées, elles diminueront d'autant le prix de revient de ses avoines; si elles sont levées, il les aura nécessairement vendues avec bénéfice, parce que, évidemment, la baisse n'aura guère dépassé le cours de 19 fr. 80 à 19 fr. 75 à partir duquel tout lui est livré.

Il est clair que dans la pratique, les choses ne se présentent pas aussi simplement.

RÈGLEMENT

DU

MARCHÉ D'AVOINE DE PARIS

ARTICLE PREMIER. — Le Marché d'avoine est administré par la Commission instituée pour le Marché de Blé de Paris et soumis aux mêmes dispositions réglementaires que ce dernier sauf en ce qui est dit aux quatre articles suivants :

QUALITÉ DE L'AVOINE

ART. 2. — Le présent Marché a pour base l'avoine noire de bonne qualité et de tous pays.

Est considérée comme avoine noire celle qui ne contient pas au-delà de 10 0/0 (en poids) de grains blancs.

Les avoines de Russie sont admises en livraison moyennant une réfaction de 0,75 par quintal.

Les avoines grises de printemps de Beauce sont assimilées à l'avoine noire.

Les avoines étuvées sont exclues.

Le mélange d'avoines de provenances différentes est interdit.

Les différentes avoines françaises sont considérées comme de même provenance; il en est de même des avoines provenant des diverses parties d'un même État étranger.

Toute déclaration de provenance fausse ou erronée entraîne le refus de la marchandise.

ART. 3. — La présence dans l'avoine de **plus** de trois pour cent de poussière, criblures grains, graines ou corps étrangers, suffit pour la rendre refusable.

ART. 4. — L'avoine doit peser au moins 47 kilogr. à l'hectolitre; toutefois, une tolérance de 2 kilogr. par hectolitre est accordée au livreur, mais il a à bonifier :

			^{k}	^{k}
1/2 p. 0/0	si l'avoine pèse entre	47, »	et	46,750
1 » p. 0/0	—	—	46,750 et	46,500
1 1/2 p. 0/0	—	—	46,500 et	46,250
2 » p. 0/0	—	—	46,250 et	46, »
2 1/2 p. 0/0	—	—	46, » et	45,750
3 » p. 0/0	—	—	45,750 et	45,500
3 1/2 p. 0/0	—	—	45,500 et	45,250
4 » p. 0/0	—	—	45,250 et	45, »

ART. 5. — L'avoine, en magasin, doit former une couche parfaitement homogène d'un mètre dix centimètres au plus de hauteur.

RÈGLEMENT[1]
relatif à la qualité de l'Avoine
ACHETÉE PAR L'INTENDANCE MILITAIRE

Les denrées doivent entrer en magasin telles qu'elles ont été récoltées. La seule préparation à donner par l'entrepreneur aux denrées mises en distribution est celle qui est indispensable pour l'extraction de la poussière et des graines non nutritives ou malfaisantes.

Sont formellement interdits :

1° Le mélange des qualités et des provenances pour tous les foins;

2° Le mélange d'avoine d'une qualité inférieure avec des denrées de bonne qualité;

3° L'introduction dans l'avoine de graines étrangères à sa production, alors même qu'elles ne seraient pas malfaisantes, les seules qui puissent s'y trouver ne devant résulter que de la nature du terrain qui les a produites avec la denrée elle-même.

L'avoine doit être de bonne qualité, pesante, bien sèche et couler facilement entre les doigts; son écorce doit être mince, brillante et lustrée sans rides; son amande, serrée, blanche et laissant, quand on l'écrase dans la bouche, une saveur agréable et farineuse; versée d'une certaine hauteur sur une surface dure, elle doit rendre un bruit sec.

L'avoine doit être exempte de mauvaise odeur, d'avarie

---

ou d'altération quelconque; au moment de sa livraison ou de son entrée en magasin, elle doit être homogène, c'est-à-dire dans les conditions où elle a été récoltée en ce qui concerne l'essence, la provenance et l'année de récolte. Elle ne doit pas être mélangée de graines étrangères à sa production; en un mot, elle doit être propre de tous points à faire un excellent service. Elle est refusée lorsque, sans être avariée, elle conserve une odeur de grenier ou de bateau.

L'avoine formant les approvisionnements doit être dans son état naturel et ne pas donner, au criblage, un déchet supérieur à celui qui est fixé par le directeur de l'intendance.

Parmi les graines récoltées avec l'avoine, on doit distinguer celles qui sont propres à l'alimentation et celles qui sont nuisibles ou seulement inertes.

Les premières sont le froment, l'orge, le seigle, l'épeautre, le maïs, le sarrasin, la vesce, les pois, les féverolles.

Les secondes, destinées à disparaître en partie dans le criblage, sont les graines de sanve, de coquelicot, de jacée, de bluet, de nielle, de liseron, de trèfle.

Les proportions tolérées des unes et des autres, après criblage, sont fixées par le directeur de l'intendance (2).

Mesurée à la trémie conique, l'avoine doit, avant nettoyage opéré ainsi qu'il est dit ci-dessus, peser au moins par hectolitre (poids naturel) le nombre de kilogrammes déterminé par le directeur de l'intendance.

---

(2). La tolérance ne s'applique qu'à la présence de graines étrangères; tout mélange artificiel est formellement interdit et rend l'entrepreneur passible des mesures prévues par les articles 15 et 16 du réglement.

L'avoine doit être livrée au poids naturel ; il s'en suit que l'entrepreneur ne peut suppléer à ce poids par une bonification.

Les avoines à écorce dure et piquante, dont la provenance algérienne ou tunisienne ne serait pas suffisamment établie, sont exclues.

Les avoines d'Algérie et de Tunisie sont admises dans les distributions et dans les approvisionnements dans la proportion du quart.

Les avoines ergotées, si faible que soit la proportion d'ergot, sont exclues.

Échantillonnage. — Pour l'avoine, la prise a lieu sur un ou plusieurs lots déterminés, de provenance ou de récolte différente, soit sur les diverses parties des couches, en prenant soin de ne pas mélanger les provenances et les récoltes différentes, soit sur plusieurs sacs pris au hasard parmi les couches ou les sacs dont la denrée est préparée pour être mise en distribution ou destinée à être conservée sans criblage.

Les quantités ainsi prélevées sont ensuite réunies sur une aire ou sur une table parfaitement propre, puis mélangées soigneusement, les récoltes et les provenances restant toujours distinctes.

De ce mélange intime on prélève un échantillon de 2 kilogrammes qu'on enferme immédiatement dans un sac en toile.

.CHAPITRE XXII

Etude sommaire de la production

ET DU TRAFIC DE L'AVOINE (1)

1° En Algérie, 2° en Tunisie,
3° en Europe.

L'importation des avoines en France s'est élevée pendant ces deux dernières années à 1.171.906 et 2.196.799 quintaux métriques.

L'Algérie et la Tunisie entrent dans ces quantités pour : 377.754 quintaux en 1899 et 607.677 quintaux en 1900.

En rapprochant ces poids des tableaux de production publiés plus loin, qui nous sont communiqués par MM. Lecq, Inspecteur de l'Agriculture de l'Algérie, et Minangoin Directeur de l'Agriculture de la Tunisie, on remarquera la consommation relativement faible de l'avoine dans ces deux colonies.

---

(1) *Il est facile à comprendre, que même en évitant de reproduire des renseignements donnés précédemment, une question de cette importance n'a pu être résumée dans ce chapitre. Nous avons donc été obligés, bien à regret, de laisser de côté la partie relative à l'Amérique, et de nous borner à ne donner qu'un aperçu des renseignements recueillis dans nos voyages à l'étranger, ou transmis par MM. les Ambassadeurs et Consuls français auxquels nous renouvelons ici l'expression de notre vive gratitude.*

Algérie. — L'avoine est cultivée principalement par les européens qui l'emploient parfois pour l'alimentation des chevaux de préférence à l'orge ; mais cette céréale est produite surtout en vue de l'exportation.

D'après les chiffres qui suivent, on constate que la culture de l'avoine tend à se développer aussi bien chez l'européen que chez l'indigène.

ANNÉES	CULTURE INDIGÈNE		CULTURE EUROPÉENNE	
	SUPERFICIE	QUINT. MÉTR.	SUPERFICIE	QUINT. MÉTR.
	Hectares		Hectares	
1890	2.397	22.038	42.370	522.266
1891	2.221	19.996	40.886	473.819
1892	2.585	15.982	44.713	373.806
1893	2.713	16.830	49.083	415.889
1894	3.831	36.885	56.497	721.560
1895	6.869	50.452	65.596	704.962
1896	5.408	46.349	67.841	721.129
1897	6.908	52.601	67.853	522.336
1898	7.940	87.680	63.429	786.722
1899	10.261	57.271	74.369	600.786
Totaux.	51.133	405.784	572.337	5.843.275
Moyenne décen.	5.113	40.758	57.233	584.327
Rendemt moyen à l'hectare..	8 q. 16		10 q. 20 (1)	

(1) Pour les colonies autres que l'Algérie et la Tunisie, prière de consulter le tarif des douanes de France. (Volume des observations préliminaires et règles générales).

L'avoine, comme tous les produits naturels originaires de l'Algérie est admise en franchise lorsqu'elle est importée directement en France ; et réciproquement celle récoltée en France, ou qui y a été nationalisée par le payement des droits, est exonérée de ces derniers, si elle est aussi importée en *droiture* dans les ports d'Algérie. Quant aux avoines étrangères réexportées de France ou transbordées dans un port français, elles sont traitées en Algérie comme si elles arrivaient du pays où elles ont été importées en France; c'est d'ailleurs un genre de trafic qui n'existe pour ainsi dire pas.

Les expéditions de France en Algérie, ou vice versa, qu'il s'agisse d'avoines indigènes ou d'avoines nationalisées, ne sont effectuées que sous le régime du cabotage et sous pavillon français.

Sont admises en franchise, mais *seulement lorsqu'elles sont importées par la frontière de terre*, les avoines *originaires* de la Tunisie et du Maroc.

Des entrepôts réels sont ouverts à Alger et à Oran. Ils sont soumis au régime des entrepôts de la métropole.

Il existe aussi des entrepôts fictifs.

Tunisie. — Les avoines originaires de la Régence (1) sont admises en franchise en France à la condition de venir *directement sans escales* (2) d'un des ports Tunisiens suivants : Tunis, la Goulette, Bizerte, Sousse, Souissa, Monastir, Sfax, Gabès, Djerba et Tabarka. Des décrets du gouvernement peuvent modifier la liste de ces ports.

La marchandise doit être accompagnée *d'un certificat d'origine* délivrée par le contrôleur civil de la circonscription dans laquelle elle a été récoltée. Ce certificat est

---

(1) Les navires français ayant chargé des marchandises tunisiennes peuvent faire escale dans un port Algérien ou Corse, mais à la condition de produire à l'arrivée des certificats des douanes algériennes ou corses que la marchandise n'a pas quitté le bord, ou que si elle a été mise à terre, elle n'a pas cessé d'être sous la surveillance de la douane.

(2) Pour celles importées par terre, voir à l'Algérie.

visé au départ de Tunisie par un receveur des Douanes de
nationalité française. Le transport est exigible par navire
français ; des passavants de cabotage sont délivrés par
les douanes Tunisiennes.

Aux termes de l'article 5 de la loi du 19 juillet 1890, des
décrets déterminent chaque année les quantités de marchandises d'origine Tunisienne, auxquelles peut-être con-
cédé le régime de faveur. Ces décrets sont basés sur
l'importance présumée de la récolte.

Les produits tunisiens importés par *mer* en Algérie sont
admis au bénéfice de la loi du 19 juillet 1890 sous les
mêmes réserves et conditions que pour les importations
à destination de la France continentale (1).

TUNISIE

ENSEMENCEMENTS ANNUELS

1892	Hectares	1.520	1896	Hectares	5.721
1893	—	2.580	1897	—	6.933
1894	—	5.100	1898	—	6.480
1895	—	5.257	1899	—	15.322

PRODUCTION EN HECTOLITRES

1891	Hectolitres	11.000	1896	Hectolitres	52.570
1892	—	15.200	1897	—	57.210
1893	—	25.000	1898	—	69.330
1894	—	36.500	1899	—	64.800
1895	—	55.180	1900	—	153.220

Le rendement moyen à l'hectare a été de 20 hectolitres.

IMPORTATION

1896	Quintaux métriques	15	1898	Quintaux métriques	11
1897	—	45	1899	—	495

(1) Pour ceux importés par terre, voir à l'Algérie.

EXPORTATION

1891	Hectolitres	16.676	1896	Hectolitres	24.264
1892	—	11.688	1897	—	66.522
1893	—	8.768	1898	—	121.212
1894	—	35.800	1899	—	48.698
1895	—	51.406			

Prix moyen : 13 francs les 100 kilogs.

Le *cahiz* ou *kafis* de 4 lit. 96 est encore employé comme mesure de capacité, ainsi que le *rottoli* de 0, kil. 500 à 0 kil. 684 pour les pesées.

Les indigènes cultivent peu l'avoine ; les colons européens, au contraire, surtout ceux qui se trouvent aux environs de Tunis, tendent de plus en plus à augmenter chaque année leurs emblavures en cette céréale. Les chiffres se rapportant aux surfaces ensemencées expriment bien cette tendance.

RUSSIE

La Russie d'Europe (1) a une superficie d'environ 5.200.000 kilomètres carrés (presque dix fois la surface de la France), avec cent millions d'hectares de terres arables ; c'est la contrée d'Europe qui produit la plus grande quantité de céréales.

La répartition proportionnelle des emblavures en Russie est la suivante :

Seigle	37,6 0/0
Avoine	20 0/0
Blé	15,9 0/0
Autres céréales	19,9 0/0
Cultures diverses	6,6 0/0

---

(1) La Russie d'Asie qui couvre plus de 16.000.000 de kilomètres carrés ne présente jusqu'à présent qu'un intérêt très secondaire au point de vue de la production de l'avoine, c'est pourquoi nous n'en parlons pas.

On voit donc que l'avoine occupe la seconde place dans la production des céréales.

Dans un pays comme la Russie qui embrasse presque quarante parallèles du nord au sud , le climat présente forcément de très grandes différences entre les points extrêmes ; les régions du midi se prêtant à la culture des végétaux des pays chauds, tandis que l'intensité du froid et la longueur des hivers dans l'extrême nord empêchent toute production des céréales. L'avoine et le seigle ne demandant pour se développer qu'une somme relativement restreinte de chaleur sont préférés dans le nord et l'est ; les zones de production du blé se trouvent plutôt dans le midi, vers la mer Noire.

Dans le nord, dit M. L. Grandeau, les champs d'avoine couvrent plus de la moitié des terres ensemencées au printemps. Il en est de même dans le nord-est, sauf dans le gouvernement d'Arkhangel. C'est encore le cas dans tous les gouvernements du centre faisant partie de la zone des terres noires, ainsi que dans ceux qui n'appartiennent pas à cette zone où l'avoine ne couvre pas moins de 25 à 40 0/0 de l'aire de la culture des céréales. Au sud et dans l'ouest, la quantité de terre portant des avoines est moins considérable et c'est dans les steppes de la zone des terres noires qu'il y en a le moins. Dans certains gouvernements de la nouvelle Russie, les champs d'avoines ne constituent que 5 0/0 de la totalité des terres cultivées.

D'après les statistiques des dix dernières années les moyennes des quantités récoltées par hectare sont les suivantes :

12 hectolitres 7 dans les petites exploitations.
15 — 4 — les grands domaines.
7 — 3 — les gouvernements où la production est la plus faible.
18 — 4 — les gouvernements où la production est la plus forte.
12 — 2 en divisant le total général de la récolte par la surface ensemencée.

Ces rendements moitié moindres que ceux obtenus en France et en Amérique sont dûs, non à la mauvaise qualité des terres, car ces dernières sont généralement très fertiles, mais uniquement à ce que la culture de l'avoine, de même que celle des autres céréales, est opérée d'une façon déplorable. Il y a beaucoup de grands domaines où l'on cultive aussi bien que dans les meilleures fermes françaises ; par contre dans les petites exploitations, le travail est des plus primitifs, le fumier peu employé, et aux portes mêmes de villes telles que Moscou et Saint-Pétersbourg nous avons vu employer des charrues aussi rudimentaires que celles avec lesquelles les Arabes *grattent* le sol.

Dans aucun pays on ne trouve un nombre aussi considérable de mers, de lacs et de grands fleuves. La Russie possède en outre un vaste système de canalisation, qui est l'un des plus remarquables de ceux qui existent sur le globe. Il permet à la mer Baltique, à la mer Noire, à la mer Caspienne, de communiquer entre elles à travers tout l'empire. Aussi les voies fluviales jouent un rôle extrêmement important pour l'adduction des céréales dans les centres de commerce ; malheureusement il arrive quelquefois que les grains achetés en vue de l'exportation par les ports baltiques ne parviennent pas en temps utile, par suite de la longueur du trajet ou de l'interruption de la navigation par la glace, qui sur des fleuves tels que le Volga, dure six mois par an.

Les transports fluviaux dirigés vers la Baltique s'opèrent très souvent sur des embarcations primitives destinées à n'effectuer qu'un seul voyage. A l'arrivée au port, le grain avarié est jeté à la mer, le reste de la cargaison est vendu, puis le bateau est démonté pour être utilisé comme bois de chauffage ou de construction.

Monnaies. — L'unité monétaire est le *rouble* = 2 fr. 67, qui se divise en cent *kopecks*. Le cours du rouble est variable, toutefois depuis plusieurs années, il ne subit que peu de variations : il a évolué entre 265 et 275 fr. les 0/0 roubles. Pour la douane seulement, le rouble est évalué à 4 francs.

Poids. — Les affaires se traitent en *livres Russes* = 0 k. 40951 et plus souvent en *Pouds* (1) Ce dernier représente un poids effectif de 16 k. 380 = 40 livres russes, cependant on prend habituellement comme base 16 k. 200.

Le berkowetz. = 10 pouds = 163 k. 800; *la tonne de navire* = 6 berkowetz = 982, 500 grammes; le *last* de navire = 2 tonnes = 1965 kilogs.

Mesures de capacité. — La mesure de capacité la plus usitée pour les grains est le *tschetert ou tchetvert.*

Tchetvert = *8 tchetvericks.* = 206 litres pour les avoines et 210 litres pour les blés. Tchetverick = *8 garnetz* = 26 litres 2175. Garnetz = 3 litres 2797.

Mesure de superficie. — Déciatine = 1 hectare 092.

---

(1) Poud = 16 k. 380 = 33 livres Allemandes = 36 livres Anglaises.
61 Pouds sont regardés en pratique comme = 1 tonne métrique.
62 Pouds = 1 tonne anglaise (poids).

Calendrier. — Les russes ont conservé le calendrier Julien, qui retarde de douze jours sur le calendrier Grégorien adopté dans presque toute l'Europe. Il est préférable, afin d'éviter toute confusion, d'indiquer deux dates dans la correspondance commerciale.

Fixation du prix en francs. — Pour avoir le prix en francs par 100 kilogs des grains cotés en Russie en copecks par poud, dit H. Lefebvre, on multiplie le cours du poud par le change du rouble à vue, le produit par 61 et l'on avance la virgule de trois rangs vers la gauche. Il existe en France des tables qui permettent d'effectuer rapidement la conversion des poids et valeurs Russes.

Exportation. — L'exportation totale de l'empire a atteint pour l'avoine, le chiffre de 24.711.000 pouds en 1898 et elle s'est élevée jusqu'à 25.774.000 pouds en 1899. Elle se dirige principalement sur l'Angleterre, l'Allemagne, les Pays-Bas, la France et la Belgique, pays sur lesquels sa répartition depuis 4 ans a été la suivante :

	1897-98		1898-99	
Grande-Bretagne.....	11.301.475	pouds	16.545.489	pouds
Allemagne...........	17.752.052	»	11.159.202	»
Pays-Bas............	7.912.385	»	6.722.550	»
France....:.........	2.882.299	»	1.424.280	»
Belgique.....	279.537	»	293.058	»

L'exportation des avoines s'effectue en majeure partie par la mer Baltique ; les ports méridionaux ne jouent qu'un rôle secondaire dans cette exportation qui se répartit principalement entre les ports suivants :

St-Petersbourg-Cronstadt, à l'embouchure de la Néva, ports reliés au Volga, admirablement situés pour recevoir les céréales d'exportation. Jusqu'en 1899 l'avoine occupait la premièreplace dans l'exportation du port de Saint-Pétersbourg ; elle occupe le second rang en ce moment.

Les cours des avoines, de même que ceux des autres céréales, subissent de nombreuses fluctuations, ainsi les prix qui en janvier, février de 1899 étaient de 80 à 90 copecks le poud, ont dans la suite subi une baisse continuelle en tombant jusqu'à 64 copecks, ce qui oblige à prendre comme moyenne pour l'année 1899 le chiffre de 67 copecks.

Le stock d'avoine est lui-même extrêment variable chaque année.

A la fin de 1899 il était de	90.720	tchetverts (évalué à 6 pouds).
— 1898 —	1.170.020	— —
— 1897 —	373.930	— —
— 1896 —	365.275	— —
— 1895 —	679.830	— —

Saint-Pétersbourg envoie aussi un assez fort tonnage d'avoine en Finlande (23.967 tchetverts en 1899). On trouvera plus loin l'indication des autres quantités exportées.

Libau, à l'embouchure du lac de même nom sur la Baltique et rivalisant avec Saint-Pétersbourg comme quantité d'avoine exportée. Ce port présente le grand avantage d'être libre de glace un à deux mois de plus par an que Pétersbourg et Riga.

Les ports de Libau et de Riga reçoivent leurs avoines des gouvernements de : Livonie, Courlande, Lithuanie, Wilna, Grodno, Witebsk, Smolensk, Orel, Mohilew, Kalouga, Riazan, Moscou, Wladimir, Nijegorod, Kazan, Simbirsk.

Riga, port de la Baltique, extrêment important sur la Düna, au fond du golfe de Riga.

Chaque année l'exportation de l'avoine se repartit à Riga à peu près de la façon suivante :

<pre>
Angleterre et Ecosse. Environ   64 0/0
France..............   —   15 0/0
Belgique...........   —   10 0/0
Allemagne..........   —   5 0/0
Hollande...........   —   4 0/0
Suède et Norvège....   —   2 0/0
</pre>

Revel, ville située sur une baie du golfe de Finlande à un endroit très favorable au commerce et dans une situation qui lui permet même de servir en quelque sorte d'avant-port à Pétersbourg, pendant quelque temps tous les ans, lors qu'il est encore libre de glace et que cette dernière empêche la navigation à l'embouchure de la Néva.

Tableau des Exportations dans les Ports précédents

EN POUDS			
ANNÉES	RIGA	LIBAU	REVEL	PÉTERSBOURG
1891	4.468.950	14.643.000	3.492.000	14.815.000
1892	4.640.520	7.650.000	1.463.000	3.580.000
1893	7.340.640	16.357.000	3.743.000	13.390.000
1894	7.339.550	32.072.000	10.009.000	24.052.000
1895	6.001.900	25.548.000	7.652.000	18.581.000
1896	4.380.100	25.368.000	7.558.000	21.736.000
1897	1.589.725	43.013.000	4.690.000	16.535.000
1898	372.000	5.226.500	933.000	13.082.000
1899	971.000	10.924.000	2.370.000	7.154.000

Arkhangel, port de la mer Blanche sur la Dwina sert de point de transit pour un immense territoire, mais les glaces qui suspendent la navigation pendant sept mois de l'année empêchent l'extension du mouvement d'exportation de l'avoine et tendent même à réduire celui existant.

Odessa, est la place la plus importante et la plus commerçante de la mer Noire. C'est elle qui exporte la plus grande quantité de céréales; rien que pour l'avoine, l'exportation a été de 499.000 pouds en 1896, 468.000 en 1897, 617.000 en 1898, 494.000 en 1899.

Deux exemples pris en 1898 et 1899 donneront une idée de la répartition de l'exportation :

	Milliers de pouds	
	1899	1898
Pays-Bas	245	191
Grande-Bretagne	124	190
France	97	92
Italie	17	119

Les stocks d'avoine au 1/13 janvier 1900 étaient de 600.000 pouds contre 240.000 à la même époque en 1899.

Les avoines provenant du gouvernement de Koursk sont considérées généralement comme de qualité supérieure, et celles de Podolie, de Kherson, de Tauride, de Bessarabie comme de qualité inférieure.

Kherson, sur le Dniéper et la mer Noire fait aussi un assez important trafic d'avoine.

Taganrog, situé sur un rocher à proximité de l'embouchure du Don, est un des principaux centres d'exportation de la mer d'Azov ; *Marioupol* à l'ouest de Taganrog tend à accaparer le trafic de ce dernier port.

Berdiansk, ville également sur la mer d'Azov, très bien

située et prenant constamment de l'importance. Il s'exporte en moyenne 2.500.000 à 3.000.000 hectolitres de céréales diverses, dont un douzième seulement de cette quantité en avoine. Il y a peu de temps les bonnes avoines étaient cotées à Berdiansk 62 copecks par poud rendu franco bord.

Afin de permettre de se rendre un compte plus exact des conditions de trafic dans les ports de la Baltique et de la Russie Méridionale, nous indiquerons brièvement les usages principaux relatifs aux avoines dans les ports.

Ports du Nord. — Les achats et ventes se traitent sur « disponible » ou à terme.

Les affaires à terme se traitent soit sur époques exactement déterminées, soit :

1) sur « premières eaux » c. a. d. lorsque 10 vapeurs ont pu pénétrer dans le port.

2) sur l'ouverture de la navigation, d'après publication officielle faite par la chambre de commerce.

3) sur l'arrivée des Strouses (1).

Les affaires à terme se traitent par lettre, contrats, ou par l'intermédiaire de « Courtiers de bourse ».

Dans le cas où le vendeur ne livre pas dans le délai fixé, ou ne livre qu'une partie de sa vente, l'acheteur a le droit après sommation en règle de faire acheter à la bourse suivante, par un courtier assermenté, les quantités non livrées pour compte du vendeur.

______

(1) Espèce de grandes barques construites en campagne pendant l'hiver par des paysans, pour un seul transport ; les négociants de l'intérieur profitent des hautes eaux provoquées par la débâcle au printemps pour expédier par eau sur ces barques « ad hoc » les marchandises, et parmi elles l'avoine.

Le paiement se fait comptant lors de la livraison.

Les contrats pour ventes à terme peuvent être cédés à des tiers, dans les conditions habituelles de cession.

Pour déterminer le « poids naturel » on se sert des balances approuvées par les chambres de Commerce.

L'acheteur n'est pas obligé d'accepter une marchandise qui n'aurait pas le poids prévu dans le contrat. Si le « poids naturel » est fixé par deux nombres p. ex. 118/119, le vendeur doit livrer *plus* de 118; s'il est dit par contre de 118 à 119, le vendeur a la faculté de ne livrer qu'au poids 118.

Dans le cas où le « poids naturel » est en dessous du poids établi par contrat, et lorsqu'il n'est pas stipulé d'autres conditions, l'acheteur a la faculté d'accepter la marchandise en faisant une réduction de 1/2 copek par poud pour chaque livre en dessous du poids naturel fixé par contrat.

Les avoines traitées, soit « disponibles » soit « à terme », peuvent renfermer les quantités suivantes de corps étrangers, lesquelles quantités sont considérées comme normales : (1)

a) Avoines séchées 4 0/0 avec la faculté de porter cette quantité à 6 0/0 contre bonification de 1 0/0 sur le prix, pour chaque pour cent dépassant le chiffre normal de 3 0/0.

b) Avoines non-séchées 3 0/0 avec faculté comme ci-dessus jusque 5 0/0.

La poussière, la terre ou petites pierres, ne doivent en aucun cas dépasser 1 0/0.

---

(1) La qualité de base admise pour les ventes est souvent le « fair average quality (bonne qualité moyenne) » de Londres.

Lors de la détermination du pour cent du mélange toute fraction de 1/2 0/0 est considérée comme 1/2 0/0 c'est-à-dire moins de 1/2 0/0 considérée comme 1/2 0/0, moins de 1 0/0 est considéré comme 1 0/0.

Si la quantité vendue est fixée « environ » le vendeur a la faculté de livrer 5 0/0 en plus ou en moins. Toutefois, pour les affaires à terme ce plus ou ce moins est décompté au prix du jour de livraison.

Le contrôle du «poids naturel» doit être fait le jour même de la livraison, ou au plus tard dans la matinée du lendemain, d'après des échantillons prélevés par les contractants.

En cas de contestations sur la qualité, la question est portée devant le « jury de la Bourse pour les grains » qui l'examine et rend jugement. Les échantillons sont prélevés par les peseurs-jurés. Ce mode de règlement n'a lieu que lorsque le contrat ne prévoit pas un autre mode de règlement, ou si les contractants ne sont pas d'accord pour un arbitrage ordinaire.

Lorsque la quantité traitée dépasse 18.000 pouds, l'acheteur peut exiger qu'il soit procédé au pesage sur deux bascules, et livré un minimum de 6.000 pouds par bascule.

Les frais de courtage, commission varient suivant conventions de 1 à 2 0/0.

Les frais de manutentions, déchargement, chargement, s'élèvent :

a) A 1/2 copek environ par poud, pour les marchandises qui passent par l'élévateur.

b) A 2 1/2 copeks par poud environ pour celles qui sont emmagasinées dans les magasins particuliers.

Ports du Sud

N°° par qualité.	Poids du tchetvert.	Tolérance des corps étrangers y compris l'orge.
1	5 pouds 30 livres et davantage	jusqu'à 1 0/0
2	5 — 20 —	—
3	5 — 10 —	— } — 2 0/0
4	5 — —	—
5	4 — 30 —	— 3 0/0

L'avoine de tous types et qualités doit être sans odeur, ni parasite; elle ne doit pas avoir plus de 13 0/0 d'humidité; l'avoine barbue n'est pas considérée comme déchet.

Dans les avoines blanches et jaunes 30/0 d'avoine noire sont tolérés seulement dans les numéros 4 et 5. Dans les trois premiers elle n'est pas tolérée; on n'admet pas plus de 8 0/0 d'avoine jaune dans la noire. Quand l'avoine ne répond pas aux règles ci-dessus établies, les inspecteurs du commerce des céréales apposent une marque spéciale indiquant le 0/0 de terre, paille, déchets, orge, froment, avoine noire, etc., qui entrent dans l'avoine et indiquant aussi si cette céréale est mouillée, humide, moisie, échauffée, avec charançons.

Courtage : 1/2 0/0; *Commission* : de 1 à 2 0/0.

La qualité de la céréale est déterminée par le poids, la pureté, la couleur.

Les engagements se font par contrats écrits stipulant : le prix, l'époque du paiement et de la livraison, ou au comptant.

L'expertise qui coûte de 12 à 50 francs établit la conformité de la marchandise à l'échantillon.

Les différends et les litiges sont examinés et jugés par la commission d'arbitrage ou par le tribunal de commerce.

Il existe sur le littoral de la mer Noire et de la mer d'Azov de nombreux négociants ou agents français qui traitent directement les avoines pour l'exportation (1).

Il n'en est pas de même, malheureusement, dans les ports du Nord où, malgré la quantité considérable d'avoine vendue dans notre pays, les transactions et les transports sont effectués presque entièrement par des étrangers. Il est à souhaiter vivement qu'on réagisse contre une anomalie aussi nuisible aux intérêts français.

SUÈDE & NORVÈGE

La péninsule Scandinave (2) offre cette particularité, que le courant qui conduit l'eau échauffée des régions tropicales tout près de ses côtes occidentales, donne aux Royaumes-Unis, entre autres avantages, celui d'une température plus douce que celle d'aucune autre contrée de cette latitude.

La culture en Suède ne couvre qu'une superficie d'environ un quinzième du pays, en diminuant graduellement, de la province de Malmoë, où elle occupe plus de deux tiers du territoire, jusqu'aux solitudes de Laponie où quelques petits champs sont les seules conquêtes de l'agriculture.

En Norvège, la zône de territoire cultivable est si étroite que le sol labouré ne représente pas le centième de la super-

______

(1) Les navires partent quelquefois sans que leur cargaison d'avoine soit vendue ; cette dernière trouve preneur, pendant la traversée, parmi les négociants qui achètent *du flottant*. C'est donc en cours de route que le navire apprend, par sémaphore, s'il doit se rendre à Marseille par exemple, ou franchir le détroit de Gibraltar pour se diriger vers l'un des ports ouest de l'Europe.

(2) Renseignements extraits de « la Suède » son développement moral, industriel et commercial; par C. E. Lyungberg.

ficie du royaume, mais l'accroissement des terres consacrées à la culture des céréales est constant.

La Suède, qui au dernier siècle, devait importer des céréales en produit plus qu'il ne lui en faut pour sa consommation et l'entretien de ses animaux domestiques, elle en exporte maintenant une quantité relativement considérable. L'avoine entre pour une grande partie dans l'exportation, et jusqu'à ce que l'agriculture suédoise ait pris un développement plus complet, on cultivera de préférence en Suède cette céréale n'exigeant pas un sol de première qualité, ni une culture très savante, pour donner, comparativement au travail, de bonnes récoltes d'une vente facile et avantageuse.

CULTURE		
ANNÉES	HECTARES EMBLAVÉS	RÉCOLTE EN QUINTAUX
1801-20	113.500	1.250.000
1821-40	152.000	1.475.000
1841-60	226.500	2.710.000
1861-80	516.053	6.668.000
1881-90	734.956	9.598.000
1891-95	813.201	11.061.000
1899	220.000 (*environ*)	8.957.750

RÉCOLTE MOYENNE PAR HECTARE

1801-20.........	11 »	1881-90.........	13.11
1876-85.........	13.31	1886-95.........	13.20

Les statistiques 1896-99 manquent).

POIDS EN *hectolitres*

1876-85.........	47.1	1886-95.........	47.9
1881-90.........	47.4	1899	47.3

PRIX MOYEN EN *couronnes* (à 1 fr. 39 la couronne de 100 öre).

1876-80.........	10ᵏ99	1896............	8ᵏ38
1881-85.........	9.76	1897............	9.21
1886-90.........	8.15	1898............	9.26
1891-95.........	8.98	1899............	9.34 (plus

haut 12ᵏ25 plus bas 7ᵏ5).

IMPORTATIONS ET EXPORTATIONS (en *quintaux*)

Années.	Importations.	Exportations
1861-70	2.851	1.381.059
1871-80	7.970	2.405.272
1881-90	29.307	1.977.100
1891-95	21.730	1.410.318
1898	84.358	396.387

Le nord de la Suède, au lieu d'exporter, achète assez souvent en Russie lorsque la récolte est insuffisante ou même retardée, car ses ports sont bloqués de bonne heure par les glaces.

Dans les affaires d'importation et d'exportation on spécifie généralement que la qualité sera « god och öskadad » « viz » « bonne et pas gâtée » ou bien « saine et sèche », pesant 49 kilogr. l'hectolitre.

Quant à la Norvège, ses champs jouissant de plus de chaleur et d'humidité, produisent, à surface égale, plus que ceux de la Suède ; mais ils sont insuffisants pour les besoins de la population qui doit importer presque un tiers de ce qui lui est nécessaire.

En plus de ses usages habituels, l'avoine s'emploie beaucoup en Norvège pour confectionner plusieurs sortes de bouillies et pâtes employées pour l'alimentation.

Le commerce de la Suède et de la Norvège s'effectue généralement au moyen de ses propres navires. La Norvège est celui de tous les pays européens dont la marine marchande est, proportionnellement à son nombre d'habitants, la plus considérable. Les moindres fortunes s'emploient dans une part de navire ; chaque Norvégien tend donc à être directement ou indirectement armateur : de là les progrès qu'a faits la navigation de ce pays dans les dernières années.

En Suède comme en Norvège le système métrique décimal est obligatoire, mais malgré cela beaucoup de négociants continuent à se servir des anciennes mesures suédoises, norvégiennes et danoises.

Les principaux ports d'exportation sont : Gothembourg, Malmoë, Norköping, Stockholm, Solvesborg.

Depuis plus de quinze années les Suédois tentent avec beaucoup d'intelligence et de persévérance de créer des débouchés à l'étranger pour leurs avoines de semence, mais il ne semble pas jusqu'à présent que les résultats obtenus aient été en proportion de leurs efforts.

ALLEMAGNE

L'Allemagne occupe une surface de plus de cinquante millions d'hectares. Le climat est réparti en trois zones principales : la zone du Nord, au sud de la Baltique et de la mer du Nord ; la zone du centre qui est la plus favorable à la production agricole ; enfin la troisième zone, coupant l'Allemagne par une ligne allant des sources de l'Oder à la Meuse, généralement montagneuse ou boisée avec un grand nombre de vallées fertiles.

Par suite de l'essor considérable pris par l'industrie, les exportations de céréales tendent à diminuer, la majeure partie de la récolte étant utilisée dans le pays même.

En 1898, l'Allemagne a importé 491.128.000 kilogr. d'avoine et en a exporté seulement 102.772.800 kilogr. La plus value des importations sur les exportations a donc été de 388.355.200 kilog., ce qui en évaluant le prix des 100 kilogr. à 11 marks 90 (1) représente une somme de 57.767.836 francs. Le trafic serait même beaucoup plus réduit si plusieurs provinces Russes et Autrichiennes n'acheminaient pas leurs marchandises vers des ports allemands.

I. — Surface totale cultivée en avoine en Allemagne :

1899	—	5.887.572	hectares	1894	—	5.912.626 hectares
1898	—	5.915.475	—	1893	—	5.915.552 —
1897	—	5.911.692	—	1892	—	5.892.717 —
1896	—	5.909.693	—	1891	—	5.906.277 , —
1895	—	5.913.995	—	1890	—	5.909.543 —

II. — Récoltes totales d'avoine en Allemagne :

1899 — 6.882.687 tonnes (1000 kg)			1894 — 6.580.100 (tonnes 1000 kg)			
1898 — 6.754.120 —		—	1893 — 4.180.457 —		—	
1897 — 5.718.644 —		—	1892 — 4.743.036 —		—	
1896 — 5.969.465 —		—	1891 — 5.279.340 —		—	
1895 — 6.244.473 —		—	1890 — 4.913.544 —		—	

III. — Rendement moyen à l'hectare du sol cultivé en avoine en Allemagne :

1899 — 1.700 kilog.	1895 — 1.500 kilog.	1892 — 1.100 kilog.						
1898 — 1.600 —	1894 — 1.600 —	1891 = 1.200 —						
1897 — 1.400 —	1893 — 1.000 —	1890 — 1.200 —						
1896 — 1.500 —								

L'avoine s'exporte surtout par les ports de Dantzig, Hambourg, Kœnigsberg, Memel, Pillau, Rostock et Stettin.

---

(1) L'unité monétaire est le Mark = 100 Pfennigs = 1 fr. 25. Pour les poids et mesures, quoique le système métrique français soit obligatoire, l'usage n'en est pas encore général.

Pour avoir en francs par 100 kilogs le prix des grains cotés en Allemagne par 1.000 kilogs en Marks, on multiplie le cours du grain par le change à vue de reichmarks, et l'on divise le produit par 1.000.

Comme l'Allemagne ne joue qu'un rôle secondaire dans l'exportation des avoines en France, nous passerons rapidement en revue ces divers ports.

Dantzig, dit M. Serand, est une ville commerciale fort importante. Une de ses îles, entourée par les bras de la Motlau qui va se mêler à la Vistule en dehors des fortifications, est remplie de greniers à six et sept étages. C'est dans ces hautes maisons que se trouve une partie de la fortune de Dantzig.

Le commerce des grains, telle a été de tout temps la principale source des richesses de Dantzig. De diverses rivières navigables de la Vistule allemande, polonaise, gallicienne même, descendent des bateaux plats chargés de grains qui mettent parfois des mois entiers à descendre le courant du fleuve. Pendant les étés chauds et humides, les couches superficielles germent et donnent aux bateaux l'aspect de prairies flottantes. Arrivés au port, les équipages allemands, polonais ou ruthènes de ces flottilles jettent dans le fleuve les portions avariées, déchargent les embarcations, les dépècent comme vieux bois et retournent à pied dans leur patrie. Mais ce genre de transport diminue chaque année par suite de l'emploi des bateaux à vapeur et des chemins de fer. (1)

Hambourg. — Sur l'Elbe, à plus de cent kilomètres de la mer, est une des villes les plus commerçantes de l'Europe, elle est par sa position géographique le principal centre

---

(1) Les personnes désireuses d'avoir des renseignements très complets sur les usages commerciaux à Dantzig Danziger (Hamdelsge brauche), les trouveront dans le livre de MM. Zander et Fohrmann en vente à la librairie John et Rosenberg à Dantzig.

d'importation et d'exportation de l'Allemagne du Nord.

Les usages commerciaux relatifs au trafic des céréales sont consignés dans divers imprimés que l'on peut se procurer chez MM. Ackermann et Wulff, ainsi qu'à la Chambre des Négociants en grains de la Bourse de Hambourg (Verein der Getreidehändler der Hamburger Börse).

Kœnigsberg. — L'une des principales places de commerce de l'Allemagne, mais soumise aux inconvénients communs aux ports sur la Baltique, d'avoir la navigation entravée l'hiver par les glaces (à un degré moindre cependant que les ports russes) et ses communications avec l'Atlantique et la mer du Nord interrompues lorsque le *Sund*, entre le Danemark et la Suède est gelé.

Memel. — Située sur l'étroite lisière qui se prolonge au nord entre l'empire russe et les eaux de la Baltique, est bien plus un port russe qu'un port allemand pour la provenance et la destination des marchandises qui s'entreposent dans ses magasins et que portent ses navires.

Les sorties d'avoines se sont élevées à :

```
635.000 kilog. valant 88.900 marks, en 1899.
608.900    »      »    85.200    »    en 1898.
657.200    »      »    85.300    »    en 1897.
```

Elles étaient en majeure partie destinées à l'Allemagne.

Rostock. au fond d'un estuaire où se jette la Warnow, borne son exportation à l'avoine Mecklembourgeoise qui s'achemine principalement vers l'Angleterre et le Danemark.

Stettin. — Port de premier ordre sur l'Oder, très bien placé pour recevoir les produits du Brandebourg, de la Silésie, de la Poméranie et communiquer par voies navigables avec l'Elbe et la Vistule. Grâce à sa position favorable, Stettin

se trouve aussi en relations étendues avec Berlin et Breslau. Cette dernière ville, outre les produits de la Silésie,
achète des avoines russes. De 1895 à 1899 elle en a reçu
environ 225.000 doubles quintaux par chemins de fer et
450.000 par bateaux.

La gare de Breslau reçoit par année une moyenne de
389.000 doubles quintaux d'avoine et en expédie 268.000 : ces
avoines vont le plus souvent à Stettin et dans le Jutland.

De 1895 à 1899 les expéditions d'avoine par bateaux partant de Stettin se sont réparties de la façon suivante :

1895	139.260	doubles quintaux	1898	123.790	doubles quintaux.
1896	69.920	»	»	1899	172.543	»	»
1897	49.450	»	»			

On voit donc que ce trafic prend de l'extension.

ANGLETERRE

Le Royaume Uni de Grande-Bretagne ou d'Angleterre
comprend :

1° L'Angleterre proprement dite, avec le Pays de Galles,
où la propriété foncière est peu divisée, ce qui permet
l'application des méthodes et des instruments agricoles
les plus perfectionnés qui, ainsi qu'on le verra plus loin,
exercent une heureuse influence sur l'élévation des
rendements.

2° L'Écosse, où l'avoine occupe depuis longtemps une
place prépondérante dans la production agricole, puisque
Léonce de Lavergne lui assignait une surface de 500.000 hectares, contre 150.000 (1) au froment et 200.000 (2) à l'orge.

3° L'Irlande, qui quoique plus favorisée que l'Angleterre,
et surtout que l'Écosse, sous le rapport du climat et de la

---

(1) et (2) Ces deux chiffres nous paraissent exagérés.

fertilité du sol, n'a pas cependant une agriculture aussi prospère que dans les deux autres parties de l'empire britanique. En Irlande aussi c'est la culture de l'avoine qui tient depuis longtemps la plus large place, puisque dans la même statistique que la précédente, Léonce de Lavergne signalait une étendue de 687.020 hectares, alors que le froment ne couvrait que 121.380 hectares, l'orge 60.690 hectares et le seigle 4.046 hectares.

L'Angleterre est le pays des rendements élevés ; il est facile de s'en rendre compte par le tableau de la page 810.

Il ressort de ce tableau que le rendement moyen en avoine basé sur onze années consécutives est de 35 hectolitres l'hectare, alors qu'en France pendant la même période (voir page 454) il n'a été que de 22 hectolitres, 78 sur la même surface. Malgré cela, la production anglaise est absolument insuffisante pour la fabrication de la farine d'avoine et surtout pour fournir les rations aux deux millions et demi environ de chevaux qui se trouvent rien que dans l'Angleterre seule et le pays de Galles.

L'importation des avoines en Angleterre suit une marche ascendante ; d'après la statistique de 1898, la dernière que nous avons, elle était de 4.382.857 livres sterling = 109.571.425 francs.

Mesures et Poids. — Malgré les demandes réitérées (1) des

---

(1) Voici le vœu émis à Londres le 21 avril 1899, par la fédération des Chambres de Commerce anglaises : « En raison du temps perdu dans l'enseignement d'un système de poids et mesures qui, dans l'opinion du premier Lord du trésor, est arbitraire, faux et absolument irrationel ; que, de plus, les Consuls anglais attribuent à ce système la perte de nombreuses transactions, cette association exprime le vœu que le Gouvernement de Sa Majesté fasse tous ses efforts pour faire passer promptement par le Parlement une loi exigeant l'usage forcé du système métrique des poids et mesures dans une période qui n'excédera pas deux ans de la date de cette loi. ».

Production des Céréales dans le Royaume-Uni, d'après les rapports officiels.

Produits	1898	1897	Moyenne par Année			Observations
			1898	1897	1888-1897	
Blé	Bushels 74.885.280 Hectolitres 27.218.552,72	Bushels 56.295.774 Hectolitres 20.461.824,97	Bushels 34.75 Hectolitres 12,63 05 par acre et 31,21 par hectare	Bushels 29.07 Hectolitres 10,56 60 par acre et 26,11 par hectare	Bushels 29.21 Hectolitres 10,61 69 par acre et 26,24 par hectare	Le Bushel équivaut à 36 lit. 347
Orge	Bushels 74.730.785 Hectolitres 27.162.398,42	Bushels 72.613.455 Hectolitres 26.392.812,48	Bushels 36.24 Hectolitres 13,17 21 par acre et 32,80 par hectare	Bushels 32.91 Hectolitres 11,96 17 par acre et 29,56 par hectare	Bushels 33.34 Hectolitres 12,11 80 par acre et 29,95 par hectare	L'acre anglais équivaut à 40 ares 460
Avoine	Bushels 172.578.273 Hectolitres 62.727.024,88	Bushels 163.556.156 Hectolitres 59.447.756,02	Bushels 42.27 Hectolitres 15,36 37 par acre et 37,97 par hectare	Bushels 38.84 Hectolitres 14,11 71 par acre et 34,89 par hectare	Bushels 39.55 Hectolitres 14,37 52 par acre et 35,03 par hectare	

principaux Industriels et Commerçants, les Anglais, toujours si tenaces dans leurs habitudes, n'ont pas encore adopté définitivement le système métrique décimal qui est facultatif chez eux depuis 1864.

Les mesures de capacité pour les grains sont : l'*impérial Quarter* = 2 hectolitres, 9.078 = 8 Bushels = *Boisseau* = 8 *Gallons ;* le *Bushel* = 36 litres 347 ; le *Sack* = 3 Bushels 109 litres, 04.300 ; le *Chaldron* = 12 Sacks = 1.308 litres 51.600.

Les poids sont : la *tonne* = 20 quintaux = 1.015 kilos ; le *quintal anglais* = 50 kilos 750 ; *la livre anglaise* (avoir du poids, impérial poids) = 0 kilogramme, 4.536.

Unite monétaire. — La *livre sterling* = 20 *schillings* = 240 *pence* = 25 francs à 25 fr. 22.

La qualité des grains dit M. H. Lefebvre, s'estime d'après le poids du quarter impérial en livres anglaises. Il y a plusieurs types de grains suivant les provenances. Pour avoir la qualité en kilogrammes par hectolitre, on multiplie le nombre de livres au quarter par 0.156.

Il faut remarquer que Londres continue encore à coter souvent les grains au volume, tandis que la plupart des autres places Européennes les traitent au poids. Ainsi à Londres, au marché des grains (Corn lane), c'est le quarter (volume) qui est adopté.

Les avoines se négocient très souvent par quarter de 320, 304 et 300 livres.

Pour avoir le prix en francs et par 100 kilos des avoines cotées à Londres, on fait le produit du cours en schillings par le change à vue, on sépare deux chiffres décimaux sur la gauche, et on multiplie ce nombre :

Par 3 2/3 pour les avoines cotées 300 livres en quarter.
Par 3 5/8   —   —   —   304 —   —
Par 3 7/16   —   —   —   320 —   —

A Liverpool qui est le principal port d'importation, le marché aux grains (Corn trade) cote les grains par quintal anglais. Par conséquent pour avoir la parité des cours entre Londres et Liverpool, il faudra faire un calcul pour l'une et l'autre place. A Edïmbourg et Leith les avoines se traitent aux 150 kilos en termes anglais.

L'Angleterre ne jouant qu'un rôle très secondaire dans l'exportation et achetant ses avoines d'importation dans des pays tels que la Russie, la Suède, le Levant, les États-Unis et le Canada, dont les cours ne permettent guère la concurrence des avoines françaises, nous croyons inutile de reproduire ici les réglements, parfois très longs, en usage dans les principales places anglaises et écossaises telles que Londres, Liverpool, Hull, Southampton, Glascow, Leith, Edimbourg, Dublin, etc. Les personnes que ces règlements intéressent pourront se les procurer en s'adressant aux comités des marchés aux grains de chaque ville.

DANEMARK

Le Danemark, par suite de sa situation maritime jouit, malgré sa latitude, d'un climat assez doux très favorable à la production de l'avoine qui est d'ailleurs la céréale la plus cultivée et dont le rendement est assez élevé.

Monnaie, Poids, Mesures. — L'unité monétaire est la couronne d'or (100 öre) = 1 fr. 39. Quoique le système métrique français soit adopté, les poids et mesures suivants sont encore usités dans le commerce des grains : le *last* de commerce = 5.200 *livres danoises* = 52 *quintaux danois* de *100 livres* = 2.600 kilogrs ; le *korn tonde* = 1 hectolitre, 39.126 ; le *last* = 12 tonnes.

Le dernier compte-rendu sur la superficie totale de la terre cultivée en Danemark date de 1897. La superficie ensemencée en avoine avait alors environ 438.150 hectares. Cette étendue aurait été à très peu de chose près la même en 1898, année où l'avoine a produit 14.707.500 hectolitres.

Le rendement moyen à l'hectare, en année normale est d'environ 33 hectolitres, se vendant environ 14 francs le quintal. On voit que ce rendement est beaucoup plus élevé qu'en France et qu'il se rapproche de celui de l'Angleterre.

Pendant ces dernières années, on a importé en Danemark une moyenne de 15 à 18 millions de kilogs d'avoine chaque année. Quant à l'exportation, elle a oscillé entre 400 et 500.000 kilogs.

PAYS-BAS (Hollande)

La Hollande comporte presque un million d'hectares de terres arables parmi lesquelles il y a de nombreux polders. Son climat est assez doux. Il semble que c'est le pays où l'avoine atteint les rendements les plus élevés, grâce au milieu dans lequel elle végète et aux soins donnés à sa culture.

Superficie cultivée en avoine

ANNÉES	HECTARES	ANNÉES	HECTARES	ANNÉES	HECTARES
1851 à 1860	84.044	1881 à 1890	116.289	1896	128.429
1861 à 1870	99.635	1891 à 1897	133.073	1897	134.133
1871 à 1880	115.619				

Rendement moyen en grain à l'hectare

ANNÉES	HECTOL.	ANNÉES	HECTOL.	ANNÉES	HECTOL.
1851 à 1860	32,4	1881 à 1890	35,2	1896	39,7
1861 à 1870	33,7	1891 à 1897	38,6	1897	40,2
1871 à 1880	34,7				

Rendement moyen en paille à l'hectare

1881 à 1890.......... 2.250 kilog. { 1896................ 2.409 kilog.
1891 à 1897.......... 2.331   »   { 1897................ 2.486   »

Prix moyen de l'hectolitre en 1897 { 3 florins 11 = 2 fr. 08
                                    { 6 fr. 46.

Importation		Exportation
totale en Hollande en 1898	{	totale de Hollande en 1898
240.346.946 kilogs		206.519.449 kilogs

Le système décimal français est en vigueur en Hollande :
Mud = 1 hectolitre ; *Schepel* = 1 décalitre ; *Kop* = 1 litre.
Les transactions en avoines entre la Hollande et la France
et inversement sont très restreintes, c'est pourquoi nous
n'entrons pas dans plus de détails. Aux personnes qui
désirent être renseignées plus amplement, nous conseillons l'achat du Rapport (1) sur l'agriculture en Hollande

(1) Verslag over den Landbouw in Neerland over 1896 en 1897, 4 volumes brochés, en vente au prix de 1/2 florin pièce, à la librairie Belin-
fante frères a la Haye.

pour 1896-1897 publié par les soins du Comité Néerlandais d'agriculture.

BELGIQUE

La Belgique est peut-être le pays le mieux cultivé de l'Europe, celui qui, en proportion de son étendue nourrit le plus grand nombre d'habitants.

L'auteur de l'économie rurale de la Belgique, M. de Laveleye, divise le territoire belge en huit régions : 1° la région des polders ; 2° la région sablonneuse ; 3° la région sablo-limoneuse ; 4° la région limoneuse ; 5° la région crétacée et le pays de Herve ; 6° la région condrosienne ; 7° la région ardennaise ; 8° la région jurassique du bas Luxembourg.

La surface totale consacrée à l'avoine était de :

202.430 hectares en 1846	249.500 hectares en 1880
219.166 » en 1856	248.700 » en 1885
229.743 » en 1866	249.500 » en 1895

Après une progression constante, la culture de l'avoine semble donc être stationnaire quoique dans certaines parties de la Belgique les avoines se vendent sensiblement au même prix que le blé, ce qui, par suite de frais de production moindres, constitue un notable supplément de bénéfice en leur faveur.

La moyenne de production de 1871 à 1880 a été la suivante :

Hectares	Kilogrammes	Valeur des 100 kilos	Valeur totale de la production
249.486	Grain 388.983.980	1.21	82.503.502 francs
	Paille 623.715.000	6.64	41.414.676 —

Importations en 1899

| PROVENANCES | QUANTITÉS | | MODE DE TRANSPORT des MARCHANDISES ENTRÉES. | | | VALEURS. | | TAUX d'évaluation admis pour 1899. | DROITS APPLIQUÉS. | |
| | TOTAL DES MARCHANDISES. | | | | | TOTAL DES MARCHANDISES. | | | | |
	Entrées commerce général.	Mises en consommation, com⁰⁰ spécial.	Par MER	Par terre et ch. de fer.	Par canaux et rivières.	Entrées commerce général	Mises en consommation, commerce spécial.		Quotités et bases.	Quantités.
Allemagne.........	1.582.642	20.100	1.514.156	18.486	50.000	257.971	3.276			
Canada............	1.543.825	982.150	1.543.825	»	—	251.643	160.091			
Etats-Unis d'Amér.	67.194.792	23.864.894	67.030.792	»	164.000	10.952.751	3.889.978	16.30 les 100 kilos.	3 fr. les 100 kilos.	K⁰⁰ 32.197.057
Pays-Bas	2.518.582	1.820.070		796.075	1.722.507	410.529	296.672			
Roumanie	1.206.680	37.800	1.206.680	»	—	196.656	6.161			
Russie	13.091.342	4.942.369	12.164.142	»	927.200	2.133.889	805.606			
Turquie...........	1.693.315	250.750	1.693.315	»	—	276.010	40.872			
Autres pays.......	836.790	278.924	603.153	233.387	250	136.397	45.464			
Total......	89.667.968	32.197.057	85.756.063	1.047.948	2.863.957	14.615.846	5.248.120			

Exportations en 1899

DESTINATIONS	QUANTITÉS					VALEURS		TAUX D'ÉVALUATION ADMIS POUR 1899
	TOTAL DES MARCHANDISES		MODE DE TRANSPORT DES MARCHANDISES			TOTAL DES MARCHANDISES		
	SORTIES BELGES ET ÉTRANGÈRES COMMERCE GÉNÉRAL	BELGES OU NATIONALISÉES COMMERCE SPÉCIAL	PAR MER	PAR TERRE ET CHEMIN DE FER	PAR CANAUX ÉT RIVIÈRES	SORTIES BELGES ET ÉTRANGÈRES COMMERCE GÉNÉRAL	BELGES OU NATIONALISÉES COMMERCE SPÉCIAL	
	kil.	kil.	kil.	kil.	kil.	francs	francs	16 fr. 30 les 100 kilos
Allemagne....	49.746.630	338.451	118.500	8.017.972	41.610.158	8.108.701	87.768	
France.........	1.426.250	193.184	5.025	1.173.910	247.315	232.470	31.489	
Gʳ D. Lux......	492.353	15.128	»	492.353	»	80.254	2.466	
Pays Bas......	3.726.433	128.870	»	532.822	3.193.611	607.409	21.006	
Suisse.........	167.363	10.000	»	167.363	»	27.280	1.630	
Autres pays...	32.968	9.721	32.865	103	»	5.372	1.584	
TOTAL......	55.591.997	895.354	156.390	10.384.523	45.051.084	9.061.486	145.943	

En 1895 la moyenne de production par hectare a été de
1.759 kilogs et la production totale de 437.422.581 kilogs
donnant un accroissement de 48.438.601 kilogs sur celle
de 1880.

Toujours d'après le recensement de 1895 le dernier que
nous possédions, la semence d'avoine employée a été de
41.780.592 kilogs.

En 1846 la quantité moyenne de semence employée par
hectare était de 2 h. 89, en 1880 de 2 hectol. 82 et en 1895,
de 168 kilogs chiffre qui paraîtra certainement exagéré.

Transit en 1899

ENTRÉE			SORTIE			TAUX D'ÉVALUATION, ADMIS POUR 1899
PAYS DE PROVENANCE	QUANTITÉS	VALEURS	PAYS DE DESTINATION	QUANTITÉS	VALEURS	
	kil.	francs		kil.	francs	
Allemagne	1.562.542	254.694	Allemagne	49.108.179	8.020.933	
Et.Un.d'Am.	43.122.260	7.028.918	France	1.233.066	200.990	
Pays-Bas	698.512	113.858	Gr D. Lux.	477.225	77.788	
Roumanie	1.168.680	190.495	Pays-Bas	3.597.563	586.403	16 fr. 30
Russie	5.788.515	943.528	Suisse	157.363	25.650	les
Turquie	1.289.190	210.138	Autres pays	23.247	3.788	100 kilos
Autres pays	1.066.944	173.911	»	»	»	»
TOTAL	54.696.643	8.915.542	TOTAL	54.696.643	8.915.552	

Le mouvement de la navigation maritime, qui se con-
centre en majeure partie dans le port d'Anvers, est très
actif entre la Belgique, la Russie, les pays Scandinaves,
la Hollande, le Levant et l'Amérique. Les transactions avec
la France s'opèrent plutôt par canaux et chemins de fer,
et s'énoncent en mêmes monnaies, poids et mesures que
dans notre pays.

AUTRICHE-HONGRIE

L'Empire austro-hongrois a une étendue de 62.420.000 hectares. Dans cette vaste enceinte vivent un grand nombre de peuples différents, ayant conservé leurs physionomies propres, mais constituant dans l'ensemble deux grands territoires autonomes réunis par des institutions communes : l'un de ces territoires est l'Autriche ; l'autre, la Hongrie.

Dans une grande partie du territoire austro-hongrois se trouvent réunies les conditions les plus favorables au développement de l'agriculture, tant sous le rapport du climat que sous celui de la fertilité du sol ; malgré cela, les bonnes méthodes culturales se vulgarisent lentement et les rendements ne sont pas ce qu'ils devraient être.

Les meilleurs sols pour la culture des céréales sont les alluvions de la vallée du Danube, mais là le froment est préféré à l'avoine dont la culture est très répandue cependant, non-seulement dans les régions montagneuses, mais dans celles essentiellement agricoles telles que la Bohême et la Galicie qui l'une et l'autre produisent chacune une dizaine de millions d'hectolitres d'avoine.

Autriche

	ANNÉE 1898	ANNÉE 1899	ANNÉE 1900
Nombre d'hectares cultivés en avoine	1.901.170	1.867.000	1.950.000
Production totale en quintaux..	18 millions 700	20 millions 1/2	19 millions 1/2
Rendement approximatif par hectare	21 hectolitres	22 hectolitres	21 hectolitres

Prix moyen des 100 kilogs : 6 florins 87 kr. = 14 fr. 77.

On utilise, en Autriche, 21 à 22 millions de quintaux d'avoine.

L'importation en 1899 a été de 88.000 quintaux et l'exportation de 628.000 quintaux.

Hongrie

	ANNÉE 1898	ANNÉE 1899	ANNÉE 1900
Surface cultivée en hectares.......... (de 1891 à 1899 elle était en moyenne de 1.058.120 hectares).	1.047.045	1.063.069	941.410 86

RÉCOLTE EN MILLIONS DE QUINTAUX

1894.....	11 6	1896.....	12 5	1898.....	11 4	1900.....	10 1
1895.....	11 8	1897.....	8 5	1899.....	12 2		

A ces quantités il y a lieu d'ajouter les récoltes de régions qui dépendent de la Hongrie (Kroatie, Slavonie, Dalmatie) 1.027.977 quintaux, ce qui reporte la récolte totale à 11.208.051 quintaux.

IMPORTATIONS	EXPORTATIONS
1898..... 129.035 quintaux	1898... 1.978.340 quintaux
1899..... 107.491 »	1899... 2.436.002 »

Exportations vers l'Autriche en 1899..... 2.252.020 quintaux.
    » vers la frontière est........ 183.462 »

	ANNÉE 1898	ANNÉE 1899
Valeur moyenne des 100 kilos en couronnes.......	10 30	9 43
» » en francs..........	10 80	9 90

Rendement moyen à l'hectare, en quintaux de 1895 à 1899 : 10 quin. 96
    » » » en hectolit. » » 23 hect. env.

Monnaie, Poids, Mesures. — L'unité monétaire est la *couronne* = 100 *hellers* = 1 fr. 05 au pair. Le florin est d'environ 2 fr. 15. Le système métrique décimal français est obligatoire en Autriche et en Hongrie.

Pour avoir en francs le prix de 100 kilogrammes de grains cotés en florins autrichiens à Vienne, on multiplie le cours à Vienne par le change à vue du florin.

Les transactions les plus considérables en avoine s'effectuent à Budapest, Vienne et Fiume. Il nous est impossible d'insérer ici les règlements et usages du commerce des avoines dans ces villes, ce qui nécessiterait une vingtaine de pages.

Budapest, ville de plus de 600.000 habitants, sur le Danube, place de premier ordre pour le commerce des céréales, l'une de celles où il nous a été donné de voir les entrepôts les plus vastes et les mieux aménagés.

Les bateaux fluviaux transportent de 1.000 à 7.000 quintaux ; on cote aux 100 kilos par chargements de 4 à 5.000 quintaux.

	BUDAPEST	BARCS	ROAB	VIENNE
De Szeged (Theiss) vers...	0 fr. 80	0 fr. 90	1 franc	1 fr. 53
» Becskerek » ..	0 fr. 84	0 fr. 35	1 fr. 07	1 fr. 57
» Titel » ..	0 fr. 69	0 fr. 79	0 fr. 92	1 fr. 44
» Baja (Danube) » ..	0 fr. 42		0 fr. 65	1 fr. 11

La navigation directe des stations hongroises vers Fiume n'existe pas ; c'est pourquoi on a recours aux expéditions combinées d'abord par eau jusqu'à Barcs ou Sziszek et de là par chemin de fer jusqu'au port de Fiume. Cette dernière partie du trajet coûte 145 hellers (1 fr. 52) par 100 kilos.

Vienne, capitale de l'Autriche a des usages analogues à ceux du marché de Budapest. Les prix sont établis aux 50 kilos net, sans escompte et spécifiés en couronnes (1 fr. 05 à 1 fr. 25).

De même que dans la capitale de la Hongrie les marchés à terme sont très employés à Vienne. Ils comportent 500 quintaux au minimum, généralement sous condition de livraison au printemps ou à l'automne. Par printemps on entend du 15 mars au 15 mai et par automne le mois de septembre ou d'octobre, au choix de l'acheteur.

On considère comme *non livrable* une avoine pesant moins de 40 kilogrammes, l'hectolitre. Quand les déchets calculés sur l'échantillon passé au trieur de la bourse de commerce s'élèvent à plus de 3 0/0, la marchandise est refusée ; quand ils atteignent des taux moindres le vendeur accorde à son acheteur des bonifications proportionnelles aux taux de déchets.

Fiume en Hongrie, l'un des rares ports de l'Empire austro-hongrois, est située au fond de l'Adriatique dans le golfe de Quarnero et sur la Recina. Elle est la ville maritime la plus importante de l'Empire, et c'est par son intermédiaire que les pays de l'intérieur sont mis en relations commerciales avec l'univers entier. Fiume tire les avoines destinées à l'exportation : de la Hongrie, mais principalement de la Bosnie, des districts de Barijaluka, Prjedor, Boehmisch Brod et Omarska. Elle expédie surtout dans les ports de Dalmatie, d'Istrie et d'Italie (Via Venedig et Ancona).

Les usages commerciaux sont identiques à ceux des bourses de commerce de Vienne et de Budapest.

SUISSE

Le bétail constitue la principale source de richesse du pays. Les prairies couvrent le tiers environ du territoire; la culture des céréales est la partie la moins importante de la production agricole. Sur une superficie totale de 4.139.000 hectares, la surface improductive (glaciers, rochers, etc.) représente 28,5 0/0 et la surface productive 71,5 0/0 dont 713.000 hectares (17, 2 0/0) seulement de terres arables.

Il en résulte que la Suisse, qui possède plus de cent mille chevaux, est un pays essentiellement importateur d'avoine. Elle s'approvisionne dans les états limitrophes, dans les principautés danubiennes et dans le Levant.

Les exportations de France en Suisse ont été de :

451.082 quintaux de 1867 à 1876	1.083.050 quintaux de 1887 à 1896	
648,592 » de 1877 à 1886	307.512 » de 1897 à 1898	

Ces exportations seraient beaucoup plus considérables si le marché Suisse était travaillé plus activement par les négociants français.

Les poids, mesures et monnaies sont les mêmes qu'en France.

ESPAGNE

Quoique favorisée sous le rapport de la fertilité du sol, l'Espagne est très arriérée au point de vue des bonnes méthodes culturales.

D'après les dernières statistiques publiées par le Ministère de l'Agriculture espagnol : sur 12.160.000 hectares de terre arable correspondant a un territoire de 49.693.000 hectares, la culture de l'avoine n'occupe que

376.923 hectares, soit le 32eme de la surface ensemencée.

La production totale de l'avoine est en moyenne de 2.428.000 quintaux ce qui ne représente qu'un rendement approximatif de 13 hectolitres seulement de l'hectare.

Quant au commerce de cette céréale, il n'a qu'une importance très secondaire ; la Péninsule ne saurait être considérée comme un pays, soit importateur, soit exportateur.

Il y a eu très peu d'importations d'avoine depuis sept ou huit ans au moins. Antérieurement on s'adressait à la Russie méridionale, aux pays du Danube et notamment à la Turquie dont les avoines grises et rousses se rapprochent beaucoup du type des avoine espagnoles.

L'Espagne a parfois exporté des avoines, mais cela ne s'est produit que dans des circonstances extraordinaires, par exemple, lorsque les cours étaient dépréciés dans la péninsule, à la suite d'une production abondante et très supérieure aux besoins de la consommation nationale, alors qu'ils se maintenaient fermes à l'étranger. La hausse exagérée du change, en 1898, pendant la guerre hispano-américaine, a provoqué une exportation très active que le Gouvernement a essayé d'entraver. Tout s'exportait alors ; la hausse rapide et insensée des francs et des livres procurait des bénéfices énormes aux exportateurs qui achetaient en piécettes. A cette époque, les avoines avaient atteint presque partout et particulièrement en France des cours élevés ; en Espagne, au contraire, indépendamment des circonstances précitées, il y avait eu l'année précédente

---

(1) Renseignements fournis par le consulat général de France à Barcelone.

une récolte très abondante. Pendant trois ou quatre mois l'exportation par mer fut très active ; on expédiait de forts chargements à Marseille, Cette, Port-Vendres, Nice et en général sur tout le littoral méditerranéen français ; de nombreux wagons traversaient aussi la frontière de terre et se dirigeait vers le midi de la France ; enfin des cargaisons entières étaient dirigées vers le Nord de l'Europe, et spécialement sur Londres et Liverpool. Les embarquements s'effectuaient à Barcelone, Tarragone, Carthagène, Alicante, Séville, Huëlva et dans les ports espagnols du golfe de Gascogne.

Il n'y a pas généralement de réglements ni d'usages spéciaux relatifs au commerce d'importation de l'avoine.

On stipule les prix en francs et par cent kilogrammes sans qu'il soit jamais fixé un taux de change quelconque entre vendeurs et acheteurs : ces derniers courent tous les risques des fluctuations du change.

Les transactions concernant les avoines ont lieu généralement sur de simples échantillons acceptés comme types. On garantit rarement un poids spécifique, c'est-à-dire la relation du poids au volume. Néanmoins il est d'usage de fournir ce renseignement, à titre de simple indication à l'acheteur qui a, dans ce pays, grand intérêt à le connaître ; en effet, sans cette donnée, il lui serait bien difficile d'établir les prix de revient, attendu que les achats à l'étranger se font au poids.

Quoique le système métrique soit adopté il arrive encore souvent que les ventes en Espagne ont lieu avec des mesures de capacité dont la plus usitée est la *cuartera* qui a une contenance de 70 litres et quelquefois la *fanega* qui a 55 litres, 5.

Les différences sur la qualité donnent lieu à une bonification fixée à l'amiable et payée par le vendeur, plutôt qu'à la résiliation, à moins que l'écart ne soit trop considérable.

L'unité monétaire est la *peseta* = 100 centimes = 1 franc.

Les frais divers qui grèvent les avoines, les céréales et en général toutes les marchandises s'élèvent à un chiffre relativement important. Les taxes et impôts supportés par la marchandise sont les suivants : droit de déchargement, droit de chargement, impôt provisoire de trafic, droits de cabotage, droits de police sanitaire, surtaxe affectée à divers travaux publics, droits d'entrepôts, frais de chargement ou de déchargement, frais de quai et de garde des marchandises, manipulations, sans parler des déclarations en douane, des traductions, des documents, des droits de timbre, camionnage, etc.

Ces frais élevés constituent de leur côté une véritable entrave pour l'exportation, les années où elle est possible.

ITALIE

Nous ne consacrerons que quelques lignes à l'Italie qui joue, proportionnellement à son étendue, un rôle très effacé dans le trafic international de l'avoine. Les transactions avec la France pour cette céréale sont presque nulles depuis une dizaine d'années.

Le royaume d'Italie a une étendue totale de 29.632.000 hectares, dont 11.100.000 hectares (37 1/2 p. 0/0) en terres arables. Sur cette surface considérable l'avoine n'occupe guère que 450.000 hectares, alors que cinq millions d'hectares sont consacrés au froment et environ deux millions d'hectares au maïs.

La production totale est en compte rond de 7.000.000 d'hectolitres ce qui fait ressortir la moyenne de production à l'hectare à 16 hectolitres au plus.

En 1898 (dernière statistique que nous possédions) l'importation totale s'est élevée, à 53,672 tonnes valant 9.929.320 francs, l'exportation n'a été que de 7.378 tonnes, représentant environ 1.364.930 francs.

Ces importations en Italie sont effectuées, suivant la convenance des prix, par la Russie méridionale, la Roumanie, les États-Unis et la Turquie.

Par suite de l'emploi du maïs ou d'autres succédanés de l'avoine, la production indigène est quelquefois suffisante pour suffire aux quantités nécessaire à la consommation en Italie.

L'unité monétaire est la lira = 100 centesimi = 1 franc, le système décimal français étant obligatoire en Italie, les comparaisons de prix et de poids n'offrent donc aucune difficulté.

GRÈCE

La culture et la consommation de l'avoine sont presque nulles, de sorte que l'importation comme l'exportation ne sont pas appréciables et d'autant plus que l'avoine ne figure même pas sur les tableaux de statistique. Nous nous sommes efforcés inutilement étant en Grèce de connaître approximativement l'importance totale de la récolte ; le chiffre de 45.000 hectolitres semble cependant se rapprocher de la réalité.

L'unité monétaire est la *drachme* = 100 *lepta* = 1 franc ; l'unité de volume, le *kilon* = 100 litres. Le système décimal français est d'ailleurs presque le seul usité.

BULGARIE

L'avoine est peu cultivée en Bulgarie où elle n'occupe guère que la cinquante-septième partie des huit millions d'hectares de la superficie totale du pays; le tableau suivant permettra d'ailleurs de se rendre compte de sa production dans ce pays, qui n'ayant presque pas d'industrie ne peut compter que sur son agriculture :

ANNEÉS	SURFACE ENSEMENCÉE	PRODUCTION MOYENNE PAR HECTARE		PRODUCTION TOTALE		VALEUR MOYENNE
		GRAIN	PAILLE	GRAIN	PAILLE	GRAIN
	HECTARES	Par 100 kilogr.				
1897/98	140.037 77	11 05	16 62	1.547.648	2.327.863	8 43
1898/99	136.660 94	6 13	10 47	837.317	1.429.714	10 25
	sur 1.817.615 hectares en céréales.					

Les marchés aux grains les plus importants sont : Nicopoli, Rahova, Rustuck et Sistova. Quoique le système décimal français soit officiellement reconnu en Bulgarie, il est peu usité sur ces places où l'on continue à coter les grains en piastres et en kilés (voir pages 834 et 835). En 1900, les cours les plus bas ont été de 6 francs les 100 kilos et les plus élevés de 12 francs les 100 kilos, soit une moyenne de 8 fr. 51 les 100 kilos.

SERBIE

Le sol de la Serbie est fertile, mais le plus souvent très

mal cultivé; le cinquième à peine du territoire qui a une superficie totale de 4.860.000 hectares est en culture.

Le rendement moyen en année normale est environ de 1.200 kilogs par hectare, dont le prix moyen ressort à 10 francs les 100 kilogs.

ANNÉES	SURFACE TOTALE CULTIVÉE	PRODUCTION TOTALE	IMPORTATION DE L'ÉTRANGER EN SERBIE	EXPORTATION DE L'ÉTRANGER EN SERBIE
	Hectares	Kilogrammes	Kilogr.	Kilogrammes
1896	99.269.....	100.261.700	66.064	16.770.303
1897	100.087.....	142.247.900	63.434	17.624.942
1898	104.925.....	117.516.800	7.637	20.871.684

Quoique l'emploi du système métrique français soit obligatoire, l'usage des anciennes mesures telles que le *kilé* et *l'oka*, par exemple, dont nous indiquons plus loin la valeur (pages 834 et 835), subsistera encore longtemps. L'unité monétaire est le *dinar* = 100 paras = 1 franc; la pièce de 20 francs est comptée pour 101 piastres.

Entre la France et la Serbie les relations commerciales sont extrêmement restreintes.

C'est le maïs qui occupe de beaucoup la première place dans la production des céréales; il est la base de l'alimentation des populations rurales, et il est utilisé aussi pour la nourriture des animaux.

ROUMANIE — MOLDAVIE — VALACHIE

En 1900, il a été ensemencé en Roumanie, 254.831 hectares d'avoine qui ont produit 3.060.172 hectolitres, ce qui représente une moyenne de production de 12,8 par hectare. Nous ne possédons pas de chiffres récents relatifs aux importations et aux exportations. En 1898, il avait été importé dans ce pays 7.412 quintaux d'avoine pour 59.300 francs et exporté 949.888 quintaux pour une somme de 7.599.107 francs parmi lesquels 23.314 quintaux valant 186.516 francs ont été acheminés vers la France.

Il nous a été impossible d'obtenir des statistiques dignes de foi sur la production et le commerce de l'avoine en Moldavie et en Valachie.

Quoique le système métrique soit introduit légalement dans ces diverses contrées, on se sert toujours des mesures anciennes telles que *l'Oka turque* = 1 k. 284 et la qualité des grains s'estime au nombre d'okas au kilé.

La Roumanie et la Valachie emploient le kilé d'Ibraïla = 6 hectolitres 75 ; le kilé de Galatz (Moldavie) = 4 hectolitres 16 ; mais sur cette dernière place, de même qu'à Ibraïla (Valachie) les grains sont cotés en *lei noi* (équivalents au franc).

Les villes que nous venons de citer sont, pour le trafic des céréales les plus importantes des provinces du bas Danube, mais il existe d'autres marchés secondaires qui ont souvent comme intermédiaires les agents des compagnies de navigation du Danube.

EMPIRE OTTOMAN

L'empire Turc s'étend en Europe et en Asie : la partie européenne a environ 30 millions d'hectares, quant à la superficie de la région asiatique elle couvre 160 millions d'hectares.

On distingue dans la Turquie d'Europe quatre régions climatériques : la région centrale, montagneuse et couverte de forêts; la région occidentale et la région orientale, formées par des plateaux et des terrains qui descendent vers la mer, dans lesquelles les cultures arbustives, vigne, olivier, mûrier, oranger dominent; et la région septentrionale qui se rattache à la vallée du Danube, dans laquelle les prairies et les terres arables occupent la plus grande surface.

La Turquie d'Asie, qui est la plus vaste partie de l'empire Ottoman, comprend quatre parties principales ; l'Asie Mineure ou Anatolie à laquelle se rattachent les îles de l'archipel (Chypre, Chio, Samos, etc.); l'Arménie, la Mésopotamie, la Syrie.

La culture de l'avoine n'est guère répandue que dans la zone du littoral. Pour elle comme pour toutes les autres cultures pratiquées dans l'empire Ottoman, des entraves de toute nature, dues surtout à des mesures administratives et fiscales déplorables, s'opposent au développement de la production, et l'on peut dire que depuis plusieurs siècles l'agriculture n'a pas fait de progrès en Turquie, malgré la fertilité étonnante de vastes régions.

L'avoine joue un rôle assez modeste dans l'agriculture de la Turquie. Cette céréale, à laquelle le cultivateur indigène préfère le blé, l'orge, les alpistes, n'est ensemencée que tout à fait accessoirement et sa culture laisse fort à désirer. Ce dernier point est la résultante des entraves que nous venons de signaler, le cultivateur découragé n'adoptant aucune règle d'assolement, ne restituant rien aux terres épuisées par des récoltes successives, ou n'ayant recours qu'à la jachère — procédés qui se traduisent par l'impossibilité d'ensemencer chaque année plus du quàrt des terres arables.

Le cultivateur turc considère le blé comme son principal revenu. Il ne cultive l'avoine qu'à défaut de mieux, c'est-à-dire s'il ne lui reste ni blé, ni orge, ni graine de lin à semer. Les débouchés que cette céréale peut trouver dans le pays sont d'ailleurs des plus limités. Sauf dans la capitale de l'Empire, et dans quelques grandes villes, l'avoine rentre pour une part toujours faible dans la nourriture du cheval; celle-ci le plus souvent se compose exclusivement de paille et de foin, quelquefois d'orge.

D'ailleurs les moyens du paysan turc sont trop faibles pour qu'il puisse en être autrement. Dans certaines régions de l'intérieur l'avoine est même inconnue, et si la culture a pu prendre une certaine extension dans les provinces du littoral, ce n'est qu'en vue de l'exportation.

Le peu d'intérêt que l'indigène attache à la culture de cette céréale, les variations atmosphériques dont il tient grand compte lors de l'ensemencement, font que la surface cultivée, toujours assez limitée pour l'avoine varie beaucoup d'une année à l'autre. Aussi est-il impossible de fournir des appréciations même approximatives, d'autant plus qu'il n'existe ni cadastre, ni statistiques officielles indiquant l'étendue consacrée aux diverses cultures du pays. On peut seulement supposer que la culture de l'avoine ne subit ni progrès, ni recul notable.

L'importation est pour ainsi dire nulle, mais par contre l'exportation absorbe la plus grande partie de la production indigène.

Les principaux acheteurs de la Turquie sont la France, l'Italie et la Suisse. Ce dernier pays achète principalement les avoines rouges qui lui servent pour la fabrication de gruau d'avoine, une de ses spécialités. L'Angleterre et l'Allemagne ne demandent à la Turquie que des avoines blanches.

Ayant eu l'occasion de constater pendant notre voyage en Orient, avec quelle intelligence et quel dévouement la Chambre de Commerce Française de Constantinople renseigne les personnes qui s'adressent à elle, nous l'avons priée de vouloir bien prendre des informations sur la production et le commerce de l'avoine. Voici les intéressants renseignements recueillis (1).

Généralement l'avoine est semée sur un chaume de blé qui souvent n'est même pas labouré. Si la terre a été bien travaillée l'année précédente, on jette l'avoine sur le chaume et on le recouvre à la charrue.

L'orge est donnée de préférence à l'avoine, par conséquent dans l'intérieur du pays cette dernière serait sans emploi; les frais de transport très élevés chargeraient lourdement, si on exportait cette graine, dont la valeur est restreinte. On ne cultive donc de l'avoine que sur le bord de la mer. Dans la mer Noire, à *Samsoun, Uniah, Fatza;* dans la mer de Marmara, à *Silivrie, Rodosto, Gallipoli, Carabogha, Ismid, Panderma;* dans la mer Égée à *Dédéagh,* (qui est, en outre, le débouché de la *Roumélie*

---

(1) Ces renseignements ont été insérés le 30 septembre 1900 dans le *Bulletin Mensuel de la Chambre de Commerce* de Constantinople. Ce bulletin est la publication la plus importante et la plus utile au point de vue des relations commerciales avec le Levant.

orientale), *Smyrne*, *Salonique* et enfin à *Chypre*, à *Adana*, à *Mersina* et à *Tripoli* de Barbarie.

La production totale est bien difficile à évaluer. Les gens du métier estiment que la moyenne doit osciller entre 70 et 100.000 tonnes par an pour toute la Turquie.

Voici, d'après les statistiques(1) des douanes ottomanes quelle a été l'importance des exportations durant les dernières années dont les chiffres sont publiés :

soit kilés (2) :

Année 1308 (1892/93)	kilès	1.032.496	}	34.137.170
	kilos	1.097.298		
» 1309 (1893/94)	kilès	1.100.008	}	36.300.263
	kilos	1.100.007		
» 1310 (1894/95)	kilès	297.823	}	10.521.733
	kilos	991.377		
» 1311 (1895/96)	kilès	1.265.701	}	41.979.394
	kilos	1.476.962		
» 1312 (1896/97)	kilès	725.430	}	23.341.925
	kilos	120.065		

Le prix moyen de l'avoine peut être fixé à 20 paras (1/2 piastre) l'ocque, ce qui ressort, au cours moyen de francs 22,75 la livre turque, à francs 8,87 les 100 kilos. Ce prix s'entend franco à bord et en vrac.

---

(1) Il ne faut généralement pas tenir grand compte des statistiques ottomanes et dans les chiffres qui vont suivre il y a des erreurs considérables car on pourrait citer une maison qui, à elle seule, exporte annuellement 8.000 tonnes d'avoine et d'après les indications recueillies auprès de personnes qu'un long établissement dans le pays rend particulièrement compétentes sur cette question, on pourrait évaluer l'exportation annuelle de 40.000 à 80.000 tonnes suivant l'importance des récoltes.

(2) Le kilé officiel est une mesure de capacité contenant 40 litres. Cette mesure est extrêmement variable. Exemples : kilé de Rahova = 3 kilés de Constantinople; kilé de Salonique = 4 kilés de Constantinople; kilé d'Ibraïla, usité en Roumanie et en Valachie = 6 hectolitres 75; kilé de Galatz (Moldavie) = 4 hectolitres 16.

Les achats à Constantinople ont lieu au kilé lorsqu'il s'agit d'avoines destinées à la consommation locale: dans ce cas l'acheteur visite la marchandise avant d'en prendre livraison, et, par conséquent, aucune contestation sur la qualité n'est possible.

Les affaires d'exportation, qui constituent la presque totalité des transactions en avoines, se traitent à l'ocque ou oka (78 ocques = 100 kilos) rendus franco à bord, en grenier et leur prix est établi en paras(40 paras = 1 piastre; 1 piastre = fr. 0, 22 3/4 cours moyen; ce cours varie de fr. 0, 22 1/2 à fr. 0, 23).

L'avoine contient de 5 à 8 0/0 d'épeautre et 1 0/0 de paille; elle est vendue soit sur échantillon cacheté, soit sur désignation de provenance : avoine de Rodosto, par exemple. Cette dernière désignation est bien préférable car elle évite les contestations.

Le courtage est fixé à 1 0/0 payable moitié par le vendeur et moitié par l'acheteur.

La commission d'achat varie. S'il s'agit de lots importants disponibles ou à livrer. Dans ce dernier cas, si tous les frais de magasinage, assurance. etc., sont à la charge de l'acheteur, le commissionnaire se contente de 1 1/2 a 2 0/0. Mais si le commissionnaire doit ramasser des lots, les entreposer, les expédier ensuite et que tous les frais soient à sa charge, il réclame une commission équivalant à la totalité de ces débours augmentée de la commission que nous venons d'indiquer. Dans ce cas ce n'est plus une commission proprement dite qui est réclamée, mais une réunion de débours pris à forfait.

Nous passerons en revue rapidement les principaux ports qui sont, avec Constantinople, les centres d'exportation d'avoine.

Samsoun. — Situé au centre d'une région où la culture de l'avoine paraît devoir se développer, à *Charchamba* et à *Kouménas* principalement. La production y a atteint 49.900 hectolitres en 1899; il a été exporté 3.095 tonnes valant 284.700 francs environ. En 1900 l'exportation a été de 19.866 quintaux valant 198.600, dont 563 quintaux seulement à destination de la France.

L'avoine de cette provenance a presque toujours une légère odeur. Elle est expédiée en France, en Belgique, et surtout en Angleterre.

Au point de vue du trafic général des marchandises il est regrettable que les compagnies françaises négligent Samsoun qui pourrait être l'un des ports de la mer Noire où le trafic serait des plus rénumérateur.

Ismidt, qui exporte avec les ports voisins 8.000 tonnes par an d'avoine dont la qualité laisse souvent à désirer.

Panderma exporte en bonne année 10.000 tonnes d'avoine appréciée à Marseille à cause de sa blancheur. Le poids est de 12 1/2 à 13 ocques par kilé; l'avoine foncée pèse davantage. Les principaux acheteurs sont Marseille, (11 et 15 fr. la tonne), Gênes, Liverpool (12 à 15 schillings la tonne) et Hull. Parfois quelques expéditions ont lieu pour Nice, Le Havre et Venise. Pour les envois par bateaux à vapeur, on paye aussi en supplément 20 francs par 0/0 tonnes pour les mats (?) au capitaine; le négociant est obligé de fournir les séparations. L'usage de donner *un chapeau* (gratification) au capitaine, comme cela se pratique sur la mer noire, n'existe pas dans ce port. On exporte l'avoine du mois d'octobre jusqu'au mois de janvier.

Rodosto, qui exporte avec les autres petits ports de la région, environ 12.000 tonnes, dont une grande partie sur Marseille, l'Angleterre et l'Italie.

Gallipoli, les *Dardanelles* et les diverses villes situées sur les détroits de ce nom vendent à l'étranger prés de 10.000 tonnes d'avoine par an.

Dédéagh n'exporte que les avoines blanches de belle qualité. Les 2/3 sont dirigés sur Marseille, le restant sur Anvers et Rotterdam.

Les régions qui produisent la plus grande quantité d'avoine sont : *Andrinople, Ouzoum-Keupru, Baba-Eski*, et les stations au-delà de Bellova vers Sofia et la frontière serbe. Ce sont les trois premières régions qui expédient les meilleures avoines blanches. Celles provenant du nord de la Bulgarie sont moins belles et contiennent beaucoup de corps étrangers. Dédéagh néglige le criblage des céréales en général. Aussi contiennent-elles beaucoup de terre, sans compter que certains petits négociants, peu scrupuleux, ne se gênent pas pour y mêler 10 à 15 0/0 d'une espèce d'épeautre (en turc kaplidja), qui ressemble à l'avoine, et coûte bien moins cher. Dédéagh a exporté en 1900 un tonnage de 157.500 kilos d'avoine pour 16.000 francs (soit presque 10 francs le quintal) dont 20.000 kilos à destination de la France.

Sur la mer Egée également : *Salonique* qui en plus de la récolte locale transite une quantité assez importante d'avoines serbes ; *Mersine* qui exporte 12.000 tonnes ; *Alexandrette* et ses environs qui exportent 5.000 tonnes.

Larnaca (Ile de Chypre). La récolte de l'avoine a un peu manqué en 1900 par suite de l'absence de pluie en mars. Chypre a produit, cette année, 270.000 kilés de Constantinople, pesant de 12,50 à 13 ocques le kilé. Le receveur des dîmes a vendu dernièrement, à un négociant de Limassol 27.000 kilés d'avoine au prix de 10 piastres le kilé, livraison en magasin.

Les spéculateurs au détail payent de piastres 9 à 9 75 le kilé aux paysans

L'exportation a lieu par voiliers pour la France et l'Italie. Le fret varie de francs 13 à 14,50 les 1.000 kgr. avec 5 0/0 de chapeau et un pourboire au capitaine qui varie de 100 à 150 francs pour des chargements de 200 à 300 tonnes, fardage à sa charge.

6 kilés 1/2 d'avoine pèsent 100 kilogr.

Les expéditions par voiliers s'effectuent en vrac, celles par vapeurs en sacs.

Le fret, par vapeur, pour Marseille, varie de francs 17,50 francs à 20 les 1.000 kgr., suivant l'importance de l'envoi.

Les achats se traitent au comptant avec les vendeurs et le receveur général, soit 10 0/0 à la signature et le solde avant l'embarquement. Commission et courtage 3 0/0. Les frais d'embarquement pour 6 kilés et 1/2 de Constantinople, s'élèvent de 35 à 40 paras, soit 6 piastres les 100 kilogrammes, tous les frais compris, savoir: portefaix, charrettes pour transport à la douane, mesureur, couture des sacs, mahonne, wharf, commission, courtage et autres menus frais.

On peut former un chargement de 3 à 400 tonnes.

Les prix sont changeants, ils suivent ceux pratiqués en Europe.

Les commissions arrivent ordinairement sur la place, achats à faire suivant prix du jour.

Les négociants qui se décident à faire des achats prémunissent de crédit leurs correspondants qui reçoivent les fonds à la remise des traites documentaires à la Banque Impériale ottomane.

La Canée (Crête). La production de l'avoine en Crête est insuffisante à la consommation du pays; on en importe de Salonique, de Mersine et de Smyrne. Les autres localités de la Turquie exportant des avoines sont peu nombreuses. Dans le vilayet de Smyrne se trouve de petites localités (en face de l'île de Rhodes) qui exportent beaucoup d'avoines.

En totalisant rien que les chiffres que nous venons d'indiquer, qui ont été recueillis sur place auprès de personnes bien renseignées, on constatera combien les statistiques des douanes ottomanes (page 834) sont fantaisistes et peu susceptibles de donner une idée du trafic des avoines dans le levant.

TABLE ALPHABÉTIQUE

TABLE DES MATIÈRES

EXTRAIT DU CATALOGUE DES LIVRES ET OBJETS D'ENSEIGNEMENT

En vente à la graineterie DENAIFFE

Les Pois potagers, par DENAIFFE, volume de 200 pages, illustré de 97 figures. — Prix franco par la poste . . . . 1 fr. 75

Manuel pratique de culture fourragère, par DENAIFFE. Création et entretien des prairies. Récolte, Conservation, Utilisation et Valeur alimentaire des Fourrages, etc. Un fort volume de 362 pages, orné de 108 figures. — Prix 3 francs ; franco par la poste. 3 fr. 60

Le même ouvrage, in-18 jésus cartonné, faisant partie de la Bibliothèques des connaissances utiles . . . . 4 francs.

Les Mélanges de graines fourragères, pour obtenir les plus forts rendements de bonne qualité. Etude scientifique et pratique, par le docteur STEBLER. Traduction française publiée par la Graineterie DENAIFFE. Un volume de 170 pages, orné de 21 figures. — Prix, franco par la poste . . . . 1 fr. 60

Guide élémentaire pour l'emploi des engrais chimiques, par F. FIÉVET, professeur départemental d'agriculture, et E. FAGOT, ingénieur agronome. — Prix franco par la poste . . . . 1 fr. 15

Culture des racines fourragères et des choux fourragers, par DENAIFFE. — Prix . . . . 1 fr. 50

Les meilleures variétés d'Orges (leurs caractères, leurs exigences), par DENAIFFE. Une brochure de 16 pages. — Prix, franco par la poste . . . . 0 fr. 25

Le Cheval dans ses rapports avec l'Economie Rurale, par E. LAVALARD, 2 vol. d'environ 500 pages avec nombreuses figures. — Prix, broché . . . . 8 francs. Ouvrage faisant partie de la Bibliothèque de l'Enseignement agricole publié sous la Direction de M. A. MUNTZ. — Librairie Firmin Didot, 56, rue Jacob à Paris.

Traité d'agriculture pratique et d'Hygiène vétérinaire générale, par J.-H. MAGNE et C. BAILLET. — Prix : 25 francs. En vente chez MM. ASSELIN ET Cie, éditeurs, place de l'Ecole-de-Médecine, Paris.

Culture de l'Asperge. — Prix . . . 0 fr. 20

Etude sur la carte agronomique du département des Ardennes, par DENAIFFE. — Une brochure de 30 pages. — Prix . . . 0 fr. 25

Le Champignon et sa culture. — Une brochure de 24 pages, ornée de 7 figures. — Prix . . . . 0 fr. 25
Franco par la poste . . . . . 0 fr. 20

Valeur alimentaire, Exigences et Fumure aux engrais chimiques des Plantes suivantes, par DENAIFFE :
1° Choux potagers . . . . 0 fr. 50
2° Laitues . . . . 0 fr. 50
3° Liliacées potagères . . . . . 0 fr. 50
4° Racines potagères . . . . . 0 fr. 50
5° Racines fourragères et choux fourragers, 1 brochure, 63 pages, 38 figures, franco poste . . . . 0 fr. 50

Album des clichés Denaiffe, donnant le prix de vente des galvanos cuivre de la reproduction des gravures insérées dans les Livres, Articles de journaux, Catalogues publiés par DENAIFFE . . . . . 6 francs.

Album renfermant les cent principales espèces de fleurs, reproduites en chromolithographie, avec notice sur la culture de chaque fleur, par DENAIFFE. — Prix : 3 fr. 85 ; franco par la poste . . . . 4 fr. 35

Album renfermant les cent principales espèces de légumes, reproduites en chromolithographie, avec notice sur la culture de chaque légume, par DENAIFFE. — Prix : 3 fr. 85 ; franco par la poste . . 4 fr. 35

Tableau en chromolithographie, représentant d'une façon très artistique les cent principales espèces de Fleurs. Dimension, 63×90. — Prix, franco par la poste. 1 fr. 50

Tableau en chromolithographie, représentant d'une façon très artistique les principales espèces de Légumes :
1° Tableau de 0m39×0m59, avec 32 reproductions de Légumes. — Prix, franco par la poste . . . . 1 fr. 50
2° Tableau de 0m40×0m60, avec 30 reproductions de Légumes. — Prix, franco par la poste . . . . 1 fr. 50

TABLEAUX AGRICOLES ET HORTICOLES POUR L'ENSEIGNEMENT PRIMAIRE

Collection comprenant cinq séries pouvant être vendues séparément :

1re Série : quatre tableaux de céréales, 2 fr., franco poste . . . . 2 fr. 20

2e Série : trois tableaux de racines. 1 fr. 50 franco poste . . . . 1 fr. 65

3e Série, comprenant six tableaux des principales Plantes, fourragères, légumineuses, graminées et diverses, dont un tableau spécial des principales mauvaises plantes de prairies avec les différents modes de destruction. — Prix . . . . 3 francs
Prix, franco poste . . . . 3 fr. 25

4e Série, comprenant dix tableaux des Plantes potagères, classées par famille.
Prix . . . . 5 francs.
Prix, franco poste . . . . 5 fr. 30

5e Série, comprenant trois tableaux des principales fleurs de pleine terre, d'ognons à fleurs, classées par famille. — Prix. 1 fr. 50
franco poste . . . . 1 fr. 75

Les cinq séries livrées ensemble.
Prix . . . . 12 francs
Franco par la poste . . . . . . 12 fr. 60

Album agricole et horticole des écoles primaires, par DENAIFFE . . . . 12 fr. 50

HERBIERS

Herbier A. — Renferme les principales plantes fourragères utiles (Légumineuses et Graminées). Prix : 9 francs.

Herbier B. — Est composé des principales Herbes nuisibles dans les prairies. Prix : 9 francs.

Herbier n° 1. — Renferme principalement les meilleures Légumineuses fourragères. Prix : 16 francs.

Herbier n° 2. — Se compose des 50 meilleures graminées fourragères.

Herbiers n° 3, 4, 5, 6 et 7. — Cette publication remarquable, en 5 beaux volumes, renferme 250 espèces de Graminées des Prairies. Prix total des cinq volumes (ne pouvant être vendus séparément) : 100 francs.

MOULAGES

Ces moulages exécutés avec le plus grand soin sur des Racines fourragères et potagères, Légumes, etc., choisis dans nos champs d'expériences puis artistement peints d'après nature, donnent l'illusion complète d'un objet naturel.

Cette magnifique collection est considérablement augmentée tous les ans ; elle est installée dans notre musée, et l'autorisation de la visiter est toujours accordée.

Ces moulages sont destinés à conserver le type des variétés. Appelés à rendre de grands services dans les Ecoles d'agriculture et d'horticulture, ils seront également utiles chez les marchands de graines.

Librairie et Imprimerie horticoles, 84 bis, rue de Grenelle, Paris.